权威·前沿·原创

皮书系列为

“十二五”国家重点图书出版规划项目

权威·前沿·原创

SSAP

社会科学文献出版社

皮书系列

2015年

盘点年度资讯 预测时代前程

社会科学文献出版社 学术传播中心 编制

社会科学文献出版社
SOCIAL SCIENCES ACADEMIC PRESS (CHINA)

社会科学文献出版社成立于1985年，是直属于中国社会科学院的人文社会科学专业学术出版机构。

成立以来，特别是1998年实施第二次创业以来，依托于中国社会科学院丰厚的学术出版和专家学者两大资源，坚持"创社科经典，出传世文献"的出版理念和"权威、前沿、原创"的产品定位，社科文献立足内涵式发展道路，从战略层面推动学术出版五大能力建设，逐步走上了智库产品与专业学术成果系列化、规模化、数字化、国际化、市场化发展的经营道路。

先后策划出版了著名的图书品牌和学术品牌"皮书"系列、"列国志"、"社科文献精品译库"、"全球化译丛"、"全面深化改革研究书系"、"近世中国"、"甲骨文"、"中国史话"等一大批既有学术影响又有市场价值的系列图书，形成了较强的学术出版能力和资源整合能力。2014年社科文献出版社发稿5.5亿字，出版图书1500余种，承印发行中国社科院院属期刊71种，在多项指标上都实现了较大幅度的增长。

凭借着雄厚的出版资源整合能力，社科文献出版社长期以来一直致力于从内容资源和数字平台两个方面实现传统出版的再造，并先后推出了皮书数据库、列国志数据库、中国田野调查数据库等一系列数字产品。数字出版已经初步形成了产品设计、内容开发、编辑标引、产品运营、技术支持、营销推广等全流程体系。

在国内原创著作、国外名家经典著作大量出版，数字出版突飞猛进的同时，社科文献出版社从构建国际话语体系的角度推动学术出版国际化。先后与斯普林格、荷兰博睿、牛津、剑桥等十余家国际出版机构合作面向海外推出了"皮书系列""改革开放30年研究书系""中国梦与中国发展道路研究丛书""全面深化改革研究书系"等一系列在世界范围内引起强烈反响的作品；并持续致力于中国学术出版走出去，组织学者和编辑参加国际书展，筹办国际性学术研讨会，向世界展示中国学者的学术水平和研究成果。

此外，社科文献出版社充分利用网络媒体平台，积极与中央和地方各类媒体合作，并联合大型书店、学术书店、机场书店、网络书店、图书馆，逐步构建起了强大的学术图书内容传播平台。学术图书的媒体曝光率居全国之首，图书馆藏率居于全国出版机构前十位。

上述诸多成绩的取得，有赖于一支以年轻的博士、硕士为主体，一批从中国社科院刚退出科研一线的各学科专家为支撑的300多位高素质的编辑、出版和营销队伍，为我们实现学术立社，以学术品位、学术价值来实现经济效益和社会效益这样一个目标的共同努力。

作为已经开启第三次创业梦想的人文社会科学学术出版机构，2015年的社会科学文献出版社将迎来她30周岁的生日，"三十而立"再出发，我们将以改革发展为动力，以学术资源建设为中心，以构建智慧型出版社为主线，以社庆三十周年系列活动为重要载体，以"整合、专业、分类、协同、持续"为各项工作指导原则，全力推进出版社数字化转型，坚定不移地走专业化、数字化、国际化发展道路，全面提升出版社核心竞争力，为实现"社科文献梦"奠定坚实基础。

社长致辞

我们是图书出版者，更是人文社会科学内容资源供应商；

我们背靠中国社会科学院，面向中国与世界人文社会科学界，坚持为人文社会科学的繁荣与发展服务；

我们精心打造权威信息资源整合平台，坚持为中国经济与社会的繁荣与发展提供决策咨询服务；

我们以读者定位自身，立志让爱书人读到好书，让求知者获得知识；

我们精心编辑、设计每一本好书以形成品牌张力，以优秀的品牌形象服务读者，开拓市场；

我们始终坚持“创社科经典，出传世文献”的经营理念，坚持“权威、前沿、原创”的产品特色；

我们“以人为本”，提倡阳光下创业，员工与企业共享发展之成果；

我们立足于现实，认真对待我们的优势、劣势，我们更着眼于未来，以不断的学习与创新适应不断变化的世界，以不断的努力提升自己的实力；

我们愿与社会各界友好合作，共享人文社会科学发展之成果，共同推动中国学术出版乃至内容产业的繁荣与发展。

社会科学文献出版社社长

中国社会学会秘书长

谢寿光

2015 年 1 月

皮书起源

“皮书”起源于十七、十八世纪的英国，主要指官方或社会组织正式发表的重要文件或报告，多以“白皮书”命名。在中国，“皮书”这一概念被社会广泛接受，并被成功运作、发展成为一种全新的出版形态，则源于中国社会科学院社会科学文献出版社。

皮书定义

皮书是对中国与世界发展状况和热点问题进行年度监测，以专业的角度、专家的视野和实证研究方法，针对某一领域或区域现状与发展态势展开分析和预测，具备权威性、前沿性、原创性、实证性、时效性等特点的连续性公开出版物，由一系列权威研究报告组成。皮书系列是社会科学文献出版社编辑出版的蓝皮书、绿皮书、黄皮书等的统称。

皮书作者

皮书系列的作者以中国社会科学院、著名高校、地方社会科学院的研究人员为主，多为国内一流研究机构的权威专家学者，他们的看法和观点代表了学界对中国与世界的现实和未来最高水平的解读与分析。

皮书荣誉

皮书系列已成为社会科学文献出版社的著名图书品牌和中国社会科学院的知名学术品牌。2011 年，皮书系列正式列入“十二五”国家重点出版规划项目；2012~2014 年，重点皮书列入中国社会科学院承担的国家哲学社会科学创新工程项目；2015 年，41 种院外皮书使用“中国社会科学院创新工程学术出版项目”标识。

经　济　类

经济类皮书涵盖宏观经济、城市经济、大区域经济，
提供权威、前沿的分析与预测

经济蓝皮书

2015年中国经济形势分析与预测

李　扬 / 主编　　2014年12月出版　　定价 :69.00元

◆　本书为总理基金项目，由著名经济学家李扬领衔，联合中国社会科学院、国务院发展中心等数十家科研机构、国家部委和高等院校的专家共同撰写，系统分析了2014年的中国经济形势并预测2015年我国经济运行情况，2015年中国经济仍将保持平稳较快增长，预计增速7%左右。

城市竞争力蓝皮书

中国城市竞争力报告 No.13

倪鹏飞 / 主编　　2015年5月出版　　定价 :89.00元

◆　本书由中国社会科学院城市与竞争力研究中心主任倪鹏飞主持编写，以“巨手：托起城市中国新版图”为主题，分别从市场、产业、要素、交通一体化角度论证了东中一体化程度不断加深。建议：中国经济分区应该由四分区调整为二分区；按照“一团五线”的发展格局对中国的城市体系做出重大调整。

西部蓝皮书

中国西部发展报告（2015）

姚慧琴　徐璋勇 / 主编　　2015年7月出版　　估价 :89.00元

◆　本书由西北大学中国西部经济发展研究中心主编，汇集了源自西部本土以及国内研究西部问题的权威专家的第一手资料，对国家实施西部大开发战略进行年度动态跟踪，并对2015年西部经济、社会发展态势进行预测和展望。

中部蓝皮书

中国中部地区发展报告（2015）

喻新安 / 主编　　2015 年 7 月出版　　估价 :69.00 元

◆　本书敏锐地抓住当前中部地区经济发展中的热点、难点问题，紧密地结合国家和中部经济社会发展的重大战略转变，对中部地区经济发展的各个领域进行了深入、全面的分析研究，并提出了具有理论研究价值和可操作性强的政策建议。

世界经济黄皮书

2015 年世界经济形势分析与预测

王洛林　张宇燕 / 主编　　2015 年 1 月出版　　定价 :69.00 元

◆　本书为中国社会科学院创新工程学术出版资助项目，由中国社会科学院世界经济与政治研究所的研创团队撰写。该书认为，2014 年，世界经济维持了上年度的缓慢复苏，同时经济增长格局分化显著。预计 2015 年全球经济增速按购买力平价计算的增长率为 3.3%，按市场汇率计算的增长率为 2.8%。

中国省域竞争力蓝皮书

中国省域经济综合竞争力发展报告（2013~2014）

李建平　李闽榕　高燕京 / 主编　　2015 年 2 月出版　定价 :198.00 元

◆　本书充分运用数理分析、空间分析、规范分析与实证分析相结合、定性分析与定量分析相结合的方法，建立起比较科学完善、符合中国国情的省域经济综合竞争力指标评价体系及数学模型，对 2012~2013 年中国内地 31 个省、市、区的经济综合竞争力进行全面、深入、科学的总体评价与比较分析。

城市蓝皮书

中国城市发展报告 No.8

潘家华　魏后凯 / 主编　2015 年 9 月出版　　估价 :69.00 元

◆　本书由中国社会科学院城市发展与环境研究中心编著，从中国城市的科学发展、城市环境可持续发展、城市经济集约发展、城市社会协调发展、城市基础设施与用地管理、城市管理体制改革以及中国城市科学发展实践等多角度、全方位地立体展示了中国城市的发展状况，并对中国城市的未来发展提出了建议。

金融蓝皮书

中国金融发展报告（2015）

李　扬　王国刚 / 主编　2014 年 12 月出版　定价 :75.00 元

◆　由中国社会科学院金融研究所组织编写的《中国金融发展报告（2015）》，概括和分析了 2014 年中国金融发展和运行中的各方面情况，研讨和评论了 2014 年发生的主要金融事件。本书由业内专家和青年精英联合编著，有利于读者了解掌握 2014 年中国的金融状况，把握 2015 年中国金融的走势。

低碳发展蓝皮书

中国低碳发展报告（2015）

齐　晔 / 主编　2015 年 7 月出版　估价 :89.00 元

◆　本书对中国低碳发展的政策、行动和绩效进行科学、系统、全面的分析。重点是通过归纳中国低碳发展的绩效，评估与低碳发展相关的政策和措施，分析政策效应的制度背景和作用机制，为进一步的政策制定、优化和实施提供支持。

经济信息绿皮书

中国与世界经济发展报告（2015）

杜　平 / 主编　2014 年 12 月出版　定价 :79.00 元

◆　本书是由国家信息中心组织专家队伍精心研究编撰的年度经济分析预测报告，书中指出，2014 年，我国经济增速有所放慢，但仍处于合理运行区间。主要新兴国家经济总体仍显疲软。2015 年应防止经济下行和财政金融风险相互强化，促进经济向新常态平稳过渡。

低碳经济蓝皮书

中国低碳经济发展报告（2015）

薛进军　赵忠秀 / 主编　2015 年 6 月出版　定价 :85.00 元

◆　本书汇集来自世界各国的专家学者、政府官员，探讨世界金融危机后国际经济的现状，提出“绿色化”为经济转型期国家的可持续发展提供了重要范本，并将成为解决气候系统保护与经济发展矛盾的重要突破口，也将是中国引领“一带一路”沿线国家实现绿色发展的重要抓手。

社会政法类

社会政法类皮书聚焦社会发展领域的热点、难点问题，
提供权威、原创的资讯与视点

社会蓝皮书

2015年中国社会形势分析与预测

李培林　陈光金　张　翼/主编　2014年12月出版　定价:69.00元

◆　本书由中国社会科学院社会学研究所组织研究机构专家、高校学者和政府研究人员撰写，聚焦当下社会热点，指出2014年我国社会存在城乡居民人均收入增速放缓、大学生毕业就业压力加大、社会老龄化加速、住房价格继续飙升、环境群体性事件多发等问题。

法治蓝皮书

中国法治发展报告No.13（2015）

李　林　田　禾/主编　2015年3月出版　定价:105.00元

◆　本年度法治蓝皮书回顾总结了2014年度中国法治取得的成效及存在的问题，并对2015年中国法治发展形势进行预测、展望，还从立法、人权保障、行政审批制度改革、反价格垄断执法、教育法治、政府信息公开等方面研讨了中国法治发展的相关问题。

环境绿皮书

中国环境发展报告（2015）

刘鉴强/主编　2015年7月出版　估价:79.00元

◆　本书由民间环保组织“自然之友”组织编写，由特别关注、生态保护、宜居城市、可持续消费以及政策与治理等版块构成，以公共利益的视角记录、审视和思考中国环境状况，呈现2014年中国环境与可持续发展领域的全局态势，用深刻的思考、科学的数据分析2014年的环境热点事件。

反腐倡廉蓝皮书

中国反腐倡廉建设报告 No.4

李秋芳　张英伟 / 主编　2014 年 12 月出版　　定价 :79.00 元

◆　本书继续坚持“建设”主题，既描摹出反腐败斗争的感性特点，又揭示出反腐政治格局深刻变化的根本动因。指出当前症结在于权力与资本“隐蔽勾连”、“官场积弊”消解“吏治改革”效力、部分公职人员基本价值观迷乱、封建主义与资本主义思想依然影响深重。提出应以科学思维把握反腐治标与治本问题，建构“不需腐”的合理合法薪酬保障机制。

女性生活蓝皮书

中国女性生活状况报告 No.9（2015）

韩湘景 / 主编　2015 年 4 月出版　定价 :79.00 元

◆　本书由中国妇女杂志社、华坤女性生活调查中心和华坤女性消费指导中心组织编写，通过调查获得的大量调查数据，真实展现当年中国城市女性的生活状况、消费状况及对今后的预期。

华侨华人蓝皮书

华侨华人研究报告 (2015)

贾益民 / 主编　2015 年 12 月出版　估价 :118.00 元

◆　本书为中国社会科学院创新工程学术出版资助项目，是华侨大学向世界提供最新涉侨动态、理论研究和政策建议的平台。主要介绍了相关国家华侨华人的规模、分布、结构、发展趋势，以及全球涉侨生存安全环境和华文教育情况等。

政治参与蓝皮书

中国政治参与报告（2015）

房　宁 / 主编　2015 年 7 月出版　估价 :105.00 元

◆　本书作者均来自中国社会科学院政治学研究所，聚焦中国基层群众自治的参与情况介绍了城镇居民的社区建设与居民自治参与和农村居民的村民自治与农村社区建设参与情况。其优势是其指标评估体系的建构和问卷调查的设计专业，数据量丰富，统计结论科学严谨。

行业报告类

行业报告类皮书立足重点行业、新兴行业领域，
提供及时、前瞻的数据与信息

房地产蓝皮书

中国房地产发展报告 No.12（2015）

魏后凯　李景国 / 主编　　2015 年 5 月出版　　定价 :79.00 元

◆　本年度房地产蓝皮书指出，2014 年中国房地产市场出现了较大幅度的回调，商品房销售明显遇冷，库存居高不下。展望 2015 年，房价保持低速增长的可能性较大，但区域分化将十分明显，人口聚集能力强的一线城市和部分热点二线城市房价有回暖、房价上涨趋势，而人口聚集能力差、库存大的部分二线城市或三四线城市房价会延续下跌（回调）态势。

保险蓝皮书

中国保险业竞争力报告（2015）

姚庆海　王　力 / 主编　2015 年 12 出版　　估价 :98.00 元

◆　本皮书主要为监管机构、保险行业和保险学界提供保险市场一年来发展的总体评价，外在因素对保险业竞争力发展的影响研究；国家监管政策、市场主体经营创新及职能发挥、理论界最新研究成果等综述和评论。

企业社会责任蓝皮书

中国企业社会责任研究报告（2015）

黄群慧　彭华岗　钟宏武　张　蒽 / 编著
2015 年　11 月出版　估价 :69.00 元

◆　本书系中国社会科学院经济学部企业社会责任研究中心组织编写的《企业社会责任蓝皮书》2015 年分册。该书在对企业社会责任进行宏观总体研究的基础上，根据 2014 年企业社会责任及相关背景进行了创新研究，在全国企业中观层面对企业健全社会责任管理体系提供了弥足珍贵的丰富信息。

投资蓝皮书

中国投资发展报告（2015）

谢　平 / 主编　　2015 年 4 月出版　　定价 :128.00 元

◆　2014 年，适应新常态发展的宏观经济政策逐步成型和出台，成为保持经济平稳增长、促进经济活力增强、结构不断优化升级的有力保障。2015 年，应重点关注先进制造业、TMT 产业、大健康产业、大文化产业及非金融全新产业的投资机会，适应新常态下的产业发展变化，在投资布局中争取主动。

住房绿皮书

中国住房发展报告（2014~2015）

倪鹏飞 / 主编　　2014 年 12 月出版　　定价 :79.00 元

◆　本年度住房绿皮书指出，中国住房市场从 2014 年第一季度开始进入调整状态，2014 年第三季度进入全面调整期。2015 年的住房市场走势：整体延续衰退，一、二线城市 2015 年下半年、三四线城市 2016 年下半年复苏。

人力资源蓝皮书

中国人力资源发展报告（2015）

余兴安 / 主编　　2015 年 9 月出版　　估价 :79.00 元

◆　本书是在人力资源和社会保障部部领导的支持下，由中国人事科学研究院汇集我国人力资源开发权威研究机构的诸多专家学者的研究成果编写而成。 作为关于人力资源的蓝皮书，本书通过充分利用有关研究成果，更广泛、更深入地展示近年来我国人力资源开发重点领域的研究成果。

汽车蓝皮书

中国汽车产业发展报告（2015）

国务院发展研究中心产业经济研究部　中国汽车工程学会
大众汽车集团（中国）/ 主编　2015 年 8 月出版　　估价 :128.00 元

◆　本书由国务院发展研究中心产业经济研究部、中国汽车工程学会、大众汽车集团（中国）联合主编，是关于中国汽车产业发展的研究性年度报告，介绍并分析了本年度中国汽车产业发展的形势。

国别与地区类

国别与地区类皮书关注全球重点国家与地区，
提供全面、独特的解读与研究

亚太蓝皮书

亚太地区发展报告（2015）

李向阳 / 主编　　2015 年 1 月出版　　定价 :59.00 元

◆　本年度的专题是"一带一路"，书中对"一带一路"战略的经济基础、"一带一路"与区域合作等进行了阐述。除对亚太地区 2014 年的整体变动情况进行深入分析外，还在此基础上提出了对于 2015 年亚太地区各个方面发展情况的预测。

日本蓝皮书

日本研究报告（2015）

李　薇 / 主编　　2015 年 4 月出版　　定价 :69.00 元

◆　本书由中华日本学会、中国社会科学院日本研究所合作推出，是以中国社会科学院日本研究所的研究人员为主完成的研究成果。对 2014 年日本的政治、外交、经济、社会文化作了回顾、分析，并对 2015 年形势进行展望。

德国蓝皮书

德国发展报告（2015）

郑春荣　伍慧萍 / 主编　2015 年 5 月出版　定价 :69.00 元

◆　本报告由同济大学德国研究所组织编撰，由该领域的专家学者对德国的政治、经济、社会文化、外交等方面的形势发展情况，进行全面的阐述与分析。德国作为欧洲大陆第一强国，与中国各方面日渐紧密的合作关系，值得国内各界深切关注。

国际形势黄皮书

全球政治与安全报告（2015）

李慎明　张宇燕 / 主编　2015 年 1 月出版　定价 :69.00 元

◆　本书对中、俄、美三国之间的合作与冲突进行了深度分析，揭示了影响中美、俄美及中俄关系的主要因素及变化趋势。重点关注了乌克兰危机、克里米亚问题、苏格兰公投、西非埃博拉疫情以及西亚北非局势等国际焦点问题。

拉美黄皮书

拉丁美洲和加勒比发展报告（2014~2015）

吴白乙 / 主编　2015 年 5 月出版　定价 :89.00 元

◆　本书是中国社会科学院拉丁美洲研究所的第 14 份关于拉丁美洲和加勒比地区发展形势状况的年度报告。 本书对 2014 年拉丁美洲和加勒比地区诸国的政治、经济、社会、外交等方面的发展情况做了系统介绍，对该地区相关国家的热点及焦点问题进行了总结和分析，并在此基础上对该地区各国 2015 年的发展前景做出预测。

美国蓝皮书

美国研究报告（2015）

郑秉文　黄　平 / 主编　2015 年 6 月出版　定价 :89.00 元

◆　本书是由中国社会科学院美国所主持完成的研究成果，重点讲述了美国的“再平衡”战略，另外回顾了美国 2014 年的经济、政治形势与外交战略，对 2014 年以来美国内政外交发生的重大事件以及重要政策进行了较为全面的回顾和梳理。

大湄公河次区域蓝皮书

大湄公河次区域合作发展报告（2015）

刘　稚 / 主编　2015 年 9 月出版　估价 :79.00 元

◆　云南大学大湄公河次区域研究中心深入追踪分析该区域发展动向，以把握全面，突出重点为宗旨，系统介绍和研究大湄公河次区域合作的年度热点和重点问题，展望次区域合作的发展趋势，并对新形势下我国推进次区域合作深入发展提出相关对策建议。

地方发展类

地方发展类皮书关注大陆各省份、经济区域，
提供科学、多元的预判与咨政信息

北京蓝皮书

北京公共服务发展报告（2014~2015）

施昌奎 / 主编　2015 年 1 月出版　定价：69.00 元

◆　本书是由北京市政府职能部门的领导、首都著名高校的教授、知名研究机构的专家共同完成的关于北京市公共服务发展与创新的研究成果。本年度主题为“北京公共服务均衡化发展和市场化改革”，内容涉及了北京市公共服务发展的方方面面，既有对北京各个城区的综合性描述，也有对局部、细部、具体问题的分析。

上海蓝皮书

上海经济发展报告（2015）

沈开艳 / 主编　2015 年 1 月出版　定价 :69.00 元

◆　本书系上海社会科学院系列之一，本年度将“建设具有全球影响力的科技创新中心”作为主题，对 2015 年上海经济增长与发展趋势的进行了预测，把握了上海经济发展的脉搏和学术研究的前沿。

广州蓝皮书

广州经济发展报告（2015）

李江涛　朱名宏 / 主编　2015 年 7 月出版　估价 :69.00 元

◆　本书是由广州市社会科学院主持编写的“广州蓝皮书”系列之一，本报告对广州 2014 年宏观经济运行情况作了深入分析，对 2015 年宏观经济走势进行了合理预测，并在此基础上提出了相应的政策建议。

文化传媒类

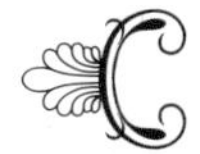

文化传媒类皮书透视文化领域、文化产业，
探索文化大繁荣、大发展的路径

新媒体蓝皮书

中国新媒体发展报告 No.6（2015）

唐绪军 / 主编　　2015 年 7 月出版　　定价 :79.00 元

◆　本书深入探讨了中国网络信息安全、媒体融合状况、微信谣言问题、微博发展态势、互联网金融、移动舆论场舆情、传统媒体转型、新媒体产业发展、网络助政、网络舆论监督、大数据、数据新闻、数字版权等热门问题，展望了中国新媒体的未来发展趋势。

舆情蓝皮书

中国社会舆情与危机管理报告（2015）

谢耘耕 / 主编　　2015 年 8 月出版　　估价 :98.00 元

◆　本书由上海交通大学舆情研究实验室和危机管理研究中心主编，已被列入教育部人文社会科学研究报告培育项目。本书以新媒体环境下的中国社会为立足点，对 2014 年中国社会舆情、分类舆情等进行了深入系统的研究，并预测了 2015 年社会舆情走势。

文化蓝皮书

中国文化产业发展报告（2015）

张晓明　王家新　章建刚 / 主编　　2015 年 7 月出版　　估价 :79.00 元

◆　本书由中国社会科学院文化研究中心编写。 从 2012 年开始，中国社会科学院文化研究中心设立了国内首个文化产业的研究类专项资金——“文化产业重大课题研究计划”，开始在全国范围内组织多学科专家学者对我国文化产业发展重大战略问题进行联合攻关研究。本书集中反映了该计划的研究成果。

经济类

G20国家创新竞争力黄皮书
二十国集团(G20)国家创新竞争力发展报告(2015)
著(编)者:黄茂兴 李闽榕 李建平 赵新力
2015年9月出版 / 估价:128.00元

产业蓝皮书
中国产业竞争力报告(2015)
著(编)者:张其仔 2015年7月出版 / 估价:79.00元

长三角蓝皮书
2015年全面深化改革中的长三角
著(编)者:张伟斌 2015年10月出版 / 估价:69.00元

城乡一体化蓝皮书
中国城乡一体化发展报告(2015)
著(编)者:付崇兰 汝信 2015年12月出版 / 估价:79.00元

城市创新蓝皮书
中国城市创新报告(2015)
著(编)者:周天勇 旷建伟 2015年8月出版 / 估价:69.00元

城市竞争力蓝皮书
中国城市竞争力报告(2015)
著(编)者:倪鹏飞 2015年5月出版 / 定价:89.00元

城市蓝皮书
中国城市发展报告NO.8
著(编)者:潘家华 魏后凯 2015年9月出版 / 估价:69.00元

城市群蓝皮书
中国城市群发展指数报告(2015)
著(编)者:刘新静 刘士林 2015年10月出版 / 估价:59.00元

城乡统筹蓝皮书
中国城乡统筹发展报告(2015)
著(编)者:潘晨光 程志强 2015年7月出版 / 估价:59.00元

城镇化蓝皮书
中国新型城镇化健康发展报告(2015)
著(编)者:张占斌 2015年7月出版 / 估价:79.00元

低碳发展蓝皮书
中国低碳发展报告(2015)
著(编)者:齐晔 2015年7月出版 / 估价:89.00元

低碳经济蓝皮书
中国低碳经济发展报告(2015)
著(编)者:薛进军 赵忠秀 2015年6月出版 / 定价:85.00元

东北蓝皮书
中国东北地区发展报告(2015)
著(编)者:马克 黄文艺 2015年8月出版 / 估价:79.00元

发展和改革蓝皮书
中国经济发展和体制改革报告(2015)
著(编)者:邹东涛 2015年11月出版 / 估价:98.00元

工业化蓝皮书
中国工业化进程报告(2015)
著(编)者:黄群慧 吕铁 李晓华 2015年11月出版 / 估价:89.00元

国际城市蓝皮书
国际城市发展报告(2015)
著(编)者:屠启宇 2015年1月出版 / 定价:79.00元

国家创新蓝皮书
中国创新发展报告(2015)
著(编)者:陈劲 2015年7月出版 / 估价:59.00元

环境竞争力绿皮书
中国省域环境竞争力发展报告(2015)
著(编)者:李建平 李闽榕 王金南
2015年12月出版 / 估价:198.00元

金融蓝皮书
中国金融发展报告(2015)
著(编)者:李扬 王国刚 2014年12月出版 / 定价:75.00元

金融信息服务蓝皮书
金融信息服务发展报告(2015)
著(编)者:鲁广锦 殷剑峰 林义相
2015年7月出版 / 估价:89.00元

经济蓝皮书
2015年中国经济形势分析与预测
著(编)者:李扬 2014年12月出版 / 定价:69.00元

经济蓝皮书·春季号
2015年中国经济前景分析
著(编)者:李扬 2015年5月出版 / 定价:79.00元

经济蓝皮书·夏季号
中国经济增长报告(2015)
著(编)者:李扬 2015年7月出版 / 估价:69.00元

经济信息绿皮书
中国与世界经济发展报告(2015)
著(编)者:杜平 2014年12月出版 / 定价:79.00元

就业蓝皮书
2015年中国大学生就业报告
著(编)者:麦可思研究院 2015年7月出版 / 估价:98.00元

就业蓝皮书
2015年中国高职高专生就业报告
著(编)者:麦可思研究院 2015年6月出版 / 定价:98.00元

就业蓝皮书
2015年中国本科生就业报告
著(编)者:麦可思研究院 2015年6月出版 / 定价:98.00元

临空经济蓝皮书
中国临空经济发展报告(2015)
著(编)者:连玉明 2015年9月出版 / 估价:79.00元

民营经济蓝皮书
中国民营经济发展报告(2015)
著(编)者:王钦敏 2015年12月出版 / 估价:79.00元

农村绿皮书
中国农村经济形势分析与预测(2014~2015)
著(编)者:中国社会科学院农村发展研究所
国家统计局农村社会经济调查司
2015年4月出版 / 定价:69.00元

农业应对气候变化蓝皮书
气候变化对中国农业影响评估报告（2015）
著(编)者:矫梅燕　2015年8月出版 / 估价:98.00元

企业公民蓝皮书
中国企业公民报告（2015）
著(编)者:邹东涛　2015年12月出版 / 估价:79.00元

气候变化绿皮书
应对气候变化报告（2015）
著(编)者:王伟光 郑国光　2015年10月出版 / 估价:79.00元

区域蓝皮书
中国区域经济发展报告（2014~2015）
著(编)者:梁昊光　2015年5月出版 / 定价:79.00元

全球环境竞争力绿皮书
全球环境竞争力报告（2015）
著(编)者:李建建 李闽榕 李建平 王金南
2015年12月出版 / 估价:198.00元

人口与劳动绿皮书
中国人口与劳动问题报告No.15
著(编)者:蔡昉　2015年1月出版 / 定价:59.00元

商务中心区蓝皮书
中国商务中心区发展报告（2015）
著(编)者:中国商务区联盟
中国社会科学院城市发展与环境研究所
2015年10月出版 / 估价:69.00元

商务中心区蓝皮书
中国商务中心区发展报告No.1（2014）
著(编)者:魏后凯　李国红　2015年1月出版 / 定价:89.00元

世界经济黄皮书
2015年世界经济形势分析与预测
著(编)者:王洛林　张宇燕　2015年1月出版 / 定价:69.00元

世界旅游城市绿皮书
世界旅游城市发展报告（2015）
著(编)者:鲁勇 周正宇 宋宇　2015年7月出版 / 估价:88.00元

西北蓝皮书
中国西北发展报告（2015）
著(编)者:赵宗福　孙发平　苏海红　鲁顺元　段庆林
2014年12月出版 / 定价:79.00元

西部蓝皮书
中国西部发展报告（2015）
著(编)者:姚慧琴 徐璋勇　2015年7月出版 / 估价:89.00元

新型城镇化蓝皮书
新型城镇化发展报告（2015）
著(编)者:李伟　2015年10月出版 / 估价:89.00元

新兴经济体蓝皮书
金砖国家发展报告（2015）
著(编)者:林跃勤 周文　2015年7月出版 / 估价:79.00元

中部竞争力蓝皮书
中国中部经济社会竞争力报告（2015）
著(编)者:教育部人文社会科学重点研究基地
南昌大学中国中部经济社会发展研究中心
2015年9月出版 / 估价:79.00元

中部蓝皮书
中国中部地区发展报告（2015）
著(编)者:喻新安　2015年7月出版 / 估价:69.00元

中国省域竞争力蓝皮书
中国省域经济综合竞争力发展报告（2013~2014）
著(编)者:李建平 李闽榕 高燕京
2015年2月出版 / 定价:198.00元

中三角蓝皮书
长江中游城市群发展报告（2015）
著(编)者:秦尊文　2015年10月出版 / 估价:69.00元

中小城市绿皮书
中国中小城市发展报告（2015）
著(编)者:中国城市经济学会中小城市经济发展委员会
《中国中小城市发展报告》编纂委员会
中小城市发展战略研究院
2015年10月出版 / 估价:98.00元

中原蓝皮书
中原经济区发展报告（2015）
著(编)者:李英杰　2015年7月出版 / 估价:88.00元

社会政法类

北京蓝皮书
中国社区发展报告（2015）
著(编)者:于燕燕　2015年7月出版 / 估价:69.00元

殡葬绿皮书
中国殡葬事业发展报告（2014~2015）
著(编)者:李伯森　2015年4月出版 / 定价:158.00元

城市管理蓝皮书
中国城市管理报告（2015）
著(编)者:谭维克 刘林　2015年12月出版 / 估价:158.00元

城市生活质量蓝皮书
中国城市生活质量报告（2015）
著(编)者:中国经济实验研究院　2015年7月出版 / 估价:59.00元

城市政府能力蓝皮书
中国城市政府公共服务能力评估报告（2015）
著(编)者:何艳玲　2015年7月出版 / 估价:59.00元

创新蓝皮书
创新型国家建设报告（2015）
著(编)者:詹正茂　2015年7月出版 / 估价:69.00元

慈善蓝皮书
中国慈善发展报告（2015）
著(编)者:杨团　2015年6月出版 / 定价:79.00元

地方法治蓝皮书
中国地方法治发展报告No.1（2014）
著(编)者:李林　田禾　2015年1月出版 / 定价:98.00元

法治蓝皮书
中国法治发展报告No.13（2015）
著(编)者:李林 田禾　2015年3月出版 / 定价:105.00元

反腐倡廉蓝皮书
中国反腐倡廉建设报告No.4
著(编)者:李秋芳　张英伟　2014年12月出版 / 定价:79.00元

非传统安全蓝皮书
中国非传统安全研究报告（2014~2015）
著(编)者:余潇枫 魏志江　2015年5月出版 / 定价:79.00元

妇女发展蓝皮书
中国妇女发展报告（2015）
著(编)者:王金玲　2015年9月出版 / 估价:148.00元

妇女教育蓝皮书
中国妇女教育发展报告（2015）
著(编)者:张李玺　2015年7月出版 / 估价:78.00元

妇女绿皮书
中国性别平等与妇女发展报告（2015）
著(编)者:谭琳　2015年12月出版 / 估价:99.00元

公共服务蓝皮书
中国城市基本公共服务力评价（2015）
著(编)者:钟君 吴正杲　2015年12月出版 / 估价:79.00元

公共服务满意度蓝皮书
中国城市公共服务评价报告（2015）
著(编)者:胡伟　2015年12月出版 / 估价:69.00元

公共外交蓝皮书
中国公共外交发展报告（2015）
著(编)者:赵启正 雷蔚真　2015年4月出版 / 定价:89.00元

公民科学素质蓝皮书
中国公民科学素质报告（2015）
著(编)者:李群 许佳军　2015年7月出版 / 估价:79.00元

公益蓝皮书
中国公益发展报告（2015）
著(编)者:朱健刚　2015年7月出版 / 估价:78.00元

管理蓝皮书
中国管理发展报告（2015）
著(编)者:张晓东　2015年9月出版 / 估价:98.00元

国际人才蓝皮书
中国国际移民报告（2015）
著(编)者:王辉耀　2015年2月出版 / 定价:79.00元

国际人才蓝皮书
中国海归发展报告（2015）
著(编)者:王辉耀 苗绿　2015年7月出版 / 估价:69.00元

国际人才蓝皮书
中国留学发展报告（2015）
著(编)者:王辉耀 苗绿　2015年9月出版 / 估价:69.00元

国家安全蓝皮书
中国国家安全研究报告（2015）
著(编)者:刘慧　2015年7月出版 / 估价:98.00元

行政改革蓝皮书
中国行政体制改革报告（2014~2015）
著(编)者:魏礼群　2015年4月出版 / 定价:98.00元

华侨华人蓝皮书
华侨华人研究报告（2015）
著(编)者:贾益民　2015年12月出版 / 估价:118.00元

环境绿皮书
中国环境发展报告（2015）
著(编)者:刘鉴强　2015年7月出版 / 估价:79.00元

基金会蓝皮书
中国基金会发展报告（2015）
著(编)者:刘忠祥　2016年6月出版 / 估价:69.00元

基金会绿皮书
中国基金会发展独立研究报告（2015）
著(编)者:基金会中心网　2015年8月出版 / 估价:88.00元

基金会透明度蓝皮书
中国基金会透明度发展研究报告（2015）
著(编)者:基金会中心网 清华大学廉政与治理研究中心
2015年9月出版 / 估价:78.00元

教师蓝皮书
中国中小学教师发展报告（2014）
著(编)者:曾晓东 鱼霞　2015年6月出版 / 定价:69.00元

教育蓝皮书
中国教育发展报告（2015）
著(编)者:杨东平　2015年5月出版 / 定价:79.00元

科普蓝皮书
中国科普基础设施发展报告（2015）
著(编)者:任福君　2015年7月出版 / 估价:59.00元

劳动保障蓝皮书
中国劳动保障发展报告（2015）
著(编)者:刘燕斌　2015年7月出版 / 估价:89.00元

老龄蓝皮书
中国老年宜居环境发展报告(2015)
著(编)者:吴玉韶　2015年9月出版 / 估价:79.00元

连片特困区蓝皮书
中国连片特困区发展报告（2014~2015）
著(编)者:游俊　冷志明 丁建军 2015年3月出版 / 定价:98.00元

民间组织蓝皮书
中国民间组织报告(2015)
著(编)者:潘晨光 黄晓勇　2015年8月出版 / 估价:69.00元

民调蓝皮书
中国民生调查报告（2015）
著(编)者:谢耘耕　2015年7月出版 / 估价:128.00元

民族发展蓝皮书
中国民族发展报告（2015）
著(编)者:郝时远 王延中 王希恩
2015年4月出版 / 定价:98.00元

女性生活蓝皮书
中国女性生活状况报告No.9 （2015）
著(编)者:韩湘景 2015年4月出版 / 定价:79.00元

企业公众透明度蓝皮书
中国企业公众透明度报告(2014~2015)No.1
著(编)者:黄速建 王晓光 肖红军
2015年1月出版 / 定价:98.00元

企业国际化蓝皮书
中国企业国际化报告(2015)
著(编)者:王辉耀 2015年10月出版 / 估价:79.00元

汽车社会蓝皮书
中国汽车社会发展报告（2015）
著(编)者:王俊秀 2015年7月出版 / 估价:59.00元

青年蓝皮书
中国青年发展报告No.3
著(编)者:廉思 2015年7月出版 / 估价:59.00元

区域人才蓝皮书
中国区域人才竞争力报告（2015）
著(编)者:桂昭明 王辉耀 2015年7月出版 / 估价:69.00元

群众体育蓝皮书
中国群众体育发展报告（2015）
著(编)者:刘国永 杨桦 2015年8月出版 / 估价:69.00元

人才蓝皮书
中国人才发展报告（2015）
著(编)者:潘晨光 2015年8月出版 / 估价:85.00元

人权蓝皮书
中国人权事业发展报告（2015）
著(编)者:中国人权研究会 2015年8月出版 / 估价:99.00元

森林碳汇绿皮书
中国森林碳汇评估发展报告（2015）
著(编)者:闫文德 胡文臻 2015年9月出版 / 估价:79.00元

社会保障绿皮书
中国社会保障发展报告（2015）No.7
著(编)者:王延中 2015年4月出版 / 定价:89.00元

社会工作蓝皮书
中国社会工作发展报告（2015）
著(编)者:民政部社会工作研究中心
2015年8月出版 / 估价:79.00元

社会管理蓝皮书
中国社会管理创新报告（2015）
著(编)者:连玉明 2015年9月出版 / 估价:89.00元

社会蓝皮书
2015年中国社会形势分析与预测
著(编)者:李培林 陈光金 张 翼
2014年12月出版 / 定价:69.00元

社会体制蓝皮书
中国社会体制改革报告No.3（2015）
著(编)者:龚维斌 2015年4月出版 / 定价:79.00元

社会心态蓝皮书
中国社会心态研究报告（2015）
著(编)者:王俊秀 杨宜音 2015年10月出版 / 估价:69.00元

社会组织蓝皮书
中国社会组织评估发展报告（2015）
著(编)者:徐家良 廖鸿 2015年12月出版 / 估价:69.00元

生态城市绿皮书
中国生态城市建设发展报告（2015）
著(编)者:刘举科 孙伟平 胡文臻 2015年7月出版 / 估价:98.00元

生态文明绿皮书
中国省域生态文明建设评价报告（ECI 2015）
著(编)者:严耕 2015年9月出版 / 估价:85.00元

世界社会主义黄皮书
世界社会主义跟踪研究报告（2014~2015）
著(编)者:李慎明 2015年4月出版 / 定价:258.00元

水与发展蓝皮书
中国水风险评估报告（2015）
著(编)者:王浩 2015年9月出版 / 估价:69.00元

土地整治蓝皮书
中国土地整治发展研究报告No.2
著(编)者:国土资源部土地整治中心 2015年5月出版 / 定价:89.00元

网络空间安全蓝皮书
中国网络空间安全发展报告（2015）
著(编)者:惠志斌 唐涛 2015年4月出版 / 定价:79.00元

危机管理蓝皮书
中国危机管理报告（2015）
著(编)者:文学国 2015年8月出版 / 估价:89.00元

协会商会蓝皮书
中国行业协会商会发展报告（2014）
著(编)者:景朝阳 李勇 2015年4月出版 / 定价:99.00元

形象危机应对蓝皮书
形象危机应对研究报告（2015）
著(编)者:唐钧 2015年7月出版 / 估价:149.00元

医改蓝皮书
中国医药卫生体制改革报告（2015～2016）
著(编)者:文学国 房志武 2015年12月出版 / 估价:79.00元

医疗卫生绿皮书
中国医疗卫生发展报告（2015）
著(编)者:申宝忠 韩玉珍 2015年7月出版 / 估价:75.00元

应急管理蓝皮书
中国应急管理报告（2015）
著(编)者:宋英华 2015年10月出版 / 估价:69.00元

政治参与蓝皮书
中国政治参与报告（2015）
著(编)者:房宁 2015年7月出版 / 估价:105.00元

政治发展蓝皮书
中国政治发展报告（2015）
著(编)者:房宁 杨海蛟 2015年7月出版 / 估价:88.00元

中国农村妇女发展蓝皮书
流动女性城市融入发展报告（2015）
著(编)者:谢丽华 2015年11月出版 / 估价:69.00元

宗教蓝皮书
中国宗教报告（2015）
著(编)者:金泽 邱永辉 2016年5月出版 / 估价:59.00元

行业报告类

保险蓝皮书
中国保险业竞争力报告（2015）
著(编)者:项俊波 2015年12月出版 / 估价:98.00元

彩票蓝皮书
中国彩票发展报告（2015）
著(编)者:益彩基金 2015年4月出版 / 定价:98.00元

餐饮产业蓝皮书
中国餐饮产业发展报告（2015）
著(编)者:邢颖 2015年4月出版 / 定价:69.00元

测绘地理信息蓝皮书
智慧中国地理空间智能体系研究报告（2015）
著(编)者:库热西·买合苏提 2015年12月出版 / 估价:98.00元

茶业蓝皮书
中国茶产业发展报告（2015）
著(编)者:杨江帆 李闽榕 2015年10月出版 / 估价:78.00元

产权市场蓝皮书
中国产权市场发展报告（2015）
著(编)者:曹和平 2015年12月出版 / 估价:79.00元

电子政务蓝皮书
中国电子政务发展报告（2015）
著(编)者:洪毅 杜平 2015年11月出版 / 估价:79.00元

杜仲产业绿皮书
中国杜仲橡胶资源与产业发展报告（2014~2015）
著(编)者:杜红岩 胡文臻 俞锐
2015年1月出版 / 定价:85.00元

房地产蓝皮书
中国房地产发展报告No.12（2015）
著(编)者:魏后凯 李景国 2015年5月出版 / 定价:79.00元

服务外包蓝皮书
中国服务外包产业发展报告（2015）
著(编)者:王晓红 刘德军 2015年7月出版 / 估价:89.00元

工业和信息化蓝皮书
移动互联网产业发展报告（2014~2015）
著(编)者:洪京一 2015年4月出版 / 定价:79.00元

工业和信息化蓝皮书
世界网络安全发展报告（2014~2015）
著(编)者:洪京一 2015年4月出版 / 定价:69.00元

工业和信息化蓝皮书
世界制造业发展报告（2014~2015）
著(编)者:洪京一 2015年4月出版 / 定价:69.00元

工业和信息化蓝皮书
世界信息化发展报告（2014~2015）
著(编)者:洪京一 2015年4月出版 / 定价:69.00元

工业和信息化蓝皮书
世界信息技术产业发展报告（2014~2015）
著(编)者:洪京一 2015年4月出版 / 定价:79.00元

工业设计蓝皮书
中国工业设计发展报告（2015）
著(编)者:王晓红 于炜 张立群 2015年9月出版 / 估价:138.00元

互联网金融蓝皮书
中国互联网金融发展报告（2015）
著(编)者:芮晓武 刘烈宏 2015年8月出版 / 估价:79.00元

会展蓝皮书
中外会展业动态评估年度报告（2015）
著(编)者:张敏 2015年1月出版 / 估价:78.00元

金融监管蓝皮书
中国金融监管报告（2015）
著(编)者:胡滨 2015年4月出版 / 定价:89.00元

金融蓝皮书
中国商业银行竞争力报告（2015）
著(编)者:王松奇 2015年12月出版 / 估价:69.00元

客车蓝皮书
中国客车产业发展报告（2014~2015）
著(编)者:姚蔚 2015年2月出版 / 定价:85.00元

老龄蓝皮书
中国老龄产业发展报告（2015）
著(编)者:吴玉韶 党俊武 2015年9月出版 / 估价:79.00元

流通蓝皮书
中国商业发展报告（2015）
著(编)者:荆林波 2015年7月出版 / 估价:89.00元

旅游安全蓝皮书
中国旅游安全报告（2015）
著(编)者:郑向敏 谢朝武 2015年5月出版 / 定价:128.00元

旅游景区蓝皮书
中国旅游景区发展报告（2015）
著(编)者:黄安民　2015年7月出版 / 估价:79.00元

旅游绿皮书
2014~2015年中国旅游发展分析与预测
著(编)者:宋瑞　2015年1月出版 / 定价:98.00元

煤炭蓝皮书
中国煤炭工业发展报告（2015）
著(编)者:岳福斌　2015年12月出版 / 估价:79.00元

民营医院蓝皮书
中国民营医院发展报告（2015）
著(编)者:庄一强　2015年10月出版 / 估价:75.00元

闽商蓝皮书
闽商发展报告（2015）
著(编)者:王日根 李闽榕　2015年12月出版 / 估价:69.00元

能源蓝皮书
中国能源发展报告（2015）
著(编)者:崔民选 王军生　2015年8月出版 / 估价:79.00元

农产品流通蓝皮书
中国农产品流通产业发展报告（2015）
著(编)者:贾敬敦 张东科 张玉玺 孔令羽 张鹏毅
2015年9月出版 / 估价:89.00元

企业蓝皮书
中国企业竞争力报告（2015）
著(编)者:金碚　2015年11月出版 / 估价:89.00元

企业社会责任蓝皮书
中国企业社会责任研究报告（2015）
著(编)者:黄群慧　彭华岗　钟宏武　张蒽
2015年11月出版 / 估价:69.00元

汽车安全蓝皮书
中国汽车安全发展报告（2015）
著(编)者:中国汽车技术研究中心
2015年7月出版 / 估价:79.00元

汽车工业蓝皮书
中国汽车工业发展年度报告（2015）
著(编)者:中国汽车工业协会 中国汽车技术研究中心
丰田汽车（中国）投资有限公司
2015年4月出版 / 定价:128.00元

汽车蓝皮书
中国汽车产业发展报告（2015）
著(编)者:国务院发展研究中心产业经济研究部
中国汽车工程学会 大众汽车集团（中国）
2015年7月出版 / 估价:128.00元

清洁能源蓝皮书
国际清洁能源发展报告（2015）
著(编)者:国际清洁能源论坛（澳门）
2015年9月出版 / 估价:89.00元

人力资源蓝皮书
中国人力资源发展报告（2015）
著(编)者:余兴安　2015年9月出版 / 估价:79.00元

融资租赁蓝皮书
中国融资租赁业发展报告（2014~2015）
著(编)者:李光荣　王力　2015年1月出版 / 定价:89.00元

软件和信息服务业蓝皮书
中国软件和信息服务业发展报告（2015）
著(编)者:陈新河　洪京一　2015年12月出版 / 估价:198.00元

上市公司蓝皮书
上市公司质量评价报告（2015）
著(编)者:张跃文 王力　2015年10月出版 / 估价:118.00元

设计产业蓝皮书
中国设计产业发展报告（2014~2015）
著(编)者:陈冬亮　梁昊光　2015年3月出版 / 定价:89.00元

食品药品蓝皮书
食品药品安全与监管政策研究报告（2015）
著(编)者:唐民皓　2015年7月出版 / 估价:69.00元

世界能源蓝皮书
世界能源发展报告（2015）
著(编)者:黄晓勇　2015年6月出版 / 定价:99.00元

碳市场蓝皮书
中国碳市场报告（2015）
著(编)者:低碳发展国际合作联盟
2015年11月出版 / 估价:69.00元

体育蓝皮书
中国体育产业发展报告（2015）
著(编)者:阮伟 钟秉枢　2015年7月出版 / 估价:69.00元

体育蓝皮书
长三角地区体育产业发展报告（2014~2015）
著(编)者:张林　2015年4月出版 / 定价:79.00元

投资蓝皮书
中国投资发展报告（2015）
著(编)者:谢平　2015年4月出版 / 定价:128.00元

物联网蓝皮书
中国物联网发展报告（2015）
著(编)者:黄桂田　2015年7月出版 / 估价:59.00元

西部工业蓝皮书
中国西部工业发展报告（2015）
著(编)者:方行明 甘犁 刘方健 姜凌 等
2015年9月出版 / 估价:79.00元

西部金融蓝皮书
中国西部金融发展报告（2015）
著(编)者:李忠民　2015年8月出版 / 估价:75.00元

新能源汽车蓝皮书
中国新能源汽车产业发展报告（2015）
著(编)者:中国汽车技术研究中心
日产（中国）投资有限公司 东风汽车有限公司
2015年8月出版 / 估价:69.00元

信托市场蓝皮书
中国信托业市场报告（2014~2015）
著(编)者:用益信托工作室　2015年2月出版 / 定价:198.00元

信息产业蓝皮书
世界软件和信息技术产业发展报告（2015）
著(编)者:洪京一　2015年8月出版 / 估价:79.00元

信息化蓝皮书
中国信息化形势分析与预测（2015）
著(编)者:周宏仁　2015年8月出版 / 估价:98.00元

信用蓝皮书
中国信用发展报告（2014~2015）
著(编)者:章政　田侃　2015年4月出版 / 定价:99.00元

休闲绿皮书
2015年中国休闲发展报告
著(编)者:刘德谦　2015年7月出版 / 估价:59.00元

医药蓝皮书
中国中医药产业园战略发展报告（2015）
著(编)者:裴长洪　房书亭　吴篠心　2015年7月出版 / 估价:89.00元

邮轮绿皮书
中国邮轮产业发展报告（2015）
著(编)者:汪泓　2015年9月出版 / 估价:79.00元

中国上市公司蓝皮书
中国上市公司发展报告（2015）
著(编)者:许雄斌　张平　2015年9月出版 / 估价:98.00元

中国总部经济蓝皮书
中国总部经济发展报告（2015）
著(编)者:赵弘　2015年7月出版 / 估价:79.00元

住房绿皮书
中国住房发展报告（2014~2015）
著(编)者:倪鹏飞　2014年12月出版 / 定价:79.00元

资本市场蓝皮书
中国场外交易市场发展报告（2015）
著(编)者:高峦　2015年8月出版 / 估价:79.00元

资产管理蓝皮书
中国资产管理行业发展报告（2015）
著(编)者:智信资产管理研究院　2015年6月出版 / 定价:89.00元

文化传媒类

传媒竞争力蓝皮书
中国传媒国际竞争力研究报告（2015）
著(编)者:李本乾　2015年9月出版 / 估价:88.00元

传媒蓝皮书
中国传媒产业发展报告（2015）
著(编)者:崔保国　2015年5月出版 / 定价:98.00元

传媒投资蓝皮书
中国传媒投资发展报告（2015）
著(编)者:张向东　2015年7月出版 / 估价:89.00元

动漫蓝皮书
中国动漫产业发展报告（2015）
著(编)者:卢斌　郑玉明　牛兴侦　2015年7月出版 / 估价:79.00元

非物质文化遗产蓝皮书
中国非物质文化遗产发展报告（2015）
著(编)者:陈平　2015年5月出版 / 定价:98.00元

广电蓝皮书
中国广播电影电视发展报告（2015）
著(编)者:杨明品　2015年7月出版 / 估价:98.00元

广告主蓝皮书
中国广告主营销传播趋势报告（2015）
著(编)者:黄升民　2015年7月出版 / 估价:148.00元

国际传播蓝皮书
中国国际传播发展报告（2015）
著(编)者:胡正荣　李继东　姬德强
2015年7月出版 / 估价:89.00元

国家形象蓝皮书
2015年国家形象研究报告
著(编)者:张昆　2015年7月出版 / 估价:79.00元

纪录片蓝皮书
中国纪录片发展报告（2015）
著(编)者:何苏六　2015年9月出版 / 估价:79.00元

科学传播蓝皮书
中国科学传播报告（2015）
著(编)者:詹正茂　2015年7月出版 / 估价:69.00元

两岸文化蓝皮书
两岸文化产业合作发展报告（2015）
著(编)者:胡惠林　李保宗　2015年7月出版 / 估价:79.00元

媒介与女性蓝皮书
中国媒介与女性发展报告（2015）
著(编)者:刘利群　2015年8月出版 / 估价:69.00元

全球传媒蓝皮书
全球传媒发展报告（2015）
著(编)者:胡正荣　2015年12月出版 / 估价:79.00元

少数民族非遗蓝皮书
中国少数民族非物质文化遗产发展报告（2015）
著(编)者:肖远平　柴立　2015年6月出版 / 定价:128.00元

世界文化发展蓝皮书
世界文化发展报告（2015）
著(编)者:张庆宗　高乐田　郭熙煌
2015年7月出版 / 估价:89.00元

视听新媒体蓝皮书
中国视听新媒体发展报告（2015）
著(编)者:袁同楠 2015年7月出版 / 定价:98.00元

文化创新蓝皮书
中国文化创新报告（2015）
著(编)者:于平 傅才武 2015年7月出版 / 估价:79.00元

文化建设蓝皮书
中国文化发展报告（2015）
著(编)者:江畅 孙伟平 戴茂堂
2016年4月出版 / 估价:138.00元

文化科技蓝皮书
文化科技创新发展报告（2015）
著(编)者:于平 李凤亮 2015年10月出版 / 估价:89.00元

文化蓝皮书
中国文化产业供需协调检测报告（2015）
著(编)者:王亚南 2015年2月出版 / 定价:79.00元

文化蓝皮书
中国文化消费需求景气评价报告（2015）
著(编)者:王亚南 2015年2月出版 / 定价:79.00元

文化蓝皮书
中国文化产业发展报告（2015）
著(编)者:张晓明 王家新 章建刚
2015年7月出版 / 估价:79.00元

文化蓝皮书
中国公共文化投入增长测评报告(2015)
著(编)者:王亚南 2014年12月出版 / 定价:79.00元

文化蓝皮书
中国文化政策发展报告（2015）
著(编)者:傅才武 宋文玉 燕东升
2015年9月出版 / 估价:98.00元

文化品牌蓝皮书
中国文化品牌发展报告（2015）
著(编)者:欧阳友权 2015年4月出版 / 定价:89.00元

文化遗产蓝皮书
中国文化遗产事业发展报告（2015）
著(编)者:刘世锦 2015年12月出版 / 估价:89.00元

文学蓝皮书
中国文情报告（2014~2015）
著(编)者:白烨 2015年5月出版 / 定价:49.00元

新媒体蓝皮书
中国新媒体发展报告No.6（2015）
著(编)者:唐绪军 2015年7月出版 / 定价:79.00元

新媒体社会责任蓝皮书
中国新媒体社会责任研究报告（2015）
著(编)者:钟瑛 2015年10月出版 / 估价:79.00元

移动互联网蓝皮书
中国移动互联网发展报告（2015）
著(编)者:官建文 2015年6月出版 / 定价:79.00元

舆情蓝皮书
中国社会舆情与危机管理报告（2015）
著(编)者:谢耘耕 2015年8月出版 / 估价:98.00元

地方发展类

安徽经济蓝皮书
芜湖创新型城市发展报告（2015）
著(编)者:杨少华 王开玉 2015年7月出版 / 估价:69.00元

安徽蓝皮书
安徽社会发展报告（2015）
著(编)者:程桦 2015年4月出版 / 定价:89.00元

安徽社会建设蓝皮书
安徽社会建设分析报告（2015）
著(编)者:黄家海 王开玉 蔡宪 2015年7月出版 / 估价:69.00元

澳门蓝皮书
澳门经济社会发展报告（2014~2015）
著(编)者:吴志良 郝雨凡 2015年5月出版 / 定价:79.00元

北京蓝皮书
北京公共服务发展报告（2014~2015）
著(编)者:施昌奎 2015年1月出版 / 定价:69.00元

北京蓝皮书
北京经济发展报告（2014~2015）
著(编)者:杨松 2015年6月出版 / 定价:79.00元

北京蓝皮书
北京社会治理发展报告（2014~2015）
著(编)者:殷星辰 2015年6月出版 / 定价:79.00元

北京蓝皮书
北京文化发展报告（2014~2015）
著(编)者:李建盛 2015年5月出版 / 定价:79.00元

北京蓝皮书
北京社会发展报告（2015）
著(编)者:缪青 2015年7月出版 / 估价:79.00元

北京蓝皮书
北京社区发展报告（2015）
著(编)者:于燕燕 2015年1月出版 / 定价:79.00元

北京旅游绿皮书
北京旅游发展报告（2015）
著(编)者:北京旅游学会 2015年7月出版 / 估价:88.00元

北京律师蓝皮书
北京律师发展报告（2015）
著(编)者:王隽 2015年12月出版 / 估价:75.00元

北京人才蓝皮书
北京人才发展报告（2015）
著(编)者:于淼　2015年7月出版 / 估价:89.00元

北京社会心态蓝皮书
北京社会心态分析报告（2015）
著(编)者:北京社会心理研究所　2015年7月出版 / 估价:69.00元

北京社会组织管理蓝皮书
北京社会组织发展与管理（2015）
著(编)者:黄江松　2015年4月出版 / 定价:78.00元

北京养老产业蓝皮书
北京养老产业发展报告（2015）
著(编)者:周明明　冯喜良　2015年4月出版 / 定价:69.00元

滨海金融蓝皮书
滨海新区金融发展报告（2015）
著(编)者:王爱俭 张锐钢　2015年9月出版 / 估价:79.00元

城乡一体化蓝皮书
中国城乡一体化发展报告（北京卷）（2014~2015）
著(编)者:张宝秀 黄序　2015年5月出版 / 定价:79.00元

创意城市蓝皮书
北京文化创意产业发展报告（2015）
著(编)者:张京成　2015年11月出版 / 估价:65.00元

创意城市蓝皮书
无锡文化创意产业发展报告（2015）
著(编)者:谭军 张鸣年　2015年10月出版 / 估价:75.00元

创意城市蓝皮书
武汉市文化创意产业发展报告（2015）
著(编)者:袁堃 黄永林　2015年11月出版 / 估价:85.00元

创意城市蓝皮书
重庆创意产业发展报告（2015）
著(编)者:程宇宁　2015年7月出版 / 估价:89.00元

创意城市蓝皮书
青岛文化创意产业发展报告（2015）
著(编)者:马达 张丹妮　2015年7月出版 / 估价:79.00元

福建妇女发展蓝皮书
福建省妇女发展报告（2015）
著(编)者:刘群英　2015年10月出版 / 估价:58.00元

甘肃蓝皮书
甘肃舆情分析与预测（2015）
著(编)者:陈双梅　郝树声　2015年1月出版 / 定价:79.00元

甘肃蓝皮书
甘肃文化发展分析与预测（2015）
著(编)者:安文华　周小华　2015年1月出版 / 定价:79.00元

甘肃蓝皮书
甘肃社会发展分析与预测（2015）
著(编)者:安文华　包晓霞　2015年1月出版 / 定价:79.00元

甘肃蓝皮书
甘肃经济发展分析与预测（2015）
著(编)者:朱智文 罗哲　2015年1月出版 / 定价:79.00元

甘肃蓝皮书
甘肃县域经济综合竞争力评价（2015）
著(编)者:刘进军　2015年7月出版 / 估价:69.00元

甘肃蓝皮书
甘肃县域社会发展评价报告（2015）
著(编)者:刘进军　柳民　王建兵　2015年1月出版 / 定价:79.00元

广东蓝皮书
广东省电子商务发展报告（2015）
著(编)者:程晓　2015年12月出版 / 估价:69.00元

广东蓝皮书
广东社会工作发展报告（2015）
著(编)者:罗观翠　2015年7月出版 / 估价:89.00元

广东社会建设蓝皮书
广东省社会建设发展报告（2015）
著(编)者:广东省社会工作委员会　2015年10月出版 / 估价:89.00元

广东外经贸蓝皮书
广东对外经济贸易发展研究报告（2014~2015）
著(编)者:陈万灵　2015年5月出版 / 定价:89.00元

广西北部湾经济区蓝皮书
广西北部湾经济区开放开发报告（2015）
著(编)者:广西北部湾经济区规划建设管理委员会办公室
广西社会科学院广西北部湾发展研究院
2015年8月出版 / 估价:79.00元

广州蓝皮书
广州社会保障发展报告（2015）
著(编)者:蔡国萱　2015年7月出版 / 估价:65.00元

广州蓝皮书
2015年中国广州社会形势分析与预测
著(编)者:张强 陈怡霓 杨秦　2015年6月出版 / 定价:79.00元

广州蓝皮书
广州经济发展报告（2015）
著(编)者:李江涛 朱名宏　2015年7月出版 / 估价:69.00元

广州蓝皮书
广州商贸业发展报告（2015）
著(编)者:李江涛 王旭东 荀振英　2015年7月出版 / 估价:69.00元

广州蓝皮书
2015年中国广州经济形势分析与预测
著(编)者:庾建设 沈奎 谢博能
2015年6月出版 / 定价:79.00元

广州蓝皮书
中国广州文化发展报告（2015）
著(编)者:徐俊忠 陆志强 顾涧清
2015年7月出版 / 估价:69.00元

广州蓝皮书
广州农村发展报告（2015）
著(编)者:李江涛 汤锦华　2015年8月出版 / 估价:69.00元

广州蓝皮书
中国广州城市建设与管理发展报告（2015）
著(编)者:董皞 冼伟雄　2015年7月出版 / 估价:69.00元

广州蓝皮书
中国广州科技和信息化发展报告（2015）
著(编)者:邹采荣 马正勇 冯元
2015年7月出版 / 估价:79.00元

广州蓝皮书
广州创新型城市发展报告（2015）
著(编)者:李江涛 2015年7月出版 / 估价:69.00元

广州蓝皮书
广州文化创意产业发展报告（2015）
著(编)者:甘新 2015年8月出版 / 估价:79.00元

广州蓝皮书
广州志愿服务发展报告（2015）
著(编)者:魏国华 张强 2015年9月出版 / 估价:69.00元

广州蓝皮书
广州城市国际化发展报告（2015）
著(编)者:朱名宏 2015年9月出版 / 估价:59.00元

广州蓝皮书
广州汽车产业发展报告（2015）
著(编)者:李江涛 杨再高 2015年9月出版 / 估价:69.00元

贵州房地产蓝皮书
贵州房地产发展报告（2015）
著(编)者:武廷方 2015年6月出版 / 定价:89.00元

贵州蓝皮书
贵州人才发展报告（2015）
著(编)者:于杰 吴大华 2015年7月出版 / 估价:69.00元

贵州蓝皮书
贵安新区发展报告（2014）
著(编)者:马长青 吴大华 2015年4月出版 / 定价:69.00元

贵州蓝皮书
贵州社会发展报告（2015）
著(编)者:王兴骥 2015年5月出版 / 定价:79.00元

贵州蓝皮书
贵州法治发展报告（2015）
著(编)者:吴大华 2015年5月出版 / 定价:79.00元

贵州蓝皮书
贵州国有企业社会责任发展报告（2015）
著(编)者:郭丽 2015年10月出版 / 估价:79.00元

海淀蓝皮书
海淀区文化和科技融合发展报告（2015）
著(编)者:孟景伟 陈名杰 2015年7月出版 / 估价:75.00元

海峡西岸蓝皮书
海峡西岸经济区发展报告（2015）
著(编)者:黄端 2015年9月出版 / 估价:65.00元

杭州都市圈蓝皮书
杭州都市圈发展报告（2015）
著(编)者:董祖德 沈翔 2015年7月出版 / 估价:89.00元

杭州蓝皮书
杭州妇女发展报告（2015）
著(编)者:魏颖 2015年4月出版 / 定价:79.00元

河北经济蓝皮书
河北省经济发展报告（2015）
著(编)者:马树强 金浩 刘兵 张贵 2015年3月出版 / 定价:89.00元

河北蓝皮书
河北经济社会发展报告（2015）
著(编)者:周文夫 2015年1月出版 / 定价:79.00元

河北食品药品安全蓝皮书
河北食品药品安全研究报告（2015）
著(编)者:丁锦霞 2015年6月出版 / 定价:79.00元

河南经济蓝皮书
2015年河南经济形势分析与预测
著(编)者:胡五岳 2015年2月出版 / 定价:69.00元

河南蓝皮书
河南城市发展报告（2015）
著(编)者:谷建全 王建国 2015年3月出版 / 定价:79.00元

河南蓝皮书
2015年河南社会形势分析与预测
著(编)者:刘道兴 牛苏林 2015年4月出版 / 定价:69.00元

河南蓝皮书
河南工业发展报告（2015）
著(编)者:龚绍东 赵西三 2015年1月出版 / 定价:79.00元

河南蓝皮书
河南文化发展报告（2015）
著(编)者:卫绍生 2015年3月出版 / 定价:79.00元

河南蓝皮书
河南经济发展报告（2015）
著(编)者:喻新安 2014年12月出版 / 定价:79.00元

河南蓝皮书
河南法治发展报告（2015）
著(编)者:丁同民 闫德民 2015年7月出版 / 估价:69.00元

河南蓝皮书
河南金融发展报告（2015）
著(编)者:喻新安 谷建全 2015年6月出版 / 定价:69.00元

河南蓝皮书
河南农业农村发展报告（2015）
著(编)者:吴海峰 2015年4月出版 / 定价:69.00元

河南商务蓝皮书
河南商务发展报告（2015）
著(编)者:焦锦淼 穆荣国 2015年4月出版 / 定价:88.00元

黑龙江产业蓝皮书
黑龙江产业发展报告（2015）
著(编)者:于渤 2015年9月出版 / 估价:79.00元

黑龙江蓝皮书
黑龙江经济发展报告（2015）
著(编)者:曲伟 2015年1月出版 / 定价:79.00元

黑龙江蓝皮书
黑龙江社会发展报告（2015）
著(编)者:张新颖 2015年1月出版 / 定价:79.00元

湖北文化蓝皮书
湖北文化发展报告（2015）
著(编)者:江畅　吴成国　　2015年7月出版 / 估价:89.00元

湖南城市蓝皮书
区域城市群整合
著(编)者:童中贤　韩未名　　2015年12月出版 / 估价:79.00元

湖南蓝皮书
2015年湖南电子政务发展报告
著(编)者:梁志峰　　2015年5月出版 / 定价:98.00元

湖南蓝皮书
2015年湖南社会发展报告
著(编)者:梁志峰　　2015年5月出版 / 定价:98.00元

湖南蓝皮书
2015年湖南产业发展报告
著(编)者:梁志峰　　2015年5月出版 / 定价:98.00元

湖南蓝皮书
2015年湖南经济展望
著(编)者:梁志峰　　2015年5月出版 / 定价:128.00元

湖南蓝皮书
2015年湖南县域经济社会发展报告
著(编)者:梁志峰　　2015年5月出版 / 定价:98.00元

湖南蓝皮书
2015年湖南两型社会与生态文明发展报告
著(编)者:梁志峰　　2015年5月出版 / 定价:98.00元

湖南县域绿皮书
湖南县域发展报告No.2
著(编)者:朱有志　　2015年7月出版 / 估价:69.00元

沪港蓝皮书
沪港发展报告（2014~2015）
著(编)者:尤安山　2015年4月出版 / 定价:89.00元

吉林蓝皮书
2015年吉林经济社会形势分析与预测
著(编)者:马克　2015年2月出版 / 定价:89.00元

济源蓝皮书
济源经济社会发展报告（2015）
著(编)者:喻新安　2015年4月出版 / 定价:69.00元

健康城市蓝皮书
北京健康城市建设研究报告（2015）
著(编)者:王鸿春　　2015年4月出版 / 定价:79.00元

江苏法治蓝皮书
江苏法治发展报告（2015）
著(编)者:李力　龚廷泰　　2015年9月出版 / 估价:98.00元

京津冀蓝皮书
京津冀发展报告（2015）
著(编)者:文魁　祝尔娟　　2015年4月出版 / 定价:89.00元

经济特区蓝皮书
中国经济特区发展报告（2015）
著(编)者:陶一桃　　2015年7月出版 / 估价:89.00元

辽宁蓝皮书
2015年辽宁经济社会形势分析与预测
著(编)者:曹晓峰　张晶　梁启东　2014年12月出版 / 定价:79.00元

南京蓝皮书
南京文化发展报告（2015）
著(编)者:南京文化产业研究中心　2015年12月出版 / 估价:79.00元

内蒙古蓝皮书
内蒙古反腐倡廉建设报告（2015）
著(编)者:张志华　无极　　2015年12月出版 / 估价:69.00元

浦东新区蓝皮书
上海浦东经济发展报告（2015）
著(编)者:沈开艳　陆沪根　　2015年1月出版 / 定价:69.00元

青海蓝皮书
2015年青海经济社会形势分析与预测
著(编)者:赵宗福　　2014年12月出版 / 定价:69.00元

人口与健康蓝皮书
深圳人口与健康发展报告（2015）
著(编)者:曾序春　　2015年12月出版 / 估价:89.00元

山东蓝皮书
山东社会形势分析与预测（2015）
著(编)者:张华　唐洲雁　　2015年7月出版 / 估价:89.00元

山东蓝皮书
山东经济形势分析与预测（2015）
著(编)者:张华　唐洲雁　　2015年7月出版 / 估价:89.00元

山东蓝皮书
山东文化发展报告（2015）
著(编)者:张华　唐洲雁　　2015年7月出版 / 估价:98.00元

山西蓝皮书
山西资源型经济转型发展报告（2015）
著(编)者:李志强　　2015年5月出版 / 定价:89.00元

陕西蓝皮书
陕西经济发展报告（2015）
著(编)者:任宗哲　白宽犁　裴成荣　　2015年1月出版 / 定价:69.00元

陕西蓝皮书
陕西社会发展报告（2015）
著(编)者:任宗哲　白宽犁　牛昉　　2015年1月出版 / 定价:69.00元

陕西蓝皮书
陕西文化发展报告（2015）
著(编)者:任宗哲　白宽犁　王长寿　　2015年1月出版 / 定价:65.00元

陕西蓝皮书
丝绸之路经济带发展报告（2015）
著(编)者:任宗哲　石英　白宽犁
2015年8月出版 / 估价:79.00元

上海蓝皮书
上海文学发展报告（2015）
著(编)者:陈圣来　2015年1月出版 / 定价:69.00元

上海蓝皮书
上海文化发展报告（2015）
著(编)者:荣跃明　2015年1月出版 / 定价:74.00元

上海蓝皮书
上海资源环境发展报告（2015）
著(编)者:周冯琦 汤庆合 任文伟
2015年1月出版 / 定价:69.00元

上海蓝皮书
上海社会发展报告（2015）
著(编)者:杨雄 周海旺 2015年1月出版 / 定价:69.00元

上海蓝皮书
上海经济发展报告（2015）
著(编)者:沈开艳 2015年1月出版 / 定价:69.00元

上海蓝皮书
上海传媒发展报告（2015）
著(编)者:强荧 焦雨虹 2015年1月出版 / 定价:69.00元

上海蓝皮书
上海法治发展报告（2015）
著(编)者:叶青 2015年5月出版 / 定价:69.00元

上饶蓝皮书
上饶发展报告（2015）
著(编)者:朱寅健 2015年7月出版 / 估价:128.00元

社会建设蓝皮书
2015年北京社会建设分析报告
著(编)者:宋贵伦 冯虹 2015年7月出版 / 估价:79.00元

深圳蓝皮书
深圳劳动关系发展报告（2015）
著(编)者:汤庭芬 2015年7月出版 / 估价:75.00元

深圳蓝皮书
深圳经济发展报告（2015）
著(编)者:张骁儒 2015年7月出版 / 估价:79.00元

深圳蓝皮书
深圳社会发展报告（2015）
著(编)者:叶民辉 张骁儒 2015年7月出版 / 估价:89.00元

深圳蓝皮书
深圳法治发展报告（2015）
著(编)者:张骁儒 2015年5月出版 / 定价:69.00元

四川蓝皮书
四川文化产业发展报告（2015）
著(编)者:侯水平 2015年4月出版 / 定价:79.00元

四川蓝皮书
四川企业社会责任研究报告（2014~2015）
著(编)者:侯水平 盛毅 2015年4月出版 / 定价:79.00元

四川蓝皮书
四川法治发展报告（2015）
著(编)者:郑泰安 2015年1月出版 / 定价:69.00元

四川蓝皮书
四川生态建设报告（2015）
著(编)者:李晟之 2015年4月出版 / 定价:79.00元

四川蓝皮书
四川城镇化发展报告（2015）
著(编)者:侯水平 范秋美 2015年4月出版 / 定价:79.00元

四川蓝皮书
四川社会发展报告（2015）
著(编)者:郭晓鸣 2015年4月出版 / 定价:79.00元

四川蓝皮书
2015年四川经济发展形势分析与预测
著(编)者:杨钢 2015年1月出版 / 定价:89.00元

四川法治蓝皮书
四川依法治省年度报告No.1（2015）
著(编)者:李林 杨天宗 田禾 2015年3月出版 / 定价:108.00元

天津金融蓝皮书
天津金融发展报告（2015）
著(编)者:王爱俭 杜强 2015年9月出版 / 估价:89.00元

温州蓝皮书
2015年温州经济社会形势分析与预测
著(编)者:潘忠强 王春光 金浩 2015年4月出版 / 定价:69.00元

扬州蓝皮书
扬州经济社会发展报告（2015）
著(编)者:丁纯 2015年12月出版 / 估价:89.00元

长株潭城市群蓝皮书
长株潭城市群发展报告（2015）
著(编)者:张萍 2015年7月出版 / 估价:69.00元

郑州蓝皮书
2015年郑州文化发展报告
著(编)者:王哲 2015年9月出版 / 估价:65.00元

中医文化蓝皮书
北京中医药文化传播发展报告（2015）
著(编)者:毛嘉陵 2015年5月出版 / 定价:79.00元

珠三角流通蓝皮书
珠三角商圈发展研究报告（2015）
著(编)者:林至颖 王先庆 2015年7月出版 / 估价:98.00元

国别与地区类

阿拉伯黄皮书
阿拉伯发展报告（2015）
著(编)者:马晓霖 2015年7月出版 / 估价:79.00元

北部湾蓝皮书
泛北部湾合作发展报告（2015）
著(编)者:吕余生 2015年8月出版 / 估价:69.00元

大湄公河次区域蓝皮书
大湄公河次区域合作发展报告（2015）
著(编)者:刘稚 2015年9月出版 / 估价:79.00元

大洋洲蓝皮书
大洋洲发展报告（2015）
著(编)者:喻常森 2015年8月出版 / 估价:89.00元

德国蓝皮书
德国发展报告（2015）
著(编)者:郑春荣 伍慧萍 2015年5月出版 / 定价:69.00元

东北亚黄皮书
东北亚地区政治与安全（2015）
著(编)者:黄凤志 刘清才 张慧智
2015年7月出版 / 估价:69.00元

东盟黄皮书
东盟发展报告（2015）
著(编)者:崔晓麟 2015年7月出版 / 估价:75.00元

东南亚蓝皮书
东南亚地区发展报告（2015）
著(编)者:王勤 2015年7月出版 / 估价:79.00元

俄罗斯黄皮书
俄罗斯发展报告（2015）
著(编)者:李永全 2015年7月出版 / 估价:79.00元

非洲黄皮书
非洲发展报告（2015）
著(编)者:张宏明 2015年7月出版 / 估价:79.00元

国际形势黄皮书
全球政治与安全报告（2015）
著(编)者:李慎明 张宇燕 2015年1月出版 / 定价:69.00元

韩国蓝皮书
韩国发展报告（2015）
著(编)者:刘宝全 牛林杰 2015年8月出版 / 估价:79.00元

加拿大蓝皮书
加拿大发展报告（2015）
著(编)者:仲伟合 2015年4月出版 / 定价:89.00元

拉美黄皮书
拉丁美洲和加勒比发展报告（2014~2015）
著(编)者:吴白乙 2015年5月出版 / 定价:89.00元

美国蓝皮书
美国研究报告（2015）
著(编)者:郑秉文 黄平 2015年6月出版 / 定价:89.00元

缅甸蓝皮书
缅甸国情报告（2015）
著(编)者:李晨阳 2015年8月出版 / 估价:79.00元

欧洲蓝皮书
欧洲发展报告（2015）
著(编)者:周弘 2015年7月出版 / 估价:89.00元

葡语国家蓝皮书
葡语国家发展报告（2015）
著(编)者:对外经济贸易大学区域国别研究所 葡语国家研究中心
2015年7月出版 / 估价:89.00元

葡语国家蓝皮书
中国与葡语国家关系发展报告·巴西（2014）
著(编)者:澳门科技大学 2015年7月出版 / 估价:89.00元

日本经济蓝皮书
日本经济与中日经贸关系研究报告（2015）
著(编)者:王洛林 张季风 2015年5月出版 / 定价:79.00元

日本蓝皮书
日本研究报告（2015）
著(编)者:李薇 2015年4月出版 / 定价:69.00元

上海合作组织黄皮书
上海合作组织发展报告（2015）
著(编)者:李进峰 吴宏伟 李伟
2015年9月出版 / 估价:89.00元

世界创新竞争力黄皮书
世界创新竞争力发展报告（2015）
著(编)者:李闽榕 李建平 赵新力
2015年12月出版 / 估价:148.00元

土耳其蓝皮书
土耳其发展报告（2015）
著(编)者:郭长刚 刘义 2015年7月出版 / 估价:89.00元

图们江区域合作蓝皮书
图们江区域合作发展报告（2015）
著(编)者:李铁 2015年4月出版 / 定价:98.00元

亚太蓝皮书
亚太地区发展报告（2015）
著(编)者:李向阳 2015年1月出版 / 定价:59.00元

印度蓝皮书
印度国情报告（2015）
著(编)者:吕昭义 2015年7月出版 / 估价:89.00元

印度洋地区蓝皮书
印度洋地区发展报告（2015）
著(编)者:汪戎 2015年5月出版 / 定价:89.00元

中东黄皮书
中东发展报告（2015）
著(编)者:杨光 2015年11月出版 / 估价:89.00元

中欧关系蓝皮书
中欧关系研究报告（2015）
著(编)者:周弘 2015年12月出版 / 估价:98.00元

中亚黄皮书
中亚国家发展报告（2015）
著(编)者:孙力 吴宏伟 2015年9月出版 / 估价:89.00元

中国皮书网

www.pishu.cn

发布皮书研创资讯，传播皮书精彩内容
引领皮书出版潮流，打造皮书服务平台

栏目设置：

- ☐ 资讯：皮书动态、皮书观点、皮书数据、皮书报道、皮书发布、电子期刊
- ☐ 标准：皮书评价、皮书研究、皮书规范
- ☐ 服务：最新皮书、皮书书目、重点推荐、在线购书
- ☐ 链接：皮书数据库、皮书博客、皮书微博、在线书城
- ☐ 搜索：资讯、图书、研究动态、皮书专家、研创团队

中国皮书网依托皮书系列“权威、前沿、原创”的优质内容资源，通过文字、图片、音频、视频等多种元素，在皮书研创者、使用者之间搭建了一个成果展示、资源共享的互动平台。

自 2005 年 12 月正式上线以来，中国皮书网的 IP 访问量、PV 浏览量与日俱增，受到海内外研究者、公务人员、商务人士以及专业读者的广泛关注。

2008 年、2011 年，中国皮书网均在全国新闻出版业网站荣誉评选中获得“最具商业价值网站”称号；2012 年，获得“出版业网站百强”称号。

2014 年，中国皮书网与皮书数据库实现资源共享，端口合一，将提供更丰富的内容，更全面的服务。

权威报告 热点资讯 海量资源

当代中国与世界发展的高端智库平台

皮书数据库 www.pishu.com.cn

皮书数据库是专业的人文社会科学综合学术资源总库，以大型连续性图书——皮书系列为基础，整合国内外相关资讯构建而成。包含七大子库，涵盖两百多个主题，囊括了近十几年间中国与世界经济社会发展报告，覆盖经济、社会、政治、文化、教育、国际问题等多个领域。

皮书数据库以篇章为基本单位，方便用户对皮书内容的阅读需求。用户可进行全文检索，也可对文献题目、内容提要、作者名称、作者单位、关键字等基本信息进行检索，还可对检索到的篇章再做二次筛选，进行在线阅读或下载阅读。智能多维度导航，可使用户根据自己熟知的分类标准进行分类导航筛选，使查找和检索更高效、便捷。

权威的研究报告，独特的调研数据，前沿的热点资讯，皮书数据库已发展成为国内最具影响力的关于中国与世界现实问题研究的成果库和资讯库。

皮书俱乐部会员服务指南

1. 谁能成为皮书俱乐部成员？

- 皮书作者自动成为俱乐部会员
- 购买了皮书产品（纸质书/电子书）的个人用户

2. 会员可以享受的增值服务

- 免费获赠皮书数据库100元充值卡
- 加入皮书俱乐部，免费获赠该纸质图书的电子书
- 免费定期获赠皮书电子期刊
- 优先参与各类皮书学术活动
- 优先享受皮书产品的最新优惠

3. 如何享受增值服务？

（1）免费获赠100元皮书数据库体验卡

第1步 刮开皮书附赠充值的涂层（右下）；

第2步 登录皮书数据库网站（www.pishu.com.cn），注册账号；

第3步 登录并进入“会员中心”—“在线充值”—“充值卡充值”，充值成功后即可使用。

（2）加入皮书俱乐部，凭数据库体验卡获赠该书的电子书

第1步 登录社会科学文献出版社官网（www.ssap.com.cn），注册账号；

第2步 登录并进入“会员中心”—“皮书俱乐部”，提交加入皮书俱乐部申请；

第3步 审核通过后，再次进入皮书俱乐部，填写页面所需图书、体验卡信息即可自动兑换相应电子书。

4. 声明

解释权归社会科学文献出版社所有

皮书俱乐部会员可享受社会科学文献出版社其他相关免费增值服务，有任何疑问，均可与我们联系。
图书销售热线：010-59367070/7028 图书服务QQ：800045692 图书服务邮箱：duzhe@ssap.cn
数据库服务热线：400-008-6695 数据库服务QQ：2475522410 数据库服务邮箱：database@ssap.cn
欢迎登录社会科学文献出版社官网（www.ssap.com.cn）和中国皮书网（www.pishu.cn）了解更多信息

皮书大事记
（2014）

☆　2014年10月，中国社会科学院2014年度皮书纳入创新工程学术出版资助名单正式公布，相关资助措施进一步落实。

☆　2014年8月，由中国社会科学院主办，贵州省社会科学院、社会科学文献出版社承办的“第十五次全国皮书年会（2014）”在贵州贵阳隆重召开。

☆　2014年8月，第二批淘汰的27种皮书名单公布。

☆　2014年7月，第五届优秀皮书奖评审会在京召开。本届优秀皮书奖首次同时评选优秀皮书和优秀皮书报告。

☆　2014年7月，第三届皮书学术评审委员会于北京成立。

☆　2014年6月，社会科学文献出版社与北京报刊发行局签订合同，将部分重点皮书纳入邮政发行系统。

☆　2014年6月，《中国社会科学院皮书管理办法》正式颁布实施。

☆　2014年4月，出台《社会科学文献出版社关于加强皮书编审工作的有关规定》《社会科学文献出版社皮书责任编辑管理规定》《社会科学文献出版社关于皮书准入与退出的若干规定》。

☆　2014年1月，首批淘汰的44种皮书名单公布。

☆　2014年1月，“2013(第七届)全国新闻出版业网站年会”在北京举办，中国皮书网被评为“最具商业价值网站”。

☆　2014年1月,社会科学文献出版社在原皮书评价研究中心的基础上成立了皮书研究院。

皮书数据库

www.pishu.com.cn

皮书数据库三期

- 皮书数据库（SSDB）是社会科学文献出版社整合现有皮书资源开发的在线数字产品，全面收录“皮书系列”的内容资源，并以此为基础整合大量相关资讯构建而成。

- 皮书数据库现有中国经济发展数据库、中国社会发展数据库、世界经济与国际政治数据库等子库，覆盖经济、社会、文化等多个行业、领域，现有报告30000多篇，总字数超过5亿字，并以每年4000多篇的速度不断更新累积。

- 新版皮书数据库主要围绕存量+增量资源整合、资源编辑标引体系建设、产品架构设置优化、技术平台功能研发等方面开展工作，并将中国皮书网与皮书数据库合二为一联体建设，旨在以“皮书研创出版、信息发布与知识服务平台”为基本功能定位，打造一个全新的皮书品牌综合门户平台，为您提供更优质更到位的服务。

更多信息请登录

中国皮书网的BLOG [编辑]
http://blog.sina.com.cn/pishu

中国皮书网	皮书微博	皮书博客	皮书微信
http://www.pishu.cn	http://weibo.com/pishu	http://blog.sina.com.cn/pishu	皮书说

请到各地书店皮书专架 / 专柜购买，也可办理邮购

咨询 / 邮购电话： 010-59367028　59367070　　**邮　　箱：** duzhe@ssap.cn
邮购地址： 北京市西城区北三环中路甲29号院3号楼华龙大厦13层读者服务中心
邮　　编： 100029
银行户名： 社会科学文献出版社
开户银行： 中国工商银行北京北太平庄支行
账　　号： 0200010019200365434
网上书店： 010-59367070　qq：1265056568
网　　址： www.ssap.com.cn　　www.pishu.cn

中国生态城市建设发展报告（2015）

THE REPORT ON THE DEVELOPMENT OF CHINA'S ECO-CITIES (2015)

顾　问／王伟光　张广智　陆大道　李景源　阎晓辉
主　编／刘举科　孙伟平　胡文臻
副主编／曾　刚　常国华　钱国权　康玲芬

社会科学文献出版社
SOCIAL SCIENCES ACADEMIC PRESS (CHINA)

图书在版编目（CIP）数据

中国生态城市建设发展报告. 2015/刘举科，孙伟平，胡文臻主编. —北京：社会科学文献出版社，2015. 9
（生态城市绿皮书）
ISBN 978 -7 -5097 -7988 -0

Ⅰ. ①中…　Ⅱ. ①刘…　②孙…　③胡…　Ⅲ. ①生态城市 - 城市建设 - 研究报告 - 中国 -2015　Ⅳ. ①X321. 2

中国版本图书馆 CIP 数据核字（2015）第 199806 号

生态城市绿皮书
中国生态城市建设发展报告（2015）

顾　　问 / 王伟光　张广智　陆大道　李景源　阎晓辉
主　　编 / 刘举科　孙伟平　胡文臻
副 主 编 / 曾　刚　常国华　钱国权　康玲芬

出 版 人 / 谢寿光
项目统筹 / 王　绯
责任编辑 / 赵慧英

出　　版 / 社会科学文献出版社 · 社会政法分社（010）59367156
地址：北京市北三环中路甲 29 号院华龙大厦　邮编：100029
网址：www. ssap. com. cn
发　　行 / 市场营销中心（010）59367081　59367090
读者服务中心（010）59367028
印　　装 / 北京季蜂印刷有限公司

规　　格 / 开 本：787mm × 1092mm　1/16
印 张：33　字 数：510 千字
版　　次 / 2015 年 9 月第 1 版　2015 年 9 月第 1 次印刷
书　　号 / ISBN 978 -7 -5097 -7988 -0
定　　价 / 148. 00 元

皮书序列号 / B -2012 -242

主要编撰者简介

李景源　男，全国政协委员。中国社会科学院学部委员、文哲学部副主任，中国社会科学院文化研究中心主任，哲学研究所原所长，中国历史唯物主义学会副会长，博士，研究员，博士生导师。

刘举科　男，甘肃省城市发展研究院副院长，兰州城市学院副院长，甘肃生态城市研究会会长，教育部全国高等教育自学考试指导委员会教育类专业委员会委员，教授，硕士生导师，享受国务院政府特殊津贴专家。

孙伟平　男，中国社会科学院社会发展研究中心主任，中国社会科学院哲学研究所原副所长，中国辩证唯物主义研究会副会长，中国现代文化学会副会长、文化建设与评价专业委员会会长，博士，研究员，博士生导师。

胡文臻　男，中国社会科学院文化研究中心副主任、副研究员，中国社会科学院社会发展研究中心副主任，特约研究员，博士。

曾　刚　男，华东师范大学城市与区域规划研究院院长，国家自然科学基金委员会特聘专家，中国城市规划学会理事，中国自然资源学会理事、教授，博士生导师。

常国华　女，兰州城市学院化学与环境科学学院副教授，中国科学院生态环境研究中心环境科学博士。

钱国权　男，甘肃省城市发展研究院副院长，甘肃省循环经济研究会会长，特聘教授，人文地理学博士。

康玲芬　女，兰州城市学院城市经济与旅游文化学院副院长，自然地理学博士。

摘　要

城镇化是现代化的必由之路，生态城市是城镇化的必然选择，是实现美丽中国梦的时代要求。《中国生态城市建设发展报告（2015）》以绿色发展、循环经济、低碳生活、健康宜居为理念，以服务现代化建设、提高居民幸福指数、实现人的全面发展为宗旨，以更新民众观念、提供决策咨询、指导工程实践、引领绿色发展为己任，把生态城市理念全面融入城镇化建设进程中，用农业带、自然带和人文带“三带镶嵌”，推动形成绿色低碳的生产、生活方式，探索一条具有中国特色的新型生态城市发展之路。

2014 年中国城镇化率达到 54.77%，中国已进入城镇化建设快速发展的新阶段。然而，囿于多方面的原因，生态化仍处于“初绿”阶段，民众对城市生态的要求日益强烈，绿色、智慧、低碳、健康、宜居的生态城市建设已经成为最大的民生工程。《中国生态城市建设发展报告（2015）》仍然坚持生态城市绿色发展的理念与建设标准，坚持普遍性要求与特色发展相结合的原则，用动态评价模型对 284 个省、地级城市进行了全面考核，对政府城市建设投入产出效果及智慧城市建设状况进行科学评价排名，评选出了生态城市特色发展 100 强。报告有针对性地进行“分类评价，分类指导，分类建设，分步实施”，给出了各城市绿色发展的年度建设重点和难点。在考核评价的同时，报告还对中国智慧城市建设和雾霾治理与生态宜居城市建设问题进行了深入讨论，提出了回归自然的目标：人的自然健康是绿色发展的首要目标，生态环境是人的自然健康的最基本保障；雾霾、城市病治理是一项综合工程，需要更新观念、强化制度、创新驱动并以持之以恒的决心来实

现；要加快建设绿色、智慧、低碳、健康、宜居的中国特色新型生态化城市。

关键词： 生态城市　智慧城市　绿色发展　健康宜居　分类评价　分类指导

Abstract

Urbanization is the only way for modernization and the development of eco-cities is an inevitable course for urbanization, both of which contribute to realize "Beautiful China Dream" —the requirement of the times. Motivated by the conceptions of green development, circular economy, low-carbon life and city's habitability for people, *The Report on the Development of China's Eco-cities* (*2015*) aims to serve the modernization goals, improve people's happiness index and help human beings to achieve a comprehensive development. It tries to upgrade the general public's ecological awareness, provide decision-making consultation and guidance of engineering practices for the eco-city's construction, as well as to advocate and lead the green development. By integrating the concept of eco-cities into the progression of urbanization and linking cities with agricultural zones, natural zones and cultural zones, the report intends to help cultivate a green and low-carbon way for people's production and life. It also attempts to explore a new path for constructing ecological cities with Chinese characteristics.

In 2014, the rate of China's urbanization reached 54.77%. China has stepped into a new phase in which urbanization is developing rapidly. Yet the development of eco-cities is still in the "initial stage of green" due to various reasons. Now people have increasingly strong demand for urban ecology and to construct green, smart, healthy and habitable eco-cities becomes the most important project for the people's well-being. *The Report on the Development of China's Eco-cities* (*2015*) upholds the conceptions and the standards of *eco-city's green development*. Both the general demands and featured purposes for city development being taken into consideration, the researchers and writers of this report have built a dynamic evaluation model to comprehensively examine 284 cities, ranking them in accordance with government's input in city development and its output effects and with the progress of the construction for smart city as

well. By means of the evaluation model, top 100 eco-cities of "featured development" are selected. The report follows the principle of "categorized evaluation, categorized guidance, categorized construction and phased implementation", and accordingly points out the key targets and the challenges for the annual construction work in the green development of each city. Along with the evaluation, the report elaborates on the correlation of the construction of smart cities, China's control of haze and the construction of ecologically habitable cities. It then puts forwards the vital significance of returning to nature — "People's natural health is the primal target of green development, while eco-environment can be its most essential guarantee." Putting haze and urban diseases under control is a collaborative project requiring comprehensive measures and efforts, upgraded mentality and regulations, innovative drives and perseverance. It is a great mission to build new type of eco-cities with prominent Chinese features which are green, smart, low-carbon, healthy and habitable.

Keywords: Eco-cities; Smart Cities; Green Development; Healthy and Habitable; Categorized Evaluation; Categorized Guidance

目　录

GⅣ 核心问题探索

GⅤ 附录

CONTENTS

GIV Studies on Key Issues

GV Appendices

序　言

李景源

2012 年党的十八大以来，习近平总书记从中国特色社会主义事业五位一体总布局的战略高度，对生态文明建设提出了一系列新思想、新观点和新论断，标志着中国生态文明建设进入了新阶段：生态文明建设从转变观念的阶段转入加快建设步伐、改善生态环境、提高发展能力的新阶段。这一阶段有两个显著变化。一是生态文明的建设标准大幅提高，不再以 GDP 增长率论英雄；二是生态文明建设瞄准优化调整，把资源消耗、环境损害、生态效益等体现生态文明建设状况的指标纳入经济社会发展评价体系，使之成为推进生态文明建设的重要导向和约束。展望未来，2020 年共同富裕、全面建设小康社会目标能否如期实现，中华民族伟大复兴“中国梦”能否顺利实现，在相当程度上取决于生态文明建设的进程。

一　生态文明建设是实现永续发展的战略抉择

生态文明是人类文明发展的重要成果，也是人类文明发展的必然趋势。我们知道，生态文明是继原始文明、农业文明和工业文明后诞生的新的文明形态，是人与自然走向和谐发展的新要求。快速工业化，既是创造丰富物质财富的过程，也是付出沉重的生态环境代价的过程。恩格斯指出：“不要过分陶醉于我们对自然界的胜利。对于每一次这样的胜利，自然界都报复了我们。”因为，“我们连同我们的肉、血和头脑都是属于自然界和存在于自然界之中的”。环境恶化、生态破坏使人类文明的发展遇到了莫大的障碍。

生态文明建设是顺应时代潮流、实现永续发展的战略抉择。人类社会的可持续发展有赖于良好的生态环境做支撑，唯有蓝天白云、青山绿水才是长远发展的最大本钱。作为发展中国家，中国在生态环境方面负债太多，导致发达国家上百年工业化过程中出现的环境问题，在中国短期集中爆发。过去我们在生态环境方面欠账较多，发达国家上百年工业化过程中分阶段出现的环境问题在我国集中出现，旧的和新的环境问题日益叠加，出现资源约束、环境污染以及生态系统退化的严峻形势。面对挑战，我们毫无选择，只能走科学发展的道路，才能达到经济社会的可持续发展与生态环境的有效保护，为子孙后代留下天蓝、地绿和水净的美好家园。这是实现伟大中国梦的必由之路。

生态文明建设是关乎千家万户福祉和民族未来的根本大业。习近平同志在天津考察时对生态环境有重要论述，他强调良好的生态环境是最公平的公共产品，是最普惠的民生福祉。山清水秀但贫穷落后不是我们的目标，生活富裕但环境退化也不是我们的目标。保护生态环境，是功在当代、利在千秋的事业。实现中华民族伟大复兴的中国梦，离不开经济的繁荣、政治的民主、社会的和谐、精神的文明，更离不开良好的生态环境。随着生活水平的不断提高，人民群众由奔小康到要健康，对干净的水、清新的空气、安全的食品、优美的环境等要求越来越高。我们只有大力推进生态文明建设，“走向生态文明新时代”，才能让人们对美好幸福生活的期盼梦想成真，实现中华民族伟大复兴的中国梦。

二　生态文明建设要走绿色发展、循环发展和低碳发展之路

建设美丽中国，必须在全社会树立人与自然和谐发展的生态价值观。人类对发展无休止的需求与地球资源的有限供给，永远是一对矛盾。要破解“天育物有时，地生财有限，而人之欲无极”之矛盾，就要摒弃“人定胜天”的传统思想，树立尊重自然优先、顺应自然优先和保护自然优先

的生态文明理念。古诗云："一松一竹真朋友，山鸟山花好兄弟。"我们要认识到，保护生态环境，在一定意义上就是保护生产力；改善生态环境，在一定意义上就是发展生产力。要自觉地走绿色发展、循环发展和低碳发展之路，构建适应于生态文明发展的方式。这是生态文明建设的本质要求。

建设美丽中国，必须坚持节约优先、保护优先和自然恢复为主的方针。节约资源是保护生态环境的根本之策，必须从资源使用这个源头抓起。要做到资源利用节约集约化，从根本上转变资源利用方式，强化节约利用资源的过程管理，将能源、水和土地消耗强度降到最低，大力发展循环经济，以实现生产、流通和消费过程的减量化、再利用和资源化。尽快启动生态修复重大工程，提高生态产品生产能力。把危害人民群众健康的重大环境问题作为重点，以预防为主、坚持综合治理，防治水、大气和土壤等污染，有效加大重点流域和区域水污染防治，有效加大重点行业和重点区域大气污染的治理力度。这是生态文明建设的治本之策。

建设美丽中国，必须搞好国土空间开发顶层设计。抓生态文明建设是一项系统工程。对生态文明建设而言，国土是其空间载体，应从宏观方面着眼、从微观方面着手，搞好顶层设计，坚持人口、资源与环境相协调，遵守经济、社会与生态效益相统一的原则，科学规划国土空间开发，统筹人口分布、经济布局、国土利用、生态环境保护，合理布局生产空间、生活空间和生态空间，使自然有更多的修复余地。要坚定不移地实施主体功能区战略不动摇，严格按照优化开发、重点开发、限制开发、禁止开发的主要功能定位，坚持生态红线划定，构建科学合理的城市化模式、农业发展模式和生态安全模式，绝不能逾越，否则将受到应有的严惩。这是生态文明建设的底线和红线。

建设美丽中国，必须以严格的制度和法治为后盾。"知之非艰，行之唯难"。生态文明建设是转变发展方式，涉及各个领域，因此，我们必须做好生态文明建设长期性和艰巨性的思想准备。尤其要建立并完善经济社会发展的考核评价体系，突出生态环境在经济社会发展评价体系中的权重，同时将

能够体现生态文明建设状况的指标，诸如消耗资源、损害环境和生态效益等纳入经济社会发展评价体系，使之引导和约束生态文明建设的顺利推进，再不能以 GDP 增长率来论英雄了。建立健全资源有偿使用制度和生态补偿制度，建立责任追究制度，对一些对生态环境不屑一顾、盲目决策并造成严重后果的单位和个人，必须实行责任追究制，甚至要终身追究。这是生态文明建设的根本保障。

三 生态文明建设要在重点领域和关键环节取得实质性进展

在建设美丽中国中，要以科学发展为主题，以加快转变经济发展方式为主线，以提高人民生活质量为根本目的，以调整产业结构、防治污染、保护生态为主要内容，努力在重点领域和关键环节取得实质性进展。

加快转变经济发展方式。应瞄准产业结构，从眼前出发，放眼长远，适时进行结构调整和转变。在质量与速度问题上优先考虑质量，在速度与结构问题上优先考虑结构。追求生产质量，拒绝高耗能高污染项目，淘汰落后产能，以质量取胜。加快发展先进制造业和现代服务业，构建高端产业体系；加快发展设施农业、生态农业和休闲观光农业等现代都市型农业；加快发展资源循环利用产业、水处理产业、电动汽车产业、节能环保服务业等环保产业，促进产业集成、集约、集群发展，助推绿色、循环、低碳发展，打造中国经济的升级版。

强化规划建设管理。充分发挥规划的引导作用，建立科学合理的发展格局，即既要发展经济，又要兼顾生态保护；既要建设新城，又要兼顾旧城改造；既要利用资源，又要注重改善民生。严格落实主体功能区规划，针对优化开发、重点开发、限制开发、禁止开发四大类功能区域，实施差别开发，并合理控制开发强度。不断完善城市布局，统筹城乡规划、产业发展、城乡基础设施建设、城乡劳动力就业以及城乡公共服务，进一步提高城镇化质量。努力提高城市管理水平，走城市精细化、精致化管理之路，坚持建管并重、以建促管、以管保建，完善数字化管理模式，构建全时空管理网络，实现城市管理常态化、规范化和科学化。

解决影响群众生活质量的突出环境问题。树立“留得青山在，不怕没柴烧”的发展理念，充分发挥生态城市典型示范作用，以解决影响群众生活质量的突出环境问题为重点，认真实施生态城市建设行动计划，加大资金投入力度，及时修复生态环境。继续实施生态环境治理工程，诸如清水工程、净化工程、绿化工程等。强化饮用水源地保护，做好水资源循环利用，推进非常规水开发利用。积极开展京津冀大气污染联防联控，加强 PM2.5 治理合作，促进环境空气质量明显改善。实施大绿工程，开展大规模植树造林，保证城市拥有足够的“肺活量”。继续实施风沙源治理、防护林建设和水土流失防治工作，构筑我国北方绿色生态屏障。持续开展市容综合整治工作，强化生活垃圾分类收集和无害化、资源化处理，综合治理土壤污染和重金属污染，加强海洋、湿地、森林及沿海滩涂、入海河口等保护修复，搞好生态功能区、自然保护区建设与管理。

开辟可形成新经济增长点的科技领域。加快实施创新驱动发展战略，适应世界科技变革的新趋势，优先支持能促进经济发展方式转变、可形成新经济增长点的科技领域，重点突破制约美丽中国建设的瓶颈问题，加强对环境技术、稀有资源替代技术的研究和开发，推广清洁生产、低碳节能、污染防治、废物资源化利用等技术，进一步提高资源使用效率。大力推进协同创新，加快建设一批能源环保类科技创新载体和服务平台。

塑造自觉保护生态环境的心灵。充分发挥人民群众的主体作用，以塑造人的心灵之美助推美丽中国建设。坚持以德育人、以教启智、以文化人，深化中国梦主题教育实践活动，践行社会主义核心价值观，深入推进提升市民素质行动计划，提高城乡居民的思想道德素质、科学文化素养和身心健康水平。弘扬尊重自然、顺应自然、保护自然的理念，引导群众增强生态意识、节约意识、环保意识，倡导合理适度消费、绿色低碳消费，培育生态文化、生态道德和生态行为，营造自觉保护生态环境的良好风气，养成健康文明的生活方式和行为习惯。

营造爱护生态环境的良好风气。开展美丽城市、美丽街镇、美丽社区、美丽乡村、美丽校园、美丽工厂、美丽军营等创建活动，积极开展环保公益活动，营造爱护生态环境的良好风气。把保障和改善民生作为美丽中国建设的重要目标，扎实推进民心工程，多办打基础、利长远、惠民生的好事实事，不断提升中国的“美丽指数”。

总 报 告

General Report

G.1

中国生态城市建设发展报告（2015）

刘举科　孙伟平　胡文臻　李具恒*

城市是全球发展的焦点和中心，是社会发展和文明进步的重要标志之一，但是，日益严峻的“城市病”形成人类社会进步和发展的桎梏。在反思城市发展模式的人类伟大实践中，生态城市理论研究和实践应用应运而生。[①] 自从1971年联合国教科文组织发起的“人与生物圈计划（MAB）”明确提出“生态城市”概念以来，世界各国将城市作为一个人类生态系统加以协作研究，“生态城市”正逐步发展为全球性共识，[②] 成为世界城市发展

* 李具恒，男，教授，应用经济学博士后，兰州城市学院经济管理学院院长。

① 刘洪波、刘世宇、郜志云：《基于ME－PPC技术的生态城市建设评价》，《安全与环境学报》2014年第6期。

② 李金贵：《国外建设生态城市的“秘籍”》，《地球》2014年第6期。

的主流方向，生态城市建设也因此成为各国的发展目标之一。[①] 无论在东方还是西方、发达国家还是发展中国家，许多城市都在积极探索保护自然生态环境、实现城市可持续发展的有效途径。[②] 时至今日，公认的、确切的生态城市概念尚未形成，有关生态城市的建设还在探索当中，[③] 而城市自身的特色优势、自然禀赋决定了生态城市建设必须、也必然呈现多元化的发展态势。[④]

城市化是当今世界发展面临的重大现实问题，中国适时地顺应潮流，频频出台政策法规，并将加快推进城市化进程作为国家战略。[⑤] 随着中国城市化发展的快速推进，中国赋予了生态城市丰富的内涵，达成了生态城市是中国城镇化发展必然之路的国内共识。2012～2014 年的《生态城市绿皮书：中国生态城市建设发展报告》界定、延续并丰富着生态城市的内涵，即生态城市是依照生态文明理念，按照生态学原则建立的经济、社会、自然协调发展，物质、能源、信息高效利用，文化、技术景观高度融合的新型城市，是实现以人为本的可持续发展的新型城市，是人类绿色生产、生活的宜居家园。[⑥⑦] 随着新的国家大政方针的出台和生态城市建设实践的丰富，我们将继续丰富生态城市的内涵，关注生态城市建设的新进展，探求生态城市建设的新路径。

本报告承继 2012～2014 年《生态城市绿皮书：中国生态城市建设发展报告》的基本思路和原则，立足 2014 年以来中国生态城市建设的政策制度

① 周婧博、张拓宇、王强：《国内外生态城市建设经验对美丽天津建设的启示》，《天津经济》2014 年第 11 期。

② 李金贵：《国外建设生态城市的“秘籍”》，《地球》2014 年第 6 期。

③ 段雯娟：《国外生态城市的建设“样板”》，《地球》2014 年第 5 期。

④ 薛松、刘红杰、段进：《多元化的生态城市建设——基于住建部试点（部省合作）黄骅生态城市专项规划的探索》，《建筑与文化》2014 年 2 期。

⑤ 张书成、汤莉华：《世界城市研究历程与分类体系综述》，《江南大学学报》（人文社会科学版）2014 年第 2 期。

⑥ 刘举科：《生态城市是城镇化发展必然之路》，《中国环境报》2013 年 6 月 20 日。

⑦ 李景源、孙伟平、刘举科主编《生态城市绿皮书：中国生态城市建设发展报告（2012）》，社会科学文献出版社，2012。

变迁和全国生态城市建设的新进展，在进一步完善生态城市建设评价指标体系和动态评价模型的基础上，继续按照环境友好型、资源节约型、循环经济型、景观休闲型、绿色消费型、综合创新型等六种类型，对全国生态城市的建设和发展状况从综合和分类两个层面进行评价分析，最后提出中国生态城市建设的思路和战略路径，即：秉承“四个全面”的时代要求，传承创新生态城市总体思路；瞄准新型城镇化战略转向，丰富生态城市发展模式；建设智慧化多规协同规划体系，健全生态城市智慧化支持体系；整合生态城市建设新理念，建设可持续发展的复合生态城市。

一　中国生态城市建设的新进展和新理念

（一）国内外生态城市研究进展

全球正在经历人类历史上最大规模的城市化进程。据联合国（2011）预测，从2010年到2030年，世界城市人口将再增加14亿，其中11亿将发生在亚洲。到时，中国将会拥有221个超过100万人口的城市，而目前欧洲只有35个这样规模的城市。[①] 到2050年，3/4的全球人口将生活在城市中，[②] 各国政府面临严峻挑战，中国被严重扭曲的城市化进程更是备受关注，[③] 城市化水平及其决定因素的前瞻性研究尤为重要，以生态城市为主题的研究将引领城市研究主方向。

国内外、社会各界对生态城市的理论研究和实践探索一直没有间断。综观国外研究文献，城市化内涵、城市化对生态环境的影响、城市化对居民健康的影响、城市化路径选择与可持续发展四个方面是目前城市化问题研究的重点；其中，城市化对生态环境影响的研究文献颇多，包括城市化

① 万广华、郑思齐、Anett Hofmann：《城市化水平的决定因素：跨国回归模型及分析》，《世界经济文汇》2014年第4期。

② 《弹性可持续城市——一种未来》，《城市规划学刊》2014年第3期。

③ 同①。

与碳排放、城市化与气候变化以及城市化与水源环境的关系等；开创可持续的城市发展道路，也是近年来城市化研究领域的重点问题。[①] 近十年来，中国对生态城市研究的关注度稳中有升，形成了“城市研究＋（经济＋资源环境＋规划＋农业）”的生态城市研究学科内涵；“指标体系、循环经济、低碳生态城市”是近十年中国生态城市研究的三大热点。[②] 国内外生态城市的研究进展及其认识视角凝聚着人类建设生态城市的思维轨迹和行动路线。

1. 生态城市是人们渴求的目标境界

生态城市是可持续发展的必然要求，是当今城市发展的最新趋势和最优模式，标志着人类生活方式和生活理念的里程碑式转变，充分体现了人与自然和谐相处这一最基本最深刻的思想。生态城市倡导经济的高速发展、社会的文明安定和生态环境的和谐，是生产力发达、人的社会文化和生态环境意识达到一定水平的条件下，人们所渴望实现的目标境界。[③]

2. 良好的生态环境是城市的软实力

良好的自然生态环境是一座城市最好的名片，也是城市软实力的重要体现之一。营造人与自然和谐的城市生态环境，是全球化时代各国城市发展的新潮流。[④] 生态城市强调城市发展要充分融合自然、经济、社会和文化等因素，实现城市生态的良性循环和人居环境的持续改善，这正好用以应对已出现的生态环境恶化、全球气候变暖等问题。[⑤]

3. 生态城市是城市生态转型的路径

当今世界，人们正处在一个大的转型时代。减缓和适应全球气候暖化，

① 王耀中、陈洁、彭新宇：《2012～2013 年城市化学术研究的国际动态》，《经济学动态》2014 年第 2 期。

② 王卓标：《近十年中国生态城市研究进展——基于 BICOMB 的文献计量方法》，《城市发展研究》2014 年增刊第 2 期。

③ 张余、康磊、高文旭：《国内外生态城市建设中公众参与比较研究》，《环境科学导刊》2014 年第 33 期。

④ 李金贵：《国外建设生态城市的“秘籍”》，《地球》2014 年第 6 期。

⑤ 同④。

削减二氧化碳排放量，已经成为21世纪世界各国的共识。中国经历了30年持续、快速的发展，人口、资源、环境的矛盾也空前严峻。实现可持续的发展与经济社会全方位的转型，成为人们面对的挑战。① 中国作为全球第一大二氧化碳排放国，走绿色化、低碳化之路，是中国市场导向的经济转型过程的内在动力。② 城市是这个转型时代的核心，③ 生态城市是城市转型的方向。Kodney R. White（2009）将生态城市界定为“在不损耗人类所依赖的生态系统和不破坏生物地球化学循环的前提下，为人类居住者提供可接受的生活标准的城市”。④ 这一界定突出了人与自然生态关系的和谐与平等，明晰了城市发展的生态之路。基于此，生态城市作为一种新型的具有生命力的城市类型正在全球兴起，被作为解决全球生态环境问题的重要途径之一，也成为城市转型尤其是城市生态转型不可忽视的对象。⑤ 生态文明将成为中国未来新型城镇化的根本性指导理念与要求，⑥ 可持续性的概念将深刻影响城市发展和规划。⑦

4. 生态城市是新型城镇化的价值追求

城镇是包含自然、经济、社会、人文等诸多要素的一个整体系统，是生态系统的子系统，同生态系统互相依存、互相制约。考察城镇化问题，必然要联系生态系统，过去的城镇化过程不惜以破坏生态环境为代价，新型城镇化就是要把生态文明建设放在重要地位，建立良好的社会生态关系。新型城镇化既追求人与自然的和谐，也追求人与人的和谐，只有这样，新型城镇化过程才是生态文明的建设过程；城镇的自然环境与社会环境在高度生态文明

---

① 陈秉钊：《思考与转型》，《城市规划学刊》2014年第1期。

② 周蓉、王成、徐铁、王丹：《绿色经济与低碳转型——市场导向的绿色低碳发展国际研讨会综述》，《经济研究》2014年第11期。

③ 同①。

④ 沈清基：《论城市转型的三大主题：科学、文明与生态》，《城市规划学刊》2014年第1期。

⑤ 同④。

⑥ 刘海涛、吴志强：《生态文明视阈下水城共生理论框架与评价体系构建及实证》，《城市规划学刊》2014年第4期。

⑦ 同⑥。

基础上相互统一，才能达到新型城镇化的新境界。[①] 世界自然基金会（WWF）气候变化和能源项目官员冯金磊指出，中国的城镇化发展应该是城镇化和低碳化相结合，将城市绿化、水资源管理、低碳交通、可持续消费、清洁能源、绿色建筑和可持续的城市规划设计等各城市发展要素相互协调统一的整合过程。[②] 城市发展要做到人与自然、经济与环境、生产与生活等多要素的平衡，保持城市各要素间的协调运行状态，强调整体的协调与和谐是低碳生态城市发展追求的目的，包含人与自然、人与人、物与物的和谐共生。简言之，即以人为本、师法自然、因地制宜、适度而为。[③] 2013 年，中国的新型城镇化从概念走向行动；2014 年，中国的新型城镇化从行动到深化，[④] 这是建设美丽中国的具体行动，也是中国将同世界各国“携手共建生态良好的地球美好家园”的真实行动。“中国按照尊重自然、顺应自然、保护自然的理念，贯彻节约资源和保护环境的基本国策，更加自觉地推动绿色发展、循环发展、低碳发展，把生态文明建设融入经济建设、政治建设、文化建设、社会建设各方面和全过程，形成节约资源和保护环境的空间格局、产业结构、生产方式、生活方式，为子孙后代留下天蓝、地绿、水清的生产生活环境。”这些精辟的论述，明晰了新型城镇化建设的价值追求和具体要求。[⑤]

5. 生态城市规划凸显新概念、汇聚新亮点

生态城市规划凸显六大主题概念。第一，优化城市结构、建筑、公共空间和交通系统，考虑区域的微气候，防止交通有害辐射；第二，提倡公共交通，开辟步行和自行车空间及弹性停车系统；第三，促进能源保护，减少能

① 白仲尧：《我国新型城镇化的思考》，《全球化》2014 年第 4 期。

② 禹湘、庄贵阳：《低碳城镇化与可持续基础设施建设国际研讨会综述》，《经济学动态》2014 年第 2 期。

③ 唐震：《低碳生态城市建设的中国传统理论溯源与现代启示》，《城市发展研究》2014 年第 11 期。

④ 叶青：《信息化、国际化背景下的低碳生态城市发展之路》，http://www.chinaecoc.org.cn，2014 年 10 月 28 日。

⑤ 同①。

耗；第四，强化信息技术，提供不同种类电话、网络活动的可能性；第五，保护自然环境，维护生态多样性，注重生态管理；第六，考虑社会的可持续发展，积极组织市民参与。[①] 中国人口、生态、文化、历史等因素的综合作用，决定了中国的生态城市规划是城市生态转型的重要内容之一。[②] 随着城市生态规划概念的创新和建设实践的丰富，一批汇聚生态城市规划新理念的成功案例城市相继亮相。

阿联酋马斯达城：以政府开发为主导，以生态技术创新为支撑，以绿色产业为核心，以产带居的开发思路，撬动了整个生态城市的可持续发展，[③] 成就了世界第一座零排放城市。

美国伯克利：以丰富的生态自然资源为本底，以高等教育为核心，以全面贯彻生态节能技术为支撑，以法律法规增加节能意识，以完整的用地控制体系为城市发展前提，带动生态城市发展，成就世界最著名的“生态城市”。

巴西库里蒂巴：改善城市给排水系统，增加城市绿化面积；以公共交通系统为主导，将城市土地开发同城市交通规划相结合；鼓励公众参与。成就世界上最适合人居的生态城市。

日本北九州：以地方政府为主体，企业、研究机构、行政部门联合起来，发展循环经济，建设生态园区，确保地区整体废弃物排放为零。

英国生态城镇：在技术层面有较完善的规范，其出台的生态城镇规划政策分别从碳排放、应对气候变化、住房、就业、交通、生活方式、服务设施、绿色基础设施、景观与历史环境、生物多样性、水、防洪、废弃物处理、总体规划、实施交付和社区管制等方面提出了具体的要求。[④]

德国埃朗根市：科学制定城市总体规划，合理布局城市空间。鼓励循环利用资源，强化节能管理；科学制定交通政策，鼓励环保出行方式；广泛的

---

① 李金贵：《国外建设生态城市的“秘籍”》，《地球》2014 年第 6 期。

② 沈清基：《论城市转型的三大主题：科学、文明与生态》，《城市规划学刊》2014 年第 1 期。

③ 《世界生态城市规划案例研究》，《城市住宅》2014 年第 1 ~ 2 期。

④ 李海龙：《国外生态城市典型案例分析与经验借鉴》，《北京规划建设》2014 年第 2 期。

公众参与。①

澳大利亚怀阿拉市：在城市总体规划中充分考虑生态因素；建立能源替代研究中心；兴建一体化的循环网络和线状公园；广泛的公众参与。②

美国波特兰：在城市规划方面，波特兰大都会区在美国最早利用城市增长边界作为城市和郊区土地的分界线，控制城市的无限扩张。波特兰大都会区的 GIS 规划支持系统是美国最先进和最复杂的规划信息系统。③

新加坡：在城市生态建设方面，提出建设花园城市的设想；在公共交通发展方面，通过建设贯穿全国的地铁、轻轨系统和陆上公交汽车网络系统来解决市民的出行问题；推进“居者有其屋”计划；实施绿色建筑最低标准。④

丹麦哥本哈根市：制定具体环境目标，有效控制资源消耗数量；设立生态市场交易日，增进公众对生态城市项目的了解；重视对学生的教育与培训。⑤

综上，全球各国生态城市规划和建设的成功经验为我们提供了可资借鉴的生态理念：科学的生态城市规划和切实可行的指标体系，是生态城市建设的指南；注重技术研发是生态城市建设的技术支撑；加强公众参与性是生态城市建设突出主体的重要举措；完善的法律政策及管理体系是生态城市建设的基本保障；绿色、环保、低碳、生态、健康、宜居、可持续发展等概念不断丰富着生态城市的内涵。

（二）中国生态城市建设新理念

1. “四个全面”引领生态城市建设理念创新方向

十八大强调“全面建成小康社会”，三中全会部署“全面深化改革”，

---

① 梁昊光、方方：《生态城市建设的国际经验及其启示》，《北京规划建设》2014 年第 2 期。
② 梁昊光、方方：《生态城市建设的国际经验及其启示》，《北京规划建设》2014 年第 2 期。
③ 李海龙：《国外生态城市典型案例分析与经验借鉴》，《北京规划建设》2014 年第 2 期。
④ 同②。
⑤ 同①。

四中全会要求“全面依法治国”，教育实践活动总结大会宣示“全面从严治党”，“四个全面”战略布局清晰展现，[①] 勾绘出了社会主义中国的未来图景。“四个全面”坚定中国自信、立足中国实际、总结中国经验、针对中国难题，是宏大的战略布局，是主动的战略选择，是立足现实的战略抓手。发展是时代的主题和世界各国的共同追求，改革是社会进步的动力和时代潮流，法治是国家治理体系和治理能力现代化的重要保障，从严治党是执政党加强自身建设的必然要求。“四个全面”统领中国发展总纲，确立了新形势下党和国家各项工作的战略方向、重点领域、主攻目标，是“坚持和发展中国特色社会主义道路、理论、制度的战略抓手”。[②③]

“四个全面”既勾绘出了社会主义中国的未来图景，又明晰了生态文明建设的路线图和发展主线。党的十八大报告高度重视生态文明建设，构建了“五位一体”的国家发展战略；党的十八届三中全会中“加快生态文明制度建设”赋予了生态城市建设新的内涵，也指出了建设生态城市需加快破解一些体制机制障碍；2014 年两会政府工作报告指出“努力建设生态文明的美好家园，出重拳强化污染防治”；《国家新型城镇化规划（2014～2020年）》提出“加快绿色城市建设，推进智慧城市建设，注重人文城市建设，把以人为本、尊重自然、传承历史、绿色低碳理念融入城市规划全过程”；中共十八届四中全会通过的《中共中央关于全面推进依法治国若干重大问题的决定》指出，“用严格的法律制度保护生态环境，加快建立有效约束开发行为和促进绿色发展、循环发展、低碳发展的生态文明法律制度，强化生产者环境保护的法律责任，大幅度提高违法成本”。《2015 年政府工作报告》强调：“打好节能减排和环境治理攻坚战。环境污染是民生之患、民心之痛，要铁腕治理。”“推行环境污染第三方治理。”“我们一定要严格环境执法，对偷排偷放者出重拳，让其付出沉重的代价。”“积极发展循环经济，

① 人民日报评论员：《总论：引领民族复兴的战略布局——论协调推进“四个全面”》，《人民日报》2015 年 2 月 25 日。

② 《人民日报首次权威定义习近平“四个全面”》，《人民网》2015 年 2 月 24 日。

③ 同①。

大力推进工业废物和生活垃圾资源化利用。”“生态环保贵在行动、成在坚持，我们必须紧抓不松劲，一定要实现蓝天常在、绿水长流、永续发展。”①这些国家层面的政策制度变迁，设计了中国生态城市建设的发展目标、宏观路径、创新方向和发展动力。既彰显了中国政府治理环境、坚定走绿色发展道路的决心，也显现出我国环境保护工作形势依然严峻。

2. 中国“经济发展新常态”凸显生态城市可持续发展能力

中国“经济发展新常态”推动形成绿色低碳循环发展新方式，昭示着生态城市发展的新方向。2014 年 5 月，习近平总书记在河南考察时第一次提到新常态；2014 年 7 月 29 日，在中南海召开的党外人士座谈会上，习近平再提“新常态”；2014 年 11 月 9 日，在亚太经合组织工商领导人峰会上习近平首次系统阐述了“新常态”。他认为“中国经济呈现出新常态”有三大特征：速度——“从高速增长转为中高速增长”；结构——“经济结构不断优化升级”；动力——“从要素驱动、投资驱动转向创新驱动”。他表示：新常态将给中国带来新的发展机遇。2014 年 12 月 5 日，习近平主持召开中央政治局会议，强调中国进入经济发展新常态，经济韧性好、潜力足、回旋空间大，为明年和今后经济持续健康发展提供了有利条件。② 2014 年 12 月 9～11 日，中央经济工作会议对经济发展新常态做出系统性阐述，首次明确了“经济发展新常态”的四大特征和九大变化趋势。③ 会议指出：经济增速正从高速转向中高速；发展方式正从规模速度型粗放增长转向质量效率型集约增长；经济结构正从增量扩能为主转向调整存量、做优增量并存的深度调整；发展动力正从传统增长点转向新的增长点。会议还从“消费需求”“投资需求”“出口和国际收支”“生产能力和产业组织方式”“生产要素相对优势”“市场竞争特点”“资源环境约束”“经济风险积累和化解”“资源配置模式和宏观调控方式”等九大方面，全面阐述了经济发展新常态下的九

---

① 李克强：《2015 年政府工作报告》，《人民网》2015 年 3 月 6 日。

② 张占仓：《中国经济新常态与可持续发展新趋势》，《河南科学》2015 年第 1 期。

③ 李慧：《新常态九大特征》，《光明日报》2014 年 12 月 24 日。新华社：《中央经济工作会议在北京举行》，《人民日报》2014 年 12 月 12 日第 1 版。

大趋势性变化。

从整体上看，新常态经济包含着经济增长速度转变、产业结构调整、经济增长动力变化、资源配置方式转换、经济福祉包容共享等全方位转型升级的丰富内涵和特征。[①] 经济新常态是经济增长速度的新常态、经济结构的新常态、经济质量的新常态、经济增长动力的新常态、财富分配的新常态、制度环境的新常态等多种新常态构成的画卷。[②] 当前，中国正处于增长速度换挡期、结构调整阵痛期、前期刺激政策消化期“三期叠加”的复杂局面。换挡降速、提质增效，这正是中国经济的新常态。中国要适应，世界也要适应。[③] 中国经济新常态，就是把发展速度适当调整以后务实迈向结构优化、可持续发展能力更强的一种运行状态，这种状态铸就了生态城市建设的基础条件，赋予了生态城市研究新的视角。

“认识新常态，适应新常态，引领新常态，是当前和今后一个时期我国经济发展的大逻辑。”“发展必须是遵循经济规律的科学发展，必须是遵循自然规律的可持续发展，必须是遵循社会规律的包容性发展。”[④] 生态城市建设作为生态文明建设的缩影和切入点，同样要适应新常态，遵循“三大规律”，谋求“三种发展”，增强可持续发展能力。人民群众对绿水青山的迫切需求，日益严重的生态环境问题迫使所有人重新认识生态文明建设在经济、政治、文化、社会等各方面建设中的重要性，生态文明建设不再局限于生态维度本身，已经融入经济、政治、文化、社会等其他方面建设当中。中国生态城市建设必然要秉承生态文明建设的逻辑，融入中国“经济发展新常态”的全过程，增强生态城市可持续发展能力。

3. 智慧城市推动城市低碳、绿色、可持续发展

在国外，“智慧城市”（Smart City）是作为一种应对城市人口增长和破

---

① 高立菲：《中国经济新常态与经济学重点热点问题研究——2014 年全国行政学院系统经济学科工作会议综述》，《国家行政学院学报》2014 年第 6 期。

② 李佐军：《引领经济新常态　走向好的新常态》，《国家行政学院学报》2015 年第 1 期。

③ 宗平：《中国经济新常态》，《时事纵横》2014 年第 12 期。

④ 杨颖：《适应“经济新常态”的“三种发展”》，《人民论坛》2014 年 10 月（下）。

解城市化问题的战略手段提出的。[①] 智慧城市概念的发展基于两条主线。第一条是有关智能和信息城市（intelligent/informational cities）的研究和探讨，[②] 第二条是有关智慧增长（smart growth）方面的研究。[③] 智慧城市继承并整合了这两股思潮，着力于通过信息和通信技术在城市中的应用来提高城市管理效率，实现城市的可持续和公平发展，提高人民的生活质量。[④]

智慧城市这一概念发端于20世纪80年代的信息城市，[⑤] 经历了20世纪90年代的智能城市（intelligent city）与数字城市（digital city），[⑥] 在2000年后逐步演化为智慧城市。[⑦] 2009年IBM公司作为"智慧地球"理念的提出者，把智慧城市定义为能够"充分利用信息化相关技术，通过监测、分析、整合及智能响应的方式，综合各职能部门，整合优化现有资源，提供更好的服务、绿色的环境、和谐的社会，保证城市可持续发展，为企业及大众建立一个优良的工作、生活和休闲的环境"的城市。[⑧] 从此，智慧城市理念与实践在全球范围内迅速传播。

智慧城市是集自我创新、时空压缩、自动识别、智慧管理等功能于一身的高度数字化、网络化、精准化、智能化的信息集合体。[⑨] 智慧城市是

---

① 李春友、古家军：《国外智慧城市研究综述》，《软件产业与工程》2014年第3期。

② Papa R, Gargiulo C, Galderis A. Toward an Urban Planners' Perspective on Smart City. *Journal of Land Use, Mobility and Environment*, 2013, 1: 5-17.

③ Batty M, Axhausen K W, Giannotti F, et al. Smart Cities of the Future. *The European Physical Journal*: Special Topics, 2012, 214: 481-518.

④ 董宏伟、寇永霞：《智慧城市的批判与实践——国外文献综述》，《城市规划》2014年第11期。

⑤ Batty M. *Complexity in City Systems: Understanding, Evolution, and Design.* The Centre for Advanced Spatial Analysis, University College London, 2007.

⑥ 陈伟清，刘彦花：《城市规划多源数据整合与数据库建设》，《广西大学学报》（自然科学版）2009年第1期。陈述彭：《地学的探索》（第三卷），科学出版社，1990。

⑦ 何强：《基于地理信息系统（GIS）的水污染控制规划研究》，重庆大学博士学位论文，2001。

⑧ 汪芳、张云勇、房秉毅、徐雷、魏进武：《物联网、云计算构建智慧城市信息系统》，《移动通信》2011年第15期。李建明：《智慧城市发展综述》，《中国电子科学研究院学报》2014年第3期。

⑨ 牛文元：《智慧城市是新型城镇化的动力标志》，《中国科学院院刊》2014年第1期。

信息时代的载体，是知识经济的结晶，是可持续发展的支撑。[①] 智慧城市的概念几乎涵盖城市发展的所有方面，其共性内涵主要体现在整合与优化资源配置、可持续发展、提升城市品质 3 个方面。[②] 智慧城市区别于其他城市发展理论和思路的核心内容至少包含智慧技术（smart technology）、智慧设施（smart infrastructure）、智慧人民（smart people）、智慧制度（smart governance）、智慧经济（smart economy）、智慧环境（smart environment）6 个方面。[③] 迈克尔·巴蒂将智慧城市界定为运用新数字技术进行协同与整合，将现代信息通信技术与城市传统基础设施有机结合起来的城市。[④] 提出了智慧城市的 7 个目标：①发现理解城市问题的新视角；②高效灵活地整合城市技术；③不同尺度城市时空数据的模型与方法；④开发通信与传媒新技术；⑤开发城市管理与组织新模式；⑥定义与城市、交通、能源等相关的重大问题；⑦识别智慧城市中的风险、不确定性及灾害。并将目前的智慧城市归纳为 6 种情景类型：①旧城的智慧型更新；②科技园建设；③围绕高新技术的科技城建设；④运用当前信息通信技术的城市公共服务；⑤运用信息通信技术开发新的城市智慧功能；⑥运用网络以及移动客户端开发公众参与新模式。[⑤]

推进智慧城市建设是实现经济社会和城市发展转型提升的新支点和新动力，智慧城市可以帮助发达国家维持知识经济，同时为发展中国家的快速城市化进程提供解决方案。全球各国都在致力于智慧城市的建设，美国政府用财政资金推进重点智慧城市基础设施的投资和建设，欧盟更多关注信息通信技术在城市生态环境、交通、医疗、智能建筑等民生领域的作用，希望借助

---

① 牛文元：《智慧城市是新型城镇化的动力标志》，《中国科学院院刊》2014 年第 1 期。

② 李建明：《智慧城市发展综述》，《中国电子科学研究院学报》2014 年第 3 期。

③ 董宏伟、寇永霞：《智慧城市的批判与实践——国外文献综述》，《城市规划》2014 年第 11 期。

④ 迈克尔·巴蒂：《未来的智慧城市（Smart Cities of the Future）》，赵怡婷、龙瀛译，《国际城市规划》2014 年第 6 期。

⑤ 同④。

知识共享和低碳战略来实现减排目标，推动城市低碳、绿色、可持续发展。[①] 目前，在欧洲和北美已有数百座城市宣布建设智慧城市，[②] 未来智慧城市建设的全球市场规模预计为40万亿美元，中国估计将有4万亿人民币的市场规模。[③]

中国学者对智慧城市的关注始于2009年IBM公司首席执行官彭明盛提出的“智慧地球”（Smart Planet）概念，目前对智慧城市的研究尚处于起步阶段。[④] 其共识性的观点是：智慧城市是一个全新的城市形态，是低碳、智慧、幸福及可持续发展的城市化，是以人为本、质量提升和智慧发展的城市化，[⑤] 是人本城市与信息城市有机结合的产物，[⑥] 包括了制度、技术、经济和社会等四个层次的城市框架体系。[⑦]

在信息与通信技术的支撑下，推动智慧城市建设成为实现新型城镇化的重要手段。智慧城市建设是新型城镇化实现人口、财富、智力、消费集聚的新要求；承载绿色发展、环境治理、生态文明进而实现可持续发展的历史使命；遍及“生产、流通、消费”“管理、服务、生活”“绿色、生态、文明”全方位多层次的系统建设。[⑧]

2014年是中国智慧城市落地的元年，政府通过政策制度建设促动智慧城市建设发展。2014年1月15日，中国国家发展和改革委员会、工业和信息化部等12个部门联合印发《关于加快实施信息惠民工程有关工作的通知》；2014年3月16日，国务院印发《国家新型城镇化规划（2014～2020年）》，提出走“以人为本、四化同步、优化布局、生态文明、文化传承”

---

① 夏澂：《智慧城市：从愿景到现实》，《新经济导刊》2015年第1～2期。

② 刘伦、刘合林、王谦、龙瀛：《大数据时代的智慧城市规划：国际经验》，《国际城市规划》2014年第6期。

③ 同①。

④ 李春友、古家军：《国外智慧城市研究综述》，《软件产业与工程》2014年第3期。

⑤ 同①。

⑥ 柴彦威、申悦、陈梓烽：《基于时空间行为的人本导向的智慧城市规划与管理》，《国际城市规划》2014年第6期。

⑦ 甄峰、秦萧：《大数据在智慧城市研究与规划中的应用》，《国际城市规划》2014年第6期。

⑧ 牛文元：《智慧城市是新型城镇化的动力标志》，《中国科学院院刊》2014年第1期。

的中国特色新型城镇化道路，明确将智慧城市建设作为提高城市可持续发展能力的重要手段和途径，强调要继续推进创新城市、智慧城市、低碳城镇试点；[①] 2014 年 8 月 27 日，经国务院同意，发改委、工信部、科技部、公安部、财政部、国土部、住建部、交通部等八部委印发《关于促进智慧城市健康发展的指导意见》，明确了智慧城市 2.0 时代的顶层设计方案；全国首部《智慧城市系列标准》于 2014 年 11 月 18 日正式发布，并于 2015 年 1 月 1 日开始试行。在国家明确智慧城市建设发展方向的同时，国家发展和改革委员会、工业和信息化部、科学技术部与住房和城乡建设部等积极展开“智慧城市”的实践探索，2012 年启动国家智慧城市试点工作，先后公布了两批共 193 个试点；科技部与国家标准委选择了 20 个城市开展智慧城市技术与标准试点示范工作；2014 年 8 月，住房和城乡建设部与科技部共同启动第三批国家智慧城市试点，已有超过 100 个城市政府表达出明确的申报意向。所有这一切证明，我国的智慧城市建设正在进入一个高速成长的时期。[②]

4. 制度引致的新型城镇化道路剑指绿色生态城市发展方向

中国的城镇化道路伴随着国家政策制度的变迁过程，这一过程同时也是我国绿色城市发展之路制度化、现实化的过程，绿色生态发展成为我国新型城镇化战略的核心举措。中共“十八大”揭开了我国探索新型城镇化发展模式的序幕。2013 年底的中央经济工作会议明确提出“要把生态文明理念和原则全面融入城镇化全过程，走集约、智能、绿色、低碳的新型城镇化道路”。随后召开的中央城镇化工作会议力推绿色发展、循环发展、低碳发展。2014 年 3 月的政府工作报告坚持走以人为本、四化同步、优化布局、生态文明、传承文化的新型城镇化道路。《国家新型城镇化规划（2014～2020 年）》将“生态文明、绿色低碳”作为规划的重要原则，要求“把以人为本、尊重自然、传承历史、绿色低碳理念融

① 甄峰、秦萧：《大数据在智慧城市研究与规划中的应用》，《国际城市规划》2014 年第 6 期。
② 夏溦：《智慧城市：从愿景到现实》，《新经济导刊》2015 年第 1～2 期。

入城市规划全过程”，并详细阐述了绿色城市在绿色能源、绿色建筑、绿色交通、产业园区循环化改造、城市环境综合整治和绿色新生活行动等领域的建设重点。在国家宏观战略的引导下，国家各部委和各级地方政府相继出台了一系列政策措施积极推动城市规划与建设向绿色、生态、低碳、集约的方向发展，具体体现在支持绿色生态城区建设、补贴绿色建筑发展、推进建筑节能、开展城市试点示范、出台更新相应规范标准等方面。例如，住房和城乡建设部出台的低碳生态试点城市、绿色生态示范城区和绿色低碳重点小城镇试点示范等一系列的示范试点工作对推动绿色生态城市的发展起到了良好的标杆作用。各地方政府积极出台相关政策和激励措施，加大对绿色生态城市发展的扶持力度，调动市场各方参与的积极性，推动城镇绿色生态发展。这些政策主要通过直接财政资金补贴、容积率奖励、减免税费、贷款利率优惠、资质评选和在示范评优活动中优先或加分等措施来实现。[①]

5. “弹性可持续城市”开辟城市研究新方向

当城市的规模和密度增加，与气候变化相关的灾害、能源危机、食品和水短缺等问题频繁出现，越来越多的人开始关注城市应对未来的能力时，[②]弹性城市理念应运而生。弹性城市（Resilience City）也称韧性城市、包容城市或活力城市。[③] 弹性城市的理念，最早由加拿大生态学家 Hulling 于 1973 年提出。他指出弹性是指系统能够较快恢复到原有状态，并且保持系统结构和功能的能力。[④] “弹性”一词代表了城市能够降低对传统能源的依赖，并且能够调节自身发展模式的一种能力。[⑤] Alberti 等将弹性城市定义

① 陈志端：《新型城镇化背景下的绿色生态城市发展》，《城市发展研究》2015 年第 2 期。

② 《弹性可持续城市——一种未来》，《城市规划学刊》2014 年第 3 期。

③ 徐振强、王亚男、郭佳星、潘琳：《我国推进弹性城市规划建设的战略思考》，《城市发展研究》2014 年 5 期。

④ Holling C. S. Resilience and Stability of Ecological Systems. *Annual Review of Ecology and Systematics*, 1973 (4): 1 - 23.

⑤ 彼得·纽曼、蒂莫西·比特利、希瑟·博耶：《弹性城市：应对石油紧缺与气候变化》，中国建筑工业出版社，2012。

为：城市在一系列结构和过程变化重组之前，能够吸收与化解变化的能力与程度。[①] 弹性联盟（Resilience Alliance）将弹性城市定义为：城市或城市系统能够消化并吸收外界干扰，并保持原有主要特征、结构和关键功能的能力。[②] 弹性城市不仅包括城市系统能够调整自己、应对各种消极的不确定性和突然袭击的能力，还包括能将那些积极的机遇有效转化为资本的能力。[③]《弹性城市》一书在将未来可能出现的城市划分为衰败城市、乡村化城市、两极分化城市和弹性城市四种类型的基础上，[④] 将"弹性城市"的概念理解为城市的发展更加可持续、可调节，能够适应传统能源紧缺和气候变化等问题，并且强调通过规划建设绿色基础设施，发展绿色新能源，提倡低碳环保的生活方式等手段来降低城市发展对自然资源的依赖和对环境的破坏。[⑤] 弹性城市有七大特征，是可再生能源城市、是碳中和城市、是分散型城市、是光合作用城市、是生态高效城市、是基于场所的城市、是可持续的公交化城市。[⑥]《弹性可持续城市——一种未来》[⑦] 一书指出了日益脆弱的全球环境大背景下城市的可持续性和弹性所面临的挑战，将城市弹性界定为城市面临变革时的修复、适应和转型的能力。提出城市弹性的三个核心维度：①维持城市功能和生活质量的新陈代谢流；②将人和自然相连的社会生态系统；③在不确定状况下推动学习和规划的适应性管制。[⑧]

弹性城市被认为是一种新的规划理论。为了促进弹性城市的研究，国际

---

① Alberti M, Marzluff J, Shulenberger E, et al. Integrating Humans into Ecosystems: Opportunities and Challenges for Urban Ecology. *BioScience*, 2003, 53 (4): 1169 - 1179.

② Resilience Alliance. *Urban Resilience Research Prospectus*. Australia: CSIRO, 2007. 2007 - 02 [2011 - 5 - 20] http: //www. resalliance. org /index. php/urban_ resilience.

③ Berkes F, Colding J, Carl F. *Navigating Social-ecological Systems: Building Resilience for Complexity and Change*. Cambridge: Cambridge University Press, 2003: 416.

④ 彼得·纽曼、蒂莫西·比特利、希瑟·博耶：《弹性城市：应对石油紧缺与气候变化》，中国建筑工业出版社，2012。

⑤ 王量量、韩洁、彼得·纽曼：《〈弹性城市——应对石油紧缺与气候变化〉与我国城市发展模式选择》，《国际城市规划》2013 年第 6 期。

⑥ 同⑤。

⑦《弹性可持续城市——一种未来》，《城市规划学刊》2014 年第 3 期。

⑧ 同⑦。

上自发组建了弹性联盟、弹性组织（Resilience Organization）和弹性城市组织（Resilient City Organization）等专业性的学术或产业交流合作组织。弹性城市的理念正逐渐在美国和欧洲规划界得到广泛认同。美国直接将弹性城市作为规划顶层，而欧洲将弹性城市作为城市更新的核心组成部分。联合国减灾署在 2013 年 3 月的报告中建议在全世界范围建设“弹性城市”，来应对自然灾害。①

总体而言，国外弹性城市研究包括城市生态弹性、城市工程弹性、城市经济弹性和城市社会弹性 4 个领域。② 随着我国快速城镇化进程的推进，多元因素导致的城市灾害显著冲击着城市的抵抗能力，城市脆弱性或城市弹性问题成为现阶段城镇化进程中制约城市可持续发展的核心问题。③ 国外弹性城市的理论进展和实践范式，对于提升我国城市韧性具有广泛的借鉴意义，开展我国弹性城市的评测，对增强我国弹性城市理论的生长能力，提升我国城市的韧性，④ 都具有方法论价值和实践价值。

6.“复合生态理念”及其衍生的“共生城市理念”和“包容性城市理念”

复合生态理念由来已久，自 1981 年我国著名生态学家和环境科学家马世骏教授提出“社会—经济—自然”复合生态系统理论以来，学界同人协同努力终于达成共识，即人类赖以生存的社会、经济、自然是一个复合大系统的整体，⑤ 包括自然子系统、经济子系统、社会子系统，三大系统融为一个复合体，既可以是各子系统的要素在同一时间、空间的复合，也可以是不同层次系统的复合，还可以是融环境污染、生态破坏、自然灾害于一个整体系统中的复合。⑥ 复合生态系统是一个人与自然相互依存与共生的复杂巨

---

① 徐振强、王亚男、郭佳星、潘琳：《我国推进弹性城市规划建设的战略思考》，《城市发展研究》2014 年 5 期。

② 蔡建明、郭华、汪德根：《国外弹性城市研究述评》，《地理科学进展》2012 年第 31 卷第 10 期。

③ 同①。

④ 同①。

⑤ 马世骏、王如松：《社会—经济—自然复合生态系统》，《生态学报》1984 年第 1 期。

⑥ 彭天杰：《复合生态系统的理论与实践》，《环境科学丛刊》1990 年第 11 卷第 3 期。

系统，也是一个共生系统，[①] 能够全面地包容城市化的所有影响因素和城市化影响的所有领域，[②] 本质上就是一种关于人类社会可持续发展的理论。[③]

城市是一个复杂、开放的庞大系统，必须用“复合生态理念”来认识“生态城市”[④]，形成复合生态城市认知。也就是说，“生态城市”应当是自然生态、社会生态、经济生态综合协调发展、整体最优的城市，在空间上实现内部环境与外部环境的和谐共生，在时间上实现过去、现在、未来的效益统一。站在复合生态系统的视角，城市生态系统是城市居民与其生存环境相互作用的网络结构，也是人类对自然环境进行适应、加工、改造而建设起来的特殊的复合生态系统，它可分为社会、经济、自然三个亚系统。[⑤] 在此意义上，城市化是复合生态系统发展演化的过程，[⑥] 自然演绎出经济子系统的城市化、社会子系统的城市化和自然子系统的城市化（空间城市化过程）。不同时期、不同区域，经济城市化、人口城市化、社会城市化、空间城市化的表现程度和组合关系各异，形成与特定条件和发展阶段密切相关的城市化结构、城市化模式、城市化特色。[⑦] 城市复合生态系统各成分之间时刻进行着物质代谢、信息传递和能量流动，形成把城市生态系统内各组分与外部环境联系起来的生态流。[⑧] 生态流在城市复合生态系统中高效畅通地流动，是城市可持续发展、生态系统和谐稳定的外在表现。[⑨] 美国伯克利市的复合生态城市建设模式具有代表性，该模式强调生态城市应该是三维的、一体化的

---

① 郝欣、秦书生：《复合生态系统的复杂性与可持续发展》，《系统辩证学学报》2003 年第 11 卷第 4 期。

② 王亚力、吴云超：《复合生态系统理论下的城市化现象透视》，《商业时代》2014 年第 5 期。

③ 赵景柱：《论持续发展》，《科技导报》1992 年第 4 期。

④ 杨保军：《如何才能“望得见山水，记得住乡愁”》，《求是》2014 年第 11 期。

⑤ 同①。

⑥ 王亚力：《区域生态型城市化的理论与应用》，湖南师范大学出版社，2010。

⑦ 同③。

⑧ 宋永昌、由文辉、王祥荣：《城市生态学》，华东师范大学出版社，2000。

⑨ 马寨璞、李静、佟霁坤、安秋丹：《复合生态系统中信息流指标的构成与属性》，《河北大学学报》（自然科学版）2014 年第 1 期。

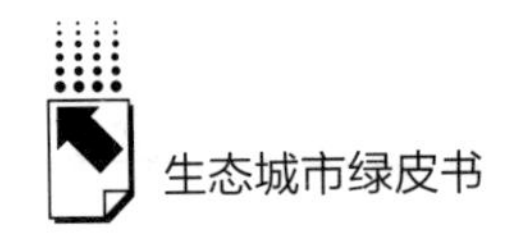

复合模式，强调要减少对自然的“边缘破坏”，最大限度地保留城市建设基地的自然特征，增强社区邻里感，降低对私人汽车的依赖。①

复合生态系统的特质在凸显“复合生态理念”的同时，合乎逻辑地衍生出“共生城市理念”和“包容性城市理念”。“生态与经济共生型城市”②概念的提出，是“生态”和“经济”从传统对立走向和谐共生的真实体现，也为“生态、经济与社会”共生型城市奠定了逻辑起点。共生城市是资源能源节约的、物质循环利用的、遵循生态学原则发展的、功能混合的、系统内各元素共生共存的、尊重地方文化的、尊重自然的、包容的城市。在共生城市或者共生理念基础上建设的生态城市是生态文明的依托，是今后人类社会生生不息的摇篮，是城市可持续发展的必由之路。③“共生”设计是生态城市规划的核心。包容性发展是寻求社会和经济的协调、稳定和可持续的发展，④ 它是一种新的发展理念和模式，其思想内核体现为发展主体的全民性、发展内容的全面性、发展过程的公平性、发展成果的共享性。⑤ 基于包容性发展理论的要旨，“包容性城市化”就是要通过增加城市发展的包容性，从整体上把握和解决社会经济系统与自然系统之间、城市系统与周边区域系统之间、城市内部不同要素系统之间的协调发展问题。⑥ 具体而言，包容性城市化就是要注重三次产业协调发展和城乡关系一体化，在城市化进程中倡导人本和生态思维，注重城乡居民生活质量提升，倡导并践行多元城市化模式，重视协调不同层次主体的参与和利益共享，并行推进多维度的、要素全面的城市化进程，实现城市复合生态系统的优化发展。⑦ 中国新型城镇

---

① 梁昊光、方方：《生态城市建设的国际经验及其启示》，《北京规划建设》2014 年第 2 期。

② 陈宇琳、姜洋：《评〈Eco2 城市：建设生态与经济共生型城市〉》，《城市与区域规划研究》2012 年第 1 期。

③ 仇保兴：《“共生”理念与生态城市》，《现代城市》2013 年第 4 期。

④ 李惠斌：《包容性发展：可持续发展理念中的新概念——〈增长报告：可持续增长和包容性发展的战略〉的一种解读》，《北京日报》2012 年 1 月 16 日。

⑤ 高传胜：《论包容性发展的理论内核》，《南京大学学报》2012 年第 1 期。

⑥ 张宇钟：《城市发展与包容性关系研究》，《上海行政学院学报》2010 年第 1 期。

⑦ 王旭辉：《城市化理论的价值取向转变与反思——兼论包容性发展理论对我国城市化的启示》，《新视野》2012 年第 5 期。

化道路的包容性发展，就是实现人口城市化、社会城市化、经济城市化和环境城市化等各种类型城市化的包容性发展，充分体现主体全民性、内容全面性、过程公平性和成效共享性。①

（三）中国生态城市建设的误区与误读：警惕“伪生态”

生态城市建设凸显中国城市未来发展方向，并成为不少地方的发展战略，呈现出新的发展态势：一是发展速度进入快速发展时期；二是发展理念趋于理性；三是发展定位立足于本地实际；四是建设经验将推动全球绿色城市发展。② 与这种良性发展不协调的是，违背自然规律、超越生态承载能力和环境容量的“伪生态建设”或“伪生态文明建设”在局部范围出现甚至蔓延，突出表现在以下诸方面。

1. 认识误区。有人认为，“生态城市”就是制造人态自然，通过种树、铺草、造水、建景观大道等方式人工打造“生态城”“宜居城”“山水田园都市”，掀起了“广场热”“草坪热”“水景热”等，不顾民生打造人造景观；有的认为应借鉴国外先进案例，只有花大价钱才能建“生态城市”；还有的认为应当建立一套普遍适用的生态城市规划建设标准。③

2. 建设误区。人类文明经历了上千年的演进，积累了丰富的物质和非物质文化遗产。保护历史文化、延续社会结构是生态城市建设的重要方面。但由于一些城市政府对社会文化的各种片面理解，导致了让人啼笑皆非的结果。有的地方崇洋媚外，大量复制甚至抄袭西方著名建筑，一时间假“白宫”、假“凯旋门”再现中国；有的地方盲目复古，大规模恢复“唐城”“宋城”“明城”，劳民伤财。诸如此类的做法，是用一种人工文化生态破坏当地原有的文化生态，有悖于生态文明理念。④

---

① 张明斗、王雅莉：《中国新型城市化道路的包容性发展研究》，《城市发展研究》2012 年第 10 期。

② 陈志端：《新型城镇化背景下的绿色生态城市发展》，《城市发展研究》2015 年第 2 期。

③ 杨保军：《如何才能“望得见山水，记得住乡愁”》，《求是》2014 年第 11 期。

④ 同③。

3. 生态折腾。一些地方打着生态文明的旗号，今天植草坪，明天改花园，后天栽大树，……这种生态折腾不但没有产生任何价值，而且成本巨大，显然与生态文明建设的初衷背道而驰。[①]

二　中国生态城市建设的综合与分类评价

在《中国生态城市建设发展报告（2012）》中，我们尝试构建了一套生态城市建设的理论体系和评价模型，探索了生态城市建设中不同主体的角色定位和职能分工。并将“法于人体”的思想融入生态城市建设之中，通过提炼六种不同类型生态城市发展的特色，提出了“绿色发展三阶段走”的生态城市发展战略路径和“五位一体、两点支撑、三带镶嵌、四轮驱动、以人为本、绿色发展”的生态城市建设基本思路。以后各年度报告在承继中不断创新。

本报告沿用了《中国生态城市建设发展报告（2014）》中的主要思路、评价方法、评价模型、指标框架及统计口径，考虑到数据可得性和现实可行性，在对“生态城市健康指数（ECHI）评价指标体系（2014）”进行微调的基础上，形成了“生态城市健康指数（ECHI）评价指标体系（2015）”。调整后的评价指标体系与之前相比进一步完善，而且生态城市评价样本城市从历年的116个扩展为284个，数量扩展了1倍多，评价对象的覆盖面更加广泛。在此基础上，遵循“分类评价，分类指导，分类建设，分步实施”的生态城市建设原则，依据指标体系收集最新数据，对中国284个城市2013年的生态建设效果进行了评价和综合排名分析，并依照生态城市健康指数（ECHI）评价标准，将2013年的生态城市归于很健康、健康、亚健康、不健康、很不健康五种不同类型。然后，对环境友好型、资源节约型、循环经济型、景观休闲型、绿色消费型、综合创新型六种不同类型生态城市从生态城市总体分布情况、评价结果中城市指标的得分特

① 王婵：《“伪生态文明建设”之风不可长》，《经济参考报》2014年12月24日。

点以及生态城市的空间格局等层面进行了分析评价，分析了生态城市分布差异的原因、部分城市在生态城市建设方面的一些有效措施和值得借鉴的经验和做法。

（一）生态城市健康状况综合评价分析

通过“生态城市健康指数（ECHI）评价指标体系（2015）”设定的生态环境指标中的森林覆盖率、PM2.5、生物多样性、河湖水质、人均绿地面积、生活垃圾无害化处理率，生态经济指标中的单位 GDP 综合能耗、一般工业固体废物综合利用率、城市污水处理率、信息化基础设施和人均 GDP，生态社会指标中的人口密度、生态环保知识与法规普及率、基础设施完好率、公众对城市生态环境满意率、政府投入与建设效果等指标，得出了中国 284 个城市 2013 年生态健康状况的综合排名，按照从高到低排序如表 1 所示。并依据“生态城市健康指数（ECHI）评价标准”将其具体划分为很健康、健康、亚健康、不健康、很不健康五种生态城市类型。

表 1　2013 年中国 284 个生态城市健康状况综合排名

城市名称	排名	等级	城市名称	排名	等级	城市名称	排名	等级	城市名称	排名	等级
珠海	1	很健康	南宁	14	健康	常州	27	健康	秦皇岛	40	健康
三亚	2	很健康	芜湖	15	健康	杭州	28	健康	东营	41	健康
厦门	3	很健康	黄山	16	健康	铜川	29	健康	乌鲁木齐	42	健康
铜陵	4	很健康	西安	17	健康	克拉玛依	30	健康	佛山	43	健康
新余	5	很健康	苏州	18	健康	济南	31	健康	绍兴	44	健康
惠州	6	很健康	扬州	19	健康	淮南	32	健康	哈尔滨	45	健康
舟山	7	很健康	烟台	20	健康	重庆	33	健康	北海	46	健康
沈阳	8	很健康	青岛	21	健康	鹤壁	34	健康	昆明	47	健康
福州	9	很健康	威海	22	健康	天津	35	健康	南通	48	健康
大连	10	很健康	镇江	23	健康	北京	36	健康	汕头	49	健康
海口	11	很健康	武汉	24	健康	盘锦	37	健康	九江	50	健康
景德镇	12	健康	蚌埠	25	健康	合肥	38	健康	朔州	51	健康
广州	13	健康	湖州	26	健康	江门	39	健康	南京	52	健康

续表

城市名称	排名	等级	城市名称	排名	等级	城市名称	排名	等级	城市名称	排名	等级
枣庄	53	健康	成都	87	健康	通化	121	健康	随州	155	健康
防城港	54	健康	马鞍山	88	健康	石家庄	122	健康	漯河	156	健康
连云港	55	健康	襄樊	89	健康	中山	123	健康	益阳	157	健康
南昌	56	健康	鹰潭	90	健康	绵阳	124	健康	玉林	158	健康
长春	57	健康	银川	91	健康	临沂	125	健康	德阳	159	健康
辽源	58	健康	吉安	92	健康	韶关	126	健康	安康	160	健康
无锡	59	健康	宜昌	93	健康	伊春	127	健康	滨州	161	健康
台州	60	健康	梅州	94	健康	阳泉	128	健康	温州	162	健康
石嘴山	61	健康	贵阳	95	健康	宜春	129	健康	娄底	163	健康
萍乡	62	健康	乌海	96	健康	日照	130	健康	唐山	164	健康
鄂州	63	健康	大庆	97	健康	郑州	131	健康	呼和浩特	165	健康
柳州	64	健康	本溪	98	健康	西宁	132	健康	葫芦岛	166	健康
深圳	65	健康	十堰	99	健康	抚顺	133	健康	松原	167	健康
太原	66	健康	衢州	100	健康	兰州	134	健康	乌兰察布	168	健康
桂林	67	健康	莆田	101	健康	宣城	135	健康	佳木斯	169	健康
咸阳	68	健康	泉州	102	健康	莱芜	136	健康	清远	170	健康
湛江	69	健康	阳江	103	健康	金华	137	健康	遂宁	171	健康
淄博	70	健康	鄂尔多斯	104	健康	徐州	138	健康	白山	172	健康
滁州	71	健康	抚州	105	健康	亳州	139	健康	岳阳	173	健康
宁波	72	健康	宿迁	106	健康	六安	140	健康	黑河	174	健康
淮安	73	健康	黄石	107	健康	安庆	141	健康	鞍山	175	健康
辽阳	74	健康	龙岩	108	健康	湘潭	142	健康	焦作	176	健康
宝鸡	75	健康	南平	109	健康	长治	143	健康	南充	177	健康
淮北	76	健康	嘉兴	110	健康	阜新	144	健康	潍坊	178	健康
株洲	77	健康	广元	111	健康	包头	145	健康	济宁	179	健康
长沙	78	健康	丹东	112	健康	榆林	146	健康	齐齐哈尔	180	健康
营口	79	健康	七台河	113	健康	荆门	147	健康	固原	181	健康
上海	80	健康	丽水	114	健康	乐山	148	健康	金昌	182	健康
东莞	81	健康	中卫	115	健康	来宾	149	健康	通辽	183	健康
大同	82	健康	潮州	116	健康	邯郸	150	健康	巴彦淖尔	184	健康
锦州	83	健康	泰州	117	健康	漳州	151	健康	鸡西	185	健康
池州	84	健康	牡丹江	118	健康	吴忠	152	健康	孝感	186	健康
肇庆	85	健康	泰安	119	健康	德州	153	健康	阜阳	187	健康
吉林	86	健康	丽江	120	健康	酒泉	154	健康	嘉峪关	188	健康

续表

城市名称	排名	等级	城市名称	排名	等级	城市名称	排名	等级	城市名称	排名	等级
泸州	189	健康	双鸭山	213	亚健康	梧州	237	亚健康	白银	261	亚健康
郴州	190	亚健康	信阳	214	亚健康	吕梁	238	亚健康	汕尾	262	亚健康
眉山	191	亚健康	延安	215	亚健康	茂名	239	亚健康	邵阳	263	亚健康
攀枝花	192	亚健康	商洛	216	亚健康	三门峡	240	亚健康	定西	264	亚健康
新乡	193	亚健康	衡阳	217	亚健康	遵义	241	亚健康	内江	265	亚健康
宁德	194	亚健康	绥化	218	亚健康	庆阳	242	亚健康	临沧	266	亚健康
渭南	195	亚健康	宿州	219	亚健康	宜宾	243	亚健康	赤峰	267	亚健康
河源	196	亚健康	开封	220	亚健康	菏泽	244	亚健康	安顺	268	亚健康
许昌	197	亚健康	保定	221	亚健康	呼伦贝尔	245	亚健康	赣州	269	亚健康
洛阳	198	亚健康	常德	222	亚健康	晋中	246	亚健康	百色	270	亚健康
四平	199	亚健康	张掖	223	亚健康	保山	247	亚健康	驻马店	271	亚健康
汉中	200	亚健康	承德	224	亚健康	玉溪	248	亚健康	河池	272	亚健康
三明	201	亚健康	云浮	225	亚健康	钦州	249	亚健康	曲靖	273	亚健康
晋城	202	亚健康	资阳	226	亚健康	拉萨	250	亚健康	邢台	274	亚健康
张家口	203	亚健康	聊城	227	亚健康	沧州	251	亚健康	黄冈	275	亚健康
铁岭	204	亚健康	揭阳	228	亚健康	贵港	252	亚健康	达州	276	不健康
盐城	205	亚健康	广安	229	亚健康	天水	253	亚健康	忻州	277	不健康
自贡	206	亚健康	上饶	230	亚健康	商丘	254	亚健康	运城	278	不健康
永州	207	亚健康	南阳	231	亚健康	张家界	255	亚健康	衡水	279	不健康
鹤岗	208	亚健康	安阳	232	亚健康	廊坊	256	亚健康	周口	280	不健康
雅安	209	亚健康	平凉	233	亚健康	朝阳	257	亚健康	六盘水	281	不健康
平顶山	210	亚健康	巴中	234	亚健康	白城	258	亚健康	崇左	282	不健康
荆州	211	亚健康	武威	235	亚健康	濮阳	259	亚健康	昭通	283	不健康
咸宁	212	亚健康	怀化	236	亚健康	贺州	260	亚健康	陇南	284	不健康

1. 2013年生态城市健康状况综合排名

2013 年中国 284 个生态城市中排名前 100 名的城市成分比较复杂，4 个直辖市（北京市、上海市、天津市、重庆市）全部进入，但是排名不具有绝对优势，处于 33 ~ 80 之间。需要说明的是，深圳市、上海市、北京市、南京市等城市在 2009 ~ 2012 年的排名整体较稳，并保持在前十名之内，2013 年上述四个城市的排名均在 30 位以后，与评价城市样本容量的增加（由 116 个增加为 284 个）和评价指标的微调（由 13 个增加至 14 个）有关，内在原因还需进一步揭示。5 个计划单列市除深圳市掉到 65 位、宁波市掉到 72 位外，厦门市、大连市、青岛市位于前 50，比直辖市的排名明显靠前；东南生态盈余区域城市排名整体较好，主要是因为这一区域城市自然条件较好，气候和水文条件适合植被生长，有利于形成生态的多样性。同时这类城市大多属于经济特区、沿海经济开放区，产业结构随着经济发展逐步趋于合理，城市布局也越来越科学合理，为生态城市建设提供了条件。西部的资源型城市铜川市、克拉玛依市依托其在生态社会方面的优势进入生态城市健康排名的前 30 位；西部省会城市南宁市、西安市、乌鲁木齐市、昆明市、银川市进入前 100 名。说明西部城市生态城市建设的成效比较明显，在一定意义上印证了国家实施西部大开发战略的显著绩效。

就城市健康等级而言，排名前 11 名的珠海市、三亚市、厦门市、铜陵市、新余市、惠州市、舟山市、沈阳市、福州市、大连市、海口市的健康等级为很健康，仅占 3.87%；排名 12～189 位的 178 个城市的健康等级为健康，占 62.68%；排名 190～275 位的 86 个城市的健康等级为亚健康，占 30.28%；排名 276～284 位的 9 个城市的健康等级为不健康，只占 3.17%。这说明 66.54% 的城市生态是健康的，30.28% 的城市生态处于亚健康状态，仍有 3.17% 的城市生态处于不健康状态，未来生态城市建设的任务依然很重。

2. 2013年生态城市健康状况指标特点分析

2013 年全国 284 个城市中健康指数排名前 10 名的城市分别为珠海市、三亚市、厦门市、铜陵市、新余市、惠州市、舟山市、沈阳市、福州市和大连市。其中，珠海市综合排名第 1，生态环境排名第 33，生态经济排名第 13，生态社会排名第 1；三亚市综合排名第 2，生态环境排名第 63，生态经济排名第 46，生态社会排名第 2；厦门市综合排名第 3，生态环境排名第 71，生态经济排名第 8，生态社会排名第 15；铜陵市综合排名第 4，生态环境排名第13，生态经济排名第66，生态社会排名第4；新余市综合排名第5，生态环境排名第2，生态经济排名第54，生态社会排名第34；惠州市综合排名第6，生态环境排名第147，生态经济排名第6，生态社会排名第14；舟山市综合排名第7，生态环境排名第22，生态经济排名第70，生态社会排名第3；沈阳市综合排名第8，生态环境排名第152，生态经济排名第26，生态社会排名第6；福州市综合排名第9，生态环境排名第8，生态经济排名第41，生态社会排名第50；大连市综合排名第10，生态环境排名第34，生态经济排名第39，生态社会排名第42。

虽然以上生态城市健康状况指标良好，且整体排名靠前，但是，指标得分不均衡，存在明显的“短板”指标，分项带动整体的倾向明显，三项指标中总有一项或两项指标排名明显靠后，说明各城市生态环境、经济、社会建设的空间还比较大，需要统筹兼顾，在巩固突出优势时，需要进一步提升综合水平。

3. 2013年生态城市健康状况评价分析

分析2013年全国284个生态城市的健康状况，可以看出，处于生态基础条件较好、经济社会发展水平较高的长三角、珠三角等生态盈余城市区，环渤海湾城市群、海峡西岸城市群的部分城市，都在生态健康状况方面表现较好。生态健康状况良好的城市，总会在生态环境、生态经济以及生态社会建设方面采取一定的行之有效的措施，包括加强环境绿化、保护水资源、保持生物多样性、对垃圾进行无害化处理、做好城市污水处理以及加强生态意识教育、普及法律法规、增加城市维护建设资金等，加强生态城市的建设。需要强调的是，中西部一些新兴的工业城市、资源型城市、交通枢纽城市、旅游城市，通过采取强有力的措施，在某一些指标方面也取得了很好的建设成果，在全国城市中位居前茅。例如：珠海市、新余市、九江市、景德镇市、本溪市、秦皇岛市、抚州市、湖州市、威海市、上饶市等10城市，采取扩大城市建成区绿化覆盖率的有效措施，使其在全国284个城市中居于前10的位置；芜湖市、阜新市、湘潭市、莆田市、黄石市、淮南市、伊春市、蚌埠市、鸡西市、鹤岗市等10城市的节水措施成效明显；东莞市、深圳市、

广州市、本溪市、舟山市、南京市、嘉峪关市、克拉玛依市、乌鲁木齐市、厦门市等10城市在人均绿地面积方面排名前10；盘锦市、中卫市、辽阳市、营口市、绥化市、铁岭市、沧州市、通辽市、银川市、玉林市等10城市的城市污水处理率都达到或接近100%；深圳市、东莞市、广州市、中山市、珠海市、厦门市、肇庆市、佛山市、潍坊市、三门峡市等10城市的信息化基础设施建设走在前面；公众对城市生态环境满意率排名前10的城市有伊春市、七台河市、自贡市、嘉峪关市、鄂州市、珠海市、鹤岗市、黄石市、石嘴山市、攀枝花市。

还有一些生态城市建设成效显著的城市，采取超常规措施大力推进生态工程，完善生态建设制度，不断提升生态城市治理能力和生态城市建设的质量。例如：西安提出“建设美丽西安”的发展要求，以“净气、兴水、增绿、治污和农村生态环境综合治理、城市景观建设”为重点，加快实施一系列重大生态工程，全市优良天数超出省考指标71天。全力做好秦岭生态保护，高标准建成8个生态节点广场和17千米环山绿道，全年新增城市绿地面积450万平方米，造林11.5万亩。加快推进八水润西安工程，完成“两河五湖六湿地”建设，新增生态水面3108亩、湿地6506亩。通过不懈努力，千年古城现出一幅城市与山水相融合、经济社会发展与生态环境相协调、人与自然相和谐的美丽画卷。2014年9月11日，有关部门按照水利部组织编制的《京津冀协同发展水利专项规划》构建京津冀水资源统一调配管理平台，实行水量联合调度，推进农业节水、工业节水、服务业与生活节水，计划到2030年京津冀地区率先建成节水型社会，基本实现水利现代化。

（二）生态城市建设分类评价分析

按照普遍性要求与特色性要求相结合的原则，我们在进行生态城市建设评价中，除了进行整体评价外，结合不同类型生态城市的建设特点，考虑建设侧重度、建设难度和建设综合度等因素，对六类不同类型的生态城市采用核心指标与扩展指标相结合的方式，进行了分类评价和分析。

1. 环境友好型城市建设评价结果

环境友好型社会理念是由环境问题而起的，是国际社会在探索解决环境问题的过程中形成的一种关于社会发展形态取向的系统的理念和战略思想。[①] 环境友好型城市作为生态文明城市的类型之一和生态城市发展的一种模式，兼具生态文明城市的一般共性和环境友好型城市的特殊性。其核心内涵是以人与自然的和谐为中心，采取有利于生态环境保护的生产、生活、消费方式，促进城市经济、社会和环境全面协调和可持续发展。[②]

依据环境友好型城市建设评价指标体系，分别对19项指标、14项核心指标和5项扩展指标进行计算，得出了2013年环境友好型城市综合指数排名前100名，排名结果见表2，并对前100名城市进行了评价与分析。

表2　2013年环境友好型城市综合指数排名前100名

城市名称	得分	排名	城市名称	得分	排名
三　亚	0.8513	1	克拉玛依	0.7961	15
舟　山	0.8355	2	苏　州	0.7952	16
珠　海	0.8301	3	常　州	0.7951	17
新　余	0.8297	4	上　海	0.7947	18
黄　山	0.8174	5	长　沙	0.7928	19
海　口	0.8089	6	南　昌	0.7927	20
北　京	0.8067	7	杭　州	0.7914	21
景德镇	0.8048	8	南　宁	0.7903	22
重　庆	0.8002	9	广　州	0.7902	23
蚌　埠	0.8001	10	株　洲	0.7883	24
沈　阳	0.7978	11	深　圳	0.7882	25
铜　陵	0.7978	12	铜　川	0.7881	26
厦　门	0.7976	13	镇　江	0.7875	27
大　连	0.7969	14	淮　南	0.7855	28

① 任勇、俞海、夏光等：《环境友好型社会理念的认识基础及内涵》，《环境经济》2005年第12期。

② 赵沁娜等：《环境友好型城市研究进展述评》，《中国人口·资源与环境》2010年第3期。

续表

城市名称	得分	排名	城市名称	得分	排名
惠　　州	0.7843	29	贵　　阳	0.759	65
乌鲁木齐	0.7842	30	盘　　锦	0.7588	66
青　　岛	0.7838	31	兰　　州	0.7577	67
宁　　波	0.7797	32	大　　庆	0.7573	68
湖　　州	0.7795	33	济　　南	0.7568	69
芜　　湖	0.7795	34	淮　　安	0.7563	70
福　　州	0.7793	35	长　　春	0.7561	71
扬　　州	0.7784	36	中　　卫	0.7557	72
无　　锡	0.7774	37	江　　门	0.7555	73
武　　汉	0.7766	38	成　　都	0.7555	74
天　　津	0.7758	39	马 鞍 山	0.7551	75
绍　　兴	0.7748	40	鹤　　壁	0.7551	76
九　　江	0.7744	41	威　　海	0.7551	77
合　　肥	0.7735	42	辽　　阳	0.7546	78
哈 尔 滨	0.7729	43	池　　州	0.7545	79
南　　京	0.7709	44	石 嘴 山	0.7542	80
抚　　州	0.7699	45	湘　　潭	0.753	81
西　　宁	0.7697	46	烟　　台	0.7529	82
西　　安	0.7694	47	衢　　州	0.7526	83
台　　州	0.769	48	汕　　头	0.7519	84
伊　　春	0.7686	49	齐齐哈尔	0.7506	85
萍　　乡	0.7684	50	锦　　州	0.7505	86
南　　通	0.7655	51	银　　川	0.7502	87
滁　　州	0.7647	52	宝　　鸡	0.7498	88
朔　　州	0.7642	53	吉　　安	0.7495	89
抚　　顺	0.7636	54	淄　　博	0.7491	90
鄂　　州	0.7631	55	娄　　底	0.7487	91
太　　原	0.762	56	连 云 港	0.7486	92
秦 皇 岛	0.7616	57	丹　　东	0.7483	93
东　　莞	0.76	58	乌　　海	0.7477	94
防 城 港	0.7599	59	湛　　江	0.7475	95
东　　营	0.7598	60	淮　　北	0.7455	96
鹰　　潭	0.7595	61	泰　　州	0.7444	97
大　　同	0.7594	62	嘉　　兴	0.7443	98
本　　溪	0.7593	63	七 台 河	0.7436	99
北　　海	0.7591	64	阳　　泉	0.7432	100

（1）2013年环境友好型城市总体分布

2013年华北地区仅北京市进入前10名，而其余进入百强城市的排名分布在30～100内。东北地区沈阳市、大连市进入前30名，其余城市名次也分布在30～100内。华东地区城市进入前50名的城市较多，并且排名比较集中。中南地区进入前100名的城市中，前50名与后50名的城市数目几乎相当。西南地区仅重庆市排名第9位，进入前10位，其余则处于后70名中。西北地区前50名城市数目也较少，大部分处于50名之后。

在2009～2013年五年间，北京市和珠海市的环境友好型城市综合指数的排名始终位居前10名，表明这些城市在生态城市建设的基础方面和环境友好特色方面表现均比较出色。从环境友好型城市综合指数排名变化来看，华北地区和西南地区进入前50名的城市数目呈下降趋势，华东地区总体呈上升趋势；东北地区保持稳定状态；中南地区波动幅度较大，西北地区变化非常缓和。目前总体态势为华东地区突显，东北、华北和西北三地区略高于中南和西南地区。今后在环境友好型城市建设方面，华北和西南地区尚需努力加大生态城市的建设力度，东北和西北地区不仅要注重环境友好特色，更应注意提升城市建设的生态基础。

（2）2013年环境友好型城市指标得分特点

在环境友好型城市综合指数得分上，排在前10名的城市分别是三亚市、舟山市、珠海市、新余市、黄山市、海口市、北京市、景德镇市、重庆市和蚌埠市。上海市整体排名在2009～2012年较稳定，都在前10名，2013年排名有所下降，位于第18名。

三亚市在中国环境友好型城市建设综合指数中排名第一，且在单位GDP工业二氧化硫排放量的单项指标排名中也位列第一；珠海市在生态城市建设基础方面排名较好。但从指标得分来看，一部分整体排名靠前的城市在指标体系得分中还是表现出一些“短板”指标。如三亚市单位耕地面积化肥施用量偏高，珠海市在环境污染控制和公共交通方面有待改善，舟山市清洁能源的使用、二氧化硫排放等指标得分不高，景德镇市、北京市、海口市私人汽车拥有量/民用汽车拥有量等指标排名较低。通过评价分析可以看出，每个城市都在一些指标方面成绩较好，需要保持，而在一些“短板”指标方面需要通过有效的措施来改善和缓解。

（3）2013 年环境友好型城市的空间格局

从整体态势看，环境友好型城市建设东部内部跌宕起伏，西部内部变化和缓，总体态势则是东高西低。2013 年环境友好型城市评价分析中，华北地区、东北地区进入百强的城市数目在 15 个左右，华东地区近半数进入百强，西北地区进入百强的有 9 个城市。2013 年，东部地区城市中南京市、广州市、济南市、无锡市、威海市、东营市、烟台市等城市排名都不同程度下降，表现出不稳定性。和历年评价基本一致的是，环境友好型城市主要分布在沪宁杭城市群、珠三角城市群、海西城市群、环渤海湾城市群等区域。

由于 2013 年样本数量增加，中部地区一些城市也进入了环境友好型前 100 名城市的行列，如淮安市、鹤壁市、鄂州市、阜新市、淮南市等城市，以及华东地区部分城市。东北地区的主要城市都是老工业基地，资源存在过度开发历史，生态环境条件恶化，化学需氧量的减排和污染物治理等方面还需要做大量工作。西部经济发展落后，生态环境相对脆弱，自我修复能力较差，相对于沪宁杭城市群所在的长三角地区、珠三角地区而言，人类负荷超过了该地区的生态容量，生态承载力小于生态足迹，属于生态亏空城市区，需要强化富有地方特色的生态环境建设。

（4）2013 年环境友好型城市评价分析

2009 ~ 2013 年，北京市和珠海市的环境友好型城市综合指数的排名始终位居前列，整体排名靠前的同时稳定性高，这些城市在生态城市建设的基础方面和环境友好特色方面表现都较好。珠海市在近一年里的进步非常显著，从 2012 年的第 6 名升至第 3 名。从中国环境友好型城市综合指数排名变化来看，这五年间华北地区进入前 50 的城市数目呈下降趋势，华东地区总体呈上升趋势；东北地区保持稳定状态；西南地区数量不断下降。中南地区波动幅度较大，西北地区变化非常缓和。目前总体态势为华东地区突显，东北、华北和西北三地区略高于中南和西南地区。今后在环境友好型城市建设方面，华北和西南地区尚需努力加大生态城市的建设力度，东北和西北地区不仅要注重环境友好特色，还更应注意提升城市建设的生态基础。

2. 资源节约型城市建设评价结果

建设资源节约型城市是建设资源节约型社会的重要组成部分，是以较少的能源消耗，产生更多的物质财富，是转变经济增长的质量和效益，促进经济增长方式转变，增强企业竞争力的重要措施，也是发展循环经济的内在要求和必由之路，有利于保护环境，实现可持续发展。①

2013 年资源节约型生态城市建设的评价共选择了 286 个地级以上城市，但因普洱市和巢湖市部分数据缺失，未参与评价，实际评价的城市数量为 284 个。根据资源节约型城市评价指标体系，对 19 项指标、14 项核心指标和 5 项特色指标进行计算，得出了资源节约型城市综合指数排名前 100 名，排名结果见表 3，并对前 100 名城市进行了评价与分析。

表 3　2013 年资源节约型城市综合指数排名前 100 名

城市名称	得分	排名	城市名称	得分	排名
黄山	0.8446	1	哈尔滨	0.8209	17
三亚	0.8443	2	西安	0.8203	18
珠海	0.8402	3	苏州	0.8186	19
舟山	0.8376	4	济南	0.8184	20
福州	0.8341	5	北京	0.8168	21
厦门	0.8324	6	杭州	0.8164	22
沈阳	0.8291	7	镇江	0.816	23
海口	0.8291	8	新余	0.813	24
大连	0.8289	9	常州	0.8129	25
景德镇	0.8288	10	桂林	0.8128	26
南宁	0.8286	11	九江	0.811	27
惠州	0.8275	12	秦皇岛	0.8106	28
烟台	0.8267	13	连云港	0.8104	29
威海	0.8265	14	天津	0.8103	30
青岛	0.8251	15	鄂尔多斯	0.8091	31
广州	0.8233	16	合肥	0.8087	32

① 姚峰：《建设资源节约型城市的战略思考》，《生态经济》2010 年第 1 期。

续表

城市名称	得分	排名	城市名称	得分	排名
昆　明	0.8085	33	铜　陵	0.7858	67
武　汉	0.8079	34	湛　江	0.7853	68
乌鲁木齐	0.8068	35	泉　州	0.7843	69
扬　州	0.8047	36	绍　兴	0.784	70
深　圳	0.8042	37	丹　东	0.7829	71
湖　州	0.8036	38	吉　林	0.7826	72
辽　源	0.8033	39	泰　安	0.7823	73
肇　庆	0.8027	40	银　川	0.7816	74
丽　水	0.8027	41	滁　州	0.7814	75
重　庆	0.8026	42	酒　泉	0.7811	76
长　春	0.8022	43	贵　阳	0.7806	77
丽　江	0.8	44	嘉　兴	0.7799	78
无　锡	0.7994	45	朔　州	0.7792	79
南　通	0.7987	46	七台河	0.7788	80
蚌　埠	0.7986	47	吉　安	0.7774	81
十　堰	0.7982	48	池　州	0.7773	82
通　化	0.7982	49	龙　岩	0.777	83
营　口	0.7951	50	枣　庄	0.7756	84
江　门	0.795	51	绵　阳	0.7743	85
佛　山	0.7939	52	株　洲	0.7738	86
南　京	0.7924	53	石家庄	0.7734	87
南　昌	0.7921	54	东　莞	0.7717	88
中　卫	0.7918	55	东　营	0.7707	89
宁　波	0.7909	56	鹰　潭	0.7705	90
太　原	0.7908	57	锦　州	0.7705	91
长　沙	0.7905	58	松　原	0.7694	92
牡丹江	0.7904	59	呼和浩特	0.7689	93
成　都	0.789	60	德　州	0.7685	94
台　州	0.7887	61	金　华	0.7664	95
大　同	0.7869	62	阳　泉	0.7663	96
上　海	0.7867	63	包　头	0.766	97
芜　湖	0.7866	64	中　山	0.7657	98
梅　州	0.7866	65	兰　州	0.7638	99
淄　博	0.7863	66	郑　州	0.7638	100

（1）2013 年资源节约型城市总体分析

从表 3 可以看出，资源节约型城市综合指数得分排在前 20 名的城市分别是黄山市、三亚市、珠海市、舟山市、福州市、厦门市、沈阳市、海口市、大连市、景德镇市、南宁市、惠州市、烟台市、威海市、青岛市、广州市、哈尔滨市、西安市、苏州市和济南市。这 20 个城市的资源节约型综合指数排名位居前列，城市健康指数排名也相对靠前，表明这些城市通过提高资源节约的效果，大大促进了生态城市建设。

对资源节约型城市综合指数得分前 50 名的城市进行分类与空间分布分析，将前 20 位的资源节约型城市归类为非常节约型生态城市；将排名处于 21～35 位的九江市、杭州市、秦皇岛市、桂林市等 15 个城市归于节约型生态城市；将排名处于 36～50 位的扬州市、深圳市、重庆市等 15 个城市归于比较节约型生态城市。就其空间分布而言，2013 年资源节约型城市前 100 名的城市仍主要分布在华东和华南区域，华东地区占 44 个，华南地区占 15 个，主要源于我国东部和南部地区自然条件较好、气候宜人、降水充沛、生态环境较好、城市分布相对密集，经济社会也比较发达，更加重视生态环境建设和资源节约。

（2）2013 年资源节约型城市指标得分特点

根据资源节约型城市特色指数的得分，排在前 20 名的城市分别是：怀化市、赣州市、鄂尔多斯市、丽江市、呼伦贝尔市、丽水市、通化市、酒泉市、遵义市、运城市、张家界市、黄山市、松原市、沧州市、呼和浩特市、张家口市、中卫市、晋中市、牡丹江市、桂林市。

部分城市特色指数排名和综合指数排名存在显著的差异，如鄂尔多斯市、丽江市、丽水市、通化市、黄山市、中卫市、桂林市等。部分城市的两项排名差距较大，如怀化市、赣州市、呼伦贝尔市、遵义市、运城市、张家界市、沧州市、张家口市、晋中市等，这些城市反映资源节约程度的特色指标排名较靠前，但是其城市健康指数并不理想，说明这些城市还需要综合发展，提升整体生态城市发展水平。

（3）2013 年资源节约型城市空间格局

2013 年资源节约型城市综合指数排名前 100 名的城市华东地区最多，

共包括 44 个城市，占该区域参评城市总数量的 56.4%；其次是华南地区有 15 个城市，占该区域参评城市数量的 40.5%；东北地区有 13 个城市，占该区域参评城市数量的 38.2%；华中地区、华北地区、西北地区和西南地区分别有 5、11、6、6 个城市入围前 100 名，分别占其区域参评城市数量的 11.9%、34.4%、20.0%、19.4%。其中，在中国比较早提出资源节约型城市建设口号的长株潭（2 个：长沙市和株洲市）、武汉城市经济发展圈（1 个：武汉市）、长三角（21 个：舟山市、丽水市、杭州市、苏州市、连云港市、镇江市、常州市、扬州市、湖州市、南通市、无锡市、南京市、台州市、宁波市、绍兴市、嘉兴市、金华市、上海市、合肥市、芜湖市、滁州市）、珠三角（8 个：深圳市、广州市、珠海市、佛山市、东莞市、惠州市、肇庆市、江门市）共有 31 个城市，占 31%。整个西北和西南地区只有中卫市、乌鲁木齐市、西安市、酒泉市、银川市、兰州市、丽江市、昆明市、重庆市、成都市、绵阳市、贵阳市等 12 个城市进入前 100 名。这表明华东、华南地区依托自然、区位、经济、社会、生态等方面的综合优势走到了全国的前列，而中西部地区，尤其是西部地区还需全方位加强资源节约型城市的建设步伐，政府层面的大力倡导和人们节约观念的根本转变至关重要。

从 2013 年资源节约型城市建设综合指数排名情况看，城市数量的地区间分布差异仍然存在，并呈现出扩大化的趋势。一是华南地区和西北地区的城市数量呈现增长态势，尤其是珠三角地区资源节约型城市从数量和建设方向上对中国资源节约型城市建设起着重要的引导作用；二是中西部地区在城市数量和资源节约的力度上仍处于劣势。

（4）2013 年资源节约型城市评价分析

由于社会经济发展速度不均衡和协调发展水平的差异，各个城市的资源节约水平存在较大的差异性。厦门市和珠海市在 2009～2013 年资源节约型城市评价中综合指数得分比较稳定，始终保持在前 10 名。黄山市、海口市、南宁市、沈阳市和青岛市呈现出波动上升的趋势，尤其以黄山市最为突出（从 2009 年的第 20 名跃居 2013 年的第 1 名）。黄山市近年来不断加强生态城市建设力度，探索创新资源环境生态红线管控、自然资源资产负债表、生态环境损害赔偿和责任追究等机制，以全国首个跨省流域的新安江作为生态补偿机制试点，围绕生态保护、污染防治、产业结构调整等方面推进生态城市建设。还有一些城市表现出明显的下滑趋势，说明这些城市在经济社会发展过程中生态出现了恶化情况。西北地区、西南地区和东北地区的城市要尽快转变经济结构与发展模式，发展循环经济，以实现经济社会的快速发展，减少与南方发达城市之间的经济发展差距、资源节约差距。

全国资源节约型城市健康指数排名第 3 名、第 6 名的珠海市和厦门市的经验值得借鉴。近年来，珠海市除了加强顶层设计外，还出台了《珠海市创建全国生态文明示范市“四年行动计划”》《珠海市生态文明建设规划（2010～2020 年）》《珠海市生态文明体制改革工作方案》等具体实操方案，按照生态文明示范市考核体系的 5 大类 39 项指标要求，将生态文明的理念渗入经济、社会、文化等各个领域，确保生态文明建设具有更实在的行动支撑，建设资源节约型、环境友好型、人口均衡型“三型”社会。珠海利用特区立法权和较大的市立法权，通过构建相对完善的生态文明法治体系，引导、规范和约束各类开发、利用、保护自然资源的行为，为生态文明建设赢得更多的“制度红利”。厦门市是座水资源严重短缺的城市，城市自来水供水量的近 80% 依靠区域外调水。厦门市通过定期观测、准确“锁定”用水异常点、水循环利用、水平衡测试，成为首批国家海绵城市建设试点城市。厦门市在土地的立体利用方面鼓励工业厂房采用高层建筑，对于高 8 层以上、建筑面积 6000 平方米以上的，市政府给予适当补贴。近年来，厦门在促进机械、电子和化工等支柱产业升级的基础上，大力引进和发展光电、电子信息、生物医药等高科技、高效益、低污染、低消耗的新兴产业。①

3. 循环经济型城市建设评价结果

循环经济型城市是一个包括经济、社会和自然协调发展的复合系统，中国循环经济型城市的建设是通过设立循环经济试点城市的方式从突破走向扩展的。

依据循环经济型城市评价指标体系，选取 286 个地级以上城市作为样本

---

① 高德明：《依靠改革创新突破发展瓶颈》，《求是》2010 年第 22 期。

城市，采用2013年的统计数据（因普洱市和巢湖市部分数据缺失，实际评价的城市数量为284个），通过19项指标的计算得出2013年循环经济型城市综合指数排名前100名，排名结果见表4，并对前100名城市进行了评价与分析。

表4　2013年循环经济型城市综合指数排名前100名

城市名称	得分	排名	城市名称	得分	排名
三亚	0.889351	1	上海	0.764946	29
海口	0.854578	2	芜湖	0.764434	30
广州	0.826703	3	辽源	0.764102	31
深圳	0.825554	4	佛山	0.763035	32
北京	0.82334	5	镇江	0.761572	33
长沙	0.807573	6	无锡	0.761239	34
沈阳	0.803819	7	北海	0.757682	35
舟山	0.803762	8	铜川	0.75674	36
福州	0.801609	9	乌鲁木齐	0.756009	37
青岛	0.800115	10	重庆	0.753868	38
珠海	0.797758	11	东营	0.752306	39
合肥	0.789995	12	苏州	0.751142	40
黄山	0.789108	13	南京	0.750033	41
武汉	0.788353	14	南昌	0.74979	42
西安	0.784335	15	蚌埠	0.749525	43
威海	0.78281	16	大庆	0.748622	44
济南	0.781776	17	杭州	0.748547	45
惠州	0.781136	18	景德镇	0.746458	46
长春	0.77974	19	昆明	0.744406	47
大连	0.77762	20	新余	0.743279	48
成都	0.775496	21	宁波	0.742218	49
哈尔滨	0.775469	22	南通	0.741201	50
烟台	0.775044	23	营口	0.73838	51
天津	0.773963	24	牡丹江	0.737834	52
常州	0.772512	25	湖州	0.736854	53
南宁	0.770439	26	铜陵	0.736022	54
厦门	0.769424	27	克拉玛依	0.733651	55
扬州	0.766269	28	萍乡	0.733621	56

续表

城市名称	得分	排名	城市名称	得分	排名
汕　　头	0.730901	57	郑　　州	0.714473	79
朔　　州	0.730038	58	石 嘴 山	0.714385	80
柳　　州	0.72975	59	枣　　庄	0.71384	81
锦　　州	0.728863	60	鹤　　壁	0.712196	82
太　　原	0.728522	61	泰　　州	0.710933	83
株　　洲	0.725953	62	东　　莞	0.709991	84
盘　　锦	0.725186	63	乌　　海	0.709049	85
淮　　安	0.724693	64	宝　　鸡	0.707511	86
随　　州	0.723565	65	泉　　州	0.707294	87
桂　　林	0.723016	66	淮　　南	0.705689	88
淮　　北	0.72281	67	酒　　泉	0.705127	89
江　　门	0.721825	68	兰　　州	0.704766	90
鄂尔多斯	0.721597	69	莱　　芜	0.703897	91
咸　　阳	0.719079	70	襄　　樊	0.702704	92
温　　州	0.718726	71	防 城 港	0.702449	93
贵　　阳	0.718273	72	西　　宁	0.701995	94
鄂　　州	0.718116	73	湛　　江	0.698296	95
吉　　林	0.717028	74	秦 皇 岛	0.698177	96
绍　　兴	0.716947	75	大　　同	0.697297	97
莆　　田	0.716216	76	中　　山	0.696798	98
连 云 港	0.714588	77	黄　　石	0.695208	99
淄　　博	0.714554	78	佳 木 斯	0.694811	100

（1）2013 年循环经济型城市总体分析

从表 4 可以看出，排在前 20 名的城市分别是三亚市、海口市、广州市、深圳市、北京市、长沙市、沈阳市、舟山市、福州市、青岛市、珠海市、合肥市、黄山市、武汉市、西安市、威海市、济南市、惠州市、长春市和大连市。这些城市在生态城市健康指数的排名中也位居前列，表明这些城市不仅循环经济发展卓有成效，在生态城市的建设方面也比较出色。整体来看，珠三角城市和部分华东地区城市发展较好，循环经济型城市综合指数排名在 2009 ~2012 年比较稳定，但是与 2012 年相比，长三角地区沪宁杭城市群和苏锡常城市群城市排名有所降低。2013 年的核心指标体系中新增了“人口

密度”这项指标，对于这些城市的评价结果影响较大，因为这些城市都位于华东地区，该地区城市共同的特点是社会经济发达，城市规模较大，人口密度大，对排名有显著影响，同时排名降低与2013年城市样本数量增加有关。

（2）2013年循环经济型城市指标得分特点

三亚市三项指数（综合指数、健康指数、特色指数）和五项特色指标的八个排名中有四个排名为第一，两个排名为第二，“能源产出率”，尤其是“单位GDP电耗”排名靠后。海口市、深圳市、广州市和北京市等城市排名相对较差的是特色指标中的“一般工业固体废物综合利用率”和“单位GDP电耗”，说明这几个城市产业结构中高耗能产业较多。沈阳市在“能源产出率”和“单位GDP工业废水排放量”方面排名较靠前，舟山市在“能源产出率”和“一般工业固体废物综合利用率”方面排名较靠前。

（3）2013年循环经济型城市空间格局

从分布区域来看，2013年循环经济型城市综合指数排名前100名的城市中，华东地区最多，共包括40座城市。与历年相比，长三角地区沪宁杭城市群和苏锡常城市群城市如南京市、苏州市、无锡市等城市排名有所下降。华南地区和东北地区分别有17个和12个城市排名在前100名，但是质量上华南地区要优于东北地区。华北地区有8个城市、西北地区有10个城市、华中地区有9个城市排名在前100名。西南地区城市进入前100名的较少，只有4个。循环经济型城市在华东地区的大量集中，源于这一区域自然条件优越、经济发达、城市密布、生态保护和资源循环利用，在生态城市建设和循环经济发展方面均取得了较好的成效。数量最少的西南地区和西北地区，要看到自己在循环经济型城市建设进程和循环经济发展中存在的明显劣势，积极学习华东地区的先进经验，使经济和生态环境得到协调发展。

（4）2013年循环经济型城市评价分析

2013年循环经济型城市发展较好的城市包括三亚市、海口市、广州市、深圳市、北京市、黄山市、长沙市、珠海市、沈阳市和舟山市等城市，这些城市不仅循环经济发展卓有成效，在生态城市建设方面优势也很明显。如舟山市积极推进开发区（工业园区）循环经济减量化、再利用和资源化。2013年，全市开发区的工业重复用水总量为4857万立方米，占全市开发区工业用水总量的75.5%；工业固体废物综合利用量为9.1万吨，综合利用率为71.7%，比上年多利用1.5万吨；工业固体废物处置量为1.5万吨，处置率为11.7%，比上年多处置1886吨；全市省级以上开发区（工业园区）内年主营业务收入在2000万元以上的工业企业能源消耗量呈下降态势，主要表现为：万元产值耗水量下降14.9%；万元产值电耗下降7.7%；万元产值能耗下降9.4%。[1] 舟山市还推进渔业产业循环经济的发展，多渠道多举措促进生态城市建设。珠海市以重点行业、重点领域和重点企业为突破点，大力开展清洁生产和循环经济试点工作，在企业层面的循环经济建设实现突破的基础上，逐渐向行业、园区和社区层面渗透，建设一批循环型的生态工业园区和城市社区，取得了较好效果。

各个城市发展过程中还需要注意发展“短板”，如三亚市能源产出率指标得分排名较低，需要以后在增加管道煤气、液化石油气等清洁能源的使用比例的同时，重点开展节能工作，淘汰一些耗能高、落后的机电设备，大力发展节能项目。作为旅游城市，三亚市旅游设施、酒店、餐饮行业的能源消耗控制也需要加强。海口市、深圳市、广州市和北京市等城市应该优化产业结构布局，发展循环型工业，构建循环经济产业链，逐步提高工业固体废物的综合利用率，加强对节约用电、降低能源的消耗量等方面的监管，并将降低能耗、绿色生活的理念渗透到居民生活方式中。

4. 景观休闲型城市建设评价结果

城市景观反映一座城市的社会、历史和文化传统，记载、发展、弘扬着城市文化，是城市容貌的展示，是城市特色的体现，是城市各种空间艺术的表征。城市景观是指由各类建筑、建筑小品、构筑物、道路和广场等硬质界面所形成的硬质景观，以及由湖泊、河流、水体、公园和城市绿化等自然界

---

① 范晶喆、刘玲：《舟山市开发区（工业园区）循环经济发展潜力初显》，《舟山日报》2014年6月27日。

面所形成的软质景观共同构成的城市空间。①

依据景观休闲型城市建设评价指标体系，从核心指标针对的284个城市中选择150个生态化进程发展良好的城市按照景观休闲型生态城市的评价指标体系获取数据，按照排名选择100强进行评价分析，排名结果见表5。

表5　2013年景观休闲型城市综合指数排名前100名

城市名称	得分	排名	城市名称	得分	排名
珠　　海	0.8907	1	镇　　江	0.7903	26
秦 皇 岛	0.8452	2	无　　锡	0.788	27
厦　　门	0.8442	3	东　　莞	0.7855	28
杭　　州	0.8416	4	哈 尔 滨	0.7832	29
舟　　山	0.8385	5	惠　　州	0.7828	30
三　　亚	0.8338	6	中　　山	0.7824	31
广　　州	0.8286	7	柳　　州	0.7787	32
丽　　江	0.8244	8	肇　　庆	0.7785	33
景 德 镇	0.8237	9	成　　都	0.7783	34
福　　州	0.8205	10	西　　安	0.7779	35
桂　　林	0.8203	11	芜　　湖	0.7776	36
北　　海	0.8083	12	湖　　州	0.7754	37
绍　　兴	0.8042	13	新　　余	0.7745	38
昆　　明	0.8036	14	蚌　　埠	0.7684	39
佛　　山	0.8035	15	宁　　波	0.767	40
海　　口	0.8031	16	克拉玛依	0.7658	41
南　　京	0.803	17	温　　州	0.7652	42
嘉　　兴	0.8017	18	乌鲁木齐	0.7648	43
南　　宁	0.7998	19	北　　京	0.7645	44
武　　汉	0.7985	20	江　　门	0.7643	45
合　　肥	0.7979	21	丽　　水	0.7635	46
台　　州	0.7978	22	沈　　阳	0.7634	47
苏　　州	0.7976	23	衢　　州	0.7634	48
威　　海	0.794	24	银　　川	0.7629	49
深　　圳	0.7927	25	青　　岛	0.7619	50

① 王明浩、李灵芝：《城市空间与城市景观》，《城市》2014年第2期。

续表

城市名称	得分	排名	城市名称	得分	排名
大　　连	0.759	51	湛　　江	0.7218	76
锦　　州	0.7575	52	泉　　州	0.7217	77
金　　华	0.7557	53	南　　昌	0.7203	78
安　　庆	0.7541	54	清　　远	0.7198	79
宝　　鸡	0.752	55	东　　营	0.7167	80
太　　原	0.7515	56	辽　　阳	0.7117	81
常　　州	0.7504	57	宜　　宾	0.7085	82
九　　江	0.7481	58	遵　　义	0.7074	83
贵　　阳	0.7463	59	漳　　州	0.6991	84
鄂尔多斯	0.7443	60	承　　德	0.699	85
连 云 港	0.7435	61	临　　沂	0.6988	86
日　　照	0.743	62	长　　沙	0.6975	87
汕　　头	0.7407	63	烟　　台	0.6973	88
丹　　东	0.7392	64	德　　阳	0.6963	89
马 鞍 山	0.7386	65	湘　　潭	0.6956	90
长　　春	0.7366	66	兰　　州	0.6939	91
石 家 庄	0.7363	67	抚　　顺	0.6919	92
本　　溪	0.7332	68	淮　　安	0.6905	93
济　　南	0.7326	69	焦　　作	0.6889	94
扬　　州	0.7299	70	洛　　阳	0.6888	95
西　　宁	0.7295	71	呼和浩特	0.6884	96
梅　　州	0.7281	72	株　　洲	0.6872	97
大　　同	0.7234	73	泰　　安	0.6864	98
宜　　昌	0.7227	74	营　　口	0.6853	99
上　　海	0.7221	75	天　　水	0.683	100

（1）2013 年景观休闲型城市总体分布

在景观休闲型生态城市的前 100 名当中，华东地区城市有 37 个，华南地区有 23 个，西北地区有 9 个，东北地区有 10 个，西南地区、华北地区和华中地区各 7 个。其中，排名前 10 名的城市是珠海市、秦皇岛市、厦门市、杭州市、舟山市、三亚市、广州市、丽江市、景德镇市和福州市。其中，珠海市、厦门市、广州市和舟山市综合指数排名、生态城市健康指数排名和景观休闲型特色指数排名都很均衡，可以作为景观休闲型生态城市建设的成功典范加以推广。从分布可以看出，华东地区和华南地区自然条件优越，旅游资源丰富，是景观休闲型生态城市主要分布区，这一类地区公园绿地建设条件适宜，旅游业的发展促发了城市剧院、影院等休闲场所和绿地公园的政府与企业投资，大大促进了该地区景观休闲型生态城市建设的进展。

纵向的历史数据比较表明，丽江市、秦皇岛市、三亚市、桂林市、福州市和昆明市综合指数排名上升幅度较大；除了丽江市、秦皇岛市和桂林市，珠海市、嘉兴市和杭州市的特色指数排名上升幅度也比较大。

（2）2013 年景观休闲型城市指标得分特点

进入前 100 名的城市的 5 项特色指标的总体排名与 19 项指标排名的动态结果总体趋势呈现不均衡状态，除珠海市、厦门市、广州市、舟山市等城市景观休闲型生态城市综合指数（19 项指标结果）、生态城市健康指数（ECHI）（14 项指标结果）和景观休闲型特色指数（5 项指标结果）排名整体靠前外，其他城市在这三项指标方面均表现出指标间排名的不均衡性，如丽江市的 ECHI 排名位于第 79 名，秦皇岛市该指标得分位于第 32 名，杭州市位于第 26 名。海口市、武汉市、南宁市等城市的景观休闲型生态城市综合指数得分相对靠前，但是其景观休闲型特色指数排名较靠后。部分生态盈余区城市排名也有靠后情况，如位于福建省的漳州市、泉州市，广东省清远市、湛江市、梅州市等。同时，一些城市的总排名靠前，但扩展指标的位置相对落后，说明它们在生态建设的基础方面较好，但是在城市景观休闲建设方面存在一定差距；而另一些城市的总体排名相对靠后，但扩展指标的排名则相对靠前，说明这些城市在景观休闲建设方面取得了很好的成绩，但生态城市的基础建设方面仍存在一定的不足，发展过程中的区位优势、生态条件与城市的景观休闲建设不匹配，建设存在兼顾不够的状况。

杭州市、广州市、舟山市、南京市、昆明市等城市整体排名靠前，但是景观斑块连接度等指标的得分排名较靠后，说明这些城市虽处在生态盈余区，自然条件较好，达到了国家级园林城市的评定标准，但是在公共绿地的连接度等方面由于受到城市发展历史的影响，连接度较低，城市景观系统的斑块呈现出碎片化状态。

（3）2013 年景观休闲型城市的空间格局

根据对前 100 名生态城市的综合评价和分析，以及景观休闲型生态城市前 100 名城市的得分分异情况，概括出 2013 年景观休闲型生态城市的地域类型和空间分布特征：主要分布在生态基础条件较好，区位优势明显，生态修复能力较强的长三角生态盈余城市区，如南京市、杭州市、舟山市、绍兴市、嘉兴市等；珠三角生态盈余城市区，如珠海市、广州市、深圳市等；海西城市区：如厦门市、福州市等；全国沿海开放港口城市；中部和西部省会城市。

（4）2013 年景观休闲型城市评价分析

从表 5 可以看出，景观休闲型城市排名前 100 名的城市主要位于长三角地区的沪宁杭城市圈、珠三角城市区和海西城市区，相比 2012 年，作为环渤海湾城市群京津冀核心城市的北京市排名下降趋势明显，主要表现在景观斑块连接度、万人拥有公园数量排名较低，说明人口密度是北京生态城市建设的重要瓶颈因素。西部城市由于自我修复能力差，区域生态环境条件不佳等原因，排名整体靠后。西部除宁夏回族自治区、青海省等的省会城市在景观设施建设中效果明显外，其他二级城市都没有进入前 100 名。甘肃省进入前 100 名的除了兰州市以外还有天水市。由于天水市气候属温带季风气候，城区附近属温带半湿润气候，水资源和森林资源丰富，故天水市在景观斑块连接度、公园绿地 500 米半径服务率、城市旅游业收入占城市 GDP 百分比等方面都高于西北其他同级别城市。这也在一定意义上表明环境基础条件差、环境脆弱、自然生态条件是制约西部生态城市建设的主要因素。

部分生态盈余区城市排名也有靠后情况，如位于福建省的漳州市、泉州市，广东省的清远市、湛江市、梅州市等，说明自然条件只是建设景观休闲型生态城市的有利条件，城市景观规划的系统性、科学性才是克服“短板”指标、实现均衡发展的重要保证。

5. 绿色消费型城市建设评价结果

消费是人类生存和发展的基本行为，然而人类日益膨胀的消费欲望却给地球上的自然资源和生态环境造成了沉重的压力。① Grunert 的研究表明，30% ~40% 的环境质量下降是由家庭的消费活动造成的。② 因此，调整消费结构，改变消费模式是解决环境污染和生态破坏问题的关键。③ 追求绿色、节约、环保、健康的绿色消费模式就是一种具有环保意识的、理性的、适度的消费模式。

根据绿色消费型城市评价体系和数学模型，对 284 个城市的 19 项指标进行运算，得到了 2013 年各城市的绿色消费型城市综合指数得分，并进行排名，筛选出了前 100 名，结果见表 6。

表 6　2013 年绿色消费型城市综合指数排名前 100 名

城市名称	得分	排名	城市名称	得分	排名
三　亚	0.8743	1	贵　阳	0.8336	15
厦　门	0.8704	2	青　岛	0.8297	16
铜　陵	0.8683	3	海　口	0.8293	17
福　州	0.8644	4	银　川	0.8241	18
西　安	0.8631	5	佛　山	0.8238	19
沈　阳	0.8618	6	合　肥	0.8233	20
大　连	0.8569	7	舟　山	0.8197	21
武　汉	0.8494	8	蚌　埠	0.8196	22
广　州	0.8451	9	烟　台	0.819	23
杭　州	0.8447	10	南　昌	0.8186	24
南　宁	0.8434	11	秦 皇 岛	0.8183	25
哈 尔 滨	0.8431	12	天　津	0.8182	26
上　海	0.8345	13	铜　川	0.817	27
惠　州	0.8338	14	深　圳	0.8169	28

① 施里达斯·拉尔夫：《我们的家园：地球》，中国环境科学出版社，1993。

② Grunert S C. Everybody Seems Concerned about the Environment but is This Concern Reflected in (Danish) Consumers' Food Choice? *European Advances in Consumer Research*, 1993 (1): 428 - 433.

③ Hailes E. J.: *The Green Consumer.* Viking Penguin, USA Inc., 1993.

续表

城市名称	得分	排名	城市名称	得分	排名
乌鲁木齐	0.8168	29	湖　州	0.787	65
北　海	0.8164	30	宁　波	0.786	66
西　宁	0.8148	31	益　阳	0.7858	67
北　京	0.8145	32	阜　新	0.7855	68
长　春	0.813	33	咸　阳	0.785	69
成　都	0.8128	34	江　门	0.7847	70
长　沙	0.8126	35	嘉　兴	0.7842	71
扬　州	0.8125	36	克拉玛依	0.7824	72
宝　鸡	0.8115	37	马鞍山	0.7823	73
湛　江	0.8101	38	黄　山	0.7816	74
重　庆	0.8093	39	宜　昌	0.7812	75
株　洲	0.8087	40	桂　林	0.7807	76
丽　水	0.8079	41	枣　庄	0.7807	77
中　卫	0.8066	42	梅　州	0.7787	78
太　原	0.8037	43	鹤　壁	0.7782	79
芜　湖	0.803	44	镇　江	0.7776	80
牡丹江	0.8029	45	酒　泉	0.7776	81
新　余	0.8029	46	肇　庆	0.7758	82
吉　林	0.8016	47	淮　安	0.7753	83
郑　州	0.801	48	龙　岩	0.7753	84
常　州	0.8008	49	萍　乡	0.7752	85
绵　阳	0.8004	50	莆　田	0.7739	86
济　南	0.7989	51	新　乡	0.7738	87
抚　顺	0.7984	52	温　州	0.7737	88
中　山	0.7972	53	漯　河	0.7736	89
本　溪	0.7953	54	通　化	0.772	90
绍　兴	0.7944	55	威　海	0.7717	91
珠　海	0.7927	56	丽　江	0.7713	92
吴　忠	0.7914	57	阳　泉	0.7698	93
苏　州	0.7912	58	呼和浩特	0.7694	94
淮　南	0.7911	59	辽　源	0.7694	95
七台河	0.7911	60	滁　州	0.7689	96
盘　锦	0.791	61	营　口	0.7685	97
淄　博	0.7907	62	兰　州	0.768	98
襄　樊	0.7896	63	柳　州	0.7677	99
广　元	0.7885	64	随　州	0.7661	100

（1）2013 年绿色消费型城市总体分布

从表 6 可以看出，2013 年绿色消费型城市综合指数排名前 10 位的依次为：三亚市、厦门市、铜陵市、福州市、西安市、沈阳市、大连市、武汉市、广州市和杭州市。2013 年评价结果中，西北地区城市在绿色消费型城市综合指数排名前 100 位中数量有所增加，西安市位居第 5 位，中卫市、银川市、铜川市、乌鲁木齐市、宝鸡市、西宁市都进入了前 50 名城市的行列。当然，这也与 2013 年城市样本增加（从 116 个增加到 284 个）、评价对象范围扩大有关。

（2）2013 年绿色消费型城市指标得分特点

从重点反映绿色消费状况的特色指标来看，单位 GDP 商品房销售额排名前 10 的城市分别为三亚市、厦门市、贵阳市、福州市、海口市、廊坊市、惠州市、清远市、珠海市、成都市；人行道面积比例最高的 10 个城市为巴中市、庆阳市、河源市、宝鸡市、遂宁市、巴彦淖尔市、达州市、亳州市、焦作市、天水市，但是人行道面积比例这一指标评价中，整体排名靠前的厦门市、沈阳市、广州市、哈尔滨市、杭州市等在这一指标上得分较低，说明在城市发展过程中，需要进一步加强对城市居民个体的人文关怀，将人的发展与城市的发展有机融合，在城市发展过程中实现人的活动空间与城市规模的协调发展。单位城市道路面积公共汽（电）车营运车辆数最高的 10 个城市为深圳市、北京市、中山市、西宁市、云浮市、延安市、长治市、上海市、衡水市和呼和浩特市，绿色公交是生态城市发展和规划的必然选择。

（3）2013 年绿色消费型城市的空间格局

根据对前 100 名绿色消费型生态城市的综合评价和分析，以及 100 名城市的得分分异情况，可以归纳出 2013 年绿色消费型生态城市的地域类型和特征，描绘出绿色消费型城市的空间格局：主要分布在生态基础条件较好、区位优势明显、生态修复能力较强的长三角生态盈余城市区、珠三角生态盈余城市区；环渤海湾生态持平城市群，绿色消费型城市分布较多；西北生态赤字区域中生态系统脆弱，但西安市位居第 5 位，中卫市、银川市、铜川市、乌鲁木齐市、宝鸡市、西宁市都进入了前 50 名城市的行列。

（4）2013 年绿色消费型城市评价分析

需要说明的是，2013 年城市样本数量增加到了 286 个，2013 年的绿色消费型城市排名的计算采用了恩格尔系数、消费支出占可支配收入的比重、单位 GDP 商品房销售额、人行道面积占道路面积的比例和单位城市道路面积公共汽（电）车营运车辆数 5 个扩展指标，这点与 2012 年的 5 个扩展指标——恩格尔系数、消费支出占可支配收入的比重、人均消费增长率、人行道面积占道路面积的比例和公用设施用地面积比例——略有不同，因此，排名的情况存在变化。但是部分城市在一些指标的历年排名中都表现出优势，说明这些方面做得较好，值得其他城市在发展过程中借鉴。如深圳市在单位城市道路面积公共汽（电）车营运车辆数上排名第 1，这与国务院强调城市优先发展公共交通的精神相一致，深圳市公交专用道基本覆盖全市公交客流通道，同时实施主要客流走廊公交快速化改造工程，重点打造“两横两纵”（“两横”为侨香路、留仙大道；“两纵”为深惠路、皇岗路）公交快速走廊，提高客流通道上的公交运行速度。计划建立“轨道 + 自行车”换乘体系，解决轨道交通“最后一公里”出行问题。但是私家车拥有量的持续增长，将成为深圳市公共交通发展中不可忽视的因素，也是各个城市发展公共交通需要考虑的重要问题。同世界其他国际性城市一样，北京在自身的发展过程中，特别是在城市空间的发展方面，也实行高密度、立体化、紧凑式的开发，这种特征在中心城区表现得尤为明显，这种发展趋势对于城市公共交通的发展压力巨大。

Poirot（1995）研究指出，一个城市的高密度发展，如果缺乏全面、周密以及严谨的城市规划，那么这种高密度的模式会引发诸如居住、交通、环境等一系列城市问题。[①] 北京在城市空间高密度发展的过程中，同样面临着无法回避的问题：城市用地过度集中开发；城市人口高度集聚；高密度的发展引发了社会可接受性问题，迫使人们在公共交通与私人小汽车之间做出选

---

① Poirot，J. W. Urban Regeneration and Environmental Challenge. *Journal of Professional Issues in Engineering Education & Practice*，1995（01）.

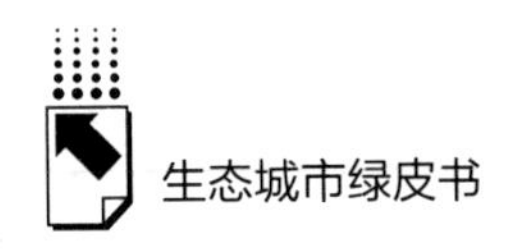

择；职住分离不仅造成了“潮汐式”的交通出行现象，同时引发的交通问题更揭示出城市空间高密度发展所面临的挑战。[①] 国外城市在公共交通发展方面的经验也值得我国城市学习，如新加坡公共交通系统以快速轨道交通为骨干、公共汽车为支撑、出租汽车为补充，共同构成高效的公共交通网络。轨道交通服务于长距离的出行，连接新城和主城区，而公共汽车服务于中短距离出行，不同交通方式相互补充，衔接顺畅，协调发展。[②]

6. 综合创新型城市建设评价结果

创新型城市是一种新的城市发展理念和模式，世界银行在2005年发表的《东亚创新型城市》研究报告中指出，创新型城市是在新经济条件下，以创新为核心驱动力的一种城市发展模式。[③] 创新型城市以优良的自然生态、和谐的人居生态、宽容的文化生态、高端的产业生态、健康的区际关系生态为五大构成要素。

根据构建的包括14个核心指标和6个扩展指标的综合创新型生态城市指标体系，对284个城市的20项指标进行运算，得到了2013年各城市的综合创新型生态城市综合指数得分，并进行排名和分析，筛选出了前100名，结果见表7。

（1）2013年综合创新型城市总体分布

在2013年综合创新型生态城市100强排名中，北京市、深圳市、上海市位居前3位，这与历年评价结果基本一致，说明这三个城市在创新型生态城市建设中位于我国城市发展的最高水平。珠海市、广州市、厦门市、杭州市等城市也稳定于前10位，也代表了创新型生态城市建设的领先水平。苏州市和大连市的排名较2012年有所上升，苏州市由2012年的第9位上升至2013年的第4位，大连市由第14位上升至第10位，说明这些城市目前的发展态势良好。威海市从2012年的第37位上升至2013年的第9位、沈阳市

---

① 倪琳：《北京城市空间高密度发展态势下的公共交通发展战略对策与建议研究》，北京交通大学硕士论文，2013。

② 冯立光等：《新加坡公共交通发展经验及启示》，《城市交通》2008年第6期。

③ 毛艳华、姚华松：《创新型城市理论研究的发展》，《城市观察》2014年第3期。

从第 29 位上升至第 12 位，黄山市从第 50 位上升至第 35 位，说明这些城市在创新型生态城市建设方面进步显著。

表 7　2013 年综合创新型生态城市综合指数排名前 100 名

序号	城市	序号	城市	序号	城市	序号	城市	序号	城市
1	北京	21	烟台	41	南宁	61	安顺	81	廊坊
2	深圳	22	南京	42	长春	62	汉中	82	日照
3	上海	23	东营	43	桂林	63	乌鲁木齐	83	济宁
4	苏州	24	克拉玛依	44	新余	64	蚌埠	84	石家庄
5	珠海	25	青岛	45	济南	65	哈尔滨	85	南昌
6	广州	26	绵阳	46	宜春	66	马鞍山	86	淮南
7	厦门	27	榆林	47	中山	67	湘潭	87	荆门
8	杭州	28	鹰潭	48	丽江	68	贵阳	88	钦州
9	威海	29	合肥	49	曲靖	69	汕头	89	朔州
10	大连	30	德州	50	柳州	70	萍乡	90	呼和浩特
11	宁波	31	武汉	51	太原	71	郑州	91	西宁
12	沈阳	32	昆明	52	海口	72	呼伦贝尔	92	宜昌
13	天津	33	成都	53	重庆	73	石嘴山	93	包头
14	无锡	34	福州	54	泉州	74	连云港	94	平顶山
15	西安	35	黄山	55	嘉兴	75	临沂	95	兰州
16	镇江	36	泰安	56	绍兴	76	渭南	96	伊春
17	常州	37	舟山	57	阜新	77	银川	97	焦作
18	湖州	38	本溪	58	大庆	78	宝鸡	98	鞍山
19	东莞	39	长沙	59	锦州	79	广元	99	衡水
20	三亚	40	梅州	60	徐州	80	岳阳	100	张家口

（2）2013 年综合创新型城市指标得分特点

通过聚类分析，可将我国综合创新型生态城市 100 强分为服务类城市（2 个）、创新类城市（8 个）、经济类城市（30 个）、环境类城市（60 个）四类。计算每一类城市在生态环境、生态经济、生态社会、创新能力和服务能力等主题上的平均得分，可以分析不同类型城市在五大主题中的优势指标及其显著特征。例如，北京市、上海市等服务类城市突出生态社会和服务能力主题，其服务能力指标得分（平均为 0.8205 分）远远高于其他三个类型的城市（分别为 0.0511 分、0.0580 分和 0.0118 分），表明北京市和上海市在基础设施建设、公共服务能力和创新服务支持方面已经稳居全国的顶尖水平，与其他城市相比具有相当大的优势。此外，第一类城市在生态社会主题上的平均分虽然绝对数值不算很优异，但也是四个类型城市中最高的，我国生态社会建设进程任重而道远。以深圳市、苏州市、珠海市、厦门市、宁波市等为代表的创新类城市突出生态环境、生态经济和创新能力主题，表明这些城市在研发投入、创新产出和高新技术产业发展等方面走在了全国的前列。以广州市、杭州市、威海市、大连市、沈阳市等为代表的经济类城市，在五大主题上相比第一、第二类城市都没有突出优势，但相比第四类城市，其在生态经济和创新能力上有一定的优势，表明其在经济发展的资源利用效率方面有可取之处，也明确了以生态经济为突破点的未来发展路径。以三亚市、克拉玛依市、榆林市、德州市、昆明市等为代表的环境类城市，虽然综合指数排名靠后，但在生态环境主题上与第一类、第三类城市相比均有一定优势，表明此类型城市还处于综合创新型城市建设初期阶段，生态环境基础较好，后发优势将是今后发展的重要抓手。

（3）2013 年综合创新型城市的空间格局

综合评价和分析 2013 年我国综合创新型生态城市 100 强的空间分布，与 2012 年相比较，我国综合创新型生态城市的空间格局有所变化。长三角生态盈余城市区包括上海市、苏州市、杭州市、宁波市、无锡市等城市，总体上处于全国的领先水平，苏州市进步明显，从 2012 年的第 9 位上升至第 4 位；珠三角生态盈余城市区总体上同样处于全国的领先水平，尤以东莞市进步显著，从 2012 年的第 36 位上升至第 19 位；海峡西岸生态持平城市区包括厦门市、鹰潭市、福州市、梅州市、泉州市等城市，总体上处于全国的中上水平，各项指标没有特别突出的优势；环渤海生态持平城市区包括北京市、威海市、天津市、烟台市、东营市等城市，总体上处于全国的中上水平，如北京市位居前列，威海市进步显著，从 2012 年的第 37 位上升至第 9 位；东北生态略亏城市区许多城市进步明显，沈阳市最具代表性；西部生态亏空城市区和中部生态亏空城市区总体上处于全国的中下水平，中部地区许多城市在 2013 年的名次还出现了不同程度的下降。

（4）2013 年综合创新型城市评价分析

总体来看，和以往年度相比较，许多城市提升幅度较大、追赶趋势显著，城市间得分差异性减小；北京市、深圳市、上海市、广州市等城市各方面几乎都在全国处于领先地位，服务能力尤其突出，表现出明显的比较优势；广州市、杭州市、威海市、大连市、沈阳市等城市应当发挥在生态经济方面的比较优势，实现城市的转型发展，提升城市的学习和创新能力，提高社会经济发展中的生态效率。三亚市、克拉玛依市、榆林市、德州市、昆明市等城市，生态环境较好，但是服务能力较弱，应该结合自身城市特点对城市发展进行合理定位和规划，提升城市基础服务能力，通过创新，发展成为具有鲜明特色的生态文明城市。

三　中国生态城市建设的思路和战略路径

面向“两个一百年”时的“中国梦”目标，行进在新型城镇化和城市现代化大路上的中国已经进入城市转型发展的关键时期，建设美丽中国、美丽城市的愿望已经成为全社会的共识。希望改变和改善当前还存在的发展不平衡、不协调、不美好、不方便、不可持续的生活环境局面，谋求经济发展、社会和谐、文化繁荣、生态文明、物质丰富、生命安全的宜居城市和绿色城市，[①] 是我们共同的期待。希望在城市里能望得见山、看得见水、记得住乡愁，希望城市能成为我们安居乐业的生活家园。

（一）协调推进“四个全面”，传承创新总体思路

1. 围绕“新三步走战略”构想，推进中国生态城市建设

十八大以来，习近平的治国理政方针及其战略目标，凝聚成了“新三步走战略”：第一步，到建党一百周年的时候，即到2020 年要全面建成小康

① 任致远：《发展城市科学，科学发展城市——我国城市科学研究的回顾和瞻望》，《城市发展研究》2015 年第 4 期。

社会；第二步，到建国一百周年的时候，即到2049年实现社会主义现代化；第三步，在前两个一百年奋斗目标的基础上，实现中华民族伟大复兴的中国梦，这是近代以来中华民族最伟大的梦想。[①] 这里，实现“两个一百年”奋斗目标是实现“中国梦”的基础，它为实现“中国梦”铺平了道路。中国的生态城市建设，贯穿于“新三步走战略”全过程，服从并服务于国家“新三步走战略”构想，既要为全面建成小康社会服务，也要为实现社会主义现代化服务，更要为实现中华民族伟大复兴的中国梦服务。

2. 面向“新三步走战略”，定位“四个全面”战略布局

“四个全面”在时间上的同步性构成了横向的战略布局，实现于纵向连续的“新三步走战略”全过程。

第一，从“第一步”全面建成小康社会来看，“四个全面”是新一届中央领导集体治国理政的施政纲领。全面建成小康社会是新一届中央领导集体所要实现的战略目标，全面深化改革、全面依法治国是新一届中央领导集体实现这一战略目标的两条根本路径或抓手，全面从严治党是新一届中央领导集体要为顺利实现这一战略目标提供强有力的领导主体。这样，全面建成小康社会、全面深化改革、全面依法治国和全面从严治党，就构成了新一届中央领导集体治国理政的施政纲领。

第二，从“第二步、第三步”战略目标来看，“四个全面”是实现我国现代化和民族复兴的总体方略。“四个全面”使四个核心要素（“目标、动力、保障、主体”）构成具有根本性、全局性、整体性、系统性和逻辑性的有机整体。全面建成小康社会是为实现我国社会主义现代化和民族复兴提供战略基础；全面深化改革是实现我国社会主义现代化和民族复兴的动力；全面依法治国是实现我国社会主义现代化和民族复兴的法治保障；全面从严治党是为实现我国社会主义现代化和民族复兴提供强有力的领导主体。

3. 以“四个全面”指引“五位一体”，丰富生态城市建设基本思路

“四个全面”战略布局既包含了“五位一体”总体布局，又超越和提升

① 韩庆祥：《“新三步走战略”与“四个全面”战略布局》，人民网理论频道，2015年5月6日。

了“五位一体”总体布局，它是“五位一体”的根本、核心和精髓。[①]“四个全面”是指导经济建设、政治建设、文化建设、社会建设、生态文明建设以及党的建设的战略抓手。单就生态文明建设而言，“四个全面”分别设定了生态文明建设的总目标、发展动力、制度基石、根本保障和前进指引，凸显了生态文明建设在五位一体中国特色社会主义建设总体布局中的基础地位、战略任务和历史使命。[②]“四个全面”战略与生态文明建设本质上是一致的。要把生态文明建设融入经济建设、政治建设、文化建设、社会建设的全过程，融入工业化、信息化、城镇化、农业现代化的全过程，更好地发展生产力、解放生产力，在更高层次上实现人与自然的和谐。生态文明城市是城市发展的必然方向，生态文明城市建设是生态文明建设的缩影，需要以“四个全面”构筑建设生态文明城市的思想认同、理论认同、战略认同。

基于此，本报告在继承 2012～2014 年《中国生态城市建设发展报告》之生态城市建设理念和研究成果的基础上，全面贯彻《国家新型城镇化规划（2014～2020 年）》精神，遵循城市复合生态关联“环境为体，经济为用，生态为纲，文化为常”的原则，坚持“五位一体，两点支撑，三带镶嵌，四轮驱动，和谐发展”的生态城市建设基本思路，继续建设环境友好、节能低碳、循环经济、健康宜居、绿色安全、智慧创新的中国特色新型生态化城市，形成生态城市建设的多角支撑格局，以生态城市建设推进中国特色新型城镇化建设进程，不断创新新型城镇化建设模式，走以人为本、四化同步、优化布局、生态文明、文化传承的中国特色新型城镇化道路，为建设美丽中国做出应有贡献。

（二）瞄准新型城镇化战略转向，丰富生态城市发展模式

中国的新型城镇化过程是人口城镇化、土地城镇化、经济城镇化和社会

① 韩庆祥：《“新三步走战略”与“四个全面”战略布局》，人民网理论频道，2015 年 5 月 6 日。

② 黄承梁：《以“四个全面”战略为指引推动生态文明建设》，《中国环境报》2015 年 3 月 12 日。

城镇化四大过程同时同步推进的过程，也是促进人地关系协调发展的城镇化过程。中国城镇化已步入快速发展和转型发展的关键时期，要实现中国城镇化由传统模式转变为新型模式，走集约、智能、绿色、低碳的新型城镇化道路，需要实现以下五大战略转型，即由数量型城镇化转向质量型城镇化，由激进式城镇化转向渐进式城镇化，由被动城镇化转向主动城镇化，由以地为本的城镇化转向以人为本的城镇化，由政府主导的城镇化转向市场主导的城镇化，最终实现由提速转向提质、由亚健康转向健康的城镇化。[①] 其转型重点可概括为“高效、低碳、生态、环保、节约、创新、智慧、平安”的 16 字重点。[②]

耦合新型城镇化五大战略转向和本报告关于生态城市的六种类型（环境友好型、资源节约型、循环经济型、景观休闲型、绿色消费型、综合创新型），丰富生态城市发展模式，是中国新型城镇化发展和生态城市建设的战略路径和现实选择，既是对国家做贡献，也是对世界做贡献。

1. 环境友好型生态城市发展模式

该模式以可持续发展思想为指导，以人与自然的和谐为中心，旨在合理配置资源，采取有利于生态环境保护的生产、生活、消费方式，最大限度地减少环境污染，保护好生态环境，促进环境可持续发展，建立城市与生态环境的良性互动、自然和谐的关系，是一个与城市生态环境容量、城市生态承载能力相适应的城市发展模式。基于此，中国环境友好型城市建设应在研究城市生态承载力的基础上，确定城市发展的合理规模和结构布局，将城市的生产、生活和消费规范在生态环境的承载力范围内，并将环境友好的理念、原则和目标贯穿于城市经济和社会发展的各个方面，以实现城市经济、环境和社会三方面健康、协调和全面的可持续发展。

2. 资源节约型生态城市发展模式

该模式以可持续发展思想为指导，立足城市化发展面临的资源和环境压

---

① 方创琳：《中国新型城镇化转型发展的战略方向》，《资源环境与发展》2014 年第 2 期。方创琳：《中国新型城镇化发展报告》，科学出版社，2014。

② 方创琳：《中国新型城镇化发展报告》，科学出版社，2014。

力，聚焦土地、水、能源等城市发展的基础资源，本着节约优先、环保优先的原则，走资源集约利用、城镇布局集中、紧凑发展的节约型城镇化道路，建设节水型、节能型、节地型和节材型等资源节约型城市，促进资源可持续发展。影响一个城市资源节约水平的因素很多，如城市的空间布局、地理条件、气候条件、政府决策等。中国城市在城镇化发展过程中，能源结构、产业结构不断趋于优化，这种局面有利于城市资源节约利用。

3. 循环经济型生态城市发展模式

该模式以可持续发展思想为指导，以资源的高效利用和循环利用为核心，以低消耗、低排放、高效率为基本特征，遵循道法自然、回归生态、绿色发展的原则，尝试在一个生态、经济、社会、文化和政治五位一体的人工复合生态系统中建设生态环境良好、生态产业发达、市民和谐幸福、生态文化鲜明、管理廉洁高效的人类居住区，旨在把城市的生产系统、消费系统、基础设施系统和信息系统组织为一个生态网络系统。该模式坚持减量化（Reducing）、再利用（Reusing）、再循环（Recycling）、替代（Replace）和修复（Repair）“5R”原则，致力于发展节能降耗产业、再生利用产业、废弃物回收利用产业、可再生能源与新能源产业、环境产业和文化创意产业。未来中国，将通过建立循环经济型城市的生产系统、消费系统、基础设施系统和信息系统推动循环经济型生态城市的发展。

4. 景观休闲型生态城市发展模式

该模式是以可持续发展思想为指导，践行健康生活的理念，以城市景观和城市休闲为基本元素，通过景观格局的合理规划建设不断提升城市居民的休闲生活水平，增加市民的生活幸福指数，构建和谐社会，促进政治、文化和经济的全面发展，实现城市景观生态效益的最大化。

5. 绿色消费型生态城市发展模式

该模式以可持续发展思想为指导，践行绿色消费理念，在体现代内与代际公平消费的同时，强调当代人在保障生存与发展的前提下尽量减少对资源的消耗，给后代留下更为广阔的生存与发展的消费基础，是以绿色、节约、环保、健康、低碳为宗旨且适度发展的理性消费过程，具有节制性、可持续

性、全程性的特征，是一种保护生态环境、关爱自然的高品质消费方式。

6. 综合创新型生态城市发展模式

该模式是以可持续发展思想为指导，以高效的区域创新体系、典型的生态区域、精明的城市结构为三大战略支点，以三者之间的有机耦合过程为驱动机制，以优良的自然生态、和谐的人居生态、宽容的文化生态、高端的产业生态、健康的区际关系生态为五大构成要素，旨在促进技术可持续发展的生态城市发展模式。展望未来，中国综合创新型生态城市要据其在服务类城市、创新类城市、经济类城市和环境类城市中的具体定位确定进一步发展的战略重点和方向，走出工业创新主导模式、文化创新主导模式、服务业创新主导模式、科技创新主导模式、体制机制创新主导模式、多驱联动创新模式等多种模式的新路子。

（三）建设智慧化多规协同规划体系，健全生态城市智慧化支持体系

1. 建设智慧化多规协同规划体系

生态环境是人类赖以生存和繁衍的空间，无论是哪类规划，都应该首先认知生态系统的完整性和保障其生态服务功能的有效性，为此，需要在生态理念的核心价值的指导下进行多规的协同编制，实现生态环境研究和规划技术的有效对接。[①] 在全球面向包容、面向创新的城市规划[②]趋势下，在我国全面实施新型城镇化战略的大背景下，建设多规协同规划体系，创新城市发展与管理模式，是推动城市更加注重人本、绿色、智慧、复合、包容和可持续的重要战略举措。

智慧城市是一个全新的城市形态，推动智慧城市建设是在 ICT（Information and Communications Technology）条件下实现新型城镇化的重要手段。《国家新型城镇化规划（2014～2020 年）》将智慧城市作为提高城市可持续发展能力

---

① 任希岩、张全：《生态理念下的多规协同编制技术探讨》，《城市规划》2014 年增刊 2。

② 吴志强、邓雪湲、干靓：《面向包容的城市规划，面向创新的城市规划——由〈世界城市状况报告〉系列解读城市规划的两个趋势》，《城市发展研究》2015 年第 4 期。

的重要手段，细化为信息网络、规划管理、基础设施、公共服务、产业发展、社会治理等六大方面的智慧化，为智慧城市建设明确了发展方向。与智慧城市同时备受关注的是ICT领域的大数据（Big Data）概念，大数据与智慧城市代表了20世纪以来ICT进步的两个方面，两者紧密关联。大数据促使ICT广泛应用于城市研究，为智慧城市规划提供了新的思维和理念，推进了智慧城市的规划、建设与管理全过程；[①] 智慧城市在发展、规划与建设中，必须依托ICT技术来处理城市运行过程中产生的大数据，而且城市生产、生活的日趋复杂也为ICT领域提出了新挑战。[②] 以大数据为主构建城市智慧运行的数据中心体系，是当前中国智慧城市规划与建设的必然选择。[③]

《国家新型城镇化规划（2014～2020年）》强调“把以人为本、尊重自然、传承历史、绿色低碳理念融入城市规划全过程”。同时强调指出，“城乡规划、土地利用规划、交通规划等要落实本规划要求，其他相关专项规划要加强与本规划的衔接协调”，凸显了多规协同的不可逆性。因此，未来以“集约、智能、绿色、低碳”为发展理念的智慧城市建设，必须在整合中建立健全多规协同规划体系。[④] 城市多规协同空间规划体系是将城市经济社会发展总体规划、城市总体规划、城市土地利用总体规划、城市环境保护总体规划和城市旅游发展总体规划等同一空间尺度上多种不同性质的总体规划落到同一实体空间，形成全面共享、有机融合的空间规划体系，确保一张图纸贯穿一个城市发展始终，确保城市有合理的生态空间、生产空间和生活空间。[⑤] ICT为智慧城市空间资源的复合型利用和智慧城市规划协同体系的构建提供了可能，一方面，智慧城市规划可以依托先进技术手段构建政府各相关部门规划公共智慧平台，构筑生态城市技术支持体系，形成协同规划、共谋发展的合理机制；另一方面，ICT也可以整合多规协同规划成果，“智慧”

① 甄峰、秦萧：《大数据在智慧城市研究与规划中的应用》，《国际城市规划》2014年第6期。

② 刘伦、刘合林、王谦、龙瀛：《大数据时代的智慧城市规划：国际经验》，《国际城市规划》2014年第6期。

③ 同①。

④ 同①。

⑤ 方创琳：《中国新型城镇化发展报告》，科学出版社，2014。

地展现并实施多规协同规划方案。

构建智慧化的协同规划体系，首先要明确各类规划的功能定位和分工，找出各类规划亟须解决的共同问题，建立新型业务协调体系；其次，要建立多规协调机制系统；最后，要建立系统、有序、智慧、高效的协同规划体系。①

2. 健全生态城市智慧支持体系

要实现城市多规协同规划体系的智慧化，需要强力打造生态城市智慧支持平台，实现多规协同的科学化和智能化。其中，多规协同的国家空间规划决策支持系统平台是智慧规划与建设的前提和基础。② 多规协同的国家空间规划决策支持系统平台建设是将国民经济社会发展总体规划、城市总体规划、土地利用总体规划、环境保护总体规划和旅游发展总体规划统一到同一个空间地图上，将多个规划进行全面共享，实现完全透明的空间规划信息体系，辅助规划编制和规划实施，实现智慧规划体系。可考虑基础设施、信息网络、规划管理、产业发展（新兴产业培育和传统产业改造）、生活环境、公共服务、社会治理等方面的智慧化行动和智慧化设计。当然，智慧城市是人本城市与信息城市的有机结合，既需要依托大数据、物联网、云计算等新一代信息技术，也需要贯彻以人为本的服务理念。③ 因此，除了技术支持平台打造外，生态城市支持体系的建设还包括政府组织管理体制、国家法律法规体系和运行保障体系的智慧化设计和良性运行。

（四）整合生态城市建设新理念，建设可持续发展的复合生态城市

一部城市发展的历史，就是其内涵不断丰富的过程。随着城市被赋予绿色、环保、低碳、生态、健康、宜居、智慧、弹性、共生、可持续发展等内涵，人与自然、人与人、物与物的和谐共生自然地衍生为生态城市追求的目

① 甄峰、秦萧：《大数据在智慧城市研究与规划中的应用》，《国际城市规划》2014 年第 6 期。

② 方创琳：《中国新型城镇化发展报告》，科学出版社，2014。

③ 柴彦威、申悦、陈梓烽：《基于时空行为的人本导向的智慧城市规划与管理》，《国际城市规划》2014 年第 6 期。

标，生态城市内涵的丰富和外延的拓展，使生态城市的包容性、复合性等属性日益突出，复合生态城市建设具有理论建构价值和实践推广价值。

1. 达成复合生态城市的社会共识

城市是一个复杂、开放的庞大系统；城市化是复合生态系统发展演化的过程，经济城市化、社会城市化、自然城市化过程既是复合的过程，又是包容的过程；生态城市中的“生态”蕴含了社会、经济、自然的复合内容，强调社会生态化、经济生态化、环境生态化三者和谐统一的可持续性发展，追求社会和谐、经济高效、自然和谐。用“复合生态理念”来认识“生态城市”，形成复合生态城市理念，达成复合生态城市共识，既是学界肩负的研究任务，也是教育界、媒体所必须承担的社会责任。

2. 走包容性发展的新型城镇化道路

“包容性城市化”就是要通过增加城市发展的包容性，从整体上解决社会经济系统与自然系统之间、城市系统与周边区域系统之间、城市内部不同要素系统之间的协调发展问题。[①] 中国包容性城市化见之于新型城镇化，中国新型城镇化道路的包容性发展，就是实现人口城市化、社会城市化、经济城市化和环境城市化等各种类型城市化的包容性发展，充分体现发展主体的全民性、发展内容的全面性、发展过程的公平性、发展成效的共享性，[②] 推进多维度的、要素全面的城市化进程，实现城市复合生态系统的优化发展。[③]

3. 多元主体合力推进生态城市建设

生态城市建设是一项系统工程，需要系统全要素的优化配置和功能整合，确保各方面到位。

（1）政府保障到位。设置专门的组织机构，并建立完善的管理和保障机

---

① 张宇钟：《城市发展与包容性关系研究》，《上海行政学院学报》2010 年第 1 期。

② 张明斗、王雅莉：《中国新型城市化道路的包容性发展研究》，《城市发展研究》2012 年第 10 期。

③ 王旭辉：《城市化理论的价值取向转变与反思——兼论包容性发展理论对我国城市化的启示》，《新视野》2012 年第 5 期。

制，是政府保证生态城市长效、有序发展的公共责任；建立健全相关政策法规，政府应通过构建涵盖建设、环保、产业、财政和能源等领域的完善的政策法规体系，为生态城市规划、建设和管理提供制度保障和相关配套服务；[①]制定科学合理的发展规划，政府应坚持以人为本、凸显特色等原则，制定科学合理的生态城市发展规划，明确目标、定位模式、设定蓝图；在构建和完善生态城市治理体系和生态城市治理能力现代化的过程中，应处理好政府与执政党之间的关系、政府与人民代表大会的关系、政府与社会与民众的关系、各级政府之间（包括同级政府各部门之间）的关系，[②] 各主体在生态城市建设中要定好位、分好工，实现有效合作。

（2）市场调控到位。应通过体制创新来充分发挥市场的积极作用，调动市场主体发展循环经济、新兴环保产业、生态服务业、生态建筑的积极性，积极倡导企业集约节能、绿色环保、低碳健康的生产理念，引导社会绿色消费需求，形成政府引导、市场主导、全社会参与的良性发展态势。

（3）公众参与到位。生态城市建设的本质是构建人与人之间和谐的生活环境，离不开公众的参与。生态环境产品的公共性、政府治理生态环境的角色异化、社会契约论的理论支持、相关法律和政策规定等共同促成了公众参与生态城市建设的必要性。[③] 人们作为城市生活的主体追求实现自我价值的途径包括对社会公众事务的知情权、参与权和决策权，并要求这些权利得到法律的承认和保护。公众参与是生态城市建设的基础和先决条件。为此，首先需要加大教育宣传力度，加强生态城市建设中的生态教育，提高市民公众的生态理念和素养；其次，应建立健全社会参与机制，建立利益相关方的协商机制，[④] 建立全民参与的生态城市治理监督机制，将社会、公众参与纳

① 陈志端：《新型城镇化背景下的绿色生态城市发展》，《城市发展研究》2015 年第 2 期。

② 李晓西、赵峥、李卫锋：《完善生态治理体系和治理能力现代化的四大关系——基于实地调研及微观数据的分析》，《管理世界》2015 年第 5 期。

③ 郑丽娜、路瑶：《生态城市管理公众参与模式研究——以唐山市为例》，《人民论坛》2015 年第 3 期。

④ 同①。

入制度化轨道；[1] 最后，应倡导绿色生态理念，提倡绿色生活方式。[2] 人们的生活理念、生活方式和城市生态环境共生，绿色生态城市理念应当融入居民日常的生活方式中，在衣、食、住、行、用各个方面体现绿色生活理念，以此来逐步调整城市的生产结构和消费结构，形成以绿色消费、环保选购为核心的绿色健康生活方式，达到全社会运行的绿色与生态。

（4）国际合作到位。生态城市建设是全人类共同的事业，是世界各国共同承担的社会责任，需要全球合作和行动。

应充分发挥国际生态安全合作组织的作用。通过与各国政党组织、国家议会、政府机构、科研部门、国家智库间的合作，采取国际会议、国际合作、课题研究、媒体宣传等形式，促进生态文明建设，构建生态安全格局，保护自然环境，实现经济、环境、社会的可持续发展，提高城市的生态治理能力，提升生态城市治理质量。

国内城市应积极参与低碳生态城市国际合作。通过城市试点示范、合作研究、培训考察、交流研讨等方式，积极引进、学习、吸收国外先进理念、技术和管理经验，增强低碳生态发展能力，促进我国低碳生态城市健康蓬勃发展。

---

① 侯峰：《建设生态城市　促进可持续发展》，《枣庄学院学报》2015 年第 1 期。

② 陈志端：《新型城镇化背景下的绿色生态城市发展》，《城市发展研究》2015 年第 2 期。

整体评价报告

A General Evaluation Report

G.2

中国生态城市健康状况评价报告

赵廷刚* 刘海涛 谢建民 朱小军 张志斌 刘 涛

摘 要：《中国生态城市健康状况评价报告》是针对生态环境恶化、“城市病”日益加深的严峻现实，而进行的集生态城市建设研究、决策指挥、工程实践于一体的智库成果报告，是为生态城市建设提供的研究成果、理论指导、决策咨询与实施建设的引领者和践行者。本报告沿用《中国生态城市建设发展报告（2012）》《中国生态城市建设发展报告（2013）》和《中国生态城市建设发展报告（2014）》中的基本理论和方法，对2013年中国生态城市的健康状况进行统计与综合排名。研究发现，中国生态城市建设存在东部与西部、沿海与内地发展很不平衡的现象。具体而言，中国生态城市建设中，生态环境优于生态经济，生态经济优于生态社会，也说

* 赵廷刚，男，教授，理学博士，计算数学博士后，兰州城市学院数学学院副书记。

明中国的生态城市建设已进入攻坚期。之后，报告提出，在生态城市建设过程中应多考虑城市的社会服务功能，解决城市道路拥堵、治理空气污染等问题仍然是一项长期而艰巨的任务。

关键词： 生态城市　健康指数　评价

一　生态城市健康指数评价模型与指标体系

本报告沿用《中国生态城市建设发展报告（2012）》建立的动态评价模型，为此，下面简要回顾该模型的理论结果。

（一）生态城市健康指数评价模型

1. 生态城市的主要特征

一般说来，生态城市具有以下几个共性的基本特征。

一是和谐性。和谐性是生态城市概念的核心内容，主要是体现人与自然、人与人、人工环境与自然环境、经济社会发展与自然保护之间的和谐，目的是寻求建立一种良性循环的发展新秩序。

二是高效性。生态城市将改变现代城市“高能耗”“非循环”的运行机制，转而提高资源利用效率，物尽其用，地尽其利，人尽其才，物质、能量都能得到多层分级利用，形成循环经济。

三是持续性。生态城市以可持续发展思想为指导，公平地满足当代人与后代人在发展和环境方面的需要，保证其发展的健康、持续和稳定。

四是均衡性。生态城市是一个复合系统，由相互依赖的经济、社会、自然、生态等子系统组成，各子系统在“生态城市”这个大系统整体协调下均衡发展。

五是区域性。生态城市是在一定区域空间内人类活动和自然生态利用完

美结合的产物，具有很强的区域性。生态城市同时强调与周边城市保持较强的关联度和融合关系，形成共存体，并积极参与国际经贸与技术合作。

2. 生态城市建设的量化标准

人类活动的结果在许多方面都可以量化，而这些量化的指标也能够真实地反映人类的某些活动是否有利于人类社会的健康良性发展。也就是说要规范人类行为使其始终有利于人类社会的健康良性发展，首先要建立人类社会的健康良性发展标准，而这些标准的许多方面可以量化成一系列的指标体系。

生态城市建设的评价指标包含了方方面面的硬性指标。具体包括如下方面中的硬性指标。

能量的流动，包括能量的输入、能量的传递与散失等方面；

营养关系，包括食物链、食物网与营养级等方面；

生态金字塔，包括能量金字塔、生物量金字塔、生物数量金字塔等方面；

物质循环，包括气体型循环、水循环、沉积型循环、碳循环、硫循环、磷循环等方面；

有害物质与信息循环，包括生物富集、有害物理信息、有害化学信息、有害行为信息等方面；

生态价值，包括生物多样性、直接价值、间接价值等方面；

稳定性，包括生态平衡、生态自我调节等方面；

人类理念与行为，包括生态产业、生态文化、生态消费、生态管理等。

生态城市建设的效果最终是通过人类的理念与行为来实现的，所以生态建设的量化标准是一个动态概念，它是随时间不断提高的而不是不变的，但在一定时期内不可以定得过高，也不可以定得太低。例如城市环境系统建设量化标准包括环境约束、环境质量、环境保护三大量化标准。

环境约束指标主要包括：大气污染物排放量（SO_2/颗粒物/CO_2）、机动车污染物排放总量、水污染物排放量（以 COD 计）、固体废物排放量（生活垃圾、工业固体废物、危险废物）、农用化肥施用程度、土地开发强度、有机/绿色农产品比重等方面。

环境质量指标主要包括：空气质量指数优良率（空气质量指数达到一级天数的比例）、地表水功能区达标率/集中式饮用水水源地水质达标率、陆地水域面积占有率、噪声达标区覆盖率、土壤污染物含量/表层土中的重金属含量、绿化率/森林覆盖率、物种多样性指数、居民环境满意度等方面。

环境保护指标主要包括：清洁能源使用比重、污水集中处理率、工业污水排放稳定达标率/规模化畜禽养殖场污水排放达标率、生活垃圾无害化处理率、规模化畜禽养殖场粪便综合利用率、秸秆综合利用率、工业用水重复率、环保投入占 GDP 比重、ISO14001 认证企业比例等方面。

当然城市环境系统建设量化标准有所谓的国际标准，也有国家标准，但我们认为这些标准只是一个城市环境系统建设的最终奋斗标准，有些可以作为某时期内的建设量化标准，有些不可以作为某时期内的建设量化标准。比如就每天城市机动车污染物排放总量而言，这一量化标准如何确定就是一个值得商榷的问题。在这里我们来讨论这样一个问题：2014 年底中国每个城市每天机动车污染物排放总量的达标标准应是多少呢？唯一科学的办法是按如下步骤来确定。

第一步：统计出中国每个城市在 2013 年底的每天机动车污染物排放总量；

第二步：计算出上述统计量的最大值 max 和最小值 min；

第三步：按如下算式确立 2014 年底中国每个城市每天机动车污染物排放总量的达标标准：

$$bzl = \lambda \max + (1 - \lambda)\min$$

其中 $0 \leqslant \lambda \leqslant 1$ 。

显然 2014 年底中国每个城市每天机动车污染物排放总量的达标标准是介于 min 和 max 之间的。这是因为 min 应是 2014 年底中国每个城市每天机动车污染物排放总量的最理想的达标标准，但在现阶段若把 min 作为达标标准，到 2014 底很可能多数城市机动车污染物排放总量都超出了 min ，所以 2014 年底中国每个城市每天机动车污染物排放总量的达标标准应是介于 min

和 max 之间的。故如何确立 λ 是关键。我们认为所选择的 λ 应能使 2013 年底的每天机动车污染物排放总量小于 bzl 的城市数不低于总城市数的 1/3，也就是说所确立的建设标准应能够保障有 1/3 以上的城市能够达标。

第四步：2014 年底中国每个城市每天机动车污染物排放总量的达标标准指标为：

$$bz = \frac{\frac{1}{bzl} - \frac{1}{\max} + 1}{\frac{1}{\min} - \frac{1}{\max} + 1}$$

所以生态城市建设量化标准是一个动态变化的量，是依据上一年的建设效果和建设标准，来确定下一年的建设标准，并依据本年度的建设标准，来评价本年度每个城市的建设效果。

一般地，设 X 是由中国区域内全体城市组成的集合。对于任意给定的时刻 t，对于任意的城市 $C \in X$，C 在时刻 t 的生态城市建设指标是一个 $m \times n$ 阶矩阵，即

$$C(t) = \left(c_{ij}(t)\right)_{m\times n} = \begin{pmatrix} c_{11}(t) & c_{12}(t) & \cdots & c_{1n}(t) \\ c_{21}(t) & c_{22}(t) & \cdots & c_{2n}(t) \\ \vdots & \vdots & \vdots & \vdots \\ c_{m1}(t) & c_{m2}(t) & \cdots & c_{mn}(t) \end{pmatrix}$$

并且满足：

$$0 \leqslant c_{ij}(t) \leqslant 1.$$

设 $X \subseteq X$ 是 X 中某类城市组成的集合，令

$$x_{ij}(t)_1 = \min\{c_{ij}(t) \mid C \in X\} \quad i = 1,2,\cdots,m; j = 1,2\cdots,n$$
$$x_{ij}(t)_2 = \max\{c_{ij}(t) \mid C \in X\} \quad i = 1,2,\cdots,m; j = 1,2\cdots,n$$

称

$$X(t)_1 = \left(x_{ij}(t)_1\right)_{m\times n} = \begin{pmatrix} x_{11}(t)_1 & x_{12}(t)_1 & \cdots & x_{1n}(t)_1 \\ x_{21}(t)_1 & x_{22}(t)_1 & \cdots & x_{2n}(t)_1 \\ \vdots & \vdots & \vdots & \vdots \\ x_{m1}(t)_1 & x_{m2}(t)_1 & \cdots & x_{mn}(t)_1 \end{pmatrix}$$

是 X 在时刻 t 的最低发展现状；称

$$X(t)_2 = \left(x_{ij}(t)_2\right)_{m\times n} = \begin{pmatrix} x_{11}(t)_2 & x_{12}(t)_2 & \cdots & x_{1n}(t)_2 \\ x_{21}(t)_2 & x_{22}(t)_2 & \cdots & x_{2n}(t)_2 \\ \vdots & \vdots & \vdots & \vdots \\ x_{m1}(t)_2 & x_{m2}(t)_2 & \cdots & x_{mn}(t)_2 \end{pmatrix}$$

是 X 在时刻 t 的最高发展现状；特别地当 $X = X$ 时，称

$$X_1(t), X_2(t)$$

分别为中国生态城市建设在时刻 t 的最低发展现状和最高发展现状。

设 $X \subseteq X$ 是 X 中某类城市组成的集合，$X_1(t), X_2(t)$ 分别为 X 在时刻 t 的最低发展现状和最高发展现状，X 在时刻 $t+1$ 的建设标准 $B(t+1)$，满足

$$B(t+1) = \lambda_1(t)X_1(t) + \lambda_2(t)X_2(t)$$

其中

$$\lambda_1(t) + \lambda_2(t) = 1$$
$$0 \leqslant \lambda_1(t) \leqslant 1$$
$$0 \leqslant \lambda_2(t) \leqslant 1$$

制定中国生态城市建设评价标准必须要分析中国生态城市建设现状，依据中国生态城市建设在时刻 t 的最低发展现状和最高发展现状，来制定在时刻 $t+1$ 的发展标准。即在制定标准时要首先通过统计调查，确定城市在时刻 t 的最低发展现状和最高发展现状

$$X_1(t), X_2(t)$$

然后依据 $X_1(t)$，$X_2(t)$，选择适宜的 $\lambda_1(t)$，$\lambda_2(t)$，确立 X 在时刻 $t+1$ 的建设标准 $B(t+1)$，一般地 $B(t+1)$ 满足条件：

P_1）　$b_{ij}(t) \leqslant b_{ij}(t+1)$　　$i=1, 2, \cdots, m$；$j=1, 2, \cdots, n$；且 $b_{ij}(t)$ 必须均达到国家最低规范标准。

P_2）　集 $\{C \in X \mid c_{ij}(t) \geqslant b_{ij}(t+1), i=1, 2, \cdots, m; j=1, 2, \cdots, n\}$ 的个数不低于集 X 的个数的 1/3；

P_3）　在条件 P_1）,P_2）成立的条件下，$\lambda_1(t),\lambda_2(t)$ 是优化问题：

$$\begin{cases} \min \left| \lambda_1(t) \sum_{C \in X} [C(t) - X(t)_1] + \lambda_2(t) \sum_{C \in X} [X(t)_2 - C(t)] \right| \\ s.t \quad \lambda_1(t) + \lambda_2(t) = 1 \\ \quad 0 \leqslant \lambda_1(t) \leqslant 1 \\ \quad 0 \leqslant \lambda_2(t) \leqslant 1 \end{cases} \tag{1.1}$$

的解。

也就是说，生态城市建设标准的制定应符合客观实际，要量力而为，不能急于求成。所制定的标准一定要有示范达标城市，这些示范达标城市不能低于城市总数的1/3，不能高出城市总数的1/2。

由于模型（1.1）提供的标准并没有考虑每个城市的具体特点，所以当这个标准出来以后，还必须根据具体城市的实际情况，参照这个标准，制定符合每个城市发展特点的建设标准。也就是说在生态建设中能建的一定要建设好，而由于客观原因还不能建设的项目，不能强行要求或提前上马。因此建设标准的制定要充分兼顾每个城市的具体发展特点，绝不能用统一的指标去衡量每个城市，否则就失去了生态城市建设的意义。因此在制定建设标准时如果有些项目在客观上一些城市无法实现，则应对这些城市在这些项目上将指标设定为最高值。但也要坚决杜绝明知有些项目在客观上无法实现，还要巧立名目试图建设的现象发生。所以在确立每个城市的建设标准时，必须充分兼顾上述两个方面。

3. 生态城市建设的基本概念

设 $R^{m\times n}$ 是全体 $m\times n$ 阶矩阵组成的集合，$\forall A \in R^{m\times n}$ 定义范数：

$$A = \sup\{Ax \,|x = 1, x \in R^n\}$$

则在上述范数下 $R^{m\times n}$ 是一 *Banach* 空间。

记

$$P = \{A \in \mathrm{R}^{m\times n} \,|0 \leqslant a_{ij} \leqslant 1, i = 1,2,\cdots,m; j = 1,2,\cdots,n\}$$

则 P 是 $R^{m\times n}$ 中含有内点的凸闭集，并且满足下面两个条件：

P_4)$A \in P, \lambda \geqslant 0 \Rightarrow \lambda A \in P$；

P_5)$A \in P, -A \in P \Rightarrow A = \theta$，这里 θ 表 $R^{m \times n}$ 中的零元素；

在 P 中引入半序：$A \leqslant B(A,B \in P)$，如果 $B - A \in P$。

$$若 A \leqslant B, A \neq B, 则记 A < B; 若 B - A \in P^0。$$

（1）生态城市建设的可持续发展

设 X 是由中国区域内全体城市组成的集合。$C \in X$ 是某个城市，则 C 在时刻 t 的生态城市建设指标是一个 $m \times n$ 阶矩阵：

$$C(t) = \left(c_{ij}(t)\right)_{m \times n} = \begin{pmatrix} c_{11}(t) & c_{12}(t) & \cdots & c_{1n}(t) \\ c_{21}(t) & c_{22}(t) & \cdots & c_{2n}(t) \\ \vdots & \vdots & \vdots & \vdots \\ c_{m1}(t) & c_{m2}(t) & \cdots & c_{mn}(t) \end{pmatrix}$$

对于任意给定的时刻 t，如果

$$C(t) < C(t+1)$$

则称生态城市建设是可持续发展的。亦即生态城市建设是可持续发展的是指：生态城市建设随着时间的推移，一年比一年好，各项指标也许不能完全达到建设标准要求，但不能时好时坏。

（2）生态城市建设的良性健康发展

设 T_i 分别表示第 T_i 年（$i = 0,1,2,\cdots,s$），$B(T_i)$ 表示生态城市建设规划中第 T_i 年达到的建设标准（$i = 0,1,2,\cdots,s$），如果

$$B(T_i) \leqslant C(T_i) < B(T_{i+1}) \leqslant C(T_{i+1}) \quad i = 0,2,\cdots,s-1$$

则称城市 C 的生态建设从 T_0 年到 T_s 年是良性健康发展的。亦即生态城市建设是良性健康发展的是指：生态城市建设随着时间的推移，不仅一年比一年好，而且各项指标完全达到建设标准的要求。

（3）生态城市建设分类

设 X 是由中国区域内全体城市组成的集合。设 T_i 分别表示第 T_i 年（$i = 0,1,2,\cdots,s$），记

$X[T_0,T_s]_1 = \{C \in X|$城市 C 的生态城市建设从 T_0 年到 T_s 年是良性健康发展的$\}$

$X[T_0,T_s]_2 = \{C \in X - X[T_0,T_1]_1|$城市 C 的生态城市建设是可持续发展的$\}$

$X[T_0,T_s]_3 = X - X[T_0,T_s]_1 - X[T_0,T_s]_2$

即中国生态城市分为三类，第一类是生态建设是良性健康发展的；第二类是生态建设虽然不是良性健康发展的但是可持续发展的；第三类是既不是良性健康发展的，又不是可持续发展的。

（4）中国生态城市建设经历的初级、中级、高级三个阶段

中国生态城市建设会经历初级发展、中级发展和高级发展三个阶段。从现在起到未来的某个年份 T_{s_1}，中国生态城市建设是处于初级阶段，这阶段的基本特征是：对任意的 $s < s_1$ 满足：

$$X[T_0,T_s]_i \neq \phi \qquad i = 1,2,3$$

亦即在初级发展阶段三类生态城市均存在。

从年份 T_{s_1} 起到 T_{s_2}，中国生态城市建设是处于中级阶段，这阶段的基本特征是：

对任意的 $s_1 < s < s_2$ 满足：

$$X[T_0,T_s]_1 \neq \phi, X[T_0,T_s]_2 \neq \phi, X[T_0,T_s]_3 = \phi$$

亦即在中级发展阶段，生态城市建设是良性健康发展的城市和生态建设是可持续发展的城市均存在，但既不是良性健康发展的，又不是可持续发展的城市不存在。

从年份 T_{s_3} 起中国生态城市建设是处于高级阶段，这阶段的基本特征是：

对任意的 $s < s_3$ 满足：

$$X[T_0,T_s]_1 \neq \phi, X[T_0,T_s]_2 = \phi, X[T_0,T_s]_3 = \phi$$

亦即高级发展阶段是在生态建设中从 T_{S_3} 年份起所有的城市是良性健康发展的城市。

使每个城市的生态建设都良性健康发展是生态城市建设的根本宗旨。所以当每个城市的建设标准确立后，要科学合理地制定建设规划和实施方案，

建立一套完备的信息反馈机制和建设效果评价机制，使生态建设的资金和人力投入与建设效果一致。亦即在生态建设中良性健康发展的城市也必须建设规划、实施方案、资金和人力投入与建设效果一致。

生态建设处于初级阶段的城市，其特征是建设效果时好时坏，表明在生态建设中，该城市在某些方面出现了问题，应加强这些方面的建设工作，包括对规划、实施方案、具体方案的改进工作，完善建设体制和运行机制。

生态建设处于中级阶段的城市，其特征是建设效果越来越好，表明在生态建设中，该城市各方面的工作都有起色，但与建设标准有差距，所以要不断改进工作方式，提高建设能力，量力而为，使生态建设科学有序地步入良性健康发展的轨道。

生态建设处于高级阶段的城市，其特征是不仅建设效果越来越好，而且建设效果也能达到建设标准要求，生态建设科学有序地走上了良性健康发展的轨道。所以，对每个城市科学准确地预测出这三个发展状态的时间表，具有很重要的意义。

4. 社会对生态城市建设的评价体系

当城市生态建设处于初级或中级阶段时，政府要加强对城市生态建设的引领、指导和监督，使其又好又快地走上良性健康发展的轨道。而当城市生态建设走上了良性健康发展的轨道时，即使这个城市的生态建设已经非常完备了，也还需要另外一个指标——城市全体市民满意度——来检验，也就是说，一个城市生态建设的好坏，最后要由满意度来检测。

（1）社会满意度指标

设 X 是由中国区域内全体城市组成的集合。$C \in X$ 是某个城市，用 Y 表示生活在这个城市年满 18 岁的全体公民组成的集合，Y 中的公民称为市民。对于市民来说，由于其知识面、社会阅历、认知结构等存在差异，他们对城市生态建设的认知程度不尽相同，甚至有些都没听说过，但他们的确对其居住环境、出行环境、饮食环境、文化娱乐等环境有一个整体的认识，这个整体认识客观上是存在的。

假设每一个公民评价某一个城市的生态建设时，都用下列三种答案之一：

（A）满意，（B）不尽满意，（C）不满意。

亦即在任何时刻 t，全体 Y 中的市民分为如下三类：

$Y_1(t) = \{y \in Y | y$ 在 t 时刻对其居住城市的生态建设满意$\}$

$Y_2(t) = \{y \in Y | y$ 在 t 时刻对其居住城市的生态建设不尽满意$\}$

$Y_3(t) = \{y \in Y | y$ 在 t 时刻对其居住城市的生态建设不满意$\}$

则

$$
\begin{aligned}
Y_1(t) \cap Y_2(t) = \phi \\
Y_2(t) \cap Y_3(t) = \phi \\
Y_3(t) \cap Y_1(t) = \phi
\end{aligned}
$$

且

$$Y = Y_1(t) \cup Y_2(t) \cup Y_3(t)$$

用 $\alpha_i(t)$ 表示 $Y_i(t)$ 中的元素个数，令

$$\gamma_i(t) = \frac{\alpha_i(t)}{\sum_{j=1}^{3} \alpha_j(t)} \qquad (i = 1,2,3)$$

分别称 $\gamma_1(t), \gamma_2(t), \gamma_3(t)$ 为城市 C 在 t 时刻生态城市建设的社会满意度指标、社会不尽满意度指标和社会不满意度指标。

（2）完备的生态城市建设

称城市 C 的生态建设是完备的是指存在时刻 t_0，使得对于任意的 $t > t_0$ 下列条件同时成立：

P_6）C 在 t_0 时刻到 t 时刻其生态城市建设是良性健康发展的；

P_7）γ_1 在闭区间 $[t_0, t]$ 上单调递增；

P_8）γ_2 在闭区间 $[t_0, t]$ 上单调递减；

P_9）γ_3 在闭区间 $[t_0, t]$ 上单调递减。

否则称为不完备的。

也就是说，当一个城市的生态建设从某个时刻起，不仅已步入良性健康发展的轨道，而且对其满意的人越来越多，对其不尽满意和不满意的人越来越少时，那么这个城市的生态建设就是完备的。

当中国每个城市的生态建设都是完备的时候，就称中国城市生态建设是完备的。

（3）生态建设发展均衡度

中国城市生态建设是完备的是中国城市生态建设达到高级阶段后的一次新飞跃。但是仅仅达到中国城市生态建设是完备的这一状态是不够的，还要看城市之间的生态建设发展是不是均衡。

设 $X_1(t), X_2(t)$ 分别为中国生态城市建设在时刻 t 的最低发展现状和最高发展现状，令

$$\beta(t) = X_1(t) - X_2(t)$$

称中国生态建设是协调有序发展的是指存在时刻 t_0，从 t_0 时刻起，中国生态城市建设是完备的，而且 $\beta(t)$ 是单调递减的。

亦即中国生态建设是协调有序发展的基本特征为：

①中国每个城市的生态建设的各项指标值随时间变化是递增的，并且都达到了建设标准；

②人们对中国每个城市的生态建设的满意度越来越高；

③中国各城市之间生态建设的差异越来越小。

5. 第 i 种类型城市

设 X 是具有一定属性的全体城市组成的集合，$C \in X$，$C(t) = (c_{ij})_{m\times n} \in R^{m\times n}$ 是城市 C 在 t 时刻的生态城市建设现状，$B(t) = (b_{ij})_{m\times n} \in R^{m\times n}$ 是 X 在 t 时刻的最高建设现状，令

$$C(t)_i = \{j \in (1,2,\cdots,n) \mid c_{ij}(t) = b_{ij}(t), C\text{ 的第 } i \text{ 类第 } j \text{ 个建设项目存在}\}$$

$$a_i(t) = \max\{\,|C(t)_i| \mid C \in X\}$$

$$X(t)_i = \{C \in X \mid |C(t)_i| = a_i(t)\}$$

称 $C \in X(t)_i$ 为 t 时刻的第 i 种类型城市。其中 $|C(t)_i|$ 表示 $C(t)_i$ 的元

素个数（$i = 1,2,\cdots,m$）；亦即第 i 类型城市是指在第 i 类的生态建设项目中，其建设效果 $c_{ij}(t)$ 达到最高建设状态 $b_{ij}(t)$ 的项目 j 的个数比 X 中其他城市都要多。

如果存在 $t_0 < t_1$，使得对任意的 $t_0 \leqslant t \leqslant t_1$，$C \in X(t)_i$ 为 t 时刻的第 i 种类型城市，则称 C 在时段 $[t_0,t_1]$ 内为第 i 种类型城市（$i = 1,2,\cdots,m$）。令

$Y_i(t_0,t_1) = \{C \in X \mid \forall t \in [t_0,t_1], C\text{ 在}[t_0,t]\text{ 内是第 } i \text{ 种类型城市}\}(i = 1,2,\cdots,m)$

并称 $C \in Y_{ij}(t_0,t_1)$ 为在时期 $[t_0,t_1]$ 内为第 i 种类型，第 j 类城市。

显然对任意的 $t_0 < t_1$，有

$$
\begin{gathered}
Y_i(t_0,t_1) = Y_{i1}(t_0,t_1) \cup Y_{i2}(t_0,t_1) \cup Y_{i3}(t_0,t_1) \neq \phi \qquad i = 1,2,\cdots,m \\
Y_{i1}(t_0,t_1) \cap Y_{i2}(t_0,t_1) = \phi \qquad i = 1,2,\cdots,m \\
Y_{i2}(t_0,t_1) \cap Y_{i3}(t_0,t_1) = \phi \qquad i = 1,2,\cdots,m \\
Y_{i3}(t_0,t_1) \cap Y_{i1}(t_0,t_1) = \phi \qquad i = 1,2,\cdots,m
\end{gathered}
$$

亦即第 i 类型城市在任何时刻都不是空集。且 $Y_{i1}(t_0,t_1), Y_{i2}(t_0,t_1), Y_{i3}(t_0,t_1)$ 两两都不相交。特别是当中国生态文明城市建设处于中级阶段时，有

$$Y_{i3}(t_0,t_1) = \phi$$

即第 i 种类型，第 3 类城市不存在。

当中国生态文明城市建设处于高级阶段时，有

$$Y_{i2}(t_0,t_1) = \phi \text{ , } Y_{i3}(t_0,t_1) = \phi$$

即第 i 种类型，第 3 类城市和第 2 类城市均不存在。

当中国生态文明城市建设处于初级阶段时，情况比较复杂，下列状态有且只有一个存在：

(1) $Y_{i1}(t_0,t_1), Y_{i2}(t_0,t_1)$ 是空集，$Y_{i3}(t_0,t_1)$ 不是空集；

(2) $Y_{i1}(t_0,t_1)$ 是空集，$Y_{i2}(t_0,t_1), Y_{i3}(t_0,t_1)$ 不是空集；

(3) $Y_{i1}(t_0,t_1), Y_{i3}(t_0,t_1)$ 是空集，$Y_{i2}(t_0,t_1)$ 不是空集；

(4) $Y_{i2}(t_0,t_1)$ 是空集，$Y_{i1}(t_0,t_1), Y_{i3}(t_0,t_1)$ 不是空集；

(5) $Y_{i1}(t_0,t_1)$, $Y_{i2}(t_0,t_1)$, $Y_{i3}(t_0,t_1)$ 均不是空集；

(6) $Y_{i3}(t_0,t_1)$ 是空集，$Y_{i1}(t_0,t_1)$, $Y_{i2}(t_0,t_1)$ 不是空集；

(7) $Y_{i2}(t_0,t_1)$, $Y_{i3}(t_0,t_1)$ 是空集，$Y_{i1}(t_0,t_1)$ 不是空集。

所以当中国生态文明城市建设处于初级阶段时，评价的任务是十分复杂的。

6. 在给定时刻对生态城市建设的综合评价

(1) 绝对综合权衡排序

设 X 是具有一定属性的全体城市组成的集合，$\lambda_{ij} \geqslant 0$，$\sum_{i=1}^{m}\sum_{j=1}^{n}\lambda_{ij} = 1$，$C \in X$，$C(t) = [c_{ij}(t)]_{m\times n} \in R^{m\times n}$ 是城市 C 在 t 时刻的生态城市建设现状，称

$$\mu(\Gamma)[C(t)] = \sum_{i=1}^{m}\sum_{j=1}^{n}\lambda_{ij}c_{ij}(t)$$

为在权重 $\Gamma = (\lambda_{ij})_{m\times n}$ 下的综合评价指数。

对任意给定的两个城市 C_1, C_2，如果

$$\mu(\Gamma)[C_1(t)] < \mu(\Gamma)[C_2(t)]$$

则称城市 C_2 的生态建设效果优于城市 C_1 的生态建设效果；如果

$$\mu(\Gamma)[C_1(t)] > \mu(\Gamma)[C_2(t)]$$

则称城市 C_1 的生态建设效果优于城市 C_2 的生态建设效果；如果

$$\mu(\Gamma)[C_1(t)] = \mu(\Gamma)[C_2(t)]$$

则称城市 C_1 的生态建设效果与城市 C_2 的生态建设效果无差异。

于是对于给定的权重 $\Gamma = (\lambda_{ij})_{m\times n}$，依据综合评价指数由大到小的顺序对每个城市进行排序，排在前面的就认为生态城市建设效果比排在后面的要好。但这种排序是与 $\Gamma = (\lambda_{ij})_{m\times n}$ 密切相关的。一般对于 $\Gamma = (\lambda_{ij})_{m\times n}$ 的不同选取甚至会导致排序的巨大差异。所以确定权重 $\Gamma = (\lambda_{ij})_{m\times n}$ 是十分重要的。为此需要引入更多的概念。

对任意给定的两个城市 C_1, C_2，如果城市 C_1 与城市 C_2 在生态城市建设的各个方面效果无差异，则称两个城市 C_1, C_2 的生态城市建设效果完全一

致，即

$$C_1(t) = C_2(t)。$$

如果城市 C_1 在生态城市建设的各个方面效果比城市 C_2 都不差，却不完全一致，则称城市 C_1 的生态城市建设效果绝对优于城市 C_2，即

$$C_2(t) \leqslant C_1(t)$$
$$C_1(t) \neq C_2(t)$$

如果城市 C_1 在生态城市建设的各个方面效果比城市 C_2 都不优，却不完全一致，则称城市 C_1 的生态城市建设效果绝对不优于城市 C_2，即

$$C_1(t) \leqslant C_2(t)$$
$$C_1(t) \neq C_2(t)$$

如果任意给定的两个城市 C_1, C_2 不是上述三个关系之一，则称城市 C_1 的生态城市建设效果与 C_2 的关系属于另外情形。亦即 C_1 中有些建设效果优于 C_2，有些建设效果不优于 C_2。

用 $X_1(C)$ 表示在 t 时刻 X 中绝对优于城市 C 建设效果的全体城市组成的集合，即

$$X_1(C) = \{X \in X | C(t) \leqslant X(t), C(t) \neq X(t)\}$$

用 $X_2(C)$ 表示在 t 时刻 X 中与城市 C 建设效果完全一致的全体城市组成的集合，即

$$X_2(C) = \{X \in X | C(t) = X(t)\}$$

用 $X_3(C)$ 表示在 t 时刻 X 中与城市 C 建设效果的关系属于另外情形的全体城市组成的集合，即

$$X_3[C(t)] = \{X \in X | \exists i_1, j_1, i_2, j_2, c_{i_1j_1}(t) > x_{i_1j_1}(t), c_{i_2j_2}(t) < x_{i_2j_2}(t)\}$$

用 $X_4(C)$ 表示在 t 时刻 X 中绝对不优于城市 C 建设效果的全体城市组成的集合，即

$$X_4(C) = \{X \in X | X(t) \leqslant C(t), C(t) \neq X(t)\}。$$

显然有

$$\mu(\Gamma)[X(t)] > \mu(\Gamma)[C(t)], \forall X \in X_1[C(t)];$$
$$\mu(\Gamma)[X(t)] = \mu(\Gamma)[C(t)], \forall X \in X_2[C(t)];$$
$$\mu(\Gamma)[X(t)] < \mu(\Gamma)[C(t)], \forall X \in X_4[C(t)]。$$

而对 $\forall X \in X_3[C(t)]$，下列三种情况之一都有可能成立：

$$\mu(\Gamma)[X(t)] > \mu(\Gamma)[C(t)]$$
$$\mu(\Gamma)[X(t)] = \mu(\Gamma)[C(t)]$$
$$\mu(\Gamma)[X(t)] < \mu(\Gamma)[C(t)]$$

也就是说综合排序的结果使集 $X_3[C(t)]$ 中的元素被分配到了集合 $X_1[C(t)]$，$X_2[C(t)]$ 和 $X_4[C(t)]$ 中，这样一来对于不同的 Γ 其分配的结果就会不一样，这是 $\Gamma = (\lambda_{ij})_{m \times n}$ 的选取不同排序就不同的主要原因，那么如何确定 $\Gamma = (\lambda_{ij})_{m \times n}$ 呢?

令

$$Y_1(\Gamma)[C(t)] = \{X \in X | \mu(\Gamma)[X(t)] > \mu(\Gamma)[C(t)]\}$$
$$Y_2(\Gamma)[C(t)] = \{X \in X | \mu(\Gamma)[X(t)] = \mu(\Gamma)[C(t)]\}$$
$$Y_3(\Gamma)[C(t)] = \{X \in X | \mu(\Gamma)[X(t)] < \mu(\Gamma)[C(t)]\}$$

用 $\mu_i(\Gamma)[C(t)]$ 分别表示集 $Y_i(\Gamma)$ 的元素个数（$i = 1,2,3$），用 Γ_k 表示优化问题

$$\begin{cases} \max \sum_{C \in X} \mu_k(\Gamma)[C(t)] \\ \sum_{i=1}^{m} \sum_{j=1}^{n} \lambda_{ij} = 1 \\ \lambda_{ij} \geqslant 0 \qquad (i = 1,2,\cdots,m, j = 1,2,\cdots,n) \end{cases}$$

的最优解，则

$$\mu(\Gamma_k)[C(t)] \quad (k = 1,2,3)$$

就是三种排序方法，分别称为第 k 种绝对权衡排序。令

$$\mu[C(t)] = \frac{1}{3} \sum_{k=1}^{3} \mu(\Gamma_k)[C(t)]$$

称$\mu[C(t)]$为绝对综合权衡排序。

显然$\mu[C(t)]$具有如下性质：

$$\forall X \in \mathrm{X}_1[C(t)], 有 \mu[X(t)] > \mu[C(t)];$$
$$\forall X \in \mathrm{X}_2[C(t)], 有 \mu[X(t)] = \mu[C(t)];$$
$$\forall X \in \mathrm{X}_4[C(t)], 有 \mu[X(t)] < \mu[C(t)]。$$

（2）绝对均衡排序

设X是具有一定属性的全体城市组成的集合，$C(t) = [c_{ij}(t)]_{m\times n} \in R^{m\times n}$是城市$C$在$t$时刻的生态城市建设现状，称

$$\rho_1[C(t)] = \min\{\max\{c_{ij}(t) | j = 1,2,\cdots,n\} | i = 1,2,\cdots,n\}$$

为极大极小均衡排序；称

$$\rho_2[C(t)] = \max\{\min\{c_{ij}(t) | j = 1,2,\cdots,n\} | i = 1,2,\cdots,n\}$$

为极小极大均衡排序；称

$$\rho_3[C(t)] = \max\{\max\{c_{ij}(t) | j = 1,2,\cdots,n\} | i = 1,2,\cdots,n\}$$

为最大排序；称

$$\rho_4[C(t)] = \min\{\min\{c_{ij}(t) | j = 1,2,\cdots,n\} | i = 1,2,\cdots,n\}$$

为最小排序；称

$$\rho[C(t)] = \frac{1}{4}\sum_{i=1}^{4}\rho_k[C(t)]$$

为绝对均衡排序。

绝对均衡排序是简单易行、公正透明的排序方法。

（二）生态城市健康指数考核指标体系

生态城市是依照生态文明理念，按照生态学原则建立的经济、社会、自然协调发展的新型城市，是高效利用环境资源，实现以人为本的可持续发展的新型城市，是中国城市化发展的必然之路。它对于辐射、带动、提升和推

动生态文明建设，促进文明范式转型，加快国家经济、政治、社会、文化和生态文明协调发展，提高人民的生活质量和水平，全面建设小康社会具有重大战略意义。中国生态城市建设经历了10多年的发展历程，虽然取得了举世瞩目的成绩，但仍然处于初级阶段，每个城市生态建设的诸方面不平衡、相差很大。因此，让每个城市在生活垃圾无害化处理、工业废水排放处理、工业固体废物综合应用、空气质量指数、河湖水质、城市绿化、节能降耗等方面都完全达标，依然是生态城市建设的基本任务和要求。推动绿色发展、循环发展、低碳发展，实现全面可持续发展的任务还十分艰巨。

本报告以《中国生态城市建设发展报告（2014）》中的主要思路、评价方法和评价模型为基础，根据实际情况对“生态城市健康指数（ECHI）评价指标体系（2014）”（见表1）进行了微调，使指标评价体系更加科学

表1　生态城市健康指数（ECHI）评价指标体系（2014）

一级指标	二级指标	指标权重	序号	三级指标	三级指标相对于二级指标的权重
生态城市健康指数	生态环境	0.34	1	森林覆盖率（建成区绿化覆盖率）（%）	0.22
			2	PM2.5（空气质量优良天数）（天）	0.21
			3	生物多样性（城市绿地面积）（公顷）	0.20
			4	河湖水质（人均用水量）（吨/人）	0.19
			5	人均公共绿地面积（人均绿地面积）（平方米/人）	0.10
			6	生活垃圾无害化处理率（%）	0.08
	生态经济	0.33	7	单位GDP综合能耗（吨标准煤/万元）	0.33
			8	一般工业固体废物综合利用率（%）	0.32
			9	城市污水处理率（%）	0.18
			10	人均GDP（元/人）	0.17
	生态社会	0.31	11	人均预期寿命（人口自然增长率）（‰）	0.50
			12	生态环保知识、法规普及率，基础设施完好率（每万人从事水利、环境和公共设施管理业人数）（人）	0.26
			13	公众对城市生态环境满意率［民用车辆数（辆）/城市道路长度（千米）］	0.24

完善，调整后的“生态城市健康指数（ECHI）评价指标体系（2015）”见表2。然后，我们按照生态城市建设要“分类评价，分类指导，分类建设，分步实施”的原则，依据“生态城市健康指数（ECHI）评价指标体系（2015）”和收集的最新数据，对中国284个城市2013年的生态建设效果进行了评价；并通过引入建设侧重度、建设难度、建设综合度等概念，试图对中国生态城市建设进行动态指导。

表2 生态城市健康指数（ECHI）评价指标体系（2015）

一级指标	二级指标	指标权重	序号	三级指标	三级指标相对于二级指标的权重
生态城市健康指数	生态环境	0.30	1	森林覆盖率(建成区绿化覆盖率)(%)	0.29
			2	PM2.5(空气质量优良天数)(天)	0.26
			3	河湖水质(人均用水量)(吨/人)	0.10
			4	人均公共绿地面积(人均绿地面积)(平方米/人)	0.05
			5	生活垃圾无害化处理率(%)	0.3
	生态经济	0.37	6	单位GDP综合能耗(吨标准煤/万元)	0.2
			7	一般工业固体废物综合利用率(%)	0.2
			8	城市污水处理率(%)	0.3
			9	信息化基础设施[互联网宽带接入用户数(万户)/城市年底总户数(万户)]	0.2
			10	人均GDP(元/人)	0.1
	生态社会	0.33	11	人口密度(人/平方千米)	0.1
			12	生态环保知识、法规普及率,基础设施完好率[水利、环境和公共设施管理业全市从业人员数(人)/城市年底总人口(万人)]	0.3
			13	公众对城市生态环境满意率[民用车辆数(辆)/城市道路长度(千米)]	0.3
			14	政府投入与建设效果(城市维护建设资金支出/城市GDP)	0.3

注：当年发生重大污染事故的城市在总指数中扣除5%~7%。

我们依照“法于人体”理论对生态城市进行了健康评价。按照综合评价结果分为很健康、健康、亚健康、不健康、很不健康五类（分类标准见表3）。

表3 生态城市健康指数（ECHI）评价标准

类型	很健康	健康	亚健康	不健康	很不健康
指标范围	≥85	<85，≥70	<70，≥60	<60，≥45	<45

二 生态城市健康指数考核排名

建设生态文明，实质上就是要建设以资源环境承载力为基础、以自然规律为准则、以可持续发展为目标的资源节约、环境友好、绿色产业、循环经济和景观休闲型社会。依据“生态城市健康指数（ECHI）评价指标体系（2015）”和“生态城市健康指数（ECHI）评价标准”，我们对中国284个生态城市2013年的健康状况进行了比较及综合排名，并与2012年部分情况进行了比较；比较结果及排名结果见表4～表6。

（一）生态城市健康状况综合排名（2013年）

2013年健康指数在全国284个城市中排名前10的城市分别为：珠海市、三亚市、厦门市、铜陵市、新余市、惠州市、舟山市、沈阳市、福州市、大连市。

2013年城市建成区绿化覆盖率在全国284个城市中排名前10的城市分别为：珠海市、新余市、九江市、景德镇市、本溪市、秦皇岛市、抚州市、湖州市、威海市、上饶市。

2013年城市空气质量优良天数在全国284个城市中有25个城市排名并列第一，分别为：吉安市、汕头市、梅州市、伊春市、宜春市、丹东市、阳江市、黑河市、莆田市、来宾市、松原市、清远市、河源市、雅安市、保山

表 4　2013 年 284 个城市健康指数 14 个三级指标最大值、最小值和平均值

城市	建成区绿化覆盖率（%）	空气质量优良天数（天）	人均用水量（吨/人）	人均绿地面积（平方米/人）	生活垃圾无害化处理率（%）	单位 GDP 综合能耗（吨标准煤/万元）	一般工业固体废物综合利用率（%）	城市污水处理率（%）	互联网宽带接入用户数（万户）/城市年底总户数（万户）	人均 GDP（元/人）	人口密度（人/平方千米）	水利、环境和公共设施管理业全市从业人数（人）/城市年底总人口（万人）	民用车辆数（辆）/城市道路长度（千米）	城市维护建设资金支出/城市 GDP
最大值	57.13	365.00	851.41	431.06	100.00	6.37	100.00	100.00	488.71	196728.00	2616.23	1.27	2861.64	8.23
最小值	3.08	38.00	1.55	0.10	18.76	0.08	1.86	0.08	9.93	9106.00	5.71	0.04	64.70	0.00
平均值	39.40	292.98	41.13	19.48	93.21	1.06	82.03	82.99	52.93	47006.60	435.32	0.21	686.80	1.25

表 5　2012 年 116 个城市健康指数 13 个三级指标最大值、最小值和平均值

城市	建成区绿化覆盖率（%）	空气质量优良天数（天）	城市绿地面积（公顷）	人均用水量（吨/人）	人均绿地面积（平方米/人）	生活垃圾无害化处理率（%）	单位 GDP 综合能耗（吨标准煤/万元）	一般工业固体废物综合利用率（%）	城市污水处理率（%）	人均 GDP（元/人）	人口自然增长率（‰）	每万人水利、环境和公共设施管理业全市从业人员数（人）	民用车辆数（辆）/城市道路长度（千米）
最大值	53.37	366.00	130544	881.7361	335.1252	100.00	2.39	100	100	145395	19.8	97.45201	2378.739
最小值	21.76	270.00	756	4.6907	2.6582	14.26	0.447	15.09	23.47	15454	-6.7	3.7624	59.8265
平均值	40.5543	341.4052	11887.8	68.0555	27.0093	91.0765	0.966	80.1895	83.7978	55248	4.3656	25.7755	554.0445

表 6　2013 年中国 284 个生态城市健康状况考核排名

城市名称	健康指数	排名	等级	建成区绿化覆盖率指数		空气质量优良天数指数		人均用水量指数		人均绿地面积指数		生活垃圾无害化处理率指数		单位 GDP 综合能耗指数		一般工业固体废物综合利用率指数	
				数值	排名	数值	排名	数值	排名	数值	排名	数值	排名	数值	排名	数值	排名
珠　海	0. 8923	1	很健康	1. 0000	1	0. 8882	145	0. 3302	257	0. 8488	15	1. 0000	1	0. 8411	10	0. 9300	127
三　亚	0. 8755	2	很健康	0. 8865	23	0. 8931	138	0. 4830	209	0. 8343	24	1. 0000	1	0. 8423	9	1. 0000	1
厦　门	0. 8708	3	很健康	0. 8491	90	0. 9295	99	0. 4560	220	0. 8547	10	0. 9920	153	0. 8391	16	0. 9433	115
铜　陵	0. 8662	4	很健康	0. 8888	20	0. 9004	130	0. 8380	111	0. 8456	17	1. 0000	1	0. 7264	147	0. 8356	189
新　余	0. 8657	5	很健康	0. 9500	2	0. 9271	101	0. 9680	20	0. 8296	38	1. 0000	1	0. 6289	195	0. 9260	131
惠　州	0. 8621	6	很健康	0. 7641	236	0. 8664	163	0. 8551	96	0. 8263	54	0. 8816	232	0. 8271	86	0. 9500	107
舟　山	0. 8615	7	很健康	0. 8092	193	0. 8882	145	0. 9562	23	0. 8750	5	1. 0000	1	0. 8285	79	0. 9983	23
沈　阳	0. 8600	8	很健康	0. 8528	78	0. 6262	241	0. 8454	103	0. 8334	26	1. 0000	1	0. 7541	137	0. 9288	129
福　州	0. 8521	9	很健康	0. 8576	68	0. 9465	87	0. 9388	34	0. 7131	79	0. 9897	160	0. 8375	22	0. 9447	112
大　连	0. 8503	10	很健康	0. 8778	30	0. 8174	179	0. 8741	76	0. 8299	37	1. 0000	1	0. 8297	68	0. 9058	150
海　口	0. 8502	11	很健康	0. 8556	70	0. 7027	224	0. 6543	169	0. 8289	39	1. 0000	1	0. 8381	18	0. 9392	118
景德镇	0. 8498	12	健康	0. 9448	4	0. 9976	26	0. 9109	46	0. 8267	49	1. 0000	1	0. 8310	58	0. 9758	72
广　州	0. 8447	13	健康	0. 8409	112	0. 7384	211	0. 3986	238	0. 8839	3	0. 8705	239	0. 8392	15	0. 9530	102
南　宁	0. 8437	14	健康	0. 8516	82	0. 7792	196	0. 9070	49	0. 8395	19	1. 0000	1	0. 8307	64	0. 9478	110
芜　湖	0. 8435	15	健康	0. 8306	146	0. 8761	152	0. 9999	1	0. 7069	82	0. 9620	186	0. 8320	50	0. 9815	58
黄　山	0. 8408	16	健康	0. 8935	15	0. 9951	32	0. 8735	77	0. 8543	12	1. 0000	1	0. 8435	6	0. 7661	214
西　安	0. 8385	17	健康	0. 8526	79	0. 4298	268	0. 9024	54	0. 8250	66	0. 9986	145	0. 8341	42	0. 9555	95
苏　州	0. 8365	18	健康	0. 8513	85	0. 7537	203	0. 7391	150	0. 8306	35	1. 0000	1	0. 8654	3	0. 9796	64
扬　州	0. 8354	19	健康	0. 8626	52	0. 6823	230	0. 9773	16	0. 6622	94	1. 0000	1	0. 8361	32	0. 9776	67

续表

城市名称	健康指数	排名	等级	建成区绿化覆盖率指数		空气质量优良天数指数		人均用水量指数		人均绿地面积指数		生活垃圾无害化处理率指数		单位 GDP 综合能耗指数		一般工业固体废物综合利用率指数	
				数值	排名	数值	排名	数值	排名	数值	排名	数值	排名	数值	排名	数值	排名
烟台	0.8352	20	健康	0.8617	54	0.9150	114	0.8719	78	0.7657	75	1.0000	1	0.8308	59	0.8414	185
青岛	0.8351	21	健康	0.8774	31	0.7384	211	0.9188	45	0.8321	32	1.0000	1	0.8348	38	0.9500	107
威海	0.8334	22	健康	0.9094	9	0.9441	90	0.8877	63	0.8272	47	1.0000	1	0.8279	81	0.9349	121
镇江	0.8322	23	健康	0.8543	75	0.6466	236	0.8970	56	0.8283	42	1.0000	1	0.8323	47	0.9815	58
武汉	0.8317	24	健康	0.8037	201	0.4860	263	0.5513	192	0.8260	58	1.0000	1	0.8268	92	0.9513	105
蚌埠	0.8310	25	健康	0.8144	183	0.8421	169	0.9862	8	0.5490	120	1.0000	1	0.8308	59	0.9907	34
湖州	0.8305	26	健康	0.9124	8	0.5676	257	0.9449	31	0.7157	78	1.0000	1	0.8118	118	0.9637	85
常州	0.8301	27	健康	0.8592	62	0.6237	242	0.8664	83	0.8261	57	0.9999	141	0.8286	77	0.9825	54
杭州	0.8301	28	健康	0.8332	139	0.6186	246	0.8288	124	0.8353	22	1.0000	1	0.8367	30	0.9416	116
铜川	0.8274	29	健康	0.8707	41	0.9149	118	0.8357	116	0.8260	59	0.8830	231	0.4915	237	1.0000	1
克拉玛依	0.8267	30	健康	0.8598	60	0.9660	65	0.3041	268	0.8634	8	0.9895	161	0.4601	249	0.9053	151
济南	0.8263	31	健康	0.8178	175	0.2795	279	0.9230	40	0.8256	60	0.9482	196	0.8252	108	0.9875	46
淮南	0.8252	32	健康	0.8282	156	0.8149	182	0.9912	6	0.7484	77	0.9813	171	0.7973	123	0.8911	165
重庆	0.8228	33	健康	0.8473	94	0.6033	248	0.9256	39	0.6523	100	0.9943	148	0.8135	117	0.8442	183
鹤壁	0.8210	34	健康	0.8132	187	0.8396	171	0.9393	33	0.6179	107	0.9250	207	0.6050	200	0.9440	114
天津	0.8210	35	健康	0.7450	243	0.4478	265	0.8529	99	0.8265	53	0.9680	182	0.8870	2	0.9941	30
北京	0.8191	36	健康	0.9010	12	0.5268	261	0.5856	183	0.8388	20	0.9930	151	0.8447	5	0.8693	172
盘锦	0.8188	37	健康	0.8266	159	0.9587	74	0.9054	51	0.8250	65	1.0000	1	0.4800	243	0.9236	135
合肥	0.8185	38	健康	0.8495	89	0.8123	184	0.9314	36	0.8254	61	1.0000	1	0.8325	46	0.9345	123

续表

城市名称	健康指数	排名	等级	建成区绿化覆盖率指数		空气质量优良天数指数		人均用水量指数		人均绿地面积指数		生活垃圾无害化处理率指数		单位 GDP 综合能耗指数		一般工业固体废物综合利用率指数	
				数值	排名	数值	排名	数值	排名	数值	排名	数值	排名	数值	排名	数值	排名
江　门	0.8178	39	健康	0.8619	53	0.7435	209	0.9310	37	0.8288	40	1.0000	1	0.8346	39	0.9108	146
秦皇岛	0.8173	40	健康	0.9172	6	0.6109	247	0.9806	11	0.7661	74	1.0000	1	0.7541	137	0.5598	252
东　营	0.8142	41	健康	0.8579	67	0.4070	271	0.9433	32	0.8323	31	1.0000	1	0.7373	146	0.9854	49
乌鲁木齐	0.8123	42	健康	0.7987	210	0.8518	167	0.6870	160	0.8563	9	0.9149	216	0.4532	251	0.8796	169
佛　山	0.8118	43	健康	0.8280	157	0.7078	222	0.6654	166	0.8266	50	0.9935	150	0.8361	32	0.9332	124
绍　兴	0.8113	44	健康	0.8385	121	0.6899	227	0.8612	88	0.7065	83	1.0000	1	0.8268	91	0.9289	128
哈尔滨	0.8105	45	健康	0.7659	233	0.6874	229	0.9719	18	0.6399	103	0.8729	236	0.7533	139	0.9401	117
北　海	0.8101	46	健康	0.8150	182	0.6950	225	0.9197	42	0.6440	102	1.0000	1	0.8259	105	0.9987	19
昆　明	0.8095	47	健康	0.8250	163	0.9222	110	0.8762	72	0.8282	43	0.8900	228	0.6869	172	0.4915	262
南　通	0.8093	48	健康	0.8523	80	0.6492	235	0.9033	53	0.4899	141	1.0000	1	0.8377	19	0.9805	61
汕　头	0.8070	49	健康	0.8488	91	1.0000	1	0.9279	38	0.7883	69	0.8041	257	0.8393	14	0.9767	69
九　江	0.8066	50	健康	0.9482	3	0.9441	90	0.7539	142	0.4994	135	1.0000	1	0.8268	95	0.5442	258
朔　州	0.8064	51	健康	0.8589	64	0.8225	177	0.7781	138	0.4775	143	1.0000	1	0.6384	191	0.8702	171
南　京	0.8051	52	健康	0.8710	40	0.5829	252	0.4549	222	0.8737	6	0.9083	222	0.8277	82	0.9143	139
枣　庄	0.8043	53	健康	0.8328	140	0.4452	266	0.8712	79	0.6373	104	1.0000	1	0.5887	205	0.9998	13
防城港	0.8043	54	健康	0.7124	254	0.9951	32	0.9804	12	0.5338	125	0.9500	194	0.6948	162	0.9954	29
连云港	0.8041	55	健康	0.8302	147	0.6950	225	0.8360	115	0.8329	29	1.0000	1	0.8287	75	0.9542	98
南　昌	0.8040	56	健康	0.8547	73	0.6645	232	0.8545	97	0.8251	64	0.9999	141	0.8330	45	0.9786	65
长　春	0.8037	57	健康	0.6063	273	0.6645	232	0.9491	29	0.6517	101	0.8563	244	0.8350	37	0.9980	25

续表

城市名称	健康指数	排名	等级	建成区绿化覆盖率指数		空气质量优良天数指数		人均用水量指数		人均绿地面积指数		生活垃圾无害化处理率指数		单位 GDP 综合能耗指数		一般工业固体废物综合利用率指数	
				数值	排名	数值	排名	数值	排名	数值	排名	数值	排名	数值	排名	数值	排名
辽　源	0.8036	58	健康	0.8227	167	0.8907	142	0.9189	44	0.6615	95	1.0000	1	0.6999	158	0.9589	90
无　锡	0.8027	59	健康	0.8584	66	0.5854	251	0.8300	123	0.8332	27	1.0000	1	0.8307	61	0.9124	142
台　州	0.8022	60	健康	0.8695	43	0.7588	201	0.8686	81	0.4558	154	1.0000	1	0.8451	4	0.9653	83
石嘴山	0.8005	61	健康	0.8290	152	0.9004	130	0.7602	141	0.8543	11	0.9400	197	0.2681	281	0.7672	213
萍　乡	0.8000	62	健康	0.8383	123	0.9903	38	0.8440	106	0.5130	129	1.0000	1	0.4847	240	0.9557	94
鄂　州	0.7996	63	健康	0.7352	249	0.8251	176	0.9604	22	0.6971	85	1.0000	1	0.5733	213	0.9048	153
柳　州	0.7990	64	健康	0.8464	96	0.8858	148	0.6248	173	0.8252	62	1.0000	1	0.5092	234	0.9371	119
深　圳	0.7989	65	健康	0.8810	29	0.9004	130	0.2447	277	0.9491	2	0.9836	168	0.8435	6	0.7979	205
太　原	0.7960	66	健康	0.8297	149	0.4911	262	0.8349	117	0.8284	41	1.0000	1	0.5816	210	0.6019	246
桂　林	0.7944	67	健康	0.8511	86	0.9247	105	0.8504	100	0.3343	219	0.8102	254	0.7653	131	0.8870	167
咸　阳	0.7941	68	健康	0.8361	133	0.8741	156	0.8742	74	0.3400	212	0.9335	203	0.8287	76	0.9581	91
湛　江	0.7933	69	健康	0.8384	122	0.9879	40	0.7176	155	0.3389	214	1.0000	1	0.8363	31	0.9779	66
淄　博	0.7932	70	健康	0.8720	39	0.5472	260	0.8901	61	0.8331	28	1.0000	1	0.5196	229	0.9531	101
滁　州	0.7932	71	健康	0.8207	171	0.8615	166	0.6217	174	0.4649	148	1.0000	1	0.8307	61	0.9685	80
宁　波	0.7927	72	健康	0.8049	198	0.7843	193	0.8464	102	0.8021	68	1.0000	1	0.8271	87	0.9032	156
淮　安	0.7926	73	健康	0.8382	124	0.7741	197	0.9539	27	0.5460	121	0.7911	261	0.8261	101	0.9776	67
辽　阳	0.7915	74	健康	0.8398	115	0.9465	87	0.8909	60	0.8261	56	1.0000	1	0.4482	254	0.7599	216
宝　鸡	0.7914	75	健康	0.8318	143	0.8758	155	0.7870	135	0.5067	133	1.0000	1	0.8259	104	0.5679	250
淮　北	0.7914	76	健康	0.8764	32	0.9052	125	0.8843	67	0.8231	67	1.0000	1	0.7129	153	0.9272	130

续表

城市名称	健康指数	排名	等级	建成区绿化覆盖率指数		空气质量优良天数指数		人均用水量指数		人均绿地面积指数		生活垃圾无害化处理率指数		单位 GDP 综合能耗指数		一般工业固体废物综合利用率指数	
				数值	排名	数值	排名	数值	排名	数值	排名	数值	排名	数值	排名	数值	排名
株洲	0.7912	77	健康	0.8454	102	0.6237	242	0.9781	14	0.6109	108	1.0000	1	0.8259	103	0.8915	163
长沙	0.7907	78	健康	0.8175	178	0.5803	254	0.8496	101	0.6581	98	1.0000	1	0.8268	92	0.8605	175
营口	0.7905	79	健康	0.8264	160	0.9563	76	0.9201	41	0.7576	76	0.9000	226	0.4475	255	0.8638	174
上海	0.7902	80	健康	0.8064	196	0.7052	223	0.4154	234	0.8536	13	0.9058	224	0.8354	36	0.9720	77
东莞	0.7898	81	健康	0.8896	19	0.7486	206	0.1925	283	1.0000	1	0.6321	272	0.8339	43	0.8000	204
大同	0.7895	82	健康	0.8639	51	0.8955	134	0.8864	65	0.5924	112	0.9060	223	0.5564	217	0.9110	145
锦州	0.7894	83	健康	0.8478	93	0.9538	78	0.9771	17	0.5061	134	0.8742	234	0.7099	154	0.9350	120
池州	0.7886	84	健康	0.8391	119	0.9660	65	0.7736	139	0.4566	153	0.9991	144	0.6666	178	1.0000	1
肇庆	0.7884	85	健康	0.7543	238	0.7129	220	0.8885	62	0.5881	113	0.9873	164	0.8319	51	0.5356	259
吉林	0.7867	86	健康	0.8877	21	0.8785	151	0.9484	30	0.6807	89	0.9362	201	0.7164	151	0.8238	194
成都	0.7848	87	健康	0.8326	141	0.4325	267	0.8824	68	0.7105	80	1.0000	1	0.8292	71	0.9903	35
马鞍山	0.7847	88	健康	0.8686	45	0.7460	207	0.8610	89	0.8270	48	0.9750	177	0.4698	247	0.7292	222
襄樊	0.7823	89	健康	0.8824	26	0.8761	152	0.8961	58	0.4267	163	0.9942	149	0.6911	166	0.9815	58
鹰潭	0.7812	90	健康	0.8354	134	0.9757	56	0.7448	146	0.4940	138	1.0000	1	0.8359	34	0.9250	133
银川	0.7785	91	健康	0.8414	111	0.7180	216	0.8760	73	0.8350	23	0.8756	233	0.4794	245	0.8518	181
吉安	0.7776	92	健康	0.8877	21	1.0000	1	0.3380	256	0.3190	230	1.0000	1	0.8375	21	0.9733	75
宜昌	0.7775	93	健康	0.8433	105	0.8688	161	0.8928	59	0.6307	106	0.9157	215	0.5694	214	0.5483	256
梅州	0.7774	94	健康	0.8593	61	1.0000	1	0.4421	226	0.2941	243	1.0000	1	0.7630	132	0.9903	35
贵阳	0.7755	95	健康	0.8655	47	0.7868	192	0.8604	92	0.8416	18	0.9543	190	0.5521	219	0.6525	238

续表

城市名称	健康指数	排名	等级	建成区绿化覆盖率指数		空气质量优良天数指数		人均用水量指数		人均绿地面积指数		生活垃圾无害化处理率指数		单位 GDP 综合能耗指数		一般工业固体废物综合利用率指数	
				数值	排名	数值	排名	数值	排名	数值	排名	数值	排名	数值	排名	数值	排名
乌　海	0.7754	96	健康	0.8377	125	0.8299	175	0.8571	95	0.8342	25	0.8716	237	0.5221	226	0.6572	237
大　庆	0.7737	97	健康	0.8832	25	0.9636	69	0.7442	147	0.8501	14	0.9003	225	0.6409	188	0.9651	84
本　溪	0.7730	98	健康	0.9271	5	0.9684	61	0.5112	200	0.8819	4	0.9995	143	0.3065	279	0.2916	282
十　堰	0.7722	99	健康	0.8611	56	0.8907	142	0.9076	48	0.4728	145	1.0000	1	0.6622	179	0.4810	265
衢　州	0.7712	100	健康	0.8425	108	0.7103	221	0.8392	109	0.4945	137	1.0000	1	0.5855	207	0.9329	125
莆　田	0.7699	101	健康	0.8906	18	1.0000	1	0.9944	4	0.3919	176	0.9910	154	0.8382	17	1.0000	1
泉　州	0.7693	102	健康	0.8556	70	0.9903	38	0.8400	108	0.5268	127	0.9921	152	0.8317	52	0.9632	86
阳　江	0.7693	103	健康	0.8053	197	1.0000	1	0.7041	156	0.3854	180	1.0000	1	0.8346	39	0.9987	19
鄂尔多斯	0.7680	104	健康	0.8589	65	0.9125	119	0.8596	93	0.8462	16	0.9510	193	0.7224	149	0.4577	267
抚　州	0.7674	105	健康	0.9133	7	0.9951	32	0.5891	182	0.3722	187	1.0000	1	0.8369	24	0.8929	160
宿　迁	0.7671	106	健康	0.8516	82	0.6466	236	0.5910	181	0.6583	97	1.0000	1	0.8339	44	0.9007	158
黄　石	0.7664	107	健康	0.6922	262	0.8931	138	0.9934	5	0.5095	131	1.0000	1	0.5140	231	0.9446	113
龙　岩	0.7656	108	健康	0.8564	69	0.9854	43	0.8655	85	0.3682	188	0.9909	155	0.8270	90	0.8670	173
南　平	0.7641	109	健康	0.9037	11	0.9976	26	0.4437	225	0.2978	238	0.9900	157	0.7707	129	0.8133	198
嘉　兴	0.7628	110	健康	0.8517	81	0.6237	242	0.9553	25	0.6588	96	1.0000	1	0.8296	69	0.9513	105
广　元	0.7621	111	健康	0.7795	222	0.9636	69	0.5392	197	0.3662	189	0.7928	260	0.6535	184	1.0000	1
丹　东	0.7612	112	健康	0.8139	185	1.0000	1	0.8818	69	0.4772	144	1.0000	1	0.5675	215	0.9630	87
七台河	0.7611	113	健康	0.8126	188	0.8737	157	0.8982	55	0.8281	45	1.0000	1	0.4555	250	0.8734	170
丽　水	0.7600	114	健康	0.8690	44	0.9660	65	0.7430	148	0.3441	209	1.0000	1	0.8367	26	0.9685	80

续表

城市名称	健康指数	排名	等级	建成区绿化覆盖率指数		空气质量优良天数指数		人均用水量指数		人均绿地面积指数		生活垃圾无害化处理率指数		单位GDP综合能耗指数		一般工业固体废物综合利用率指数	
				数值	排名	数值	排名	数值	排名	数值	排名	数值	排名	数值	排名	数值	排名
中卫	0.7587	115	健康	0.7763	225	0.9295	99	0.3755	244	0.5792	114	1.0000	1	0.4032	270	0.9180	138
潮州	0.7580	116	健康	0.8731	36	0.9951	32	0.8361	114	0.3805	182	1.0000	1	0.6991	159	0.9986	21
泰州	0.7579	117	健康	0.8361	132	0.6390	239	0.8135	128	0.4086	170	1.0000	1	1.0000	1	0.9825	54
牡丹江	0.7567	118	健康	0.8137	186	0.9101	122	0.8377	112	0.8251	63	1.0000	1	0.7396	144	1.0000	1
泰安	0.7565	119	健康	0.8699	42	0.6415	238	0.5850	184	0.4644	149	1.0000	1	0.7771	127	0.9851	51
丽江	0.7542	120	健康	0.8364	129	0.9733	59	0.6762	164	0.4387	161	1.0000	1	0.6600	180	0.9192	137
通化	0.7534	121	健康	0.7493	239	0.9344	97	0.8090	129	0.4028	172	0.9745	179	0.6425	187	0.9052	152
石家庄	0.7523	122	健康	0.8604	57	0.2030	283	0.9536	28	0.4809	142	0.8136	253	0.6343	192	0.9865	47
中山	0.7521	123	健康	0.8370	127	0.7588	201	0.8265	125	0.8266	51	1.0000	1	0.8371	23	0.6680	234
绵阳	0.7519	124	健康	0.8015	204	0.8955	134	0.7798	137	0.4150	164	1.0000	1	0.6014	201	0.9823	57
临沂	0.7512	125	健康	0.8468	95	0.3738	273	0.7948	132	0.4909	140	1.0000	1	0.8255	107	0.9095	147
韶关	0.7512	126	健康	0.8912	17	0.9806	51	0.8868	64	0.5780	115	0.9814	170	0.5839	208	0.7975	206
伊春	0.7504	127	健康	0.5979	274	1.0000	1	0.9869	7	0.8327	30	1.0000	1	0.5020	236	0.8393	186
阳泉	0.7498	128	健康	0.8431	106	0.9125	119	0.9775	15	0.6646	92	0.8898	229	0.5177	230	0.3488	277
宜春	0.7492	129	健康	0.8614	55	1.0000	1	0.4016	237	0.3256	227	1.0000	1	0.8252	110	0.9903	35
日照	0.7476	130	健康	0.8601	59	0.6594	234	0.8645	87	0.6350	105	1.0000	1	0.8367	26	0.9896	41
郑州	0.7463	131	健康	0.7999	208	0.4197	269	0.9804	13	0.6623	93	0.8972	227	0.8311	56	0.7563	217
西宁	0.7451	132	健康	0.7956	211	0.6288	240	0.8798	71	0.6564	99	0.8345	250	0.3403	275	0.9764	71
抚顺	0.7448	133	健康	0.8464	96	0.9028	127	0.7907	134	0.8266	52	1.0000	1	0.5456	221	0.4876	263

续表

城市名称	健康指数	排名	等级	建成区绿化覆盖率指数		空气质量优良天数指数		人均用水量指数		人均绿地面积指数		生活垃圾无害化处理率指数		单位 GDP 综合能耗指数		一般工业固体废物综合利用率指数	
				数值	排名	数值	排名	数值	排名	数值	排名	数值	排名	数值	排名	数值	排名
兰　州	0.7439	134	健康	0.7377	247	0.8396	171	0.8656	84	0.7708	72	0.2100	283	0.4043	269	0.9747	73
宣　城	0.7431	135	健康	0.8408	113	0.8931	138	0.5408	195	0.5690	117	1.0000	1	0.8262	97	0.8439	184
莱　芜	0.7428	136	健康	0.8743	34	0.5982	249	0.9559	24	0.8376	21	1.0000	1	0.3106	278	0.9805	61
金　华	0.7424	137	健康	0.8003	207	0.5752	255	0.6358	170	0.3655	191	0.9873	164	0.8307	61	0.9825	54
徐　州	0.7420	138	健康	0.8592	62	0.5676	257	0.8649	86	0.6803	90	1.0000	1	0.4323	261	0.9922	32
亳　州	0.7416	139	健康	0.8302	147	0.9052	125	0.3015	270	0.2506	272	1.0000	1	0.8320	49	0.9984	22
六　安	0.7407	140	健康	0.7872	217	0.9393	95	0.3656	248	0.2983	236	1.0000	1	0.8320	48	0.7842	208
安　庆	0.7406	141	健康	0.8398	115	0.8021	187	0.6724	165	0.3479	204	0.9816	169	0.8286	78	0.9698	79
湘　潭	0.7400	142	健康	0.8351	135	0.5599	259	0.9968	3	0.5117	130	1.0000	1	0.6435	186	0.9665	82
长　治	0.7382	143	健康	0.8835	24	0.7511	205	0.8606	90	0.4103	168	1.0000	1	0.4389	259	0.7036	228
阜　新	0.7355	144	健康	0.8510	87	0.9490	85	0.9995	2	0.7042	84	0.9955	147	0.5940	203	0.8601	176
包　头	0.7355	145	健康	0.8537	76	0.8149	182	0.8589	94	0.8309	34	0.9513	192	0.5221	226	0.5499	254
榆　林	0.7346	146	健康	0.8171	180	0.8953	137	0.3247	259	0.3352	218	0.9132	218	0.7571	133	0.9708	78
荆　门	0.7320	147	健康	0.8277	158	0.8858	148	0.8742	75	0.3734	184	1.0000	1	0.6806	175	0.9241	134
乐　山	0.7315	148	健康	0.7486	240	0.8858	148	0.6206	175	0.4592	152	0.8064	256	0.4179	264	0.9554	96
来　宾	0.7309	149	健康	0.7437	244	1.0000	1	0.4904	206	0.3375	215	1.0000	1	0.6948	162	0.7471	220
邯　郸	0.7292	150	健康	0.8962	13	0.2158	282	0.6836	161	0.4399	159	1.0000	1	0.4362	260	0.9552	97
漳　州	0.7292	151	健康	0.8457	101	0.9976	26	0.4987	203	0.3342	220	0.9906	156	0.8290	73	0.9490	109
吴　忠	0.7285	152	健康	0.8309	144	0.9271	101	0.9091	47	0.7709	71	0.9888	162	0.3659	274	0.7761	210

续表

城市名称	健康指数	排名	等级	建成区绿化覆盖率指数		空气质量优良天数指数		人均用水量指数		人均绿地面积指数		生活垃圾无害化处理率指数		单位 GDP 综合能耗指数		一般工业固体废物综合利用率指数	
				数值	排名	数值	排名	数值	排名	数值	排名	数值	排名	数值	排名	数值	排名
德　州	0.7273	153	健康	0.8603	58	0.3305	276	0.6032	179	0.4136	166	1.0000	1	0.7565	134	0.9914	33
酒　泉	0.7268	154	健康	0.7720	229	0.8445	168	0.8383	110	0.6013	110	1.0000	1	0.5561	218	0.6590	236
随　州	0.7262	155	健康	0.8661	46	0.8174	179	0.6936	157	0.7699	73	0.9552	189	0.8274	84	0.9990	17
漯　河	0.7249	156	健康	0.8228	166	0.5727	256	0.9626	21	0.4111	167	1.0000	1	0.8266	96	0.9998	13
益　阳	0.7245	157	健康	0.8143	184	0.9174	113	0.5606	190	0.3460	207	1.0000	1	0.8274	83	0.8914	164
玉　林	0.7239	158	健康	0.7735	228	0.9951	32	0.4457	223	0.2930	244	1.0000	1	0.8077	122	0.8929	160
德　阳	0.7231	159	健康	0.8292	151	0.8882	145	0.6640	167	0.3734	185	1.0000	1	0.6546	182	0.9999	12
安　康	0.7223	160	健康	0.8362	131	0.9809	50	0.3133	265	0.3438	210	1.0000	1	0.8250	113	0.9044	154
滨　州	0.7199	161	健康	0.8730	37	0.6798	231	0.8364	113	0.5992	111	1.0000	1	0.7211	150	0.8389	187
温　州	0.7197	162	健康	0.8012	206	0.7180	216	0.9364	35	0.4605	151	1.0000	1	0.8401	12	0.9902	39
娄　底	0.7179	163	健康	0.8263	161	0.9101	122	0.5692	187	0.3276	225	1.0000	1	0.8260	102	0.9852	50
唐　山	0.7174	164	健康	0.8422	109	0.3433	275	0.9551	26	0.6084	109	0.9134	217	0.4419	257	0.7544	219
呼和浩特	0.7170	165	健康	0.6421	268	0.6211	245	0.9057	50	0.8300	36	0.9874	163	0.6394	190	0.4497	269
葫芦岛	0.7164	166	健康	0.8076	194	0.9125	119	0.8860	66	0.5329	126	0.8564	243	0.3115	277	0.5980	247
松　原	0.7155	167	健康	0.8534	77	1.0000	1	0.8310	122	0.3881	178	0.9575	188	0.7563	135	0.8928	162
乌兰察布	0.7141	168	健康	0.8175	178	0.9879	40	0.3251	258	0.4390	160	0.9806	172	0.4869	239	0.7550	218
佳木斯	0.7130	169	健康	0.8464	96	0.9636	69	0.8964	57	0.7086	81	0.9211	209	0.7035	157	0.8208	195
清　远	0.7130	170	健康	0.8367	128	1.0000	1	0.7978	131	0.3486	203	1.0000	1	0.6562	181	0.8880	166
遂　宁	0.7128	171	健康	0.7026	257	0.9198	112	0.4914	205	0.6934	86	0.9373	200	0.7468	142	0.9903	35

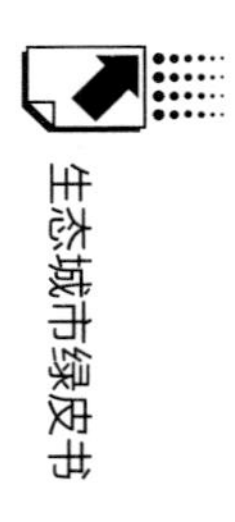

续表

城市名称	健康指数	排名	等级	建成区绿化覆盖率指数		空气质量优良天数指数		人均用水量指数		人均绿地面积指数		生活垃圾无害化处理率指数		单位 GDP 综合能耗指数		一般工业固体废物综合利用率指数	
				数值	排名	数值	排名	数值	排名	数值	排名	数值	排名	数值	排名	数值	排名
白山	0.7118	172	健康	0.6111	272	0.9538	78	0.9195	43	0.4438	157	1.0000	1	0.4520	253	0.6756	232
岳阳	0.7117	173	健康	0.8363	130	0.8931	138	0.9044	52	0.3769	183	1.0000	1	0.7973	123	0.9318	126
黑河	0.7115	174	健康	0.7033	256	1.0000	1	0.3707	246	0.2813	252	1.0000	1	0.8262	97	0.9346	122
鞍山	0.7108	175	健康	0.8117	190	0.9271	101	0.8331	118	0.7827	70	1.0000	1	0.5228	225	0.3561	276
焦作	0.7105	176	健康	0.8289	153	0.8174	179	0.8540	98	0.4929	139	0.9732	181	0.7099	154	0.6237	242
南充	0.7087	177	健康	0.8408	113	0.8396	171	0.5397	196	0.3477	205	0.8706	238	0.6942	164	0.8167	197
潍坊	0.7086	178	健康	0.8375	126	0.4605	264	0.8015	130	0.5350	124	1.0000	1	0.7475	141	0.9998	13
济宁	0.7080	179	健康	0.7622	237	0.3076	277	0.8326	119	0.4517	155	1.0000	1	0.8179	114	0.9142	140
齐齐哈尔	0.7078	180	健康	0.8109	192	0.9538	78	0.7935	133	0.5389	123	0.4971	277	0.6882	170	0.7356	221
固原	0.7076	181	健康	0.6179	271	0.9247	105	0.3496	251	0.4073	171	0.9342	202	0.8367	29	0.9124	142
金昌	0.7072	182	健康	0.7659	233	0.8907	142	0.8810	70	0.8281	44	1.0000	1	0.4704	246	0.3313	278
通辽	0.7071	183	健康	0.8935	15	0.9271	101	0.7472	144	0.4440	156	0.8181	252	0.6546	182	0.8539	180
巴彦淖尔	0.7070	184	健康	0.8042	200	0.9441	90	0.5747	186	0.4634	150	0.9750	177	0.4803	242	0.6652	235
鸡西	0.7066	185	健康	0.8321	142	0.9247	105	0.9811	9	0.6756	91	0.8474	246	0.6911	166	0.9036	155
孝感	0.7054	186	健康	0.8818	27	0.8712	159	0.3780	242	0.2891	248	1.0000	1	0.6309	194	0.7219	226
阜阳	0.7022	187	健康	0.7151	253	0.9004	130	0.3689	247	0.2924	246	0.9400	197	0.7391	145	0.9997	16
嘉峪关	0.7014	188	健康	0.7888	215	0.9150	114	0.4743	212	0.8692	7	1.0000	1	0.2143	283	0.5459	257
泸州	0.7000	189	健康	0.8294	150	0.8372	174	0.8451	104	0.4675	147	1.0000	1	0.5859	206	0.9026	157
郴州	0.6990	190	亚健康	0.8546	74	0.8664	163	0.6116	176	0.3641	192	1.0000	1	0.8281	80	0.5489	255

续表

城市名称	健康指数	排名	等级	建成区绿化覆盖率指数		空气质量优良天数指数		人均用水量指数		人均绿地面积指数		生活垃圾无害化处理率指数		单位 GDP 综合能耗指数		一般工业固体废物综合利用率指数	
				数值	排名	数值	排名	数值	排名	数值	排名	数值	排名	数值	排名	数值	排名
眉山	0.6982	191	亚健康	0.7998	209	0.8712	159	0.4679	215	0.3270	226	1.0000	1	0.5029	235	1.0000	1
攀枝花	0.6982	192	亚健康	0.8212	168	0.9344	97	0.6816	162	0.8262	55	0.9762	176	0.3738	273	0.3026	281
新乡	0.6978	193	亚健康	0.8388	120	0.7384	211	0.8420	107	0.3969	175	1.0000	1	0.7931	125	0.9766	70
宁德	0.6971	194	亚健康	0.8515	84	0.9951	32	0.3154	264	0.2668	262	0.9101	220	0.8406	11	0.9532	100
渭南	0.6962	195	亚健康	0.7913	213	0.8643	165	0.4895	207	0.2636	264	0.7554	263	0.4666	248	1.0000	1
河源	0.6954	196	亚健康	0.8736	35	1.0000	1	0.7236	152	0.2926	245	1.0000	1	0.8305	65	0.4556	268
许昌	0.6944	197	亚健康	0.8205	172	0.7843	193	0.4646	216	0.3727	186	0.9629	184	0.8295	70	0.9883	43
洛阳	0.6940	198	亚健康	0.7867	218	0.7919	190	0.8666	82	0.4694	146	0.8372	249	0.8261	100	0.6432	240
四平	0.6920	199	亚健康	0.7232	251	0.9514	81	0.5684	188	0.3557	197	0.9600	187	0.7547	136	0.9226	136
汉中	0.6910	200	亚健康	0.8015	204	0.9636	68	0.3762	243	0.2635	265	0.8400	248	0.6671	177	0.5847	249
三明	0.6907	201	亚健康	0.8458	100	0.9854	43	0.8696	80	0.3320	223	0.9785	174	0.6150	196	0.8541	179
晋城	0.6898	202	亚健康	0.8815	28	0.5829	252	0.8225	127	0.5689	118	1.0000	1	0.5383	222	0.7948	207
张家口	0.6893	203	亚健康	0.8452	103	0.8047	186	0.8254	126	0.4144	165	0.8700	240	0.5273	223	0.4756	266
铁岭	0.6879	204	亚健康	0.8237	165	0.9806	51	0.5808	185	0.4004	173	1.0000	1	0.4800	243	0.7088	227
盐城	0.6871	205	亚健康	0.8351	135	0.7180	216	0.4613	217	0.3363	216	1.0000	1	0.8368	25	0.8053	199
自贡	0.6858	206	亚健康	0.8260	162	0.7843	193	0.7517	143	0.5526	119	0.9200	212	0.4896	238	0.9085	148
永州	0.6856	207	亚健康	0.7754	226	0.9879	40	0.6580	168	0.2825	249	1.0000	1	0.7692	130	0.8345	191
鹤岗	0.6845	208	亚健康	0.8488	91	0.9028	127	0.9809	10	0.8280	46	0.5374	276	0.5266	224	0.8839	168
雅安	0.6836	209	亚健康	0.8461	99	1.0000	1	0.7262	151	0.4004	174	0.8425	247	0.7138	152	0.5554	253

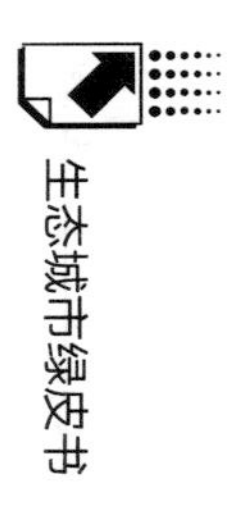

续表

城市名称	健康指数	排名	等级	建成区绿化覆盖率指数		空气质量优良天数指数		人均用水量指数		人均绿地面积指数		生活垃圾无害化处理率指数		单位 GDP 综合能耗指数		一般工业固体废物综合利用率指数	
				数值	排名	数值	排名	数值	排名	数值	排名	数值	排名	数值	排名	数值	排名
平顶山	0.6826	210	亚健康	0.8309	144	0.6899	227	0.8441	105	0.3336	221	0.9210	210	0.6857	173	0.9572	93
荆州	0.6818	211	亚健康	0.8187	174	0.7154	219	0.6097	177	0.2980	237	1.0000	1	0.8271	87	0.4408	270
咸宁	0.6813	212	亚健康	0.7795	222	0.9150	114	0.5075	201	0.5698	116	1.0000	1	0.6911	166	0.6156	244
双鸭山	0.6808	213	亚健康	0.8655	47	0.9465	87	0.8320	120	0.6883	87	0.8091	255	0.5140	231	0.6903	229
信阳	0.6800	214	亚健康	0.8548	72	0.8737	157	0.2914	272	0.3392	213	0.9273	205	0.8399	13	0.9883	43
延安	0.6787	215	亚健康	0.8284	154	0.9078	124	0.4238	232	0.3657	190	0.8877	230	0.8316	54	0.8014	202
商洛	0.6781	216	亚健康	0.4984	282	0.9663	64	0.2732	275	0.2390	276	1.0000	1	0.8357	35	0.3188	279
衡阳	0.6781	217	亚健康	0.7475	241	0.9514	81	0.8319	121	0.3354	217	1.0000	1	0.8262	99	0.8249	193
绥化	0.6767	218	亚健康	0.5923	276	0.9222	110	0.2521	276	0.2294	278	0.7811	262	0.8268	92	1.0000	1
宿州	0.6755	219	亚健康	0.8028	203	0.9247	105	0.4276	229	0.2944	242	0.9870	166	0.8270	89	0.6491	239
开封	0.6745	220	亚健康	0.7858	219	0.7409	210	0.7227	154	0.3845	181	0.6796	266	0.8315	55	1.0000	1
保定	0.6719	221	亚健康	0.8345	137	0.2668	280	0.4412	227	0.3325	222	1.0000	1	0.6917	165	0.8991	159
常德	0.6694	222	亚健康	0.8651	50	0.7690	200	0.6796	163	0.3570	196	1.0000	1	0.8252	108	0.9801	63
张掖	0.6681	223	亚健康	0.7242	250	0.9514	81	0.7452	145	0.6842	88	1.0000	1	0.5131	233	0.7263	224
承德	0.6659	224	亚健康	0.8397	117	0.7537	203	0.6913	158	0.5455	122	0.8585	242	0.6081	199	0.2044	283
云浮	0.6651	225	亚健康	0.8284	155	1.0000	1	0.5039	202	0.2900	247	1.0000	1	0.6881	171	0.8000	203
资阳	0.6646	226	亚健康	0.8211	169	0.9441	90	0.3025	269	0.2749	257	1.0000	1	0.7923	126	0.9934	31
聊城	0.6630	227	亚健康	0.8953	14	0.3025	278	0.5422	194	0.3290	224	1.0000	1	0.6991	159	0.9841	53
揭阳	0.6629	228	亚健康	0.6539	267	1.0000	1	0.5979	180	0.3578	195	0.9300	204	0.8299	67	0.9988	18

续表

城市名称	健康指数	排名	等级	建成区绿化覆盖率指数		空气质量优良天数指数		人均用水量指数		人均绿地面积指数		生活垃圾无害化处理率指数		单位 GDP 综合能耗指数		一般工业固体废物综合利用率指数	
				数值	排名	数值	排名	数值	排名	数值	排名	数值	排名	数值	排名	数值	排名
广安	0.6626	229	亚健康	0.7704	231	0.9854	43	0.2809	273	0.2790	253	0.9260	206	0.4175	265	0.7626	215
上饶	0.6615	230	亚健康	0.9093	10	0.9976	26	0.3435	252	0.2614	268	1.0000	1	0.8367	28	0.3088	280
南阳	0.6613	231	亚健康	0.5707	277	0.7715	198	0.4276	230	0.3546	198	0.6783	267	0.8376	20	0.7268	223
安阳	0.6595	232	亚健康	0.8211	169	0.5905	250	0.7685	140	0.3209	229	1.0000	1	0.5940	203	0.8598	177
平凉	0.6575	233	亚健康	0.7432	245	0.9757	56	0.3218	260	0.3861	179	0.9973	146	0.5493	220	0.7234	225
巴中	0.6568	234	亚健康	0.8035	202	0.9684	61	0.3422	254	0.2762	254	0.9779	175	0.6973	161	0.9581	91
武威	0.6560	235	亚健康	0.4789	283	0.9636	69	0.4749	211	0.2962	239	0.9898	159	0.6409	188	0.8374	188
怀化	0.6505	236	亚健康	0.7466	242	0.9854	43	0.4780	210	0.3004	234	0.9167	214	0.8083	121	0.4047	273
梧州	0.6489	237	亚健康	0.8177	177	0.9830	48	0.7413	149	0.3916	177	1.0000	1	0.6893	169	0.7837	209
吕梁	0.6478	238	亚健康	0.8241	164	0.8955	134	0.2149	281	0.2414	275	1.0000	1	0.4004	271	0.8201	196
茂名	0.6471	239	亚健康	0.6999	258	1.0000	1	0.3981	240	0.3115	231	0.9381	199	0.8118	118	0.9600	88
三门峡	0.6452	240	亚健康	0.8652	49	0.7256	215	0.4885	208	0.3488	201	0.8739	235	0.7244	148	0.4369	271
遵义	0.6429	241	亚健康	0.8422	109	0.9514	81	0.3752	245	0.2717	259	1.0000	1	0.5749	212	0.9883	43
庆阳	0.6421	242	亚健康	0.6598	266	0.9684	61	0.2233	279	0.2524	271	0.9231	208	0.8300	66	0.9843	52
宜宾	0.6418	243	亚健康	0.6960	260	0.8688	161	0.3404	255	0.3546	199	0.8036	258	0.5773	211	0.9132	141
菏泽	0.6415	244	亚健康	0.8397	117	0.3534	274	0.3041	267	0.2945	241	1.0000	1	0.7084	156	1.0000	1
呼伦贝尔	0.6412	245	亚健康	0.5157	281	0.9806	51	0.4554	221	0.3506	200	0.6344	271	0.6676	176	0.5086	261
晋中	0.6407	246	亚健康	0.7717	230	0.7460	207	0.5118	199	0.3452	208	0.7500	264	0.3255	276	0.8356	189
保山	0.6398	247	亚健康	0.7162	252	1.0000	1	0.4056	236	0.2744	258	0.9900	157	0.6500	185	0.9118	144

续表

城市名称	健康指数	排名	等级	建成区绿化覆盖率指数		空气质量优良天数指数		人均用水量指数		人均绿地面积指数		生活垃圾无害化处理率指数		单位 GDP 综合能耗指数		一般工业固体废物综合利用率指数	
				数值	排名	数值	排名	数值	排名	数值	排名	数值	排名	数值	排名	数值	排名
玉溪	0.6384	248	亚健康	0.7736	227	0.9976	26	0.6283	172	0.3488	202	0.8300	251	0.5996	202	0.3769	274
钦州	0.6370	249	亚健康	0.7366	248	1.0000	1	0.6069	178	0.4102	169	0.9118	219	0.8287	74	0.9741	74
拉萨	0.6350	250	亚健康	0.7928	212	0.9417	94	0.4718	214	0.8314	33	1.0000	1	0.8317	53	0.1750	284
沧州	0.6343	251	亚健康	0.7829	221	0.4172	270	0.3200	261	0.2630	266	0.9627	185	0.6141	197	0.9959	28
贵港	0.6342	252	亚健康	0.5569	279	0.9393	95	0.7856	136	0.2694	261	0.9850	167	0.4281	263	0.8016	201
天水	0.6314	253	亚健康	0.7380	246	0.9587	74	0.4567	219	0.2953	240	0.1750	284	0.8250	112	0.9524	103
商丘	0.6312	254	亚健康	0.8449	104	0.8225	177	0.2757	274	0.2492	273	0.8487	245	0.8252	110	0.9902	39
张家界	0.6297	255	亚健康	0.8203	173	0.7715	198	0.7228	153	0.4432	158	0.2119	282	0.8311	56	0.9731	76
廊坊	0.6291	256	亚健康	0.8753	33	0.3891	272	0.5642	189	0.5170	128	0.2604	281	0.6333	193	0.9893	42
朝阳	0.6286	257	亚健康	0.7063	255	0.9854	43	0.6885	159	0.3008	233	1.0000	1	0.4317	262	0.6299	241
白城	0.6284	258	亚健康	0.6305	270	0.9490	85	0.4742	213	0.3599	194	0.3995	280	0.8257	106	0.9523	104
濮阳	0.6280	259	亚健康	0.8162	181	0.7919	190	0.6332	171	0.3218	228	0.9096	221	0.7410	143	0.9533	99
贺州	0.6255	260	亚健康	0.8725	38	1.0000	1	0.5578	191	0.3607	193	1.0000	1	0.4831	241	0.7680	212
白银	0.6235	261	亚健康	0.6854	263	0.9247	105	0.9713	19	0.4973	136	0.6570	268	0.4060	268	0.6139	245
汕尾	0.6224	262	亚健康	0.8506	88	1.0000	1	0.4577	218	0.2327	277	0.7978	259	0.8428	8	0.9962	27
邵阳	0.6213	263	亚健康	0.7645	235	0.9028	127	0.4918	204	0.2564	270	0.9540	191	0.8100	120	0.6784	231
定西	0.6204	264	亚健康	0.5941	275	0.9757	56	0.1943	282	0.2047	282	0.9800	173	0.7508	140	0.8457	182
内江	0.6167	265	亚健康	0.7912	214	0.8761	152	0.4396	228	0.3476	206	0.6545	269	0.4400	258	0.9085	148
临沧	0.6152	266	亚健康	0.8073	195	0.9830	48	0.2997	271	0.2593	269	0.9739	180	0.8274	84	0.8018	200

续表

城市名称	健康指数	排名	等级	建成区绿化覆盖率指数		空气质量优良天数指数		人均用水量指数		人均绿地面积指数		生活垃圾无害化处理率指数		单位 GDP 综合能耗指数		一般工业固体废物综合利用率指数	
				数值	排名	数值	排名	数值	排名	数值	排名	数值	排名	数值	排名	数值	排名
赤　峰	0. 6147	267	亚健康	0. 8125	189	0. 9150	114	0. 8604	91	0. 4385	162	0. 9635	183	0. 2726	280	0. 3678	275
安　顺	0. 6146	268	亚健康	0. 5313	280	1. 0000	1	0. 4234	233	0. 5083	132	0. 6989	265	0. 3875	272	0. 7722	211
赣　州	0. 6122	269	亚健康	0. 8116	191	1. 0000	1	0. 4441	224	0. 2998	235	1. 0000	1	0. 8343	41	0. 8345	191
百　色	0. 6093	270	亚健康	0. 7838	220	0. 9563	76	0. 5470	193	0. 2757	256	1. 0000	1	0. 4085	267	0. 5630	251
驻马店	0. 6076	271	亚健康	0. 8344	138	0. 7970	188	0. 3428	253	0. 2623	267	0. 9189	213	0. 4421	256	0. 9864	48
河　池	0. 6074	272	亚健康	0. 6371	269	0. 9781	55	0. 3523	250	0. 2202	279	1. 0000	1	0. 8164	115	0. 4208	272
曲　靖	0. 6071	273	亚健康	0. 7665	232	0. 9976	26	0. 3618	249	0. 2715	260	1. 0000	1	0. 5824	209	0. 6689	233
邢　台	0. 6063	274	亚健康	0. 7878	216	0. 1750	284	0. 5378	198	0. 3411	211	1. 0000	1	0. 5202	228	0. 9462	111
黄　冈	0. 6038	275	亚健康	0. 6954	261	0. 8421	169	0. 3192	263	0. 2174	280	0. 5822	274	0. 8161	116	0. 9253	132
达　州	0. 5973	276	不健康	0. 6969	259	0. 9611	73	0. 4257	231	0. 2823	250	0. 8635	241	0. 4133	266	0. 9981	24
忻　州	0. 5960	277	不健康	0. 6770	264	0. 8098	185	0. 3983	239	0. 2652	263	0. 4208	278	0. 4527	252	0. 8593	178
运　城	0. 5926	278	不健康	0. 8046	199	0. 7970	188	0. 3959	241	0. 2759	255	0. 9500	194	0. 2677	282	0. 6796	230
衡　水	0. 5868	279	不健康	0. 8427	107	0. 2566	281	0. 3193	262	0. 3022	232	0. 6505	270	0. 6090	198	0. 9978	26
周　口	0. 5798	280	不健康	0. 8178	175	0. 7307	214	0. 2236	278	0. 2417	274	0. 9209	211	0. 8290	72	0. 9600	88
六盘水	0. 5637	281	不健康	0. 5601	278	1. 0000	1	0. 4124	235	0. 2003	283	1. 0000	1	0. 1750	284	0. 5092	260
崇　左	0. 5525	282	不健康	0. 7779	224	0. 9806	51	0. 3078	266	0. 2819	251	0. 6102	273	0. 5617	216	0. 5905	248
昭　通	0. 5152	283	不健康	0. 6756	265	1. 0000	1	0. 2172	280	0. 2064	281	0. 5474	275	0. 6815	174	0. 4821	264
陇　南	0. 5103	284	不健康	0. 1750	284	0. 9708	60	0. 1750	284	0. 1750	284	0. 4083	279	0. 7746	128	0. 6230	243

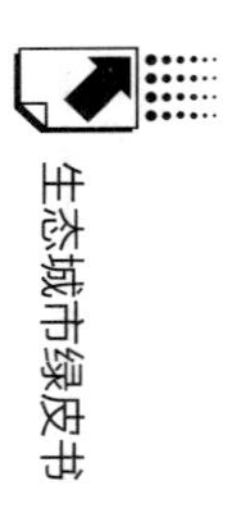

续表

城市名称	健康指数	排名	等级	城市污水处理率指数		互联网宽带接入用户数/城市年底总户数指数		人均 GDP 指数		人口密度指数		水利、环境和公共设施管理业全市从业人数/城市年底总人口指数		民用车辆数/城市道路长度指数		城市维护建设资金支出/城市 GDP 指数	
				数值	排名	数值	排名	数值	排名	数值	排名	数值	排名	数值	排名	数值	排名
珠　海	0. 8923	1	很健康	0. 8852	146	0. 8915	5	0. 8925	11	0. 8683	98	0. 9198	2	0. 8844	6	0. 8867	17
三　亚	0. 8755	2	很健康	0. 7882	224	0. 8439	29	0. 8460	51	0. 8784	88	1. 0000	1	0. 8257	107	0. 8522	44
厦　门	0. 8708	3	很健康	0. 9162	88	0. 8904	6	0. 8654	35	0. 5770	220	0. 8792	15	0. 8293	84	0. 9032	11
铜　陵	0. 8662	4	很健康	0. 8551	180	0. 8302	58	0. 8783	24	0. 8838	83	0. 8390	55	0. 8505	29	0. 8992	13
新　余	0. 8657	5	很健康	0. 9680	24	0. 7851	90	0. 8557	41	0. 9521	27	0. 6488	150	0. 8544	24	0. 8633	32
惠　州	0. 8621	6	很健康	0. 9703	21	0. 8495	19	0. 8368	77	0. 8803	86	0. 8284	89	0. 8405	47	0. 8441	55
舟　山	0. 8615	7	很健康	0. 6677	254	0. 8430	32	0. 8654	34	0. 8628	106	0. 8768	17	0. 8673	16	0. 8556	37
沈　阳	0. 8600	8	很健康	0. 9500	40	0. 8270	71	0. 8716	30	0. 9124	57	0. 8894	10	0. 8273	98	0. 8565	35
福　州	0. 8521	9	很健康	0. 8504	186	0. 8424	35	0. 8449	55	0. 9480	30	0. 8262	102	0. 6019	163	0. 8396	61
大　连	0. 8503	10	很健康	0. 8670	168	0. 8284	65	0. 8993	10	0. 9707	18	0. 8287	86	0. 8255	109	0. 6576	133
海　口	0. 8502	11	很健康	0. 8900	140	0. 8444	28	0. 7446	133	0. 8486	121	0. 8885	11	0. 8328	66	0. 8282	82
景德镇	0. 8498	12	健康	0. 7379	239	0. 7977	88	0. 7414	134	0. 8924	75	0. 8257	106	0. 8404	48	0. 6533	136
广　州	0. 8447	13	健康	0. 9138	92	0. 9174	3	0. 9100	9	0. 6260	212	0. 8909	8	0. 8387	52	0. 8386	63
南　宁	0. 8437	14	健康	0. 7286	242	0. 8322	49	0. 6876	149	0. 9010	69	0. 8406	48	0. 7096	135	1. 0000	1
芜　湖	0. 8435	15	健康	0. 9004	120	0. 7276	105	0. 8340	83	0. 8734	96	0. 5505	174	0. 8623	18	0. 8711	26
黄　山	0. 8408	16	健康	0. 9136	94	0. 6201	139	0. 6143	165	0. 5738	222	0. 8370	57	0. 8370	57	0. 8357	67
西　安	0. 8385	17	健康	0. 9150	90	0. 8474	22	0. 8367	78	0. 8131	151	0. 8401	51	0. 6890	140	0. 9675	3

续表

城市名称	健康指数	排名	等级	城市污水处理率指数		互联网宽带接入用户数/城市年底总户数指数		人均 GDP 指数		人口密度指数		水利、环境和公共设施管理业全市从业人数/城市年底总人口指数		民用车辆数/城市道路长度指数		城市维护建设资金支出/城市 GDP 指数	
				数值	排名	数值	排名	数值	排名	数值	排名	数值	排名	数值	排名	数值	排名
苏　州	0.8365	18	健康	0.7814	226	0.8546	14	0.9141	8	0.8291	143	0.8441	43	0.6426	150	0.8389	62
扬　州	0.8354	19	健康	0.8771	156	0.7975	89	0.8551	42	0.8522	117	0.6753	141	0.8425	45	0.7695	106
烟　台	0.8352	20	健康	0.9524	34	0.8258	78	0.8640	36	0.9709	17	0.8305	78	0.5438	183	0.7061	121
青　岛	0.8351	21	健康	0.9433	52	0.8402	38	0.8750	28	0.8565	114	0.6899	136	0.8323	69	0.6079	147
威　海	0.8334	22	健康	0.9390	59	0.8368	43	0.8764	26	0.9971	3	0.8460	40	0.6171	156	0.4458	194
镇　江	0.8322	23	健康	0.8222	204	0.8275	68	0.8783	23	0.8492	120	0.8398	53	0.8471	35	0.6358	141
武　汉	0.8317	24	健康	0.9290	73	0.8555	13	0.8741	29	0.6992	188	0.8376	56	0.8463	38	0.8527	42
蚌　埠	0.8310	25	健康	0.9274	76	0.5330	165	0.5588	185	0.8848	82	0.6554	147	0.8574	21	0.9029	12
湖　州	0.8305	26	健康	0.9101	97	0.8417	36	0.8425	61	0.9866	8	0.8264	101	0.5780	171	0.8115	99
常　州	0.8301	27	健康	0.8508	185	0.8374	41	0.8788	22	0.7836	162	0.8319	75	0.8285	92	0.6502	137
杭　州	0.8301	28	健康	0.9550	33	0.8654	11	0.8806	18	0.9914	7	0.8701	23	0.4637	207	0.8351	68
铜　川	0.8274	29	健康	0.8926	134	0.5616	155	0.6748	151	0.7585	171	0.8460	41	0.8578	20	0.9250	5
克拉玛依	0.8267	30	健康	0.9387	60	0.8484	21	0.9444	3	0.2944	276	0.8423	47	0.8492	32	0.8436	56
济　南	0.8263	31	健康	0.9083	103	0.8391	40	0.8577	39	0.8352	138	0.8279	92	0.8466	36	0.8632	33
淮　南	0.8252	32	健康	0.7782	228	0.6433	132	0.6173	163	0.7143	183	0.8430	46	0.8638	17	0.8734	24
重　庆	0.8228	33	健康	0.9290	73	0.6421	133	0.7528	131	0.9751	14	0.7081	131	0.8374	56	0.8745	23
鹤　壁	0.8210	34	健康	0.8301	196	0.8255	81	0.6618	153	0.8320	141	0.8287	85	0.8279	96	0.8413	59

续表

城市名称	健康指数	排名	等级	城市污水处理率指数		互联网宽带接入用户数/城市年底总户数指数		人均 GDP 指数		人口密度指数		水利、环境和公共设施管理业全市从业人数/城市年底总人口指数		民用车辆数/城市道路长度指数		城市维护建设资金支出/城市 GDP 指数	
				数值	排名	数值	排名	数值	排名	数值	排名	数值	排名	数值	排名	数值	排名
天津	0.8210	35	健康	0.8920	135	0.8253	83	0.8865	13	0.7795	164	0.8582	30	0.8298	82	0.7077	120
北京	0.8191	36	健康	0.8289	199	0.8459	24	0.8790	20	0.8107	152	0.9137	4	0.5715	173	0.9262	4
盘锦	0.8188	37	健康	1.0000	1	0.7400	99	0.8800	19	0.8934	74	0.8953	6	0.7007	138	0.5086	175
合肥	0.8185	38	健康	0.8749	158	0.6833	117	0.8420	63	0.8822	84	0.5656	169	0.8287	91	0.7200	117
江门	0.8178	39	健康	0.8885	143	0.8316	52	0.7828	119	0.9803	13	0.5021	193	0.8382	54	0.7280	113
秦皇岛	0.8173	40	健康	0.9501	39	0.8258	79	0.6796	150	0.9457	32	0.8272	98	0.7681	121	0.8446	54
东营	0.8142	41	健康	0.9378	63	0.8339	48	0.9528	2	0.7848	161	0.7907	114	0.6104	159	0.8251	91
乌鲁木齐	0.8123	42	健康	0.8219	205	0.8448	27	0.8457	53	0.6851	194	0.8276	96	0.8369	58	0.9039	10
佛山	0.8118	43	健康	0.9428	53	0.8844	8	0.8826	17	0.6793	199	0.8306	77	0.4415	217	0.8162	98
绍兴	0.8113	44	健康	0.8826	148	0.8373	42	0.8638	37	0.9277	44	0.8262	103	0.5869	168	0.6594	132
哈尔滨	0.8105	45	健康	0.9047	107	0.6436	131	0.8291	95	0.6764	201	0.8471	38	0.8311	76	0.7777	105
北海	0.8101	46	健康	0.8348	193	0.8283	66	0.8173	111	0.9440	36	0.8328	72	0.4296	223	0.8337	71
昆明	0.8095	47	健康	0.9504	37	0.8318	51	0.8309	90	0.8420	132	0.8341	65	0.5334	187	0.9982	2
南通	0.8093	48	健康	0.8824	149	0.6757	119	0.8508	45	0.7047	187	0.5233	183	0.7987	116	0.8961	15
汕头	0.8070	49	健康	0.9195	85	0.8350	46	0.5104	207	0.3590	264	0.4999	194	0.8377	55	0.8863	18
九江	0.8066	50	健康	0.9763	18	0.7018	115	0.5934	173	0.8475	124	0.5646	170	0.8337	64	0.8310	75
朔州	0.8064	51	健康	0.9772	16	0.4185	222	0.8390	68	0.6099	213	0.8354	59	0.7269	131	0.8312	74

续表

城市名称	健康指数	排名	等级	城市污水处理率指数		互联网宽带接入用户数/城市年底总户数指数		人均 GDP 指数		人口密度指数		水利、环境和公共设施管理业全市从业人数/城市年底总人口指数		民用车辆数/城市道路长度指数		城市维护建设资金支出/城市 GDP 指数	
				数值	排名	数值	排名	数值	排名	数值	排名	数值	排名	数值	排名	数值	排名
南京	0.8051	52	健康	0.6586	256	0.8433	30	0.8846	15	0.6945	190	0.8344	64	0.8622	19	0.8745	22
枣庄	0.8043	53	健康	0.9314	71	0.7442	98	0.8266	103	0.7615	170	0.7492	124	0.8319	72	0.8253	89
防城港	0.8043	54	健康	0.4895	270	0.8266	75	0.8388	70	0.5705	223	0.8451	42	0.8480	34	0.8428	57
连云港	0.8041	55	健康	0.6948	247	0.7186	110	0.7120	142	0.8575	112	0.6656	143	0.8387	51	0.8526	43
南昌	0.8040	56	健康	0.9097	99	0.8345	47	0.8457	54	0.8553	116	0.8330	70	0.7189	133	0.4010	203
长春	0.8037	57	健康	0.8002	221	0.7122	111	0.8475	48	0.9368	40	0.8520	34	0.8338	63	0.7575	107
辽源	0.8036	58	健康	0.9613	29	0.5276	170	0.8372	76	0.8133	150	0.6770	140	0.8289	88	0.5452	164
无锡	0.8027	59	健康	0.8955	131	0.8403	37	0.9157	7	0.6713	204	0.8284	90	0.8335	65	0.4283	197
台州	0.8022	60	健康	0.8909	137	0.8354	45	0.8313	88	0.8781	89	0.6069	157	0.8257	108	0.4877	181
石嘴山	0.8005	61	健康	0.9440	50	0.6493	129	0.8396	67	0.5568	229	0.8526	33	0.8757	9	0.8529	41
萍乡	0.8000	62	健康	0.8299	198	0.7269	106	0.7480	132	0.9456	33	0.5184	185	0.8253	110	0.8279	86
鄂州	0.7996	63	健康	0.8073	216	0.6659	124	0.8399	66	0.8557	115	0.5794	166	0.9073	5	0.8490	48
柳州	0.7990	64	健康	0.4838	272	0.8272	70	0.8312	89	0.7114	185	0.8656	26	0.8313	73	0.9182	6
深圳	0.7989	65	健康	0.9622	28	1.0000	1	0.9301	5	0.4954	244	0.8555	32	0.8273	99	0.2385	269
太原	0.7960	66	健康	0.8500	187	0.8512	16	0.8362	81	0.9319	42	0.8779	16	0.7987	117	0.8659	28
桂林	0.7944	67	健康	0.9153	89	0.6618	125	0.6039	169	0.6759	202	0.8390	54	0.5949	165	0.8727	25
咸阳	0.7941	68	健康	0.8271	200	0.5684	151	0.6653	152	0.9339	41	0.8293	83	0.4739	202	0.8639	30

续表

城市名称	健康指数	排名	等级	城市污水处理率指数		互联网宽带接入用户数/城市年底总户数指数		人均 GDP 指数		人口密度指数		水利、环境和公共设施管理业全市从业人数/城市年底总人口指数		民用车辆数/城市道路长度指数		城市维护建设资金支出/城市 GDP 指数	
				数值	排名	数值	排名	数值	排名	数值	排名	数值	排名	数值	排名	数值	排名
湛　江	0.7933	69	健康	0.8996	127	0.5512	159	0.5138	203	0.8891	77	0.5603	172	0.7097	134	0.7922	101
淄　博	0.7932	70	健康	0.9510	36	0.8266	74	0.8669	33	0.8470	126	0.8338	67	0.8173	112	0.4596	191
滁　州	0.7932	71	健康	0.9331	67	0.4806	198	0.4900	209	0.9072	63	0.5344	181	0.8309	77	0.8409	60
宁　波	0.7927	72	健康	0.7519	235	0.8487	20	0.8790	21	0.8965	70	0.8347	63	0.4309	221	0.7256	114
淮　安	0.7926	73	健康	0.7087	243	0.5315	166	0.7867	118	0.9186	54	0.7882	115	0.8714	14	0.7210	116
辽　阳	0.7915	74	健康	1.0000	1	0.7383	100	0.8381	72	0.9502	28	0.8746	18	0.8503	30	0.2568	263
宝　鸡	0.7914	75	健康	0.9352	66	0.5885	146	0.7276	141	0.7462	177	0.5871	163	0.8288	89	0.8555	38
淮　北	0.7914	76	健康	0.8961	128	0.6672	122	0.5847	175	0.8257	147	0.2666	269	0.8571	22	0.8770	21
株　洲	0.7912	77	健康	0.7348	241	0.7845	91	0.8282	98	0.9273	45	0.6233	154	0.8269	103	0.6888	124
长　沙	0.7907	78	健康	0.9654	25	0.8306	55	0.8864	14	0.9120	58	0.7980	111	0.5089	190	0.6276	143
营　口	0.7905	79	健康	1.0000	1	0.7292	103	0.8425	62	0.9927	6	0.8483	37	0.6148	157	0.5172	174
上　海	0.7902	80	健康	0.8712	162	0.8431	31	0.8754	27	0.3906	256	0.8838	13	0.7514	125	0.5824	154
东　莞	0.7898	81	健康	0.9520	35	0.9615	2	0.8473	49	0.8298	142	0.4913	197	0.8537	27	0.8972	14
大　同	0.7895	82	健康	0.6679	253	0.6147	140	0.5117	205	0.8180	149	0.8360	58	0.8313	74	0.9114	8
锦　州	0.7894	83	健康	0.7665	231	0.8105	85	0.7648	128	0.8819	85	0.7647	121	0.4533	210	0.8253	88
池　州	0.7886	84	健康	0.9138	92	0.5153	173	0.5769	179	0.6990	189	0.4071	225	0.8722	11	0.8602	34
肇　庆	0.7884	85	健康	0.9410	55	0.8861	7	0.7302	139	0.8676	100	0.4885	199	0.8302	80	0.8917	16

续表

城市名称	健康指数	排名	等级	城市污水处理率指数		互联网宽带接入用户数/城市年底总户数指数		人均GDP指数		人口密度指数		水利、环境和公共设施管理业全市从业人数/城市年底总人口指数		民用车辆数/城市道路长度指数		城市维护建设资金支出/城市GDP指数	
				数值	排名	数值	排名	数值	排名	数值	排名	数值	排名	数值	排名	数值	排名
吉林	0.7867	86	健康	0.9405	56	0.6767	118	0.8412	65	0.5942	216	0.8354	60	0.8288	90	0.3136	235
成都	0.7848	87	健康	0.8518	184	0.8264	76	0.8448	56	0.6930	191	0.8511	35	0.4066	231	0.8299	77
马鞍山	0.7847	88	健康	0.8700	165	0.7281	104	0.8387	71	0.9103	60	0.5588	173	0.8387	50	0.8517	45
襄樊	0.7823	89	健康	0.8812	150	0.4641	205	0.8291	94	0.8794	87	0.7849	116	0.8270	102	0.3278	229
鹰潭	0.7812	90	健康	0.9378	63	0.7842	92	0.8268	102	0.9231	49	0.6922	135	0.6669	143	0.2410	267
银川	0.7785	91	健康	0.9940	9	0.8258	80	0.8430	60	0.6867	193	0.8725	21	0.5097	189	0.7139	118
吉安	0.7776	92	健康	0.9087	102	0.5456	163	0.4222	237	0.7145	182	0.5853	164	0.6518	146	0.8368	65
宜昌	0.7775	93	健康	0.9100	98	0.6588	126	0.8505	46	0.6825	197	0.7787	117	0.8462	39	0.6752	126
梅州	0.7774	94	健康	0.8062	219	0.4903	189	0.3379	269	0.9057	65	0.5409	177	0.8293	85	0.8708	27
贵阳	0.7755	95	健康	0.8888	142	0.8359	44	0.8160	112	0.9700	19	0.8269	99	0.6930	139	0.5311	169
乌海	0.7754	96	健康	0.9301	72	0.8504	17	0.8911	12	0.8917	76	0.8949	7	0.8552	23	0.3158	233
大庆	0.7737	97	健康	0.4659	274	0.7081	112	0.9433	4	0.5213	236	0.5901	160	0.8716	13	0.8229	94
本溪	0.7730	98	健康	0.9224	81	0.8270	72	0.8508	44	0.6586	207	0.8846	12	0.8509	28	0.6561	134
十堰	0.7722	99	健康	0.8857	145	0.8269	73	0.5692	181	0.5630	226	0.5633	171	0.8497	31	0.8553	39
衢州	0.7712	100	健康	0.8786	154	0.7610	94	0.7336	137	0.8665	101	0.3475	249	0.8260	105	0.8314	73
莆田	0.7699	101	健康	0.8551	180	0.8612	12	0.8257	106	0.8052	154	0.2528	273	0.8539	26	0.2907	249
泉州	0.7693	102	健康	0.8720	161	0.8472	23	0.8433	59	0.8749	94	0.1849	283	0.4294	224	0.8298	78

续表

城市名称	健康指数	排名	等级	城市污水处理率指数		互联网宽带接入用户数/城市年底总户数指数		人均 GDP 指数		人口密度指数		水利、环境和公共设施管理业全市从业人数/城市年底总人口指数		民用车辆数/城市道路长度指数		城市维护建设资金支出/城市 GDP 指数	
				数值	排名	数值	排名	数值	排名	数值	排名	数值	排名	数值	排名	数值	排名
阳　江	0.7693	103	健康	0.8206	206	0.6070	141	0.7394	136	0.9306	43	0.5208	184	0.8156	113	0.4029	202
鄂尔多斯	0.7680	104	健康	0.9814	15	0.4541	206	1.0000	1	0.2083	282	0.9190	3	0.8281	95	0.4164	200
抚　州	0.7674	105	健康	0.9112	96	0.4871	191	0.4267	236	0.7747	165	0.4468	211	0.8282	94	0.6604	131
宿　迁	0.7671	106	健康	0.8462	188	0.5439	164	0.6274	160	0.8619	107	0.5385	179	0.8276	97	0.7476	111
黄　石	0.7664	107	健康	0.9040	109	0.8250	84	0.8206	109	0.9060	64	0.3521	245	0.8817	8	0.5804	155
龙　岩	0.7656	108	健康	0.8936	133	0.7299	102	0.8372	75	0.5969	215	0.4689	205	0.4917	196	0.6794	125
南　平	0.7641	109	健康	0.8897	141	0.8254	82	0.7413	135	0.4909	246	0.8296	80	0.6338	153	0.3715	214
嘉　兴	0.7628	110	健康	0.9038	110	0.8546	15	0.8509	43	0.7507	176	0.8339	66	0.4503	212	0.3319	228
广　元	0.7621	111	健康	0.8153	211	0.3795	237	0.3694	263	0.6837	196	0.8325	73	0.8312	75	0.8530	40
丹　东	0.7612	112	健康	0.6719	250	0.7063	114	0.8113	114	0.5915	217	0.8673	24	0.5818	170	0.5425	165
七台河	0.7611	113	健康	0.5788	265	0.5097	177	0.4673	218	0.5669	224	0.8276	95	0.9256	2	0.8470	52
丽　水	0.7600	114	健康	0.8697	167	0.7191	109	0.8143	113	0.5797	219	0.5731	168	0.3091	258	0.7059	122
中　卫	0.7587	115	健康	1.0000	1	0.5010	183	0.4596	223	0.3512	265	0.8430	45	0.6823	141	0.8483	50
潮　州	0.7580	116	健康	0.8627	172	0.8290	62	0.5134	204	0.7746	166	0.4152	223	0.4835	198	0.7399	112
泰　州	0.7579	117	健康	0.6218	261	0.6846	116	0.8459	52	0.7548	173	0.5071	191	0.8319	71	0.5723	157
牡丹江	0.7567	118	健康	0.3483	283	0.6392	135	0.7680	123	0.3452	267	0.6540	148	0.8452	40	0.8295	80
泰　安	0.7565	119	健康	0.9443	49	0.5868	147	0.8288	96	0.8447	129	0.5503	175	0.6497	148	0.5632	159

续表

城市名称	健康指数	排名	等级	城市污水处理率指数		互联网宽带接入用户数/城市年底总户数指数		人均 GDP 指数		人口密度指数		水利、环境和公共设施管理业全市从业人数/城市年底总人口指数		民用车辆数/城市道路长度指数		城市维护建设资金支出/城市 GDP 指数	
				数值	排名	数值	排名	数值	排名	数值	排名	数值	排名	数值	排名	数值	排名
丽　江	0. 7542	120	健康	0. 9591	30	0. 4517	208	0. 3560	266	0. 3153	271	0. 8741	19	0. 4273	227	0. 8209	96
通　化	0. 7534	121	健康	0. 9241	80	0. 5801	150	0. 7890	117	0. 5520	230	0. 8278	94	0. 7292	130	0. 3214	230
石家庄	0. 7523	122	健康	0. 9446	48	0. 8303	57	0. 8176	110	0. 8773	91	0. 7179	130	0. 5516	182	0. 8252	90
中　山	0. 7521	123	健康	0. 9070	104	0. 8971	4	0. 8675	32	0. 7643	169	0. 6639	145	0. 3205	255	0. 6084	146
绵　阳	0. 7519	124	健康	0. 9186	86	0. 5051	181	0. 5260	197	0. 8511	118	0. 6414	153	0. 8155	114	0. 4443	195
临　沂	0. 7512	125	健康	0. 9399	57	0. 5938	143	0. 5831	177	0. 8767	92	0. 5966	159	0. 6359	152	0. 7900	103
韶　关	0. 7512	126	健康	0. 8178	208	0. 6410	134	0. 6208	162	0. 6505	209	0. 8262	104	0. 8438	43	0. 2397	268
伊　春	0. 7504	127	健康	0. 4683	273	0. 8425	34	0. 4118	242	0. 2630	277	0. 7300	128	1. 0000	1	0. 8837	19
阳　泉	0. 7498	128	健康	0. 8393	190	0. 8259	77	0. 7777	121	0. 8693	97	0. 8298	79	0. 8293	86	0. 4716	188
宜　春	0. 7492	129	健康	0. 9315	69	0. 3792	238	0. 4536	226	0. 8866	79	0. 4507	209	0. 4638	206	0. 8638	31
日　照	0. 7476	130	健康	0. 9385	62	0. 6710	121	0. 8317	87	0. 9230	50	0. 2466	274	0. 8465	37	0. 3483	220
郑　州	0. 7463	131	健康	0. 9586	31	0. 8428	33	0. 8496	47	0. 5826	218	0. 7036	132	0. 3533	243	0. 8303	76
西　宁	0. 7451	132	健康	0. 7384	238	0. 8297	61	0. 7622	129	0. 8747	95	0. 8256	107	0. 5368	186	0. 8490	49
抚　顺	0. 7448	133	健康	0. 7414	237	0. 7262	107	0. 8448	57	0. 6925	192	0. 8591	29	0. 8391	49	0. 3811	209
兰　州	0. 7439	134	健康	0. 7798	227	0. 8286	63	0. 8272	100	0. 8613	108	0. 8578	31	0. 8284	93	0. 8279	85
宣　城	0. 7431	135	健康	0. 8535	183	0. 5291	168	0. 5836	176	0. 7797	163	0. 2144	279	0. 7224	132	0. 8784	20
莱　芜	0. 7428	136	健康	0. 9428	53	0. 7379	101	0. 8278	99	0. 9107	59	0. 2763	266	0. 8677	15	0. 5899	150

续表

城市名称	健康指数	排名	等级	城市污水处理率指数		互联网宽带接入用户数/城市年底总户数指数		人均 GDP 指数		人口密度指数		水利、环境和公共设施管理业全市从业人数/城市年底总人口指数		民用车辆数/城市道路长度指数		城市维护建设资金支出/城市 GDP 指数	
				数值	排名	数值	排名	数值	排名	数值	排名	数值	排名	数值	排名	数值	排名
金华	0.7424	137	健康	0.8901	139	0.8399	39	0.8433	58	0.9975	2	0.8430	44	0.2772	264	0.4467	193
徐州	0.7420	138	健康	0.9150	90	0.5899	145	0.8305	92	0.7436	178	0.5147	188	0.8451	41	0.5237	172
亳州	0.7416	139	健康	0.9012	118	0.2830	266	0.2945	275	0.8334	140	0.3632	240	0.8366	59	0.8297	79
六安	0.7407	140	健康	0.8746	159	0.2800	267	0.3246	270	0.9663	20	0.7207	129	0.5865	169	0.8276	87
安庆	0.7406	141	健康	0.8961	128	0.4467	211	0.4750	217	0.9734	15	0.3513	247	0.8066	115	0.6136	144
湘潭	0.7400	142	健康	0.8785	155	0.4834	193	0.8305	91	0.9026	67	0.4876	200	0.4546	209	0.8426	58
长治	0.7382	143	健康	0.9257	79	0.6464	130	0.6958	145	0.8270	144	0.8348	62	0.4308	222	0.6703	128
阜新	0.7355	144	健康	0.5782	266	0.7552	96	0.6064	167	0.6681	206	0.8401	52	0.3576	241	0.7002	123
包头	0.7355	145	健康	0.8562	177	0.7455	97	0.9190	6	0.3827	259	0.8665	25	0.8355	61	0.2615	262
榆林	0.7346	146	健康	0.8406	189	0.4870	192	0.8690	31	0.3978	254	0.8404	50	0.2587	269	0.7919	102
荆门	0.7320	147	健康	0.8558	179	0.5582	157	0.7334	138	0.8260	145	0.4471	210	0.8307	78	0.3018	241
乐山	0.7315	148	健康	0.8177	209	0.5091	178	0.6167	164	0.8596	109	0.8266	100	0.8354	62	0.5196	173
来宾	0.7309	149	健康	0.8247	202	0.3571	245	0.4316	234	0.6849	195	0.5184	186	0.7914	119	0.8499	47
邯郸	0.7292	150	健康	0.9752	19	0.5921	144	0.5831	178	0.7935	160	0.6096	155	0.7078	136	0.8513	46
漳州	0.7292	151	健康	0.8903	138	0.8319	50	0.7991	115	0.9590	23	0.4193	219	0.4492	213	0.3044	240
吴忠	0.7285	152	健康	0.9005	119	0.4094	227	0.4754	215	0.3958	255	0.8278	93	0.4991	194	0.7890	104
德州	0.7273	153	健康	0.9497	44	0.4778	201	0.7656	127	0.9131	56	0.6788	139	0.5179	188	0.6058	148

续表

城市名称	健康指数	排名	等级	城市污水处理率指数		互联网宽带接入用户数/城市年底总户数指数		人均 GDP 指数		人口密度指数		水利、环境和公共设施管理业全市从业人数/城市年底总人口指数		民用车辆数/城市道路长度指数		城市维护建设资金支出/城市 GDP 指数	
				数值	排名	数值	排名	数值	排名	数值	排名	数值	排名	数值	排名	数值	排名
酒泉	0.7268	154	健康	0.9436	51	0.5537	158	0.8380	73	0.1750	284	0.8602	28	0.8302	81	0.2482	266
随州	0.7262	155	健康	0.6127	262	0.5629	153	0.5398	191	0.8484	122	0.6716	142	0.7973	118	0.3128	237
漯河	0.7249	156	健康	0.9503	38	0.5157	172	0.5945	172	0.5624	227	0.5398	178	0.8218	111	0.2831	254
益阳	0.7245	157	健康	0.8253	201	0.4081	229	0.4608	221	0.9588	24	0.5109	190	0.3863	235	0.8342	70
玉林	0.7239	158	健康	0.9910	10	0.3522	247	0.3850	254	0.9200	52	0.3952	230	0.7841	120	0.4783	185
德阳	0.7231	159	健康	0.8999	125	0.5153	174	0.6975	144	0.8649	104	0.5876	162	0.3656	239	0.5418	166
安康	0.7223	160	健康	0.8578	175	0.3990	232	0.4122	241	0.5204	238	0.1750	284	0.7656	122	0.9090	9
滨州	0.7199	161	健康	0.9114	95	0.6747	120	0.8364	80	0.9637	21	0.2654	270	0.5652	176	0.5293	170
温州	0.7197	162	健康	0.8830	147	0.8454	26	0.7671	124	0.8568	113	0.3353	251	0.4347	219	0.4196	198
娄底	0.7179	163	健康	0.8089	215	0.4277	219	0.5205	199	0.9236	48	0.5801	165	0.1750	284	0.8214	95
唐山	0.7174	164	健康	0.9481	45	0.8275	67	0.8631	38	0.9253	47	0.8288	84	0.5961	164	0.3858	208
呼和浩特	0.7170	165	健康	0.8121	212	0.8041	87	0.8765	25	0.5346	234	0.9112	5	0.5659	175	0.5691	158
葫芦岛	0.7164	166	健康	0.8564	176	0.5842	148	0.5329	195	0.8497	119	0.8259	105	0.4591	208	0.8456	53
松原	0.7155	167	健康	0.9579	32	0.3882	235	0.8374	74	0.5292	235	0.8284	88	0.2952	262	0.2150	274
乌兰察布	0.7141	168	健康	0.9848	14	0.2663	275	0.6913	146	0.3026	274	0.7314	127	0.6120	158	0.6465	138
佳木斯	0.7130	169	健康	0.7030	245	0.5283	169	0.5610	182	0.3634	261	0.8295	82	0.6060	161	0.3883	207
清远	0.7130	170	健康	0.8381	191	0.5643	152	0.5149	201	0.7529	174	0.3847	235	0.8483	33	0.2927	248

续表

城市名称	健康指数	排名	等级	城市污水处理率指数		互联网宽带接入用户数/城市年底总户数指数		人均 GDP 指数		人口密度指数		水利、环境和公共设施管理业全市从业人数/城市年底总人口指数		民用车辆数/城市道路长度指数		城市维护建设资金支出/城市 GDP 指数	
				数值	排名	数值	排名	数值	排名	数值	排名	数值	排名	数值	排名	数值	排名
遂　宁	0.7128	171	健康	0.9329	68	0.2706	273	0.4050	247	0.8472	125	0.3151	259	0.8716	12	0.5594	160
白　山	0.7118	172	健康	0.6709	252	0.4918	186	0.8318	86	0.3598	263	0.7957	112	0.8543	25	0.5388	167
岳　阳	0.7117	173	健康	0.5978	264	0.4028	231	0.7726	122	0.9473	31	0.6476	152	0.4284	225	0.4969	178
黑　河	0.7115	174	健康	0.9001	121	0.4525	207	0.4073	244	0.2286	280	0.8469	39	0.6459	149	0.3401	226
鞍　山	0.7108	175	健康	0.8709	163	0.8085	86	0.8576	40	0.9482	29	0.8719	22	0.4852	197	0.2149	275
焦　作	0.7105	176	健康	0.8730	160	0.7202	108	0.8268	101	0.7377	179	0.6534	149	0.5428	184	0.3014	242
南　充	0.7087	177	健康	0.8357	192	0.3350	254	0.3800	260	0.8883	78	0.4167	221	0.7331	129	0.8373	64
潍　坊	0.7086	178	健康	0.9315	69	0.8761	9	0.8261	105	0.9198	53	0.4310	216	0.4090	230	0.3745	211
济　宁	0.7080	179	健康	0.9358	65	0.5147	175	0.7528	130	0.8353	137	0.4080	224	0.6561	145	0.6129	145
齐齐哈尔	0.7078	180	健康	0.6870	248	0.3431	251	0.4201	238	0.5209	237	0.8158	109	0.8305	79	0.8286	81
固　原	0.7076	181	健康	0.6520	258	0.2518	277	0.2690	278	0.4851	247	0.6874	137	0.7652	123	0.9146	7
金　昌	0.7072	182	健康	0.6532	257	0.6547	128	0.8330	84	0.3054	273	0.8606	27	0.8448	42	0.4937	179
通　辽	0.7071	183	健康	0.9944	8	0.3673	243	0.8366	79	0.3080	272	0.8219	108	0.5539	180	0.1938	280
巴彦淖尔	0.7070	184	健康	0.9396	58	0.4448	212	0.8285	97	0.2377	279	0.8405	49	0.8271	100	0.1902	281
鸡　西	0.7066	185	健康	0.4475	276	0.4706	202	0.5445	189	0.3876	258	0.8333	69	0.8270	101	0.4552	192
孝　感	0.7054	186	健康	0.9500	40	0.4791	200	0.4576	224	0.8960	71	0.4620	208	0.8416	46	0.3926	206
阜　阳	0.7022	187	健康	0.9001	121	0.8307	54	0.2562	279	0.6443	210	0.1904	282	0.5927	167	0.8280	83

续表

城市名称	健康指数	排名	等级	城市污水处理率指数		互联网宽带接入用户数/城市年底总户数指数		人均 GDP 指数		人口密度指数		水利、环境和公共设施管理业全市从业人数/城市年底总人口指数		民用车辆数/城市道路长度指数		城市维护建设资金支出/城市 GDP 指数	
				数值	排名	数值	排名	数值	排名	数值	排名	数值	排名	数值	排名	数值	排名
嘉峪关	0.7014	188	健康	0.3484	282	0.8457	25	0.8827	16	0.3475	266	0.8894	9	0.9081	4	0.6452	139
泸州	0.7000	189	健康	0.4263	279	0.4058	230	0.4793	214	0.9821	10	0.3619	241	0.8426	44	0.8279	84
郴州	0.6990	190	亚健康	0.9024	115	0.4344	214	0.6406	157	0.8460	128	0.5893	161	0.2061	278	0.7558	109
眉山	0.6982	191	亚健康	0.7839	225	0.3543	246	0.5151	200	0.9539	26	0.3465	250	0.7483	126	0.6607	130
攀枝花	0.6982	192	亚健康	0.3659	281	0.8301	59	0.8460	50	0.5766	221	0.7986	110	0.8749	10	0.6541	135
新乡	0.6978	193	亚健康	0.9000	123	0.7064	113	0.5529	186	0.8411	133	0.3908	233	0.3771	237	0.4192	199
宁德	0.6971	194	亚健康	0.8698	166	0.8273	69	0.7669	126	0.8400	134	0.3932	231	0.4822	201	0.1803	283
渭南	0.6962	195	亚健康	0.8318	195	0.3686	241	0.4532	227	0.9987	1	0.8349	61	0.3263	252	0.7971	100
河源	0.6954	196	亚健康	0.8939	132	0.4834	193	0.4047	248	0.7951	159	0.2678	268	0.4458	214	0.8557	36
许昌	0.6944	197	亚健康	0.9697	22	0.5219	171	0.7785	120	0.6824	198	0.4710	203	0.3365	245	0.3928	205
洛阳	0.6940	198	亚健康	0.9857	13	0.8298	60	0.8257	107	0.9835	9	0.4261	218	0.4508	211	0.2636	260
四平	0.6920	199	亚健康	0.7673	230	0.4323	216	0.6412	156	0.8024	155	0.8281	91	0.5071	191	0.1878	282
汉中	0.6910	200	亚健康	0.9028	114	0.3972	234	0.4608	222	0.5496	232	0.7481	125	0.4833	199	0.7549	110
三明	0.6907	201	亚健康	0.4113	280	0.8313	53	0.8390	69	0.4936	245	0.6641	144	0.6635	144	0.2659	259
晋城	0.6898	202	亚健康	0.9500	40	0.6578	127	0.7896	116	0.8009	156	0.8314	76	0.3221	254	0.1963	279
张家口	0.6893	203	亚健康	0.9198	84	0.4421	213	0.5333	194	0.5084	241	0.8295	81	0.6026	162	0.5524	162
铁岭	0.6879	204	亚健康	1.0000	1	0.4817	197	0.6044	168	0.8004	157	0.7377	126	0.3278	250	0.3551	217

续表

城市名称	健康指数	排名	等级	城市污水处理率指数		互联网宽带接入用户数/城市年底总户数指数		人均GDP指数		人口密度指数		水利、环境和公共设施管理业全市从业人数/城市年底总人口指数		民用车辆数/城市道路长度指数		城市维护建设资金支出/城市GDP指数	
				数值	排名	数值	排名	数值	排名	数值	排名	数值	排名	数值	排名	数值	排名
盐城	0.6871	205	亚健康	0.7761	229	0.5060	180	0.8263	104	0.9595	22	0.4721	202	0.5391	185	0.3650	216
自贡	0.6858	206	亚健康	0.7646	232	0.4471	210	0.6490	155	0.8343	139	0.3225	254	0.9151	3	0.4030	201
永州	0.6856	207	亚健康	0.8104	214	0.2758	270	0.3997	251	0.8595	110	0.4276	217	0.2785	263	0.8358	66
鹤岗	0.6845	208	亚健康	0.5331	268	0.4125	225	0.5264	196	0.3621	262	0.8729	20	0.8833	7	0.4903	180
雅安	0.6836	209	亚健康	0.6711	251	0.4908	188	0.4873	210	0.4470	249	0.5354	180	0.5588	178	0.8345	69
平顶山	0.6826	210	亚健康	0.8999	125	0.4833	196	0.5594	183	0.8586	111	0.7755	120	0.3273	251	0.2674	257
荆州	0.6818	211	亚健康	0.9017	117	0.5810	149	0.4177	240	0.9719	16	0.4331	214	0.8356	60	0.3533	218
咸宁	0.6813	212	亚健康	0.9093	100	0.5972	142	0.6219	161	0.8777	90	0.3619	242	0.7412	127	0.2516	265
双鸭山	0.6808	213	亚健康	0.5110	269	0.5033	182	0.6531	154	0.3372	268	0.8329	71	0.8384	53	0.3737	212
信阳	0.6800	214	亚健康	0.9691	23	0.2587	276	0.4435	229	0.9222	51	0.4457	212	0.5573	179	0.2898	250
延安	0.6787	215	亚健康	0.8919	136	0.4795	199	0.8419	64	0.3363	269	0.7548	123	0.2417	272	0.3519	219
商洛	0.6781	216	亚健康	0.9474	46	0.4113	226	0.3926	253	0.5175	240	0.5132	189	0.7372	128	0.8237	92
衡阳	0.6781	217	亚健康	0.6286	259	0.4183	223	0.5338	193	0.9401	38	0.4039	226	0.5053	193	0.5353	168
绥化	0.6767	218	亚健康	1.0000	1	0.3348	255	0.3773	262	0.5991	214	0.5064	192	0.8296	83	0.3457	224
宿州	0.6755	219	亚健康	0.8606	173	0.3436	250	0.3407	267	0.8679	99	0.2614	272	0.8327	67	0.4821	183
开封	0.6745	220	亚健康	0.7541	234	0.5481	161	0.5218	198	0.7681	168	0.4027	227	0.5944	166	0.5766	156
保定	0.6719	221	亚健康	0.9650	26	0.6665	123	0.4564	225	0.9142	55	0.3186	256	0.3946	234	0.8320	72

续表

城市名称	健康指数	排名	等级	城市污水处理率指数		互联网宽带接入用户数/城市年底总户数指数		人均 GDP 指数		人口密度指数		水利、环境和公共设施管理业全市从业人数/城市年底总人口指数		民用车辆数/城市道路长度指数		城市维护建设资金支出/城市 GDP 指数	
				数值	排名	数值	排名	数值	排名	数值	排名	数值	排名	数值	排名	数值	排名
常　德	0.6694	222	亚健康	0.9031	113	0.4129	224	0.6906	147	0.9086	61	0.4312	215	0.3364	246	0.1750	284
张　掖	0.6681	223	亚健康	0.8704	164	0.4962	185	0.4954	208	0.2456	278	0.8492	36	0.5055	192	0.2291	271
承　德	0.6659	224	亚健康	0.8666	170	0.4891	190	0.6403	158	0.4217	253	0.7923	113	0.8290	87	0.3475	221
云　浮	0.6651	225	亚健康	0.8185	207	0.8496	18	0.4452	228	0.9437	37	0.2844	264	0.2728	265	0.4686	189
资　阳	0.6646	226	亚健康	0.9036	111	0.2324	280	0.5421	190	0.8755	93	0.3047	261	0.6176	155	0.2093	276
聊　城	0.6630	227	亚健康	0.9462	47	0.5123	176	0.7063	143	0.8643	105	0.4191	220	0.4429	216	0.3965	204
揭　阳	0.6629	228	亚健康	0.7595	233	0.7732	93	0.4796	213	0.5623	228	0.2377	275	0.6401	151	0.2668	258
广　安	0.6626	229	亚健康	0.9282	75	0.2450	279	0.4636	219	0.8377	135	0.2704	267	0.5770	172	0.8234	93
上　饶	0.6615	230	亚健康	0.9032	112	0.4833	195	0.3800	259	0.9079	62	0.2277	278	0.5675	174	0.5934	149
南　阳	0.6613	231	亚健康	0.8538	182	0.3398	252	0.4424	230	0.9943	5	0.5178	187	0.8323	68	0.5239	171
安　阳	0.6595	232	亚健康	0.9771	17	0.6367	136	0.5865	174	0.7974	158	0.4346	213	0.4195	229	0.2962	244
平　凉	0.6575	233	亚健康	0.8002	221	0.3040	262	0.2995	274	0.7316	180	0.6619	146	0.5606	177	0.5039	176
巴　中	0.6568	234	亚健康	0.8241	203	0.1987	283	0.2342	281	0.8936	73	0.2322	277	0.3313	248	0.8657	29
武　威	0.6560	235	亚健康	0.9909	11	0.3141	259	0.3800	261	0.3157	270	0.8320	74	0.5531	181	0.2623	261
怀　化	0.6505	236	亚健康	0.8301	196	0.3502	248	0.4182	239	0.6743	203	0.6005	158	0.2020	279	0.8187	97
梧　州	0.6489	237	亚健康	0.6261	260	0.4679	203	0.5970	170	0.8482	123	0.3827	236	0.2476	271	0.5554	161
吕　梁	0.6478	238	亚健康	0.9093	100	0.4914	187	0.5759	180	0.6706	205	0.5290	182	0.1854	283	0.6342	142

续表

城市名称	健康指数	排名	等级	城市污水处理率指数		互联网宽带接入用户数/城市年底总户数指数		人均 GDP 指数		人口密度指数		水利、环境和公共设施管理业全市从业人数/城市年底总人口指数		民用车辆数/城市道路长度指数		城市维护建设资金支出/城市 GDP 指数	
				数值	排名	数值	排名	数值	排名	数值	排名	数值	排名	数值	排名	数值	排名
茂　　名	0.6471	239	亚健康	0.8670	168	0.4255	220	0.6373	159	0.8650	103	0.3543	243	0.3584	240	0.2191	273
三 门 峡	0.6452	240	亚健康	0.9268	78	0.8694	10	0.8324	85	0.7551	172	0.4652	207	0.3230	253	0.2886	252
遵　　义	0.6429	241	亚健康	0.8872	144	0.3354	253	0.4622	220	0.8355	136	0.4026	228	0.3538	242	0.2954	245
庆　　阳	0.6421	242	亚健康	0.9022	116	0.2709	272	0.4864	211	0.4278	252	0.3778	238	0.3841	236	0.5009	177
宜　　宾	0.6418	243	亚健康	0.8796	153	0.3675	242	0.5349	192	0.9815	11	0.3510	248	0.6695	142	0.3457	223
菏　　泽	0.6415	244	亚健康	0.8957	130	0.3981	233	0.4397	231	0.8257	146	0.4699	204	0.4349	218	0.4869	182
呼伦贝尔	0.6412	245	亚健康	0.9386	61	0.5301	167	0.8361	82	0.1869	283	0.7551	122	0.6209	154	0.3473	222
晋　　中	0.6407	246	亚健康	0.9650	26	0.6337	138	0.5507	187	0.7152	181	0.8334	68	0.3114	257	0.3192	231
保　　山	0.6398	247	亚健康	0.8802	152	0.3209	258	0.3217	271	0.5200	239	0.5732	167	0.4929	195	0.2267	272
玉　　溪	0.6384	248	亚健康	0.8063	218	0.5605	156	0.8252	108	0.5466	233	0.6943	133	0.3987	232	0.2985	243
钦　　州	0.6370	249	亚健康	0.7479	236	0.4297	217	0.4297	235	0.9016	68	0.3219	255	0.2576	270	0.3757	210
拉　　萨	0.6350	250	亚健康	0.1750	284	0.8284	64	0.8304	93	0.2154	281	0.7777	118	0.7579	124	0.3115	238
沧　　州	0.6343	251	亚健康	1.0000	1	0.5494	160	0.7289	140	0.9257	46	0.4677	206	0.2194	275	0.3411	225
贵　　港	0.6342	252	亚健康	0.4526	275	0.3228	257	0.3216	272	0.9441	35	0.3170	257	0.8266	104	0.7559	108
天　　水	0.6314	253	亚健康	0.8319	194	0.2690	274	0.2558	280	0.8461	127	0.2967	262	0.8257	106	0.6715	127
商　　丘	0.6312	254	亚健康	0.8662	171	0.3768	239	0.3802	258	0.7527	175	0.4026	229	0.3203	256	0.3657	215

续表

城市名称	健康指数	排名	等级	城市污水处理率指数		互联网宽带接入用户数/城市年底总户数指数		人均 GDP 指数		人口密度指数		水利、环境和公共设施管理业全市从业人数/城市年底总人口指数		民用车辆数/城市道路长度指数		城市维护建设资金支出/城市 GDP 指数	
				数值	排名	数值	排名	数值	排名	数值	排名	数值	排名	数值	排名	数值	排名
张家界	0.6297	255	亚健康	0.8121	212	0.5004	184	0.4349	233	0.6545	208	0.8286	87	0.4697	204	0.2530	264
廊坊	0.6291	256	亚健康	0.8766	157	0.8303	56	0.7671	125	0.8655	102	0.6094	156	0.3279	249	0.4759	187
朝阳	0.6286	257	亚健康	0.7892	223	0.5060	179	0.5949	171	0.6345	211	0.6934	134	0.2156	276	0.3728	213
白城	0.6284	258	亚健康	0.6648	255	0.4672	204	0.6090	166	0.3725	260	0.8824	14	0.4829	200	0.3176	232
濮阳	0.6280	259	亚健康	0.6752	249	0.4492	209	0.5588	184	0.6772	200	0.3521	246	0.3013	260	0.4667	190
贺州	0.6255	260	亚健康	0.7063	244	0.4239	221	0.3834	256	0.7072	186	0.3113	260	0.1919	280	0.7126	119
白银	0.6235	261	亚健康	0.4312	278	0.3855	236	0.4820	212	0.3900	257	0.8272	97	0.8321	70	0.4786	184
汕尾	0.6224	262	亚健康	0.8601	174	0.4280	218	0.4057	246	0.8431	130	0.2628	271	0.1876	281	0.3145	234
邵阳	0.6213	263	亚健康	0.8156	210	0.2897	265	0.2886	276	0.9573	25	0.3167	258	0.2630	268	0.5878	151
定西	0.6204	264	亚健康	0.9065	105	0.1995	282	0.1750	284	0.5663	225	0.4725	201	0.2705	266	0.6438	140
内江	0.6167	265	亚健康	0.7361	240	0.2719	271	0.5116	206	0.8185	148	0.1989	281	0.6512	147	0.6672	129
临沧	0.6152	266	亚健康	0.9000	123	0.2778	269	0.3076	273	0.4353	251	0.2926	263	0.4275	226	0.2941	247
赤峰	0.6147	267	亚健康	0.8805	151	0.3296	256	0.6898	148	0.3015	275	0.6850	138	0.4695	205	0.2790	255
安顺	0.6146	268	亚健康	0.9273	77	0.3091	261	0.3400	268	0.8853	81	0.6487	151	0.6090	160	0.2897	251
赣州	0.6122	269	亚健康	0.4357	277	0.7561	95	0.3579	265	0.8095	153	0.4159	222	0.3489	244	0.1992	278

续表

城市名称	健康指数	排名	等级	城市污水处理率指数		互联网宽带接入用户数/城市年底总户数指数		人均 GDP 指数		人口密度指数		水利、环境和公共设施管理业全市从业人数/城市年底总人口指数		民用车辆数/城市道路长度指数		城市维护建设资金支出/城市 GDP 指数	
				数值	排名	数值	排名	数值	排名	数值	排名	数值	排名	数值	排名	数值	排名
百色	0.6093	270	亚健康	0.6098	263	0.4337	215	0.4092	243	0.4728	248	0.4991	195	0.4737	203	0.5831	153
驻马店	0.6076	271	亚健康	0.9206	82	0.3111	260	0.4012	249	0.8950	72	0.2818	265	0.4333	220	0.2846	253
河池	0.6074	272	亚健康	0.8562	177	0.3688	240	0.2836	277	0.5001	243	0.3903	234	0.3985	233	0.5491	163
曲靖	0.6071	273	亚健康	0.9045	108	0.3033	263	0.4750	216	0.7716	167	0.3530	244	0.3034	259	0.3135	236
邢台	0.6063	274	亚健康	0.9060	106	0.5470	162	0.4009	250	0.8859	80	0.4919	196	0.4449	215	0.2951	246
黄冈	0.6038	275	亚健康	0.6984	246	0.3588	244	0.3844	255	0.9949	4	0.3231	253	0.7030	137	0.3066	239
达州	0.5973	276	不健康	0.4887	271	0.2514	278	0.4070	245	0.9812	12	0.3913	232	0.2957	261	0.7211	115
忻州	0.5960	277	不健康	0.9500	40	0.4084	228	0.3803	257	0.5012	242	0.7756	119	0.3359	247	0.4772	186
运城	0.5926	278	不健康	0.9200	83	0.5624	154	0.3942	252	0.9396	39	0.5434	176	0.2198	274	0.2735	256
衡水	0.5868	279	不健康	0.8034	220	0.6347	137	0.4361	232	0.9444	34	0.3724	239	0.4242	228	0.4374	196
周口	0.5798	280	不健康	0.8066	217	0.2799	268	0.3680	264	0.7120	184	0.2324	276	0.2107	277	0.3352	227
六盘水	0.5637	281	不健康	0.9866	12	0.2984	264	0.5465	188	0.9033	66	0.3827	237	0.3751	238	0.1994	277
崇左	0.5525	282	不健康	0.5749	267	0.3446	249	0.5142	202	0.5515	231	0.4911	198	0.1863	282	0.5850	152
昭通	0.5152	283	不健康	0.9170	87	0.1750	284	0.2235	282	0.8430	131	0.3258	252	0.2646	267	0.2352	270
陇南	0.5103	284	不健康	0.9740	20	0.2279	281	0.1852	283	0.4393	250	0.1998	280	0.2222	273	0.8479	51

市、云浮市、揭阳市、茂名市、贺州市、钦州市、赣州市、汕尾市、安顺市、六盘水市、昭通市（排名不分先后）。这25个城市的空气质量优良天数都是365天，占所讨论城市总数的8.8%。

2013年人均用水量在全国284个城市中排名前10（该指标的计算以平均值为界，大于平均值的是负向的，小于平均值的是正向的）的城市分别为：芜湖市、阜新市、湘潭市、莆田市、黄石市、淮南市、伊春市、蚌埠市、鸡西市、鹤岗市。

2013年人均绿地面积在全国284个城市中排名前10的城市分别为：东莞市、深圳市、广州市、本溪市、舟山市、南京市、嘉峪关市、克拉玛依市、乌鲁木齐市、厦门市。

2013年生活垃圾无害化处理率在全国284个城市中有140个城市排名并列第一，分别为：珠海市、三亚市、黄山市、新余市、铜陵市、景德镇市、舟山市、沈阳市、海口市、南宁市、威海市、大连市、杭州市、武汉市、烟台市、吉安市、九江市、苏州市、朔州市、青岛市、蚌埠市、扬州市、湖州市、盘锦市、中卫市、镇江市、东营市、柳州市、滁州市、梅州市、秦皇岛市、丽江市、南通市、江门市、抚州市、宝鸡市、湛江市、辽源市、合肥市、台州市、连云港市、萍乡市、淮北市、北海市、枣庄市、伊春市、绍兴市、十堰市、无锡市、丽水市、鹰潭市、辽阳市、鄂州市、宜春市、淄博市、丹东市、安康市、太原市、阳江市、黑河市、七台河市、宁波市、衢州市、长沙市、宿迁市、成都市、株洲市、宣城市、潮州市、牡丹江市、酒泉市、亳州市、泰安市、来宾市、绵阳市、泰州市、黄石市、六安市、嘉兴市、临沂市、抚顺市、玉林市、日照市、长治市、中山市、邯郸市、徐州市、益阳市、莱芜市、清远市、荆门市、嘉峪关市、德州市、德阳市、商洛市、孝感市、娄底市、白山市、金昌市、河源市、漯河市、湘潭市、滨州市、铁岭市、郴州市、潍坊市、张掖市、温州市、眉山市、永州市、咸宁市、晋城市、新乡市、鞍山市、济宁市、吕梁市、岳阳市、上饶市、云浮市、保定市、荆州市、泸州市、资阳市、盐城市、常德市、遵义市、聊城市、衡阳市、安阳市、菏泽市、贺州市、河池市、拉萨市、梧州

市、朝阳市、百色市、赣州市、曲靖市、邢台市、六盘水市。这 140 个城市的生活垃圾无害化处理率都是 100%，占所讨论城市总数的 49.3%。

2013 年单位 GDP 综合能耗在全国 284 个城市中排名前 10（该指标是负指标，排名是由小到大排序）的城市分别为：泰州市、天津市、苏州市、台州市、北京市、黄山市、深圳市（黄山市和深圳市并列第六名）、汕尾市、三亚市、珠海市。

2013 年一般工业固体废物综合利用率在全国 284 个城市中有 11 个城市排名并列第一，分别为：三亚市、铜川市、池州市、广元市、莆田市、牡丹江市、绥化市、眉山市、渭南市、开封市、菏泽市。这 11 个城市的一般工业固体废物综合利用率都是 100%，占所讨论城市总数的 3.9%。

2013 年城市污水处理率（该指标调整为污水处理厂集中处理率）在全国 284 个城市中排名前 10 的城市分别为：盘锦市、中卫市、辽阳市、营口市、绥化市、铁岭市、沧州市、通辽市、银川市、玉林市。其中前 7 个并列第一，它们的城市污水处理率都是 100%。

2013 年信息化基础设施［互联网宽带接入用户数（万户）/城市年底总户数（万户）］在全国 284 个城市中排名前 10 的城市分别为：深圳市、东莞市、广州市、中山市、珠海市、厦门市、肇庆市、佛山市、潍坊市、三门峡市。

2013 年人均 GDP 在全国 284 个城市中排名前 10 的城市分别为：鄂尔多斯市、东营市、克拉玛依市、大庆市、深圳市、包头市、无锡市、苏州市、广州市、大连市。

2013 年人口密度在全国 284 个城市中排名前 10（该指标的计算以平均值为界，大于平均值的是负向的，小于平均值的是正向的）的城市分别为：渭南市、金华市、威海市、黄冈市、南阳市、营口市、杭州市、湖州市、洛阳市、泸州市。

2013 年生态环保知识、法规普及率，基础设施完好率［水利、环境和公共设施管理业全市从业人员数（人）/城市年底总人口（万人）］在全国 284 个城市中排名前 10 的城市分别为：三亚市、珠海市、鄂尔多斯市、北京市、呼和浩特市、盘锦市、乌海市、广州市、嘉峪关市、沈阳市。

2013 年公众对城市生态环境满意率［民用车辆数（辆）/城市道路长度（千米）］在全国 284 个城市中排名前 10（该指标是负指标，排名是由小到大排序）的城市分别为：伊春市、七台河市、自贡市、嘉峪关市、鄂州市、珠海市、鹤岗市、黄石市、石嘴山市、攀枝花市。

2013 年政府投入与建设效果（城市维护建设资金支出/城市 GDP）在全国 284 个城市中排名前 10 的城市分别为：南宁市、昆明市、西安市、北京市、铜川市、柳州市、固原市、大同市、安康市、乌鲁木齐市。

（二）生态环境、经济、社会考核排名

2013 年中国 284 个城市生态环境、生态经济、生态社会健康状况考核排名见表 7。

表 7　2013 年中国 284 个城市生态环境、经济、社会健康状况考核排名

城市	生态环境			生态经济			生态社会		
	健康指数	排名	等级	健康指数	排名	等级	健康指数	排名	等级
珠海	0.8964	33	很健康	0.8874	13	很健康	0.8941	1	很健康
三亚	0.8793	63	很健康	0.8584	46	很健康	0.8912	2	很健康
厦门	0.8738	71	很健康	0.8947	8	很健康	0.8412	15	健康
铜陵	0.9179	13	很健康	0.8252	66	健康	0.8650	4	很健康
新余	0.9548	2	很健康	0.8475	54	健康	0.8052	34	健康
惠州	0.8382	147	健康	0.8995	6	很健康	0.8419	14	健康
舟山	0.9050	22	很健康	0.8219	70	健康	0.8662	3	很健康
沈阳	0.8363	152	健康	0.8764	26	很健康	0.8632	6	很健康
福州	0.9212	8	很健康	0.8646	41	很健康	0.7751	50	健康
大连	0.8960	34	很健康	0.8664	39	很健康	0.7906	42	健康
海口	0.8377	148	健康	0.8608	43	很健康	0.8497	11	健康
景德镇	0.9658	1	很健康	0.8136	80	健康	0.7850	45	健康
广州	0.7810	223	健康	0.9067	1	很健康	0.8331	20	健康
南宁	0.8822	56	很健康	0.8023	90	健康	0.8552	10	很健康
芜湖	0.8926	44	很健康	0.8670	38	很健康	0.7725	51	健康
黄山	0.9479	3	很健康	0.7812	112	健康	0.8103	32	健康

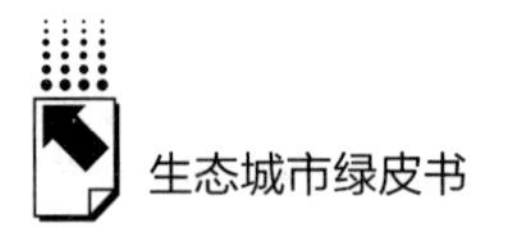

续表

城市	生态环境			生态经济			生态社会		
	健康指数	排名	等级	健康指数	排名	等级	健康指数	排名	等级
西安	0.7901	217	健康	0.8850	15	很健康	0.8303	23	健康
苏州	0.8583	103	很健康	0.8687	36	很健康	0.7806	48	健康
扬州	0.8584	102	很健康	0.8738	30	很健康	0.7714	53	健康
烟台	0.9133	17	很健康	0.8736	31	很健康	0.7212	86	健康
青岛	0.8799	59	很健康	0.8972	7	很健康	0.7247	82	健康
威海	0.9393	4	很健康	0.8912	11	很健康	0.6724	125	亚健康
镇江	0.8470	125	健康	0.8653	40	很健康	0.7817	47	健康
武汉	0.7559	240	健康	0.8938	10	很健康	0.8309	22	健康
蚌埠	0.8812	57	很健康	0.8063	85	健康	0.8132	30	健康
湖州	0.8425	138	健康	0.8808	21	很健康	0.7634	56	健康
常州	0.8392	144	健康	0.8749	28	很健康	0.7716	52	健康
杭州	0.8271	164	健康	0.9040	3	很健康	0.7498	68	健康
铜川	0.8801	58	很健康	0.7515	151	健康	0.8645	5	很健康
克拉玛依	0.8709	77	很健康	0.8236	69	健康	0.7900	43	健康
济南	0.7279	255	健康	0.8896	12	很健康	0.8448	13	健康
淮南	0.8830	55	很健康	0.7602	142	健康	0.8455	12	健康
重庆	0.8260	167	健康	0.8195	72	健康	0.8235	27	健康
鹤壁	0.8565	112	很健康	0.7819	110	健康	0.8326	21	健康
天津	0.7495	245	健康	0.9006	5	很健康	0.7967	38	健康
北京	0.7967	205	健康	0.8502	51	很健康	0.8045	35	健康
盘锦	0.9208	10	很健康	0.8237	68	健康	0.7207	87	健康
合肥	0.8920	45	很健康	0.8447	55	健康	0.7225	85	健康
江门	0.8778	65	很健康	0.8578	47	很健康	0.7185	89	健康
秦皇岛	0.8612	98	很健康	0.7736	124	健康	0.8265	26	健康
东营	0.7905	216	健康	0.8939	9	很健康	0.7463	70	健康
乌鲁木齐	0.8391	146	健康	0.7667	135	健康	0.8390	18	健康
佛山	0.8301	161	健康	0.9018	4	很健康	0.6944	106	亚健康
绍兴	0.8440	131	健康	0.8711	34	很健康	0.7145	93	健康
哈尔滨	0.7919	214	健康	0.8310	63	健康	0.8044	36	健康
北海	0.8412	141	健康	0.8622	42	很健康	0.7232	84	健康
昆明	0.8751	70	很健康	0.7702	130	健康	0.7939	40	健康
南通	0.8308	160	健康	0.8573	48	很健康	0.7359	77	健康
汕头	0.8796	61	很健康	0.8409	57	健康	0.7031	101	健康
九江	0.9208	9	很健康	0.7614	139	健康	0.7536	64	健康

续表

城市	生态环境			生态经济			生态社会		
	健康指数	排名	等级	健康指数	排名	等级	健康指数	排名	等级
朔　州	0.8646	91	很健康	0.7835	107	健　康	0.7790	49	健　康
南　京	0.7658	236	健　康	0.8052	88	健　康	0.8408	16	健　康
枣　庄	0.7762	226	健　康	0.8327	62	健　康	0.7980	37	健　康
防城港	0.8751	69	很健康	0.7347	169	健　康	0.8178	29	健　康
连云港	0.8467	126	健　康	0.7796	116	健　康	0.7928	41	健　康
南　昌	0.8473	124	健　康	0.8873	14	很健康	0.6714	127	亚健康
长　春	0.7330	254	健　康	0.8406	58	健　康	0.8266	25	健　康
辽　源	0.8951	38	很健康	0.8249	67	健　康	0.6966	104	亚健康
无　锡	0.8258	169	健　康	0.8807	22	很健康	0.6942	108	亚健康
台　州	0.8591	99	很健康	0.8794	24	很健康	0.6639	133	亚健康
石嘴山	0.8753	68	很健康	0.7136	187	健　康	0.8300	24	健　康
萍　乡	0.9106	18	很健康	0.7583	143	健　康	0.7461	71	健　康
鄂　州	0.8586	100	很健康	0.7637	137	健　康	0.7863	44	健　康
柳　州	0.8795	62	很健康	0.6832	213	亚健康	0.8556	8	很健康
深　圳	0.8566	110	很健康	0.9065	2	很健康	0.6259	154	亚健康
太　原	0.7932	212	健　康	0.7448	160	健　康	0.8559	7	很健康
桂　林	0.8320	157	健　康	0.7949	98	健　康	0.7596	58	健　康
咸　阳	0.8542	115	很健康	0.7905	104	健　康	0.7435	72	健　康
湛　江	0.8887	46	很健康	0.7925	100	健　康	0.7076	99	健　康
淄　博	0.8258	168	健　康	0.8339	61	健　康	0.7179	90	健　康
滁　州	0.8474	123	健　康	0.7854	105	健　康	0.7526	65	健　康
宁　波	0.8621	96	很健康	0.8308	64	健　康	0.6870	118	亚健康
淮　安	0.8044	195	健　康	0.7711	129	健　康	0.8060	33	健　康
辽　阳	0.9200	11	很健康	0.7781	117	健　康	0.6896	115	亚健康
宝　鸡	0.8730	74	很健康	0.7567	146	健　康	0.7560	61	健　康
淮　北	0.9191	12	很健康	0.7846	106	健　康	0.6828	120	亚健康
株　洲	0.8357	154	健　康	0.8058	86	健　康	0.7344	78	健　康
长　沙	0.8058	192	健　康	0.8846	16	很健康	0.6715	126	亚健康
营　口	0.8882	47	很健康	0.7980	95	健　康	0.6934	110	亚健康
上　海	0.7732	231	健　康	0.8806	23	很健康	0.7043	100	健　康
东　莞	0.7115	260	健　康	0.8837	18	很健康	0.7557	63	健　康
大　同	0.8734	73	很健康	0.6628	231	亚健康	0.8554	9	很健康
锦　州	0.8791	64	很健康	0.7952	97	健　康	0.7012	102	健　康
池　州	0.8944	40	很健康	0.7713	128	健　康	0.7118	95	健　康

续表

城市	生态环境			生态经济			生态社会		
	健康指数	排名	等级	健康指数	排名	等级	健康指数	排名	等级
肇　庆	0.8185	181	健　康	0.7982	94	健　康	0.7499	67	健　康
吉　林	0.8956	36	很健康	0.8179	74	健　康	0.6528	139	亚健康
成　都	0.7777	225	健　康	0.8701	35	很健康	0.6956	105	亚健康
马鞍山	0.8658	89	很健康	0.7358	166	健　康	0.7658	55	健　康
襄　樊	0.8929	43	很健康	0.7929	99	健　康	0.6699	129	亚健康
鹰　潭	0.8951	37	很健康	0.8752	27	很健康	0.5724	184	不健康
银　川	0.8227	173	健　康	0.8148	78	健　康	0.6975	103	亚健康
吉　安	0.8672	84	很健康	0.7800	115	健　康	0.6936	109	亚健康
宜　昌	0.8660	88	很健康	0.7229	177	健　康	0.7583	60	健　康
梅　州	0.8681	82	很健康	0.7168	183	健　康	0.7629	57	健　康
贵　阳	0.8700	80	很健康	0.7553	148	健　康	0.7123	94	健　康
乌　海	0.8476	122	健　康	0.7761	120	健　康	0.7089	97	健　康
大　庆	0.8937	42	很健康	0.7087	190	健　康	0.7375	74	健　康
本　溪	0.9157	14	很健康	0.6480	239	亚健康	0.7834	46	健　康
十　堰	0.8957	35	很健康	0.7038	195	健　康	0.7368	76	健　康
衢　州	0.8376	149	健　康	0.7915	103	健　康	0.6881	116	亚健康
莆　田	0.9346	5	很健康	0.8772	25	很健康	0.4997	232	不健康
泉　州	0.9136	16	很健康	0.8742	29	很健康	0.5207	219	不健康
阳　江	0.8832	53	很健康	0.8148	77	健　康	0.6148	165	亚健康
鄂尔多斯	0.8999	26	很健康	0.7486	154	健　康	0.6699	128	亚健康
抚　州	0.9011	23	很健康	0.7564	147	健　康	0.6581	136	亚健康
宿　迁	0.8071	190	健　康	0.7765	119	健　康	0.7203	88	健　康
黄　石	0.8578	106	很健康	0.8098	84	健　康	0.6349	148	亚健康
龙　岩	0.9068	21	很健康	0.8419	56	健　康	0.5517	198	不健康
南　平	0.8777	66	很健康	0.8187	73	健　康	0.5996	171	不健康
嘉　兴	0.8376	150	健　康	0.8831	19	很健康	0.5599	191	不健康
广　元	0.7867	218	健　康	0.6876	207	亚健康	0.8234	28	健　康
丹　东	0.9081	20	很健康	0.7353	167	健　康	0.6566	137	亚健康
七台河	0.8940	41	很健康	0.5860	267	不健康	0.8368	19	健　康
丽　水	0.8947	39	很健康	0.8520	50	很健康	0.5344	210	不健康
中　卫	0.8333	156	健　康	0.7083	191	健　康	0.7472	69	健　康
潮　州	0.9146	15	很健康	0.7997	93	健　康	0.5690	186	不健康
泰　州	0.8104	188	健　康	0.8126	82	健　康	0.6489	141	亚健康
牡丹江	0.8976	30	很健康	0.6635	230	亚健康	0.7332	79	健　康

续表

城市	生态环境			生态经济			生态社会		
	健康指数	排名	等级	健康指数	排名	等级	健康指数	排名	等级
泰　安	0.8008	199	健　康	0.8481	53	健　康	0.6134	166	亚健康
丽　江	0.8852	50	很健康	0.7247	173	健　康	0.6682	130	亚健康
通　化	0.8536	116	很健康	0.7921	102	健　康	0.6187	163	亚健康
石家庄	0.6658	271	亚健康	0.8547	49	很健康	0.7161	92	健　康
中　山	0.8640	94	很健康	0.8378	60	健　康	0.5543	195	不健康
绵　阳	0.8640	93	很健康	0.7470	159	健　康	0.6555	138	亚健康
临　沂	0.7468	247	健　康	0.8055	87	健　康	0.6944	107	亚健康
韶　关	0.9254	7	很健康	0.7109	189	健　康	0.6380	145	亚健康
伊　春	0.8737	72	很健康	0.5969	265	不健康	0.8104	31	健　康
阳　泉	0.8797	60	很健康	0.6656	227	亚健康	0.7261	81	健　康
宜　春	0.8663	85	很健康	0.7675	132	健　康	0.6222	160	亚健康
日　照	0.8391	145	健　康	0.8722	33	很健康	0.5247	217	不健康
郑　州	0.7414	249	健　康	0.8589	44	很健康	0.6244	156	亚健康
西　宁	0.7654	237	健　康	0.7236	174	健　康	0.7509	66	健　康
抚　顺	0.9006	24	很健康	0.6647	229	亚健康	0.6930	111	亚健康
兰　州	0.6203	277	亚健康	0.7581	144	健　康	0.8404	17	健　康
宣　城	0.8586	101	很健康	0.7570	145	健　康	0.6225	159	亚健康
莱　芜	0.8466	127	健　康	0.7759	122	健　康	0.6112	167	亚健康
金　华	0.7597	238	健　康	0.8821	20	很健康	0.5699	185	不健康
徐　州	0.8173	183	健　康	0.7725	125	健　康	0.6394	144	亚健康
亳　州	0.8188	179	健　康	0.7231	175	健　康	0.6922	113	亚健康
六　安	0.8240	171	健　康	0.6763	216	亚健康	0.7371	75	健　康
安　庆	0.8312	159	健　康	0.7668	134	健　康	0.6288	151	亚健康
湘　潭	0.8130	185	健　康	0.7826	109	健　康	0.6257	155	亚健康
长　治	0.8581	105	很健康	0.7075	192	健　康	0.6635	134	亚健康
阜　新	0.9273	6	很健康	0.6685	222	亚健康	0.6362	146	亚健康
包　头	0.8723	75	很健康	0.7210	181	健　康	0.6273	152	亚健康
榆　林	0.7929	213	健　康	0.8012	91	健　康	0.6071	169	亚健康
荆　门	0.8764	67	很健康	0.7714	127	健　康	0.5565	193	不健康
乐　山	0.7743	229	健　康	0.6889	206	亚健康	0.7404	73	健　康
来　宾	0.8416	140	健　康	0.6541	237	亚健康	0.7164	91	健　康
邯　郸	0.7063	265	健　康	0.7471	157	健　康	0.7299	80	健　康
漳　州	0.8684	81	很健康	0.8673	37	很健康	0.4477	250	很不健康
吴　忠	0.9081	19	很健康	0.6313	248	亚健康	0.6743	122	亚健康

续表

城市	生态环境			生态经济			生态社会		
	健康指数	排名	等级	健康指数	排名	等级	健康指数	排名	等级
德　州	0.7164	257	健　康	0.8210	71	健　康	0.6321	150	亚健康
酒　泉	0.8573	109	很健康	0.7348	168	健　康	0.5991	172	不健康
随　州	0.8581	104	很健康	0.7145	185	健　康	0.6194	162	亚健康
漯　河	0.8043	196	健　康	0.8169	76	健　康	0.5496	201	不健康
益　阳	0.8480	121	健　康	0.7217	180	健　康	0.6153	164	亚健康
玉　林	0.8423	139	健　康	0.7480	155	健　康	0.5893	175	不健康
德　阳	0.8565	111	很健康	0.7828	108	健　康	0.5350	209	不健康
安　康	0.8461	128	健　康	0.7249	172	健　康	0.6069	170	亚健康
滨　州	0.8435	133	健　康	0.8121	83	健　康	0.5043	229	不健康
温　州	0.8357	153	健　康	0.8728	32	很健康	0.4425	252	很不健康
娄　底	0.8495	120	健　康	0.7471	156	健　康	0.5653	189	不健康
唐　山	0.7334	253	健　康	0.7773	118	健　康	0.6358	147	亚健康
呼和浩特	0.7760	227	健　康	0.7135	188	健　康	0.6673	131	亚健康
葫芦岛	0.8436	132	健　康	0.6064	260	亚健康	0.7241	83	健　康
松　原	0.8972	32	很健康	0.8010	92	健　康	0.4545	247	不健康
乌兰察布	0.8425	136	健　康	0.6875	208	亚健康	0.6272	153	亚健康
佳木斯	0.8974	31	很健康	0.6791	214	亚健康	0.5835	179	不健康
清　远	0.8999	27	很健康	0.7222	178	健　康	0.5330	211	不健康
遂　宁	0.8079	189	健　康	0.7286	170	健　康	0.6085	168	亚健康
白　山	0.8394	142	健　康	0.6253	251	亚健康	0.6926	112	亚健康
岳　阳	0.8840	51	很健康	0.7015	197	健　康	0.5666	187	不健康
黑　河	0.8151	184	健　康	0.7512	152	健　康	0.5727	183	不健康
鞍　山	0.8989	28	很健康	0.6870	209	亚健康	0.5664	188	不健康
焦　作	0.8549	113	很健康	0.7607	141	健　康	0.5230	218	不健康
南　充	0.7947	209	健　康	0.6601	233	亚健康	0.6850	119	亚健康
潍　坊	0.7695	233	健　康	0.8842	17	很健康	0.4563	246	不健康
济　宁	0.7068	264	健　康	0.8173	75	健　康	0.5866	176	不健康
齐齐哈尔	0.7386	250	健　康	0.6053	262	亚健康	0.7946	39	健　康
固　原	0.7552	241	健　康	0.6235	252	亚健康	0.7587	59	健　康
金　昌	0.8832	54	很健康	0.5795	271	不健康	0.6903	114	亚健康
通　辽	0.8425	137	健　康	0.7806	114	健　康	0.5017	230	不健康
巴彦淖尔	0.8518	118	很健康	0.7020	196	健　康	0.5811	180	不健康
鸡　西	0.8678	83	很健康	0.6055	261	亚健康	0.6734	124	亚健康
孝　感	0.8345	155	健　康	0.6961	204	亚健康	0.5984	173	不健康

续表

城市	生态环境			生态经济			生态社会		
	健康指数	排名	等级	健康指数	排名	等级	健康指数	排名	等级
阜阳	0.7750	228	健康	0.7808	113	健康	0.5478	204	不健康
嘉峪关	0.8575	107	很健康	0.5158	279	不健康	0.7676	54	健康
泸州	0.8661	87	很健康	0.5584	275	不健康	0.7080	98	健康
郴州	0.8524	117	很健康	0.7074	193	健康	0.5500	200	不健康
眉山	0.8216	175	健康	0.6662	224	亚健康	0.6220	161	亚健康
攀枝花	0.8834	52	很健康	0.4965	282	不健康	0.7559	62	健康
新乡	0.8393	143	健康	0.8128	81	健康	0.4402	255	很不健康
宁德	0.8236	172	健康	0.8588	45	很健康	0.4007	270	很不健康
渭南	0.7429	248	健康	0.6661	225	亚健康	0.6874	117	亚健康
河源	0.9003	25	很健康	0.6586	234	亚健康	0.5503	199	不健康
许昌	0.7958	206	健康	0.8495	52	健康	0.4283	260	很不健康
洛阳	0.7953	207	健康	0.8379	59	健康	0.4405	254	很不健康
四平	0.8197	177	健康	0.7267	171	健康	0.5371	206	不健康
汉中	0.7858	219	健康	0.6499	238	亚健康	0.6509	140	亚健康
三明	0.8986	29	很健康	0.6678	223	亚健康	0.5274	213	不健康
晋城	0.8179	182	健康	0.7687	131	健康	0.4850	237	不健康
张家口	0.8186	180	健康	0.6228	253	亚健康	0.6462	143	亚健康
铁岭	0.8719	76	很健康	0.7007	198	健康	0.5062	228	不健康
盐城	0.7918	215	健康	0.7611	140	健康	0.5088	225	不健康
自贡	0.8223	174	健康	0.6734	218	亚健康	0.5756	182	不健康
永州	0.8616	97	很健康	0.6652	228	亚健康	0.5485	203	不健康
鹤岗	0.7816	222	健康	0.5829	270	不健康	0.7102	96	健康
雅安	0.8508	119	很健康	0.6019	264	亚健康	0.6233	157	亚健康
平顶山	0.7977	204	健康	0.7549	149	健康	0.4969	235	不健康
荆州	0.7993	203	健康	0.6739	217	亚健康	0.5838	178	不健康
咸宁	0.8432	134	健康	0.7170	182	健康	0.4942	236	不健康
双鸭山	0.8574	108	很健康	0.5676	272	不健康	0.6472	142	亚健康
信阳	0.7993	202	健康	0.7617	138	健康	0.4800	238	不健康
延安	0.8032	198	健康	0.7924	101	健康	0.4382	257	很不健康
商洛	0.7350	252	健康	0.6357	245	亚健康	0.6739	123	亚健康
衡阳	0.8641	92	很健康	0.6616	232	亚健康	0.5274	214	不健康
绥化	0.6826	267	亚健康	0.7722	126	健康	0.5644	190	不健康
宿州	0.8268	165	健康	0.6560	236	亚健康	0.5597	192	不健康
开封	0.7159	258	健康	0.7530	150	健康	0.5489	202	不健康

续表

城市	生态环境			生态经济			生态社会		
	健康指数	排名	等级	健康指数	排名	等级	健康指数	排名	等级
保定	0.6721	269	亚健康	0.7761	121	健康	0.5550	194	不健康
常德	0.8366	151	健康	0.7975	96	健康	0.3737	277	很不健康
张掖	0.8661	86	很健康	0.6577	235	亚健康	0.4997	233	不健康
承德	0.7934	210	健康	0.5919	266	不健康	0.6328	149	亚健康
云浮	0.8651	90	很健康	0.7374	163	健康	0.4021	267	很不健康
资阳	0.8276	163	健康	0.7444	162	健康	0.4270	261	很不健康
聊城	0.7089	262	健康	0.8033	89	健康	0.4640	243	不健康
揭阳	0.8063	191	健康	0.7815	111	健康	0.3996	271	很不健康
广安	0.7995	201	健康	0.6208	254	亚健康	0.5850	177	不健康
上饶	0.8705	79	很健康	0.6296	249	亚健康	0.5074	227	不健康
南阳	0.6301	276	亚健康	0.6864	210	亚健康	0.6616	135	亚健康
安阳	0.7845	221	健康	0.7674	133	健康	0.4248	263	很不健康
平凉	0.8199	176	健康	0.5851	268	不健康	0.5911	174	不健康
巴中	0.8262	166	健康	0.6432	242	亚健康	0.5181	221	不健康
武威	0.7486	246	健康	0.6970	202	亚健康	0.5258	216	不健康
怀化	0.8106	187	健康	0.6069	259	亚健康	0.5538	196	不健康
梧州	0.8864	49	很健康	0.6422	243	亚健康	0.4405	253	很不健康
吕梁	0.8054	193	健康	0.6770	215	亚健康	0.4717	241	不健康
茂名	0.7998	200	健康	0.7739	123	健康	0.3660	280	很不健康
三门峡	0.7680	234	健康	0.7656	136	健康	0.3985	273	很不健康
遵义	0.8427	135	健康	0.6984	200	亚健康	0.3991	272	很不健康
庆阳	0.7550	242	健康	0.7471	158	健康	0.4216	264	很不健康
宜宾	0.7206	256	健康	0.6974	201	亚健康	0.5080	226	不健康
菏泽	0.6805	268	亚健康	0.7361	165	健康	0.5001	231	不健康
呼伦贝尔	0.6579	272	亚健康	0.7217	179	健康	0.5357	208	不健康
晋中	0.7112	261	健康	0.6994	199	亚健康	0.5107	223	不健康
保山	0.8190	178	健康	0.6728	219	亚健康	0.4398	256	很不健康
玉溪	0.8130	186	健康	0.6451	241	亚健康	0.4721	240	不健康
钦州	0.8284	162	健康	0.7138	186	健康	0.3767	276	很不健康
拉萨	0.8635	95	很健康	0.5027	281	不健康	0.5757	181	不健康
沧州	0.6695	270	亚健康	0.8138	79	健康	0.4011	269	很不健康
贵港	0.7932	211	健康	0.4784	283	不健康	0.6643	132	亚健康
天水	0.5762	281	不健康	0.6838	211	亚健康	0.6228	158	亚健康
商丘	0.7535	243	健康	0.7365	164	健康	0.4018	268	很不健康

续表

城市	生态环境			生态经济			生态社会		
	健康指数	排名	等级	健康指数	排名	等级	健康指数	排名	等级
张家界	0.5965	279	不健康	0.7448	161	健康	0.5308	212	不健康
廊坊	0.5154	283	不健康	0.8271	65	健康	0.5105	224	不健康
朝阳	0.8449	129	健康	0.6142	255	亚健康	0.4480	249	很不健康
白城	0.6148	278	亚健康	0.7165	184	健康	0.5421	205	不健康
濮阳	0.7949	208	健康	0.6926	205	亚健康	0.4038	266	很不健康
贺州	0.8868	48	很健康	0.5832	269	不健康	0.4355	258	很不健康
白银	0.7583	239	健康	0.4635	284	不健康	0.6804	121	亚健康
汕尾	0.8034	197	健康	0.7509	153	健康	0.3138	283	很不健康
邵阳	0.8046	194	健康	0.6291	250	亚健康	0.4460	251	很不健康
定西	0.7496	244	健康	0.6474	240	亚健康	0.4726	239	不健康
内江	0.7149	259	健康	0.6080	257	亚健康	0.5370	207	不健康
临沧	0.8248	170	健康	0.6836	212	亚健康	0.3478	281	很不健康
赤峰	0.8705	78	很健康	0.5451	276	不健康	0.4602	244	不健康
安顺	0.6915	266	亚健康	0.6075	258	亚健康	0.5528	197	不健康
赣州	0.8548	114	很健康	0.6315	247	亚健康	0.3702	278	很不健康
百色	0.8444	130	健康	0.5037	280	不健康	0.5140	222	不健康
驻马店	0.7723	232	健康	0.6687	221	亚健康	0.3894	274	很不健康
河池	0.7853	220	健康	0.6022	263	亚健康	0.4514	248	不健康
曲靖	0.8314	158	健康	0.6384	244	亚健康	0.3681	279	很不健康
邢台	0.6448	274	亚健康	0.7073	194	健康	0.4581	245	不健康
黄冈	0.6380	275	亚健康	0.6693	220	亚健康	0.4993	234	不健康
达州	0.7677	235	健康	0.5276	278	不健康	0.5206	220	不健康
忻州	0.5862	280	不健康	0.6657	226	亚健康	0.5267	215	不健康
运城	0.7789	224	健康	0.6090	256	亚健康	0.4050	265	很不健康
衡水	0.5533	282	不健康	0.7230	176	健康	0.4646	242	不健康
周口	0.7379	251	健康	0.6970	203	亚健康	0.3047	284	很不健康
六盘水	0.7737	230	健康	0.5596	274	不健康	0.3775	275	很不健康
崇左	0.7085	263	健康	0.5317	277	不健康	0.4339	259	很不健康
昭通	0.6522	273	亚健康	0.5676	273	不健康	0.3320	282	很不健康
陇南	0.4519	284	不健康	0.6337	246	亚健康	0.4249	262	很不健康

（三）生态环境健康状况考核排名

水资源、土地资源、生物资源以及气候资源的数量与质量总称为生态环境。生态环境影响着人类的生存与发展，关系到社会和经济的可持续发展。对城市生态环境健康状况的评价，我们选用了5项指标，具体见表8。

表8　生态环境评价指标

生态环境	1	建成区绿化覆盖率(%)
	2	PM2.5(空气质量优良天数)(天)
	3	河湖水质(人均用水量)(吨/人)
	4	人均绿地面积(平方米/人)
	5	生活垃圾无害化处理率(%)

良好的生态环境是人和社会持续发展的根本基础。2013年中国284个城市生态环境排名前10的城市分别为：景德镇市、新余市、黄山市、威海市、莆田市、阜新市、韶关市、福州市、九江市、盘锦市。前100名具体排名情况见表9。

2013年中国284个城市生态环境排名中，有119个城市健康等级是很健康，占所有排名城市的41.9%；有146个城市健康等级是健康，占所有排名城市的51.4%；有13个城市健康等级是亚健康，占所有排名城市的4.6%；有6个城市健康等级是不健康，占所有排名城市的2.1%。

表9　2013年284个城市生态环境健康指数排名前100名

城市	健康指数	排名	等级	建成区绿化覆盖率	空气质量优良天数	人均用水量	人均绿地面积	生活垃圾无害化处理率
				排名	排名	排名	排名	排名
景德镇	0.9658	1	很健康	4	26	46	49	1
新　余	0.9548	2	很健康	2	101	20	38	1
黄　山	0.9479	3	很健康	15	32	77	12	1
威　海	0.9393	4	很健康	9	90	63	47	1

续表

城市	健康指数	排名	等级	建成区绿化覆盖率	空气质量优良天数	人均用水量	人均绿地面积	生活垃圾无害化处理率
				排名	排名	排名	排名	排名
莆田	0.9346	5	很健康	18	1	4	176	154
阜新	0.9273	6	很健康	87	85	2	84	147
韶关	0.9254	7	很健康	17	51	64	115	170
福州	0.9212	8	很健康	68	87	34	79	160
九江	0.9208	9	很健康	3	90	142	135	1
盘锦	0.9208	10	很健康	159	74	51	65	1
辽阳	0.9200	11	很健康	115	87	60	56	1
淮北	0.9191	12	很健康	32	125	67	67	1
铜陵	0.9179	13	很健康	20	130	111	17	1
本溪	0.9157	14	很健康	5	61	200	4	143
潮州	0.9146	15	很健康	36	32	114	182	1
泉州	0.9136	16	很健康	70	38	108	127	152
烟台	0.9133	17	很健康	54	114	78	75	1
萍乡	0.9106	18	很健康	123	38	106	129	1
吴忠	0.9081	19	很健康	144	101	47	71	162
丹东	0.9081	20	很健康	185	1	69	144	1
龙岩	0.9068	21	很健康	69	43	85	188	155
舟山	0.9050	22	很健康	193	145	23	5	1
抚州	0.9011	23	很健康	7	32	182	187	1
抚顺	0.9006	24	很健康	96	127	134	52	1
河源	0.9003	25	很健康	35	1	152	245	1
鄂尔多斯	0.8999	26	很健康	65	119	93	16	193
清远	0.8999	27	很健康	128	1	131	203	1
鞍山	0.8989	28	很健康	190	101	118	70	1
三明	0.8986	29	很健康	100	43	80	223	174
牡丹江	0.8976	30	很健康	186	122	112	63	1
佳木斯	0.8974	31	很健康	96	69	57	81	209
松原	0.8972	32	很健康	77	1	122	178	188
珠海	0.8964	33	很健康	1	145	257	15	1
大连	0.8960	34	很健康	30	179	76	37	1
十堰	0.8957	35	很健康	56	142	48	145	1
吉林	0.8956	36	很健康	21	151	30	89	201

续表

城市	健康指数	排名	等级	建成区绿化覆盖率	空气质量优良天数	人均用水量	人均绿地面积	生活垃圾无害化处理率
				排名	排名	排名	排名	排名
鹰　潭	0.8951	37	很健康	134	56	146	138	1
辽　源	0.8951	38	很健康	167	142	44	95	1
丽　水	0.8947	39	很健康	44	65	148	209	1
池　州	0.8944	40	很健康	119	65	139	153	144
七台河	0.8940	41	很健康	188	157	55	45	1
大　庆	0.8937	42	很健康	25	69	147	14	225
襄　樊	0.8929	43	很健康	26	152	58	163	149
芜　湖	0.8926	44	很健康	146	152	1	82	186
合　肥	0.8920	45	很健康	89	184	36	61	1
湛　江	0.8887	46	很健康	122	40	155	214	1
营　口	0.8882	47	很健康	160	76	41	76	226
贺　州	0.8868	48	很健康	38	1	191	193	1
梧　州	0.8864	49	很健康	177	48	149	177	1
丽　江	0.8852	50	很健康	129	59	164	161	1
岳　阳	0.8840	51	很健康	130	138	52	183	1
攀枝花	0.8834	52	很健康	168	97	162	55	176
阳　江	0.8832	53	很健康	197	1	156	180	1
金　昌	0.8832	54	很健康	233	142	70	44	1
淮　南	0.8830	55	很健康	156	182	6	77	171
南　宁	0.8822	56	很健康	82	196	49	19	1
蚌　埠	0.8812	57	很健康	183	169	8	120	1
铜　川	0.8801	58	很健康	41	118	116	59	231
青　岛	0.8799	59	很健康	31	211	45	32	1
阳　泉	0.8797	60	很健康	106	119	15	92	229
汕　头	0.8796	61	很健康	91	1	38	69	257
柳　州	0.8795	62	很健康	96	148	173	62	1
三　亚	0.8793	63	很健康	23	138	209	24	1
锦　州	0.8791	64	很健康	93	78	17	134	234
江　门	0.8778	65	很健康	53	209	37	40	1
南　平	0.8777	66	很健康	11	26	225	238	157
荆　门	0.8764	67	很健康	158	148	75	184	1
石嘴山	0.8753	68	很健康	152	130	141	11	197

续表

城市	健康指数	排名	等级	建成区绿化覆盖率	空气质量优良天数	人均用水量	人均绿地面积	生活垃圾无害化处理率
				排名	排名	排名	排名	排名
防城港	0.8751	69	很健康	254	32	12	125	194
昆明	0.8751	70	很健康	163	110	72	43	228
厦门	0.8738	71	很健康	90	99	220	10	153
伊春	0.8737	72	很健康	274	1	7	30	1
大同	0.8734	73	很健康	51	134	65	112	223
宝鸡	0.8730	74	很健康	143	155	135	133	1
包头	0.8723	75	很健康	76	182	94	34	192
铁岭	0.8719	76	很健康	165	51	185	173	1
克拉玛依	0.8709	77	很健康	60	65	268	8	161
赤峰	0.8705	78	很健康	189	114	91	162	183
上饶	0.8705	79	很健康	10	26	252	268	1
贵阳	0.8700	80	很健康	47	192	92	18	190
漳州	0.8684	81	很健康	101	26	203	220	156
梅州	0.8681	82	很健康	61	1	226	243	1
鸡西	0.8678	83	很健康	142	105	9	91	246
吉安	0.8672	84	很健康	21	1	256	230	1
宜春	0.8663	85	很健康	55	1	237	227	1
张掖	0.8661	86	很健康	250	81	145	88	1
泸州	0.8661	87	很健康	150	174	104	147	1
宜昌	0.8660	88	很健康	105	161	59	106	215
马鞍山	0.8658	89	很健康	45	207	89	48	177
云浮	0.8651	90	很健康	155	1	202	247	1
朔州	0.8646	91	很健康	64	177	138	143	1
衡阳	0.8641	92	很健康	241	81	121	217	1
绵阳	0.8640	93	很健康	204	134	137	164	1
中山	0.8640	94	很健康	127	201	125	51	1
拉萨	0.8635	95	很健康	212	94	214	33	1
宁波	0.8621	96	很健康	198	193	102	68	1
永州	0.8616	97	很健康	226	40	168	249	1
秦皇岛	0.8612	98	很健康	6	247	11	74	1
台州	0.8591	99	很健康	43	201	81	154	1
鄂州	0.8586	100	很健康	249	176	22	85	1

1. 森林覆盖率（建成区绿化覆盖率）（%）

2013 年全国 284 个城市建成区绿化覆盖率的平均值为 39.4%，最大值为 57.13%，最小值为 3.08%。2012 年全国 116 个城市建成区绿化覆盖率的平均值是 40.55%，相比之下，平均值降低了 1.05 个百分点，其主要原因是采集的城市样本容量增大（由 2012 年的 116 个增加到 2013 年的 284 个），这也进一步说明我国城市建成区绿化问题任务艰巨。

2. PM2.5（空气质量优良天数）（天）

2013 年中国全年空气质量优良的城市数达到 25 个，比 2012 年多了 11 个，增长了 78.6%。但 2012 年中国 116 个城市空气优良天数的平均值为 341 天，而 2013 年中国 284 个城市空气优良天数的平均值为 293 天，这个数值的下降也说明治理中国空气污染面临着比较大的困难。

3. 河湖水质（人均用水量）（吨/人）

河湖水质与人类的生活密切相关。但官方统计数据并无此项指标，我们采用人均用水量来替代该指标。该指标为半负向指标，我们将该指标的平均值作为基准，超过平均值的为负向，不足平均值的为正向。2013 年全国 284 个城市的人均用水量平均值是 41.13 吨/人，比 2012 年的平均值 68.0555 吨/人减少了 40%。同样，2013 年全国 284 个城市的人均用水量的最小值为 1.55 吨/人，比 2012 年的最小值 4.6907 吨/人减少了 67%。这些数字说明全国在治理河水污染方面所做的努力，也取得了非常明显的效果。

4. 人均公共绿地面积（人均绿地面积）（平方米/人）

2013 年全国 284 个城市的人均绿地面积的平均值是 19.48 平方米/人，比 2012 年的平均值 27.0093 平方米/人下降了，这主要是由数据采集的样本量增大所致。当然，2013 年的平均值更能反映实际情况。2012 年与 2013 年两年排名都位于前 10 的城市有 6 个：东莞市、深圳市、广州市、南京市、克拉玛依市和乌鲁木齐市。

5. 生活垃圾无害化处理率（%）

2013 年全国 284 个城市的生活垃圾无害化处理率的平均值是 93.21%，比 2012 年的平均值 91.0765% 略有增加。

2012 年和 2013 年生活垃圾无害化处理率都保持在 100% 的城市有 40 个：珠海市、三亚市、新余市、舟山市、沈阳市、海口市、威海市、杭州市、烟台市、苏州市、青岛市、湖州市、镇江市、东营市、梅州市、秦皇岛市、合肥市、萍乡市、伊春市、绍兴市、无锡市、鹰潭市、宜春市、太原市、宁波市、长沙市、成都市、泰安市、嘉兴市、临沂市、日照市、中山市、邯郸市、河源市、湘潭市、鞍山市、济宁市、岳阳市、保定市、曲靖市。

（四）生态经济健康状况考核排名

生态经济是指在生态系统承载能力范围内，运用生态经济学原理和系统工程方法改变生产和消费方式，挖掘一切可以利用的资源潜力，发展一些经济发达、生态高效的产业，建设体制合理、社会和谐的文化以及生态健康、景观适宜的环境。生态经济是实现经济腾飞与环境保护、物质文明与精神文明、自然生态与人类生态高度统一和可持续发展的经济（评价指标见表 10）。

表 10　生态经济评价指标

生态经济	1	单位 GDP 综合能耗(吨标准煤/万元)
	2	一般工业固体废物综合利用率(%)
	3	城市污水处理率(%)
	4	信息化基础设施[互联网宽带接入用户数(万户)/城市年底总户数(万户)]
	5	人均 GDP(元/人)

2013 年，在全国 284 个城市中生态经济健康指数排名前 10 的城市分别为：广州市、深圳市、杭州市、佛山市、天津市、惠州市、青岛市、厦门市、东营市、武汉市。前 100 名具体排名情况见表 11。

2013 年，中国 284 个城市生态经济排名中有 51 个城市健康等级是很健康，占全部排名城市的 18%；有 147 个城市健康等级是健康，占全部排名城市的 51.8%；有 66 个城市健康等级是亚健康，占全部排名城市的 23.2%；有 20 个城市健康等级是不健康，占全部排名城市的 7%。

表 11　2013 年 284 个城市生态经济健康指数排名前 100 名

城市	健康指数	排名	等级	单位 GDP 综合能耗	一般工业固体废物综合利用率	城市污水处理率	互联网宽带接入用户数/城市年底总户数	人均 GDP
				排名	排名	排名	排名	排名
广　州	0.9067	1	很健康	15	102	92	3	9
深　圳	0.9065	2	很健康	6	205	28	1	5
杭　州	0.9040	3	很健康	29	116	33	11	18
佛　山	0.9018	4	很健康	32	124	53	8	17
天　津	0.9006	5	很健康	2	30	135	83	13
惠　州	0.8995	6	很健康	86	107	21	19	77
青　岛	0.8972	7	很健康	38	107	52	38	28
厦　门	0.8947	8	很健康	16	115	88	6	35
东　营	0.8939	9	很健康	146	49	63	48	2
武　汉	0.8938	10	很健康	92	105	73	13	29
威　海	0.8912	11	很健康	81	121	59	43	26
济　南	0.8896	12	很健康	108	46	103	40	39
珠　海	0.8874	13	很健康	10	127	146	5	11
南　昌	0.8873	14	很健康	45	65	99	47	54
西　安	0.8850	15	很健康	42	95	90	22	78
长　沙	0.8846	16	很健康	92	175	25	55	14
潍　坊	0.8842	17	很健康	141	13	69	9	105
东　莞	0.8837	18	很健康	43	204	35	2	49
嘉　兴	0.8831	19	很健康	69	105	110	15	43
金　华	0.8821	20	很健康	61	54	139	39	58
湖　州	0.8808	21	很健康	118	85	97	36	61
无　锡	0.8807	22	很健康	61	142	131	37	7
上　海	0.8806	23	很健康	36	77	162	31	27
台　州	0.8794	24	很健康	4	83	137	45	88
莆　田	0.8772	25	很健康	17	1	180	12	106
沈　阳	0.8764	26	很健康	137	129	40	71	30
鹰　潭	0.8752	27	很健康	34	133	63	92	102
常　州	0.8749	28	很健康	77	54	185	41	22
泉　州	0.8742	29	很健康	52	86	161	23	59
扬　州	0.8738	30	很健康	32	67	156	89	42

续表

城市	健康指数	排名	等级	单位GDP综合能耗	一般工业固体废物综合利用率	城市污水处理率	互联网宽带接入用户数/城市年底总户数	人均GDP
				排名	排名	排名	排名	排名
烟　台	0.8736	31	很健康	59	185	34	78	36
温　州	0.8728	32	很健康	12	39	147	26	124
日　照	0.8722	33	很健康	26	41	62	121	87
绍　兴	0.8711	34	很健康	91	128	148	42	37
成　都	0.8701	35	很健康	71	35	184	76	56
苏　州	0.8687	36	很健康	3	64	226	14	8
漳　州	0.8673	37	很健康	73	109	138	50	115
芜　湖	0.8670	38	很健康	50	58	120	105	83
大　连	0.8664	39	很健康	68	150	168	65	10
镇　江	0.8653	40	很健康	47	58	204	68	23
福　州	0.8646	41	很健康	22	112	186	35	55
北　海	0.8622	42	很健康	105	19	193	66	111
海　口	0.8608	43	很健康	18	118	140	28	133
郑　州	0.8589	44	很健康	56	217	31	33	47
宁　德	0.8588	45	很健康	11	100	166	69	126
三　亚	0.8584	46	很健康	9	1	224	29	51
江　门	0.8578	47	很健康	39	146	143	52	119
南　通	0.8573	48	很健康	19	61	149	119	45
石家庄	0.8547	49	很健康	192	47	48	57	110
丽　水	0.8520	50	很健康	26	80	167	109	113
北　京	0.8502	51	很健康	5	172	199	24	20
许　昌	0.8495	52	健康	70	43	22	171	120
泰　安	0.8481	53	健康	127	51	49	147	96
新　余	0.8475	54	健康	195	131	24	90	41
合　肥	0.8447	55	健康	46	123	158	117	63
龙　岩	0.8419	56	健康	90	173	133	102	75
汕　头	0.8409	57	健康	14	69	85	46	207
长　春	0.8406	58	健康	37	25	221	111	48
洛　阳	0.8379	59	健康	100	240	13	60	107
中　山	0.8378	60	健康	23	234	104	4	32

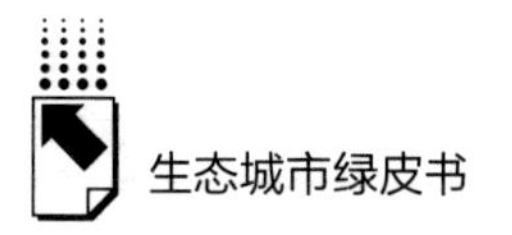

续表

城市	健康指数	排名	等级	单位GDP综合能耗	一般工业固体废物综合利用率	城市污水处理率	互联网宽带接入用户数/城市年底总户数	人均GDP
				排名	排名	排名	排名	排名
淄　博	0.8339	61	健康	229	101	36	74	33
枣　庄	0.8327	62	健康	205	13	71	98	103
哈尔滨	0.8310	63	健康	139	117	107	131	95
宁　波	0.8308	64	健康	87	156	235	20	21
廊　坊	0.8271	65	健康	193	42	157	56	125
铜　陵	0.8252	66	健康	147	189	180	58	24
辽　源	0.8249	67	健康	158	90	29	170	76
盘　锦	0.8237	68	健康	243	135	1	99	19
克拉玛依	0.8236	69	健康	249	151	60	21	3
舟　山	0.8219	70	健康	79	23	254	32	34
德　州	0.8210	71	健康	134	33	44	201	127
重　庆	0.8195	72	健康	117	183	73	133	131
南　平	0.8187	73	健康	129	198	141	82	135
吉　林	0.8179	74	健康	151	194	56	118	65
济　宁	0.8173	75	健康	114	140	65	175	130
漯　河	0.8169	76	健康	96	13	38	172	172
阳　江	0.8148	77	健康	39	19	206	141	136
银　川	0.8148	78	健康	245	181	9	80	60
沧　州	0.8138	79	健康	197	28	1	160	140
景德镇	0.8136	80	健康	58	72	239	88	134
新　乡	0.8128	81	健康	125	70	123	113	186
泰　州	0.8126	82	健康	1	54	261	116	52
滨　州	0.8121	83	健康	150	187	95	120	80
黄　石	0.8098	84	健康	231	113	109	84	109
蚌　埠	0.8063	85	健康	59	34	76	165	185
株　洲	0.8058	86	健康	103	163	241	91	98
临　沂	0.8055	87	健康	107	147	57	143	177
南　京	0.8052	88	健康	82	139	256	30	15
聊　城	0.8033	89	健康	159	53	47	176	143
南　宁	0.8023	90	健康	64	110	242	49	149

续表

城市	健康指数	排名	等级	单位 GDP 综合能耗	一般工业固体废物综合利用率	城市污水处理率	互联网宽带接入用户数/城市年底总户数	人均 GDP
				排名	排名	排名	排名	排名
榆　林	0.8012	91	健康	133	78	189	192	31
松　原	0.8010	92	健康	135	162	32	235	74
潮　州	0.7997	93	健康	159	21	172	62	204
肇　庆	0.7982	94	健康	51	259	55	7	139
营　口	0.7980	95	健康	255	174	1	103	62
常　德	0.7975	96	健康	108	63	113	224	147
锦　州	0.7952	97	健康	155	120	231	85	128
桂　林	0.7949	98	健康	131	167	89	125	169
襄　樊	0.7929	99	健康	166	58	150	205	94
湛　江	0.7925	100	健康	31	66	127	159	203

1. 单位 GDP 综合能耗（吨标准煤/万元）

单位 GDP 能耗是负向指标。2013 年全国 284 个城市的单位 GDP 综合能耗的平均值是 1.06 吨标准煤/万元，比 2012 年的平均值 0.996 吨标准煤/万元高出 0.6%。单位 GDP 综合能耗最高的是六盘水市，达到 6.365 吨标准煤/万元，其次是嘉峪关市的 4.536 吨标准煤/万元，再次是运城市的 3.26 吨标准煤/万元和石嘴山市的 3.253 吨标准煤/万元。而单位 GDP 综合能耗最少的是泰州市，只有 0.0838 吨标准煤/万元，其次是天津市和苏州市，它们分别为 0.2 吨标准煤/万元和 0.272 吨标准煤/万元，再次是台州市、北京市和深圳市，它们分别为 0.41 吨标准煤/万元、0.415 吨标准煤/万元和 0.428 吨标准煤/万元。从中可以看出，西部发展中城市的单位 GDP 综合能耗要远高于东部沿海发达城市。

2. 一般工业固体废物综合利用率（%）

2013 年，284 个城市的一般工业固体废物综合利用率的平均值是 82.03%，比 2012 年的平均值 80.1895% 高出近 2 个百分点。

2012 年与 2013 年全国 284 个城市一般工业固体废物综合利用率的排名

都在前10的城市有3个：三亚市、广元市、渭南市。

3. 城市污水处理率（污水处理厂集中处理率）（%）

2013年，284个城市的城市污水处理率的平均值是82.99%，比2012年的平均值83.7978%还要低。

2012年与2013年全国284个城市城市污水处理率排名都在前10的城市只有1个：银川市。

4. 信息化基础设施［互联网宽带接入用户数（万户）/城市年底总户数（万户）］

2013年，284个城市该指标的平均值是52.93.

2012年没有考虑该项指标。

5. 人均GDP（元/人）

2013年，284个城市人均GDP的平均值是47006.6万元，比2012年的平均值55248万元还要少。造成数值下降的主要原因是采集的城市样本容量增大，覆盖面更广。

（五）生态社会健康状况考核排名

生态社会是人与人、人与自然和谐共生的健康可持续社会，确保一代比一代活得更有保障、更加健康、更加有尊严。在这个意义上，生态社会的评价体系十分复杂（评价指标见表12）。

表12　生态社会评价指标

生态社会	1	人口密度(人/平方千米)
	2	生态环保知识、法规普及率,基础设施完好率[水利、环境和公共设施管理业全市从业人员数(人)/城市年底总人口(万人)]
	3	公众对城市生态环境满意率[民用车辆数(辆)/城市道路长度(千米)]
	4	政府投入与建设效果(城市维护建设资金支出/城市GDP)

2013年，在全国284个城市中生态社会健康指数排名前10的城市分别为：珠海市、三亚市、舟山市、铜陵市、铜川市、沈阳市、太原市、柳州市、大同市、南宁市。前100名具体排名情况见表13。

表 13　2013 年 284 个城市生态社会健康指数排名前 100 名

城市	健康指数	排名	等级	人口密度	水利、环境和公共设施管理业全市从业人员数/城市年底总人口	民用车辆数/城市道路长度	城市维护建设资金支出/城市 GDP
				排名	排名	排名	排名
珠　海	0.8941	1	很健康	98	2	6	17
三　亚	0.8912	2	很健康	88	1	107	44
舟　山	0.8662	3	很健康	106	17	16	37
铜　陵	0.8650	4	很健康	83	55	29	13
铜　川	0.8645	5	很健康	171	41	20	5
沈　阳	0.8632	6	很健康	57	10	98	35
太　原	0.8559	7	很健康	42	16	117	28
柳　州	0.8556	8	很健康	185	26	73	6
大　同	0.8554	9	很健康	149	58	74	8
南　宁	0.8552	10	很健康	69	48	135	1
海　口	0.8497	11	健康	121	11	66	82
淮　南	0.8455	12	健康	183	46	17	24
济　南	0.8448	13	健康	138	92	36	33
惠　州	0.8419	14	健康	86	89	47	55
厦　门	0.8412	15	健康	220	15	84	11
南　京	0.8408	16	健康	190	64	19	22
兰　州	0.8404	17	健康	108	31	93	85
乌鲁木齐	0.8390	18	健康	194	96	58	10
七台河	0.8368	19	健康	224	95	2	52
广　州	0.8331	20	健康	212	8	52	63
鹤　壁	0.8326	21	健康	141	85	96	59
武　汉	0.8309	22	健康	188	56	38	42
西　安	0.8303	23	健康	151	51	140	3
石嘴山	0.8300	24	健康	229	33	9	41
长　春	0.8266	25	健康	40	34	63	107
秦皇岛	0.8265	26	健康	32	98	121	54
重　庆	0.8235	27	健康	14	131	56	23
广　元	0.8234	28	健康	196	73	75	40
防城港	0.8178	29	健康	223	42	34	57
蚌　埠	0.8132	30	健康	82	147	21	12
伊　春	0.8104	31	健康	277	128	1	19
黄　山	0.8103	32	健康	222	57	57	67

续表

城市	健康指数	排名	等级	人口密度	水利、环境和公共设施管理业全市从业人员数/城市年底总人口	民用车辆数/城市道路长度	城市维护建设资金支出/城市GDP
				排名	排名	排名	排名
淮　安	0.8060	33	健康	54	115	14	116
新　余	0.8052	34	健康	27	150	24	32
北　京	0.8045	35	健康	152	4	173	4
哈尔滨	0.8044	36	健康	201	38	76	105
枣　庄	0.7980	37	健康	170	124	72	89
天　津	0.7967	38	健康	164	30	82	120
齐齐哈尔	0.7946	39	健康	237	109	79	81
昆　明	0.7939	40	健康	132	65	187	2
连云港	0.7928	41	健康	112	143	51	43
大　连	0.7906	42	健康	18	86	109	133
克拉玛依	0.7900	43	健康	276	47	32	56
鄂　州	0.7863	44	健康	115	166	5	48
景德镇	0.7850	45	健康	75	106	48	136
本　溪	0.7834	46	健康	207	12	28	134
镇　江	0.7817	47	健康	120	53	35	141
苏　州	0.7806	48	健康	143	43	150	62
朔　州	0.7790	49	健康	213	59	131	74
福　州	0.7751	50	健康	30	102	163	61
芜　湖	0.7725	51	健康	96	174	18	26
常　州	0.7716	52	健康	162	75	92	137
扬　州	0.7714	53	健康	117	141	45	106
嘉峪关	0.7676	54	健康	266	9	4	139
马鞍山	0.7658	55	健康	60	173	50	45
湖　州	0.7634	56	健康	8	101	171	99
梅　州	0.7629	57	健康	65	177	85	27
桂　林	0.7596	58	健康	202	54	165	25
固　原	0.7587	59	健康	247	137	123	7
宜　昌	0.7583	60	健康	197	117	39	126
宝　鸡	0.7560	61	健康	177	163	89	38
攀枝花	0.7559	62	健康	221	110	10	135
东　莞	0.7557	63	健康	142	197	27	14
九　江	0.7536	64	健康	124	170	64	75
滁　州	0.7526	65	健康	63	181	77	60

续表

城市	健康指数	排名	等级	人口密度	水利、环境和公共设施管理业全市从业人员数/城市年底总人口	民用车辆数/城市道路长度	城市维护建设资金支出/城市GDP
				排名	排名	排名	排名
西宁	0.7509	66	健康	95	107	186	49
肇庆	0.7499	67	健康	100	199	80	16
杭州	0.7498	68	健康	7	23	207	68
中卫	0.7472	69	健康	265	45	141	50
东营	0.7463	70	健康	161	114	159	91
萍乡	0.7461	71	健康	33	185	110	86
咸阳	0.7435	72	健康	41	83	202	30
乐山	0.7404	73	健康	109	100	62	173
大庆	0.7375	74	健康	236	160	13	94
六安	0.7371	75	健康	20	129	169	87
十堰	0.7368	76	健康	226	171	31	39
南通	0.7359	77	健康	187	183	116	15
株洲	0.7344	78	健康	45	154	103	124
牡丹江	0.7332	79	健康	267	148	40	80
邯郸	0.7299	80	健康	160	155	136	46
阳泉	0.7261	81	健康	97	79	86	188
青岛	0.7247	82	健康	114	136	69	147
葫芦岛	0.7241	83	健康	119	105	208	53
北海	0.7232	84	健康	36	72	223	71
合肥	0.7225	85	健康	84	169	91	117
烟台	0.7212	86	健康	17	78	183	121
盘锦	0.7207	87	健康	74	6	138	175
宿迁	0.7203	88	健康	107	179	97	111
江门	0.7185	89	健康	13	193	54	113
淄博	0.7179	90	健康	126	67	112	191
来宾	0.7164	91	健康	195	186	119	47
石家庄	0.7161	92	健康	91	130	182	90
绍兴	0.7145	93	健康	44	103	168	132
贵阳	0.7123	94	健康	19	99	139	169
池州	0.7118	95	健康	189	225	11	34
鹤岗	0.7102	96	健康	262	20	7	180
乌海	0.7089	97	健康	76	7	23	233
泸州	0.7080	98	健康	10	241	44	84
湛江	0.7076	99	健康	77	172	134	101
上海	0.7043	100	健康	256	13	125	154

2013 年中国 284 个城市生态社会健康指数排名中有 10 个城市健康等级是很健康，占全部排名城市的 3.5%；有 92 个城市健康等级是健康，占全部排名城市的 32.4%；有 68 个城市健康等级是亚健康，占全部排名城市的 23.9%；有 78 个城市健康等级是不健康，占全部排名城市的 27.5%，有 36 个城市健康等级是很不健康，占全部排名城市的 12.7%。

1. 人口密度（人/平方千米）

人口密度是半负向指标（实际处理时以平均值作为基准，越远离基准越差）。2013 年全国 284 个城市人口密度的平均值是 435.32 人/平方千米，最大值是 2613.23 人/平方千米，最小值是 5.71 人/平方千米。2013 年全国 284 个城市中人口最密集的 12 个城市分别为：汕头市（2616.23 人/平方千米）、上海市（2258.21 人/平方千米）、深圳市（1554.68 人/平方千米）、揭阳市（1296.39 人/平方千米）、漯河市（1296.35 人/平方千米）、厦门市（1250.99 人/平方千米）、郑州市（1234.35 人/平方千米）、广州市（1119.60 人/平方千米）、阜阳市（1077.37 人/平方千米）、无锡市（1020.60 人/平方千米）、濮阳市（1008.92 人/平方千米）、佛山市（1004.77 人/平方千米）。

2012 年无此项指标。

2. 生态环保知识、法规普及率，基础设施完好率［水利、环境和公共设施管理业全市从业人员数（人）/城市年底总人口（万人）］

2013 年，284 个城市该指标的平均值是 0.21，而 2012 年的平均值是 25.7755。这两个数字的统计口径不同，数值相差很大。

3. 公众对城市生态环境满意率［民用车辆数（辆）/城市道路长度（千米）］

该指标为负指标，它表示城市的交通拥堵情况。2013 年，284 个城市该指标的平均值是 686.8 辆/千米，而 2012 年的平均值是 554.0445 辆/千米。这个数字的增加说明城市拥堵状况进一步加剧。随着城市的迅速扩张，道路设施建设不能满足城市车辆需求，寻求有效的解决道路拥堵问题的措施和方法，是生态社会问题的重中之重。

4. 政府投入与建设效果（城市维护建设资金支出/城市 GDP）

2013 年，284 个城市该指标的平均值是 1. 25。2012 年无此项指标。

三 中国生态城市健康指数评价指导

（一）建设侧重度、建设难度、建设综合度的计算原理

生态城市健康指数三级指标建设侧重度、建设难度、建设综合度虽然都是辅助决策参数，但定量时必须客观、合理、科学，要杜绝主观臆造。

设 $A_i(t)$ 是城市 A 在第 t 年关于第 i 个指标的排序名次，称

$$\lambda A_i(t+1) = \frac{A_i(t)}{\sum_{j=1}^{n} A_j(t)} \quad i = 1,2,\cdots,N$$

为城市 A 在第 $t+1$ 年关于第 i 个指标的建设侧重度，这里 N 是城市个数，n 是指标个数。

如果 $\lambda A_i(t+1) > \lambda A_j(t+1)$，则表明在第 $t+1$ 年第 i 个指标建设应优先于第 j 个指标。这是因为在第 t 年，第 i 个指标在全国的排名比第 j 个指标较后，所以在第 $t+1$ 年，第 i 个指标应优先于第 j 个指标建设，这样可以缩短同全国的差距，使生态建设与全国同步发展。

用 $\max_i(t)$，$\min_i(t)$ 分别表示第 i 个指标在第 t 年的最大值和最小值，$\alpha A_i(t)$ 为城市 A 在第 t 年关于第 i 个指标的值，令

$$\mu A_i(t) = \begin{cases} \dfrac{\max_i(t)+1}{\alpha A_i(t)+1} & \text{指标 } i \text{ 为正向} \\[2ex] \dfrac{\alpha A_i(t)+1}{\min_i(t)+1} & \text{指标 } i \text{ 为负向} \end{cases}$$

称

$$\gamma A_i(t+1) = \frac{\mu A_i(t)}{\sum_{j=1}^{n} \mu A_i(t)}$$

为城市 A 在第 $t+1$ 年指标 i 的建设难度（$i = 1,2,\cdots,N$）。

如果 $\gamma A_i(t+1) > \gamma A_j(t+1)$，则表明在第 t 年第 i 个指标比第 j 个指标偏离全国最好值更远，所以在第 $t+1$ 年，第 i 个指标应优先于第 j 个指标建设。称

$$\nu A_i(t+1) = \frac{\lambda A_i(t)\mu A_i(t)}{\sum_{j=1}^{n} \lambda A_j(t)\mu A_j(t)}$$

为城市 A 在第 $t+1$ 年指标 i 的建设综合度（$i = 1,2,\cdots,N$）。

如果 $\nu A_i(t+1) > \nu A_j(t+1)$，则表明在第 $t+1$ 年，第 i 个指标理论上应优先于第 j 个指标建设。

由此不难看出我们所定义的建设侧重度、建设难度、建设综合度是一项创新性工作，有利于对生态建设的动态引导。

（二）生态城市年度建设侧重度

从前述定义可以看出，城市的某项指标建设侧重度越大，排名越靠前，就意味着下一个年度该城市越应侧重这项指标的建设。例如：2013 年珠海市的建设侧重度排在前四位的指标分别是：人均用水量（0.3056）、城市污水处理率（0.1736）、空气质量优良天数（0.1724）、一般工业固体废物综合利用率（0.1510）。这就是下一个建设年度珠海市为建成更加优良的生态城市需要侧重考虑建设的顺序。

利用前面所述的定义，我们计算了 2013 年全国 284 个生态城市健康指数的 14 个指标的建设侧重度，并将结果列于表 14 中。表 14 中同时还列出了 2013 年全国 284 个生态城市健康指数的 14 个指标建设侧重度的排序。

从表 14 中可以看出，2013 年北京市 14 个指标建设侧重度排在前 4 位的是：空气质量优良天数、城市污水处理率、人均用水量、民用车辆数/城市道路长度。

表 14 2013 年 284 个城市生态健康指数 14 个指标的建设侧重度

城市名称	建成区绿化覆盖率		空气质量优良天数		人均用水量		人均绿地面积		生活垃圾无害化处理率		单位 GDP 综合能耗		一般工业固体废物综合利用率	
	数值	排名	数值	排名	数值	排名	数值	排名	数值	排名	数值	排名	数值	排名
珠　海	0.0012	13	0.1724	3	0.3056	1	0.0178	7	0.0012	13	0.0119	9	0.1510	4
三　亚	0.0242	10	0.1454	3	0.2202	2	0.0253	9	0.0011	12	0.0095	11	0.0011	12
厦　门	0.0775	6	0.0852	5	0.1893	1	0.0086	13	0.1317	3	0.0138	10	0.0990	4
铜　陵	0.0189	11	0.1230	4	0.1050	5	0.0161	12	0.0009	14	0.1391	3	0.1788	1
新　余	0.0023	13	0.1153	4	0.0228	12	0.0434	7	0.0011	14	0.2226	1	0.1495	3
惠　州	0.1725	1	0.1192	3	0.0702	5	0.0395	11	0.1696	2	0.0629	7	0.0782	4
舟　山	0.2000	2	0.1503	3	0.0238	9	0.0052	13	0.0010	14	0.0819	5	0.0238	9
沈　阳	0.0739	6	0.2282	1	0.0975	4	0.0246	12	0.0009	14	0.1297	2	0.1222	3
福　州	0.0570	8	0.0729	6	0.0285	12	0.0662	7	0.1340	3	0.0184	14	0.0938	4
大　连	0.0265	11	0.1584	1	0.0673	7	0.0327	10	0.0009	14	0.0602	8	0.1327	3
海　口	0.0574	8	0.1836	1	0.1385	2	0.0320	10	0.0008	14	0.0148	12	0.0967	6
景德镇	0.0037	13	0.0240	12	0.0425	11	0.0453	9	0.0009	14	0.0536	8	0.0665	7
广　州	0.0824	5	0.1553	4	0.1751	2	0.0022	13	0.1759	1	0.0110	10	0.0751	6
南　宁	0.0675	6	0.1614	2	0.0404	9	0.0157	12	0.0008	13	0.0527	8	0.0906	5
芜　湖	0.1126	4	0.1172	3	0.0008	14	0.0632	9	0.1434	1	0.0386	11	0.0447	10
黄　山	0.0130	11	0.0276	10	0.0665	6	0.0104	12	0.0009	14	0.0052	13	0.1848	2
西　安	0.0615	7	0.2087	1	0.0421	10	0.0514	9	0.1129	3	0.0327	12	0.0740	5
苏　州	0.0716	6	0.1710	2	0.1264	3	0.0295	10	0.0008	14	0.0025	13	0.0539	7
扬　州	0.0438	9	0.1936	1	0.0135	13	0.0791	6	0.0008	14	0.0269	12	0.0564	8

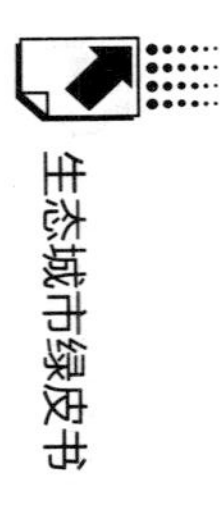

续表

城市名称	建成区绿化覆盖率		空气质量优良天数		人均用水量		人均绿地面积		生活垃圾无害化处理率		单位 GDP 综合能耗		一般工业固体废物综合利用率	
	数值	排名	数值	排名	数值	排名	数值	排名	数值	排名	数值	排名	数值	排名
烟台	0.0485	10	0.1024	4	0.0701	5	0.0674	8	0.0009	14	0.0530	9	0.1662	1
青岛	0.0296	12	0.2011	1	0.0429	8	0.0305	11	0.0010	14	0.0362	9	0.1020	5
威海	0.0096	12	0.0965	4	0.0675	6	0.0504	8	0.0011	14	0.0868	5	0.1297	3
镇江	0.0647	5	0.2036	1	0.0483	8	0.0362	11	0.0009	14	0.0406	10	0.0500	7
武汉	0.1488	2	0.1947	1	0.1421	3	0.0429	8	0.0007	14	0.0681	6	0.0777	5
蚌埠	0.1450	2	0.1339	3	0.0063	13	0.0951	6	0.0008	14	0.0468	9	0.0269	10
湖州	0.0070	12	0.2233	1	0.0269	11	0.0678	8	0.0009	14	0.1025	3	0.0738	7
常州	0.0434	10	0.1692	1	0.0580	7	0.0399	11	0.0986	4	0.0538	8	0.0378	12
杭州	0.1330	3	0.2354	1	0.1187	4	0.0211	10	0.0010	14	0.0287	8	0.1110	5
铜川	0.0277	10	0.0797	7	0.0784	8	0.0399	9	0.1561	2	0.1601	1	0.0007	14
克拉玛依	0.0412	7	0.0446	6	0.1839	2	0.0055	13	0.1105	4	0.1709	3	0.1036	5
济南	0.1264	3	0.2014	1	0.0289	10	0.0433	8	0.1415	2	0.0780	5	0.0332	9
淮南	0.0932	7	0.1088	3	0.0036	14	0.0460	10	0.1022	4	0.0735	9	0.0986	5
重庆	0.0631	9	0.1664	1	0.0262	12	0.0671	8	0.0993	3	0.0785	7	0.1228	2
鹤壁	0.1022	4	0.0934	5	0.0180	14	0.0585	9	0.1131	1	0.1093	2	0.0623	8
天津	0.1619	2	0.1765	1	0.0660	7	0.0353	10	0.1213	3	0.0013	14	0.0200	11
北京	0.0087	11	0.1891	1	0.1326	3	0.0145	9	0.1094	7	0.0036	12	0.1246	5
盘锦	0.1282	3	0.0597	7	0.0411	10	0.0524	9	0.0008	13	0.1960	1	0.1089	5
合肥	0.0665	8	0.1374	1	0.0269	13	0.0456	11	0.0007	14	0.0344	12	0.0919	4
江门	0.0437	8	0.1724	1	0.0305	12	0.0330	10	0.0008	14	0.0322	11	0.1205	3

续表

城市名称	建成区绿化覆盖率		空气质量优良天数		人均用水量		人均绿地面积		生活垃圾无害化处理率		单位 GDP 综合能耗		一般工业固体废物综合利用率	
	数值	排名	数值	排名	数值	排名	数值	排名	数值	排名	数值	排名	数值	排名
秦皇岛	0.0046	13	0.1899	2	0.0085	12	0.0569	8	0.0008	14	0.1053	4	0.1937	1
东营	0.0543	7	0.2194	1	0.0259	11	0.0251	12	0.0008	14	0.1182	4	0.0397	9
乌鲁木齐	0.1151	3	0.0915	7	0.0877	8	0.0049	14	0.1184	2	0.1375	1	0.0926	6
佛山	0.1000	5	0.1414	1	0.1057	4	0.0318	11	0.0955	6	0.0204	12	0.0790	7
绍兴	0.0856	6	0.1607	1	0.0623	9	0.0587	10	0.0007	14	0.0644	8	0.0906	5
哈尔滨	0.1275	2	0.1253	3	0.0098	14	0.0563	10	0.1291	1	0.0760	5	0.0640	7
北海	0.1257	4	0.1554	1	0.0290	11	0.0704	7	0.0007	14	0.0725	6	0.0131	13
昆明	0.1010	5	0.0682	7	0.0446	9	0.0266	12	0.1413	2	0.1066	4	0.1623	1
南通	0.0570	8	0.1674	1	0.0377	10	0.1004	5	0.0007	14	0.0135	12	0.0434	9
汕头	0.0646	5	0.0007	14	0.0270	11	0.0490	7	0.1825	2	0.0099	13	0.0490	7
九江	0.0021	13	0.0615	9	0.0971	4	0.0923	5	0.0007	14	0.0649	8	0.1763	1
朔州	0.0384	11	0.1061	4	0.0827	7	0.0857	6	0.0006	14	0.1145	3	0.1025	5
南京	0.0257	9	0.1616	2	0.1424	3	0.0038	14	0.1424	3	0.0526	7	0.0892	6
枣庄	0.0912	4	0.1733	1	0.0515	10	0.0678	6	0.0007	14	0.1336	2	0.0085	13
防城港	0.1609	2	0.0203	12	0.0076	14	0.0792	6	0.1229	4	0.1026	5	0.0184	13
连云港	0.0956	3	0.1463	2	0.0748	6	0.0189	13	0.0007	14	0.0488	10	0.0637	9
南昌	0.0507	8	0.1612	1	0.0674	7	0.0445	11	0.0980	3	0.0313	14	0.0452	10
长春	0.1744	1	0.1482	3	0.0185	13	0.0645	7	0.1559	2	0.0236	11	0.0160	14
辽源	0.1103	2	0.0938	6	0.0291	12	0.0627	8	0.0007	14	0.1044	4	0.0594	9
无锡	0.0471	8	0.1790	1	0.0877	6	0.0193	12	0.0007	14	0.0435	10	0.1013	4

续表

城市名称	建成区绿化覆盖率		空气质量优良天数		人均用水量		人均绿地面积		生活垃圾无害化处理率		单位 GDP 综合能耗		一般工业固体废物综合利用率	
	数值	排名	数值	排名	数值	排名	数值	排名	数值	排名	数值	排名	数值	排名
台　州	0. 0313	12	0. 1465	1	0. 0590	10	0. 1122	4	0. 0007	14	0. 0029	13	0. 0605	9
石嘴山	0. 0903	5	0. 0772	7	0. 0838	6	0. 0065	13	0. 1171	4	0. 1670	1	0. 1266	3
萍　乡	0. 0778	6	0. 0240	12	0. 0670	8	0. 0816	5	0. 0006	14	0. 1518	1	0. 0595	10
鄂　州	0. 1519	1	0. 1074	4	0. 0134	12	0. 0519	9	0. 0006	14	0. 1300	3	0. 0933	6
柳　州	0. 0618	7	0. 0952	5	0. 1113	4	0. 0399	11	0. 0006	14	0. 1506	2	0. 0766	6
深　圳	0. 0194	9	0. 0870	6	0. 1853	1	0. 0013	13	0. 1124	5	0. 0040	11	0. 1371	4
太　原	0. 0985	5	0. 1732	1	0. 0773	6	0. 0271	10	0. 0007	14	0. 1388	3	0. 1626	2
桂　林	0. 0455	12	0. 0555	9	0. 0529	10	0. 1158	2	0. 1343	1	0. 0693	7	0. 0883	5
咸　阳	0. 0737	8	0. 0865	5	0. 0410	12	0. 1175	1	0. 1125	2	0. 0421	11	0. 0504	9
湛　江	0. 0762	8	0. 0250	12	0. 0968	5	0. 1336	1	0. 0006	14	0. 0194	13	0. 0412	11
淄　博	0. 0287	10	0. 1915	1	0. 0449	9	0. 0206	13	0. 0007	14	0. 1686	2	0. 0744	6
滁　州	0. 1033	5	0. 1002	6	0. 1051	4	0. 0894	7	0. 0006	14	0. 0368	12	0. 0483	8
宁　波	0. 1278	3	0. 1246	4	0. 0658	7	0. 0439	10	0. 0006	14	0. 0562	8	0. 1007	5
淮　安	0. 0719	5	0. 1143	3	0. 0157	13	0. 0702	6	0. 1514	1	0. 0586	10	0. 0389	11
辽　阳	0. 0884	4	0. 0669	6	0. 0461	8	0. 0430	9	0. 0008	13	0. 1952	2	0. 1660	3
宝　鸡	0. 0821	6	0. 0890	4	0. 0775	8	0. 0764	9	0. 0006	14	0. 0597	10	0. 1436	1
淮　北	0. 0219	11	0. 0857	7	0. 0459	9	0. 0459	9	0. 0007	14	0. 1049	3	0. 0891	5
株　洲	0. 0642	9	0. 1523	1	0. 0088	13	0. 0680	6	0. 0006	14	0. 0648	7	0. 1026	3
长　沙	0. 1191	3	0. 1699	1	0. 0676	7	0. 0656	8	0. 0007	14	0. 0615	9	0. 1171	4
营　口	0. 1034	5	0. 0491	8	0. 0265	11	0. 0491	8	0. 1460	2	0. 1647	1	0. 1124	3

续表

城市名称	建成区绿化覆盖率		空气质量优良天数		人均用水量		人均绿地面积		生活垃圾无害化处理率		单位 GDP 综合能耗		一般工业固体废物综合利用率	
	数值	排名	数值	排名	数值	排名	数值	排名	数值	排名	数值	排名	数值	排名
上海	0.1107	5	0.1259	4	0.1321	2	0.0073	13	0.1265	3	0.0203	10	0.0435	9
东莞	0.0127	11	0.1379	3	0.1894	1	0.0007	14	0.1821	2	0.0288	8	0.1365	4
大同	0.0278	13	0.0731	8	0.0354	11	0.0611	9	0.1216	2	0.1183	3	0.0791	6
锦州	0.0523	9	0.0439	13	0.0096	14	0.0754	5	0.1316	1	0.0866	4	0.0675	8
池州	0.0699	9	0.0382	11	0.0817	8	0.0899	6	0.0846	7	0.1046	4	0.0006	14
肇庆	0.1398	2	0.1292	3	0.0364	10	0.0664	7	0.0963	5	0.0299	12	0.1521	1
吉林	0.0125	14	0.0900	5	0.0179	13	0.0531	9	0.1199	3	0.0900	5	0.1157	4
成都	0.0932	5	0.1765	1	0.0449	10	0.0529	6	0.0007	14	0.0469	9	0.0231	12
马鞍山	0.0264	13	0.1216	3	0.0523	8	0.0282	12	0.1039	4	0.1450	1	0.1304	2
襄樊	0.0148	14	0.0866	5	0.0330	12	0.0929	4	0.0849	7	0.0946	3	0.0330	12
鹰潭	0.0898	6	0.0375	11	0.0978	2	0.0924	4	0.0007	14	0.0228	13	0.0891	7
银川	0.0634	8	0.1233	3	0.0417	10	0.0131	12	0.1330	2	0.1398	1	0.1033	6
吉安	0.0126	11	0.0006	13	0.1538	1	0.1382	3	0.0006	13	0.0126	11	0.0451	9
宜昌	0.0563	10	0.0863	5	0.0316	12	0.0568	9	0.1153	2	0.1147	3	0.1373	1
梅州	0.0353	10	0.0006	13	0.1306	3	0.1405	2	0.0006	13	0.0763	7	0.0202	11
贵阳	0.0273	11	0.1116	3	0.0535	10	0.0105	14	0.1105	4	0.1273	2	0.1384	1
乌海	0.0801	6	0.1122	5	0.0609	7	0.0160	10	0.1519	1	0.1449	4	0.1519	1
大庆	0.0152	11	0.0419	10	0.0894	6	0.0085	12	0.1368	3	0.1143	4	0.0511	9
本溪	0.0032	13	0.0393	9	0.1289	4	0.0026	14	0.0921	5	0.1798	2	0.1817	1
十堰	0.0329	10	0.0834	8	0.0282	11	0.0852	6	0.0006	14	0.1052	4	0.1557	1

续表

城市名称	建成区绿化覆盖率		空气质量优良天数		人均用水量		人均绿地面积		生活垃圾无害化处理率		单位 GDP 综合能耗		一般工业固体废物综合利用率	
	数值	排名	数值	排名	数值	排名	数值	排名	数值	排名	数值	排名	数值	排名
衢州	0.0593	9	0.1214	2	0.0599	8	0.0752	5	0.0005	14	0.1137	3	0.0686	7
莆田	0.0131	9	0.0007	13	0.0029	12	0.1284	4	0.1123	5	0.0124	10	0.0007	13
泉州	0.0450	10	0.0244	13	0.0695	6	0.0817	5	0.0977	4	0.0334	12	0.0553	8
阳江	0.1218	3	0.0006	13	0.0964	6	0.1112	5	0.0006	13	0.0241	11	0.0117	12
鄂尔多斯	0.0381	10	0.0698	7	0.0546	9	0.0094	11	0.1133	5	0.0874	6	0.1567	2
抚州	0.0041	13	0.0186	11	0.1060	5	0.1089	4	0.0006	14	0.0140	12	0.0932	7
宿迁	0.0454	12	0.1307	1	0.1003	3	0.0537	10	0.0006	14	0.0244	13	0.0875	7
黄石	0.1583	1	0.0834	5	0.0030	13	0.0792	6	0.0006	14	0.1396	3	0.0683	7
龙岩	0.0372	13	0.0232	14	0.0458	11	0.1014	4	0.0836	6	0.0485	10	0.0933	5
南平	0.0054	14	0.0128	13	0.1106	3	0.1170	2	0.0771	6	0.0634	10	0.0973	5
嘉兴	0.0551	8	0.1647	1	0.0170	12	0.0654	7	0.0007	14	0.0470	9	0.0715	6
广元	0.1001	4	0.0311	12	0.0889	6	0.0853	8	0.1173	2	0.0830	9	0.0005	14
丹东	0.1054	4	0.0006	13	0.0393	11	0.0820	7	0.0006	13	0.1224	3	0.0495	10
七台河	0.0990	5	0.0827	8	0.0290	10	0.0237	12	0.0005	14	0.1316	2	0.0895	7
丽水	0.0254	12	0.0376	11	0.0856	6	0.1209	3	0.0006	14	0.0150	13	0.0463	10
中卫	0.1126	4	0.0495	10	0.1221	3	0.0570	9	0.0005	13	0.1351	1	0.0690	8
潮州	0.0214	11	0.0190	12	0.0678	8	0.1082	4	0.0006	14	0.0945	7	0.0125	13
泰州	0.0756	7	0.1369	2	0.0733	8	0.0974	5	0.0006	13	0.0006	13	0.0309	11
牡丹江	0.1091	3	0.0716	8	0.0657	9	0.0370	11	0.0006	13	0.0845	5	0.0006	13
泰安	0.0248	13	0.1404	1	0.1086	2	0.0879	5	0.0006	14	0.0749	9	0.0301	11

续表

城市名称	建成区绿化覆盖率		空气质量优良天数		人均用水量		人均绿地面积		生活垃圾无害化处理率		单位 GDP 综合能耗		一般工业固体废物综合利用率	
	数值	排名	数值	排名	数值	排名	数值	排名	数值	排名	数值	排名	数值	排名
丽江	0. 0662	9	0. 0303	11	0. 0842	6	0. 0826	7	0. 0005	14	0. 0924	5	0. 0703	8
通化	0. 1093	1	0. 0444	12	0. 0590	10	0. 0787	6	0. 0819	5	0. 0855	4	0. 0695	7
石家庄	0. 0333	10	0. 1655	1	0. 0164	14	0. 0830	5	0. 1480	2	0. 1123	3	0. 0275	13
中山	0. 0785	7	0. 1243	3	0. 0773	8	0. 0315	10	0. 0006	14	0. 0142	12	0. 1447	2
绵阳	0. 1050	1	0. 0690	9	0. 0705	8	0. 0844	6	0. 0005	14	0. 1035	2	0. 0294	13
临沂	0. 0534	11	0. 1535	1	0. 0742	8	0. 0787	7	0. 0006	14	0. 0602	9	0. 0827	5
韶关	0. 0087	14	0. 0260	12	0. 0327	11	0. 0587	9	0. 0868	6	0. 1062	3	0. 1052	5
伊春	0. 1603	2	0. 0006	12	0. 0041	11	0. 0176	9	0. 0006	12	0. 1381	5	0. 1088	6
阳泉	0. 0556	8	0. 0624	7	0. 0079	14	0. 0483	10	0. 1201	3	0. 1207	2	0. 1453	1
宜春	0. 0319	10	0. 0006	13	0. 1375	2	0. 1317	3	0. 0006	13	0. 0638	7	0. 0203	11
日照	0. 0420	9	0. 1667	2	0. 0620	6	0. 0748	5	0. 0007	14	0. 0185	13	0. 0292	11
郑州	0. 1116	6	0. 1444	1	0. 0070	14	0. 0499	8	0. 1218	3	0. 0301	10	0. 1165	5
西宁	0. 1013	5	0. 1153	3	0. 0341	11	0. 0476	9	0. 1201	2	0. 1321	1	0. 0341	11
抚顺	0. 0541	9	0. 0716	7	0. 0755	6	0. 0293	11	0. 0006	14	0. 1246	3	0. 1483	1
兰州	0. 1296	3	0. 0897	5	0. 0441	10	0. 0378	12	0. 1485	1	0. 1411	2	0. 0383	11
宣城	0. 0575	11	0. 0702	8	0. 0992	2	0. 0595	10	0. 0005	14	0. 0493	12	0. 0936	3
莱芜	0. 0241	10	0. 1765	3	0. 0170	11	0. 0149	12	0. 0007	14	0. 1970	1	0. 0432	7
金华	0. 1124	3	0. 1385	2	0. 0923	6	0. 1037	5	0. 0891	7	0. 0331	9	0. 0293	11
徐州	0. 0366	11	0. 1516	2	0. 0507	10	0. 0531	8	0. 0006	14	0. 1540	1	0. 0189	13
亳州	0. 0713	6	0. 0606	8	0. 1309	3	0. 1318	2	0. 0005	14	0. 0238	12	0. 0107	13

续表

城市名称	建成区绿化覆盖率		空气质量优良天数		人均用水量		人均绿地面积		生活垃圾无害化处理率		单位 GDP 综合能耗		一般工业固体废物综合利用率	
	数值	排名	数值	排名	数值	排名	数值	排名	数值	排名	数值	排名	数值	排名
六安	0.1007	5	0.0441	10	0.1151	3	0.1096	4	0.0005	14	0.0223	12	0.0966	6
安庆	0.0554	10	0.0902	5	0.0796	7	0.0984	4	0.0815	6	0.0376	13	0.0381	12
湘潭	0.0763	7	0.1464	1	0.0017	13	0.0735	8	0.0006	14	0.1051	5	0.0464	10
长治	0.0127	13	0.1088	4	0.0477	10	0.0891	5	0.0005	14	0.1374	1	0.1210	2
阜新	0.0450	10	0.0439	11	0.0010	14	0.0434	12	0.0760	7	0.1049	4	0.0910	5
包头	0.0391	10	0.0936	6	0.0483	9	0.0175	12	0.0987	5	0.1162	4	0.1306	3
榆林	0.0779	8	0.0593	9	0.1121	2	0.0944	4	0.0944	4	0.0576	10	0.0338	12
荆门	0.0781	6	0.0732	8	0.0371	13	0.0910	3	0.0005	14	0.0865	5	0.0662	11
乐山	0.1032	3	0.0636	10	0.0752	6	0.0653	9	0.1101	2	0.1135	1	0.0413	13
来宾	0.1072	2	0.0004	13	0.0905	6	0.0944	5	0.0004	13	0.0711	10	0.0966	4
邯郸	0.0072	13	0.1557	1	0.0889	4	0.0878	6	0.0006	14	0.1436	2	0.0536	10
漳州	0.0536	10	0.0138	13	0.1076	5	0.1166	2	0.0827	6	0.0387	11	0.0578	9
吴忠	0.0650	8	0.0456	11	0.0212	14	0.0320	13	0.0731	7	0.1236	1	0.0948	5
德州	0.0331	10	0.1577	1	0.1023	4	0.0949	5	0.0006	14	0.0766	8	0.0189	13
酒泉	0.1138	4	0.0835	6	0.0546	8	0.0546	8	0.0005	14	0.1083	5	0.1172	3
随州	0.0234	13	0.0909	5	0.0797	6	0.0371	12	0.0959	4	0.0426	11	0.0086	14
漯河	0.0887	8	0.1368	1	0.0112	12	0.0892	7	0.0005	14	0.0513	10	0.0069	13
益阳	0.0871	8	0.0535	10	0.0900	6	0.0980	4	0.0005	14	0.0393	11	0.0777	9

续表

城市名称	建成区绿化覆盖率		空气质量优良天数		人均用水量		人均绿地面积		生活垃圾无害化处理率		单位 GDP 综合能耗		一般工业固体废物综合利用率	
	数值	排名	数值	排名	数值	排名	数值	排名	数值	排名	数值	排名	数值	排名
玉　林	0.1082	5	0.0152	12	0.1058	6	0.1157	3	0.0005	14	0.0579	9	0.0759	8
德　阳	0.0772	8	0.0741	9	0.0853	5	0.0945	2	0.0005	14	0.0930	3	0.0061	13
安　康	0.0589	9	0.0225	12	0.1191	2	0.0944	6	0.0004	14	0.0508	11	0.0692	8
滨　州	0.0210	12	0.1311	2	0.0641	8	0.0630	9	0.0006	14	0.0851	6	0.1061	3
温　州	0.1185	4	0.1243	3	0.0201	11	0.0869	6	0.0006	14	0.0069	13	0.0224	10
娄　底	0.0777	8	0.0589	9	0.0902	6	0.1085	2	0.0005	14	0.0492	10	0.0241	12
唐　山	0.0584	7	0.1475	1	0.0139	14	0.0584	7	0.1164	4	0.1378	2	0.1174	3
呼和浩特	0.1266	2	0.1157	3	0.0236	11	0.0170	12	0.0770	8	0.0897	6	0.1271	1
葫芦岛	0.0852	6	0.0523	10	0.0290	13	0.0554	9	0.1068	3	0.1217	1	0.1085	2
松　原	0.0373	11	0.0005	14	0.0591	9	0.0863	6	0.0911	5	0.0654	8	0.0785	7
乌兰察布	0.0743	6	0.0167	13	0.1076	3	0.0668	8	0.0718	7	0.0997	4	0.0909	5
佳木斯	0.0442	10	0.0318	13	0.0263	14	0.0373	12	0.0963	3	0.0723	9	0.0898	5
清　远	0.0626	11	0.0005	13	0.0641	10	0.0993	3	0.0005	13	0.0885	6	0.0812	8
遂　宁	0.1178	3	0.0514	10	0.0940	5	0.0394	11	0.0917	6	0.0651	8	0.0160	13
白　山	0.1279	1	0.0367	11	0.0202	12	0.0738	8	0.0005	14	0.1189	3	0.1091	5
岳　阳	0.0665	8	0.0706	7	0.0266	12	0.0936	4	0.0005	14	0.0629	10	0.0644	9
黑　河	0.1142	2	0.0004	13	0.1098	4	0.1124	3	0.0004	13	0.0433	11	0.0544	9
鞍　山	0.1060	5	0.0563	8	0.0658	7	0.0390	10	0.0006	14	0.1255	3	0.1539	1

续表

城市名称	建成区绿化覆盖率		空气质量优良天数		人均用水量		人均绿地面积		生活垃圾无害化处理率		单位 GDP 综合能耗		一般工业固体废物综合利用率	
	数值	排名	数值	排名	数值	排名	数值	排名	数值	排名	数值	排名	数值	排名
焦　作	0.0674	9	0.0789	5	0.0432	14	0.0613	11	0.0798	4	0.0679	8	0.1067	1
南　充	0.0455	12	0.0689	9	0.0790	7	0.0826	5	0.0959	3	0.0661	10	0.0794	6
潍　坊	0.0745	7	0.1560	1	0.0768	6	0.0733	8	0.0006	14	0.0833	5	0.0077	12
济　宁	0.1148	2	0.1342	1	0.0577	11	0.0751	5	0.0005	14	0.0552	12	0.0678	8
齐齐哈尔	0.0788	7	0.0320	14	0.0546	9	0.0505	10	0.1137	1	0.0698	8	0.0907	6
固　原	0.1085	3	0.0420	12	0.1005	5	0.0685	8	0.0809	7	0.0116	13	0.0568	9
金　昌	0.1163	5	0.0709	7	0.0349	10	0.0220	11	0.0005	14	0.1228	4	0.1387	1
通　辽	0.0068	13	0.0459	11	0.0655	9	0.0709	8	0.1145	3	0.0827	5	0.0818	6
巴彦淖尔	0.0849	6	0.0382	12	0.0789	7	0.0637	9	0.0751	8	0.1027	3	0.0997	4
鸡　西	0.0645	9	0.0477	10	0.0041	14	0.0413	12	0.1118	3	0.0754	7	0.0704	8
孝　感	0.0129	13	0.0760	9	0.1157	2	0.1185	1	0.0005	14	0.0927	8	0.1080	3
阜　阳	0.1041	3	0.0535	10	0.1016	4	0.1012	5	0.0811	7	0.0597	9	0.0066	14
嘉峪关	0.1175	5	0.0623	8	0.1158	6	0.0038	12	0.0005	14	0.1546	1	0.1404	4
泸　州	0.0735	8	0.0853	6	0.0510	10	0.0720	9	0.0005	14	0.1009	5	0.0769	7
郴　州	0.0352	13	0.0775	6	0.0837	5	0.0913	4	0.0005	14	0.0380	12	0.1213	2
眉　山	0.0929	7	0.0707	9	0.0956	6	0.1005	4	0.0004	13	0.1045	3	0.0004	13
攀枝花	0.0808	6	0.0467	10	0.0780	7	0.0265	12	0.0847	5	0.1314	3	0.1352	1
新　乡	0.0590	10	0.1038	3	0.0526	12	0.0861	6	0.0005	14	0.0615	8	0.0344	13

续表

城市名称	建成区绿化覆盖率		空气质量优良天数		人均用水量		人均绿地面积		生活垃圾无害化处理率		单位 GDP 综合能耗		一般工业固体废物综合利用率	
	数值	排名	数值	排名	数值	排名	数值	排名	数值	排名	数值	排名	数值	排名
宁德	0.0385	11	0.0147	13	0.1209	2	0.1200	3	0.1008	5	0.0050	14	0.0458	10
渭南	0.0874	7	0.0677	10	0.0849	8	0.1083	1	0.1079	2	0.1017	4	0.0004	13
河源	0.0174	12	0.0005	13	0.0754	8	0.1215	4	0.0005	13	0.0322	10	0.1329	1
许昌	0.0772	9	0.0866	6	0.0969	2	0.0835	7	0.0826	8	0.0314	12	0.0193	13
洛阳	0.1037	4	0.0903	7	0.0390	11	0.0694	8	0.1184	2	0.0476	10	0.1141	3
四平	0.1005	2	0.0324	14	0.0753	7	0.0789	5	0.0749	8	0.0545	11	0.0545	11
汉中	0.0758	8	0.0253	14	0.0903	4	0.0985	1	0.0922	3	0.0658	10	0.0926	2
三明	0.0457	10	0.0196	14	0.0365	11	0.1019	4	0.0795	7	0.0895	5	0.0818	6
晋城	0.0140	13	0.1258	3	0.0634	7	0.0589	9	0.0005	14	0.1108	4	0.1033	5
张家口	0.0421	12	0.0760	7	0.0515	11	0.0675	8	0.0981	3	0.0912	4	0.1087	1
铁岭	0.0764	9	0.0236	12	0.0856	6	0.0801	7	0.0005	13	0.1124	2	0.1050	3
盐城	0.0629	10	0.1006	3	0.1011	2	0.1006	3	0.0005	14	0.0116	12	0.0927	7
自贡	0.0672	8	0.0801	7	0.0594	11	0.0494	13	0.0880	4	0.0988	2	0.0614	10
永州	0.0943	5	0.0167	13	0.0701	9	0.1039	4	0.0004	14	0.0543	10	0.0797	8
鹤岗	0.0433	10	0.0605	9	0.0048	13	0.0219	11	0.1314	1	0.1067	5	0.0800	8
雅安	0.0412	12	0.0004	14	0.0629	11	0.0724	9	0.1028	4	0.0633	10	0.1053	1
平顶山	0.0596	9	0.0940	3	0.0435	13	0.0915	4	0.0869	5	0.0716	8	0.0385	14
荆州	0.0799	8	0.1005	4	0.0812	7	0.1088	3	0.0005	14	0.0399	11	0.1239	1

续表

城市名称	建成区绿化覆盖率		空气质量优良天数		人均用水量		人均绿地面积		生活垃圾无害化处理率		单位 GDP 综合能耗		一般工业固体废物综合利用率	
	数值	排名	数值	排名	数值	排名	数值	排名	数值	排名	数值	排名	数值	排名
咸　　宁	0. 1013	4	0. 0520	11	0. 0917	5	0. 0529	10	0. 0005	14	0. 0758	6	0. 1114	2
双 鸭 山	0. 0208	14	0. 0384	10	0. 0530	9	0. 0384	10	0. 1126	3	0. 1020	4	0. 1011	5
信　　阳	0. 0328	10	0. 0715	9	0. 1239	2	0. 0970	5	0. 0934	7	0. 0059	14	0. 0196	12
延　　安	0. 0624	9	0. 0502	11	0. 0940	3	0. 0770	8	0. 0932	4	0. 0219	14	0. 0818	6
商　　洛	0. 1182	1	0. 0268	11	0. 1153	4	0. 1157	3	0. 0004	14	0. 0147	13	0. 1169	2
衡　　阳	0. 1070	2	0. 0360	12	0. 0537	10	0. 0963	5	0. 0004	14	0. 0439	11	0. 0857	6
绥　　化	0. 1093	2	0. 0435	10	0. 1093	2	0. 1101	1	0. 1037	4	0. 0364	11	0. 0004	13
宿　　州	0. 0786	7	0. 0406	11	0. 0886	6	0. 0937	4	0. 0642	10	0. 0344	13	0. 0925	5
开　　封	0. 0914	4	0. 0876	5	0. 0643	12	0. 0755	7	0. 1110	1	0. 0230	13	0. 0004	14
保　　定	0. 0628	9	0. 1283	1	0. 1040	4	0. 1017	6	0. 0005	14	0. 0756	7	0. 0729	8
常　　德	0. 0241	13	0. 0966	5	0. 0787	7	0. 0946	6	0. 0005	14	0. 0521	10	0. 0304	11
张　　掖	0. 1061	3	0. 0344	12	0. 0615	10	0. 0374	11	0. 0004	14	0. 0989	4	0. 0951	5
承　　德	0. 0465	12	0. 0807	5	0. 0628	9	0. 0485	11	0. 0962	3	0. 0791	6	0. 1125	1
云　　浮	0. 0708	10	0. 0005	13	0. 0923	7	0. 1129	3	0. 0005	13	0. 0782	9	0. 0928	6
资　　阳	0. 0732	7	0. 0390	12	0. 1165	3	0. 1113	5	0. 0004	14	0. 0546	9	0. 0134	13
聊　　城	0. 0069	13	0. 1367	1	0. 0954	6	0. 1101	2	0. 0005	14	0. 0782	8	0. 0261	11
揭　　阳	0. 1120	2	0. 0004	14	0. 0755	9	0. 0818	8	0. 0856	7	0. 0281	12	0. 0076	13
广　　安	0. 0847	6	0. 0158	14	0. 1001	2	0. 0928	5	0. 0756	9	0. 0972	4	0. 0789	8

续表

城市名称	建成区绿化覆盖率		空气质量优良天数		人均用水量		人均绿地面积		生活垃圾无害化处理率		单位 GDP 综合能耗		一般工业固体废物综合利用率	
	数值	排名	数值	排名	数值	排名	数值	排名	数值	排名	数值	排名	数值	排名
上　饶	0.0048	13	0.0124	12	0.1203	5	0.1280	3	0.0005	14	0.0134	11	0.1337	1
南　阳	0.1104	1	0.0789	7	0.0917	4	0.0789	7	0.1065	2	0.0080	13	0.0889	6
安　阳	0.0722	9	0.1068	1	0.0598	11	0.0979	3	0.0004	14	0.0868	6	0.0756	7
平　凉	0.0885	4	0.0202	14	0.0940	3	0.0647	9	0.0528	12	0.0795	7	0.0813	5
巴　中	0.0779	8	0.0235	13	0.0980	4	0.0980	4	0.0675	9	0.0621	10	0.0351	11
武　威	0.1066	1	0.0260	13	0.0795	7	0.0901	6	0.0599	11	0.0708	8	0.0708	8
怀　化	0.0878	4	0.0156	14	0.0762	8	0.0849	6	0.0776	7	0.0439	12	0.0990	2
梧　州	0.0752	6	0.0204	13	0.0633	11	0.0752	6	0.0004	14	0.0718	9	0.0888	4
吕　梁	0.0631	10	0.0515	12	0.1080	2	0.1057	3	0.0004	14	0.1042	4	0.0754	6
茂　名	0.1015	2	0.0004	14	0.0945	4	0.0909	6	0.0783	8	0.0464	11	0.0346	13
三门峡	0.0206	13	0.0902	5	0.0872	6	0.0843	8	0.0986	4	0.0621	10	0.1137	1
遵　义	0.0451	11	0.0335	12	0.1013	3	0.1071	1	0.0004	14	0.0877	8	0.0178	13
庆　阳	0.0983	4	0.0226	13	0.1031	1	0.1002	3	0.0769	9	0.0244	12	0.0192	14
宜　宾	0.0964	1	0.0597	10	0.0946	3	0.0738	8	0.0957	2	0.0783	7	0.0523	13
菏　泽	0.0487	12	0.1141	1	0.1112	2	0.1004	3	0.0004	13	0.0650	9	0.0004	13
呼伦贝尔	0.1101	2	0.0200	14	0.0866	6	0.0784	7	0.1062	3	0.0690	8	0.1023	4
晋　中	0.0864	5	0.0778	7	0.0748	8	0.0782	6	0.0992	2	0.1037	1	0.0710	9
保　山	0.0904	5	0.0004	14	0.0847	7	0.0926	3	0.0563	11	0.0664	9	0.0517	13

续表

城市名称	建成区绿化覆盖率		空气质量优良天数		人均用水量		人均绿地面积		生活垃圾无害化处理率		单位 GDP 综合能耗		一般工业固体废物综合利用率	
	数值	排名	数值	排名	数值	排名	数值	排名	数值	排名	数值	排名	数值	排名
玉　溪	0.0848	6	0.0097	14	0.0643	10	0.0755	8	0.0938	2	0.0755	8	0.1024	1
钦　州	0.1011	3	0.0004	14	0.0725	9	0.0689	10	0.0892	6	0.0302	11	0.0302	11
拉　萨	0.1013	6	0.0449	9	0.1022	5	0.0158	13	0.0005	14	0.0253	12	0.1357	1
沧　州	0.0891	6	0.1088	2	0.1052	4	0.1072	3	0.0746	9	0.0794	8	0.0113	13
贵　港	0.1030	1	0.0351	13	0.0502	10	0.0963	5	0.0616	9	0.0970	4	0.0742	8
天　水	0.0929	5	0.0279	14	0.0827	7	0.0906	6	0.1073	1	0.0423	11	0.0389	13
商　丘	0.0376	13	0.0640	9	0.0991	1	0.0987	2	0.0886	5	0.0398	12	0.0141	14
张家界	0.0695	9	0.0796	7	0.0615	11	0.0635	10	0.1133	1	0.0225	14	0.0305	13
廊　坊	0.0152	14	0.1253	2	0.0871	5	0.0590	9	0.1295	1	0.0889	4	0.0194	13
朝　阳	0.0980	3	0.0165	13	0.0611	11	0.0896	5	0.0004	14	0.1007	2	0.0927	4
白　城	0.1045	2	0.0329	13	0.0825	6	0.0751	9	0.1084	1	0.0410	11	0.0403	12
濮　阳	0.0653	11	0.0686	8	0.0617	12	0.0823	4	0.0798	5	0.0516	13	0.0357	14
贺　州	0.0156	12	0.0004	13	0.0782	9	0.0790	8	0.0004	13	0.0986	5	0.0868	7
白　银	0.0997	4	0.0398	11	0.0072	14	0.0516	10	0.1016	2	0.1016	2	0.0929	6
汕　尾	0.0362	11	0.0004	14	0.0896	7	0.1139	2	0.1065	4	0.0033	13	0.0111	12
邵　阳	0.0830	6	0.0449	12	0.0721	9	0.0954	2	0.0675	10	0.0424	13	0.0816	7
定　西	0.0951	5	0.0194	14	0.0975	2	0.0975	2	0.0598	10	0.0484	11	0.0629	9
内　江	0.0739	7	0.0525	10	0.0787	6	0.0711	8	0.0929	3	0.0891	4	0.0511	11

续表

城市名称	建成区绿化覆盖率		空气质量优良天数		人均用水量		人均绿地面积		生活垃圾无害化处理率		单位 GDP 综合能耗		一般工业固体废物综合利用率	
	数值	排名	数值	排名	数值	排名	数值	排名	数值	排名	数值	排名	数值	排名
临沧	0.0673	10	0.0166	14	0.0935	2	0.0928	3	0.0621	11	0.0290	13	0.0690	9
赤峰	0.0694	7	0.0419	13	0.0334	14	0.0595	9	0.0672	8	0.1029	1	0.1010	2
安顺	0.1059	1	0.0004	14	0.0882	7	0.0499	11	0.1003	4	0.1029	2	0.0798	8
赣州	0.0790	8	0.0004	13	0.0926	6	0.0972	5	0.0004	13	0.0170	12	0.0790	8
百色	0.0790	7	0.0273	13	0.0693	11	0.0920	3	0.0004	14	0.0959	1	0.0902	4
驻马店	0.0499	11	0.0680	10	0.0915	5	0.0966	1	0.0771	9	0.0926	4	0.0174	14
河池	0.0958	4	0.0196	13	0.0890	5	0.0994	1	0.0004	14	0.0410	12	0.0969	3
曲靖	0.0858	8	0.0096	13	0.0921	4	0.0962	2	0.0004	14	0.0773	10	0.0862	7
邢台	0.0863	5	0.1134	1	0.0791	8	0.0843	7	0.0004	14	0.0911	4	0.0443	11
黄冈	0.0908	4	0.0588	10	0.0915	3	0.0975	1	0.0954	2	0.0404	13	0.0459	12
达州	0.0939	5	0.0265	12	0.0838	10	0.0906	6	0.0874	8	0.0964	3	0.0087	13
忻州	0.0887	2	0.0621	11	0.0803	8	0.0883	3	0.0934	1	0.0846	5	0.0598	12
运城	0.0705	8	0.0666	10	0.0854	6	0.0903	4	0.0687	9	0.0999	1	0.0815	7
衡水	0.0402	12	0.1056	1	0.0984	3	0.0872	5	0.1014	2	0.0744	9	0.0098	14
周口	0.0579	12	0.0707	9	0.0919	1	0.0906	4	0.0698	10	0.0238	14	0.0291	13
六盘水	0.1059	3	0.0004	13	0.0896	9	0.1079	2	0.0004	13	0.1082	1	0.0991	6
崇左	0.0720	9	0.0164	14	0.0855	4	0.0807	5	0.0878	2	0.0695	10	0.0797	7
昭通	0.0851	8	0.0003	14	0.0899	4	0.0903	3	0.0883	5	0.0559	11	0.0848	9
陇南	0.0947	1	0.0200	12	0.0947	1	0.0947	1	0.0930	7	0.0427	11	0.0810	10

续表

城市名称	城市污水处理率		互联网宽带接入用户数/城市年底总户数		人均 GDP		人口密度		水利、环境和公共设施管理业全市从业人数/城市年底总人口		民用车辆数/城市道路长度		城市维护建设资金支出/城市GDP	
	数值	排名	数值	排名	数值	排名	数值	排名	数值	排名	数值	排名	数值	排名
珠　海	0.1736	2	0.0059	11	0.0131	8	0.1165	5	0.0024	12	0.0071	10	0.0202	6
三　亚	0.2360	1	0.0306	8	0.0537	6	0.0927	5	0.0011	12	0.1128	4	0.0464	7
厦　门	0.0757	7	0.0052	14	0.0301	9	0.1893	1	0.0129	11	0.0723	8	0.0095	12
铜　陵	0.1703	2	0.0549	7	0.0227	10	0.0785	6	0.0520	8	0.0274	9	0.0123	13
新　余	0.0274	10	0.1027	5	0.0468	6	0.0308	9	0.1712	2	0.0274	10	0.0365	8
惠　州	0.0154	13	0.0139	14	0.0563	9	0.0629	7	0.0651	6	0.0344	12	0.0402	10
舟　山	0.2632	1	0.0332	8	0.0352	7	0.1098	4	0.0176	11	0.0166	12	0.0383	6
沈　阳	0.0379	9	0.0672	7	0.0284	11	0.0540	8	0.0095	13	0.0928	5	0.0331	10
福　州	0.1558	1	0.0293	11	0.0461	10	0.0251	13	0.0854	5	0.1365	2	0.0511	9
大　连	0.1487	2	0.0575	9	0.0088	13	0.0159	12	0.0761	6	0.0965	5	0.1177	4
海　口	0.1148	3	0.0230	11	0.1090	4	0.0992	5	0.0090	13	0.0541	9	0.0672	7
景德镇	0.2209	1	0.0813	5	0.1238	3	0.0693	6	0.0980	4	0.0444	10	0.1257	2
广　州	0.0677	7	0.0022	13	0.0066	11	0.1560	3	0.0059	12	0.0383	9	0.0464	8
南　宁	0.1993	1	0.0404	9	0.1227	3	0.0568	7	0.0395	11	0.1112	4	0.0008	13
芜　湖	0.0925	5	0.0810	6	0.0640	8	0.0740	7	0.1342	2	0.0139	13	0.0200	12
黄　山	0.0812	5	0.1200	4	0.1425	3	0.1917	1	0.0492	8	0.0492	8	0.0579	7
西　安	0.0701	6	0.0171	13	0.0607	8	0.1176	2	0.0397	11	0.1090	4	0.0023	14

续表

城市名称	城市污水处理率		互联网宽带接入用户数/城市年底总户数		人均 GDP		人口密度		水利、环境和公共设施管理业全市从业人数/城市年底总人口		民用车辆数/城市道路长度		城市维护建设资金支出/城市GDP	
	数值	排名	数值	排名	数值	排名	数值	排名	数值	排名	数值	排名	数值	排名
苏　州	0. 1904	1	0. 0118	11	0. 0067	12	0. 1205	5	0. 0362	9	0. 1264	3	0. 0522	8
扬　州	0. 1313	2	0. 0749	7	0. 0354	11	0. 0985	4	0. 1187	3	0. 0379	10	0. 0892	5
烟　台	0. 0305	12	0. 0701	5	0. 0323	11	0. 0153	13	0. 0701	5	0. 1644	2	0. 1087	3
青　岛	0. 0496	7	0. 0362	9	0. 0267	13	0. 1087	4	0. 1296	3	0. 0658	6	0. 1401	2
威　海	0. 0632	7	0. 0461	9	0. 0279	11	0. 0032	13	0. 0429	10	0. 1672	2	0. 2079	1
镇　江	0. 1760	2	0. 0587	6	0. 0198	13	0. 1035	4	0. 0457	9	0. 0302	12	0. 1217	3
武　汉	0. 0540	7	0. 0096	13	0. 0215	12	0. 1392	4	0. 0415	9	0. 0281	11	0. 0311	10
蚌　埠	0. 0602	8	0. 1307	4	0. 1466	1	0. 0650	7	0. 1165	5	0. 0166	11	0. 0095	12
湖　州	0. 0843	6	0. 0313	10	0. 0530	9	0. 0070	12	0. 0877	4	0. 1486	2	0. 0860	5
常　州	0. 1294	2	0. 0287	13	0. 0154	14	0. 1133	3	0. 0524	9	0. 0643	6	0. 0958	5
杭　州	0. 0316	7	0. 0105	12	0. 0172	11	0. 0067	13	0. 0220	9	0. 1981	2	0. 0651	6
铜　川	0. 0905	6	0. 1047	4	0. 1020	5	0. 1155	3	0. 0277	10	0. 0135	12	0. 0034	13
克拉玛依	0. 0412	7	0. 0144	12	0. 0021	14	0. 1894	1	0. 0323	10	0. 0220	11	0. 0384	9
济　南	0. 0744	6	0. 0289	10	0. 0282	12	0. 0996	4	0. 0664	7	0. 0260	13	0. 0238	14
淮　南	0. 1363	1	0. 0789	8	0. 0974	6	0. 1094	2	0. 0275	11	0. 0102	13	0. 0143	12
重　庆	0. 0490	10	0. 0893	4	0. 0879	5	0. 0094	14	0. 0879	5	0. 0376	11	0. 0154	13
鹤　壁	0. 1071	3	0. 0443	12	0. 0836	6	0. 0770	7	0. 0464	11	0. 0525	10	0. 0322	13
天　津	0. 0899	5	0. 0553	8	0. 0087	13	0. 1093	4	0. 0200	11	0. 0546	9	0. 0799	6

续表

城市名称	城市污水处理率		互联网宽带接入用户数/城市年底总户数		人均GDP		人口密度		水利、环境和公共设施管理业全市从业人数/城市年底总人口		民用车辆数/城市道路长度		城市维护建设资金支出/城市GDP	
	数值	排名	数值	排名	数值	排名	数值	排名	数值	排名	数值	排名	数值	排名
北京	0.1442	2	0.0174	8	0.0145	9	0.1101	6	0.0029	13	0.1254	4	0.0029	13
盘锦	0.0008	13	0.0798	6	0.0153	11	0.0597	7	0.0048	12	0.1113	4	0.1411	2
合肥	0.1180	3	0.0874	5	0.0471	10	0.0627	9	0.1262	2	0.0680	7	0.0874	5
江门	0.1180	4	0.0429	9	0.0982	5	0.0107	13	0.1592	2	0.0446	7	0.0932	6
秦皇岛	0.0300	10	0.0607	7	0.1153	3	0.0246	11	0.0753	6	0.0930	5	0.0415	9
东营	0.0510	8	0.0389	10	0.0016	13	0.1304	2	0.0923	5	0.1287	3	0.0737	6
乌鲁木齐	0.1123	4	0.0148	12	0.0290	11	0.1063	5	0.0526	9	0.0318	10	0.0055	13
佛山	0.0338	10	0.0051	14	0.0108	13	0.1268	3	0.0490	9	0.1382	2	0.0624	8
绍兴	0.1047	3	0.0297	12	0.0262	13	0.0311	11	0.0729	7	0.1189	2	0.0934	4
哈尔滨	0.0585	8	0.0717	6	0.0520	11	0.1100	4	0.0208	13	0.0416	12	0.0574	9
北海	0.1333	3	0.0456	10	0.0767	5	0.0249	12	0.0497	8	0.1540	2	0.0490	9
昆明	0.0229	13	0.0316	11	0.0558	8	0.0818	6	0.0403	10	0.1159	3	0.0012	14
南通	0.1061	4	0.0848	6	0.0321	11	0.1332	2	0.1303	3	0.0826	7	0.0107	13
汕头	0.0604	6	0.0327	10	0.1470	3	0.1875	1	0.1378	4	0.0391	9	0.0128	12
九江	0.0123	12	0.0786	7	0.1183	2	0.0848	6	0.1162	3	0.0437	11	0.0513	10
朔州	0.0096	13	0.1331	1	0.0408	10	0.1277	2	0.0354	12	0.0785	8	0.0444	9
南京	0.1642	1	0.0192	10	0.0096	13	0.1219	5	0.0411	8	0.0122	12	0.0141	11
枣庄	0.0463	12	0.0638	8	0.0671	7	0.1107	3	0.0808	5	0.0469	11	0.0580	9

续表

城市名称	城市污水处理率		互联网宽带接入用户数/城市年底总户数		人均 GDP		人口密度		水利、环境和公共设施管理业全市从业人数/城市年底总人口		民用车辆数/城市道路长度		城市维护建设资金支出/城市GDP	
	数值	排名	数值	排名	数值	排名	数值	排名	数值	排名	数值	排名	数值	排名
防城港	0.1710	1	0.0475	7	0.0443	8	0.1412	3	0.0266	10	0.0215	11	0.0361	9
连云港	0.1606	1	0.0715	8	0.0923	5	0.0728	7	0.0930	4	0.0332	11	0.0280	12
南昌	0.0688	6	0.0327	13	0.0375	12	0.0806	5	0.0486	9	0.0924	4	0.1411	2
长春	0.1412	4	0.0709	5	0.0307	9	0.0256	10	0.0217	12	0.0403	8	0.0684	6
辽源	0.0192	13	0.1123	1	0.0502	11	0.0991	5	0.0925	7	0.0581	10	0.1083	3
无锡	0.0934	5	0.0264	11	0.0050	13	0.1455	2	0.0642	7	0.0464	9	0.1405	3
台州	0.0999	5	0.0328	11	0.0641	8	0.0649	7	0.1144	3	0.0787	6	0.1319	2
石嘴山	0.0297	10	0.0766	8	0.0398	9	0.1361	2	0.0196	12	0.0053	14	0.0244	11
萍乡	0.1252	2	0.0670	8	0.0835	4	0.0209	13	0.1170	3	0.0696	7	0.0544	11
鄂州	0.1318	2	0.0757	7	0.0403	10	0.0702	8	0.1013	5	0.0031	13	0.0293	11
柳州	0.1750	1	0.0450	10	0.0573	8	0.1190	3	0.0167	12	0.0470	9	0.0039	13
深圳	0.0187	10	0.0007	14	0.0033	12	0.1632	3	0.0214	8	0.0662	7	0.1799	2
太原	0.1236	4	0.0106	12	0.0535	8	0.0278	9	0.0106	12	0.0773	6	0.0185	11
桂林	0.0471	11	0.0661	8	0.0894	4	0.1068	3	0.0286	13	0.0873	6	0.0132	14
咸阳	0.1109	4	0.0837	7	0.0843	6	0.0227	13	0.0460	10	0.1120	3	0.0166	14
湛江	0.0793	7	0.0993	4	0.1267	2	0.0481	10	0.1074	3	0.0836	6	0.0630	9
淄博	0.0265	11	0.0545	7	0.0243	12	0.0928	4	0.0493	8	0.0825	5	0.1406	3
滁州	0.0405	10	0.1196	2	0.1262	1	0.0380	11	0.1093	3	0.0465	9	0.0362	13

续表

城市名称	城市污水处理率		互联网宽带接入用户数/城市年底总户数		人均 GDP		人口密度		水利、环境和公共设施管理业全市从业人数/城市年底总人口		民用车辆数/城市道路长度		城市维护建设资金支出/城市GDP	
	数值	排名	数值	排名	数值	排名	数值	排名	数值	排名	数值	排名	数值	排名
宁　波	0. 1517	1	0. 0129	13	0. 0136	12	0. 0452	9	0. 0407	11	0. 1427	2	0. 0736	6
淮　安	0. 1410	2	0. 0963	4	0. 0684	7	0. 0313	12	0. 0667	9	0. 0081	14	0. 0673	8
辽　阳	0. 0008	13	0. 0769	5	0. 0553	7	0. 0215	11	0. 0138	12	0. 0231	10	0. 2022	1
宝　鸡	0. 0379	12	0. 0839	5	0. 0810	7	0. 1017	2	0. 0936	3	0. 0511	11	0. 0218	13
淮　北	0. 0877	6	0. 0836	8	0. 1199	2	0. 1008	4	0. 1844	1	0. 0151	12	0. 0144	13
株　洲	0. 1517	2	0. 0573	11	0. 0617	10	0. 0283	12	0. 0969	4	0. 0648	7	0. 0780	5
长　沙	0. 0167	12	0. 0368	11	0. 0094	13	0. 0388	10	0. 0742	6	0. 1271	2	0. 0957	5
营　口	0. 0006	14	0. 0665	7	0. 0401	10	0. 0039	13	0. 0239	12	0. 1014	6	0. 1124	3
上　海	0. 0915	6	0. 0175	11	0. 0152	12	0. 1446	1	0. 0073	13	0. 0706	8	0. 0870	7
东　莞	0. 0234	9	0. 0013	13	0. 0328	7	0. 0950	6	0. 1319	5	0. 0181	10	0. 0094	12
大　同	0. 1379	1	0. 0763	7	0. 1118	4	0. 0812	5	0. 0316	12	0. 0403	10	0. 0044	14
锦　州	0. 1299	2	0. 0478	11	0. 0720	6	0. 0478	11	0. 0681	7	0. 1181	3	0. 0495	10
池　州	0. 0541	10	0. 1016	5	0. 1052	3	0. 1110	2	0. 1322	1	0. 0065	13	0. 0200	12
肇　庆	0. 0323	11	0. 0041	14	0. 0816	6	0. 0587	8	0. 1169	4	0. 0470	9	0. 0094	13
吉　林	0. 0334	12	0. 0704	7	0. 0388	10	0. 1288	2	0. 0358	11	0. 0537	8	0. 1401	1
成　都	0. 1216	4	0. 0502	8	0. 0370	11	0. 1262	3	0. 0231	12	0. 1527	2	0. 0509	7
马鞍山	0. 0969	6	0. 0611	7	0. 0417	9	0. 0352	10	0. 1016	5	0. 0294	11	0. 0264	13
襄　樊	0. 0855	6	0. 1168	2	0. 0536	10	0. 0496	11	0. 0661	8	0. 0581	9	0. 1305	1

续表

城市名称	城市污水处理率		互联网宽带接入用户数/城市年底总户数		人均 GDP		人口密度		水利、环境和公共设施管理业全市从业人数/城市年底总人口		民用车辆数/城市道路长度		城市维护建设资金支出/城市GDP	
	数值	排名	数值	排名	数值	排名	数值	排名	数值	排名	数值	排名	数值	排名
鹰潭	0.0422	10	0.0616	9	0.0683	8	0.0328	12	0.0904	5	0.0958	3	0.1788	1
银川	0.0051	14	0.0457	9	0.0342	11	0.1102	4	0.0120	13	0.1079	5	0.0674	7
吉安	0.0613	8	0.0980	6	0.1424	2	0.1094	4	0.0986	5	0.0877	7	0.0391	10
宜昌	0.0525	11	0.0676	6	0.0247	13	0.1056	4	0.0627	8	0.0209	14	0.0676	6
梅州	0.1266	4	0.1092	5	0.1555	1	0.0376	9	0.1023	6	0.0491	8	0.0156	12
贵阳	0.0826	6	0.0256	12	0.0651	8	0.0110	13	0.0576	9	0.0808	7	0.0983	5
乌海	0.0462	9	0.0109	12	0.0077	13	0.0487	8	0.0045	14	0.0147	11	0.1494	3
大庆	0.1666	1	0.0681	7	0.0024	14	0.1435	2	0.0973	5	0.0079	13	0.0571	8
本溪	0.0522	7	0.0464	8	0.0284	10	0.1334	3	0.0077	12	0.0180	11	0.0863	6
十堰	0.0852	6	0.0429	9	0.1063	3	0.1328	2	0.1005	5	0.0182	13	0.0229	12
衢州	0.0846	4	0.0516	12	0.0752	5	0.0555	11	0.1367	1	0.0577	10	0.0401	13
莆田	0.1313	3	0.0088	11	0.0773	7	0.1123	5	0.1991	1	0.0190	8	0.1816	2
泉州	0.1035	3	0.0148	14	0.0379	11	0.0605	7	0.1820	1	0.1441	2	0.0502	9
阳江	0.1273	1	0.0871	7	0.0841	8	0.0266	10	0.1137	4	0.0698	9	0.1248	2
鄂尔多斯	0.0088	12	0.1209	3	0.0006	14	0.1655	1	0.0018	13	0.0558	8	0.1174	4
抚州	0.0559	9	0.1112	3	0.1374	1	0.0961	6	0.1229	2	0.0547	10	0.0763	8
宿迁	0.1042	2	0.0909	5	0.0886	6	0.0593	9	0.0992	4	0.0537	10	0.0615	8
黄石	0.0659	8	0.0508	10	0.0659	8	0.0387	11	0.1480	2	0.0048	12	0.0937	4

续表

城市名称	城市污水处理率		互联网宽带接入用户数/城市年底总户数		人均 GDP		人口密度		水利、环境和公共设施管理业全市从业人数/城市年底总人口		民用车辆数/城市道路长度		城市维护建设资金支出/城市GDP	
	数值	排名	数值	排名	数值	排名	数值	排名	数值	排名	数值	排名	数值	排名
龙岩	0.0717	7	0.0550	9	0.0405	12	0.1160	1	0.1106	2	0.1057	3	0.0674	8
南平	0.0693	8	0.0403	11	0.0663	9	0.1209	1	0.0393	12	0.0752	7	0.1052	4
嘉兴	0.0749	5	0.0102	13	0.0293	11	0.1198	4	0.0449	10	0.1443	3	0.1552	2
广元	0.0952	5	0.1069	3	0.1186	1	0.0884	7	0.0329	11	0.0338	10	0.0180	13
丹东	0.1424	1	0.0649	8	0.0649	8	0.1236	2	0.0137	12	0.0968	5	0.0940	6
七台河	0.1395	1	0.0932	6	0.1148	4	0.1180	3	0.0500	9	0.0011	13	0.0274	11
丽水	0.0966	5	0.0630	9	0.0654	8	0.1267	2	0.0972	4	0.1492	1	0.0706	7
中卫	0.0005	13	0.0915	6	0.1116	5	0.1326	2	0.0225	12	0.0705	7	0.0250	11
潮州	0.1023	5	0.0369	10	0.1213	2	0.0987	6	0.1326	1	0.1177	3	0.0666	9
泰州	0.1495	1	0.0664	9	0.0298	12	0.0991	4	0.1094	3	0.0407	10	0.0899	6
牡丹江	0.1660	1	0.0792	6	0.0721	7	0.1566	2	0.0868	4	0.0235	12	0.0469	10
泰安	0.0289	12	0.0867	7	0.0566	10	0.0761	8	0.1032	3	0.0873	6	0.0938	4
丽江	0.0154	12	0.1068	4	0.1366	2	0.1391	1	0.0098	13	0.1165	3	0.0493	10
通化	0.0366	14	0.0686	8	0.0535	11	0.1052	2	0.0430	13	0.0595	9	0.1052	2
石家庄	0.0281	12	0.0333	10	0.0643	7	0.0532	8	0.0760	6	0.1064	4	0.0526	9
中山	0.0643	9	0.0025	13	0.0198	11	0.1045	4	0.0897	6	0.1577	1	0.0903	5
绵阳	0.0443	12	0.0932	5	0.1014	3	0.0608	10	0.0788	7	0.0587	11	0.1004	4
临沂	0.0321	13	0.0804	6	0.0996	2	0.0517	12	0.0894	3	0.0855	4	0.0579	10

续表

城市名称	城市污水处理率		互联网宽带接入用户数/城市年底总户数		人均 GDP		人口密度		水利、环境和公共设施管理业全市从业人数/城市年底总人口		民用车辆数/城市道路长度		城市维护建设资金支出/城市GDP	
	数值	排名	数值	排名	数值	排名	数值	排名	数值	排名	数值	排名	数值	排名
韶关	0.1062	3	0.0684	8	0.0827	7	0.1067	2	0.0531	10	0.0219	13	0.1368	1
伊春	0.1597	3	0.0199	8	0.1416	4	0.1621	1	0.0749	7	0.0006	12	0.0111	10
阳泉	0.0997	4	0.0404	13	0.0635	6	0.0509	9	0.0414	12	0.0451	11	0.0986	5
宜春	0.0400	9	0.1381	1	0.1311	4	0.0458	8	0.1212	5	0.1195	6	0.0180	12
日照	0.0442	8	0.0862	4	0.0620	6	0.0356	10	0.1952	1	0.0264	12	0.1567	3
郑州	0.0166	13	0.0177	12	0.0252	11	0.1170	4	0.0709	7	0.1304	2	0.0408	9
西宁	0.1143	4	0.0293	13	0.0620	7	0.0456	10	0.0514	8	0.0893	6	0.0235	14
抚顺	0.1336	2	0.0603	8	0.0321	10	0.1082	5	0.0163	13	0.0276	12	0.1178	4
兰州	0.1191	4	0.0331	13	0.0525	7	0.0567	6	0.0163	14	0.0488	8	0.0446	9
宣城	0.0931	4	0.0855	6	0.0895	5	0.0829	7	0.1419	1	0.0671	9	0.0102	13
莱芜	0.0376	9	0.0716	5	0.0702	6	0.0418	8	0.1885	2	0.0106	13	0.1063	4
金华	0.0755	8	0.0212	13	0.0315	10	0.0011	14	0.0239	12	0.1434	1	0.1048	4
徐州	0.0531	8	0.0855	6	0.0543	7	0.1050	4	0.1109	3	0.0242	12	0.1015	5
亳州	0.0572	9	0.1289	4	0.1333	1	0.0679	7	0.1163	5	0.0286	11	0.0383	10
六安	0.0738	8	0.1240	2	0.1253	1	0.0093	13	0.0599	9	0.0785	7	0.0404	11
安庆	0.0617	9	0.1017	3	0.1046	2	0.0072	14	0.1191	1	0.0554	10	0.0694	8
湘潭	0.0876	6	0.1091	4	0.0514	9	0.0379	11	0.1131	3	0.1181	2	0.0328	12
长治	0.0419	11	0.0690	8	0.0769	6	0.0764	7	0.0329	12	0.1178	3	0.0679	9

续表

城市名称	城市污水处理率		互联网宽带接入用户数/城市年底总户数		人均 GDP		人口密度		水利、环境和公共设施管理业全市从业人数/城市年底总人口		民用车辆数/城市道路长度		城市维护建设资金支出/城市GDP	
	数值	排名	数值	排名	数值	排名	数值	排名	数值	排名	数值	排名	数值	排名
阜新	0.1375	1	0.0496	9	0.0863	6	0.1065	3	0.0269	13	0.1245	2	0.0636	8
包头	0.0910	7	0.0499	8	0.0031	14	0.1332	2	0.0129	13	0.0314	11	0.1347	1
榆林	0.0818	7	0.0831	6	0.0134	14	0.1100	3	0.0216	13	0.1165	1	0.0442	11
荆门	0.0885	4	0.0776	7	0.0682	10	0.0717	9	0.1038	2	0.0386	12	0.1191	1
乐山	0.0899	4	0.0765	5	0.0705	8	0.0469	11	0.0430	12	0.0267	14	0.0744	7
来宾	0.0887	7	0.1076	1	0.1028	3	0.0856	8	0.0817	9	0.0523	11	0.0206	12
邯郸	0.0105	12	0.0795	8	0.0983	3	0.0883	5	0.0856	7	0.0751	9	0.0254	11
漳州	0.0732	7	0.0265	12	0.0610	8	0.0122	14	0.1161	3	0.1129	4	0.1273	1
吴忠	0.0537	9	0.1024	3	0.0970	4	0.1151	2	0.0420	12	0.0875	6	0.0469	10
德州	0.0251	12	0.1149	2	0.0726	9	0.0320	11	0.0794	7	0.1074	3	0.0846	6
酒泉	0.0253	12	0.0785	7	0.0363	11	0.1411	1	0.0139	13	0.0402	10	0.1321	2
随州	0.1330	1	0.0777	7	0.0970	3	0.0619	9	0.0721	8	0.0599	10	0.1203	2
漯河	0.0203	11	0.0919	5	0.0919	5	0.1213	3	0.0951	4	0.0593	9	0.1357	2
益阳	0.0952	5	0.1084	2	0.1046	3	0.0114	13	0.0900	6	0.1113	1	0.0331	12
玉林	0.0047	13	0.1172	2	0.1205	1	0.0247	11	0.1091	4	0.0569	10	0.0878	7
德阳	0.0639	11	0.0889	4	0.0736	10	0.0531	12	0.0828	7	0.1221	1	0.0848	6
安康	0.0787	7	0.1043	5	0.1083	3	0.1070	4	0.1276	1	0.0548	10	0.0040	13
滨州	0.0539	10	0.0681	7	0.0454	11	0.0119	13	0.1532	1	0.0999	4	0.0965	5

续表

城市名称	城市污水处理率		互联网宽带接入用户数/城市年底总户数		人均 GDP		人口密度		水利、环境和公共设施管理业全市从业人数/城市年底总人口		民用车辆数/城市道路长度		城市维护建设资金支出/城市GDP	
	数值	排名	数值	排名	数值	排名	数值	排名	数值	排名	数值	排名	数值	排名
温州	0.0846	7	0.0150	12	0.0713	8	0.0650	9	0.1444	1	0.1260	2	0.1139	5
娄底	0.1037	4	0.1056	3	0.0960	5	0.0232	13	0.0796	7	0.1370	1	0.0458	11
唐山	0.0241	12	0.0359	10	0.0204	13	0.0252	11	0.0450	9	0.0879	6	0.1115	5
呼和浩特	0.1001	5	0.0411	10	0.0118	13	0.1105	4	0.0024	14	0.0827	7	0.0746	9
葫芦岛	0.0773	7	0.0650	8	0.0857	5	0.0523	10	0.0461	12	0.0914	4	0.0233	14
松原	0.0155	13	0.1139	3	0.0359	12	0.1139	3	0.0427	10	0.1270	2	0.1328	1
乌兰察布	0.0058	14	0.1147	1	0.0609	10	0.1143	2	0.0530	12	0.0659	9	0.0576	11
佳木斯	0.1129	2	0.0778	7	0.0838	6	0.1202	1	0.0378	11	0.0742	8	0.0953	4
清远	0.0934	5	0.0743	9	0.0983	4	0.0851	7	0.1149	2	0.0161	12	0.1213	1
遂宁	0.0312	12	0.1252	1	0.1133	4	0.0573	9	0.1188	2	0.0055	14	0.0734	7
白山	0.1185	4	0.0874	6	0.0404	10	0.1236	2	0.0527	9	0.0118	13	0.0785	7
岳阳	0.1350	1	0.1181	2	0.0624	11	0.0158	13	0.0777	6	0.1150	3	0.0910	5
黑河	0.0540	10	0.0924	7	0.1089	5	0.1249	1	0.0174	12	0.0665	8	0.1008	6
鞍山	0.0909	6	0.0480	9	0.0223	11	0.0162	12	0.0123	13	0.1099	4	0.1534	2
焦作	0.0705	7	0.0476	12	0.0445	13	0.0789	5	0.0657	10	0.0811	3	0.1067	1
南充	0.0774	8	0.1023	2	0.1048	1	0.0314	13	0.0890	4	0.0520	11	0.0258	14
潍坊	0.0408	10	0.0053	13	0.0621	9	0.0313	11	0.1277	3	0.1359	2	0.1247	4
济宁	0.0315	13	0.0848	4	0.0630	10	0.0664	9	0.1085	3	0.0703	6	0.0703	6

续表

城市名称	城市污水处理率		互联网宽带接入用户数/城市年底总户数		人均 GDP		人口密度		水利、环境和公共设施管理业全市从业人数/城市年底总人口		民用车辆数/城市道路长度		城市维护建设资金支出/城市GDP	
	数值	排名	数值	排名	数值	排名	数值	排名	数值	排名	数值	排名	数值	排名
齐齐哈尔	0. 1018	3	0. 1030	2	0. 0977	4	0. 0973	5	0. 0447	11	0. 0324	13	0. 0332	12
固　原	0. 1033	4	0. 1109	2	0. 1113	1	0. 0989	6	0. 0548	10	0. 0492	11	0. 0028	14
金　昌	0. 1282	3	0. 0639	8	0. 0419	9	0. 1362	2	0. 0135	13	0. 0210	12	0. 0893	6
通　辽	0. 0036	14	0. 1105	4	0. 0359	12	0. 1236	2	0. 0491	10	0. 0818	6	0. 1273	1
巴彦淖尔	0. 0246	13	0. 0900	5	0. 0412	11	0. 1184	2	0. 0208	14	0. 0424	10	0. 1193	1
鸡　西	0. 1254	1	0. 0918	4	0. 0859	6	0. 1172	2	0. 0313	13	0. 0459	11	0. 0872	5
孝　感	0. 0191	12	0. 0956	7	0. 1071	4	0. 0339	10	0. 0994	5	0. 0220	11	0. 0985	6
阜　阳	0. 0498	11	0. 0222	13	0. 1148	2	0. 0864	6	0. 1160	1	0. 0687	8	0. 0342	12
嘉峪关	0. 1541	2	0. 0137	9	0. 0087	10	0. 1454	3	0. 0049	11	0. 0022	13	0. 0760	7
泸　州	0. 1367	1	0. 1127	3	0. 1049	4	0. 0049	13	0. 1181	2	0. 0216	12	0. 0412	11
郴　州	0. 0547	10	0. 1018	3	0. 0747	8	0. 0609	9	0. 0766	7	0. 1322	1	0. 0518	11
眉　山	0. 1000	5	0. 1094	2	0. 0889	8	0. 0116	12	0. 1112	1	0. 0560	11	0. 0578	10
攀枝花	0. 1352	1	0. 0284	11	0. 0241	13	0. 1064	4	0. 0529	9	0. 0048	14	0. 0650	8
新　乡	0. 0605	9	0. 0556	11	0. 0915	5	0. 0654	7	0. 1146	2	0. 1166	1	0. 0979	4
宁　德	0. 0760	7	0. 0316	12	0. 0577	9	0. 0614	8	0. 1058	4	0. 0921	6	0. 1296	1
渭　南	0. 0800	9	0. 0989	5	0. 0931	6	0. 0004	13	0. 0250	12	0. 1034	3	0. 0410	11
河　源	0. 0654	9	0. 0957	6	0. 1230	3	0. 0788	7	0. 1329	1	0. 1061	5	0. 0178	11
许　昌	0. 0099	14	0. 0768	10	0. 0539	11	0. 0889	5	0. 0911	4	0. 1100	1	0. 0920	3

续表

城市名称	城市污水处理率		互联网宽带接入用户数/城市年底总户数		人均 GDP		人口密度		水利、环境和公共设施管理业全市从业人数/城市年底总人口		民用车辆数/城市道路长度		城市维护建设资金支出/城市GDP	
	数值	排名	数值	排名	数值	排名	数值	排名	数值	排名	数值	排名	数值	排名
洛　阳	0. 0062	13	0. 0285	12	0. 0509	9	0. 0043	14	0. 1037	4	0. 1003	6	0. 1236	1
四　平	0. 0921	3	0. 0865	4	0. 0625	9	0. 0621	10	0. 0364	13	0. 0765	6	0. 1129	1
汉　中	0. 0424	12	0. 0870	5	0. 0825	7	0. 0862	6	0. 0465	11	0. 0740	9	0. 0409	13
三　明	0. 1279	1	0. 0242	13	0. 0315	12	0. 1119	3	0. 0658	8	0. 0658	8	0. 1183	2
晋　城	0. 0200	12	0. 0634	7	0. 0579	10	0. 0779	6	0. 0379	11	0. 1268	2	0. 1393	1
张家口	0. 0343	13	0. 0871	5	0. 0793	6	0. 0985	2	0. 0331	14	0. 0662	9	0. 0662	9
铁　岭	0. 0005	13	0. 0912	5	0. 0777	8	0. 0727	10	0. 0583	11	0. 1157	1	0. 1004	4
盐　城	0. 1067	1	0. 0838	9	0. 0484	11	0. 0102	13	0. 0941	6	0. 0862	8	0. 1006	3
自　贡	0. 0963	3	0. 0872	5	0. 0643	9	0. 0577	12	0. 1054	1	0. 0012	14	0. 0834	6
永　州	0. 0893	7	0. 1127	1	0. 1048	3	0. 0459	11	0. 0906	6	0. 1098	2	0. 0275	12
鹤　岗	0. 1276	2	0. 1071	4	0. 0933	6	0. 1248	3	0. 0095	12	0. 0033	14	0. 0857	7
雅　安	0. 1045	2	0. 0783	6	0. 0874	5	0. 1037	3	0. 0749	7	0. 0741	8	0. 0287	13
平顶山	0. 0517	10	0. 0811	6	0. 0757	7	0. 0459	12	0. 0497	11	0. 1039	2	0. 1064	1
荆　州	0. 0537	10	0. 0684	9	0. 1101	2	0. 0073	13	0. 0982	6	0. 0275	12	0. 1000	5
咸　宁	0. 0456	12	0. 0648	8	0. 0735	7	0. 0411	13	0. 1105	3	0. 0580	9	0. 1209	1
双鸭山	0. 1188	1	0. 0804	7	0. 0680	8	0. 1183	2	0. 0313	12	0. 0234	13	0. 0936	6
信　阳	0. 0105	13	0. 1257	1	0. 1043	4	0. 0232	11	0. 0966	6	0. 0815	8	0. 1139	3
延　安	0. 0551	10	0. 0806	7	0. 0259	13	0. 1090	2	0. 0498	12	0. 1102	1	0. 0887	5

续表

城市名称	城市污水处理率		互联网宽带接入用户数/城市年底总户数		人均 GDP		人口密度		水利、环境和公共设施管理业全市从业人数/城市年底总人口		民用车辆数/城市道路长度		城市维护建设资金支出/城市 GDP	
	数值	排名	数值	排名	数值	排名	数值	排名	数值	排名	数值	排名	数值	排名
商洛	0.0193	12	0.0947	7	0.1060	5	0.1006	6	0.0792	8	0.0536	9	0.0386	10
衡阳	0.1150	1	0.0990	4	0.0857	6	0.0169	13	0.1003	3	0.0857	6	0.0746	9
绥化	0.0004	13	0.1010	6	0.1037	4	0.0847	8	0.0760	9	0.0329	12	0.0887	7
宿州	0.0670	9	0.0967	3	0.1033	2	0.0383	12	0.1053	1	0.0259	14	0.0708	8
开封	0.0977	2	0.0672	10	0.0826	6	0.0701	8	0.0947	3	0.0693	9	0.0651	11
保定	0.0119	13	0.0564	10	0.1031	5	0.0252	12	0.1173	2	0.1072	3	0.0330	11
常德	0.0546	9	0.1082	3	0.0710	8	0.0295	12	0.1038	4	0.1188	2	0.1371	1
张掖	0.0696	9	0.0785	8	0.0883	6	0.1180	1	0.0153	13	0.0815	7	0.1150	2
承德	0.0676	8	0.0755	7	0.0628	9	0.1006	2	0.0449	13	0.0346	14	0.0878	4
云浮	0.0946	5	0.0082	12	0.1042	4	0.0169	11	0.1207	2	0.1211	1	0.0864	8
资阳	0.0481	10	0.1213	1	0.0823	6	0.0403	11	0.1130	4	0.0671	8	0.1195	2
聊城	0.0231	12	0.0865	7	0.0703	9	0.0516	10	0.1082	3	0.1062	4	0.1003	5
揭阳	0.0978	4	0.0390	11	0.0894	6	0.0957	5	0.1154	1	0.0634	10	0.1083	3
广安	0.0275	13	0.1023	1	0.0803	7	0.0495	11	0.0979	3	0.0631	10	0.0341	12
上饶	0.0535	9	0.0931	6	0.1237	4	0.0296	10	0.1328	2	0.0831	7	0.0712	8
南阳	0.0726	10	0.1005	3	0.0917	4	0.0020	14	0.0746	9	0.0271	12	0.0682	11
安阳	0.0073	13	0.0581	12	0.0744	8	0.0675	10	0.0910	5	0.0979	3	0.1043	2
平凉	0.0799	6	0.0947	2	0.0990	1	0.0651	8	0.0528	12	0.0640	10	0.0636	11

续表

城市名称	城市污水处理率		互联网宽带接入用户数/城市年底总户数		人均 GDP		人口密度		水利、环境和公共设施管理业全市从业人数/城市年底总人口		民用车辆数/城市道路长度		城市维护建设资金支出/城市GDP	
	数值	排名	数值	排名	数值	排名	数值	排名	数值	排名	数值	排名	数值	排名
巴　中	0.0783	7	0.1092	1	0.1084	2	0.0282	12	0.1069	3	0.0957	6	0.0112	14
武　威	0.0041	14	0.0976	5	0.0983	3	0.1017	2	0.0279	12	0.0682	10	0.0983	3
怀　化	0.0711	10	0.0900	3	0.0867	5	0.0736	9	0.0573	11	0.1012	1	0.0352	13
梧　州	0.1105	2	0.0862	5	0.0722	8	0.0523	12	0.1003	3	0.1151	1	0.0684	10
吕　梁	0.0384	13	0.0719	7	0.0692	9	0.0788	5	0.0700	8	0.1088	1	0.0546	11
茂　名	0.0661	9	0.0866	7	0.0626	10	0.0405	12	0.0956	3	0.0945	4	0.1074	1
三门峡	0.0327	12	0.0042	14	0.0357	11	0.0721	9	0.0868	7	0.1061	2	0.1057	3
遵　义	0.0596	9	0.1046	2	0.0910	7	0.0562	10	0.0943	6	0.1001	5	0.1013	3
庆　阳	0.0429	11	0.1006	2	0.0780	8	0.0932	5	0.0880	6	0.0872	7	0.0654	10
宜　宾	0.0568	11	0.0898	5	0.0712	9	0.0041	14	0.0920	4	0.0527	12	0.0827	6
菏　泽	0.0541	11	0.0970	4	0.0962	5	0.0608	10	0.0850	7	0.0908	6	0.0758	8
呼伦贝尔	0.0239	13	0.0654	9	0.0321	12	0.1109	1	0.0478	11	0.0603	10	0.0870	5
晋　中	0.0098	14	0.0519	12	0.0703	10	0.0680	11	0.0256	13	0.0966	3	0.0868	4
保　山	0.0545	12	0.0926	3	0.0972	2	0.0858	6	0.0599	10	0.0700	8	0.0976	1
玉　溪	0.0814	7	0.0583	11	0.0403	13	0.0870	4	0.0497	12	0.0867	5	0.0908	3
钦　州	0.0962	4	0.0884	7	0.0958	5	0.0277	13	0.1039	2	0.1100	1	0.0856	8
拉　萨	0.1357	1	0.0306	11	0.0444	10	0.1343	3	0.0564	8	0.0592	7	0.1137	4
沧　州	0.0004	14	0.0645	10	0.0564	11	0.0185	12	0.0830	7	0.1108	1	0.0907	5

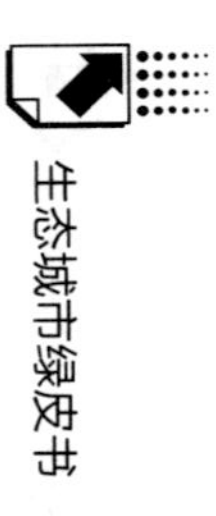

续表

城市名称	城市污水处理率		互联网宽带接入用户数/城市年底总户数		人均 GDP		人口密度		水利、环境和公共设施管理业全市从业人数/城市年底总人口		民用车辆数/城市道路长度		城市维护建设资金支出/城市GDP	
	数值	排名	数值	排名	数值	排名	数值	排名	数值	排名	数值	排名	数值	排名
贵港	0.1015	2	0.0948	6	0.1004	3	0.0129	14	0.0948	6	0.0384	12	0.0399	11
天水	0.0733	8	0.1035	3	0.1057	2	0.0480	9	0.0989	4	0.0400	12	0.0480	9
商丘	0.0618	11	0.0864	6	0.0933	3	0.0633	10	0.0828	7	0.0926	4	0.0778	8
张家界	0.0852	4	0.0740	8	0.0936	3	0.0836	5	0.0350	12	0.0820	6	0.1061	2
廊坊	0.0724	7	0.0258	12	0.0576	10	0.0470	11	0.0719	8	0.1147	3	0.0862	6
朝阳	0.0857	6	0.0688	9	0.0657	10	0.0811	8	0.0515	12	0.1061	1	0.0819	7
白城	0.0987	4	0.0790	7	0.0643	10	0.1007	3	0.0054	14	0.0774	8	0.0898	5
濮阳	0.0899	2	0.0754	6	0.0664	10	0.0722	7	0.0888	3	0.0938	1	0.0686	8
贺州	0.0999	4	0.0905	6	0.1048	3	0.0761	10	0.1064	2	0.1146	1	0.0487	11
白银	0.1054	1	0.0895	7	0.0804	8	0.0974	5	0.0368	12	0.0265	13	0.0697	9
汕尾	0.0715	9	0.0896	7	0.1012	5	0.0535	10	0.1114	3	0.1155	1	0.0962	6
邵阳	0.0742	8	0.0936	4	0.0975	1	0.0088	14	0.0911	5	0.0947	3	0.0533	11
定西	0.0363	13	0.0975	2	0.0982	1	0.0778	7	0.0695	8	0.0919	6	0.0484	11
内江	0.0828	5	0.0935	2	0.0711	8	0.0511	11	0.0970	1	0.0507	13	0.0445	14
临沧	0.0424	12	0.0928	3	0.0942	1	0.0866	6	0.0907	5	0.0780	8	0.0852	7
赤峰	0.0555	10	0.0940	4	0.0544	11	0.1010	2	0.0507	12	0.0753	6	0.0937	5
安顺	0.0291	13	0.0988	5	0.1014	3	0.0306	12	0.0571	10	0.0605	9	0.0950	6
赣州	0.1146	2	0.0393	11	0.1096	3	0.0633	10	0.0918	7	0.1009	4	0.1150	1

续表

城市名称	城市污水处理率		互联网宽带接入用户数/城市年底总户数		人均 GDP		人口密度		水利、环境和公共设施管理业全市从业人数/城市年底总人口		民用车辆数/城市道路长度		城市维护建设资金支出/城市GDP	
	数值	排名	数值	排名	数值	排名	数值	排名	数值	排名	数值	排名	数值	排名
百色	0.0945	2	0.0772	8	0.0873	6	0.0891	5	0.0700	10	0.0729	9	0.0550	12
驻马店	0.0297	12	0.0941	3	0.0901	7	0.0260	13	0.0959	2	0.0796	8	0.0915	5
河池	0.0630	10	0.0855	7	0.0986	2	0.0865	6	0.0833	8	0.0830	9	0.0580	11
曲靖	0.0400	12	0.0973	1	0.0799	9	0.0618	11	0.0903	5	0.0958	3	0.0873	6
邢台	0.0423	12	0.0647	10	0.0998	2	0.0319	13	0.0783	9	0.0859	6	0.0982	3
黄冈	0.0856	7	0.0849	8	0.0888	5	0.0014	14	0.0881	6	0.0477	11	0.0832	9
达州	0.0983	2	0.1008	1	0.0888	7	0.0044	14	0.0841	9	0.0946	4	0.0417	11
忻州	0.0134	14	0.0766	9	0.0863	4	0.0813	7	0.0400	13	0.0829	6	0.0625	10
运城	0.0294	13	0.0546	12	0.0893	5	0.0138	14	0.0623	11	0.0971	2	0.0907	3
衡水	0.0826	8	0.0515	11	0.0872	5	0.0128	13	0.0898	4	0.0856	7	0.0736	10
周口	0.0717	8	0.0886	5	0.0873	6	0.0608	11	0.0912	3	0.0916	2	0.0750	7
六盘水	0.0046	12	0.1006	5	0.0716	10	0.0252	11	0.0903	8	0.0907	7	0.1056	4
崇左	0.0859	3	0.0801	6	0.0650	11	0.0743	8	0.0637	12	0.0907	1	0.0489	13
昭通	0.0279	13	0.0912	1	0.0906	2	0.0421	12	0.0810	10	0.0858	7	0.0867	6
陇南	0.0067	14	0.0937	5	0.0943	4	0.0833	9	0.0933	6	0.0910	8	0.0170	13

注：建设侧重度数值越大的越应该侧重建设，建设侧重度排名越靠前的越应该优先考虑。

2013 年天津市 14 个指标建设侧重度排在前 4 位的是：空气质量优良天数、建成区绿化覆盖率、生活垃圾无害化处理率、人口密度。

2013 年上海市 14 个指标建设侧重度排在前 4 位的是：人口密度、人均用水量、生活垃圾无害化处理率、空气质量优良天数。

2013 年重庆市 14 个指标建设侧重度排在前 4 位的是：空气质量优良天数、一般工业固体废物综合利用率、生活垃圾无害化处理率、互联网宽带接入用户数/城市年底总户数。

2013 年广州市 14 个指标建设侧重度排在前 4 位的是：生活垃圾无害化处理率、人均用水量、人口密度、空气质量优良天数。

2013 年西安市 14 个指标建设侧重度排在前 4 位的是：空气质量优良天数、人口密度、生活垃圾无害化处理率、民用车辆数/城市道路长度。

2013 年南京市 14 个指标建设侧重度排在前 4 位的是：城市污水处理率、空气质量优良天数、人均用水量、生活垃圾无害化处理率（后 2 个指标的建设侧重度一样）。

其他城市的建设侧重度情况详见表 14。

（三）生态城市年度建设难度

同样从前述定义可以看出，城市的某项指标建设难度越大，排名越靠前，就意味着该项指标比其他指标距离全国最好值越远，下一个年度该城市这项指标的建设难度就越大。例如：2013 年珠海市的建设难度排在前四位的分别是：人均用水量（0.2397）、人均绿地面积（0.1831）、民用车辆数/城市道路长度（0.0736）、互联网宽带接入用户数/城市年底总户数（0.0723）。这就是下一个建设年度珠海市为建成更加优良的生态城市建设难度的顺序。

利用前面所述的定义，我们计算了 2013 年全国 284 个生态城市健康指数的 14 个指标的建设难度，并将结果列于表 15 中。表 15 中同时还列出了 2013 年全国 284 个生态城市健康指数的 14 个指标建设难度的排序。

表 15　2013 年 284 个城市生态健康指数 14 个指标的建设难度

城市名称	建成区绿化覆盖率		空气质量优良天数		人均用水量		人均绿地面积		生活垃圾无害化处理率		单位 GDP 综合能耗		一般工业固体废物综合利用率	
	数值	排名	数值	排名	数值	排名	数值	排名	数值	排名	数值	排名	数值	排名
珠　海	0.0324	13	0.0371	10	0.2397	1	0.1831	2	0.0324	13	0.0436	8	0.0349	12
三　亚	0.0303	10	0.0276	11	0.1055	4	0.2480	1	0.0243	12	0.0323	8	0.0243	12
厦　门	0.0411	10	0.0329	12	0.1419	3	0.1449	2	0.0305	14	0.0415	9	0.0322	13
铜　陵	0.0366	10	0.0332	13	0.0611	5	0.1848	2	0.0295	14	0.0532	6	0.0354	11
新　余	0.0253	10	0.0251	11	0.0257	9	0.3188	1	0.0231	14	0.0452	6	0.0249	12
惠　州	0.0339	9	0.0254	11	0.0401	6	0.3979	1	0.0245	12	0.0348	8	0.0227	13
舟　山	0.0527	10	0.0410	12	0.0416	11	0.1122	2	0.0358	14	0.0563	7	0.0359	13
沈　阳	0.0315	10	0.0396	8	0.0461	6	0.2517	1	0.0234	14	0.0413	7	0.0252	12
福　州	0.0232	8	0.0186	12	0.0217	9	0.4404	1	0.0177	14	0.0243	7	0.0185	13
大　连	0.0274	9	0.0271	10	0.0360	7	0.2916	1	0.0216	14	0.0332	8	0.0238	12
海　口	0.0287	11	0.0319	8	0.0638	6	0.3128	1	0.0215	14	0.0296	10	0.0229	13
景德镇	0.0210	11	0.0190	13	0.0264	9	0.3365	1	0.0190	14	0.0286	7	0.0195	12
广　州	0.0446	10	0.0454	8	0.1811	1	0.0876	4	0.0370	12	0.0441	11	0.0338	14
南　宁	0.0331	9	0.0325	11	0.0348	8	0.1943	1	0.0245	13	0.0372	6	0.0259	12
芜　湖	0.0252	9	0.0206	10	0.0178	14	0.4522	1	0.0184	12	0.0264	7	0.0181	13
黄　山	0.0278	11	0.0228	13	0.0377	8	0.1096	3	0.0227	14	0.0298	10	0.0302	9
西　安	0.0260	10	0.0508	5	0.0280	8	0.4066	1	0.0193	14	0.0279	9	0.0202	13
苏　州	0.0310	10	0.0316	9	0.0591	5	0.2951	1	0.0229	14	0.0269	12	0.0234	13

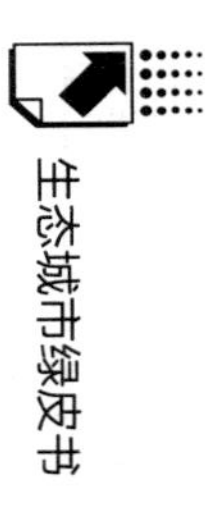

续表

城市名称	建成区绿化覆盖率		空气质量优良天数		人均用水量		人均绿地面积		生活垃圾无害化处理率		单位 GDP 综合能耗		一般工业固体废物综合利用率	
	数值	排名	数值	排名	数值	排名	数值	排名	数值	排名	数值	排名	数值	排名
扬　州	0.0218	10	0.0255	8	0.0179	12	0.4584	1	0.0166	14	0.0234	9	0.0170	13
烟　台	0.0216	9	0.0181	11	0.0274	7	0.3780	1	0.0164	14	0.0248	8	0.0195	10
青　岛	0.0306	11	0.0338	9	0.0324	10	0.2791	1	0.0240	14	0.0344	8	0.0253	13
威　海	0.0232	9	0.0208	11	0.0302	8	0.3274	1	0.0195	14	0.0310	7	0.0209	10
镇　江	0.0286	11	0.0348	7	0.0317	9	0.3270	1	0.0213	14	0.0316	10	0.0217	13
武　汉	0.0310	11	0.0476	6	0.0768	4	0.3972	1	0.0209	14	0.0340	10	0.0220	13
蚌　埠	0.0202	8	0.0168	10	0.0145	12	0.4879	1	0.0138	14	0.0209	7	0.0140	13
湖　州	0.0199	10	0.0319	6	0.0204	9	0.4227	1	0.0168	14	0.0287	8	0.0175	12
常　州	0.0262	11	0.0336	9	0.0344	8	0.3694	1	0.0198	14	0.0310	10	0.0201	13
杭　州	0.0326	9	0.0397	7	0.0501	5	0.2228	2	0.0231	14	0.0324	10	0.0246	11
铜　川	0.0231	10	0.0198	13	0.0370	6	0.3395	1	0.0202	11	0.0412	5	0.0179	14
克拉玛依	0.0306	9	0.0241	13	0.1945	2	0.0904	4	0.0234	14	0.0560	7	0.0256	11
济　南	0.0291	10	0.0917	3	0.0265	11	0.3942	1	0.0211	13	0.0337	9	0.0203	14
淮　南	0.0242	9	0.0214	11	0.0174	13	0.4027	1	0.0173	14	0.0291	7	0.0191	12
重　庆	0.0214	9	0.0277	7	0.0205	10	0.4418	1	0.0158	14	0.0266	8	0.0186	11
鹤　壁	0.0220	9	0.0184	11	0.0186	10	0.4546	1	0.0163	13	0.0302	6	0.0160	14
天　津	0.0305	9	0.0473	5	0.0355	8	0.3384	1	0.0195	13	0.0209	12	0.0190	14
北　京	0.0296	11	0.0507	6	0.0835	4	0.2000	2	0.0247	14	0.0320	9	0.0283	13
盘　锦	0.0243	7	0.0178	12	0.0242	8	0.3573	1	0.0170	13	0.0398	5	0.0184	11

续表

城市名称	建成区绿化覆盖率		空气质量优良天数		人均用水量		人均绿地面积		生活垃圾无害化处理率		单位 GDP 综合能耗		一般工业固体废物综合利用率	
	数值	排名	数值	排名	数值	排名	数值	排名	数值	排名	数值	排名	数值	排名
合　肥	0.0239	9	0.0223	11	0.0225	10	0.3548	1	0.0176	14	0.0260	7	0.0189	13
江　门	0.0281	9	0.0298	8	0.0273	10	0.3138	1	0.0213	14	0.0306	7	0.0234	12
秦皇岛	0.0195	10	0.0291	9	0.0178	12	0.3847	1	0.0167	14	0.0295	8	0.0335	6
东　营	0.0286	9	0.0605	5	0.0262	11	0.2470	1	0.0215	14	0.0384	8	0.0218	13
乌鲁木齐	0.0434	10	0.0349	12	0.0816	5	0.1335	3	0.0318	14	0.0711	6	0.0331	13
佛　山	0.0264	10	0.0272	9	0.0538	4	0.3286	1	0.0186	14	0.0260	11	0.0198	12
绍　兴	0.0229	10	0.0250	9	0.0295	7	0.4195	1	0.0165	14	0.0267	8	0.0177	13
哈尔滨	0.0232	9	0.0226	10	0.0162	13	0.4276	1	0.0169	11	0.0262	7	0.0158	14
北　海	0.0208	9	0.0215	8	0.0191	10	0.4085	1	0.0143	14	0.0236	7	0.0143	13
昆　明	0.0277	10	0.0211	12	0.0318	9	0.2971	1	0.0216	11	0.0358	6	0.0464	5
南　通	0.0175	11	0.0211	8	0.0187	9	0.5349	1	0.0130	14	0.0180	10	0.0132	13
汕　头	0.0232	9	0.0171	14	0.0222	10	0.3816	1	0.0212	11	0.0234	8	0.0175	13
九　江	0.0138	11	0.0134	12	0.0309	6	0.5043	1	0.0126	14	0.0204	10	0.0262	7
朔　州	0.0147	10	0.0139	11	0.0264	7	0.4746	1	0.0111	14	0.0216	8	0.0128	12
南　京	0.0396	12	0.0565	8	0.1442	2	0.0983	3	0.0338	13	0.0490	11	0.0336	14
枣　庄	0.0210	11	0.0375	6	0.0250	10	0.4313	1	0.0149	14	0.0303	7	0.0149	13
防城港	0.0243	9	0.0143	13	0.0152	11	0.5225	1	0.0150	12	0.0264	8	0.0143	14
连云港	0.0300	12	0.0318	11	0.0437	6	0.2331	1	0.0211	14	0.0331	9	0.0222	13
南　昌	0.0234	11	0.0277	8	0.0326	6	0.3662	1	0.0175	14	0.0256	10	0.0179	13

续表

城市名称	建成区绿化覆盖率		空气质量优良天数		人均用水量		人均绿地面积		生活垃圾无害化处理率		单位 GDP 综合能耗		一般工业固体废物综合利用率	
	数值	排名	数值	排名	数值	排名	数值	排名	数值	排名	数值	排名	数值	排名
长　春	0. 0323	6	0. 0248	8	0. 0187	11	0. 4425	1	0. 0183	13	0. 0224	9	0. 0157	14
辽　源	0. 0208	9	0. 0164	11	0. 0194	10	0. 3995	1	0. 0144	14	0. 0266	7	0. 0151	12
无　锡	0. 0306	11	0. 0422	8	0. 0504	6	0. 2499	1	0. 0230	14	0. 0349	10	0. 0253	13
台　州	0. 0162	11	0. 0171	9	0. 0213	7	0. 5701	1	0. 0125	14	0. 0163	10	0. 0130	13
石嘴山	0. 0339	10	0. 0268	12	0. 0593	8	0. 1149	2	0. 0253	13	0. 0934	3	0. 0317	11
萍　乡	0. 0180	9	0. 0131	13	0. 0255	8	0. 5007	1	0. 0130	14	0. 0301	6	0. 0136	12
鄂　州	0. 0282	8	0. 0214	11	0. 0196	12	0. 4455	1	0. 0172	14	0. 0357	5	0. 0190	13
柳　州	0. 0244	11	0. 0205	12	0. 0563	5	0. 3686	1	0. 0179	14	0. 0402	7	0. 0191	13
深　圳	0. 0296	10	0. 0264	11	0. 2858	1	0. 0324	7	0. 0238	13	0. 0309	8	0. 0297	9
太　原	0. 0305	11	0. 0482	6	0. 0453	7	0. 3266	1	0. 0215	14	0. 0441	8	0. 0390	9
桂　林	0. 0116	10	0. 0094	13	0. 0163	7	0. 6352	1	0. 0106	11	0. 0151	8	0. 0097	12
咸　阳	0. 0120	9	0. 0099	12	0. 0141	7	0. 6132	1	0. 0091	13	0. 0134	8	0. 0089	14
湛　江	0. 0118	10	0. 0086	13	0. 0221	6	0. 6137	1	0. 0085	14	0. 0120	8	0. 0087	12
淄　博	0. 0268	11	0. 0412	7	0. 0320	10	0. 2275	1	0. 0208	14	0. 0462	6	0. 0219	13
滁　州	0. 0161	9	0. 0132	11	0. 0341	6	0. 4949	1	0. 0112	14	0. 0169	8	0. 0115	13
宁　波	0. 0249	9	0. 0222	12	0. 0330	6	0. 3673	1	0. 0168	14	0. 0272	8	0. 0187	13
淮　安	0. 0189	9	0. 0181	10	0. 0159	13	0. 4822	1	0. 0171	12	0. 0224	7	0. 0139	14
辽　阳	0. 0247	9	0. 0189	12	0. 0272	7	0. 3319	1	0. 0178	13	0. 0438	6	0. 0239	10
宝　鸡	0. 0177	11	0. 0145	12	0. 0293	6	0. 4911	1	0. 0125	14	0. 0206	10	0. 0246	9

续表

城市名称	建成区绿化覆盖率		空气质量优良天数		人均用水量		人均绿地面积		生活垃圾无害化处理率		单位 GDP 综合能耗		一般工业固体废物综合利用率	
	数值	排名	数值	排名	数值	排名	数值	排名	数值	排名	数值	排名	数值	排名
淮北	0. 0225	10	0. 0197	11	0. 0278	9	0. 3733	1	0. 0176	14	0. 0322	7	0. 0191	13
株洲	0. 0203	10	0. 0252	7	0. 0159	13	0. 4537	1	0. 0148	14	0. 0245	8	0. 0166	12
长沙	0. 0219	10	0. 0278	8	0. 0289	6	0. 4190	1	0. 0150	14	0. 0244	9	0. 0175	12
营口	0. 0225	8	0. 0165	12	0. 0209	9	0. 3665	1	0. 0174	11	0. 0387	6	0. 0182	10
上海	0. 0334	9	0. 0335	8	0. 1202	2	0. 1114	6	0. 0250	13	0. 0322	11	0. 0233	14
东莞	0. 0292	12	0. 0327	9	0. 4770	1	0. 0236	14	0. 0368	7	0. 0342	8	0. 0298	10
大同	0. 0183	11	0. 0158	12	0. 0217	10	0. 4454	1	0. 0154	13	0. 0295	5	0. 0153	14
锦州	0. 0165	9	0. 0128	14	0. 0131	12	0. 4785	1	0. 0139	11	0. 0222	7	0. 0130	13
池州	0. 0163	10	0. 0122	12	0. 0280	6	0. 5327	1	0. 0117	13	0. 0222	9	0. 0117	14
肇庆	0. 0263	8	0. 0241	12	0. 0254	9	0. 5304	1	0. 0167	14	0. 0245	11	0. 0351	5
吉林	0. 0184	9	0. 0171	12	0. 0177	11	0. 3955	1	0. 0158	13	0. 0269	7	0. 0180	10
成都	0. 0203	11	0. 0376	6	0. 0230	9	0. 3639	1	0. 0144	14	0. 0223	10	0. 0145	13
马鞍山	0. 0249	11	0. 0268	10	0. 0345	8	0. 3314	1	0. 0197	14	0. 0458	6	0. 0273	9
襄樊	0. 0131	10	0. 0121	11	0. 0155	8	0. 5230	1	0. 0105	14	0. 0193	7	0. 0106	13
鹰潭	0. 0168	9	0. 0123	13	0. 0299	6	0. 4874	1	0. 0120	14	0. 0169	8	0. 0130	11
银川	0. 0268	11	0. 0282	10	0. 0321	8	0. 1909	2	0. 0221	13	0. 0455	6	0. 0229	12
吉安	0. 0095	10	0. 0076	13	0. 0482	5	0. 6094	1	0. 0076	13	0. 0106	9	0. 0078	12
宜昌	0. 0206	11	0. 0175	12	0. 0226	10	0. 4399	1	0. 0163	14	0. 0312	7	0. 0309	8
梅州	0. 0093	9	0. 0070	13	0. 0320	5	0. 6537	1	0. 0070	13	0. 0123	8	0. 0071	12

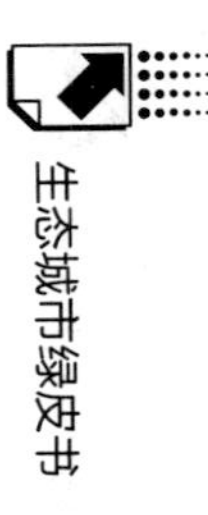

续表

城市名称	建成区绿化覆盖率		空气质量优良天数		人均用水量		人均绿地面积		生活垃圾无害化处理率		单位 GDP 综合能耗		一般工业固体废物综合利用率	
	数值	排名	数值	排名	数值	排名	数值	排名	数值	排名	数值	排名	数值	排名
贵阳	0.0295	11	0.0296	10	0.0406	8	0.1639	2	0.0236	14	0.0480	6	0.0369	9
乌海	0.0347	9	0.0307	12	0.0456	7	0.2552	1	0.0285	13	0.0549	5	0.0403	8
大庆	0.0306	11	0.0254	13	0.0623	7	0.1327	2	0.0271	12	0.0473	9	0.0253	14
本溪	0.0262	11	0.0237	13	0.0923	4	0.0640	8	0.0229	14	0.0782	6	0.1339	2
十堰	0.0166	11	0.0143	12	0.0178	10	0.5450	1	0.0126	14	0.0239	9	0.0313	7
衢州	0.0174	11	0.0186	10	0.0256	8	0.5142	1	0.0126	14	0.0259	7	0.0136	13
莆田	0.0141	9	0.0114	13	0.0116	11	0.6534	1	0.0115	12	0.0158	8	0.0114	13
泉州	0.0178	10	0.0135	13	0.0268	7	0.4964	1	0.0134	14	0.0199	8	0.0138	12
阳江	0.0145	8	0.0098	13	0.0261	6	0.5755	1	0.0098	13	0.0141	9	0.0098	12
鄂尔多斯	0.0186	9	0.0155	11	0.0251	8	0.0861	4	0.0147	12	0.0253	7	0.0375	6
抚州	0.0107	10	0.0091	13	0.0294	6	0.5602	1	0.0090	14	0.0127	9	0.0102	11
宿迁	0.0187	11	0.0226	8	0.0448	6	0.3854	1	0.0138	14	0.0201	10	0.0154	13
黄石	0.0243	8	0.0157	10	0.0141	13	0.5381	1	0.0138	14	0.0308	6	0.0146	12
龙岩	0.0125	10	0.0095	13	0.0162	8	0.5894	1	0.0094	14	0.0151	9	0.0108	11
南平	0.0088	11	0.0073	14	0.0330	6	0.6617	1	0.0074	13	0.0127	9	0.0090	10
嘉兴	0.0200	10	0.0253	8	0.0173	11	0.4133	1	0.0148	14	0.0229	9	0.0156	13
广元	0.0131	10	0.0089	13	0.0307	5	0.5426	1	0.0107	11	0.0163	8	0.0085	14
丹东	0.0168	11	0.0115	13	0.0183	8	0.4922	1	0.0115	13	0.0241	7	0.0120	12
七台河	0.0253	11	0.0202	12	0.0256	10	0.2695	1	0.0173	14	0.0421	6	0.0198	13

续表

城市名称	建成区绿化覆盖率		空气质量优良天数		人均用水量		人均绿地面积		生活垃圾无害化处理率		单位GDP综合能耗		一般工业固体废物综合利用率	
	数值	排名	数值	排名	数值	排名	数值	排名	数值	排名	数值	排名	数值	排名
丽水	0.0104	10	0.0084	12	0.0201	7	0.5668	1	0.0081	14	0.0113	9	0.0083	13
中卫	0.0174	10	0.0123	12	0.0627	6	0.3713	1	0.0113	13	0.0303	8	0.0123	11
潮州	0.0123	10	0.0097	12	0.0199	6	0.5747	1	0.0096	14	0.0177	9	0.0096	13
泰州	0.0152	11	0.0179	10	0.0245	6	0.5803	1	0.0108	13	0.0108	13	0.0110	12
牡丹江	0.0221	11	0.0168	12	0.0314	8	0.3158	1	0.0151	13	0.0270	10	0.0151	13
泰安	0.0144	11	0.0184	10	0.0365	6	0.4951	1	0.0111	14	0.0194	8	0.0113	13
丽江	0.0125	10	0.0092	13	0.0248	7	0.4297	1	0.0089	14	0.0170	8	0.0097	11
通化	0.0158	10	0.0106	13	0.0223	7	0.5374	1	0.0101	14	0.0190	8	0.0109	11
石家庄	0.0153	10	0.0845	3	0.0135	12	0.4881	1	0.0141	11	0.0225	7	0.0117	14
中山	0.0230	11	0.0225	12	0.0369	5	0.2939	2	0.0165	14	0.0230	10	0.0261	9
绵阳	0.0148	10	0.0113	11	0.0236	6	0.5213	1	0.0100	14	0.0201	7	0.0101	13
临沂	0.0155	11	0.0356	6	0.0264	7	0.4676	1	0.0114	14	0.0190	9	0.0125	12
韶关	0.0162	11	0.0134	13	0.0204	9	0.4320	1	0.0134	14	0.0269	7	0.0166	10
伊春	0.0401	7	0.0191	12	0.0200	11	0.2141	2	0.0191	12	0.0434	6	0.0229	10
阳泉	0.0202	10	0.0163	13	0.0158	14	0.4050	1	0.0165	12	0.0327	7	0.0611	6
宜春	0.0097	10	0.0074	13	0.0376	5	0.5696	1	0.0074	13	0.0124	8	0.0074	12
日照	0.0196	10	0.0237	8	0.0259	7	0.4324	1	0.0148	14	0.0208	9	0.0150	13
郑州	0.0208	10	0.0379	7	0.0149	13	0.3862	1	0.0156	12	0.0211	9	0.0189	11
西宁	0.0219	10	0.0247	8	0.0237	9	0.4091	1	0.0175	13	0.0453	5	0.0150	14

续表

城市名称	建成区绿化覆盖率		空气质量优良天数		人均用水量		人均绿地面积		生活垃圾无害化处理率		单位 GDP 综合能耗		一般工业固体废物综合利用率	
	数值	排名	数值	排名	数值	排名	数值	排名	数值	排名	数值	排名	数值	排名
抚　顺	0. 0235	12	0. 0193	13	0. 0409	7	0. 3077	1	0. 0172	14	0. 0369	9	0. 0419	6
兰　州	0. 0265	9	0. 0198	13	0. 0283	8	0. 3712	1	0. 0706	4	0. 0433	7	0. 0166	14
宣　城	0. 0176	10	0. 0144	13	0. 0455	5	0. 4265	1	0. 0127	14	0. 0208	9	0. 0151	11
莱　芜	0. 0286	10	0. 0399	8	0. 0259	11	0. 1926	2	0. 0223	14	0. 0754	5	0. 0228	13
金　华	0. 0129	10	0. 0162	7	0. 0258	6	0. 5529	1	0. 0088	13	0. 0131	9	0. 0088	12
徐　州	0. 0196	11	0. 0281	9	0. 0258	10	0. 3961	1	0. 0148	14	0. 0376	6	0. 0149	13
亳　州	0. 0073	10	0. 0057	11	0. 0377	4	0. 6607	1	0. 0051	14	0. 0076	9	0. 0051	13
六　安	0. 0096	8	0. 0068	13	0. 0361	5	0. 5701	1	0. 0063	14	0. 0094	9	0. 0082	10
安　庆	0. 0117	9	0. 0108	10	0. 0236	6	0. 5825	1	0. 0086	14	0. 0132	8	0. 0087	13
湘　潭	0. 0161	9	0. 0221	8	0. 0116	13	0. 4459	1	0. 0115	14	0. 0222	7	0. 0119	12
长　治	0. 0123	12	0. 0135	11	0. 0174	8	0. 5205	1	0. 0098	14	0. 0245	6	0. 0145	10
阜　新	0. 0177	10	0. 0139	12	0. 0131	14	0. 3346	1	0. 0131	13	0. 0265	7	0. 0152	11
包　头	0. 0245	11	0. 0230	12	0. 0331	8	0. 2290	1	0. 0192	14	0. 0403	6	0. 0375	7
榆　林	0. 0102	10	0. 0080	12	0. 0470	4	0. 5178	1	0. 0077	13	0. 0124	8	0. 0073	14
荆　门	0. 0135	10	0. 0108	12	0. 0156	9	0. 5811	1	0. 0094	14	0. 0176	7	0. 0102	13
乐　山	0. 0176	9	0. 0125	13	0. 0335	6	0. 4936	1	0. 0135	11	0. 0285	7	0. 0115	14
来　宾	0. 0126	10	0. 0078	13	0. 0313	5	0. 5665	1	0. 0078	13	0. 0144	9	0. 0107	11
邯　郸	0. 0125	11	0. 0683	4	0. 0282	7	0. 4929	1	0. 0103	14	0. 0258	8	0. 0108	12
漳　州	0. 0114	9	0. 0084	14	0. 0329	6	0. 6173	1	0. 0084	13	0. 0130	8	0. 0088	12

续表

城市名称	建成区绿化覆盖率		空气质量优良天数		人均用水量		人均绿地面积		生活垃圾无害化处理率		单位 GDP 综合能耗		一般工业固体废物综合利用率	
	数值	排名	数值	排名	数值	排名	数值	排名	数值	排名	数值	排名	数值	排名
吴忠	0.0173	9	0.0133	13	0.0172	10	0.2802	1	0.0124	14	0.0356	7	0.0160	11
德州	0.0126	10	0.0348	6	0.0300	7	0.4998	1	0.0095	14	0.0168	9	0.0096	13
酒泉	0.0111	11	0.0087	12	0.0146	8	0.2247	2	0.0072	14	0.0152	7	0.0116	9
随州	0.0183	11	0.0176	12	0.0379	6	0.3219	1	0.0147	13	0.0225	10	0.0140	14
漯河	0.0141	10	0.0184	8	0.0111	11	0.5205	1	0.0098	14	0.0160	9	0.0098	13
益阳	0.0113	9	0.0085	13	0.0266	6	0.5403	1	0.0077	14	0.0124	8	0.0087	11
玉林	0.0102	9	0.0066	13	0.0295	6	0.6138	1	0.0066	14	0.0112	8	0.0074	11
德阳	0.0122	10	0.0098	11	0.0242	6	0.5261	1	0.0085	14	0.0163	8	0.0085	13
安康	0.0110	10	0.0081	13	0.0551	5	0.5559	1	0.0079	14	0.0133	8	0.0087	12
滨州	0.0172	10	0.0206	9	0.0276	7	0.4202	1	0.0134	14	0.0242	8	0.0160	11
温州	0.0172	8	0.0168	9	0.0145	11	0.5208	1	0.0116	14	0.0157	10	0.0117	13
娄底	0.0088	9	0.0068	12	0.0208	6	0.4703	1	0.0061	14	0.0101	8	0.0062	13
唐山	0.0190	9	0.0480	5	0.0161	12	0.4247	1	0.0151	13	0.0343	6	0.0187	10
呼和浩特	0.0340	9	0.0302	10	0.0252	11	0.2366	1	0.0179	14	0.0342	8	0.0485	6
葫芦岛	0.0169	11	0.0127	14	0.0179	10	0.4218	1	0.0134	12	0.0387	5	0.0211	8
松原	0.0107	10	0.0080	14	0.0170	7	0.4619	1	0.0083	12	0.0141	9	0.0089	11
乌兰察布	0.0120	10	0.0084	14	0.0550	5	0.3979	1	0.0084	12	0.0192	8	0.0112	11
佳木斯	0.0173	11	0.0132	14	0.0188	10	0.3219	1	0.0137	13	0.0233	7	0.0155	12
清远	0.0122	10	0.0087	13	0.0202	6	0.6023	1	0.0087	13	0.0167	9	0.0099	12

续表

城市名称	建成区绿化覆盖率		空气质量优良天数		人均用水量		人均绿地面积		生活垃圾无害化处理率		单位 GDP 综合能耗		一般工业固体废物综合利用率	
	数值	排名	数值	排名	数值	排名	数值	排名	数值	排名	数值	排名	数值	排名
遂　宁	0.0200	9	0.0127	11	0.0463	5	0.3012	2	0.0123	13	0.0205	8	0.0117	14
白　山	0.0217	8	0.0112	13	0.0142	12	0.5036	1	0.0106	14	0.0260	7	0.0166	11
岳　阳	0.0120	10	0.0098	12	0.0123	9	0.5225	1	0.0086	14	0.0148	8	0.0092	13
黑　河	0.0099	8	0.0057	13	0.0324	7	0.5823	1	0.0057	13	0.0094	10	0.0062	12
鞍　山	0.0208	10	0.0154	13	0.0303	8	0.3184	1	0.0142	14	0.0313	7	0.0568	5
焦　作	0.0163	11	0.0144	12	0.0211	8	0.4666	1	0.0117	14	0.0209	9	0.0198	10
南　充	0.0109	10	0.0096	12	0.0282	5	0.5436	1	0.0090	14	0.0145	8	0.0097	11
潍　坊	0.0177	10	0.0308	6	0.0292	7	0.4635	1	0.0127	14	0.0225	9	0.0127	13
济　宁	0.0165	11	0.0422	6	0.0222	7	0.4847	1	0.0105	14	0.0178	10	0.0115	12
齐齐哈尔	0.0158	12	0.0113	14	0.0250	7	0.3887	1	0.0211	8	0.0200	10	0.0151	13
固　原	0.0159	7	0.0086	13	0.0479	5	0.4250	1	0.0084	14	0.0111	11	0.0087	12
金　昌	0.0245	12	0.0178	13	0.0251	10	0.2427	1	0.0156	14	0.0372	8	0.0713	5
通　辽	0.0111	10	0.0098	13	0.0225	7	0.4282	1	0.0110	11	0.0173	8	0.0106	12
巴彦淖尔	0.0136	11	0.0098	12	0.0306	7	0.4082	1	0.0094	14	0.0215	8	0.0146	10
鸡　西	0.0178	10	0.0138	13	0.0134	14	0.3404	1	0.0149	11	0.0234	8	0.0140	12
孝　感	0.0086	11	0.0079	12	0.0374	5	0.6529	1	0.0068	14	0.0133	8	0.0098	9
阜　阳	0.0115	10	0.0077	11	0.0386	5	0.6397	1	0.0072	13	0.0122	9	0.0068	14
嘉峪关	0.0343	11	0.0250	13	0.1007	5	0.0787	7	0.0227	14	0.1157	2	0.0471	8
泸　州	0.0153	10	0.0131	11	0.0210	9	0.4727	1	0.0107	14	0.0220	8	0.0119	12

续表

城市名称	建成区绿化覆盖率		空气质量优良天数		人均用水量		人均绿地面积		生活垃圾无害化处理率		单位 GDP 综合能耗		一般工业固体废物综合利用率	
	数值	排名	数值	排名	数值	排名	数值	排名	数值	排名	数值	排名	数值	排名
郴州	0.0095	11	0.0084	12	0.0221	6	0.4558	1	0.0071	14	0.0113	10	0.0146	7
眉山	0.0112	9	0.0088	11	0.0320	6	0.5776	1	0.0075	13	0.0171	7	0.0075	13
攀枝花	0.0243	12	0.0181	13	0.0476	9	0.3098	1	0.0172	14	0.0479	8	0.0911	3
新乡	0.0128	11	0.0130	10	0.0183	7	0.5158	1	0.0092	14	0.0158	8	0.0094	13
宁德	0.0082	10	0.0061	14	0.0422	5	0.6860	1	0.0067	12	0.0082	9	0.0064	13
渭南	0.0083	9	0.0065	12	0.0221	6	0.6332	1	0.0072	10	0.0131	7	0.0055	14
河源	0.0086	11	0.0067	13	0.0173	7	0.6290	1	0.0067	13	0.0102	10	0.0181	5
许昌	0.0119	10	0.0108	11	0.0353	6	0.5086	1	0.0085	12	0.0127	9	0.0083	14
洛阳	0.0170	10	0.0146	11	0.0193	7	0.4897	1	0.0133	12	0.0184	9	0.0186	8
四平	0.0134	10	0.0085	13	0.0271	6	0.5331	1	0.0083	14	0.0141	9	0.0087	12
汉中	0.0084	11	0.0059	14	0.0311	5	0.6504	1	0.0067	12	0.0106	9	0.0106	10
三明	0.0115	11	0.0086	14	0.0143	10	0.6313	1	0.0086	13	0.0168	8	0.0099	12
晋城	0.0137	12	0.0200	9	0.0243	6	0.3652	1	0.0109	14	0.0235	7	0.0138	11
张家口	0.0127	11	0.0119	12	0.0206	8	0.4861	1	0.0106	13	0.0203	9	0.0234	7
铁岭	0.0122	11	0.0087	12	0.0280	6	0.4691	1	0.0085	13	0.0199	7	0.0125	10
盐城	0.0112	9	0.0116	8	0.0346	5	0.5862	1	0.0080	14	0.0112	10	0.0100	12
自贡	0.0179	10	0.0164	12	0.0308	5	0.4358	1	0.0135	14	0.0288	6	0.0137	13
永州	0.0087	10	0.0057	13	0.0161	6	0.5645	1	0.0056	14	0.0098	8	0.0068	12
鹤岗	0.0203	11	0.0168	13	0.0159	14	0.2341	2	0.0272	9	0.0328	7	0.0169	12

续表

城市名称	建成区绿化覆盖率		空气质量优良天数		人均用水量		人均绿地面积		生活垃圾无害化处理率		单位 GDP 综合能耗		一般工业固体废物综合利用率	
	数值	排名	数值	排名	数值	排名	数值	排名	数值	排名	数值	排名	数值	排名
雅安	0.0125	12	0.0092	14	0.0235	7	0.5060	1	0.0108	13	0.0167	10	0.0186	8
平顶山	0.0104	11	0.0111	10	0.0144	6	0.5442	1	0.0080	13	0.0137	8	0.0077	14
荆州	0.0104	11	0.0104	10	0.0224	6	0.6496	1	0.0072	14	0.0116	9	0.0203	7
咸宁	0.0185	10	0.0133	12	0.0465	6	0.4044	1	0.0120	14	0.0223	8	0.0213	9
双鸭山	0.0167	12	0.0136	14	0.0272	9	0.3368	1	0.0157	13	0.0285	8	0.0194	11
信阳	0.0092	9	0.0080	11	0.0529	5	0.4955	1	0.0074	12	0.0093	8	0.0070	14
延安	0.0103	10	0.0081	14	0.0346	6	0.4609	1	0.0081	12	0.0108	9	0.0091	11
商洛	0.0126	9	0.0050	13	0.0402	4	0.6893	1	0.0048	14	0.0068	11	0.0235	6
衡阳	0.0125	10	0.0082	13	0.0165	6	0.5713	1	0.0078	14	0.0128	9	0.0095	11
绥化	0.0094	8	0.0048	12	0.0415	4	0.7029	1	0.0056	11	0.0072	10	0.0044	13
宿州	0.0097	11	0.0071	13	0.0309	6	0.6068	1	0.0066	14	0.0106	9	0.0108	8
开封	0.0140	9	0.0129	12	0.0237	6	0.5405	1	0.0134	11	0.0138	10	0.0092	14
保定	0.0107	10	0.0371	5	0.0346	6	0.5667	1	0.0076	14	0.0141	9	0.0085	12
常德	0.0100	10	0.0103	9	0.0211	6	0.5066	1	0.0076	14	0.0128	8	0.0078	13
张掖	0.0176	9	0.0112	13	0.0263	7	0.2800	1	0.0105	14	0.0236	8	0.0150	11
承德	0.0137	11	0.0136	12	0.0268	8	0.3522	1	0.0115	13	0.0198	9	0.1540	2
云浮	0.0094	9	0.0066	13	0.0256	6	0.6273	1	0.0066	13	0.0122	8	0.0083	10
资阳	0.0080	10	0.0059	12	0.0403	5	0.5835	1	0.0055	14	0.0095	8	0.0055	13
聊城	0.0092	11	0.0310	6	0.0269	7	0.5724	1	0.0075	14	0.0139	9	0.0077	13

续表

城市名称	建成区绿化覆盖率		空气质量优良天数		人均用水量		人均绿地面积		生活垃圾无害化处理率		单位 GDP 综合能耗		一般工业固体废物综合利用率	
	数值	排名	数值	排名	数值	排名	数值	排名	数值	排名	数值	排名	数值	排名
揭　阳	0.0163	9	0.0086	14	0.0276	6	0.5700	1	0.0093	12	0.0133	10	0.0086	13
广　安	0.0088	10	0.0058	14	0.0458	4	0.5831	1	0.0061	12	0.0148	7	0.0076	11
上　饶	0.0067	11	0.0056	13	0.0348	5	0.6598	1	0.0056	14	0.0079	9	0.0292	6
南　阳	0.0178	7	0.0107	12	0.0379	6	0.5357	1	0.0117	9	0.0111	11	0.0114	10
安　阳	0.0108	11	0.0136	10	0.0181	6	0.5943	1	0.0075	14	0.0152	8	0.0087	12
平　凉	0.0124	10	0.0079	13	0.0516	5	0.4473	1	0.0077	14	0.0163	7	0.0110	11
巴　中	0.0075	9	0.0052	13	0.0315	5	0.5295	1	0.0052	14	0.0093	8	0.0053	12
武　威	0.0166	8	0.0063	12	0.0251	7	0.5524	1	0.0061	13	0.0117	9	0.0072	11
怀　化	0.0091	11	0.0057	14	0.0234	5	0.5038	1	0.0061	13	0.0096	10	0.0183	7
梧　州	0.0115	11	0.0081	13	0.0199	6	0.4540	1	0.0079	14	0.0147	8	0.0103	12
吕　梁	0.0062	10	0.0049	12	0.0512	4	0.6065	1	0.0043	14	0.0116	7	0.0053	11
茂　名	0.0117	8	0.0067	14	0.0347	6	0.5618	1	0.0072	12	0.0114	9	0.0070	13
三门峡	0.0109	12	0.0120	11	0.0336	4	0.5734	1	0.0095	13	0.0150	10	0.0239	7
遵　义	0.0076	10	0.0059	12	0.0308	6	0.6010	1	0.0055	14	0.0115	7	0.0056	13
庆　阳	0.0089	9	0.0050	13	0.0535	4	0.6068	1	0.0052	12	0.0073	10	0.0049	14
宜　宾	0.0137	9	0.0092	11	0.0493	6	0.5258	1	0.0097	10	0.0162	8	0.0086	13
菏　泽	0.0087	11	0.0210	7	0.0455	5	0.5799	1	0.0063	13	0.0114	9	0.0063	13
呼伦贝尔	0.0159	8	0.0065	14	0.0277	6	0.4314	1	0.0098	12	0.0120	11	0.0145	9
晋　中	0.0117	10	0.0105	11	0.0287	6	0.5261	1	0.0099	12	0.0243	7	0.0090	13

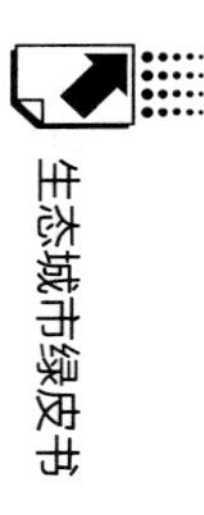

续表

城市名称	建成区绿化覆盖率		空气质量优良天数		人均用水量		人均绿地面积		生活垃圾无害化处理率		单位 GDP 综合能耗		一般工业固体废物综合利用率	
	数值	排名	数值	排名	数值	排名	数值	排名	数值	排名	数值	排名	数值	排名
保山	0.0094	10	0.0056	14	0.0281	6	0.5923	1	0.0056	13	0.0107	9	0.0061	12
玉溪	0.0121	11	0.0079	14	0.0237	8	0.5396	1	0.0094	13	0.0158	9	0.0285	6
钦州	0.0131	8	0.0080	14	0.0250	6	0.4242	1	0.0087	12	0.0125	9	0.0082	13
拉萨	0.0076	11	0.0054	13	0.0225	8	0.0609	4	0.0050	14	0.0075	12	0.1774	2
沧州	0.0079	10	0.0142	7	0.0353	5	0.6032	1	0.0054	12	0.0103	9	0.0052	13
贵港	0.0133	9	0.0062	13	0.0136	8	0.6402	1	0.0059	14	0.0148	7	0.0073	11
天水	0.0098	11	0.0063	14	0.0263	7	0.5553	1	0.0308	5	0.0102	9	0.0063	13
商丘	0.0066	10	0.0061	11	0.0402	5	0.6330	1	0.0057	12	0.0081	9	0.0049	14
张家界	0.0133	11	0.0123	12	0.0237	7	0.4366	1	0.0397	6	0.0139	10	0.0094	14
廊坊	0.0136	12	0.0318	8	0.0365	7	0.4086	1	0.0383	6	0.0208	10	0.0108	14
朝阳	0.0104	10	0.0061	13	0.0165	6	0.5391	1	0.0060	14	0.0153	7	0.0104	11
白城	0.0154	9	0.0083	13	0.0328	7	0.5128	1	0.0189	8	0.0130	10	0.0082	14
濮阳	0.0101	11	0.0090	12	0.0207	6	0.5461	1	0.0076	13	0.0123	9	0.0073	14
贺州	0.0085	12	0.0066	13	0.0229	6	0.4312	1	0.0066	13	0.0154	7	0.0088	11
白银	0.0181	10	0.0111	14	0.0112	13	0.4097	1	0.0153	12	0.0270	8	0.0180	11
汕尾	0.0056	9	0.0041	14	0.0180	6	0.6348	1	0.0052	11	0.0055	10	0.0042	13
邵阳	0.0076	9	0.0054	12	0.0193	6	0.5922	1	0.0051	14	0.0082	8	0.0075	10
定西	0.0063	8	0.0031	13	0.0415	5	0.6519	1	0.0030	14	0.0053	10	0.0035	11
内江	0.0111	11	0.0086	13	0.0338	6	0.5113	1	0.0111	10	0.0185	7	0.0081	14

续表

城市名称	建成区绿化覆盖率		空气质量优良天数		人均用水量		人均绿地面积		生活垃圾无害化处理率		单位 GDP 综合能耗		一般工业固体废物综合利用率	
	数值	排名	数值	排名	数值	排名	数值	排名	数值	排名	数值	排名	数值	排名
临沧	0.0073	10	0.0051	14	0.0367	6	0.5935	1	0.0051	13	0.0080	9	0.0062	11
赤峰	0.0121	11	0.0091	13	0.0148	10	0.3991	1	0.0086	14	0.0319	7	0.0314	8
安顺	0.0222	8	0.0091	14	0.0438	6	0.3580	1	0.0130	10	0.0253	7	0.0121	12
赣州	0.0096	10	0.0065	13	0.0295	6	0.5846	1	0.0065	13	0.0094	11	0.0078	12
百色	0.0091	12	0.0062	13	0.0210	7	0.6263	1	0.0059	14	0.0157	8	0.0118	10
驻马店	0.0074	9	0.0068	11	0.0328	6	0.6163	1	0.0057	12	0.0131	7	0.0054	14
河池	0.0077	10	0.0041	13	0.0239	5	0.7018	1	0.0040	14	0.0067	11	0.0121	8
曲靖	0.0083	11	0.0053	13	0.0310	6	0.5796	1	0.0053	14	0.0110	8	0.0084	10
邢台	0.0110	10	0.0680	4	0.0261	7	0.5175	1	0.0072	14	0.0160	8	0.0077	13
黄冈	0.0071	8	0.0049	12	0.0275	6	0.7392	1	0.0068	10	0.0068	9	0.0044	13
达州	0.0095	10	0.0057	13	0.0259	5	0.5473	1	0.0063	11	0.0143	7	0.0054	14
忻州	0.0097	11	0.0068	12	0.0276	6	0.6111	1	0.0123	9	0.0131	8	0.0062	13
运城	0.0080	10	0.0070	11	0.0280	6	0.5670	1	0.0057	14	0.0212	7	0.0084	9
衡水	0.0091	11	0.0342	7	0.0452	5	0.5863	1	0.0101	10	0.0133	9	0.0066	14
周口	0.0060	10	0.0059	11	0.0464	4	0.5814	1	0.0045	13	0.0065	9	0.0043	14
六盘水	0.0073	9	0.0032	13	0.0158	7	0.7456	1	0.0032	13	0.0217	5	0.0073	8
崇左	0.0078	13	0.0052	14	0.0363	4	0.5121	1	0.0082	12	0.0107	8	0.0095	11
昭通	0.0055	10	0.0030	14	0.0351	5	0.6398	1	0.0054	11	0.0056	9	0.0075	7
陇南	0.0270	6	0.0020	13	0.0314	5	0.7474	1	0.0045	9	0.0033	11	0.0033	12

续表

城市名称	城市污水处理率		互联网宽带接入用户数/城市年底总户数		人均 GDP		人口密度		水利、环境和公共设施管理业全市从业人数/城市年底总人口		民用车辆数/城市道路长度		城市维护建设资金支出/城市 GDP	
	数值	排名	数值	排名	数值	排名	数值	排名	数值	排名	数值	排名	数值	排名
珠海	0.0366	11	0.0723	4	0.0609	6	0.0487	7	0.0412	9	0.0736	3	0.0635	5
三亚	0.0312	9	0.1178	3	0.0736	5	0.0352	7	0.0243	12	0.1583	2	0.0672	6
厦门	0.0330	11	0.0685	6	0.0731	5	0.0870	4	0.0446	8	0.1767	1	0.0521	7
铜陵	0.0345	12	0.2159	1	0.0627	4	0.0419	9	0.0516	8	0.1072	3	0.0523	7
新余	0.0238	13	0.2203	2	0.0619	4	0.0263	8	0.0449	7	0.0784	3	0.0563	5
惠州	0.0222	14	0.0920	3	0.0743	4	0.0310	10	0.0397	7	0.0953	2	0.0661	5
舟山	0.0570	6	0.1775	1	0.0864	5	0.0550	8	0.0533	9	0.1002	3	0.0952	4
沈阳	0.0246	13	0.1940	2	0.0530	5	0.0301	11	0.0331	9	0.1448	3	0.0615	4
福州	0.0205	10	0.0881	3	0.0537	5	0.0201	11	0.0324	6	0.1640	2	0.0569	4
大连	0.0248	11	0.1692	2	0.0383	6	0.0233	13	0.0395	5	0.1411	3	0.1030	4
海口	0.0241	12	0.1028	3	0.0997	4	0.0349	7	0.0305	9	0.1137	2	0.0832	5
景德镇	0.0265	8	0.1783	2	0.0886	4	0.0261	10	0.0353	6	0.0841	5	0.0911	3
广州	0.0352	13	0.0555	6	0.0530	7	0.0827	5	0.0454	9	0.1483	2	0.1064	3
南宁	0.0348	7	0.1670	3	0.1238	4	0.0328	10	0.0425	5	0.1922	2	0.0245	13
芜湖	0.0197	11	0.1830	2	0.0639	3	0.0262	8	0.0353	6	0.0533	4	0.0400	5
黄山	0.0248	12	0.2748	1	0.1284	2	0.0653	6	0.0399	7	0.1083	4	0.0780	5
西安	0.0211	12	0.0861	3	0.0666	4	0.0354	6	0.0335	7	0.1561	2	0.0224	11

续表

城市名称	城市污水处理率		互联网宽带接入用户数/城市年底总户数		人均 GDP		人口密度		水利、环境和公共设施管理业全市从业人数/城市年底总人口		民用车辆数/城市道路长度		城市维护建设资金支出/城市 GDP	
	数值	排名	数值	排名	数值	排名	数值	排名	数值	排名	数值	排名	数值	排名
苏　州	0.0298	11	0.0880	3	0.0366	8	0.0406	6	0.0392	7	0.2004	2	0.0754	4
扬　州	0.0189	11	0.1558	2	0.0448	5	0.0265	7	0.0320	6	0.0702	4	0.0713	3
烟　台	0.0172	13	0.1431	3	0.0401	5	0.0177	12	0.0298	6	0.1719	2	0.0746	4
青　岛	0.0255	12	0.1282	3	0.0527	5	0.0378	7	0.0463	6	0.1290	2	0.1209	4
威　海	0.0208	12	0.1148	4	0.0422	5	0.0197	13	0.0330	6	0.1782	2	0.1183	3
镇　江	0.0260	12	0.1736	2	0.0453	5	0.0346	8	0.0371	6	0.0825	4	0.1042	3
武　汉	0.0225	12	0.0789	3	0.0463	8	0.0465	7	0.0368	9	0.0821	2	0.0575	5
蚌　埠	0.0149	11	0.1957	2	0.0864	3	0.0196	9	0.0269	5	0.0447	4	0.0238	6
湖　州	0.0185	11	0.0863	3	0.0535	5	0.0174	13	0.0313	7	0.1653	2	0.0698	4
常　州	0.0232	12	0.1140	3	0.0418	5	0.0379	6	0.0357	7	0.1179	2	0.0951	4
杭　州	0.0242	12	0.0731	4	0.0480	6	0.0236	13	0.0353	8	0.2904	1	0.0802	3
铜　川	0.0200	12	0.2397	2	0.0919	3	0.0357	7	0.0302	8	0.0574	4	0.0264	9
克拉玛依	0.0246	12	0.1011	3	0.0305	10	0.2019	1	0.0398	8	0.0861	5	0.0713	6
济　南	0.0220	12	0.1101	2	0.0526	5	0.0345	8	0.0369	7	0.0782	4	0.0490	6
淮　南	0.0221	10	0.1981	2	0.0956	3	0.0366	6	0.0291	8	0.0498	4	0.0374	5
重　庆	0.0169	12	0.1835	2	0.0721	4	0.0167	13	0.0301	6	0.0742	3	0.0342	5
鹤　壁	0.0181	12	0.1336	2	0.0790	4	0.0263	8	0.0276	7	0.0916	3	0.0478	5
天　津	0.0211	11	0.1691	2	0.0373	6	0.0365	7	0.0303	10	0.1087	3	0.0859	4

续表

城市名称	城市污水处理率		互联网宽带接入用户数/城市年底总户数		人均 GDP		人口密度		水利、环境和公共设施管理业全市从业人数/城市年底总人口		民用车辆数/城市道路长度		城市维护建设资金支出/城市 GDP	
	数值	排名	数值	排名	数值	排名	数值	排名	数值	排名	数值	排名	数值	排名
北京	0. 0295	12	0. 1132	3	0. 0518	5	0. 0451	7	0. 0318	10	0. 2437	1	0. 0360	8
盘锦	0. 0170	13	0. 1720	2	0. 0355	6	0. 0233	10	0. 0235	9	0. 1348	3	0. 0953	4
合肥	0. 0201	12	0. 1937	2	0. 0563	5	0. 0251	8	0. 0350	6	0. 1045	3	0. 0793	4
江门	0. 0239	11	0. 1482	2	0. 0941	5	0. 0224	13	0. 0429	6	0. 0992	3	0. 0951	4
秦皇岛	0. 0175	13	0. 1460	2	0. 0851	4	0. 0193	11	0. 0308	7	0. 1199	3	0. 0507	5
东营	0. 0229	12	0. 1381	3	0. 0270	10	0. 0411	6	0. 0405	7	0. 1985	2	0. 0878	4
乌鲁木齐	0. 0354	11	0. 1379	2	0. 0884	4	0. 0662	7	0. 0536	8	0. 1394	1	0. 0497	9
佛山	0. 0196	13	0. 0447	5	0. 0377	7	0. 0425	6	0. 0335	8	0. 2454	2	0. 0761	3
绍兴	0. 0186	12	0. 0953	3	0. 0404	5	0. 0202	11	0. 0306	6	0. 1588	2	0. 0785	4
哈尔滨	0. 0163	12	0. 1729	2	0. 0577	5	0. 0343	6	0. 0249	8	0. 0823	3	0. 0632	4
北海	0. 0170	11	0. 1122	3	0. 0602	4	0. 0166	12	0. 0256	6	0. 1957	2	0. 0506	5
昆明	0. 0202	13	0. 1330	3	0. 0727	4	0. 0322	8	0. 0344	7	0. 2067	2	0. 0194	14
南通	0. 0147	12	0. 1443	2	0. 0370	4	0. 0285	5	0. 0260	6	0. 0895	3	0. 0235	7
汕头	0. 0186	12	0. 1064	3	0. 1175	2	0. 1027	4	0. 0345	6	0. 0805	5	0. 0336	7
九江	0. 0129	13	0. 1345	2	0. 0738	3	0. 0205	9	0. 0249	8	0. 0652	4	0. 0465	5
朔州	0. 0114	13	0. 2013	2	0. 0371	5	0. 0295	6	0. 0197	9	0. 0848	3	0. 0410	4
南京	0. 0498	10	0. 1509	1	0. 0616	7	0. 0687	5	0. 0548	9	0. 0923	4	0. 0670	6
枣庄	0. 0159	12	0. 1497	2	0. 0604	5	0. 0296	8	0. 0282	9	0. 0807	3	0. 0605	4

续表

城市名称	城市污水处理率		互联网宽带接入用户数/城市年底总户数		人均 GDP		人口密度		水利、环境和公共设施管理业全市从业人数/城市年底总人口		民用车辆数/城市道路长度		城市维护建设资金支出/城市 GDP	
	数值	排名	数值	排名	数值	排名	数值	排名	数值	排名	数值	排名	数值	排名
防城港	0. 0352	7	0. 1206	2	0. 0477	4	0. 0415	6	0. 0242	10	0. 0542	3	0. 0444	5
连云港	0. 0319	10	0. 2207	2	0. 1029	3	0. 0331	8	0. 0409	7	0. 0973	4	0. 0581	5
南　昌	0. 0192	12	0. 1103	4	0. 0532	5	0. 0276	9	0. 0314	7	0. 1350	2	0. 1123	3
长　春	0. 0197	10	0. 1653	2	0. 0465	5	0. 0187	12	0. 0258	7	0. 0811	3	0. 0681	4
辽　源	0. 0150	13	0. 2062	2	0. 0494	5	0. 0264	8	0. 0279	6	0. 0853	3	0. 0777	4
无　锡	0. 0257	12	0. 1225	3	0. 0364	9	0. 0539	5	0. 0423	7	0. 1201	4	0. 1428	2
台　州	0. 0140	12	0. 0766	3	0. 0469	5	0. 0181	8	0. 0245	6	0. 0814	2	0. 0719	4
石嘴山	0. 0252	14	0. 2754	1	0. 0787	4	0. 0715	5	0. 0391	9	0. 0597	7	0. 0652	6
萍　乡	0. 0156	10	0. 1337	2	0. 0599	4	0. 0150	11	0. 0260	7	0. 0854	3	0. 0504	5
鄂　州	0. 0214	10	0. 1939	2	0. 0565	3	0. 0271	9	0. 0340	6	0. 0311	7	0. 0494	4
柳　州	0. 0450	6	0. 1473	2	0. 0673	4	0. 0388	8	0. 0278	9	0. 0989	3	0. 0277	10
深　圳	0. 0244	12	0. 0235	14	0. 0337	6	0. 0836	4	0. 0381	5	0. 1453	3	0. 1928	2
太　原	0. 0252	13	0. 0882	3	0. 0747	4	0. 0260	12	0. 0318	10	0. 1480	2	0. 0510	5
桂　林	0. 0094	14	0. 0976	2	0. 0496	4	0. 0199	5	0. 0150	9	0. 0817	3	0. 0191	6
咸　阳	0. 0103	10	0. 1131	2	0. 0446	4	0. 0103	11	0. 0156	6	0. 1047	3	0. 0207	5
湛　江	0. 0094	11	0. 1162	2	0. 0579	4	0. 0118	9	0. 0169	7	0. 0666	3	0. 0358	5
淄　博	0. 0219	12	0. 1763	2	0. 0495	5	0. 0341	9	0. 0373	8	0. 1402	3	0. 1242	4
滁　州	0. 0119	12	0. 1754	2	0. 0799	3	0. 0146	10	0. 0223	7	0. 0622	4	0. 0357	5

续表

城市名称	城市污水处理率		互联网宽带接入用户数/城市年底总户数		人均 GDP		人口密度		水利、环境和公共设施管理业全市从业人数/城市年底总人口		民用车辆数/城市道路长度		城市维护建设资金支出/城市 GDP	
	数值	排名	数值	排名	数值	排名	数值	排名	数值	排名	数值	排名	数值	排名
宁　波	0.0229	10	0.0731	4	0.0355	5	0.0228	11	0.0300	7	0.2303	2	0.0753	3
淮　安	0.0200	8	0.1925	2	0.0596	4	0.0171	11	0.0256	6	0.0359	5	0.0610	3
辽　阳	0.0178	13	0.1806	2	0.0600	5	0.0203	11	0.0266	8	0.0647	4	0.1416	3
宝　鸡	0.0133	13	0.1597	2	0.0594	4	0.0255	7	0.0246	8	0.0739	3	0.0332	5
淮　北	0.0197	12	0.1987	2	0.1052	3	0.0317	8	0.0377	5	0.0573	4	0.0376	6
株　洲	0.0208	9	0.1414	2	0.0586	5	0.0181	11	0.0290	6	0.0926	3	0.0686	4
长　沙	0.0156	13	0.1085	3	0.0297	5	0.0194	11	0.0283	7	0.1701	2	0.0741	4
营　口	0.0157	14	0.1612	2	0.0498	5	0.0160	13	0.0262	7	0.1436	3	0.0871	4
上　海	0.0259	12	0.1121	5	0.0494	7	0.1172	3	0.0327	10	0.1667	1	0.1169	4
东　莞	0.0248	13	0.0293	11	0.0702	3	0.0416	6	0.0476	4	0.0810	2	0.0424	5
大　同	0.0222	9	0.1708	2	0.0955	3	0.0254	6	0.0247	7	0.0771	4	0.0226	8
锦　州	0.0162	10	0.1123	3	0.0549	4	0.0174	8	0.0230	6	0.1568	2	0.0494	5
池　州	0.0128	11	0.1714	2	0.0708	3	0.0260	7	0.0241	8	0.0307	4	0.0295	5
肇　庆	0.0175	13	0.0391	4	0.0781	3	0.0248	10	0.0333	6	0.0937	2	0.0309	7
吉　林	0.0157	14	0.1643	2	0.0478	5	0.0407	6	0.0263	8	0.0877	4	0.1078	3
成　都	0.0168	12	0.1224	3	0.0442	5	0.0323	7	0.0238	8	0.2103	2	0.0542	4
马鞍山	0.0221	13	0.1981	2	0.0644	4	0.0249	12	0.0382	7	0.0885	3	0.0535	5
襄　樊	0.0118	12	0.1697	2	0.0406	5	0.0150	9	0.0196	6	0.0650	4	0.0742	3

续表

城市名称	城市污水处理率		互联网宽带接入用户数/城市年底总户数		人均 GDP		人口密度		水利、环境和公共设施管理业全市从业人数/城市年底总人口		民用车辆数/城市道路长度		城市维护建设资金支出/城市 GDP	
	数值	排名	数值	排名	数值	排名	数值	排名	数值	排名	数值	排名	数值	排名
鹰　潭	0. 0128	12	0. 1144	2	0. 0485	5	0. 0149	10	0. 0230	7	0. 1003	3	0. 0980	4
银　川	0. 0195	14	0. 1702	3	0. 0612	5	0. 0441	7	0. 0294	9	0. 2193	1	0. 0878	4
吉　安	0. 0084	11	0. 1050	2	0. 0636	4	0. 0164	7	0. 0150	8	0. 0653	3	0. 0258	6
宜　昌	0. 0164	13	0. 1705	2	0. 0427	5	0. 0342	6	0. 0282	9	0. 0588	4	0. 0702	3
梅　州	0. 0088	11	0. 1083	2	0. 0743	3	0. 0092	10	0. 0140	7	0. 0410	4	0. 0159	6
贵　阳	0. 0253	12	0. 1361	3	0. 0955	5	0. 0244	13	0. 0417	7	0. 1814	1	0. 1234	4
乌　海	0. 0267	14	0. 1038	3	0. 0472	6	0. 0343	11	0. 0345	10	0. 0833	4	0. 1804	2
大　庆	0. 0650	5	0. 2587	1	0. 0324	10	0. 0805	4	0. 0481	8	0. 0645	6	0. 1001	3
本　溪	0. 0248	12	0. 1897	1	0. 0650	7	0. 0548	9	0. 0329	10	0. 0824	5	0. 1094	3
十　堰	0. 0142	13	0. 1051	2	0. 0771	3	0. 0372	5	0. 0250	8	0. 0464	4	0. 0335	6
衢　州	0. 0144	12	0. 1246	2	0. 0597	4	0. 0191	9	0. 0264	6	0. 0815	3	0. 0465	5
莆　田	0. 0134	10	0. 0388	5	0. 0472	3	0. 0212	7	0. 0245	6	0. 0392	4	0. 0863	2
泉　州	0. 0152	11	0. 0597	3	0. 0418	5	0. 0195	9	0. 0290	6	0. 1829	2	0. 0502	4
阳　江	0. 0120	10	0. 1217	2	0. 0460	5	0. 0119	11	0. 0197	7	0. 0662	3	0. 0629	4
鄂尔多斯	0. 0143	13	0. 2333	2	0. 0140	14	0. 3251	1	0. 0178	10	0. 0845	5	0. 0882	3
抚　州	0. 0099	12	0. 1403	2	0. 0748	3	0. 0176	8	0. 0185	7	0. 0545	4	0. 0431	5
宿　迁	0. 0163	12	0. 1917	2	0. 0767	4	0. 0213	9	0. 0276	7	0. 0850	3	0. 0607	5
黄　石	0. 0152	11	0. 1249	2	0. 0580	4	0. 0181	9	0. 0288	7	0. 0322	5	0. 0714	3

续表

城市名称	城市污水处理率		互联网宽带接入用户数/城市年底总户数		人均 GDP		人口密度		水利、环境和公共设施管理业全市从业人数/城市年底总人口		民用车辆数/城市道路长度		城市维护建设资金支出/城市 GDP	
	数值	排名	数值	排名	数值	排名	数值	排名	数值	排名	数值	排名	数值	排名
龙岩	0. 0105	12	0. 0962	3	0. 0320	5	0. 0256	6	0. 0190	7	0. 1100	2	0. 0437	4
南平	0. 0082	12	0. 0651	2	0. 0340	5	0. 0262	7	0. 0133	8	0. 0646	3	0. 0487	4
嘉兴	0. 0164	12	0. 0570	4	0. 0422	5	0. 0301	6	0. 0266	7	0. 1931	2	0. 1052	3
广元	0. 0105	12	0. 1709	2	0. 0821	3	0. 0195	7	0. 0154	9	0. 0473	4	0. 0234	6
丹东	0. 0182	9	0. 1224	2	0. 0490	5	0. 0318	6	0. 0178	10	0. 1122	3	0. 0622	4
七台河	0. 0335	7	0. 2561	2	0. 1301	3	0. 0507	5	0. 0319	8	0. 0270	9	0. 0510	4
丽水	0. 0092	11	0. 0840	3	0. 0342	5	0. 0229	6	0. 0159	8	0. 1636	2	0. 0367	4
中卫	0. 0113	13	0. 1703	2	0. 0865	4	0. 0698	5	0. 0194	9	0. 0924	3	0. 0327	7
潮州	0. 0111	11	0. 0738	3	0. 0655	4	0. 0187	8	0. 0198	7	0. 1152	2	0. 0424	5
泰州	0. 0190	9	0. 1187	2	0. 0328	5	0. 0218	7	0. 0218	8	0. 0588	3	0. 0566	4
牡丹江	0. 0664	5	0. 1780	2	0. 0682	4	0. 0965	3	0. 0294	9	0. 0606	6	0. 0574	7
泰安	0. 0118	12	0. 1429	2	0. 0436	5	0. 0184	9	0. 0222	7	0. 0961	3	0. 0588	4
丽江	0. 0093	12	0. 1493	2	0. 0892	4	0. 0675	5	0. 0134	9	0. 1231	3	0. 0366	6
通化	0. 0106	12	0. 1273	2	0. 0430	5	0. 0298	6	0. 0181	9	0. 0746	3	0. 0706	4
石家庄	0. 0122	13	0. 0842	4	0. 0487	5	0. 0168	9	0. 0221	8	0. 1193	2	0. 0471	6
中山	0. 0181	13	0. 0345	6	0. 0388	4	0. 0326	7	0. 0319	8	0. 3196	1	0. 0827	3
绵阳	0. 0108	12	0. 1488	2	0. 0662	4	0. 0160	9	0. 0194	8	0. 0671	3	0. 0605	5
临沂	0. 0121	13	0. 1443	2	0. 0680	4	0. 0166	10	0. 0224	8	0. 1005	3	0. 0480	5

续表

城市名称	城市污水处理率		互联网宽带接入用户数/城市年底总户数		人均 GDP		人口密度		水利、环境和公共设施管理业全市从业人数/城市年底总人口		民用车辆数/城市道路长度		城市维护建设资金支出/城市 GDP	
	数值	排名	数值	排名	数值	排名	数值	排名	数值	排名	数值	排名	数值	排名
韶　关	0.0161	12	0.1537	2	0.0735	4	0.0319	6	0.0244	8	0.0541	5	0.1076	3
伊　春	0.0506	5	0.0961	4	0.1643	3	0.2162	1	0.0365	9	0.0191	12	0.0384	8
阳　泉	0.0175	11	0.1283	2	0.0654	5	0.0220	9	0.0268	8	0.0859	4	0.0864	3
宜　春	0.0079	11	0.1476	2	0.0572	4	0.0103	9	0.0150	7	0.0926	3	0.0179	6
日　照	0.0158	12	0.1660	2	0.0553	5	0.0184	11	0.0318	6	0.0580	4	0.1025	3
郑　州	0.0146	14	0.0697	3	0.0404	5	0.0396	6	0.0268	8	0.2413	2	0.0523	4
西　宁	0.0204	12	0.1093	3	0.0664	4	0.0215	11	0.0273	7	0.1559	2	0.0420	6
抚　顺	0.0239	11	0.1777	2	0.0529	5	0.0386	8	0.0275	10	0.0784	4	0.1136	3
兰　州	0.0211	12	0.1261	2	0.0653	5	0.0250	11	0.0260	10	0.0970	3	0.0631	6
宣　城	0.0148	12	0.1808	2	0.0758	4	0.0245	8	0.0275	6	0.0974	3	0.0267	7
莱　芜	0.0237	12	0.2270	1	0.0889	4	0.0289	9	0.0476	7	0.0621	6	0.1144	3
金　华	0.0097	11	0.0467	4	0.0272	5	0.0087	14	0.0149	8	0.2017	2	0.0525	3
徐　州	0.0162	12	0.1891	2	0.0564	5	0.0304	7	0.0298	8	0.0596	4	0.0817	3
亳　州	0.0057	12	0.1388	2	0.0627	3	0.0089	8	0.0107	7	0.0247	5	0.0194	6
六　安	0.0072	11	0.1725	2	0.0695	3	0.0069	12	0.0120	7	0.0608	4	0.0246	6
安　庆	0.0094	11	0.1428	2	0.0623	3	0.0090	12	0.0176	7	0.0575	4	0.0421	5
湘　潭	0.0131	11	0.1796	2	0.0437	4	0.0153	10	0.0232	6	0.1478	3	0.0359	5
长　治	0.0105	13	0.1136	3	0.0487	4	0.0174	7	0.0174	9	0.1337	2	0.0461	5

续表

城市名称	城市污水处理率		互联网宽带接入用户数/城市年底总户数		人均 GDP		人口密度		水利、环境和公共设施管理业全市从业人数/城市年底总人口		民用车辆数/城市道路长度		城市维护建设资金支出/城市 GDP	
	数值	排名	数值	排名	数值	排名	数值	排名	数值	排名	数值	排名	数值	排名
阜新	0. 0253	8	0. 1298	3	0. 0750	4	0. 0307	6	0. 0227	9	0. 2225	2	0. 0599	5
包头	0. 0213	13	0. 1837	2	0. 0282	10	0. 0971	4	0. 0283	9	0. 0904	5	0. 1444	3
榆林	0. 0084	11	0. 1092	3	0. 0164	7	0. 0351	5	0. 0122	9	0. 1788	2	0. 0297	6
荆门	0. 0110	11	0. 1273	2	0. 0445	5	0. 0169	8	0. 0192	6	0. 0529	4	0. 0699	3
乐山	0. 0134	12	0. 1621	2	0. 0617	3	0. 0170	10	0. 0203	8	0. 0544	5	0. 0606	4
来宾	0. 0094	12	0. 1660	2	0. 0637	3	0. 0177	7	0. 0156	8	0. 0542	4	0. 0221	6
邯郸	0. 0105	13	0. 1305	2	0. 0614	5	0. 0194	10	0. 0201	9	0. 0806	3	0. 0287	6
漳州	0. 0094	10	0. 0574	4	0. 0361	5	0. 0093	11	0. 0172	7	0. 1088	2	0. 0616	3
吴忠	0. 0136	12	0. 2266	2	0. 0904	4	0. 0615	5	0. 0225	8	0. 1415	3	0. 0517	6
德州	0. 0100	12	0. 1502	2	0. 0429	5	0. 0122	11	0. 0183	8	0. 1054	3	0. 0479	4
酒泉	0. 0076	13	0. 0977	3	0. 0243	6	0. 4669	1	0. 0114	10	0. 0409	5	0. 0581	4
随州	0. 0251	8	0. 1878	2	0. 0909	5	0. 0228	9	0. 0271	7	0. 0969	4	0. 1023	3
漯河	0. 0103	12	0. 1434	2	0. 0574	5	0. 0291	6	0. 0196	7	0. 0655	4	0. 0748	3
益阳	0. 0094	10	0. 1440	2	0. 0591	4	0. 0087	12	0. 0156	7	0. 1203	3	0. 0273	5
玉林	0. 0066	12	0. 1417	2	0. 0604	3	0. 0082	10	0. 0136	7	0. 0461	4	0. 0382	5
德阳	0. 0095	12	0. 1250	3	0. 0424	5	0. 0130	9	0. 0168	7	0. 1415	2	0. 0461	4
安康	0. 0092	11	0. 1500	2	0. 0676	3	0. 0261	6	0. 0172	7	0. 0569	4	0. 0130	9
滨州	0. 0147	13	0. 1488	2	0. 0463	5	0. 0147	12	0. 0286	6	0. 1345	3	0. 0733	4

续表

城市名称	城市污水处理率		互联网宽带接入用户数/城市年底总户数		人均 GDP		人口密度		水利、环境和公共设施管理业全市从业人数/城市年底总人口		民用车辆数/城市道路长度		城市维护建设资金支出/城市 GDP	
	数值	排名	数值	排名	数值	排名	数值	排名	数值	排名	数值	排名	数值	排名
温　州	0. 0131	12	0. 0542	4	0. 0522	5	0. 0182	7	0. 0243	6	0. 1569	2	0. 0726	3
娄　底	0. 0076	10	0. 1089	3	0. 0413	4	0. 0076	11	0. 0122	7	0. 2678	2	0. 0252	5
唐　山	0. 0145	14	0. 1121	3	0. 0341	7	0. 0170	11	0. 0253	8	0. 1307	2	0. 0904	4
呼和浩特	0. 0218	13	0. 1645	3	0. 0381	7	0. 0561	5	0. 0231	12	0. 1773	2	0. 0925	4
葫芦岛	0. 0134	12	0. 1481	2	0. 0754	4	0. 0186	9	0. 0214	7	0. 1461	3	0. 0345	6
松　原	0. 0083	13	0. 1558	3	0. 0272	5	0. 0257	6	0. 0146	8	0. 1712	2	0. 0682	4
乌兰察布	0. 0084	13	0. 2384	2	0. 0414	6	0. 0680	4	0. 0158	9	0. 0761	3	0. 0399	7
佳木斯	0. 0188	9	0. 1809	2	0. 0788	5	0. 0737	6	0. 0232	8	0. 1180	3	0. 0828	4
清　远	0. 0104	11	0. 1167	2	0. 0595	4	0. 0176	8	0. 0181	7	0. 0330	5	0. 0658	3
遂　宁	0. 0124	12	0. 3275	1	0. 1008	3	0. 0189	10	0. 0243	7	0. 0305	6	0. 0611	4
白　山	0. 0168	10	0. 1631	2	0. 0395	5	0. 0629	3	0. 0200	9	0. 0361	6	0. 0576	4
岳　阳	0. 0159	7	0. 1621	2	0. 0385	5	0. 0099	11	0. 0167	6	0. 1185	3	0. 0490	4
黑　河	0. 0064	11	0. 0961	2	0. 0499	4	0. 0960	3	0. 0097	9	0. 0499	5	0. 0402	6
鞍　山	0. 0162	12	0. 1312	3	0. 0372	6	0. 0163	11	0. 0215	9	0. 1691	2	0. 1213	4
焦　作	0. 0131	13	0. 1190	3	0. 0463	5	0. 0237	6	0. 0222	7	0. 1202	2	0. 0847	4
南　充	0. 0094	13	0. 1788	2	0. 0734	3	0. 0110	9	0. 0162	7	0. 0594	4	0. 0264	6
潍　坊	0. 0136	12	0. 0343	5	0. 0521	4	0. 0159	11	0. 0260	8	0. 1844	2	0. 0846	3
济　宁	0. 0112	13	0. 1537	2	0. 0482	5	0. 0180	9	0. 0216	8	0. 0895	3	0. 0525	4

续表

城市名称	城市污水处理率		互联网宽带接入用户数/城市年底总户数		人均 GDP		人口密度		水利、环境和公共设施管理业全市从业人数/城市年底总人口		民用车辆数/城市道路长度		城市维护建设资金支出/城市 GDP	
	数值	排名	数值	排名	数值	排名	数值	排名	数值	排名	数值	排名	数值	排名
齐齐哈尔	0.0165	11	0.2387	2	0.0904	3	0.0355	6	0.0201	9	0.0606	4	0.0414	5
固　　原	0.0130	9	0.2414	2	0.1064	3	0.0289	6	0.0152	8	0.0570	4	0.0125	10
金　　昌	0.0256	9	0.1794	2	0.0571	7	0.1263	3	0.0248	11	0.0631	6	0.0893	4
通　　辽	0.0091	14	0.1871	2	0.0312	6	0.0717	5	0.0169	9	0.0930	3	0.0805	4
巴彦淖尔	0.0097	13	0.1559	2	0.0360	6	0.1357	3	0.0159	9	0.0570	5	0.0821	4
鸡　　西	0.0358	7	0.2027	2	0.0810	3	0.0657	6	0.0226	9	0.0788	4	0.0756	5
孝　　感	0.0072	13	0.1072	2	0.0523	3	0.0092	10	0.0138	7	0.0294	6	0.0442	4
阜　　阳	0.0076	12	0.0489	4	0.0967	2	0.0168	7	0.0148	8	0.0650	3	0.0264	6
嘉 峪 关	0.0993	6	0.1052	4	0.0463	9	0.1427	1	0.0321	12	0.0407	10	0.1096	3
泸　　州	0.0330	6	0.2008	2	0.0787	3	0.0113	13	0.0224	7	0.0454	4	0.0418	5
郴　　州	0.0079	13	0.1238	3	0.0385	4	0.0117	9	0.0140	8	0.2444	2	0.0309	5
眉　　山	0.0097	10	0.1617	2	0.0512	4	0.0085	12	0.0157	8	0.0557	3	0.0358	5
攀 枝 花	0.0671	5	0.1235	2	0.0508	6	0.0481	7	0.0315	11	0.0425	10	0.0805	4
新　　乡	0.0102	12	0.0978	3	0.0582	4	0.0154	9	0.0191	6	0.1472	2	0.0578	5
宁　　德	0.0070	11	0.0500	4	0.0275	6	0.0103	8	0.0126	7	0.0732	2	0.0556	3
渭　　南	0.0066	11	0.1129	2	0.0425	4	0.0055	13	0.0097	8	0.1040	3	0.0230	5
河　　源	0.0075	12	0.1047	2	0.0586	4	0.0126	9	0.0143	8	0.0881	3	0.0178	6
许　　昌	0.0085	13	0.1190	3	0.0366	5	0.0189	7	0.0167	8	0.1507	2	0.0535	4

续表

城市名称	城市污水处理率		互联网宽带接入用户数/城市年底总户数		人均 GDP		人口密度		水利、环境和公共设施管理业全市从业人数/城市年底总人口		民用车辆数/城市道路长度		城市维护建设资金支出/城市 GDP	
	数值	排名	数值	排名	数值	排名	数值	排名	数值	排名	数值	排名	数值	排名
洛阳	0.0114	14	0.0833	4	0.0463	5	0.0117	13	0.0230	6	0.1453	2	0.0882	3
四平	0.0106	11	0.1402	2	0.0434	5	0.0149	7	0.0147	8	0.0909	3	0.0721	4
汉中	0.0062	13	0.1074	2	0.0429	4	0.0172	7	0.0107	8	0.0674	3	0.0245	6
三明	0.0275	7	0.0594	4	0.0281	6	0.0301	5	0.0164	9	0.0711	2	0.0663	3
晋城	0.0114	13	0.1240	3	0.0475	5	0.0203	8	0.0197	10	0.2096	2	0.0962	4
张家口	0.0101	14	0.1587	2	0.0608	4	0.0317	6	0.0169	10	0.0868	3	0.0495	5
铁岭	0.0085	13	0.1331	3	0.0489	5	0.0159	9	0.0162	8	0.1604	2	0.0581	4
盐城	0.0105	11	0.1195	2	0.0327	6	0.0089	13	0.0163	7	0.0850	3	0.0541	4
自贡	0.0166	11	0.2109	2	0.0667	4	0.0215	8	0.0262	7	0.0211	9	0.0799	3
永州	0.0070	11	0.1564	2	0.0498	4	0.0087	9	0.0115	7	0.1300	3	0.0193	5
鹤岗	0.0325	8	0.2745	1	0.0993	3	0.0874	4	0.0225	10	0.0343	6	0.0857	5
雅安	0.0145	11	0.1408	2	0.0659	4	0.0379	5	0.0183	9	0.0933	3	0.0321	6
平顶山	0.0081	12	0.1147	3	0.0458	5	0.0115	9	0.0139	7	0.1390	2	0.0575	4
荆州	0.0079	12	0.0928	2	0.0606	3	0.0077	13	0.0147	8	0.0354	5	0.0492	4
咸宁	0.0132	13	0.1517	2	0.0674	5	0.0175	11	0.0251	7	0.0900	4	0.0968	3
双鸭山	0.0296	7	0.1918	2	0.0680	5	0.0851	4	0.0230	10	0.0592	6	0.0853	3
信阳	0.0071	13	0.2043	2	0.0546	4	0.0086	10	0.0140	7	0.0702	3	0.0519	6
延安	0.0081	13	0.1140	3	0.0231	7	0.0484	5	0.0137	8	0.2008	2	0.0498	4

续表

城市名称	城市污水处理率		互联网宽带接入用户数/城市年底总户数		人均 GDP		人口密度		水利、环境和公共设施管理业全市从业人数/城市年底总人口		民用车辆数/城市道路长度		城市维护建设资金支出/城市 GDP	
	数值	排名	数值	排名	数值	排名	数值	排名	数值	排名	数值	排名	数值	排名
商　洛	0.0051	12	0.0883	2	0.0432	3	0.0160	8	0.0096	10	0.0360	5	0.0196	7
衡　阳	0.0134	8	0.1409	2	0.0509	4	0.0092	12	0.0160	7	0.0887	3	0.0423	5
绥　化	0.0044	13	0.1008	2	0.0416	3	0.0120	7	0.0089	9	0.0256	6	0.0307	5
宿　州	0.0076	12	0.1450	2	0.0685	3	0.0098	10	0.0140	7	0.0347	5	0.0379	4
开　封	0.0125	13	0.1263	2	0.0616	4	0.0181	8	0.0190	7	0.0874	3	0.0478	5
保　定	0.0079	13	0.0857	3	0.0586	4	0.0097	11	0.0160	8	0.1152	2	0.0277	7
常　德	0.0085	12	0.1405	2	0.0384	5	0.0100	11	0.0157	7	0.1401	3	0.0706	4
张　掖	0.0121	12	0.1605	2	0.0747	6	0.1424	3	0.0176	10	0.1203	4	0.0882	5
承　德	0.0114	14	0.1528	3	0.0537	6	0.0449	7	0.0186	10	0.0583	5	0.0685	4
云　浮	0.0080	11	0.0279	5	0.0520	3	0.0077	12	0.0140	7	0.1559	2	0.0387	4
资　阳	0.0061	11	0.1829	2	0.0355	6	0.0080	9	0.0116	7	0.0502	3	0.0476	4
聊　城	0.0080	12	0.1110	2	0.0370	5	0.0115	10	0.0155	8	0.0998	3	0.0487	4
揭　阳	0.0116	11	0.0837	2	0.0632	5	0.0257	7	0.0186	8	0.0757	3	0.0677	4
广　安	0.0061	13	0.1783	2	0.0430	5	0.0096	9	0.0121	8	0.0557	3	0.0232	6
上　饶	0.0062	12	0.0876	2	0.0524	4	0.0073	10	0.0121	8	0.0562	3	0.0286	7
南　阳	0.0094	13	0.1794	2	0.0637	3	0.0081	14	0.0161	8	0.0429	5	0.0441	4
安　阳	0.0077	13	0.0885	3	0.0445	5	0.0141	9	0.0153	7	0.1057	2	0.0560	4
平　凉	0.0096	12	0.1925	2	0.0920	3	0.0160	8	0.0148	9	0.0777	4	0.0432	6

续表

城市名称	城市污水处理率		互联网宽带接入用户数/城市年底总户数		人均 GDP		人口密度		水利、环境和公共设施管理业全市从业人数/城市年底总人口		民用车辆数/城市道路长度		城市维护建设资金支出/城市 GDP	
	数值	排名	数值	排名	数值	排名	数值	排名	数值	排名	数值	排名	数值	排名
巴　　中	0.0061	11	0.1976	2	0.0790	4	0.0069	10	0.0109	7	0.0941	3	0.0120	6
武　　威	0.0061	14	0.1464	2	0.0562	4	0.0455	6	0.0109	10	0.0620	3	0.0475	5
怀　　化	0.0068	12	0.1226	3	0.0476	4	0.0131	8	0.0111	9	0.1996	2	0.0232	6
梧　　州	0.0138	9	0.1283	3	0.0463	4	0.0129	10	0.0165	7	0.2135	2	0.0423	5
吕　　梁	0.0047	13	0.0664	3	0.0262	5	0.0101	8	0.0086	9	0.1728	2	0.0211	6
茂　　名	0.0077	11	0.1196	2	0.0366	5	0.0102	10	0.0140	7	0.1141	3	0.0571	4
三门峡	0.0090	14	0.0248	6	0.0308	5	0.0167	9	0.0169	8	0.1603	2	0.0631	3
遵　　义	0.0062	11	0.1259	2	0.0421	4	0.0095	9	0.0114	8	0.0955	3	0.0415	5
庆　　阳	0.0053	11	0.1356	2	0.0345	5	0.0212	7	0.0099	8	0.0748	3	0.0271	6
宜　　宾	0.0089	12	0.1625	2	0.0513	5	0.0082	14	0.0164	7	0.0655	3	0.0545	4
菏　　泽	0.0070	12	0.1192	2	0.0501	4	0.0112	10	0.0127	8	0.0847	3	0.0360	6
呼伦贝尔	0.0067	13	0.0899	3	0.0220	7	0.2503	2	0.0120	10	0.0573	4	0.0438	5
晋　　中	0.0078	14	0.0892	3	0.0477	5	0.0162	8	0.0135	9	0.1512	2	0.0543	4
保　　山	0.0063	11	0.1324	2	0.0620	4	0.0184	7	0.0110	8	0.0653	3	0.0467	5
玉　　溪	0.0098	12	0.1054	3	0.0327	5	0.0242	7	0.0151	10	0.1174	2	0.0584	4
钦　　州	0.0109	10	0.1404	3	0.0654	4	0.0106	11	0.0168	7	0.2034	2	0.0530	5
拉　　萨	0.4698	1	0.0394	5	0.0191	9	0.1026	3	0.0095	10	0.0367	7	0.0367	6
沧　　州	0.0052	14	0.0713	3	0.0247	6	0.0064	11	0.0105	8	0.1640	2	0.0363	4

续表

城市名称	城市污水处理率		互联网宽带接入用户数/城市年底总户数		人均 GDP		人口密度		水利、环境和公共设施管理业全市从业人数/城市年底总人口		民用车辆数/城市道路长度		城市维护建设资金支出/城市 GDP	
	数值	排名	数值	排名	数值	排名	数值	排名	数值	排名	数值	排名	数值	排名
贵　港	0. 0162	6	0. 1371	2	0. 0646	3	0. 0068	12	0. 0122	10	0. 0366	4	0. 0252	5
天　水	0. 0072	12	0. 1719	2	0. 0857	3	0. 0099	10	0. 0128	8	0. 0391	4	0. 0284	6
商　丘	0. 0056	13	0. 0978	2	0. 0453	4	0. 0098	8	0. 0100	7	0. 0942	3	0. 0327	6
张家界	0. 0114	13	0. 1386	2	0. 0745	4	0. 0222	8	0. 0169	9	0. 1139	3	0. 0737	5
廊　坊	0. 0122	13	0. 0779	3	0. 0482	5	0. 0162	11	0. 0210	9	0. 2018	2	0. 0624	4
朝　阳	0. 0077	12	0. 0902	3	0. 0354	5	0. 0152	8	0. 0116	9	0. 1956	2	0. 0404	4
白　城	0. 0126	11	0. 1270	2	0. 0448	5	0. 0437	6	0. 0114	12	0. 0942	3	0. 0568	4
濮　阳	0. 0109	10	0. 1165	3	0. 0432	4	0. 0160	7	0. 0145	8	0. 1450	2	0. 0409	5
贺　州	0. 0098	10	0. 1183	3	0. 0613	4	0. 0145	8	0. 0140	9	0. 2521	2	0. 0300	5
白　银	0. 0306	7	0. 2000	2	0. 0740	3	0. 0523	6	0. 0188	9	0. 0549	5	0. 0591	4
汕　尾	0. 0048	12	0. 0732	3	0. 0361	4	0. 0069	8	0. 0088	7	0. 1627	2	0. 0301	5
邵　阳	0. 0059	11	0. 1278	2	0. 0604	4	0. 0054	13	0. 0102	7	0. 1201	3	0. 0248	5
定　西	0. 0033	12	0. 1166	2	0. 0645	4	0. 0088	7	0. 0061	9	0. 0717	3	0. 0145	6
内　江	0. 0103	12	0. 2086	2	0. 0506	4	0. 0134	9	0. 0161	8	0. 0636	3	0. 0350	5
临　沧	0. 0055	12	0. 1370	2	0. 0579	4	0. 0214	7	0. 0105	8	0. 0685	3	0. 0372	5
赤　峰	0. 0094	12	0. 1914	2	0. 0416	6	0. 0686	4	0. 0160	9	0. 1025	3	0. 0636	5
安　顺	0. 0099	13	0. 2261	2	0. 0961	3	0. 0129	11	0. 0178	9	0. 0847	4	0. 0691	5

续表

城市名称	城市污水处理率		互联网宽带接入用户数/城市年底总户数		人均 GDP		人口密度		水利、环境和公共设施管理业全市从业人数/城市年底总人口		民用车辆数/城市道路长度		城市维护建设资金支出/城市 GDP	
	数值	排名	数值	排名	数值	排名	数值	排名	数值	排名	数值	排名	数值	排名
赣　州	0.0193	7	0.0647	4	0.0649	3	0.0120	9	0.0134	8	0.1143	2	0.0575	5
百　色	0.0107	11	0.1037	2	0.0513	4	0.0226	6	0.0120	9	0.0729	3	0.0307	5
驻马店	0.0057	13	0.1297	2	0.0466	4	0.0072	10	0.0112	8	0.0717	3	0.0402	5
河　池	0.0046	12	0.0818	2	0.0506	4	0.0139	7	0.0082	9	0.0594	3	0.0213	6
曲　靖	0.0059	12	0.1345	2	0.0394	4	0.0104	9	0.0111	7	0.1108	3	0.0388	5
邢　台	0.0080	12	0.0998	2	0.0640	5	0.0102	11	0.0146	9	0.0955	3	0.0543	6
黄　冈	0.0061	11	0.0856	2	0.0373	3	0.0041	14	0.0085	7	0.0320	4	0.0297	5
达　州	0.0135	8	0.1667	2	0.0473	4	0.0057	12	0.0113	9	0.1167	3	0.0244	6
忻　州	0.0056	14	0.0994	2	0.0500	4	0.0187	7	0.0101	10	0.0982	3	0.0312	5
运　城	0.0058	13	0.0721	3	0.0484	4	0.0064	12	0.0107	8	0.1697	2	0.0418	5
衡　水	0.0083	12	0.0786	3	0.0536	4	0.0077	13	0.0138	8	0.0924	2	0.0406	6
周　口	0.0052	12	0.1138	3	0.0401	5	0.0090	7	0.0089	8	0.1386	2	0.0293	6
六盘水	0.0032	12	0.0819	2	0.0204	6	0.0042	11	0.0066	10	0.0514	3	0.0282	4
崇　左	0.0099	10	0.1122	3	0.0346	5	0.0155	7	0.0102	9	0.2016	2	0.0262	6
昭　通	0.0033	13	0.1348	2	0.0496	4	0.0050	12	0.0063	8	0.0743	3	0.0249	6
陇　南	0.0019	14	0.0643	2	0.0384	4	0.0081	7	0.0041	10	0.0588	3	0.0055	8

注：建设难度数值越大的表明建设难度越大，建设难度排名越靠前的越难以取得建设成效。

从表 15 中可以看出，2013 年北京市 14 个指标建设难度排在前 4 位的是：民用车辆数/城市道路长度、人均绿地面积、互联网宽带接入用户数/城市年底总户数、人均用水量。

2013 年天津市 14 个指标建设难度排在前 4 位的是：人均绿地面积、互联网宽带接入用户数/城市年底总户数、民用车辆数/城市道路长度、人均 GDP。

2013 年上海市 14 个指标建设难度排在前 4 位的是：民用车辆数/城市道路长度、人均用水量、人口密度、城市维护建设资金支出/城市 GDP。

2013 年重庆市 14 个指标建设难度排在前 4 位的是：人均绿地面积、互联网宽带接入用户数/城市年底总户数、民用车辆数/城市道路长度、人均 GDP。

2013 年广州市 14 个指标建设难度排在前 4 位的是：人均用水量、民用车辆数/城市道路长度、城市维护建设资金支出/城市 GDP、人均绿地面积。

2013 年西安市 14 个指标建设难度排在前 4 位的是：人均绿地面积、民用车辆数/城市道路长度、互联网宽带接入用户数/城市年底总户数、人均 GDP。

2013 年南京市 14 个指标建设难度排在前 4 位的是：互联网宽带接入用户数/城市年底总户数、人均用水量、人均绿地面积、民用车辆数/城市道路长度。

其他城市的情况也可以从表 15 中获知。

（四）生态城市年度建设综合度

城市健康指数各三级指标的建设综合度同时考虑了建设侧重度和建设难度，反映的是由本年建设现状决定的下年度各建设项目的应投入力度，综合度大表明在下年度建设投入力度应该大，反之应该小。例如：2013 年珠海市的建设综合度排在前四位的分别是：人均用水量（0.7047）、空气质量优良天数（0.0615）、城市污水处理率（0.0611）、人口密度（0.0547）。这就是下一个建设年度珠海市为建成更加优良的生态城市应投入力度的顺序。

利用前面所述的定义，我们计算了 2013 年全国 284 个生态城市健康指数的 14 个指标的建设综合度，并将结果列于表 16 中。表 16 中同时还列出了 2013 年全国 284 个生态城市健康指数的 14 个指标建设综合度的排序。

表 16　2013 年 284 个城市生态健康指数 14 个指标的建设综合度

城市名称	建成区绿化覆盖率		空气质量优良天数		人均用水量		人均绿地面积		生活垃圾无害化处理率		单位 GDP 综合能耗		一般工业固体废物综合利用率	
	数值	排名	数值	排名	数值	排名	数值	排名	数值	排名	数值	排名	数值	排名
珠　海	0.0004	13	0.0615	2	0.7047	1	0.0314	6	0.0004	13	0.0050	10	0.0507	5
三　亚	0.0100	10	0.0544	5	0.3150	1	0.0850	4	0.0003	12	0.0042	11	0.0003	12
厦　门	0.0412	5	0.0363	7	0.3479	1	0.0161	10	0.0521	4	0.0074	12	0.0412	6
铜　陵	0.0122	12	0.0722	6	0.1133	3	0.0525	8	0.0005	14	0.1307	2	0.1119	4
新　余	0.0008	13	0.0414	7	0.0084	12	0.1973	2	0.0004	14	0.1436	3	0.0532	5
惠　州	0.1130	2	0.0585	6	0.0543	7	0.3033	1	0.0801	4	0.0423	10	0.0344	12
舟　山	0.1757	2	0.1026	3	0.0165	10	0.0097	13	0.0006	14	0.0768	6	0.0143	12
沈　阳	0.0366	8	0.1426	3	0.0709	6	0.0977	4	0.0003	14	0.0846	5	0.0486	7
福　州	0.0179	11	0.0184	10	0.0084	12	0.3948	1	0.0321	8	0.0061	14	0.0235	9
大　连	0.0112	11	0.0660	5	0.0372	9	0.1468	4	0.0003	14	0.0307	10	0.0486	7
海　口	0.0272	11	0.0969	5	0.1462	3	0.1654	2	0.0003	14	0.0072	12	0.0366	10
景德镇	0.0011	13	0.0064	12	0.0157	11	0.2131	1	0.0002	14	0.0215	9	0.0181	10
广　州	0.0466	7	0.0894	3	0.4026	1	0.0025	13	0.0825	4	0.0062	10	0.0322	8
南　宁	0.0319	8	0.0750	5	0.0201	12	0.0434	6	0.0003	13	0.0280	9	0.0335	7
芜　湖	0.0421	5	0.0359	7	0.0002	14	0.4250	1	0.0393	6	0.0151	10	0.0120	11
黄　山	0.0041	12	0.0072	11	0.0285	7	0.0129	10	0.0002	14	0.0018	13	0.0634	4
西　安	0.0233	7	0.1550	3	0.0172	12	0.3054	1	0.0319	6	0.0133	13	0.0218	8
苏　州	0.0328	8	0.0798	5	0.1104	3	0.1286	2	0.0003	14	0.0010	13	0.0187	10
扬　州	0.0127	11	0.0657	4	0.0032	13	0.4825	1	0.0002	14	0.0084	12	0.0127	10

续表

城市名称	建成区绿化覆盖率		空气质量优良天数		人均用水量		人均绿地面积		生活垃圾无害化处理率		单位 GDP 综合能耗		一般工业固体废物综合利用率	
	数值	排名	数值	排名	数值	排名	数值	排名	数值	排名	数值	排名	数值	排名
烟　台	0.0122	11	0.0217	8	0.0225	7	0.2981	2	0.0002	14	0.0154	9	0.0380	5
青　岛	0.0140	13	0.1058	4	0.0216	10	0.1324	2	0.0004	14	0.0194	12	0.0402	8
威　海	0.0025	12	0.0224	8	0.0227	7	0.1835	3	0.0002	14	0.0300	6	0.0302	5
镇　江	0.0304	8	0.1167	4	0.0252	10	0.1949	2	0.0003	14	0.0210	11	0.0179	12
武　汉	0.0758	5	0.1520	3	0.1791	2	0.2798	1	0.0003	14	0.0380	6	0.0281	9
蚌　埠	0.0300	5	0.0231	6	0.0009	13	0.4756	1	0.0001	14	0.0100	8	0.0039	11
湖　州	0.0017	12	0.0878	3	0.0068	11	0.3527	1	0.0002	14	0.0362	5	0.0159	10
常　州	0.0197	12	0.0986	4	0.0346	8	0.2552	1	0.0338	9	0.0289	11	0.0132	13
杭　州	0.0461	6	0.0994	2	0.0633	3	0.0499	5	0.0002	14	0.0099	8	0.0290	7
铜　川	0.0091	12	0.0223	9	0.0412	7	0.1919	2	0.0447	6	0.0935	4	0.0002	14
克拉玛依	0.0126	10	0.0107	11	0.3573	2	0.0050	13	0.0258	6	0.0955	3	0.0265	5
济　南	0.0597	3	0.2995	1	0.0124	13	0.2769	2	0.0485	6	0.0426	7	0.0109	14
淮　南	0.0360	7	0.0371	6	0.0010	14	0.2952	1	0.0281	10	0.0341	8	0.0300	9
重　庆	0.0188	10	0.0643	4	0.0075	12	0.4133	1	0.0218	9	0.0292	8	0.0319	7
鹤　壁	0.0368	6	0.0281	10	0.0055	14	0.4349	1	0.0301	9	0.0540	5	0.0163	13
天　津	0.0833	6	0.1408	3	0.0395	9	0.2014	1	0.0398	8	0.0005	14	0.0064	12
北　京	0.0035	11	0.1316	3	0.1519	2	0.0398	7	0.0371	8	0.0016	12	0.0484	6
盘　锦	0.0400	6	0.0136	9	0.0128	10	0.2403	1	0.0002	13	0.1000	5	0.0257	7
合　肥	0.0240	10	0.0464	6	0.0092	13	0.2448	2	0.0002	14	0.0135	12	0.0263	9

续表

城市名称	建成区绿化覆盖率		空气质量优良天数		人均用水量		人均绿地面积		生活垃圾无害化处理率		单位 GDP 综合能耗		一般工业固体废物综合利用率	
	数值	排名	数值	排名	数值	排名	数值	排名	数值	排名	数值	排名	数值	排名
江门	0.0204	10	0.0853	6	0.0138	12	0.1722	1	0.0003	14	0.0164	11	0.0469	9
秦皇岛	0.0012	13	0.0761	6	0.0021	12	0.3019	1	0.0002	14	0.0428	7	0.0894	5
东营	0.0207	9	0.1774	2	0.0091	12	0.0828	4	0.0002	14	0.0607	7	0.0116	11
乌鲁木齐	0.0896	4	0.0573	8	0.1283	2	0.0118	13	0.0674	7	0.1754	1	0.0550	9
佛山	0.0358	7	0.0524	6	0.0774	3	0.1424	2	0.0241	8	0.0072	12	0.0213	10
绍兴	0.0277	7	0.0568	4	0.0260	9	0.3486	1	0.0002	14	0.0243	10	0.0227	11
哈尔滨	0.0470	7	0.0450	8	0.0025	14	0.3830	1	0.0348	9	0.0317	10	0.0160	11
北海	0.0313	6	0.0400	5	0.0066	11	0.3446	2	0.0001	14	0.0205	9	0.0022	13
昆明	0.0433	8	0.0222	10	0.0219	11	0.1224	2	0.0472	7	0.0590	6	0.1165	3
南通	0.0111	9	0.0395	5	0.0079	10	0.5996	1	0.0001	14	0.0027	13	0.0064	11
汕头	0.0200	8	0.0002	14	0.0080	11	0.2486	2	0.0514	5	0.0031	13	0.0114	10
九江	0.0003	13	0.0096	11	0.0351	5	0.5431	1	0.0001	14	0.0155	10	0.0540	4
朔州	0.0063	12	0.0164	9	0.0243	6	0.4518	1	0.0001	14	0.0274	5	0.0146	10
南京	0.0154	11	0.1387	2	0.3121	1	0.0057	14	0.0731	5	0.0391	8	0.0456	6
枣庄	0.0272	10	0.0924	3	0.0183	11	0.4156	1	0.0001	14	0.0576	5	0.0018	13
防城港	0.0531	5	0.0039	12	0.0016	14	0.5618	1	0.0250	8	0.0367	6	0.0036	13
连云港	0.0480	9	0.0780	4	0.0548	7	0.0736	5	0.0002	14	0.0271	12	0.0237	13
南昌	0.0179	12	0.0672	4	0.0331	7	0.2451	1	0.0258	9	0.0121	14	0.0121	13
长春	0.0845	3	0.0552	5	0.0052	13	0.4278	1	0.0427	7	0.0079	11	0.0038	14

续表

城市名称	建成区绿化覆盖率		空气质量优良天数		人均用水量		人均绿地面积		生活垃圾无害化处理率		单位 GDP 综合能耗		一般工业固体废物综合利用率	
	数值	排名	数值	排名	数值	排名	数值	排名	数值	排名	数值	排名	数值	排名
辽源	0.0296	9	0.0199	10	0.0073	12	0.3229	1	0.0001	14	0.0357	5	0.0115	11
无锡	0.0224	12	0.1173	3	0.0687	6	0.0748	5	0.0003	14	0.0236	11	0.0398	9
台州	0.0053	12	0.0261	7	0.0131	9	0.6673	1	0.0001	14	0.0005	13	0.0082	11
石嘴山	0.0432	7	0.0292	9	0.0702	4	0.0106	12	0.0418	8	0.2202	2	0.0566	5
萍乡	0.0181	10	0.0041	12	0.0220	9	0.5263	1	0.0001	14	0.0589	5	0.0104	11
鄂州	0.0681	4	0.0364	7	0.0042	12	0.3666	1	0.0002	14	0.0736	3	0.0282	10
柳州	0.0251	10	0.0325	9	0.1042	4	0.2444	1	0.0002	14	0.1007	5	0.0243	11
深圳	0.0047	9	0.0188	7	0.4337	1	0.0004	13	0.0219	6	0.0010	11	0.0334	5
太原	0.0521	9	0.1447	3	0.0608	7	0.1534	2	0.0002	14	0.1062	5	0.1101	4
桂林	0.0053	10	0.0052	11	0.0086	8	0.7353	1	0.0142	6	0.0104	7	0.0086	9
咸阳	0.0085	7	0.0083	8	0.0056	10	0.6942	1	0.0099	6	0.0054	11	0.0043	12
湛江	0.0078	8	0.0019	13	0.0185	6	0.7088	1	0.0000	14	0.0020	12	0.0031	11
淄博	0.0111	12	0.1134	4	0.0207	10	0.0674	6	0.0002	14	0.1118	5	0.0234	9
滁州	0.0184	7	0.0146	8	0.0395	4	0.4876	1	0.0001	14	0.0069	10	0.0061	11
宁波	0.0435	5	0.0377	6	0.0297	7	0.2203	2	0.0001	14	0.0208	9	0.0257	8
淮安	0.0184	9	0.0280	7	0.0034	14	0.4572	1	0.0349	6	0.0177	10	0.0073	11
辽阳	0.0274	7	0.0159	9	0.0157	10	0.1793	2	0.0002	13	0.1074	4	0.0499	5
宝鸡	0.0192	9	0.0171	10	0.0301	8	0.4974	1	0.0001	14	0.0163	11	0.0468	5
淮北	0.0072	13	0.0248	9	0.0187	10	0.2514	1	0.0002	14	0.0495	5	0.0249	8

续表

城市名称	建成区绿化覆盖率		空气质量优良天数		人均用水量		人均绿地面积		生活垃圾无害化处理率		单位 GDP 综合能耗		一般工业固体废物综合利用率	
	数值	排名	数值	排名	数值	排名	数值	排名	数值	排名	数值	排名	数值	排名
株　洲	0. 0189	11	0. 0556	5	0. 0020	13	0. 4472	1	0. 0001	14	0. 0230	10	0. 0247	9
长　沙	0. 0341	6	0. 0618	4	0. 0255	9	0. 3596	1	0. 0001	14	0. 0197	10	0. 0268	8
营　口	0. 0330	7	0. 0115	10	0. 0079	12	0. 2556	1	0. 0361	6	0. 0905	5	0. 0290	8
上　海	0. 0502	6	0. 0573	5	0. 2156	2	0. 0111	11	0. 0429	7	0. 0089	13	0. 0138	10
东　莞	0. 0030	12	0. 0369	4	0. 7406	1	0. 0001	14	0. 0549	2	0. 0081	9	0. 0333	5
大　同	0. 0074	13	0. 0167	10	0. 0112	12	0. 3939	1	0. 0271	8	0. 0506	4	0. 0176	9
锦　州	0. 0112	11	0. 0073	13	0. 0016	14	0. 4682	1	0. 0237	8	0. 0250	7	0. 0114	10
池　州	0. 0130	8	0. 0053	12	0. 0261	7	0. 5472	1	0. 0113	9	0. 0265	6	0. 0001	14
肇　庆	0. 0542	6	0. 0460	7	0. 0136	10	0. 5197	1	0. 0237	8	0. 0108	11	0. 0789	3
吉　林	0. 0033	14	0. 0222	10	0. 0046	13	0. 3023	1	0. 0273	8	0. 0349	6	0. 0301	7
成　都	0. 0238	8	0. 0834	3	0. 0130	11	0. 2420	2	0. 0001	14	0. 0132	10	0. 0042	13
马鞍山	0. 0124	14	0. 0614	6	0. 0340	11	0. 1763	2	0. 0387	10	0. 1253	3	0. 0671	5
襄　樊	0. 0021	14	0. 0114	8	0. 0056	12	0. 5286	1	0. 0097	10	0. 0199	6	0. 0038	13
鹰　潭	0. 0164	8	0. 0050	12	0. 0317	6	0. 4893	1	0. 0001	14	0. 0042	13	0. 0125	9
银　川	0. 0260	11	0. 0531	6	0. 0204	12	0. 0383	8	0. 0450	7	0. 0973	3	0. 0361	9
吉　安	0. 0010	12	0. 0000	13	0. 0607	4	0. 6898	1	0. 0000	13	0. 0011	11	0. 0029	10
宜　昌	0. 0184	11	0. 0241	9	0. 0114	14	0. 3976	1	0. 0299	7	0. 0569	6	0. 0674	4
梅　州	0. 0026	10	0. 0000	13	0. 0331	4	0. 7290	1	0. 0000	13	0. 0075	8	0. 0011	12
贵　阳	0. 0128	13	0. 0524	7	0. 0344	10	0. 0272	12	0. 0414	8	0. 0969	4	0. 0809	5

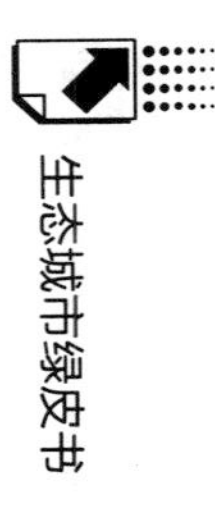

续表

城市名称	建成区绿化覆盖率		空气质量优良天数		人均用水量		人均绿地面积		生活垃圾无害化处理率		单位 GDP 综合能耗		一般工业固体废物综合利用率	
	数值	排名	数值	排名	数值	排名	数值	排名	数值	排名	数值	排名	数值	排名
乌　海	0. 0432	8	0. 0537	6	0. 0433	7	0. 0637	5	0. 0674	4	0. 1239	2	0. 0953	3
大　庆	0. 0067	13	0. 0153	11	0. 0800	5	0. 0162	10	0. 0532	8	0. 0776	6	0. 0186	9
本　溪	0. 0010	14	0. 0111	11	0. 1416	3	0. 0020	13	0. 0251	7	0. 1673	2	0. 2897	1
十　堰	0. 0069	12	0. 0151	9	0. 0063	13	0. 5873	1	0. 0001	14	0. 0318	6	0. 0617	4
衢　州	0. 0146	12	0. 0319	7	0. 0217	9	0. 5467	1	0. 0001	14	0. 0416	6	0. 0132	13
莆　田	0. 0016	11	0. 0001	13	0. 0003	12	0. 7292	1	0. 0113	7	0. 0017	10	0. 0001	13
泉　州	0. 0093	11	0. 0038	14	0. 0218	5	0. 4734	1	0. 0153	8	0. 0078	13	0. 0089	12
阳　江	0. 0177	8	0. 0001	13	0. 0252	6	0. 6415	1	0. 0001	13	0. 0034	10	0. 0012	12
鄂尔多斯	0. 0064	11	0. 0098	9	0. 0123	8	0. 0073	10	0. 0150	7	0. 0200	6	0. 0529	4
抚　州	0. 0004	13	0. 0017	12	0. 0305	5	0. 5973	1	0. 0001	14	0. 0017	11	0. 0093	9
宿　迁	0. 0123	12	0. 0428	7	0. 0650	5	0. 2999	1	0. 0001	14	0. 0071	13	0. 0195	10
黄　石	0. 0506	6	0. 0172	8	0. 0006	13	0. 5600	1	0. 0001	14	0. 0565	4	0. 0131	10
龙　岩	0. 0051	13	0. 0024	14	0. 0082	11	0. 6589	1	0. 0087	9	0. 0081	12	0. 0111	8
南　平	0. 0005	14	0. 0009	13	0. 0356	4	0. 7547	1	0. 0055	10	0. 0079	9	0. 0086	8
嘉　兴	0. 0127	10	0. 0480	4	0. 0034	13	0. 3111	2	0. 0001	14	0. 0124	11	0. 0129	9
广　元	0. 0152	8	0. 0032	13	0. 0316	4	0. 5351	1	0. 0145	9	0. 0157	7	0. 0000	14
丹　东	0. 0219	9	0. 0001	13	0. 0089	10	0. 4983	1	0. 0001	13	0. 0364	7	0. 0073	11
七台河	0. 0352	7	0. 0234	9	0. 0104	12	0. 0898	3	0. 0001	14	0. 0780	5	0. 0250	8
丽　水	0. 0024	12	0. 0028	11	0. 0155	7	0. 6159	1	0. 0000	14	0. 0015	13	0. 0035	10

续表

城市名称	建成区绿化覆盖率		空气质量优良天数		人均用水量		人均绿地面积		生活垃圾无害化处理率		单位 GDP 综合能耗		一般工业固体废物综合利用率	
	数值	排名	数值	排名	数值	排名	数值	排名	数值	排名	数值	排名	数值	排名
中　卫	0.0250	8	0.0077	11	0.0974	5	0.2693	1	0.0001	13	0.0520	7	0.0108	9
潮　州	0.0027	11	0.0019	12	0.0137	9	0.6317	1	0.0001	14	0.0170	8	0.0012	13
泰　州	0.0133	10	0.0285	5	0.0209	9	0.6572	1	0.0001	13	0.0001	13	0.0040	12
牡丹江	0.0338	8	0.0169	12	0.0289	10	0.1633	3	0.0001	13	0.0320	9	0.0001	13
泰　安	0.0042	11	0.0303	6	0.0466	5	0.5119	1	0.0001	14	0.0171	9	0.0040	13
丽　江	0.0087	9	0.0029	11	0.0220	6	0.3743	1	0.0000	14	0.0165	8	0.0072	10
通　化	0.0226	7	0.0062	13	0.0173	9	0.5549	1	0.0108	10	0.0213	8	0.0099	12
石家庄	0.0060	11	0.1660	2	0.0026	14	0.4813	1	0.0248	8	0.0300	6	0.0038	13
中　山	0.0207	9	0.0321	8	0.0328	7	0.1066	2	0.0001	14	0.0038	12	0.0434	4
绵　阳	0.0185	8	0.0093	11	0.0198	7	0.5242	1	0.0001	14	0.0247	6	0.0035	13
临　沂	0.0103	12	0.0681	5	0.0244	8	0.4587	1	0.0001	14	0.0142	9	0.0129	10
韶　关	0.0020	14	0.0049	13	0.0094	12	0.3563	1	0.0163	11	0.0401	6	0.0246	7
伊　春	0.0713	4	0.0001	12	0.0009	11	0.0417	6	0.0001	12	0.0664	5	0.0276	8
阳　泉	0.0181	10	0.0163	13	0.0020	14	0.3136	1	0.0318	8	0.0633	6	0.1426	2
宜　春	0.0025	11	0.0000	13	0.0419	5	0.6083	1	0.0000	13	0.0064	7	0.0012	12
日　照	0.0100	9	0.0479	5	0.0194	7	0.3923	1	0.0001	14	0.0047	13	0.0053	12
郑　州	0.0312	5	0.0734	3	0.0014	14	0.2586	2	0.0254	9	0.0085	12	0.0296	6
西　宁	0.0365	8	0.0467	6	0.0133	13	0.3196	1	0.0345	9	0.0984	3	0.0084	14
抚　顺	0.0207	12	0.0225	11	0.0504	8	0.1470	3	0.0002	14	0.0749	5	0.1013	4

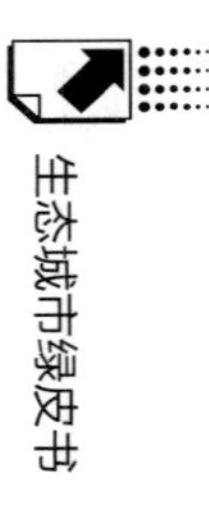

续表

城市名称	建成区绿化覆盖率		空气质量优良天数		人均用水量		人均绿地面积		生活垃圾无害化处理率		单位 GDP 综合能耗		一般工业固体废物综合利用率	
	数值	排名	数值	排名	数值	排名	数值	排名	数值	排名	数值	排名	数值	排名
兰　州	0. 0601	6	0. 0310	10	0. 0218	12	0. 2452	1	0. 1831	2	0. 1069	3	0. 0111	13
宣　城	0. 0143	12	0. 0143	11	0. 0638	5	0. 3590	1	0. 0001	14	0. 0145	10	0. 0200	8
莱　芜	0. 0094	11	0. 0960	5	0. 0060	13	0. 0391	7	0. 0002	14	0. 2027	2	0. 0134	9
金　华	0. 0142	6	0. 0219	5	0. 0233	4	0. 5608	1	0. 0076	9	0. 0043	11	0. 0025	13
徐　州	0. 0103	12	0. 0611	5	0. 0188	10	0. 3017	1	0. 0001	14	0. 0829	4	0. 0040	13
亳　州	0. 0042	9	0. 0028	10	0. 0401	4	0. 7082	1	0. 0000	14	0. 0015	12	0. 0004	13
六　安	0. 0091	7	0. 0028	11	0. 0392	5	0. 5889	1	0. 0000	14	0. 0020	12	0. 0074	8
安　庆	0. 0070	10	0. 0106	8	0. 0203	7	0. 6212	1	0. 0076	9	0. 0054	12	0. 0036	13
湘　潭	0. 0145	8	0. 0381	4	0. 0002	13	0. 3856	1	0. 0001	14	0. 0275	6	0. 0065	12
长　治	0. 0018	13	0. 0169	8	0. 0096	10	0. 5346	1	0. 0001	14	0. 0388	5	0. 0202	7
阜　新	0. 0109	11	0. 0084	13	0. 0002	14	0. 1992	2	0. 0137	10	0. 0382	8	0. 0190	9
包　头	0. 0143	12	0. 0322	8	0. 0239	11	0. 0598	6	0. 0283	10	0. 0700	5	0. 0732	4
榆　林	0. 0085	7	0. 0051	11	0. 0564	4	0. 5236	1	0. 0078	8	0. 0077	9	0. 0026	13
荆　门	0. 0124	9	0. 0093	11	0. 0068	13	0. 6222	1	0. 0001	14	0. 0180	7	0. 0080	12
乐　山	0. 0266	7	0. 0117	12	0. 0370	6	0. 4733	1	0. 0218	8	0. 0474	5	0. 0069	14
来　宾	0. 0149	7	0. 0000	13	0. 0311	5	0. 5873	1	0. 0000	13	0. 0113	10	0. 0114	9
邯　郸	0. 0010	13	0. 1215	2	0. 0286	7	0. 4944	1	0. 0001	14	0. 0424	6	0. 0066	11
漳　州	0. 0058	10	0. 0011	13	0. 0338	4	0. 6882	1	0. 0067	8	0. 0048	12	0. 0049	11
吴　忠	0. 0153	9	0. 0083	13	0. 0050	14	0. 1222	3	0. 0123	11	0. 0598	6	0. 0207	8

续表

城市名称	建成区绿化覆盖率		空气质量优良天数		人均用水量		人均绿地面积		生活垃圾无害化处理率		单位GDP综合能耗		一般工业固体废物综合利用率	
	数值	排名	数值	排名	数值	排名	数值	排名	数值	排名	数值	排名	数值	排名
德州	0.0043	10	0.0573	4	0.0321	7	0.4955	1	0.0001	14	0.0134	9	0.0019	13
酒泉	0.0124	8	0.0071	11	0.0078	10	0.1202	2	0.0000	14	0.0161	5	0.0133	7
随州	0.0063	13	0.0237	9	0.0446	7	0.1762	3	0.0208	11	0.0142	12	0.0018	14
漯河	0.0140	9	0.0282	7	0.0014	12	0.5198	1	0.0001	14	0.0092	10	0.0008	13
益阳	0.0102	7	0.0047	12	0.0249	5	0.5491	1	0.0000	14	0.0051	11	0.0070	10
玉林	0.0102	8	0.0009	12	0.0289	5	0.6569	1	0.0000	14	0.0060	9	0.0052	10
德阳	0.0101	9	0.0078	10	0.0222	6	0.5338	1	0.0000	14	0.0163	7	0.0006	13
安康	0.0070	10	0.0019	12	0.0706	4	0.5642	1	0.0000	14	0.0073	9	0.0065	11
滨州	0.0049	12	0.0370	6	0.0242	9	0.3618	1	0.0001	14	0.0282	8	0.0232	10
温州	0.0231	7	0.0236	6	0.0033	11	0.5116	1	0.0001	14	0.0012	13	0.0030	12
娄底	0.0062	9	0.0037	11	0.0171	5	0.4644	1	0.0000	14	0.0045	10	0.0014	13
唐山	0.0158	10	0.1010	4	0.0032	14	0.3539	1	0.0250	8	0.0675	5	0.0314	7
呼和浩特	0.0714	6	0.0580	8	0.0099	12	0.0668	7	0.0228	11	0.0510	9	0.1023	5
葫芦岛	0.0213	7	0.0098	13	0.0077	14	0.3452	1	0.0211	8	0.0696	5	0.0338	6
松原	0.0041	12	0.0000	14	0.0104	6	0.4115	1	0.0078	9	0.0095	8	0.0072	10
乌兰察布	0.0108	10	0.0017	13	0.0715	4	0.3204	2	0.0073	12	0.0230	8	0.0123	9
佳木斯	0.0114	12	0.0062	14	0.0073	13	0.1785	2	0.0197	10	0.0250	8	0.0207	9
清远	0.0083	11	0.0000	13	0.0141	8	0.6518	1	0.0000	13	0.0161	7	0.0087	10
遂宁	0.0283	7	0.0078	11	0.0522	5	0.1426	2	0.0135	9	0.0160	8	0.0022	13

续表

城市名称	建成区绿化覆盖率		空气质量优良天数		人均用水量		人均绿地面积		生活垃圾无害化处理率		单位 GDP 综合能耗		一般工业固体废物综合利用率	
	数值	排名	数值	排名	数值	排名	数值	排名	数值	排名	数值	排名	数值	排名
白山	0.0360	6	0.0053	12	0.0037	13	0.4816	1	0.0001	14	0.0401	5	0.0235	8
岳阳	0.0084	9	0.0072	10	0.0034	12	0.5120	1	0.0000	14	0.0097	8	0.0062	11
黑河	0.0108	8	0.0000	13	0.0339	6	0.6229	1	0.0000	13	0.0039	9	0.0032	11
鞍山	0.0288	7	0.0114	10	0.0261	8	0.1625	3	0.0001	14	0.0513	6	0.1143	4
焦作	0.0164	11	0.0169	10	0.0136	14	0.4269	1	0.0140	12	0.0212	9	0.0316	5
南充	0.0060	13	0.0079	12	0.0268	5	0.5400	1	0.0104	8	0.0115	7	0.0092	9
潍坊	0.0150	9	0.0547	4	0.0256	7	0.3872	1	0.0001	14	0.0214	8	0.0011	13
济宁	0.0247	8	0.0736	4	0.0166	9	0.4731	1	0.0001	14	0.0128	11	0.0101	12
齐齐哈尔	0.0176	12	0.0051	14	0.0193	11	0.2782	2	0.0340	5	0.0198	8	0.0194	10
固原	0.0206	7	0.0043	12	0.0575	4	0.3472	1	0.0081	10	0.0015	13	0.0059	11
金昌	0.0414	8	0.0184	11	0.0128	12	0.0775	5	0.0001	14	0.0664	6	0.1438	3
通辽	0.0009	13	0.0053	12	0.0172	6	0.3560	1	0.0148	8	0.0168	7	0.0102	10
巴彦淖尔	0.0146	10	0.0047	12	0.0307	6	0.3304	1	0.0090	11	0.0280	7	0.0185	9
鸡西	0.0167	10	0.0095	13	0.0008	14	0.2039	2	0.0241	9	0.0256	8	0.0143	11
孝感	0.0010	13	0.0056	10	0.0403	5	0.7207	1	0.0000	14	0.0115	7	0.0098	8
阜阳	0.0130	7	0.0044	12	0.0423	4	0.6981	1	0.0063	11	0.0078	10	0.0005	14
嘉峪关	0.0455	7	0.0176	8	0.1318	4	0.0034	11	0.0001	14	0.2021	2	0.0747	6
泸州	0.0138	8	0.0138	9	0.0132	10	0.4188	1	0.0001	14	0.0273	6	0.0113	12
郴州	0.0034	13	0.0066	10	0.0188	5	0.4235	1	0.0000	14	0.0044	12	0.0181	6

续表

城市名称	建成区绿化覆盖率		空气质量优良天数		人均用水量		人均绿地面积		生活垃圾无害化处理率		单位 GDP 综合能耗		一般工业固体废物综合利用率	
	数值	排名	数值	排名	数值	排名	数值	排名	数值	排名	数值	排名	数值	排名
眉山	0.0110	9	0.0066	11	0.0322	5	0.6123	1	0.0000	13	0.0188	7	0.0000	13
攀枝花	0.0323	9	0.0139	13	0.0610	7	0.1348	3	0.0239	11	0.1034	4	0.2027	1
新乡	0.0088	11	0.0156	7	0.0112	10	0.5154	1	0.0001	14	0.0113	9	0.0038	13
宁德	0.0029	11	0.0008	13	0.0470	4	0.7591	1	0.0062	8	0.0004	14	0.0027	12
渭南	0.0071	9	0.0043	11	0.0185	5	0.6768	1	0.0077	8	0.0132	6	0.0000	14
河源	0.0013	12	0.0000	13	0.0117	7	0.6892	1	0.0000	13	0.0030	10	0.0216	5
许昌	0.0108	10	0.0111	9	0.0403	5	0.5002	1	0.0083	11	0.0047	12	0.0019	13
洛阳	0.0235	8	0.0175	10	0.0100	12	0.4525	1	0.0210	9	0.0117	11	0.0283	7
四平	0.0168	7	0.0034	14	0.0255	6	0.5261	1	0.0078	11	0.0096	10	0.0059	13
汉中	0.0070	10	0.0016	14	0.0309	5	0.7034	1	0.0068	11	0.0077	9	0.0108	8
三明	0.0058	12	0.0018	14	0.0057	13	0.7041	1	0.0075	11	0.0164	6	0.0089	10
晋城	0.0023	13	0.0303	7	0.0186	9	0.2594	2	0.0001	14	0.0314	6	0.0172	10
张家口	0.0074	13	0.0124	11	0.0146	9	0.4528	1	0.0144	10	0.0256	8	0.0352	7
铁岭	0.0107	11	0.0024	12	0.0276	6	0.4313	1	0.0000	13	0.0257	7	0.0151	8
盐城	0.0076	11	0.0127	8	0.0378	5	0.6374	1	0.0000	14	0.0014	12	0.0101	10
自贡	0.0183	11	0.0200	9	0.0278	7	0.3275	1	0.0181	12	0.0433	5	0.0128	13
永州	0.0081	7	0.0009	13	0.0111	5	0.5780	1	0.0000	14	0.0053	10	0.0053	9
鹤岗	0.0114	11	0.0132	10	0.0010	14	0.0667	5	0.0465	7	0.0455	8	0.0176	9
雅安	0.0069	13	0.0001	14	0.0199	8	0.4939	1	0.0150	10	0.0142	11	0.0264	6

续表

城市名称	建成区绿化覆盖率		空气质量优良天数		人均用水量		人均绿地面积		生活垃圾无害化处理率		单位 GDP 综合能耗		一般工业固体废物综合利用率	
	数值	排名	数值	排名	数值	排名	数值	排名	数值	排名	数值	排名	数值	排名
平顶山	0.0070	11	0.0118	6	0.0070	10	0.5593	1	0.0078	8	0.0110	7	0.0033	14
荆州	0.0085	10	0.0107	8	0.0185	6	0.7198	1	0.0000	14	0.0047	11	0.0256	5
咸宁	0.0275	9	0.0102	12	0.0626	6	0.3143	1	0.0001	14	0.0248	10	0.0348	8
双鸭山	0.0053	14	0.0080	13	0.0219	10	0.1972	2	0.0270	9	0.0444	7	0.0300	8
信阳	0.0030	10	0.0057	9	0.0648	3	0.4759	1	0.0068	8	0.0005	14	0.0013	12
延安	0.0076	10	0.0048	13	0.0386	6	0.4210	1	0.0090	7	0.0028	14	0.0089	8
商洛	0.0139	8	0.0012	11	0.0434	3	0.7455	1	0.0000	14	0.0009	12	0.0257	5
衡阳	0.0147	8	0.0032	12	0.0097	9	0.6027	1	0.0000	14	0.0062	11	0.0089	10
绥化	0.0099	6	0.0020	12	0.0437	3	0.7458	1	0.0056	10	0.0025	11	0.0000	13
宿州	0.0085	9	0.0032	14	0.0307	4	0.6353	1	0.0048	11	0.0041	13	0.0111	7
开封	0.0174	9	0.0153	12	0.0207	7	0.5548	1	0.0202	8	0.0043	13	0.0001	14
保定	0.0071	10	0.0502	5	0.0380	6	0.6087	1	0.0000	14	0.0112	8	0.0065	11
常德	0.0025	12	0.0101	8	0.0169	6	0.4874	1	0.0000	14	0.0068	9	0.0024	13
张掖	0.0249	8	0.0051	12	0.0215	9	0.1392	3	0.0001	14	0.0310	7	0.0190	10
承德	0.0092	14	0.0158	11	0.0242	8	0.2455	2	0.0159	10	0.0225	9	0.2490	1
云浮	0.0063	10	0.0000	13	0.0223	5	0.6680	1	0.0000	13	0.0090	7	0.0073	8
资阳	0.0054	8	0.0021	12	0.0438	4	0.6062	1	0.0000	14	0.0048	9	0.0007	13
聊城	0.0006	13	0.0418	5	0.0253	7	0.6221	1	0.0000	14	0.0107	9	0.0020	11
揭阳	0.0232	9	0.0000	14	0.0265	8	0.5936	1	0.0101	11	0.0047	12	0.0008	13

续表

城市名称	建成区绿化覆盖率		空气质量优良天数		人均用水量		人均绿地面积		生活垃圾无害化处理率		单位 GDP 综合能耗		一般工业固体废物综合利用率	
	数值	排名	数值	排名	数值	排名	数值	排名	数值	排名	数值	排名	数值	排名
广安	0.0083	9	0.0010	14	0.0510	3	0.6021	1	0.0051	12	0.0160	6	0.0067	10
上饶	0.0003	13	0.0006	12	0.0360	5	0.7264	1	0.0000	14	0.0009	11	0.0336	6
南阳	0.0243	6	0.0105	11	0.0429	4	0.5231	1	0.0154	7	0.0011	13	0.0125	10
安阳	0.0086	11	0.0160	6	0.0119	9	0.6426	1	0.0000	14	0.0146	8	0.0073	12
平凉	0.0146	8	0.0021	14	0.0645	5	0.3843	1	0.0054	13	0.0172	7	0.0118	10
巴中	0.0060	7	0.0013	14	0.0315	5	0.5300	1	0.0036	10	0.0059	8	0.0019	12
武威	0.0199	8	0.0018	13	0.0224	7	0.5585	1	0.0041	11	0.0093	9	0.0057	10
怀化	0.0092	9	0.0010	14	0.0206	6	0.4950	1	0.0055	12	0.0049	13	0.0209	5
梧州	0.0103	11	0.0020	13	0.0150	8	0.4058	1	0.0000	14	0.0126	9	0.0109	10
吕梁	0.0039	11	0.0025	12	0.0553	3	0.6410	1	0.0000	14	0.0121	6	0.0040	10
茂名	0.0134	8	0.0000	14	0.0369	5	0.5758	1	0.0063	9	0.0060	10	0.0027	13
三门峡	0.0026	13	0.0127	9	0.0345	4	0.5686	1	0.0110	10	0.0110	11	0.0320	5
遵义	0.0034	11	0.0019	12	0.0306	6	0.6319	1	0.0000	14	0.0099	8	0.0010	13
庆阳	0.0092	8	0.0012	13	0.0577	4	0.6354	1	0.0042	10	0.0019	12	0.0010	14
宜宾	0.0174	8	0.0072	11	0.0612	3	0.5090	1	0.0122	10	0.0167	9	0.0059	13
菏泽	0.0044	11	0.0250	7	0.0528	4	0.6077	1	0.0000	13	0.0078	9	0.0000	13
呼伦贝尔	0.0209	7	0.0015	14	0.0287	6	0.4035	1	0.0125	9	0.0098	10	0.0177	8
晋中	0.0129	9	0.0104	11	0.0275	7	0.5269	1	0.0126	10	0.0322	6	0.0082	12
保山	0.0095	8	0.0000	14	0.0266	6	0.6133	1	0.0035	12	0.0079	9	0.0035	13

续表

城市名称	建成区绿化覆盖率		空气质量优良天数		人均用水量		人均绿地面积		生活垃圾无害化处理率		单位 GDP 综合能耗		一般工业固体废物综合利用率	
	数值	排名	数值	排名	数值	排名	数值	排名	数值	排名	数值	排名	数值	排名
玉溪	0.0137	10	0.0010	14	0.0203	7	0.5434	1	0.0118	11	0.0159	9	0.0390	5
钦州	0.0160	8	0.0000	14	0.0220	6	0.3545	1	0.0094	10	0.0046	11	0.0030	13
拉萨	0.0067	10	0.0021	12	0.0200	5	0.0084	8	0.0000	14	0.0017	13	0.2094	2
沧州	0.0070	10	0.0154	6	0.0370	4	0.6443	1	0.0040	11	0.0082	9	0.0006	13
贵港	0.0150	7	0.0024	13	0.0075	10	0.6772	1	0.0040	12	0.0158	5	0.0060	11
天水	0.0102	9	0.0020	14	0.0243	5	0.5617	1	0.0368	4	0.0048	12	0.0027	13
商丘	0.0027	13	0.0041	10	0.0425	5	0.6666	1	0.0054	9	0.0035	12	0.0007	14
张家界	0.0125	11	0.0132	9	0.0197	8	0.3748	1	0.0608	6	0.0042	13	0.0039	14
廊坊	0.0028	14	0.0531	5	0.0424	6	0.3215	1	0.0662	4	0.0247	9	0.0028	13
朝阳	0.0116	8	0.0012	13	0.0114	9	0.5486	1	0.0000	14	0.0176	6	0.0109	10
白城	0.0210	9	0.0036	13	0.0351	7	0.5000	1	0.0267	8	0.0069	11	0.0043	12
濮阳	0.0082	10	0.0077	12	0.0159	7	0.5584	1	0.0075	13	0.0079	11	0.0032	14
贺州	0.0015	12	0.0000	13	0.0200	5	0.3813	1	0.0000	13	0.0171	6	0.0085	11
白银	0.0266	8	0.0065	13	0.0012	14	0.3113	1	0.0229	10	0.0405	7	0.0246	9
汕尾	0.0019	11	0.0000	14	0.0149	6	0.6674	1	0.0051	8	0.0002	13	0.0004	12
邵阳	0.0068	8	0.0026	13	0.0152	5	0.6139	1	0.0037	12	0.0038	11	0.0067	9
定西	0.0063	8	0.0006	14	0.0425	5	0.6680	1	0.0019	12	0.0027	10	0.0023	11
内江	0.0111	11	0.0061	13	0.0358	5	0.4888	1	0.0139	9	0.0221	6	0.0056	14
临沧	0.0055	9	0.0009	14	0.0383	5	0.6134	1	0.0035	11	0.0026	13	0.0048	10

续表

城市名称	建成区绿化覆盖率		空气质量优良天数		人均用水量		人均绿地面积		生活垃圾无害化处理率		单位 GDP 综合能耗		一般工业固体废物综合利用率	
	数值	排名	数值	排名	数值	排名	数值	排名	数值	排名	数值	排名	数值	排名
赤峰	0.0113	9	0.0051	14	0.0066	13	0.3180	1	0.0077	11	0.0439	6	0.0424	7
安顺	0.0315	8	0.0000	14	0.0519	6	0.2403	2	0.0175	9	0.0350	7	0.0129	11
赣州	0.0081	10	0.0000	13	0.0293	5	0.6104	1	0.0000	13	0.0017	12	0.0067	11
百色	0.0083	12	0.0020	13	0.0170	8	0.6707	1	0.0000	14	0.0176	7	0.0124	9
驻马店	0.0040	11	0.0050	9	0.0326	6	0.6447	1	0.0048	10	0.0132	7	0.0010	14
河池	0.0078	9	0.0008	13	0.0225	5	0.7383	1	0.0000	14	0.0029	12	0.0124	8
曲靖	0.0077	10	0.0006	13	0.0307	6	0.5990	1	0.0000	14	0.0091	8	0.0078	9
邢台	0.0112	10	0.0914	3	0.0245	7	0.5172	1	0.0000	14	0.0173	8	0.0040	11
黄冈	0.0070	9	0.0031	11	0.0273	4	0.7791	1	0.0070	8	0.0030	12	0.0022	13
达州	0.0099	10	0.0017	12	0.0240	5	0.5503	1	0.0061	11	0.0153	6	0.0005	13
忻州	0.0102	10	0.0050	11	0.0264	5	0.6416	1	0.0137	8	0.0132	9	0.0044	13
运城	0.0064	10	0.0053	11	0.0274	6	0.5870	1	0.0045	12	0.0242	7	0.0078	8
衡水	0.0044	12	0.0434	6	0.0535	4	0.6138	1	0.0123	9	0.0118	10	0.0008	14
周口	0.0039	11	0.0047	9	0.0482	4	0.5951	1	0.0036	12	0.0017	13	0.0014	14
六盘水	0.0074	8	0.0000	13	0.0136	7	0.7752	1	0.0000	13	0.0226	5	0.0070	9
崇左	0.0070	13	0.0011	14	0.0385	4	0.5119	1	0.0089	11	0.0092	10	0.0094	9
昭通	0.0052	10	0.0000	14	0.0355	5	0.6494	1	0.0054	9	0.0035	11	0.0071	7
陇南	0.0274	6	0.0004	13	0.0318	5	0.7583	1	0.0045	8	0.0015	11	0.0029	10

续表

城市名称	城市污水处理率		互联网宽带接入用户数/城市年底总户数		人均 GDP		人口密度		水利、环境和公共设施管理业全市从业人数/城市年底总人口		民用车辆数/城市道路长度		城市维护建设资金支出/城市 GDP	
	数值	排名	数值	排名	数值	排名	数值	排名	数值	排名	数值	排名	数值	排名
珠　海	0.0611	3	0.0041	11	0.0077	8	0.0547	4	0.0009	12	0.0050	9	0.0123	7
三　亚	0.0998	3	0.0488	7	0.0536	6	0.0442	8	0.0003	12	0.2419	2	0.0422	9
厦　门	0.0324	8	0.0046	14	0.0285	9	0.2131	2	0.0075	11	0.1654	3	0.0064	13
铜　陵	0.1036	5	0.2092	1	0.0251	11	0.0581	7	0.0474	10	0.0519	9	0.0114	13
新　余	0.0093	11	0.3230	1	0.0414	6	0.0116	10	0.1097	4	0.0307	8	0.0294	9
惠　州	0.0066	14	0.0247	13	0.0808	3	0.0377	11	0.0498	9	0.0632	5	0.0513	8
舟　山	0.2502	1	0.0981	5	0.0507	8	0.1007	4	0.0156	11	0.0277	9	0.0608	7
沈　阳	0.0147	12	0.2057	2	0.0237	11	0.0256	10	0.0049	13	0.2119	1	0.0321	9
福　州	0.0433	3	0.0350	6	0.0335	7	0.0069	13	0.0376	5	0.3033	2	0.0394	4
大　连	0.0567	6	0.1497	3	0.0052	13	0.0057	12	0.0463	8	0.2092	1	0.1864	2
海　口	0.0457	8	0.0390	9	0.1798	1	0.0572	7	0.0045	13	0.1017	4	0.0924	6
景德镇	0.0818	5	0.2027	2	0.1534	4	0.0253	8	0.0484	7	0.0521	6	0.1601	3
广　州	0.0303	9	0.0016	14	0.0045	11	0.1638	2	0.0034	12	0.0720	5	0.0626	6
南　宁	0.0990	3	0.0962	4	0.2168	2	0.0266	10	0.0240	11	0.3050	1	0.0003	13
芜　湖	0.0271	9	0.2203	2	0.0607	4	0.0288	8	0.0705	3	0.0110	13	0.0119	12
黄　山	0.0229	8	0.3748	1	0.2078	2	0.1423	3	0.0223	9	0.0606	5	0.0513	6
西　安	0.0216	9	0.0216	10	0.0591	5	0.0608	4	0.0195	11	0.2487	2	0.0008	14
苏　州	0.0838	4	0.0153	11	0.0037	12	0.0722	6	0.0210	9	0.3743	1	0.0582	7

续表

城市名称	城市污水处理率		互联网宽带接入用户数/城市年底总户数		人均 GDP		人口密度		水利、环境和公共设施管理业全市从业人数/城市年底总人口		民用车辆数/城市道路长度		城市维护建设资金支出/城市 GDP	
	数值	排名	数值	排名	数值	排名	数值	排名	数值	排名	数值	排名	数值	排名
扬　州	0. 0330	8	0. 1552	2	0. 0211	9	0. 0348	7	0. 0506	5	0. 0354	6	0. 0846	3
烟　台	0. 0061	12	0. 1173	3	0. 0152	10	0. 0032	13	0. 0244	6	0. 3308	1	0. 0949	4
青　岛	0. 0196	11	0. 0722	6	0. 0219	9	0. 0639	7	0. 0933	5	0. 1320	3	0. 2633	1
威　海	0. 0146	10	0. 0589	4	0. 0131	11	0. 0007	13	0. 0158	9	0. 3317	1	0. 2738	2
镇　江	0. 0751	5	0. 1675	3	0. 0148	13	0. 0589	6	0. 0279	9	0. 0410	7	0. 2085	1
武　汉	0. 0200	11	0. 0125	13	0. 0163	12	0. 1061	4	0. 0250	10	0. 0379	7	0. 0293	8
蚌　埠	0. 0092	9	0. 2623	2	0. 1299	3	0. 0130	7	0. 0321	4	0. 0076	10	0. 0023	12
湖　州	0. 0192	9	0. 0332	8	0. 0349	6	0. 0015	13	0. 0338	7	0. 3024	2	0. 0739	4
常　州	0. 0520	7	0. 0567	6	0. 0111	14	0. 0745	5	0. 0324	10	0. 1315	3	0. 1579	2
杭　州	0. 0081	12	0. 0082	11	0. 0088	9	0. 0017	13	0. 0083	10	0. 6118	1	0. 0555	4
铜　川	0. 0257	8	0. 3559	1	0. 1329	3	0. 0585	5	0. 0119	10	0. 0110	11	0. 0013	13
克拉玛依	0. 0101	12	0. 0146	8	0. 0006	14	0. 3821	1	0. 0128	9	0. 0189	7	0. 0274	4
济　南	0. 0266	10	0. 0516	5	0. 0240	11	0. 0557	4	0. 0398	8	0. 0330	9	0. 0189	12
淮　南	0. 0480	5	0. 2490	2	0. 1484	3	0. 0638	4	0. 0127	11	0. 0081	13	0. 0086	12
重　庆	0. 0115	11	0. 2283	2	0. 0883	3	0. 0022	14	0. 0368	6	0. 0388	5	0. 0074	13
鹤　壁	0. 0317	8	0. 0967	3	0. 1080	2	0. 0331	7	0. 0210	12	0. 0786	4	0. 0252	11
天　津	0. 0320	10	0. 1576	2	0. 0054	13	0. 0672	7	0. 0102	11	0. 1001	5	0. 1158	4
北　京	0. 0584	5	0. 0270	9	0. 0103	10	0. 0682	4	0. 0013	14	0. 4194	1	0. 0014	13

续表

城市名称	城市污水处理率		互联网宽带接入用户数/城市年底总户数		人均 GDP		人口密度		水利、环境和公共设施管理业全市从业人数/城市年底总人口		民用车辆数/城市道路长度		城市维护建设资金支出/城市 GDP	
	数值	排名	数值	排名	数值	排名	数值	排名	数值	排名	数值	排名	数值	排名
盘　锦	0.0002	13	0.1762	3	0.0070	11	0.0178	8	0.0015	12	0.1924	2	0.1725	4
合　肥	0.0359	8	0.2563	1	0.0401	7	0.0239	11	0.0668	5	0.1076	3	0.1049	4
江　门	0.0470	8	0.1057	5	0.1536	2	0.0040	13	0.1136	4	0.0735	7	0.1474	3
秦皇岛	0.0073	10	0.1223	4	0.1354	3	0.0066	11	0.0320	8	0.1538	2	0.0290	9
东　营	0.0156	10	0.0717	5	0.0006	13	0.0717	6	0.0499	8	0.3415	1	0.0865	3
乌鲁木齐	0.0713	6	0.0366	12	0.0461	11	0.1262	3	0.0506	10	0.0795	5	0.0049	14
佛　山	0.0090	11	0.0031	14	0.0056	13	0.0733	4	0.0224	9	0.4614	1	0.0646	5
绍　兴	0.0276	8	0.0401	5	0.0149	12	0.0089	13	0.0315	6	0.2670	2	0.1037	3
哈尔滨	0.0152	12	0.1970	2	0.0476	6	0.0599	3	0.0082	13	0.0544	5	0.0577	4
北　海	0.0272	8	0.0613	3	0.0553	4	0.0049	12	0.0153	10	0.3610	1	0.0297	7
昆　明	0.0072	13	0.0650	4	0.0627	5	0.0407	9	0.0214	12	0.3702	1	0.0004	14
南　通	0.0174	7	0.1365	2	0.0132	8	0.0424	4	0.0378	6	0.0825	3	0.0028	12
汕　头	0.0149	9	0.0462	6	0.2296	3	0.2559	1	0.0632	4	0.0418	7	0.0057	12
九　江	0.0018	12	0.1234	2	0.1019	3	0.0203	9	0.0338	6	0.0333	7	0.0278	8
朔　州	0.0012	13	0.2975	2	0.0168	8	0.0418	4	0.0078	11	0.0740	3	0.0202	7
南　京	0.1242	4	0.0441	7	0.0090	13	0.1273	3	0.0342	9	0.0171	10	0.0144	12
枣　庄	0.0105	12	0.1360	2	0.0577	4	0.0466	8	0.0324	9	0.0539	6	0.0499	7
防城港	0.0818	2	0.0778	4	0.0287	7	0.0795	3	0.0088	11	0.0158	10	0.0218	9

续表

城市名称	城市污水处理率		互联网宽带接入用户数/城市年底总户数		人均 GDP		人口密度		水利、环境和公共设施管理业全市从业人数/城市年底总人口		民用车辆数/城市道路长度		城市维护建设资金支出/城市 GDP	
	数值	排名	数值	排名	数值	排名	数值	排名	数值	排名	数值	排名	数值	排名
连云港	0.0858	3	0.2644	1	0.1591	2	0.0404	10	0.0638	6	0.0540	8	0.0272	11
南昌	0.0199	11	0.0542	5	0.0300	8	0.0335	6	0.0230	10	0.1878	3	0.2384	2
长春	0.0418	8	0.1756	2	0.0214	9	0.0072	12	0.0084	10	0.0489	6	0.0698	4
辽源	0.0037	13	0.2982	2	0.0320	8	0.0337	6	0.0332	7	0.0639	4	0.1084	3
无锡	0.0373	10	0.0503	7	0.0028	13	0.1220	2	0.0422	8	0.0865	4	0.3119	1
台州	0.0146	8	0.0262	6	0.0314	4	0.0122	10	0.0293	5	0.0669	3	0.0989	2
石嘴山	0.0106	13	0.2982	1	0.0443	6	0.1374	3	0.0108	11	0.0045	14	0.0224	10
萍乡	0.0251	8	0.1155	2	0.0645	4	0.0040	13	0.0392	6	0.0766	3	0.0353	7
鄂州	0.0447	6	0.2327	2	0.0361	8	0.0302	9	0.0546	5	0.0015	13	0.0229	11
柳州	0.1309	2	0.1102	3	0.0640	8	0.0768	7	0.0077	12	0.0772	6	0.0018	13
深圳	0.0037	10	0.0001	14	0.0009	12	0.1118	3	0.0067	8	0.0788	4	0.2841	2
太原	0.0540	8	0.0162	11	0.0693	6	0.0125	12	0.0058	13	0.1984	1	0.0164	10
桂林	0.0044	12	0.0645	3	0.0443	4	0.0213	5	0.0043	13	0.0713	2	0.0025	14
咸阳	0.0110	5	0.0912	3	0.0362	4	0.0022	14	0.0069	9	0.1129	2	0.0033	13
湛江	0.0065	9	0.0997	2	0.0635	3	0.0049	10	0.0157	7	0.0481	4	0.0195	5
淄博	0.0083	13	0.1379	3	0.0173	11	0.0454	7	0.0264	8	0.1660	2	0.2508	1
滁州	0.0053	13	0.2312	2	0.1111	3	0.0061	12	0.0269	6	0.0319	5	0.0142	9
宁波	0.0475	4	0.0129	12	0.0066	13	0.0141	11	0.0167	10	0.4487	1	0.0757	3

续表

城市名称	城市污水处理率		互联网宽带接入用户数/城市年底总户数		人均 GDP		人口密度		水利、环境和公共设施管理业全市从业人数/城市年底总人口		民用车辆数/城市道路长度		城市维护建设资金支出/城市 GDP	
	数值	排名	数值	排名	数值	排名	数值	排名	数值	排名	数值	排名	数值	排名
淮安	0.0380	5	0.2504	2	0.0551	4	0.0072	12	0.0230	8	0.0039	13	0.0554	3
辽阳	0.0002	13	0.1742	3	0.0417	6	0.0055	11	0.0046	12	0.0187	8	0.3594	1
宝鸡	0.0067	13	0.1776	2	0.0638	3	0.0343	6	0.0306	7	0.0501	4	0.0096	12
淮北	0.0253	7	0.2436	2	0.1850	3	0.0468	6	0.1019	4	0.0127	11	0.0079	12
株洲	0.0457	7	0.1174	2	0.0524	6	0.0075	12	0.0407	8	0.0871	3	0.0776	4
长沙	0.0034	13	0.0523	5	0.0036	12	0.0098	11	0.0275	7	0.2830	2	0.0927	3
营口	0.0001	14	0.1524	3	0.0283	9	0.0009	13	0.0089	11	0.2069	2	0.1390	4
上海	0.0322	8	0.0266	9	0.0102	12	0.2301	1	0.0033	14	0.1597	3	0.1381	4
东莞	0.0048	10	0.0003	13	0.0189	7	0.0324	6	0.0515	3	0.0120	8	0.0033	11
大同	0.0444	6	0.1888	2	0.1547	3	0.0299	7	0.0113	11	0.0451	5	0.0014	14
锦州	0.0272	6	0.0697	3	0.0513	4	0.0108	12	0.0203	9	0.2404	2	0.0318	5
池州	0.0079	10	0.1991	2	0.0850	3	0.0329	5	0.0365	4	0.0023	13	0.0067	11
肇庆	0.0083	12	0.0024	14	0.0941	2	0.0215	9	0.0574	5	0.0650	4	0.0043	13
吉林	0.0076	12	0.1666	3	0.0267	9	0.0755	4	0.0136	11	0.0678	5	0.2176	2
成都	0.0258	7	0.0773	4	0.0206	9	0.0513	5	0.0069	12	0.4038	1	0.0347	6
马鞍山	0.0404	9	0.2284	1	0.0507	7	0.0166	13	0.0732	4	0.0490	8	0.0267	12
襄樊	0.0110	9	0.2157	2	0.0236	5	0.0081	11	0.0141	7	0.0411	4	0.1054	3
鹰潭	0.0058	10	0.0765	4	0.0360	5	0.0053	11	0.0226	7	0.1043	3	0.1902	2

续表

城市名称	城市污水处理率		互联网宽带接入用户数/城市年底总户数		人均 GDP		人口密度		水利、环境和公共设施管理业全市从业人数/城市年底总人口		民用车辆数/城市道路长度		城市维护建设资金支出/城市 GDP	
	数值	排名	数值	排名	数值	排名	数值	排名	数值	排名	数值	排名	数值	排名
银　川	0.0015	14	0.1188	2	0.0320	10	0.0742	5	0.0054	13	0.3615	1	0.0904	4
吉　安	0.0042	9	0.0842	2	0.0741	3	0.0147	6	0.0121	7	0.0469	5	0.0082	8
宜　昌	0.0137	13	0.1832	2	0.0168	12	0.0574	5	0.0282	8	0.0196	10	0.0754	3
梅　州	0.0088	7	0.0939	2	0.0918	3	0.0028	9	0.0114	6	0.0160	5	0.0020	11
贵　阳	0.0332	11	0.0552	6	0.0986	3	0.0043	14	0.0381	9	0.2324	1	0.1922	2
乌　海	0.0192	10	0.0176	12	0.0057	13	0.0260	9	0.0024	14	0.0191	11	0.4196	1
大　庆	0.1556	3	0.2530	1	0.0011	14	0.1659	2	0.0672	7	0.0073	12	0.0822	4
本　溪	0.0154	10	0.1048	5	0.0220	8	0.0870	6	0.0030	12	0.0177	9	0.1124	4
十　堰	0.0153	8	0.0570	5	0.1038	2	0.0626	3	0.0317	7	0.0107	10	0.0097	11
衢　州	0.0172	10	0.0909	2	0.0634	4	0.0150	11	0.0511	5	0.0664	3	0.0263	8
莆　田	0.0152	6	0.0030	9	0.0318	4	0.0207	5	0.0424	3	0.0065	8	0.1362	2
泉　州	0.0184	7	0.0103	10	0.0185	6	0.0138	9	0.0617	3	0.3075	2	0.0294	4
阳　江	0.0153	9	0.1062	2	0.0387	5	0.0032	11	0.0224	7	0.0463	4	0.0787	3
鄂尔多斯	0.0011	12	0.2542	2	0.0001	14	0.4849	1	0.0003	13	0.0425	5	0.0932	3
抚　州	0.0054	10	0.1528	2	0.1007	3	0.0166	8	0.0222	7	0.0292	6	0.0322	4
宿　迁	0.0246	9	0.2522	2	0.0984	3	0.0183	11	0.0397	8	0.0661	4	0.0540	6
黄　石	0.0132	9	0.0833	3	0.0502	7	0.0092	11	0.0561	5	0.0020	12	0.0879	2
龙　岩	0.0083	10	0.0583	3	0.0143	7	0.0327	4	0.0231	6	0.1282	2	0.0325	5

续表

城市名称	城市污水处理率		互联网宽带接入用户数/城市年底总户数		人均 GDP		人口密度		水利、环境和公共设施管理业全市从业人数/城市年底总人口		民用车辆数/城市道路长度		城市维护建设资金支出/城市 GDP	
	数值	排名	数值	排名	数值	排名	数值	排名	数值	排名	数值	排名	数值	排名
南平	0.0055	11	0.0256	6	0.0220	7	0.0309	5	0.0051	12	0.0473	3	0.0500	2
嘉兴	0.0142	7	0.0067	12	0.0142	6	0.0415	5	0.0137	8	0.3210	1	0.1880	3
广元	0.0116	10	0.2113	2	0.1127	3	0.0199	5	0.0059	11	0.0185	6	0.0049	12
丹东	0.0319	8	0.0981	3	0.0393	6	0.0486	5	0.0030	12	0.1341	2	0.0721	4
七台河	0.0657	6	0.3357	1	0.2101	2	0.0841	4	0.0224	10	0.0004	13	0.0196	11
丽水	0.0080	9	0.0476	3	0.0201	6	0.0261	4	0.0139	8	0.2194	2	0.0233	5
中卫	0.0001	13	0.1983	2	0.1227	3	0.1177	4	0.0055	12	0.0829	6	0.0104	10
潮州	0.0116	10	0.0276	5	0.0808	3	0.0188	7	0.0266	6	0.1378	2	0.0287	4
泰州	0.0330	4	0.0918	2	0.0114	11	0.0251	8	0.0277	7	0.0278	6	0.0592	3
牡丹江	0.1542	4	0.1972	2	0.0688	5	0.2115	1	0.0357	7	0.0199	11	0.0377	6
泰安	0.0040	12	0.1458	2	0.0290	7	0.0165	10	0.0269	8	0.0987	3	0.0649	4
丽江	0.0015	12	0.1680	2	0.1283	4	0.0990	5	0.0014	13	0.1512	3	0.0190	7
通化	0.0051	14	0.1147	2	0.0302	6	0.0412	5	0.0102	11	0.0582	4	0.0975	3
石家庄	0.0041	12	0.0333	5	0.0372	4	0.0106	10	0.0199	9	0.1508	3	0.0294	7
中山	0.0134	10	0.0010	13	0.0088	11	0.0392	5	0.0329	6	0.5794	1	0.0858	3
绵阳	0.0057	12	0.1651	2	0.0800	3	0.0116	10	0.0182	9	0.0469	5	0.0723	4
临沂	0.0048	13	0.1446	2	0.0844	4	0.0107	11	0.0250	7	0.1071	3	0.0347	6
韶关	0.0240	8	0.1478	3	0.0854	4	0.0479	5	0.0182	9	0.0167	10	0.2067	2

续表

城市名称	城市污水处理率		互联网宽带接入用户数/城市年底总户数		人均 GDP		人口密度		水利、环境和公共设施管理业全市从业人数/城市年底总人口		民用车辆数/城市道路长度		城市维护建设资金支出/城市 GDP	
	数值	排名	数值	排名	数值	排名	数值	排名	数值	排名	数值	排名	数值	排名
伊　春	0.0895	3	0.0212	9	0.2577	2	0.3883	1	0.0303	7	0.0001	12	0.0047	10
阳　泉	0.0280	9	0.0831	4	0.0666	5	0.0180	11	0.0179	12	0.0622	7	0.1366	3
宜　春	0.0026	10	0.1653	2	0.0608	4	0.0038	8	0.0148	6	0.0897	3	0.0026	9
日　照	0.0085	10	0.1735	3	0.0415	6	0.0080	11	0.0753	4	0.0185	8	0.1949	2
郑　州	0.0033	13	0.0166	10	0.0137	11	0.0621	4	0.0255	8	0.4222	1	0.0286	7
西　宁	0.0383	7	0.0526	5	0.0676	4	0.0161	12	0.0230	10	0.2288	2	0.0162	11
抚　顺	0.0520	7	0.1746	2	0.0277	10	0.0681	6	0.0073	13	0.0353	9	0.2180	1
兰　州	0.0439	9	0.0729	5	0.0599	7	0.0248	11	0.0074	14	0.0828	4	0.0492	8
宣　城	0.0195	9	0.2184	2	0.0959	3	0.0287	7	0.0551	6	0.0925	4	0.0038	13
莱　芜	0.0121	10	0.2218	1	0.0852	6	0.0165	8	0.1224	4	0.0090	12	0.1661	3
金　华	0.0072	10	0.0097	7	0.0084	8	0.0001	14	0.0035	12	0.2827	2	0.0538	3
徐　州	0.0123	11	0.2320	2	0.0439	8	0.0458	7	0.0473	6	0.0207	9	0.1190	3
亳　州	0.0026	11	0.1454	2	0.0679	3	0.0049	8	0.0101	5	0.0057	7	0.0060	6
六　安	0.0050	10	0.2016	2	0.0821	3	0.0006	13	0.0068	9	0.0450	4	0.0094	6
安　庆	0.0063	11	0.1575	2	0.0707	3	0.0007	14	0.0227	6	0.0346	4	0.0317	5
湘　潭	0.0135	10	0.2306	2	0.0265	7	0.0068	11	0.0309	5	0.2055	3	0.0138	9
长　治	0.0051	12	0.0903	3	0.0432	4	0.0153	9	0.0066	11	0.1815	2	0.0361	6
阜　新	0.0478	6	0.0883	4	0.0888	3	0.0449	7	0.0084	12	0.3801	1	0.0522	5

续表

城市名称	城市污水处理率		互联网宽带接入用户数/城市年底总户数		人均 GDP		人口密度		水利、环境和公共设施管理业全市从业人数/城市年底总人口		民用车辆数/城市道路长度		城市维护建设资金支出/城市 GDP	
	数值	排名	数值	排名	数值	排名	数值	排名	数值	排名	数值	排名	数值	排名
包　头	0. 0289	9	0. 1368	3	0. 0013	14	0. 1931	2	0. 0054	13	0. 0423	7	0. 2904	1
榆　林	0. 0073	10	0. 0972	3	0. 0024	14	0. 0413	5	0. 0028	12	0. 2231	2	0. 0140	6
荆　门	0. 0115	10	0. 1163	2	0. 0357	4	0. 0143	8	0. 0235	6	0. 0240	5	0. 0980	3
乐　山	0. 0177	10	0. 1820	2	0. 0638	4	0. 0117	13	0. 0128	11	0. 0213	9	0. 0661	3
来　宾	0. 0092	11	0. 1961	2	0. 0718	3	0. 0167	6	0. 0140	8	0. 0311	4	0. 0050	12
邯　郸	0. 0013	12	0. 1185	3	0. 0689	5	0. 0196	9	0. 0197	8	0. 0692	4	0. 0083	10
漳　州	0. 0065	9	0. 0146	7	0. 0210	5	0. 0011	14	0. 0190	6	0. 1175	2	0. 0750	3
吴　忠	0. 0099	12	0. 3160	1	0. 1194	4	0. 0964	5	0. 0129	10	0. 1687	2	0. 0330	7
德　州	0. 0026	12	0. 1803	2	0. 0325	6	0. 0041	11	0. 0152	8	0. 1183	3	0. 0423	5
酒　泉	0. 0019	12	0. 0751	4	0. 0086	9	0. 6447	1	0. 0016	13	0. 0161	6	0. 0751	3
随　州	0. 0493	6	0. 2155	1	0. 1302	4	0. 0209	10	0. 0289	8	0. 0858	5	0. 1818	2
漯　河	0. 0023	11	0. 1475	2	0. 0591	4	0. 0396	6	0. 0208	8	0. 0435	5	0. 1137	3
益　阳	0. 0092	9	0. 1619	2	0. 0641	4	0. 0010	13	0. 0145	6	0. 1388	3	0. 0094	8
玉　林	0. 0003	13	0. 1536	2	0. 0673	3	0. 0019	11	0. 0137	7	0. 0243	6	0. 0310	4
德　阳	0. 0065	12	0. 1193	3	0. 0335	5	0. 0074	11	0. 0150	8	0. 1855	2	0. 0420	4
安　康	0. 0078	8	0. 1681	2	0. 0788	3	0. 0300	6	0. 0237	7	0. 0336	5	0. 0006	13
滨　州	0. 0108	11	0. 1385	3	0. 0287	7	0. 0024	13	0. 0598	5	0. 1836	2	0. 0966	4
温　州	0. 0125	9	0. 0092	10	0. 0421	4	0. 0134	8	0. 0397	5	0. 2235	2	0. 0936	3

续表

城市名称	城市污水处理率		互联网宽带接入用户数/城市年底总户数		人均 GDP		人口密度		水利、环境和公共设施管理业全市从业人数/城市年底总人口		民用车辆数/城市道路长度		城市维护建设资金支出/城市 GDP	
	数值	排名	数值	排名	数值	排名	数值	排名	数值	排名	数值	排名	数值	排名
娄　底	0. 0072	8	0. 1046	3	0. 0361	4	0. 0016	12	0. 0088	7	0. 3338	2	0. 0105	6
唐　山	0. 0050	13	0. 0574	6	0. 0099	11	0. 0061	12	0. 0162	9	0. 1639	2	0. 1438	3
呼和浩特	0. 0362	10	0. 1122	3	0. 0075	13	0. 1030	4	0. 0009	14	0. 2433	1	0. 1146	2
葫芦岛	0. 0153	9	0. 1423	3	0. 0955	4	0. 0144	11	0. 0146	10	0. 1974	2	0. 0119	12
松　原	0. 0013	13	0. 1832	3	0. 0101	7	0. 0302	5	0. 0064	11	0. 2245	2	0. 0936	4
乌兰察布	0. 0006	14	0. 3299	1	0. 0304	6	0. 0938	3	0. 0101	11	0. 0605	5	0. 0277	7
佳木斯	0. 0316	7	0. 2093	1	0. 0982	6	0. 1317	3	0. 0130	11	0. 1301	4	0. 1174	5
清　远	0. 0106	9	0. 0946	2	0. 0637	4	0. 0164	6	0. 0227	5	0. 0058	12	0. 0869	3
遂　宁	0. 0046	12	0. 4921	1	0. 1371	3	0. 0130	10	0. 0347	6	0. 0020	14	0. 0538	4
白　山	0. 0258	7	0. 1848	2	0. 0207	9	0. 1007	3	0. 0136	10	0. 0055	11	0. 0586	4
岳　阳	0. 0225	6	0. 2005	2	0. 0252	5	0. 0016	13	0. 0136	7	0. 1428	3	0. 0467	4
黑　河	0. 0033	10	0. 0845	3	0. 0517	4	0. 1141	2	0. 0016	12	0. 0316	7	0. 0386	5
鞍　山	0. 0193	9	0. 0823	5	0. 0108	11	0. 0034	12	0. 0034	13	0. 2430	2	0. 2433	1
焦　作	0. 0138	13	0. 0846	4	0. 0308	6	0. 0279	7	0. 0218	8	0. 1456	2	0. 1350	3
南　充	0. 0087	10	0. 2201	2	0. 0925	3	0. 0041	14	0. 0173	6	0. 0371	4	0. 0082	11
潍　坊	0. 0063	10	0. 0021	12	0. 0368	6	0. 0057	11	0. 0378	5	0. 2858	2	0. 1202	3
济　宁	0. 0046	13	0. 1694	2	0. 0395	6	0. 0156	10	0. 0305	7	0. 0817	3	0. 0479	5
齐齐哈尔	0. 0238	7	0. 3486	1	0. 1251	3	0. 0489	4	0. 0128	13	0. 0279	6	0. 0195	9

续表

城市名称	城市污水处理率		互联网宽带接入用户数/城市年底总户数		人均 GDP		人口密度		水利、环境和公共设施管理业全市从业人数/城市年底总人口		民用车辆数/城市道路长度		城市维护建设资金支出/城市 GDP	
	数值	排名	数值	排名	数值	排名	数值	排名	数值	排名	数值	排名	数值	排名
固原	0.0160	8	0.3195	2	0.1414	3	0.0341	5	0.0100	9	0.0335	6	0.0004	14
金昌	0.0478	7	0.1666	2	0.0348	9	0.2503	1	0.0049	13	0.0192	10	0.1160	4
通辽	0.0004	14	0.2423	2	0.0131	9	0.1040	4	0.0097	11	0.0892	5	0.1201	3
巴彦淖尔	0.0030	14	0.1783	3	0.0189	8	0.2043	2	0.0042	13	0.0308	5	0.1245	4
鸡西	0.0651	6	0.2696	1	0.1008	4	0.1116	3	0.0103	12	0.0524	7	0.0955	5
孝感	0.0013	12	0.0954	2	0.0521	3	0.0029	11	0.0128	6	0.0060	9	0.0405	4
阜阳	0.0041	13	0.0117	8	0.1197	2	0.0157	6	0.0185	5	0.0481	3	0.0097	9
嘉峪关	0.1729	3	0.0162	9	0.0046	10	0.2343	1	0.0018	12	0.0010	13	0.0940	5
泸州	0.0555	4	0.2783	2	0.1015	3	0.0007	13	0.0325	5	0.0120	11	0.0212	7
郴州	0.0044	11	0.1282	3	0.0293	4	0.0072	9	0.0109	8	0.3289	2	0.0163	7
眉山	0.0103	10	0.1866	2	0.0480	3	0.0010	12	0.0185	8	0.0329	4	0.0219	6
攀枝花	0.1493	2	0.0576	8	0.0201	12	0.0841	6	0.0275	10	0.0034	14	0.0860	5
新乡	0.0072	12	0.0631	4	0.0618	5	0.0117	8	0.0254	6	0.1991	2	0.0656	3
宁德	0.0049	10	0.0146	6	0.0146	5	0.0058	9	0.0123	7	0.0622	3	0.0665	2
渭南	0.0052	10	0.1102	2	0.0391	4	0.0000	13	0.0024	12	0.1062	3	0.0093	7
河源	0.0044	9	0.0904	2	0.0650	4	0.0090	8	0.0171	6	0.0843	3	0.0029	11
许昌	0.0010	14	0.1076	3	0.0232	6	0.0197	7	0.0179	8	0.1953	2	0.0580	4
洛阳	0.0009	13	0.0316	5	0.0313	6	0.0007	14	0.0317	4	0.1941	2	0.1451	3

续表

城市名称	城市污水处理率		互联网宽带接入用户数/城市年底总户数		人均 GDP		人口密度		水利、环境和公共设施管理业全市从业人数/城市年底总人口		民用车辆数/城市道路长度		城市维护建设资金支出/城市 GDP	
	数值	排名	数值	排名	数值	排名	数值	排名	数值	排名	数值	排名	数值	排名
四平	0.0122	8	0.1516	2	0.0339	5	0.0116	9	0.0067	12	0.0870	4	0.1018	3
汉中	0.0029	13	0.1026	2	0.0389	4	0.0163	6	0.0055	12	0.0548	3	0.0110	7
三明	0.0385	4	0.0157	7	0.0097	9	0.0369	5	0.0118	8	0.0512	3	0.0858	2
晋城	0.0027	12	0.0948	4	0.0332	5	0.0190	8	0.0090	11	0.3205	1	0.1616	3
张家口	0.0048	14	0.1908	2	0.0665	4	0.0431	6	0.0077	12	0.0794	3	0.0452	5
铁岭	0.0000	13	0.1394	3	0.0437	5	0.0132	9	0.0108	10	0.2131	2	0.0670	4
盐城	0.0121	9	0.1083	2	0.0171	6	0.0010	13	0.0165	7	0.0791	3	0.0588	4
自贡	0.0244	8	0.2797	2	0.0653	4	0.0189	10	0.0421	6	0.0004	14	0.1014	3
永州	0.0061	8	0.1737	2	0.0514	4	0.0040	12	0.0103	6	0.1406	3	0.0052	11
鹤岗	0.0539	6	0.3823	1	0.1204	3	0.1417	2	0.0028	12	0.0015	13	0.0955	4
雅安	0.0204	7	0.1486	2	0.0777	4	0.0530	5	0.0185	9	0.0931	3	0.0124	12
平顶山	0.0047	13	0.1046	3	0.0390	5	0.0059	12	0.0077	9	0.1622	2	0.0687	4
荆州	0.0043	12	0.0646	3	0.0680	2	0.0006	13	0.0147	7	0.0099	9	0.0501	4
咸宁	0.0089	13	0.1444	3	0.0727	5	0.0105	11	0.0407	7	0.0766	4	0.1719	2
双鸭山	0.0536	6	0.2349	1	0.0705	5	0.1535	3	0.0110	12	0.0211	11	0.1217	4
信阳	0.0007	13	0.2543	2	0.0564	6	0.0020	11	0.0134	7	0.0567	5	0.0585	4
延安	0.0053	12	0.1091	3	0.0071	11	0.0626	4	0.0081	9	0.2626	2	0.0524	5
商洛	0.0009	13	0.0782	2	0.0429	4	0.0150	7	0.0071	9	0.0181	6	0.0071	10

续表

城市名称	城市污水处理率		互联网宽带接入用户数/城市年底总户数		人均 GDP		人口密度		水利、环境和公共设施管理业全市从业人数/城市年底总人口		民用车辆数/城市道路长度		城市维护建设资金支出/城市 GDP	
	数值	排名	数值	排名	数值	排名	数值	排名	数值	排名	数值	排名	数值	排名
衡　阳	0.0169	7	0.1528	2	0.0478	4	0.0017	13	0.0176	6	0.0832	3	0.0346	5
绥　化	0.0000	13	0.0981	2	0.0416	4	0.0098	7	0.0065	9	0.0081	8	0.0263	5
宿　州	0.0057	10	0.1568	2	0.0791	3	0.0042	12	0.0165	6	0.0101	8	0.0300	5
开　封	0.0166	11	0.1153	2	0.0692	4	0.0172	10	0.0244	6	0.0823	3	0.0423	5
保　定	0.0010	13	0.0510	4	0.0638	3	0.0026	12	0.0198	7	0.1304	2	0.0096	9
常　德	0.0047	10	0.1544	3	0.0277	5	0.0030	11	0.0165	7	0.1691	2	0.0984	4
张　掖	0.0112	11	0.1677	2	0.0877	6	0.2235	1	0.0036	13	0.1304	5	0.1349	4
承　德	0.0111	13	0.1659	3	0.0485	6	0.0649	5	0.0120	12	0.0290	7	0.0865	4
云　浮	0.0072	9	0.0022	11	0.0511	3	0.0012	12	0.0159	6	0.1781	2	0.0315	4
资　阳	0.0027	11	0.2070	2	0.0272	6	0.0030	10	0.0123	7	0.0314	5	0.0531	3
聊　城	0.0018	12	0.0948	3	0.0257	6	0.0059	10	0.0165	8	0.1046	2	0.0482	4
揭　阳	0.0145	10	0.0416	5	0.0719	3	0.0313	6	0.0273	7	0.0611	4	0.0933	2
广　安	0.0019	13	0.2031	2	0.0384	5	0.0053	11	0.0132	7	0.0391	4	0.0088	8
上　饶	0.0029	9	0.0702	2	0.0557	3	0.0019	10	0.0138	8	0.0401	4	0.0175	7
南　阳	0.0084	12	0.2230	2	0.0723	3	0.0002	14	0.0148	8	0.0144	9	0.0372	5
安　阳	0.0006	13	0.0568	4	0.0366	5	0.0105	10	0.0154	7	0.1143	2	0.0646	3
平　凉	0.0102	12	0.2421	2	0.1210	3	0.0138	9	0.0104	11	0.0660	4	0.0365	6
巴　中	0.0049	9	0.2204	2	0.0875	4	0.0020	11	0.0119	6	0.0919	3	0.0014	13

续表

城市名称	城市污水处理率		互联网宽带接入用户数/城市年底总户数		人均 GDP		人口密度		水利、环境和公共设施管理业全市从业人数/城市年底总人口		民用车辆数/城市道路长度		城市维护建设资金支出/城市 GDP	
	数值	排名	数值	排名	数值	排名	数值	排名	数值	排名	数值	排名	数值	排名
武　威	0. 0003	14	0. 1605	2	0. 0621	3	0. 0520	5	0. 0034	12	0. 0475	6	0. 0525	4
怀　化	0. 0056	11	0. 1277	3	0. 0478	4	0. 0112	7	0. 0074	10	0. 2338	2	0. 0095	8
梧　州	0. 0181	7	0. 1315	3	0. 0398	4	0. 0080	12	0. 0196	6	0. 2921	2	0. 0344	5
吕　梁	0. 0018	13	0. 0477	4	0. 0181	5	0. 0080	8	0. 0060	9	0. 1879	2	0. 0115	7
茂　名	0. 0058	11	0. 1168	3	0. 0259	6	0. 0047	12	0. 0151	7	0. 1215	2	0. 0692	4
三门峡	0. 0035	12	0. 0012	14	0. 0129	8	0. 0142	7	0. 0173	6	0. 2001	2	0. 0784	3
遵　义	0. 0036	10	0. 1293	2	0. 0376	5	0. 0052	9	0. 0106	7	0. 0938	3	0. 0412	4
庆　阳	0. 0024	11	0. 1425	2	0. 0281	5	0. 0206	6	0. 0091	9	0. 0682	3	0. 0185	7
宜　宾	0. 0066	12	0. 1913	2	0. 0479	5	0. 0004	14	0. 0198	7	0. 0453	6	0. 0591	4
菏　泽	0. 0039	12	0. 1208	2	0. 0504	5	0. 0071	10	0. 0113	8	0. 0802	3	0. 0285	6
呼伦贝尔	0. 0019	13	0. 0702	3	0. 0084	11	0. 3313	2	0. 0068	12	0. 0413	5	0. 0455	4
晋　中	0. 0010	14	0. 0592	4	0. 0429	5	0. 0141	8	0. 0044	13	0. 1871	2	0. 0603	3
保　山	0. 0039	11	0. 1371	2	0. 0674	3	0. 0177	7	0. 0074	10	0. 0511	4	0. 0510	5
玉　溪	0. 0106	12	0. 0820	3	0. 0176	8	0. 0281	6	0. 0100	13	0. 1358	2	0. 0708	4
钦　州	0. 0127	9	0. 1506	3	0. 0760	4	0. 0036	12	0. 0211	7	0. 2715	2	0. 0550	5
拉　萨	0. 5544	1	0. 0105	7	0. 0074	9	0. 1198	3	0. 0047	11	0. 0189	6	0. 0363	4
沧　州	0. 0000	14	0. 0458	3	0. 0139	7	0. 0012	12	0. 0087	8	0. 1811	2	0. 0328	5
贵　港	0. 0180	4	0. 1428	2	0. 0712	3	0. 0010	14	0. 0127	8	0. 0154	6	0. 0110	9

续表

城市名称	城市污水处理率		互联网宽带接入用户数/城市年底总户数		人均 GDP		人口密度		水利、环境和公共设施管理业全市从业人数/城市年底总人口		民用车辆数/城市道路长度		城市维护建设资金支出/城市 GDP	
	数值	排名	数值	排名	数值	排名	数值	排名	数值	排名	数值	排名	数值	排名
天　水	0.0059	10	0.1985	2	0.1011	3	0.0053	11	0.0141	8	0.0175	6	0.0152	7
商　丘	0.0037	11	0.0901	3	0.0450	4	0.0066	8	0.0088	7	0.0931	2	0.0271	6
张家界	0.0131	10	0.1386	2	0.0943	5	0.0251	7	0.0080	12	0.1262	3	0.1057	4
廊　坊	0.0117	11	0.0268	8	0.0370	7	0.0102	12	0.0201	10	0.3089	2	0.0717	3
朝　阳	0.0075	11	0.0705	3	0.0265	5	0.0140	7	0.0068	12	0.2358	2	0.0376	4
白　城	0.0161	10	0.1302	2	0.0374	6	0.0571	5	0.0008	14	0.0947	3	0.0662	4
濮　阳	0.0121	9	0.1092	3	0.0357	4	0.0144	8	0.0160	6	0.1691	2	0.0348	5
贺　州	0.0109	10	0.1198	3	0.0719	4	0.0123	9	0.0167	7	0.3235	2	0.0164	8
白　银	0.0475	6	0.2638	2	0.0876	3	0.0751	4	0.0102	12	0.0215	11	0.0607	5
汕　尾	0.0032	10	0.0606	3	0.0337	4	0.0034	9	0.0091	7	0.1735	2	0.0267	5
邵　阳	0.0048	10	0.1300	2	0.0640	4	0.0005	14	0.0101	7	0.1236	3	0.0144	6
定　西	0.0013	13	0.1195	2	0.0666	4	0.0072	7	0.0044	9	0.0693	3	0.0074	6
内　江	0.0115	10	0.2623	2	0.0483	3	0.0092	12	0.0209	7	0.0434	4	0.0209	8
临　沧	0.0026	12	0.1416	2	0.0608	3	0.0206	7	0.0106	8	0.0594	4	0.0353	6
赤　峰	0.0070	12	0.2410	2	0.0303	8	0.0928	4	0.0108	10	0.1034	3	0.0797	5
安　顺	0.0039	13	0.3001	1	0.1309	3	0.0053	12	0.0137	10	0.0689	5	0.0882	4
赣　州	0.0238	7	0.0273	6	0.0764	3	0.0082	9	0.0132	8	0.1239	2	0.0710	4

续表

城市名称	城市污水处理率		互联网宽带接入用户数/城市年底总户数		人均 GDP		人口密度		水利、环境和公共设施管理业全市从业人数/城市年底总人口		民用车辆数/城市道路长度		城市维护建设资金支出/城市 GDP	
	数值	排名	数值	排名	数值	排名	数值	排名	数值	排名	数值	排名	数值	排名
百色	0.0118	10	0.0933	2	0.0522	4	0.0234	5	0.0098	11	0.0619	3	0.0196	6
驻马店	0.0018	13	0.1321	2	0.0454	4	0.0020	12	0.0117	8	0.0618	3	0.0399	5
河池	0.0031	11	0.0740	2	0.0528	3	0.0127	7	0.0072	10	0.0522	4	0.0131	6
曲靖	0.0025	12	0.1406	2	0.0339	5	0.0069	11	0.0108	7	0.1141	3	0.0364	4
邢台	0.0040	12	0.0766	4	0.0757	5	0.0039	13	0.0136	9	0.0973	2	0.0632	6
黄冈	0.0056	10	0.0786	2	0.0358	3	0.0001	14	0.0081	7	0.0165	6	0.0267	5
达州	0.0147	7	0.1864	2	0.0466	4	0.0003	14	0.0105	9	0.1225	3	0.0113	8
忻州	0.0009	14	0.0905	3	0.0513	4	0.0180	7	0.0048	12	0.0969	2	0.0232	6
运城	0.0020	13	0.0451	4	0.0495	3	0.0010	14	0.0077	9	0.1888	2	0.0434	5
衡水	0.0082	11	0.0486	5	0.0561	3	0.0012	13	0.0149	8	0.0951	2	0.0359	7
周口	0.0042	10	0.1139	3	0.0396	5	0.0062	8	0.0092	7	0.1434	2	0.0248	6
六盘水	0.0001	12	0.0795	2	0.0141	6	0.0010	11	0.0058	10	0.0449	3	0.0287	4
崇左	0.0105	8	0.1113	3	0.0278	5	0.0142	7	0.0081	12	0.2264	2	0.0158	6
昭通	0.0010	13	0.1383	2	0.0505	4	0.0024	12	0.0058	8	0.0716	3	0.0243	6
陇南	0.0001	14	0.0646	2	0.0389	4	0.0072	7	0.0041	9	0.0574	3	0.0010	12

注：建设综合度数值越大表明下一年度建设投入力度应该越大，建设综合度排名越靠前表明下一年度建设投入力度应该越大。

从表16中可以看出，2013年北京市14个指标建设综合度排在前4位的是：民用车辆数/城市道路长度、人均用水量、空气质量优良天数、人口密度。

2013年天津市14个指标建设综合度排在前4位的是：人均绿地面积、互联网宽带接入用户数/城市年底总户数、空气质量优良天数、城市维护建设资金支出/城市GDP。

2013年上海市14个指标建设综合度排在前4位的是：人口密度、人均用水量、民用车辆数/城市道路长度、城市维护建设资金支出/城市GDP。

2013年重庆市14个指标建设综合度排在前4位的是：人均绿地面积、互联网宽带接入用户数/城市年底总户数、人均GDP、空气质量优良天数。

2013年广州市14个指标建设综合度排在前4位的是：人均用水量、人口密度、空气质量优良天数、生活垃圾无害化处理率。

2013年西安市14个指标建设难度排在前4位的是：人均绿地面积、民用车辆数/城市道路长度、空气质量优良天数、人口密度。

2013年南京市14个指标建设综合度排在前4位的是：人均用水量、空气质量优良天数、人口密度、城市污水处理率。

其他城市的情况也可以从表16中获知。

（五）结论与建议

2013年中国城市生态健康评价在以前工作的基础上实现了两个新的突破：第一，评价的范围大大超出了以往，即由原来的115个或116个城市增加到284个城市，增加了一倍多。由于采集数据的样本容量扩大，评价能更准确地反映中国的现实状况。第二，评价指标由原来的13个调整为14个。评价指标的调整是基于前面的工作的，调整后的指标更易于采集数据，同时数据能更好地反映我们所关注问题的核心。

从总体上看，2013年，在全国284个城市生态建设健康评价中，有11个城市的健康等级是很健康，占评价总数的3.9%。这11个城市分别是：珠海市、三亚市、厦门市、铜陵市、新余市、惠州市、舟山市、沈阳市、福州市、大连市、海口市。有 178 个城市的健康等级是健康，占评价总数的 62.7%。有 86 个城市的健康等级是亚健康，占评价总数的 30.3%。有 9 个城市的健康等级是不健康，占评价总数的 3.2%。其中健康等级为不健康的 9 个城市分别为：达州市、忻州市、运城市、衡水市、周口市、六盘水市、崇左市、昭通市、陇南市。这些数据进一步显示了中国生态城市建设东部与西部、沿海与内地的不平衡性。

从二级指标来看，2013 年全国 284 个城市的生态环境健康等级是健康以上的城市占 93.3%，生态经济健康等级是健康以上的城市占 69.8%，生态社会健康等级是健康以上的城市占 35.9%。这些数据说明，中国生态城市建设中，生态环境优于生态经济，生态经济优于生态社会。2013 年全国 284 个城市的生态社会指标健康等级为很不健康的城市占了 12.7%（达 36 个），这说明中国生态城市建设中生态社会的建设在各项指标上都有些滞后。根据生态社会的 4 个三级指标（①人口密度②生态环保知识、法规普及率，基础设施完好率③公众对城市生态环境满意率④政府投入与建设效果），建议在生态城市建设的过程中多考虑城市服务社会的功能，如解决城市道路拥堵问题等。

2013 年，在全国 284 个城市生态建设健康评价中，中国的 4 个直辖市及绝大多数一线城市全部退出排名的前 10 名，即使剔除掉评价的模型误差，这也能够说明中国的生态城市建设已进入攻坚期。在全年空气质量优良天数达到 365 天的 25 个城市中，没有 4 个直辖市，也没有一个是省会城市，这表明空气污染的治理仍然是一项长期而艰巨的任务。

2013 年，在全国 284 个城市中，有 140 个城市的生活垃圾无害化处理率达到了 100%，而 2011 年只有 42 个城市，2012 年只有 47 个城市，数据反映出我国在生活垃圾的无害化处理方面做出了积极的努力。

总之，生态文明建设是社会文明发展的必经阶段，生态城市建设是生态文明建设的主战场。我们通过建立模型对中国生态城市的生态健康状况所进行的定量评价分析，特别是有针对性给出的建设侧重度、建设难度以及建设综合度等，为相应城市建设提供了有力的数据支持，为决策者指明了方向。

分类评价报告

Categorized Evaluation Reports

G.3

环境友好型城市建设评价报告

常国华*　石晓妮　汪永臻

摘　要： 本报告依据能体现环境友好型城市发展状况的典型指标，对2013年中国环境友好型城市建设进行了客观的分析；给出了2013年前100名城市的排名；并分别对国内外排名位居前列的大连市和斯德哥尔摩市在环境友好型城市建设方面所做的努力和成就进行了简要介绍；最后提出在生态承载力约束下，坚持节约资源和环境友好的基本原则，编制科学合理的生态城市规划，努力构建具有中国特色的生态城市新格局，才是我国城镇化永续发展的必然途径。

* 常国华，女，兰州城市学院化学与环境科学学院副教授，环境科学博士。

关键词：环境友好型城市　评价　健康指数　生态承载力

近年来，中国多省区市出现了不同程度的雾霾天气，引起了社会的广泛关注。雾霾主要是由人为排放的大量气体及颗粒污染物如汽车尾气、建筑扬尘、煤烟以及工业粉（烟）尘等，在不利于污染物扩散的气象条件下，在大气中经一系列物理、化学过程形成的大量细颗粒物 PM2.5（粒径≤2.5 微米）造成的。[①] 雾霾不仅容易引发交通事故的频频发生，更为严重的是，这些细颗粒能够直接进入人体的血液，损伤肺组织和其他主要器官，从而引起人体喉咙疼痛、眼睛刺痛、胸痛、头痛等症状，增加呼吸系统疾病的发病率和人的死亡率。[②] 因此，雾霾天气还直接危害着人体健康。除此之外，雾霾还会对气候、环境和公众的生活方式等带来诸多负面影响，同时也严重地影响着经济和社会的发展。2013 年 1 月雾霾事件造成的全国交通和健康的直接经济损失保守估计约为 230 亿元，造成了巨大的社会经济损失。[③]

雾霾污染天气的出现，也绝非偶然的天气现象。它是和长期以来中国的经济发展方式、产业结构、能源结构、公众的生活消费方式等紧密相关的，特别是与中国高投入、高污染、高消耗、低产出的粗放型生产方式，以煤炭为主的能源结构以及目前快速增长的机动车保有量等密不可分。[④]

环境是人类赖以生存的基础，也是经济建设和社会发展的基础。环境状况影响着经济和社会的发展，同样人类的生产、生活和消费方式等也在深刻地影响着环境的质量状况。美好的生活环境是未来子子孙孙的福祉，如果我

---

① 姜丙毅、庞雨晴：《雾霾治理的政府间合作机制研究》，《学术探索》2014 年第 7 期。

② 陈仁杰、阚海东：《雾霾污染与人体健康》，《自然杂志》2013 年第 35（5）期。

③ 穆泉、张世秋：《2013 年 1 月中国大面积雾霾事件直接社会经济损失评估》，《中国环境科学》2013 年第 33（11）期。

④ 郭俊华、刘奕玮：《我国城市雾霾天气治理的产业结构调整》，《西北大学学报》（哲学社会科学版）2014 年第 44（2）期。

们当代人仍然一味地追求经济增长，仍然持续以牺牲环境为代价的增长方式，必然会给我们自身带来疾病、灾难甚至毁灭。[①]

大范围、长时间的雾霾天气再次警示人们，中国必须也只能通过转变目前以牺牲环境为代价的粗放式经济增长方式，处理好环境保护与经济建设、社会发展的关系，努力建设生态文明，构建资源节约和环境友好的社会，才能真正实现美丽中国这一美好梦想。

城市是人口密度和经济密度最大的地域空间，是社会经济发展的核心地区，也是未来经济增长的发动机。城市维持自身的正常运转，需要源源不断地从周围获取大量的自然资源和能源，同时向环境排出各类废弃物。[②] 如果这种索取和排放超越了自然的承载力和降解能力，就会引起生态环境的破坏。而生态环境是城市发展的重要资源和载体，其本身就是城市可持续发展的重要部分。因此，生态环境的不可持续势必影响城市发展的可持续性，也将直接影响社会和经济发展的可持续性及潜力。

近10年来，中国城市的快速发展，对经济社会发展起到了明显的推动作用，但是过去10年中国城镇化的进程更多地表现在规模和数量的扩展上，还具有比较明显的粗放型特征。以经济发展为中心目标、以外向型工业化为中心动力、以土地为主要内容、以规模扩张为发展方式、以物质资本大量投入为驱动要素的传统粗放型城镇化模式必将导致土地过度城镇化、城市蔓延、资源和能源消耗巨大、空间过度集中、经济结构失衡、机动车大量使用、交通拥堵、环境污染严重、生态破坏等一系列问题。[③④] 中国的城镇化已进入高速发展期，城镇化对一个民族、一个国家而言，实际上只有一次机会。因为随着城镇化进程的结束，城镇和重

---

① 张书成：《雾霾恶袭考验中国城市化进程》，《决策探索》2014年第4期。

② 李广军、王青、顾晓薇、初道忠：《生态足迹在中国城市发展中的应用》，《东北大学学报》（自然科学版）2007年第28（11）期。

③ 倪鹏飞、卜鹏飞：《城市引领中国崛起——中国城市竞争力十年（2002～2011）研究新发现》，《理论学刊》2012年第12期。

④ 倪鹏飞：《新型城镇化的基本模式、具体路径与推进对策》，《江海学刊》2013年第1期。

大基础设施布局一旦确定后，就很难再改变。[①] 因此，转变城市的发展方式，使其朝着可持续、健康且环境友好的方向发展，对未来城市乃至整个社会的健康可持续发展至关重要，这也是中国目前面临的巨大挑战。

环境友好型城市作为生态城市发展的一种模式，其核心内涵是以人与自然的和谐为中心，采取统一的思维方式，将城市的经济发展方式、社会行为、政治制度、科技和文化等各个方面纳入有机统一的科学发展框架之下，将环境友好建设的理念、原则和目标融入和贯穿于城市经济和社会发展的各个方面，将城市的生产、生活和消费规范在城市生态环境承载力的范围之内，采取有利于生态环境保护的生产、生活、消费方式，建立城市与生态环境的良性互动、自然和谐的关系，用生态环境保护的思想和方法，促进城市经济、社会和环境全面协调与可持续发展。因此，建设环境友好的生态城市对使城市传统的发展模式向健康可持续的发展方向转变，实现人与自然的和谐发展，促进城市经济、社会和环境的全面协调发展具有重要的意义。[②]

一　环境友好型城市建设评价报告

（一）环境友好型城市建设评价指标体系

城市既具有共性，又具有各自的特殊性。因此，构建共性与个性共存的指标体系，既有助于城市明确生态城市建设的基本要求，推进其建设的水平，又有利于城市结合自身的特点进行定位，更好地发挥其当地特色，从而实现对不同城市的生态建设进程进行科学、合理和全面的评

① 仇保兴：《中国特色的城镇化模式之辨——C 模式：超“A 模式”的诱惑和“B 模式”的泥淖》，《城市规划》2008 年第 11 期。

② 李景源、孙伟平、刘举科主编《中国生态城市建设发展报告（2014）》，社会科学文献出版社，2014，第 104 页。

价与指导。

1. 评价指标体系的设计

前几年的《中国生态城市建设发展报告》基于生态城市建设的基本要求和环境友好城市的内涵，已构建了一套既体现生态城市建设的基本特征又兼具环境友好特色的评价指标体系。该评价指标体系由核心指标和特色指标组成，其中核心指标用于评价生态文明城市建设的基本要求，特色指标则主要用于评价城市在环境友好特色方面的努力，以期实现评价中城市普遍性与特殊性相结合的原则以及对不同城市分类指导、分类评价的作用。

前几年的《中国生态城市建设发展报告》对 2008 ~ 2012 年我国城市的生态建设情况进行了评价与分析，各方面的专家给予了肯定并且给出了进一步完善评价指标体系的建议。因此，今年经课题组讨论，为进一步扩大中国生态城市建设的评价范围，同时结合专家们的建议和国家权威部门发布的有关城市生态建设方面的相关统计指标以及在《中国生态城市建设发展报告（2012）》中提出的环境友好城市指标体系设计的基本原则，对 2013 年的中国城市生态建设状况评价指标进行了部分调整（表 1）。评价所采用的指标与以前基本相同，一级指标仍为环境友好型城市综合指数，它代表着城市在环境友好型建设方面的整体状况。该指标下设生态环境、生态经济和生态社会三大核心考察领域。评价这三大核心领域的具体指标共有 14 项。环境友好特色指标仍由 5 项具体指标构成，主要用于评价中国城市在环境友好特色方面所做的成绩。本次评价城市的范围较以往增加较多，部分指标因受国家权威部门发布的数据缺失和不足的限制（例如由国家环保部公开发布氨氮排放量和主要污染治理设施及处理运行费用的城市数目较少，主要为中国部分重点城市），只好暂用其他相关或相近指标替代，待将来环保部发布的城市数目增多时，再行替换。环境友好型城市的具体评价指标名称见表 1。

表1 环境友好型城市评价指标

一级指标	核心指标			特色指标	
	二级指标	序号	三级指标	序号	四级指标
环境友好型城市综合指数	生态环境	1	森林覆盖率（建成区绿化覆盖率）（%）	15	单位 GDP 工业二氧化硫排放量（千克/万元）
		2	PM2.5（空气质量优良天数）（天）		
		3	河湖水质（人均用水量）（吨/人）		
		4	人均公共绿地面积（人均绿地面积）（平方米/人）	16	私人汽车拥有量（辆）/民用汽车拥有量（辆）（%）
		5	生活垃圾无害化处理率（%）		
	生态经济	6	单位 GDP 综合能耗（吨标准煤/万元）		
		7	一般工业固体废物综合利用率（%）		
		8	城市污水处理率（%）		
		9	信息化基础设施[互联网宽带接入用户数（万户）/城市年底总户数（万户）]	17	单位 GDP 氨氮排放量[单位耕地面积化肥使用量（折纯量）]（吨/公顷）
		10	人均 GDP（元/人）		
	生态社会	11	人口密度（人/平方千米）		
		12	生态环保知识、法规普及率，基础设施完好率[水利、环境和公共设施管理业全市从业人员数（人）/城市年底总人口（万人）]	18	主要清洁能源使用率（%）
		13	公众对城市生态环境满意率[民用车辆数（辆）/城市道路长度（千米）]	19	主要污染治理设施及处理运行费用[农林水利事务支出（万元）/城市 GDP（万元）]（%）
		14	政府投入与建设效果（城市维护建设资金支出/城市 GDP）		

注：造成重大生态污染事件的城市在当年评价结果中扣5~10分。

2. 指标说明、数据来源及处理方法

有关环境友好型城市特色指标的意义及数据来源阐述如下。

单位 GDP 工业二氧化硫排放量（千克/万元）：指某市工业企业在厂区内的生产工艺过程和燃料燃烧过程中排入大气的二氧化硫总量与其全年地区生产总值的比值。其计算公式为：

单位GDP工业二氧化硫排放量（千克/万元）=全年工业二氧化硫排放总量（千克）/全年城市国内生产总值（万元）

数据来源：环保部门、环境公报、中国城市统计年鉴。

私人汽车拥有量（辆）/民用汽车拥有量（辆）：指本年内城市的民用汽车拥有量中私人汽车所占的比值。

中国城市私人汽车拥有量正在急速增长，这绝不仅仅是个人消费行为问题，而是关乎城市健康发展的大问题。私人交通方式的发展虽然为个人带来了交通的自由和便利，但也严重地制约了城市的可持续性发展。私人汽车的快速增长不仅会导致交通拥堵、土地占用、能源消耗和交通事故，还会因尾气的排放而产生雾霾和温室气体等诸多环境污染问题，每年造成的经济损失数以亿计。这不仅严重地影响着人们的工作和生活，还严重地阻碍着城市功能的正常发挥。①② 对于城市运行来说，小汽车每百千米的人均能耗是公共汽车的12倍。③ 无论是从能源、资源，还是从环境方面考虑，大力发展公共交通，构建环境友好的交通方式无疑是国内外生态城市建设的必然选择。

数据来源：中国区域经济统计年鉴。

单位耕地面积化肥使用量（折纯量）（吨/公顷）：指本年内区域单位耕地上用于农业的化肥施用量。化肥施用量要求按折纯量计算。折纯量是指将氮肥、磷肥、钾肥分别按含氮、含五氧化二磷、含氧化钾的百分之百成分进行折算后的数量。复合肥按其所含主要成分折算。其计算公式为：

单位耕地面积化肥施用量=化肥施用量（吨）/常用耕地面积（公顷）

近十几年来，中国农用化肥施用量不断增长，已成为世界第一化肥消费大国。④ 化肥的使用，对中国提高农产品产量具有举足轻重的作用。但是，

---

① 盛玉奎：《对我国私人汽车保有量快速增长的反思》，《城市》2013年第10期。

② 何文：《基于时空视角的私人汽车拥有量影响因素分析》，《四川理工学院学报》（社会科学版）2014年第29（5）期。

③ 刘备：《我国私家车发展对城市交通的影响》，《科技信息》2010年第7期。

④ 林嵬：《“化肥消费大国”敲响污染警钟》，《环境经济》2005年第6期。

我国肥料的平均利用率仅为30%左右，大部分养分如氮和磷等则流失到大气、水体和土壤中。[①] 化肥的超量施用和盲目施用，不仅不利于粮食的增产，反而会降低农产品品质，影响食品质量，危害人体健康；增加农业生产成本，使化肥白白地浪费掉；同时引起土壤、水体和大气环境的严重污染。例如，长期过量而单纯地施用化肥，会导致土壤理化性质改变、土壤酸化、土壤肥力下降，并产生追施化肥的恶性循环。[②] 2010年由中国环保部、国家统计局和农业部三部委联合发布的《第一次全国污染源普查公报》的资料显示，农业面源污染已成为中国水环境污染的主要因素，由农业源排放的总氮和总磷对两种水污染物总量的贡献率已经超过一半，而化肥的大量施用则是诱发农业面源污染的重要因素之一。[③④] 化肥的超量施用易引起水体氮和磷元素含量超标，从而导致水体富营养化及地下水的污染。杨家曼和张士云对2011年我国31个省区市的化肥施用情况进行分析，结果表明我国大部分粮食产地已存在氮、磷、钾肥施用比例失衡，化肥污染较严重的问题。[⑤]

同时，农业化学品在制造过程中的能耗以及产生的大量工业污染也是相当惊人的。以氮肥为例，中国氮肥生产年均消耗能源约1亿吨标准煤，而且正以每年接近1000万吨标准煤的速度增长。[⑤]因此，化肥的低利用、高浪费的状况必须要加以改善。否则化肥施用量越大，由此而产生的环境污染也会越严重。

根据表2和图1可知，中国进入2000年以来，农田化肥施用量几乎呈线性增加趋势，至2013年，化肥施用量已达5912.0万吨，较2000年增加了42.6%。

---

① 杨林章、冯彦房、施卫明等：《我国农业面源污染治理技术研究进展》，《中国生态农业学报》2013年第21（1）期。

② 郑良永、杜丽清：《我国农业化肥污染及环境保护对策》，《中国热带农业》2013年第2期。

③ 石嫣、程存旺、朱艺等：《中国农业源污染防治的制度创新与组织创新——兼析〈第一次全国污染源普查公报〉》，《农业经济与管理》2011年第2期。

④ 潘丹：《中国化肥施用强度变动的因素分解分析》，《华南农业大学学报》（社会科学版）2014年第2期。

⑤ 杨家曼、张士云：《判断我国主要化肥污染区及其对策建议》，《山西农业大学学报》（社会科学版）2014年第13（1）期。

表 2 中国 2000 ~ 2013 年农用化肥施用量及单位面积化肥施用量变化

年份	农用化肥施用量(万吨)	有效灌溉面积(千公顷)	耕地面积(万公顷)	单位面积化肥施用量(千克/公顷)	
				以有效灌溉面积计	以耕地面积计
2000	4146.4	53820.3	13004	770.4	318.9
2001	4253.8	54249.4	13004	784.1	327.1
2002	4339.4	54354.9	13004	798.3	333.7
2003	4411.6	54014.2	13004	816.7	339.2
2004	4519.8	54478.4	13004	829.6	347.6
2005	4766.2	55029.3	13004	866.1	366.5
2006	4927.7	55750.5	13004	883.9	378.9
2007	5107.8	56518.3	12174	903.7	419.6
2008	5239.0	58471.7	12172	896.0	430.4
2009	5404.4	59261.4	12172	912.0	444.0
2010	5561.7	60347.7	12172	921.6	456.9
2011	5704.2	61681.6	12172	924.8	468.6
2012	5838.8	63036.4	12172	926.3	479.7
2013	5912.0	63351.0	12172	933.2	485.7

注：农用化肥施用量、有效灌溉面积和耕地面积数据来自《中国统计年鉴》。耕地面积：指经过开垦用以种植农作物并经常进行耕耘的土地面积。包括种有农作物的土地面积，以及休闲地、新开荒地和抛荒未满三年的土地面积。有效灌溉面积：指具有一定的水源，地块比较平整，灌溉工程或设备已经配套，在一般年景下，当年能够进行正常灌溉的水田和水浇地面积之和。

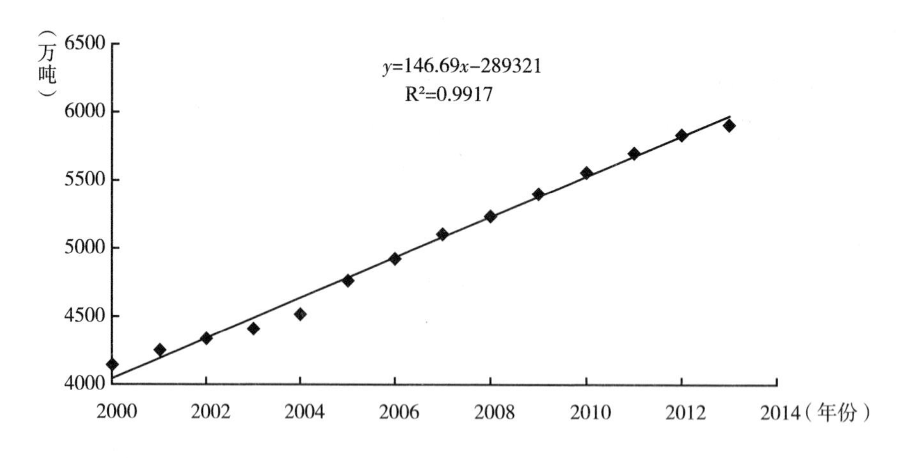

图 1 中国农田化肥施用量与年份的相关性

2000～2013年，中国有效灌溉面积增加了17.7%；但总耕地面积却减少了6.4%。如果以有效灌溉面积计，在2000～2013年，中国每公顷耕地化肥施用量增加了21.1%；如果以耕地面积计，在此期间，中国每公顷耕地化肥施用量增加了52.3%。据世界粮农组织（FAO）统计分析，目前世界平均耕地化肥施用量约为120千克/公顷，[①] 因此，中国单位面积耕地的化肥施用量无论是以有效灌溉面积计还是以全国耕地总面积计都超过世界平均水平。若以全国耕地总面积计，中国目前的单位耕地面积化肥施用量已是世界平均水平的4倍以上，远超国际上公认的化肥施用安全上限225千克/公顷，为安全上限的2倍。[②]

如果对化肥施用量与年度进行线性拟合，可得方程式为：

$$y = 146.69x - 289321 \quad R^2 = 0.9917$$

其中，y 为中国农田化肥施用量；x 为年份。

根据图1，若据此发展下去，至2015年中国农田化肥施用量将可能达到6259.4万吨，其增量为2000年的一半。至2020年，中国农田化肥施用量将可能达到6992.8万吨，届时以现有耕地面积计，中国每公顷耕地化肥施用量将有可能达到574.5千克/公顷，为安全上限的2.5倍。因此，本报告选择该指标作为环境友好型城市的特色指标之一，以期加快改善我国化肥超量使用以及由此引发的环境污染现状。

数据来源：中国区域经济统计年鉴。因部分城市常用耕地面积在该年鉴中未被列出，但相应的农作物总播种面积数据齐全，故用此数据取代前值。

主要清洁能源使用率（%）：是指全年供给城市的天然气、人工煤气、液化石油气和电，经折标（万吨标准煤）之后的总和与城市综合能耗的比值。其计算公式为：

主要清洁能源使用率（%）＝［天然气供气总量（万吨标准煤）＋人工

① 张智峰、张卫峰：《我国化肥施用现状及趋势》，《磷肥与复肥》2008年第23（6）期。

② 饶静、许翔宇、纪晓婷：《我国农业面源污染现状、发生机制和对策研究》，《农业经济问题》2011年第8期。

煤气供气总量（万吨标准煤）+液化石油气供气总量（万吨标准煤）+全社会用电量（万吨标准煤）]/全年城市的综合能源消耗总量（万吨标准煤）

其中，全年城市的综合能源消耗总量（万吨标准煤）=单位 GDP 综合能耗（吨标准煤/万元）×城市 GDP（亿元）

上述各种能源折标系数取自《中国能源统计年鉴 2013》。①

农林水利事务支出（万元）/城市 GDP（万元）：指本年内城市在农林水利事务方面的支出与其全年地区生产总值的比值。

数据来源：中国区域经济统计年鉴。

上述指标数据的处理方法与本报告中第二部分核心指标的数据处理方法相同，因个别数据缺失，为保证数据处理的有效性，采用所有评价城市的相应指标均值代替。

（二）环境友好型城市评价与分析

依据环境友好型城市建设评价指标体系，分别对 19 项指标、14 项核心指标和 5 项扩展指标进行计算，得出了 2013 年环境友好型城市综合指数、生态城市健康指数（ECHI）、特色指数的得分及其排名和特色指标单项排名。

1. 2013年环境友好型城市建设评价与分析

2013 年中国环境友好型城市建设排名前 100 强的城市见表 3。从此表中可知，在环境友好型城市综合指数得分上，排在前 10 名的城市分别是三亚市、舟山市、珠海市、新余市、黄山市、海口市、北京市、景德镇市、重庆市、蚌埠市。这些城市的生态城市健康指数排名（ECHI）也均在全国前 50 名之内，这表明它们在生态城市建设的基本方面均表现比较出色。下面针对环境友好型城市建设前 100 名城市的建设现状及部分指标排名特点进行简要分析。

三亚市在中国环境友好型城市建设综合指数中排名第一，与其生态城市建设的良好基础以及城市建设中注重环境友好的方面密不可分。该市在单位

① 李景源、孙伟平、刘举科主编《中国生态城市建设发展报告（2014）》，社会科学文献出版社，2014，第 104 页。

GDP 工业二氧化硫排放量的单项指标排名中位列第一，其主要清洁能源使用率也排名靠前，但是其单位耕地面积化肥使用量偏高，排名落后。因此，今后在农业生产中需进一步减少化肥施用量，增施有机肥，将有利于城市水体和土壤环境质量的提高。同时还可进一步加强城市公交系统的建设，合理控制私人汽车的数量。舟山市在中国环境友好型城市建设中成绩不凡，今后可进一步加强清洁能源的使用，控制二氧化硫排放，继续控制私人汽车保有量。珠海市在生态城市建设基础方面在中国众多城市中表现最佳，今后可在城市绿化、环境污染控制和公共交通方面继续加强。新余市在环境友好特色和生态城市建设的基础方面发展均衡，在今后环境友好型城市建设方面需大力减少二氧化硫排放，加强清洁能源使用和对环境的保护。黄山市今后可进一步减少农田化肥施用量，以利于城市水和土壤环境质量的提高，同时加强清洁能源的使用并继续控制二氧化硫的排放和私人汽车的增长。海口市和北京市在控制二氧化硫的排放方面，卓有成效，今后需进一步控制私人汽车的增长，减少农田化肥施用量并加大环境投入。景德镇市可在生态建设的基础上，进一步控制二氧化硫的排放量以及私人汽车的使用，加强公交系统的建设，加大对城市水环境污染的防治。重庆市的生态建设基础良好，该市在环境友好特色五项指标的城市排名中也处于前 50 之内，今后需要加大二氧化硫减排力度，并增加环境保护投入。蚌埠市在农业生产中需减少化肥施用量，并加大环境保护投入。沈阳市和铜陵市在环境友好特色方面需要继续努力，沈阳市可加强清洁能源的使用，并加大环保投入力度。铜陵市需要加大二氧化硫减排力度，进一步减少化肥施用量并加强环保投入力度。厦门市环境友好特色方面需进一步加强，可大力减少化肥的使用，以利于提高城市土壤和水体环境质量。大连市生态城市建设基础良好，今后可进一步加强清洁能源使用，并减少农田化肥的施用量，以利于提高城市水和土壤环境的质量，并加强城市环保以及维护方面的资金投入。克拉玛依市在单位耕地面积中所使用的化肥量为全国最低值，其私人汽车比例也非常低，今后可在二氧化硫排放控制、清洁能源使用和环境保护方面加大力度。苏州市面临着私人汽车拥有量比例高的问题，今后需加强控制。常州市可进一步加强环保投入。上海市的环境友好特色指数排名居前10之内，该市在二氧化硫排放的控制以及清洁能源使用方面表现出色，今后可进一步加强环境保护投入。长沙市需在生态城市建设基础方面进一步加强，可进一步减少人均耗水量、使用清洁能源并加大环保投入。南昌市今后可进一步增大环保投入，以保护水环境和土壤环境。杭州市也面临着私人汽车拥有量过高的问题，这是造成城市拥堵的重要原因，因此，加强公交系统的建设，鼓励城市居民绿色环保的出行方式，同时控制私人汽车的快速增长无疑是解决城市拥堵的必然选择。南宁市尚需进一步控制农田化肥的使用。广州市在二氧化硫排放的控制方面表现出色，今后可进一步加强城市绿化，减少化肥的使用，加大对污水的处理，从而促使城市水体和土壤环境质量进一步提升。株洲市今后可在二氧化硫的排放上加强控制，并进一步增加农林水利事务的投入。深圳市尚需进一步加强城市公交系统建设，控制私人汽车增长，同时减少农业中化肥的施用量。铜川市的生态城市建设基础较好，在环境友好型城市特色方面，今后尚需进一步控制二氧化硫的排放，并减少农田化肥施用量。淮南市需要加大二氧化硫减排力度。惠州市在环境友好特色方面需减少化肥施用量并加强城市绿地系统的建设，同时控制私人汽车的快速增长，以防止城市拥堵恶化。乌鲁木齐市需要加大二氧化硫减排力度。

在二氧化硫减排方面，九江市、西宁市、伊春市、萍乡市、朔州市、抚顺市、鄂州市、太原市、秦皇岛市、防城港市、大同市、本溪市、盘锦市、兰州市、中卫市、马鞍山市、鹤壁市、辽阳市、石嘴山市、银川市、淄博市、娄底市、乌海市、淮北市、七台河市和阳泉市在单位GDP工业二氧化硫排放指标上，排名均比较低，因此，今后政府需加强控制二氧化硫的排放。在城市民用汽车拥有量方面，湖州市、西安市、秦皇岛市、东莞市、东营市、大同市、北海市、济南市、成都市、鹤壁市、威海市、烟台市、汕头市、丹东市、乌海市和七台河市的私人汽车拥有比例非常高，因此，这些城市今后尚需合理有效地引导私人汽车的发展，加强城市公交系统建设，预防城市拥堵现象或进一步恶化。在环境友好特色指标单位耕地面积化肥使用量上，排名靠后的城市有黄山市、海口市、蚌埠市、铜陵市、厦门市、广州市、深圳市、铜川市、淮南市、惠州市、芜湖市、福州市、合肥市、西安市、滁州市、鄂州市、淮安市、长春市、江门市、石嘴山市、烟台市、银川市、宝鸡市、连云港市和湛江市，因此，为进一步保护城市水体和土壤环境质量，上述城市需要控制农田化肥施用量，多施有机肥，构建生态农业。在主要清洁能源使用方面，鹰潭市、盘锦市、威海市和吉安市排名靠后，尚需继续努力。在农林水利事务投入方面，珠海市、新余市、海口市、沈阳市、铜陵市、厦门市、大连市、克拉玛依市、苏州市、常州市、上海市、长沙市、南昌市、杭州市、南宁市、广州市、株洲市、深圳市、镇江市、惠州市、乌鲁木齐市、青岛市、宁波市、湖州市、芜湖市、福州市、扬州市、无锡市、武汉市、天津市、绍兴市、合肥市、南京市、西安市、鄂州市、太原市、东莞市、东营市、本溪市、兰州市、大庆市、济南市、长春市、江门市、成都市、马鞍山市、辽阳市、湘潭市、烟台市、汕头市、淄博市、嘉兴市和阳泉市排名较靠后，这些城市今后可进一步加大投入以利于提高城市的生态环境及承载力。

在环境友好特色指数方面，排在前 10 名的城市分别是拉萨市、三亚市、齐齐哈尔市、西宁市、上海市、舟山市、长沙市、伊春市、娄底市和抚顺市。由于拉萨市在生态城市建设的基础方面非常薄弱，虽然在环境友好型城市特色指标方面排名第一，但在环境友好型城市建设综合指数排名中，未能进入前 100 名中。因此，该市尚需大力加强生态城市基础建设，如加强城市污水处理率和工业固体废物综合利用率；在环境友好型城市建设中，今后还需进一步加大清洁能源的使用；市政府可加大对农林水利事务的投资投入，并进一步减少化肥的施用量。齐齐哈尔市虽然在环境友好特色指标排名中位列第 3，但其在中国生态城市建设健康指数排名中为中下游，这表明生态城市基础方面还非常不足，今后可在城市绿地系统、生活垃圾和城市污水处理方面加大力度。西宁市的生态城市建设健康指数排名也处于中下游，今后尚需加强生态城市建设的基础，如控制城市的单位 GDP 能耗并加强垃圾无害化处理等。娄底市也需要进一步加大生态城市建设的基础，如加强城市污水处理和增加人均绿地面积。

根据上述城市所隶属的具体行政区域，我们将 2013 年进入前 100 名的环境友好型城市列入中国行政区域图中（见图 2）。从图 2 可以看出，2013 年

表 3　2013 年环境友好型城市评价结果（前 100 名）

城市名称	环境友好型城市综合指数(19 项指标结果)		生态城市健康指数(ECHI)(14 项指标结果)		环境友好特色指数(5 项指标结果)		特色指标单项排名				
	得分	排名	得分	排名	得分	排名	单位 GDP 工业二氧化硫排放量	私人汽车拥有量/民用汽车拥有量	单位耕地面积化肥使用量(折纯量)	主要清洁能源使用率	农林水利事务支出/城市 GDP
三亚	0.8513	1	0.8755	2	0.8151	2	1	69	280	15	63
舟山	0.8355	2	0.8615	7	0.7965	6	66	37	33	102	21
珠海	0.8301	3	0.8923	1	0.7369	52	56	95	90	8	270
新余	0.8297	4	0.8657	5	0.7757	17	238	28	35	101	231
黄山	0.8174	5	0.8408	16	0.7823	15	15	21	219	71	43
海口	0.8089	6	0.8502	11	0.7469	36	4	153	283	14	209
北京	0.8067	7	0.8191	36	0.7883	12	5	111	138	6	181
景德镇	0.8048	8	0.8498	12	0.7373	51	198	163	34	45	123
重庆	0.8002	9	0.8228	33	0.7664	24	193	49	65	43	122
蚌埠	0.8001	10	0.8310	25	0.7537	30	82	23	252	40	119
沈阳	0.7978	11	0.8600	8	0.7045	101	93	62	84	145	273
铜陵	0.7978	12	0.8662	4	0.6952	117	218	40	254	29	266
厦门	0.7976	13	0.8708	3	0.6877	131	14	82	276	19	279
大连	0.7969	14	0.8503	10	0.7168	77	53	51	132	119	248
克拉玛依	0.7961	15	0.8267	30	0.7502	34	209	31	1	141	284
苏州	0.7952	16	0.8365	18	0.7333	57	48	112	94	12	264
常州	0.7951	17	0.8301	27	0.7427	43	18	94	95	31	261
上海	0.7947	18	0.7902	80	0.8016	5	17	30	68	13	252
长沙	0.7928	19	0.7907	78	0.7960	7	6	25	72	161	265

续表

城市名称	环境友好型城市综合指数(19 项指标结果)		生态城市健康指数(ECHI)(14 项指标结果)		环境友好特色指数(5 项指标结果)		特色指标单项排名				
	得分	排名	得分	排名	得分	排名	单位 GDP 工业二氧化硫排放量	私人汽车拥有量/民用汽车拥有量	单位耕地面积化肥使用量(折纯量)	主要清洁能源使用率	农林水利事务支出/城市 GDP
南　昌	0.7927	20	0.8040	56	0.7756	18	44	36	62	50	247
杭　州	0.7914	21	0.8301	28	0.7334	55	25	108	67	24	274
南　宁	0.7903	22	0.8437	14	0.7102	87	38	79	168	80	202
广　州	0.7902	23	0.8447	13	0.7086	90	9	84	261	27	278
株　洲	0.7883	24	0.7912	77	0.7840	14	113	15	78	85	233
深　圳	0.7882	25	0.7989	65	0.7722	23	2	113	221	5	281
铜　川	0.7881	26	0.8274	29	0.7292	59	215	47	206	25	60
镇　江	0.7875	27	0.8322	23	0.7203	70	116	129	74	61	251
淮　南	0.7855	28	0.8252	32	0.7260	62	247	27	268	42	170
惠　州	0.7843	29	0.8621	6	0.6675	176	31	217	223	56	240
乌鲁木齐	0.7842	30	0.8123	42	0.7421	45	167	93	2	28	249
青　岛	0.7838	31	0.8351	21	0.7068	97	22	106	142	97	271
宁　波	0.7797	32	0.7927	72	0.7601	26	97	41	103	74	223
湖　州	0.7795	33	0.8305	26	0.7030	104	104	240	48	106	210
芜　湖	0.7795	34	0.8435	15	0.6836	142	91	96	242	46	211
福　州	0.7793	35	0.8521	9	0.6702	172	76	103	213	112	259
扬　州	0.7784	36	0.8354	19	0.6929	121	61	137	167	73	214
无　锡	0.7774	37	0.8027	59	0.7395	47	27	56	115	89	272
武　汉	0.7766	38	0.8317	24	0.6940	119	28	81	194	66	269
天　津	0.7758	39	0.8210	35	0.7080	93	65	185	133	3	254

续表

城市名称	环境友好型城市综合指数(19项指标结果)		生态城市健康指数(ECHI)(14项指标结果)		环境友好特色指数(5项指标结果)		特色指标单项排名				
	得分	排名	得分	排名	得分	排名	单位GDP工业二氧化硫排放量	私人汽车拥有量/民用汽车拥有量	单位耕地面积化肥使用量(折纯量)	主要清洁能源使用率	农林水利事务支出/城市GDP
绍　兴	0.7748	40	0.8113	44	0.7202	72	67	152	80	44	255
九　江	0.7744	41	0.8066	50	0.7260	63	224	48	70	169	85
合　肥	0.7735	42	0.8185	38	0.7058	99	23	43	241	116	232
哈尔滨	0.7729	43	0.8105	45	0.7164	79	51	85	50	150	193
南　京	0.7709	44	0.8051	52	0.7197	73	58	147	87	41	268
抚　州	0.7699	45	0.7674	105	0.7737	21	110	24	81	155	38
西　宁	0.7697	46	0.7451	132	0.8065	4	246	32	19	57	105
西　安	0.7694	47	0.8385	17	0.6658	178	52	197	250	23	237
台　州	0.7690	48	0.8022	60	0.7192	74	57	236	102	63	171
伊　春	0.7686	49	0.7504	127	0.7959	8	241	19	3	135	30
萍　乡	0.7684	50	0.8000	62	0.7210	69	270	58	59	143	158
南　通	0.7655	51	0.8093	48	0.6998	110	46	184	129	104	187
滁　州	0.7647	52	0.7932	71	0.7219	67	83	39	220	133	33
朔　州	0.7642	53	0.8064	51	0.7011	108	267	136	45	140	168
抚　顺	0.7636	54	0.7448	133	0.7918	10	190	29	61	81	154
鄂　州	0.7631	55	0.7996	63	0.7083	91	221	7	281	65	221
太　原	0.7620	56	0.7960	66	0.7110	85	182	164	42	36	267
秦皇岛	0.7616	57	0.8173	40	0.6780	156	230	267	171	52	57
东　莞	0.7600	58	0.7898	81	0.7154	80	105	191	14	7	280
防城港	0.7599	59	0.8043	54	0.6934	120	191	116	173	103	151

续表

城市名称	环境友好型城市综合指数(19 项指标结果)		生态城市健康指数(ECHI)(14 项指标结果)		环境友好特色指数(5 项指标结果)		特色指标单项排名				
	得分	排名	得分	排名	得分	排名	单位 GDP 工业二氧化硫排放量	私人汽车拥有量/民用汽车拥有量	单位耕地面积化肥使用量(折纯量)	主要清洁能源使用率	农林水利事务支出/城市 GDP
东营	0.7598	60	0.8142	41	0.6783	155	75	182	141	117	239
鹰潭	0.7595	61	0.7812	90	0.7270	61	170	34	28	222	176
大同	0.7594	62	0.7895	82	0.7142	82	273	243	49	75	137
本溪	0.7593	63	0.7730	98	0.7388	50	225	33	37	160	222
北海	0.7591	64	0.8101	46	0.6826	145	74	277	135	107	117
贵阳	0.7590	65	0.7755	95	0.7342	54	168	97	41	77	188
盘锦	0.7588	66	0.8188	37	0.6688	174	202	92	82	226	183
兰州	0.7577	67	0.7439	134	0.7785	16	196	20	44	62	242
大庆	0.7573	68	0.7737	97	0.7328	58	32	46	12	139	275
济南	0.7568	69	0.8263	31	0.6524	204	70	203	163	126	276
淮安	0.7563	70	0.7926	73	0.7018	106	109	132	209	92	107
长春	0.7561	71	0.8037	57	0.6846	140	34	114	208	93	256
中卫	0.7557	72	0.7587	115	0.7512	32	272	157	98	4	11
江门	0.7555	73	0.8178	39	0.6620	188	144	183	245	35	216
成都	0.7555	74	0.7848	87	0.7115	84	12	221	125	55	257
马鞍山	0.7551	75	0.7847	88	0.7108	86	211	45	180	96	201
鹤壁	0.7551	76	0.8210	34	0.6561	197	233	215	169	131	167
威海	0.7551	77	0.8334	22	0.6375	226	62	211	153	201	169
辽阳	0.7546	78	0.7915	74	0.6994	114	200	150	88	125	224
池州	0.7545	79	0.7886	84	0.7033	103	171	122	196	90	69

续表

城市名称	环境友好型城市综合指数（19 项指标结果）		生态城市健康指数（ECHI）（14 项指标结果）		环境友好特色指数（5 项指标结果）		特色指标单项排名				
	得分	排名	得分	排名	得分	排名	单位 GDP 工业二氧化硫排放量	私人汽车拥有量/民用汽车拥有量	单位耕地面积化肥使用量（折纯量）	主要清洁能源使用率	农林水利事务支出/城市 GDP
石嘴山	0.7542	80	0.8005	61	0.6848	137	281	141	239	47	113
湘潭	0.7530	81	0.7400	142	0.7724	22	161	12	112	108	219
烟台	0.7529	82	0.8352	20	0.6294	243	63	224	224	157	206
衢州	0.7526	83	0.7712	100	0.7247	64	197	128	83	121	126
汕头	0.7519	84	0.8070	49	0.6691	173	94	231	199	9	244
齐齐哈尔	0.7506	85	0.7078	180	0.8148	3	8	71	8	88	26
锦州	0.7505	86	0.7894	83	0.6921	124	136	181	106	165	114
银川	0.7502	87	0.7785	91	0.7078	94	242	162	200	1	143
宝鸡	0.7498	88	0.7914	75	0.6874	132	95	54	227	144	133
吉安	0.7495	89	0.7776	92	0.7073	96	156	52	27	223	27
淄博	0.7491	90	0.7932	70	0.6829	144	219	208	122	83	258
娄底	0.7487	91	0.7179	163	0.7950	9	257	6	36	70	156
连云港	0.7486	92	0.8041	55	0.6654	179	127	146	238	146	89
丹东	0.7483	93	0.7612	112	0.7290	60	151	219	105	87	94
乌海	0.7477	94	0.7754	96	0.7061	98	280	242	111	10	184
湛江	0.7475	95	0.7933	69	0.6787	153	30	161	248	94	195
淮北	0.7455	96	0.7914	76	0.6766	159	229	131	190	109	174
泰州	0.7444	97	0.7579	117	0.7241	66	81	130	145	2	179
嘉兴	0.7443	98	0.7628	110	0.7164	78	119	88	75	124	235
七台河	0.7436	99	0.7611	113	0.7173	76	237	271	11	79	75
阳泉	0.7432	100	0.7498	128	0.7334	56	275	80	30	11	246

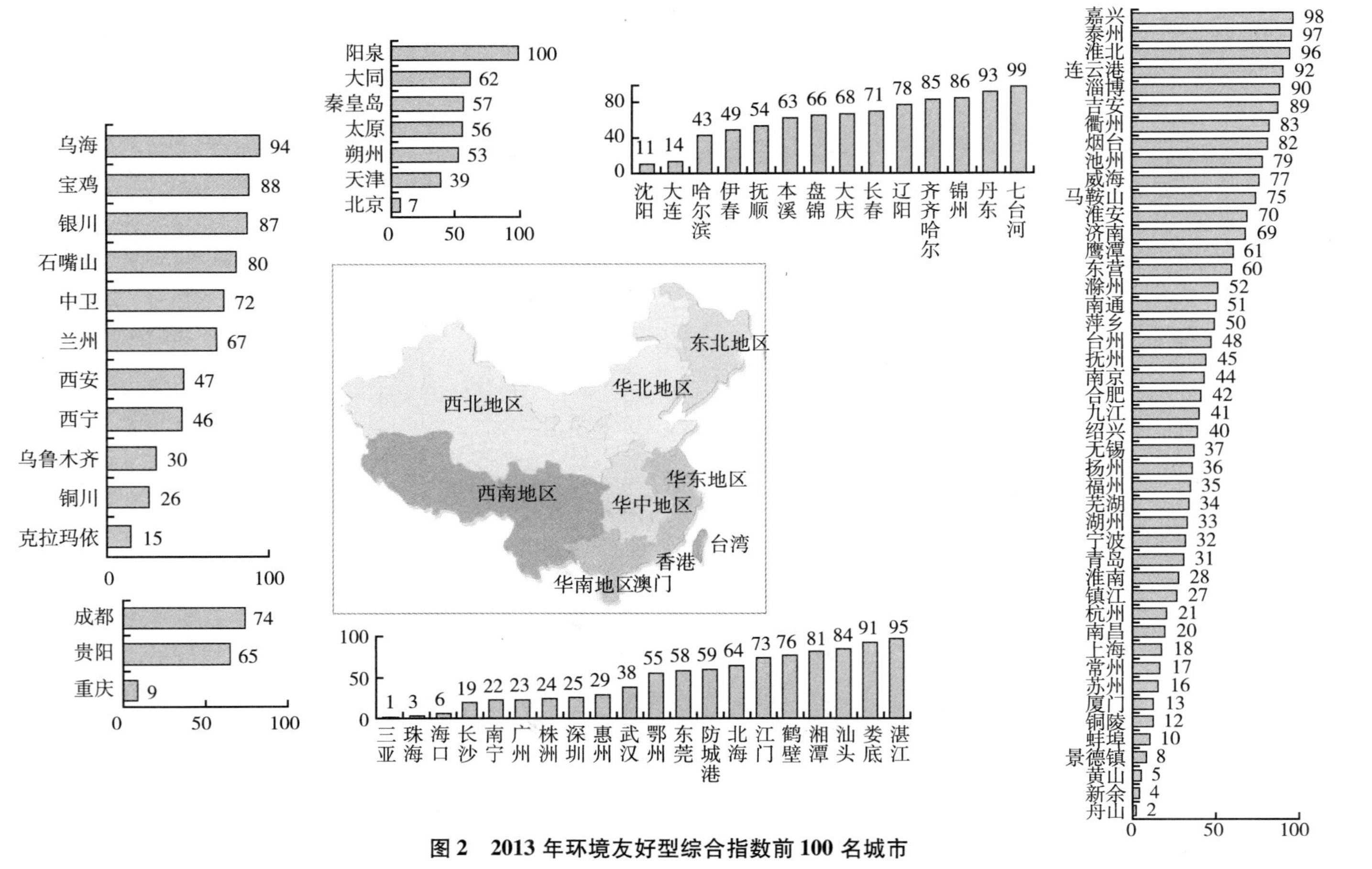

图 2　2013 年环境友好型综合指数前 100 名城市

华北地区仅北京市进入前10名，而其余进入百强城市的排名分布在第30～100名之内。东北地区沈阳市和大连市进入前30名，其余城市名次分布在第40～100名之内。华东地区进入前50名的城市较多，并且排名比较集中。中南地区进入前100名的城市中，前50名与后50名的城市数目几乎相当。西南地区仅重庆市排名第9位，其余则处于第60名之后。西北地区前50名城市数目也较少，大部分处于第50名之后。

2. 2013年中国环境友好型城市各地比较分析

在2013年中国环境友好型城市评价分析中，针对各地区进入百强的城市数量进行分析，其结果见图3。华北地区评价城市数量占全国评价城市总数量的11.3%，其中进入百强的城市有7座，占百强总比例的7%；东北地区评价城市数量占全国评价城市总数量的12%，其中进入百强的城市有14座，为百强总比例的14%；华东地区评价城市数量占全国评价城市总数量的27.5%，其中近半数进入百强，占百强总比例的45%；中南地区评价城市数量占全国评价城市总数量的27.8%，其中20座城市进入百强；西南地区评价城市数量占全国评价城市总数量的10.9%，而进入百强的比例为3%；西北地区评价城市数量占全国评价城市总数量的10.6%，其中进入百强的有11座城市，占百强总比例的11%。从中可知，在中国环境友好型城市百强比例中，仅华东这一个地区的百强城市比例就超过了华北、西北、西南和中南四地区的百强比例之和，也超过了东北、华北和中南三地区的百强比例总和。西南和西北两地区的百强城市比例之和与东北地区百强比例相当。

图4显示了各地区进入百强的城市数量占对应各地评价城市总数量的比例。华北地区评价城市中21.9%的城市进入百强；东北地区进入百强的城市数量占其评价总数的41.2%；华东地区进入百强的城市数量占其评价总数的57.7%，即半数以上的华东城市进入百强；中南地区进入百强的城市数量占其评价总数的25.3%；西南地区进入百强的城市数量仅占其评价总数的9.7%；西北地区中进入百强的城市数量占其评价总数的36.7%。

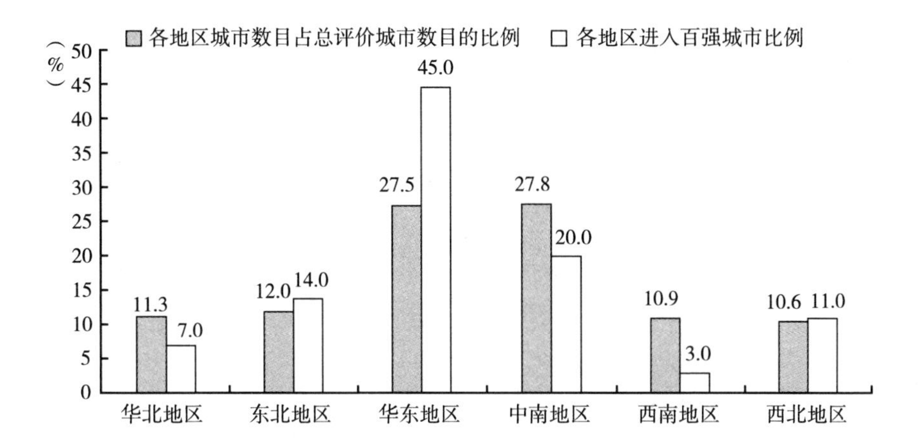

图3 中国各地区环境友好型城市评价城市数目及其百强比例

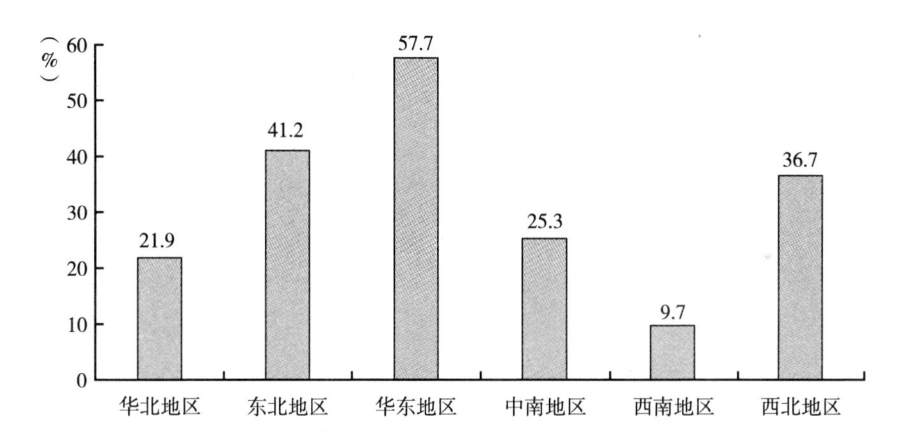

图4 中国各地区环境友好型百强城市数占其评价城市数量的比例

3. 结论

从以上城市的整体发展态势看，在中国环境友好型城市建设方面华东地区整体实力相当出色，并颇具潜力；华北和西南两地区，有部分城市排名有所下降；东北和西北地区波动不大。目前总体态势为华东地区逐渐突显，东北、中南和西北三地区略高于华北和西南地区。今后在环境友好型城市建设方面，华北和西南地区尚需努力加大生态城市的建设力度，东北和西北地区不仅要注重环境友好特色，还应注意提升城市建设的生态基础。

二　环境友好型城市建设的实践与探索

（一）国内环境友好型城市代表——大连市

根据本报告中环境友好型城市指标体系的评价结果，大连市在环境友好方面已处于较高的水平。大连市基于良好的城市基础设施和优美的环境，荣获了“环境保护模范城市”“全国文明城市”“联合国人居奖”“全球环境500佳”和“中国最佳旅游城市”等称号。本报告今年以大连市为例，对其在环境友好及生态城市建设方面所做的努力和成绩进行简要探讨。

1. 开展环境综合治理，让天更蓝水更清

大连市早在1997年就获得了首批国家“环境保护模范城市”的荣誉称号，此后，又明确提出以建设宜居生态名城为城市建设目标，对城市环境实行了大规模多层次整治。针对大气污染，一是完善法规，出台了《大连市环境保护条例》和《大连市机动车排气污染防治条例》，将工业污染减排、整治机动车尾气、治理城市扬尘等纳入地方性法规。2013年大连市又开始逐步实施《大连市蓝天工程实施方案》，划定生态红线和环境风险区域红线，在红线区域内，禁止各类建设与开发活动。[①][②] 这些法规和方案的实施，有效地改善了大连市的空气质量状况。近五年来，大连市的空气质量优良天数均在290天以上。2014年大连市区空气质量优的天数为88天，良的天数为206天，达标率达到80.5%。[③] 大连市还建成了环境监测中心超级站，可对大气污染光学状况、污染化学成分和地面气象参数进行自动监测，从而为

① 大连市人民政府文件：《大连市人民政府关于印发大连市蓝天工程实施方案的通知》，大政发〔2013〕32号，中国政府公开信息整合服务平台大连分站，http://govinfo.nlc.gov.cn/dlfz/zfgb/594575a/201312/t20131220_4490786.html?classid=434。

② 《大连荣登“红榜”位列全国第八大》，大连新闻网，2014年12月2日，http://szb.dlxww.com/dlrb/html/2014-12/02/content_1092549.htm?div=-1。

③ 《2014年1~12月大连市环境空气质量状况》，大连市环境保护局，2015年3月17日，http://www.epb.dl.gov.cn/common/View.aspx?mid=328&id=20639&back=1。

该市大气环境监管和大气污染预警提供了有力的技术支持。[①] 二是强化节能减排，大力发展和使用清洁能源。大连市明确提出在“十二五”期间要积极推广核电、风电、液化天然气、太阳能光伏等新能源的利用，提高清洁能源和可再生能源使用比重。[②] 构筑绿色、低碳经济的现代化产业区是大连市未来几年的发展趋势。

大连市属于资源性缺水城市，人均水资源占有量仅为全国人均占有量的1/4。如何实现水资源的循环利用，减少水污染，保护近海水域，一直是政府和百姓关注的问题之一。建设和运行污水处理厂和再生水厂，并实施建筑中水回用技术，使大连市的污水处理率和水资源再利用率不断提高，预计到2020年，大连城市污水处理率将达到100%。目前许多宾馆、公寓都建有独立中水设施，可用于冲厕和绿化。

2. 从源头控制消除结构性污染

大连市曾经是重工业城市，也是化学工业城市，历史原因造成了居民区、商业区和工业区交叉布局不合理等问题。按照生态城市发展的要求，大连市从1995年开始改变工业发展模式，从传统的资源消耗型、环境污染型向环境友好型转变。同时大连市政府决定对主城区的工业布局和产业结构进行大调整，将城区225家工业企业分步搬迁，新建高新产业园区。[③] 在治理老企业污染的同时，大连市环保部门严把新项目的审批关，对不符合国家产业政策、不符合城市总体规划、不是清洁生产的项目坚决不批；对那些高水耗、高能耗以及高耗材的“三高”项目坚决不批；对环保“三同”即环保设施和建筑主体同时设计、同时施工、同时使用的验收不合格项目坚决不准投入生产。[④]

---

① 《大连市建成首个空气质量监测超级站》，中国环境监测总站，2013年12月23日，http：//www.cnemc.cn/publish/totalWebSite/news/news_ 39569.html。

② 《大连市国民经济和社会发展第十二个五年规划纲要》，辽宁省人民政府网，http：//www.ln.gov.cn/zfxx/fzgh/qygh/201111/t20111116_ 750161.html。

③ 尚晋：《生态城市建设与评价的研究——以大连市为例》，辽宁师范大学硕士学位论文，2008年。

④ 《环保模范城——大连永久的追求》，大连市城乡建设委员会，2006年11月20日，http：//www.dlxww.com/static_ pages/city/rzcs/mofancheng/01.htm。

3. 大规模实施造林绿化工程

大连市的城市园林绿化建设起步很早，从20世纪80年代末就已经开始了，到90年代后期，随着改革开放和城市的大规模建设，大连市政府开始不断进行大规模的植树造林和城市绿化工程，为近些年来全面打造绿色生态宜居园林城市奠定了良好的基础。大连市于2011年开始实施“三大公园”即西郊森林公园、英歌石植物园和大连湾森林公园建设项目。在城市绿化的过程中，还十分注重结合民生。大连市已于2013年底建成了40条、112千米长的城市健身绿道，并将编织成网，已初步实现市民“山上看大连，徒步走全市；城在公园中，出门进花园”的幸福愿望。①②

（二）国外环境友好型城市代表——斯德哥尔摩市

瑞典首都斯德哥尔摩市于2010年被欧盟委员会评为首个“欧洲绿色首都”，其在美世咨询公司（Mercer LLC）给出的全球环境友好城市排名名单中，也名列全球前10之内。斯德哥尔摩市除了在城市规划、城市建设方面很有建树外，在公共交通、污水和垃圾处理方面也引世人瞩目。

1. 公共交通

斯德哥尔摩市在1945～1952年的城市总体规划中就确立了“大分散、小集中”的城市发展战略和建设以公共交通为导向的大都市发展蓝图，从而为今天城市公共交通系统的稳定运行奠定了良好的基础。

市政府在大力发展公共交通理念的指引下，经过半个多世纪的努力，建立了以公交为主导且节能环保的交通模式，如地铁、轻轨、有轨电车、公共汽车、轮渡、步行、自行车和汽车合用等，并逐渐形成了以由市区通向卫星城的地铁系统为主骨架和四通八达的公共汽车线路所组成的一张相对完善且发达的公交网络系统。目前，该市中心的公交车辆均使用乙醇和沼气两种清

---

① 《辽宁：大连大力建设绿色生态宜居城市》，中国园林网，http：//news. yuanlin. com/detail/201457/182332. htm。

② 《今年城市园林绿化瞄准“民生”》，大连新闻网，2014年5月7日，http：//news. dlxww. com/news/content/2014－05/07/content_ 1321575. htm。

洁的可再生燃料，是目前世界上最大的乙醇公交车队，为降低环境污染做出了杰出的贡献。[①] 统计表明，斯德哥尔摩大区包括周围4个市区共计186万人口中，上下班高峰期间，有3/4的人乘坐的是公共交通工具，其中有50多万人出行乘坐火车和地铁，有近50万人乘坐公交车。[②] 斯德哥尔摩市的公交运量占整个瑞典的50%，每天均有超过四成（高峰时段七成以上）的城市出行者通过公共交通出行。以公共交通为导向的社区发展模式促进了双向客流的平衡发展，在高峰期，系统的双向客流量之比为45∶55，形成这种平衡的主要原因就在于，区域规划沿轨道交通走廊将人口和工作岗位的增长集中于紧凑混合开发的郊区市镇中心，产生了由城区到郊区城镇去上班的反向通勤，从而避免了“潮汐”交通现象，使公共交通系统得到了均衡利用。[③④]

对于城市运行来说，利用公共汽车、地铁和有轨电车，每人每千米所消耗的能量仅为私人轿车所耗能量的1/8。[⑤] 因此，为有效地将以小汽车为主导的交通运输方式削减至最低，斯德哥尔摩市还进一步采取了一些其他措施，如减少市内机动车道路密度，增加公交车专用道并减小路幅。在城市外围修建快速路，在市郊轨道站附近建设较大规模的停车库，而将私人小汽车尽量引导至城郊的快速路上，然后换乘市内公交，在城市外围实现人车分流。同时限制小汽车的停车场地并实行高收费。假日或有特殊需要的小汽车出行还可通过参加汽车共享俱乐部来解决，会员通过手机获取开车密码，就近取车，用完后再将车辆停放在指定地点即可。[⑥] 此外，还实行高额汽车附加税、汽车注册费及汽油税等，这些措施对改善交通环境也起到了较好的

---

① 王宇：《斯德哥尔摩的乙醇公交客车》，《交通世界》2007年第6期。

② 雷海、陈智：《斯德哥尔摩绿色发展模式探析》，《中国行政管理》2014年第6期。

③ 同工：《世界主要城市公共交通发展经验》，《城市公共交通》2013年第2期。

④ 《瑞典－斯德哥尔摩》，中华人民共和国交通运输部，2013年11月21日，http://www.moc.gov.cn/zhuantizhuanlan/gonglujiaotong/gongjiaods/guojijy/201310/t20131025_1502805.html。

⑤ 夏爱民、贾峰：《斯德哥尔摩，人类环保之船从这里启航》，《世界环境》2005年第3期。

⑥ 权亚玲：《基于低碳目标的城市发展对策研究——以斯德哥尔摩哈默比湖城规划与建设为例》，《现代城市研究》2010年第8期。

作用。

斯德哥尔摩市政府为进一步改善城市交通，减少污染以及人们对汽车的依赖，还大力鼓励市民骑自行车和步行出行，并开辟了步行专用道和自行车专用道等来缓解交通拥挤。斯德哥尔摩市内建有不少汽车和自行车相分离的专用道路，成为欧洲最大规模的拥有自行车专用道的城市。不同于中国城市中非机动车道紧邻机动车道的做法，大部分自行车道靠在机动车应急车道和人行道中间，互不干扰，每隔一段距离就设置地下过街通道，避免与机动车发生冲突，以保证骑车人的安全。[①] 在郊区的轨道站点都建有自行车停车点，以方便居民换乘。市政府在交通信号设计上，也采取了自行车优先、公交车其次的原则。[②] 2007 年，瑞典政府又制订了长期发展自行车交通的行动计划。根据该计划，在接下来的 20 年中，政府每年将增加 5 亿瑞典克朗的投入，用于在城市中实施各种发展自行车交通的措施，如建设更多的自行车专用道路以及改建公共交通工具及设施，使人们能携带自行车乘坐公共汽车和轨道交通。[②]

2007 年，经过斯德哥尔摩市全民公决，该市开始正式启动并实施交通收费系统和交通拥堵收费政策，这个措施进一步改善了斯德哥尔摩市的整体交通和通勤状况，实现了城市交通系统的智能化，成为全球智能交通系统的典范。[③]

“以人为本”的交通理念在斯德哥尔摩的道路交通中也得到了充分的体现。行人目光平视而无须仰视即可看到马路上的信号灯，并可以对其自行调节。人行横道线醒目且间隔不远，过往十分方便。信号标志采用多种文字标出以方便不同民族的人都能看懂。乘客可在一小时内凭票免费自由换乘任意线路的其他公共交通工具如公交车和地铁等。各种公交车辆运行准点且不同

---

① 顾震弘、韩冬青：《系统化 · 立体化 · 人性化——从城市设计角度看斯德哥尔摩的城市交通》，《世界建筑》2005 年第 8 期。

② 陈劲：《绿色首都：斯德哥尔摩》，中国政务信息化网，2011 年 5 月 3 日，http：//www.chinaeg. gov. cn/show－3385. html。

③ 《交通系统有大脑》，《西部交通科技》2009 年第 10 期。

的公交车站都靠在一起，乘客换乘其他车辆非常方便。公交系统电子信息化的实现，也使乘客可方便地获取各种出行信息。[①②]

斯德哥尔摩市便捷的公共交通和人性化的服务，使其成为轨道交通与城市可持续发展协调的典范。这里是世界上交通最安全、最理想的城市，在这里没有私人汽车照样能方便地工作和生活。

2. 污水处理

50 多年前，斯德哥尔摩与其他许多工业化的城市一样，其水资源也遭受着严重的污染，水中的生物逐渐绝迹。1969 年，瑞典出台第一部环境保护法，并于同年成立了第一个环境法庭。政府开始着手治理水污染，其目标就是要将排放的民用和工业污水变成无害的纯净水。政府成立了全国环境保护理事会专门负责制定实现目标的规划，各地区也出台了相应的环境法规和控制办法。[③]

水污染的重要污染源之一是工业企业污染。如果将来自工业的各种有害物质如金属或难降解的有机物等混在一起，直接排入下水道进入普通污水处理厂，是无法被处理掉的。因为普通污水处理厂只能处理可降解的有机物质，因此，这些有害物质不是残留在处理过的水中，就是流到污泥渣里。而处理过的水要排放到河湖里去，如果河湖被污染了，就无法生产出安全纯净的饮用水。污泥渣里有很多营养物，本来可用作农业肥料，但如果污泥被污染了，土壤也会被污染。长此以往，污染就会向自然界乃至整个生态系统蔓延。因此，如果不能将污染控制在源头，再先进的处理方法也只是亡羊补牢，并且处理成本高昂。所以，要想建立长远的可持续发展机制，必须从源头开始治理，而不要混杂排放。因此，对工业污染源的要求就是企业要不断更新生产工艺和设施，停止排放各种有害物质。降低、再降低，减少，不要

---

① 刘少才：《斯德哥尔摩：驶向环保的明天》，《人民公交》2011 年第 5 期。

② 李忠东：《斯德哥尔摩“以人为先”的交通理念》，《城市公共交通》2006 年第 5 期。

③ 《瑞典在水污染治理方面的经验——专访斯德哥尔摩水利公司副总经理布拉特贝尔》，人民网，2006 年 9 月 11 日，http：//env. people. com. cn/GB/4800991. html。

向外排放污染物，这就是斯德哥尔摩坚持的水治理原则。[①]

企业必须改进排污设备或建立污水处理厂等以使处理后的污水能达标，并获得环境法庭的许可才能排放。同时，地方政府和水利公司都要及时检测，并公开检测结果，以实现一个共同的目标，那就是不要污染。

还有一种污染源是家庭污水，家庭污水中含有各类清洁剂等日用化工产品，其中有些就含污染物。因此，斯德哥尔摩市年年搞大型宣传活动，不断培养和提高公众对水的重要性的认识，让家庭学会使用和管理家庭中的各种化学用品；节约用水，对厨房和厕所用水，要做到专水专用，不要向马桶里倒油水、药水或其他化学制剂，以减少污染。同时，也要求生产这些产品的企业去改变他们的产品成分或原材料，使用环保的物质。

另一部分污水来自雨水。雨水也需要分别管理和处理。街道上的雨水，可能含有重金属等有害物质，需要通过分流，经处理后排放。若将其直接引入河道会增加河道的洪水压力，还会导致污染。那些没有污染的雨水，可以直接排入河流，例如来自建筑物和花园中的雨水。由于雨水可以通过建筑屋顶和表皮收集，在斯德哥尔摩，建筑也采用了可持续且环保的材料，如木头、玻璃、石材等。很多建筑物的屋顶上还种有绿色植物，可起到收集、蓄积雨水和美化环境的作用。

在水资源的可持续利用计划中，减少耗水量也是关键。斯德哥尔摩市的建筑物均使用节水器具和节水设备，如低抽水马桶等。

另外非常值得一提的是，这座城市无论是在城郊，还是在其商业中心区里竟然没有一块纯粹的水泥地面！交通要道，覆以沥青；城市街道，铺以方砖，而对土地伤害巨大的水泥极少用于广场和道路，这不仅有效地减少了城市的降雨径流、积水、热岛效应，还极大地减少了水体污染。[②]

瑞典人对污水处理过程中所产生的有限能源和资源也进行了充分利用。他们对污水处理过程中产生的热能进行回收利用；对污泥进行厌氧发酵，这

---

① 将军：《瑞典在水污染治理方面的经验》，《环境教育》2006 年第 10 期。

② 钟伟青：《环保尽显细节中》，《环境》2009 年第 4 期。

样会产生沼气、污水和残余污泥渣，其中沼气可供给家庭用于生活燃气，或经加工提纯用于汽车燃料；污水可回流至污水处理厂做进一步处理；污泥渣则可经脱水干燥后用于农田肥料或用作铺路材料。

虽然污水治理是一个庞大而复杂的工程，但是斯德哥尔摩市在坚持从源头开始治理，不混杂排放，降低、再降低，减少，不向外排放污染物的治理原则下，通过修建污水处理厂，并与企业和公众不断沟通，通过对供水和污水等采取多种处理措施，经过 20 多年的不懈努力后，终于使这座城市重新焕发出秀丽的水景。现在，该市的饮用水处于“世界最佳”之列，人们打开自来水龙头就可直接饮用到安全纯净的饮用水。[①]

3. 垃圾处理

几乎每个瑞典人都知道“垃圾就是能源，4 吨垃圾相当于 1 吨石油”。对生活垃圾进行分类并回收再利用的理念早已深入斯德哥尔摩市民众的心中，并被切实地落实在他们的实际生活中。这为斯德哥尔摩市妥善处理垃圾，成为城市垃圾回收利用的引领者以及打造“绿色首都”奠定了良好的基础。

在斯德哥尔摩市，人们会将生活垃圾按照分类要求如金属制品、有害垃圾（水银温度计、油漆、化学品等）、纸质包装盒、玻璃、食物残渣等进行详细分类后，放置在住宅楼公共的收集房或收集箱，专门的环保公司会来定期收集处理。此外，几乎每个居住小区都有一个公用的小屋子——“交流废物间”，居民可将自己不用但别人可能会用的物品放到这里，以达到物尽其用的目标。[②] 垃圾清运费用采取按量计费、业主承担、住户分摊的原则。可回收垃圾进入循环再利用；有机垃圾被送至堆肥厂进行堆肥处理。在经过上述严格分类筛选后，剩余的可燃垃圾被直接送往热电厂焚烧，产生的热能用于发电或地区供热系统。由于垃圾焚烧会不可避免地造成空气污染，瑞典出台了严格的垃圾焚烧废气排放标准，再加上严格并完善的垃圾分类体系和一系列新技术的投入，其有害气体如二噁英等的排放量已大幅降低。

① 方子云：《斯德哥尔摩市的供水与污水处理》，《人民长江》1994 年第 25（3）期。

② 《挪威瑞典拉响垃圾争夺战》，《资源再生》2013 年第 5 期。

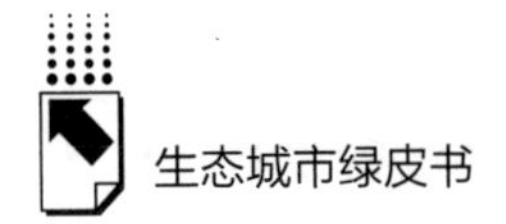

另外，垃圾回收中超市也发挥着重要作用。以饮料包装回收为例，根据政府制定的押金回收制，消费者在购买饮料时，除了支付饮料价格外还须同时支付瓶子押金。废弃的饮料瓶被投入超市门口的自动回收机后，机器就会自动吐出一张小票，消费者凭这张小票就可在超市收银台兑换现金或直接冲抵购物款。目前，针对那些需要强制回收其产品的生产商，环保部门也采用了“押金制”，待回收达到一定量后，再归还企业押金，该制度已在饮料瓶和电池回收体系的建设中发挥了有效的作用。

在回收垃圾运输链条中，真空自动垃圾收集系统也频频出现在斯德哥尔摩市社区。该系统由地面的垃圾箱和一系列隐蔽在地下的真空管道组成，真空管道吸走地面垃圾，从而减少了运输过程中的二次污染。这套自动收集系统的收集效率几乎是传统方式的100多倍，但是这套系统要建立在明确的垃圾分类基础上，才能高效运行。

斯德哥尔摩市餐馆的餐厨垃圾也通过专门的餐厨垃圾处理器进行处理。每个餐馆的地下室都安装着一套隔油器设备。每天，它将餐馆里所产生的餐厨垃圾“吞”进“肚”里，经过一段时间的“消化”，垃圾中所含的油脂就会与食物残渣分离，当堆积到一定量后，其中的油脂由专用罐车抽出并运去加工提炼油料产品；而剩余的残渣则被送至沼气厂转化成沼气和有机肥。[①] 目前，斯德哥尔摩市区的所有餐馆及一些新建的小区，均已安装了这套设备，而在传统小区，政府免费发放厨余垃圾袋以回收餐厨垃圾。每10公斤的厨余垃圾经处理后可产生相当于约1升汽油的沼气。[②]

事实上，斯德哥尔摩市的垃圾处理离不开整个瑞典完善且发达的垃圾回收再利用体系。在瑞典，垃圾回收不只是消费者的事情，企业生产商也要负责。1994年，瑞典颁布了关于产品包装、轮胎和废纸的“生产者责任制”法规。该规定要求所有生产者对其产品应负责回收利用，即在生产销售产品之前，需在其产品上详细标注产品消费后的回收方式；生产商必须要有完善

① 许焕岗：《参观斯德哥尔摩市餐厨垃圾设备有感》，《城市管理与科技》2009年第5期。

② 艾斂菲：《瑞典的垃圾争夺战》，《世界博览》2012年第22期。

的回收处理流程和设备，保证其废旧物品的回收再利用和填埋处理的程序合法；而消费者则有义务对废弃产品按要求进行分类并送到指定回收点。其后，瑞典又颁布了汽车和电器的“生产者责任制”法规。[①]

以家电为例，当这些产品被消费者购买时，其消费后的处理费用已被支付；而对这些废旧产品进行处理所需的基本信息只有生产商才掌握，因此，生产商有义务对其进行回收再利用。瑞典爱立信公司就对废弃手机回收进行了示范项目的研究，废旧手机经零售商收集后经人工拆解可分解为塑料、印刷电路板、显示器、电池、电线和其他金属部件、外包装纸壳和使用手册。回收的塑料被用于建材；电路板、电线和金属部件中的金属将由专业公司提炼回收；有机物如环氧树脂等则转化成燃料；显示器经过无害化处理后被填埋；电池交给电池生产商进行回用利用；外包装纸壳和使用手册等进入城市集中供热厂作为燃料。[②]

由于相当一部分企业自身并没有能力在全国范围内组建回收再利用体系，为此瑞典成立了专门机构 REPA（生产者责任制登记公司）作为其产品回收再利用业务的服务机构。企业可通过交纳会费和回收费加入该机构，由 REPA 代为履行其生产者义务，而未加入 REPA 的企业则需向瑞典国家环保局进行单独申报，以证明其有能力自主履行该义务。[③] 目前，瑞典的五大包装回收公司（瑞典玻璃回收公司、纸和纸板回收公司、塑料循环公司、波纹纸板回收公司和金属循环公司）的业务几乎涵盖了一切可能的包装材料的回收再利用。

瑞典自实施“生产者责任制”以来，其废弃物回收处理范围逐渐扩大，目前已涉及废弃的纸、轮胎、汽车、电器产品、农业塑料和废旧电池等多种物品。

---

① 《瑞典：垃圾回收也可以轻松有趣》，新华网，2011 年 6 月 2 日，http：//news. xinhuanet. com/politics/2011－06/20/c_ 121558968_ 2. htm。

② 黄平沙、谭大鹏：《国外废旧家用电子电器回收再利用研究》，《中国人口·资源与环境》2003 年第 4 期。

③ 《瑞典：生产者责任制打造循环经济》，中华再生资源网，2005 年 8 月 31 日，http：//www. crrj. com/article/newstext. aspx？ id＝483。

瑞典的垃圾处理原则是从源头进行分类、最大限度地循环利用、最小限度地填埋；收集的源头，并非是垃圾被丢入垃圾箱的那一刻，而是产品被生产制造之前。瑞典正是在坚守这个原则的基础上，通过建立独立自主的环保执法体系和完善有效的环境法律制度，通过政府和环保组织长期不懈地向国民宣传、推广和普及垃圾分类知识，并“从娃娃抓起”，在经历了一代人的时间后，在政府、企业和民众的共同努力下，终于形成了先进完善的垃圾回收处理循环体系，实现了99%的废弃物的回收和利用。今天，瑞典已达到了世界领先的废弃物处理水平，成为全球垃圾回收的榜样，而这一切离不开每个人的身体力行，这是每个瑞典人的骄傲！

本报告在2014年和2015年就斯德哥尔摩市在城市规划、交通、水和垃圾处理方面所做的努力和成就的介绍至此暂告一段落。斯德哥尔摩在城市发展中采取以公共交通为导向、高密度多功能的土地开发利用模式，特别重视历史文物和自然环境的保护，从而使这座城市极具自然魅力并散发出独特的人文气息。在城市交通中斯德哥尔摩市通过大力发展公共交通，遏制小汽车的过度使用，鼓励和支持自行车和步行出行，构建智能交通系统，成为全球城市与轨道交通协调发展和智能交通的典范。斯德哥尔摩市在水处理方面则坚持从源头开始治理，不混杂排放，降低、再降低，减少，不向外排放污染物的治理原则，历经20余年，终于成功地再现秀丽水景；在垃圾处理方面遵循从源头进行分类、最大限度地循环利用、最小限度地填埋的原则，通过不断加强和完善垃圾回收利用体系以及实施废弃物循环利用的“生产者责任制”等，有效地实现了垃圾的回收循环再利用，成为全球垃圾回收利用的引领者。

这座美丽的“绿色之都”和全球“最佳宜居”城市为全世界城市的可持续发展树立了良好的榜样。今天中国正在进行轰轰烈烈的工业化和城市化进程，诸多城市正面临着垃圾围城、空气污染、水污染、交通堵塞等诸多问题，冲出这些重围，建设宜居城市，实现美丽中国，是每个中国人的梦想。他山之石，可以攻玉。斯德哥尔摩的做法无疑值得中国政府、城市的领导者、企业和公民认真借鉴和学习。

三 环境友好型城市建设对策建议

基于上述分析评价结果，并借鉴国内外的成功经验，反思中国环境友好型城市建设如何摆脱“头痛医头，脚痛医脚”的传统路径依赖、实现“铁腕治理”[①]，我们认为首先应研究城市的生态承载力，并以此为基础确定城市发展的合理规模和结构布局，构建多样化、生态型的城市格局，使城市的生产、生活和消费规范在生态环境的承载力范围内，建立城市的全面发展与生态环境之间的良性互动关系，才能为城市的可持续发展奠定良好的基础。

（一）以生态承载力为基础的城市生态规划

生态承载力是生态系统的客观属性，能反映生态系统结构与功能的优劣，也是生态系统自我调节、自我维持的能力。[②] 生态承载力大体包括土地承载力、环境承载力、资源承载力等。我国的战略环境评价（SEA）已将生态承载力评价作为主要的预测和评价方法之一。[③] 中国城市进行生态建设，应首先以生态承载力为基础，明确城市的资源条件、环境容量和生态系统所能承受和支撑的限度，并以此为基础，按照生态学原理，遵循结构与功能相适应的原则进行城市规划，统筹未来的人口分布和城市功能区划分。在城市规划中必须尊重自然，以保护自然生态为前提，以可持续发展和环境友好为原则，进行科学合理适度的开发；城市规划需要同时考虑生态和人文这两方面的价值和需求，居民对生态环境的影响应控制在适当的承载力范围内；要保护生态系统，同时要合理引导城市的发展。生态系统是具有一定结构和功能的整体，城市生态系统亦是如此，因此，在城市生态规划中还应遵

---

① 《2015 年国务院总理李克强政府工作报告（全文）》，中国网，2015 年 3 月 17 日，http://www.china.com.cn/cppcc/2015－03/17/content_35072578.htm。

② 许联芳、杨勋林、王克林、李晓青、张明阳：《生态承载力研究进展》，《生态环境》2006 年第 15（5）期。

③ 乔盛、白宏涛、张稚妍、朱坦：《生态导向的城市发展土地资源承载力评价研究》，《生态经济》2011 年第 7 期。

循系统性和整体性的原则。在城市规划中，应充分考虑城市自身的基础条件和特点，并兼顾城市所在区域的特点，制定合理适宜的发展目标，同时应注重保护城市历史文化遗产，发挥地方特色。

（二）以生态承载力为基础划定城市“五线谱”

城市功能分区宏观上要依据环境功能区划来进行，城市环境功能区划是保护生态环境、治理污染的重要依据。[①] 例如，城市用地在环境功能分区上一般要划分为商业娱乐区、居民区、风景旅游区、工业区等，应根据不同区域的就业和流动人口数量来合理规划配套设施。此外，城市功能区划中还必须根据需要设置重点保护区，如饮用水源保护区、文物古迹保护区等。[②] 因此，在城市功能区划分上，应依据城市不同区域的生态承载力，结合自身现状和特点，同时应积极推动公众、政府、社会团体和组织等多种力量的参与和合作，在积极广泛征求各方面的意见，以及充分考虑城市的特色与未来发展的基础上，划定城市“五线谱”，以确定城市功能分区。城市“五线谱”，即城市规划的“红线”“绿线”“紫线”“蓝线”和“黄线”，其中“红线”是指城市规划范围内城市道路的边界线；“绿线”是指城市规划内各类绿地、山体、风景名胜区范围的控制线；“紫线”是指历史文化街区和历史建筑的保护控制线；“蓝线”是指城市规划内江河、湖泊、湿地的保护控制线；“黄线”则是指基础设施用地保护范围。[③]

城市生态规划中应尽量充分考虑并做到满足绝大多数公众和群体的利益。综观国外成功的生态城市建设例子，我们不难发现无论是在规划阶段，还是在实际建设过程中，抑或是在后续的推广与监督过程中，都离不开公众的广泛参与和支持。因此，城市规划应鼓励并促使公众参与到生态城市建设

---

① 王金南、许开鹏、陆军、张惠远、王夏晖：《国家环境功能区划制度的战略定位与体系框架》，《环境保护》2013 年第 22 期。

② 苏孝群：《城市规划建设问题浅析》，《工程建设》2009 年第 6 期。

③ 《红线、绿线、蓝线、黑线、橙线、黄线、紫线，城市规划七线》，城乡规划博客，2012 年 1 月 12 日，http：//chinaup. info/2012/01/3284. html。

中，这是整个环境友好型生态城市建设的重要驱动力。

城市“五线”特别是城市的“绿线”“紫线”和“蓝线”对于城市的可持续发展具有重要的意义，因此，一旦划定，应进行严格管制，不得另作他用，并应进行立法和严格管制，以防止和克服城市规划建设的随意性。在生态环境保护问题上，不能越雷池一步。①

在城市规划中，还应特别注重城市的发展形态，城市形态的合理与否，直接涉及城市的功能布局、发展方向和交通系统等一系列方面，因此，对城市发展形态必须进行充分、审慎的考虑，应慎重选择。鉴于目前中国城市可持续发展中面临着水、宜居土地和森林资源严重短缺，能源消耗巨大，能源短缺以及建筑和交通能耗增长过快等问题，规划“紧凑城市”形态，构建以公共交通系统为导向的城市发展模式，无疑是建设资源节约和环境友好型城市的最佳选择。②

（三）以生态承载力为基础建设智慧城市

近年来在生态城市建设进程中，人们提出的“智慧城市”是生态城市发展的新理念、新方向。③ 智慧城市包含六大主要维度：智慧经济、智慧交通、智慧环境、智慧居民、智慧生活及智慧管治。智慧城市的核心目标是城市的可持续发展，特色在于应用新一代信息技术恰当迅速地解决城市化发展带来的诸多问题。④ 因此，可预见智慧城市将会极大地推进中国生态城市的建设和发展。目前，国外在建设智慧城市方面较成功的案例有阿姆斯特丹智慧城市、迪拜互联网城等。我国目前也在大力推广智慧城市建设，从中央到

---

① 《解读〈国家生态保护红线——生态功能基线划定技术指南（试行）〉》，中国发展门户网，2014 年 2 月 11 日，http://cn.chinagate.cn/environment/2014-02/11/content_31431598.htm。

② 李景源、孙伟平、刘举科主编《中国生态城市建设发展报告（2014）》，社会科学文献出版社，2014，第 130~135 页。

③ 王敏：《我国城市智慧化发展现状、问题与对策》，《科技进步与对策》2013 年第 30（19）期。

④ 杨锋、任雪佳、刑立强、刘春青：《智慧城市标准化发展研究》，《中国经贸导刊》2014 年第 17 期。

地方都投入了较大的物力财力，科技部在2010年将武汉和深圳确定为全国智慧城市试点城市。

生态城市的建设没有固定的模式，不同国家、不同地域、不同发展阶段的城市，必须根据自身的特点，以城市生态承载力为基础，确定城市发展的合理规模和结构布局，构建多样化、生态型的城市格局，以发展循环经济，转变传统的物质、能源单向耗散的生产生活和消费方式为核心，使城市的生产、生活和消费规范在生态环境的承载力范围内，才能实现经济、社会和环境三大系统的协调发展和人与自然的和谐。发展是人类永恒的主题，幸福是人们不懈的追求。因此，无论哪种建设模式的生态城市，都必然包含着一个共同的本质，那就是“发展和幸福”。我们相信通过中国人民的共同努力和不断探索，融合了自然之美、人文之魂、历史之传承、时代之精神的一个又一个生态城市，必将成为装点美丽中国伟大画卷的一朵朵奇葩。

G.4

资源节约型城市建设评价报告

李开明* 康玲芬 赵有翼

摘 要： 本报告根据资源节约型城市评价指标体系对中国284个地级以上（含地级）城市2013年的资源节约型城市综合指数和生态城市健康指数等进行了计算和排名，对前100名城市进行了重点评价与分析。结合2008～2012年相关数据，对部分城市上述排名及单项指标的变化情况进行了比较分析。在此基础上，以水资源为例，阐述了近年来中国资源节约型城市建设中资源节约的理论与实践的发展过程，并针对实践中存在的问题提出了可行性对策建议。

关键词： 资源节约型城市 生态城市 健康指数 评价报告 对策建议

资源是人类生存与发展的物质基础。城市是资源集结和资源消耗的集中地。资源节约型城市就是在生产、流通、消费等领域，通过采取综合性措施，提高资源的利用效率，以最少的资源消耗获得最大的经济和社会收益，保障经济社会可持续发展的城市。① 资源节约型城市的建设，是在保证城市经济效率和人民生活质量的前提下，降低资源消耗量，提高资源的利用效率，使之既能满足当代城市发展的现实需求，又能满足未来城市的发展需求。建设资源节

* 李开明，男，兰州城市学院城市经济与旅游文化学院副教授，地理科学博士。

① 黄侃婧：《资源节约型和环境友好型城市化道路选择原因分析》，《法制与经济》2009年第6期。

约型社会，是缓解资源供需矛盾的有效途径，保障国家经济社会安全和实现经济社会可持续发展的必然选择，是衡量人类社会文明程度的重要尺度。

近年来，中国政府和学术界在资源节约型城市建设方面进行了大量的研究或探索，包括资源节约型城市建设的评价原则、评价体系与方法、建设对策等研究；上海、北京、南京、深圳、广州等城市也率先进行了资源节约型城市建设的实践探索。目前，很多城市都在不同程度地进行资源节约型城市建设，以不同的方式进行探索。但是，不同城市的建设力度、措施和效果有所不同。

一　资源节约型城市评价报告

（一）资源节约型城市评价指标体系

资源节约型城市是生态文明城市的一种类型，它既具有生态文明城市的一般共性，又具有资源节约型生态城市的特殊性。因此，为了体现生态文明城市建设评价中普遍性与特殊性相结合的原则，起到对不同类型生态城市进行分类指导、分类评价之目的，我们按一定的原则构建了评价指标体系，对中国城市的资源节约情况进行持续综合评价。① 2015 年我国资源节约型城市建设状况的评价与分析所采用的指标和前两年基本相同，核心指标增加为 14 项，并有所调整（见表 1），5 项特色指标与 2014 年相同，主要反映城市土地、水、电及其他资源的节约状况和利用效益，具体指标分别为每万人拥有公共汽车数（辆）、第三产业占 GDP 比重（%）、万元 GDP 水耗（吨/万元）、人均耗电量（千瓦时/人·年）及经济聚集指数。在筛选特色指标时，由于数据采集的限制，一些反映资源节约的重要指标（如无限自然资源利用率或新能源利用率、R&D 经费占 GDP 比重、矿产资源的回收利用率等）只能暂时放弃。

① 李景源、孙伟平、刘举科主编《中国生态城市建设发展报告（2012）》，社会科学文献出版社，2012，第 320 ~325 页。

表 1　资源节约型城市评价指标体系

<table>
<tr><th rowspan="2">一级指标</th><th rowspan="2">二级指标</th><th colspan="2">三级指标(核心指标)</th><th colspan="2">特色指标</th></tr>
<tr><th>序号</th><th>指标</th><th>序号</th><th>指标</th></tr>
<tr><td rowspan="14">资源节约型城市综合指数</td><td rowspan="5">生态环境</td><td>1</td><td>森林覆盖率(建成区绿化覆盖率)(%)</td><td rowspan="3">15</td><td rowspan="3">每万人拥有公共汽车数(辆)</td></tr>
<tr><td>2</td><td>PM2.5(空气质量优良天数)(天)</td></tr>
<tr><td>3</td><td>河湖水质(人均用水量)(吨/人)</td></tr>
<tr><td>4</td><td>人均公共绿地面积(人均绿地面积)(平方米/人)</td><td rowspan="5">16</td><td rowspan="5">经济聚集指数</td></tr>
<tr><td>5</td><td>生活垃圾无害化处理率(%)</td></tr>
<tr><td rowspan="5">生态经济</td><td>6</td><td>单位 GDP 综合能耗(吨标准煤/万元)</td></tr>
<tr><td>7</td><td>一般工业固体废物综合利用率(%)</td></tr>
<tr><td>8</td><td>城市污水处理率(%)</td></tr>
<tr><td>9</td><td>信息化基础设施[互联网宽带接入用户数(万户)/城市年底总户数(万户)]</td><td rowspan="2">17</td><td rowspan="2">万元 GDP 水耗(吨/万元)</td></tr>
<tr><td>10</td><td>人均 GDP(元/人)</td></tr>
<tr><td rowspan="4">生态社会</td><td>11</td><td>人口密度(人/平方千米)</td><td rowspan="2">18</td><td rowspan="2">人均电耗(千瓦时/人·年)</td></tr>
<tr><td>12</td><td>生态环保知识、法规普及率,基础设施完好率[水利、环境和公共设施管理业全市从业人员数(人)/城市年底总人口(万人)]</td></tr>
<tr><td>13</td><td>公众对城市生态环境满意率[民用车辆数(辆)/城市道路长度(千米)]</td><td rowspan="2">19</td><td rowspan="2">第三产业占 GDP 的比重(%)</td></tr>
<tr><td>14</td><td>政府投入与建设效果(城市维护建设资金支出/城市 GDP)</td></tr>
</table>

(二)资源节约型城市评价方法及判定标准

1. 资源节约型城市评价数据来源及评价方法

本年度资源节约型生态城市的评价以 2013 年的统计数据为基础。为了保持各种类型生态城市评价结果及一种类型生态城市时间尺度上的可比性，资源节约型生态城市评价指标的数据依然来自《中国环境年鉴》、《中国城市统计年鉴》、《中国城市建设统计年鉴》、《中国区域经济统计年鉴》、各城市的统计年鉴、城市国民经济和社会发展报告及政府工作报告等。资源节约型生态城市评价方法与其他类型城市的评价方法一致（见本书《整体评价报告》）。

2. 资源节约型城市建设评价的范围及时间

2013 年资源节约型生态城市建设的评价共选择了 286 个地级市，但普洱市和巢湖市因部分数据缺失，未参与评价，实际评价的城市数量为 284 个。采用 2013 年统计数据，根据资源节约型城市评价指标体系，对 19 项指标进行计算，得到资源节约型城市各项指数结果。

（三）资源节约型城市评价与分析

通过对 14 项核心指标和 5 项特色指标的计算，我们得出了 2013 年资源节约型城市综合指数、生态城市健康指数、资源节约型特色指数及特色指标单项排名（见表 2），并对资源节约型城市综合指数前 100 名城市进行了评价与分析。

从表 2 可以看出，资源节约型城市综合指数得分排在前 20 位的城市分别是黄山市、三亚市、珠海市、舟山市、福州市、厦门市、沈阳市、海口市、大连市、景德镇市、南宁市、惠州市、烟台市、威海市、青岛市、广州市、哈尔滨市、西安市、苏州市、济南市。这 20 个城市的资源节约型综合指数排名位居前列，城市健康指数排名也相对靠前。在 284 个参与评价的城市中，这些城市在资源节约型城市建设中表现突出。

根据上述城市所隶属的具体行政区域，将 2013 年进入前 100 名的资源节约型城市列入中国行政区域图中（图 1），从空间上研究前 100 名资源节约型城市在不同区域的分布数量。图 1 和表 3 表明，2013 年资源节约型城市综合指数排名前 100 名的城市华东地区最多，共包括 44 个城市，占该区域参评城市总数量的 56.4%；其次是华南地区，有 15 个城市，占该区域参评城市数量的 40.5%；东北地区有 13 个城市，占该区域参评城市数量的 38.2%；华中地区、华北地区、西北地区和西南地区分别有 5、11、6、6 个城市入围前 100 名，分别占其区域参评城市数量的 11.9%、34.4%、20.0%、19.4%。华南和华东地区分布城市较为密集，经济较为发达，城市建设更加注重生态建设。

表 2　2013 年资源节约型城市综合指数排名前 100 名城市

城市	资源节约型城市综合指数（19 项指标结果）		生态城市健康指数（14 项指标结果）		资源节约型特色指数（5 项指标结果）		特色指标单项排名				
	得分	排名	得分	排名	得分	排名	每万人拥有公共汽车数	第三产业占GDP的比重	万元GDP水耗	人均电耗	经济聚集指数
黄山	0.8446	1	0.8408	16	0.8503	12	158	53	6	93	60
三亚	0.8443	2	0.8755	2	0.7974	85	73	3	282	234	182
珠海	0.8402	3	0.8923	1	0.7619	156	18	33	277	273	271
舟山	0.8376	4	0.8615	7	0.8018	78	101	39	124	225	262
福州	0.8341	5	0.8521	9	0.8071	61	6	35	202	169	234
厦门	0.8324	6	0.8708	3	0.7748	133	8	19	255	271	280
沈阳	0.8291	7	0.8600	8	0.7826	119	77	46	221	224	255
海口	0.8291	8	0.8502	11	0.7973	87	80	2	279	223	237
大连	0.8289	9	0.8503	10	0.7968	88	21	51	140	237	258
景德镇	0.8288	10	0.8498	12	0.7973	86	102	160	200	109	146
南宁	0.8286	11	0.8437	14	0.8058	65	83	26	265	144	142
惠州	0.8275	12	0.8621	6	0.7756	131	39	118	238	238	200
烟台	0.8267	13	0.8352	20	0.8138	46	50	110	46	177	243
威海	0.8265	14	0.8334	22	0.8162	44	36	79	40	183	246
青岛	0.8251	15	0.8351	21	0.8102	55	20	22	142	206	263
广州	0.8233	16	0.8447	13	0.7912	102	10	4	253	262	281
哈尔滨	0.8209	17	0.8105	45	0.8364	24	49	16	197	164	118
西安	0.8203	18	0.8385	17	0.7929	99	35	18	239	209	251
苏州	0.8186	19	0.8365	18	0.7919	100	42	36	145	268	277

续表

城市	资源节约型城市综合指数（19项指标结果）		生态城市健康指数（14项指标结果）		资源节约型特色指数（5项指标结果）		特色指标单项排名				
	得分	排名	得分	排名	得分	排名	每万人拥有公共汽车数	第三产业占GDP的比重	万元GDP水耗	人均电耗	经济聚集指数
济南	0.8184	20	0.8263	31	0.8066	64	46	12	178	218	261
北京	0.8168	21	0.8191	36	0.8134	47	10	1	236	256	273
杭州	0.8164	22	0.8301	28	0.7958	91	14	17	207	257	253
镇江	0.8160	23	0.8322	23	0.7916	101	63	54	156	231	267
新余	0.8130	24	0.8657	5	0.7339	195	175	132	183	241	210
常州	0.8129	25	0.8301	27	0.7871	110	59	41	164	261	270
桂林	0.8128	26	0.7944	67	0.8405	20	33	159	187	54	75
九江	0.8110	27	0.8066	50	0.8175	43	153	136	128	87	102
秦皇岛	0.8106	28	0.8173	40	0.8004	80	72	30	237	202	166
连云港	0.8104	29	0.8041	55	0.8198	40	117	81	152	101	199
天津	0.8103	30	0.8210	35	0.7943	95	57	25	148	263	274
鄂尔多斯	0.8091	31	0.7680	104	0.8708	3	15	111	3	143	57
合肥	0.8087	32	0.8185	38	0.7938	97	25	93	215	163	244
昆明	0.8085	33	0.8095	47	0.8070	62	19	23	244	178	172
武汉	0.8079	34	0.8317	24	0.7723	140	30	27	259	239	272
乌鲁木齐	0.8068	35	0.8123	42	0.7987	83	24	9	260	258	171
扬州	0.8047	36	0.8354	19	0.7588	162	169	72	143	199	252
深圳	0.8042	37	0.7989	65	0.8121	49	1	10	245	280	284
湖州	0.8036	38	0.8305	26	0.7632	154	166	84	120	213	224
辽源	0.8033	39	0.8036	58	0.8027	74	111	141	136	168	153

续表

城市	资源节约型城市综合指数（19项指标结果）		生态城市健康指数（14项指标结果）		资源节约型特色指数（5项指标结果）		特色指标单项排名				
	得分	排名	得分	排名	得分	排名	每万人拥有公共汽车数	第三产业占GDP的比重	万元GDP水耗	人均电耗	经济聚集指数
肇庆	0.8027	40	0.7884	85	0.8241	34	108	123	191	107	135
丽水	0.8027	41	0.7600	114	0.8667	6	129	73	93	78	71
重庆	0.8026	42	0.8228	33	0.7722	141	142	66	219	179	167
长春	0.8022	43	0.8037	57	0.8000	82	48	82	209	167	203
丽江	0.8000	44	0.7542	120	0.8687	4	38	101	193	34	9
无锡	0.7994	45	0.8027	59	0.7944	94	43	34	138	250	278
南通	0.7987	46	0.8093	48	0.7829	117	147	71	94	170	259
蚌埠	0.7986	47	0.8310	25	0.7499	169	62	201	267	119	175
十堰	0.7982	48	0.7722	99	0.8373	23	26	130	233	117	58
通化	0.7982	49	0.7534	121	0.8655	7	105	126	83	103	79
营口	0.7951	50	0.7905	79	0.8020	76	91	85	108	236	218
江门	0.7950	51	0.8178	39	0.7608	158	133	69	242	205	190
佛山	0.7939	52	0.8118	43	0.7670	150	34	133	184	276	279
南京	0.7924	53	0.8051	52	0.7734	137	71	14	269	259	275
南昌	0.7921	54	0.8040	56	0.7743	134	27	89	247	215	248
中卫	0.7918	55	0.7587	115	0.8415	17	70	95	45	277	15
宁波	0.7909	56	0.7927	72	0.7882	107	9	48	185	247	264
太原	0.7908	57	0.7960	66	0.7829	116	82	13	257	254	232
长沙	0.7905	58	0.7907	78	0.7902	104	37	75	210	187	257
牡丹江	0.7904	59	0.7567	118	0.8408	19	96	52	275	94	37

续表

城市	资源节约型城市综合指数（19 项指标结果）		生态城市健康指数（14 项指标结果）		资源节约型特色指数（5 项指标结果）		特色指标单项排名				
	得分	排名	得分	排名	得分	排名	每万人拥有公共汽车数	第三产业占GDP 的比重	万元 GDP 水耗	人均电耗	经济聚集指数
成　都	0. 7890	60	0. 7848	87	0. 7953	93	17	21	225	200	265
台　州	0. 7887	61	0. 8022	60	0. 7685	148	185	42	97	160	230
大　同	0. 7869	62	0. 7895	82	0. 7828	118	173	29	229	198	83
上　海	0. 7867	63	0. 7902	80	0. 7815	121	51	6	263	270	283
芜　湖	0. 7866	64	0. 8435	15	0. 7013	229	88	244	211	196	233
梅　州	0. 7866	65	0. 7774	94	0. 8003	81	221	49	146	35	62
淄　博	0. 7863	66	0. 7932	70	0. 7759	130	99	94	198	252	260
铜　陵	0. 7858	67	0. 8662	4	0. 6654	253	60	254	235	264	256
湛　江	0. 7853	68	0. 7933	69	0. 7733	138	203	86	163	81	168
泉　州	0. 7843	69	0. 7693	102	0. 8067	63	92	148	42	123	249
绍　兴	0. 7840	70	0. 8113	44	0. 7429	182	154	58	220	249	250
丹　东	0. 7829	71	0. 7612	112	0. 8155	45	115	149	229	114	88
吉　林	0. 7826	72	0. 7867	86	0. 7765	128	150	67	216	203	122
泰　安	0. 7823	73	0. 7565	119	0. 8210	37	136	64	27	84	235
银　川	0. 7816	74	0. 7785	91	0. 7864	112	12	56	231	283	163
滁　州	0. 7814	75	0. 7932	71	0. 7636	153	121	243	137	48	99
酒　泉	0. 7811	76	0. 7268	154	0. 8627	8	126	128	66	114	1
贵　阳	0. 7806	77	0. 7755	95	0. 7883	106	79	11	258	240	208
嘉　兴	0. 7799	78	0. 7628	110	0. 8055	66	54	83	82	212	268
朔　州	0. 7792	79	0. 8064	51	0. 7384	188	236	109	48	214	121

续表

城市	资源节约型城市综合指数（19 项指标结果）		生态城市健康指数（14 项指标结果）		资源节约型特色指数（5 项指标结果）		特色指标单项排名				
	得分	排名	得分	排名	得分	排名	每万人拥有公共汽车数	第三产业占 GDP 的比重	万元 GDP 水耗	人均电耗	经济聚集指数
七台河	0.7788	80	0.7611	113	0.8054	67	95	77	280	211	51
吉安	0.7774	81	0.7776	92	0.7770	126	194	202	37	22	56
池州	0.7773	82	0.7886	84	0.7604	160	219	122	161	173	69
龙岩	0.7770	83	0.7656	108	0.7940	96	135	157	113	139	95
枣庄	0.7756	84	0.8043	53	0.7325	197	189	142	133	171	242
绵阳	0.7743	85	0.7519	124	0.8079	58	65	189	174	97	86
株洲	0.7738	86	0.7912	77	0.7476	177					
石家庄	0.7734	87	0.7523	122	0.8051	68	52	195	228	180	176
东莞	0.7717	88	0.7898	81	0.7446	179	125	15	283	282	282
东营	0.7707	89	0.8142	41	0.7055	223	61	248	52	265	239
鹰潭	0.7705	90	0.7812	90	0.7545	165	140	231	74	62	169
锦州	0.7705	91	0.7894	83	0.7421	183	181	131	241	157	150
松原	0.7694	92	0.7155	167	0.8503	13	84	125	59	129	96
呼和浩特	0.7689	93	0.7170	165	0.8468	15	2	5	127	208	170
德州	0.7685	94	0.7273	153	0.8303	28	53	134	53	106	202
金华	0.7664	95	0.7424	137	0.8025	75	169	32	18	116	211
阳泉	0.7663	96	0.7498	128	0.7911	103	63	76	218	251	151
包头	0.7660	97	0.7355	145	0.8119	50	109	38	116	272	143
中山	0.7657	98	0.7521	123	0.7860	113	28	59	147	278	276
兰州	0.7638	99	0.7439	134	0.7937	98	68	20	264	228	152
郑州	0.7638	100	0.7463	131	0.7901	105	66	65	155	230	269

表 3　资源节约型城市评价中综合指数前 100 位城市在中国不同区域的数量

区　域	西北地区	华北地区	东北地区	西南地区	华中地区	华南地区	华东地区
参评城市总数	30	32	34	31	42	37	78
前 100 位中城市数量	6	11	13	6	5	15	44
占参评城市总数的比例(%)	20. 0	34. 4	38. 2	19. 4	11. 9	40. 5	56. 4

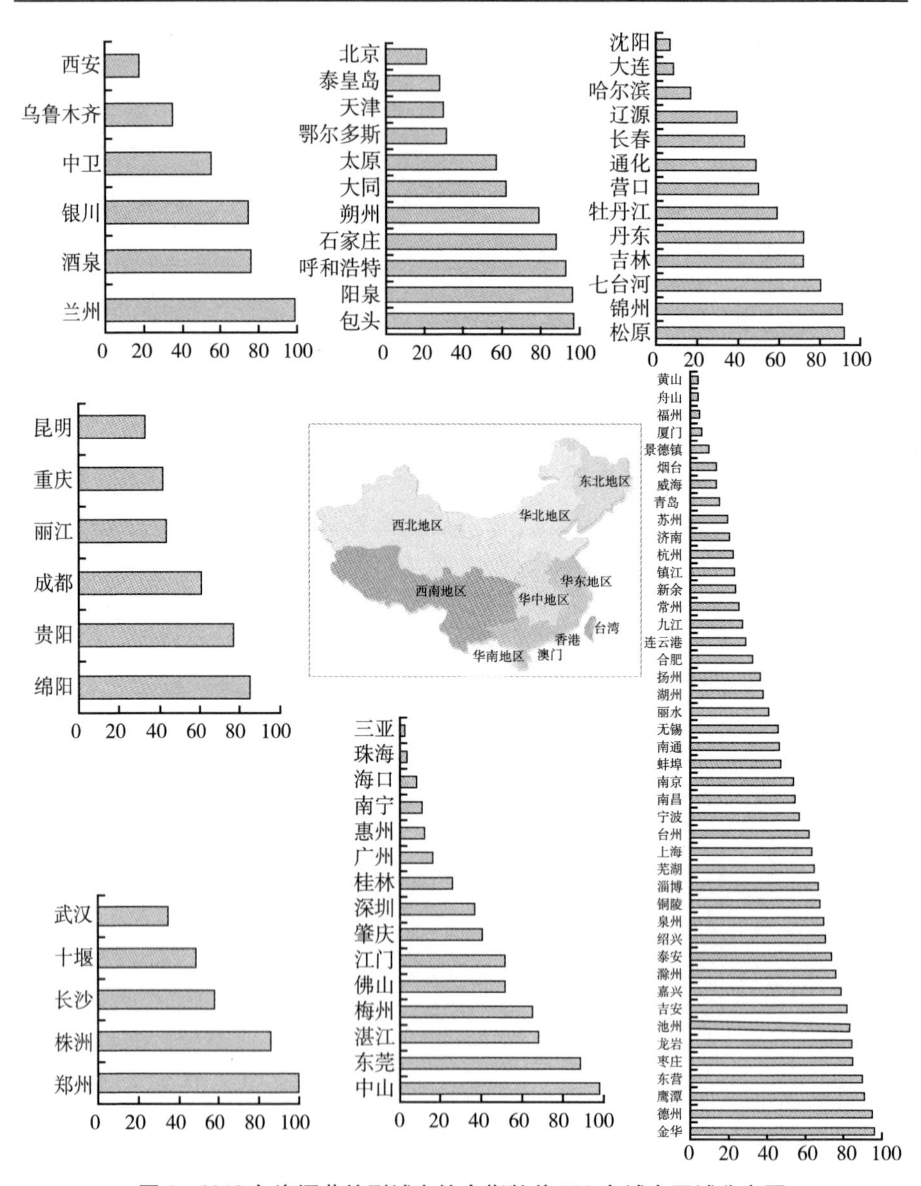

图 1　2013 年资源节约型城市综合指数前 100 名城市区域分布图

为获取排名较为靠前的资源节约型城市的空间分布信息，以及保持研究的连续性，本年度资源节约型城市评价报告仍对资源节约型城市综合指数得分前 50 位的城市进行分类与空间分布分析，将黄山市、三亚市等前 20 位的资源节约型城市归类为非常节约型生态城市；将北京市、杭州市等排名处于第 21 ~ 35 位的 15 个城市归为节约型生态城市；处于第 36 ~ 50 位的扬州市、深圳市等 15 个城市归为比较节约型生态城市，其空间分布见图 2。

从图 2 可以看出，2013 年资源节约型城市仍主要分布在华东和华南区域，其中华东地区最多。非常节约型城市主要分布在东南沿线。造成这种分布状况的原因主要是我国东部和南部地区自然条件较好，气候宜人，降水充沛，生态环境较好，城市分布相对密集，经济比较发达，更加重视生态环境建设和资源节约。

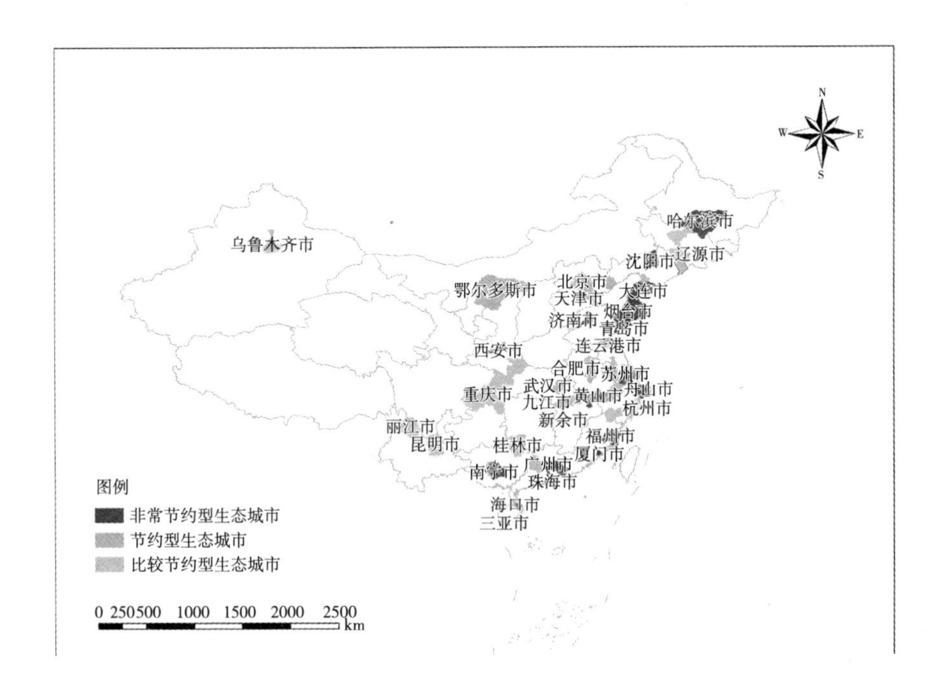

图 2　2013 年中国资源节约型城市综合指数排名前 50 位城市的空间分布

根据资源节约型城市特色指数的得分，排在前20名的城市分别是：怀化市、赣州市、鄂尔多斯市、丽江市、呼伦贝尔市、丽水市、通化市、酒泉市、遵义市、运城市、张家界市、黄山市、松原市、沧州市、呼和浩特市、张家口市、中卫市、晋中市、牡丹江市、桂林市（表4）。显然，特色指数排名和综合指数排名存在一定差异。其中，两项指数排名相对一致的城市，主要有鄂尔多斯市、丽江市、丽水市、通化市、黄山市、中卫市、桂林市等城市。部分城市的两项排名差距较大，如怀化市、赣州市、呼伦贝尔市、遵义市、运城市、张家界市、沧州市、张家口市、晋中市等。究其原因，主要是反映资源节约程度的特色指标排名较靠前的城市，其健康指数不理想，表明这些城市的综合排名并不理想，在资源节约型城市建设中，仍有较大的提升空间与发展潜力。

表4　特色指数前20名城市两项指数的排名对比表

城市	怀化	赣州	鄂尔多斯	丽江	呼伦贝尔	丽水	通化	酒泉	遵义	运城
特色指数排名	1	2	3	4	5	6	7	8	9	10
综合指数排名	145	196	31	44	173	41	49	76	176	220
城市	张家界	黄山	松原	沧州	呼和浩特	张家口	中卫	晋中	牡丹江	桂林
特色指数排名	11	12	13	14	15	16	17	18	19	20
综合指数排名	193	1	92	192	93	131	55	190	59	26

从表5数据看，不同区域2013年资源节约型城市综合指数前100名城市中，在中国比较早地提出资源节约型城市建设口号的长株潭城市群（2个：长沙市和株洲市）、武汉城市经济发展圈（1个：武汉市）、长三角城市群（21个：上海市、苏州市、无锡市、常州市、镇江市、南京市、扬州市、南通市、连云港市、杭州市、宁波市、舟山市、绍兴市、湖州市、嘉兴市、台州市、金华市、丽水市、合肥市、芜湖市、滁州市）、珠三角（8个：深圳市、广州市、珠海市、佛山市、东莞市、惠州市、肇庆市、江门市）共有31个城市，占31%。而西北地区、西南地区和华中地区共有17个城市入围，包括西安市、兰州市、酒泉市、银川市、中卫市、乌鲁木齐市、重庆市、成都市、绵阳市、贵阳市、昆明市、丽江市、十堰市、武汉市、长沙

市、株洲市、郑州市等，占 17%。表明中国中西部地区，尤其是西部地区还需进一步加快资源节约型城市的建设步伐，需要政府层面的大力倡导和人们节约观念的根本转变。

表 5　2013 年资源节约型城市综合指数前 100 名城市分布

地区	城　市
西北地区(6 个)	西安、兰州、酒泉、银川、中卫、乌鲁木齐
西南地区(6 个)	重庆、成都、绵阳、贵阳、昆明、丽江
华北地区(11 个)	北京、天津、石家庄、秦皇岛、大同、太原、阳泉、朔州、呼和浩特、鄂尔多斯、包头
华中地区(5 个)	十堰、武汉、长沙、株洲、郑州
华南地区(15 个)	三亚、海口、南宁、桂林、广州、深圳、珠海、佛山、湛江、江门、肇庆、惠州、梅州、东莞、中山
华东地区(44 个)	上海、南京、无锡、常州、苏州、南通、连云港、扬州、镇江、杭州、宁波、嘉兴、湖州、绍兴、金华、舟山、台州、丽水、合肥、芜湖、蚌埠、铜陵、黄山、滁州、池州、福州、厦门、泉州、龙岩、南昌、景德镇、九江、新余、鹰潭、吉安、济南、青岛、淄博、枣庄、东营、烟台、泰安、威海、德州
东北地区(13 个)	沈阳、大连、丹东、锦州、营口、长春、吉林、通化、辽源、松原、哈尔滨、牡丹江、七台河

二　中国资源节约型城市建设实践——水资源节约利用

2013 年我国城镇化率达到了 53.73%。随着城镇化进程的加快，城市工业化和第三产业进一步发展，城市人口数量不断增多，城市居民的消费理念不断发生深刻变化。城市化发展在提高居民消费水平与生活水平的同时，也导致城市各种资源消耗量大幅增加，并使城市面临巨大的污染压力。无论是发达国家，还是发展中国家，城市化道路是全球唯一可选择的发展方向，城市化必将是一个长期的过程。因此，能否应对城市资源的过度消耗与实现资源节约，也必将成为衡量一个城市发展水平和发展潜力的重要指标。

目前，资源过度消耗产生空气污染，居民生活饮水污染事件频发，食品药品监管不力等问题，严重影响着居民健康，也影响着社会稳定。汽车产业的快速发展以及交通基础设施建设滞后的现状在一定程度上加剧了资源的浪费，汽车排污已经成为雾霾天气的重要原因。因此，应探索中国生态城市建设的规模与发展模式，逐步实现城市生活方式、生产方式和产业结构的转变，引导城市向资源节约型城市转变，使城市建设向宜居方向发展，实现城市可持续发展。

中国城市发展过程中过度的资源消耗以及城市污染问题正在引起学术界以及政府决策机构的重视。中国国务院参事刘燕华在2014低碳发展高峰论坛上指出，中国生态文明建设正面临"能源结构病"的障碍。中国经济要实现健康发展，必须解决目前过度的资源和能源消耗问题，实现产业结构和经济结构的转变。在城市人口和城市空间快速扩张的过程中，限制城市可持续发展的因素越来越多，对城市人口幸福指数的提升极为不利，如全球气候变化、生态破坏、环境污染、资源短缺和城市病等越来越严重。因此，应设法采用新技术、使用绿色能源和探索新发展模式，加快资源节约型社会建设，实现城市的低碳发展。

中国能源消费总量及结构在过去30年间也发生了巨大变化，石油、天然气使用量越来越大，中国从煤炭净出口国变为净进口国。以煤炭资源丰富的山西省为例，山西省的煤炭为中国经济建设做出了巨大贡献，同时也产生了一系列问题，如粗放式经营企业的扩张、生态破坏、环境污染、资源节约观念淡薄等，加重了煤炭消耗城市节能减排和保护生态的负担。

针对北京市近几年雾霾非常严重的现象，中国科学院院士、中国低碳经济发展促进会执行理事长费维扬指出，高碳排放，包括燃煤、汽车以及周边省份的工业污染等是造成北京市严重雾霾的主要原因。[①] 此外，中国河北省的邢台市、保定市、石家庄市、邯郸市、廊坊市、唐山市、衡水市，以及南京市、合肥市、青岛市、镇江市、武汉市、上海市等多个中东部经济发展较

---

① http：//www. hzdpc. gov. cn/ztzl/ztzl_ zyjyyhjbh/201409/t20140917_ 34372. html.

快区域的城市雾霾也较为严重，表明中国很多城市在经济发展中存在资源能源不合理消费或过度消耗问题。

联合国环境署前任主席劳伦斯·布鲁姆说：“中国成功地使很多人脱贫，但也有对环境的连带损害。要考虑一种不同的经济增长模式，兼顾环境保护及改善。”

中国城市的建设与发展，在注重经济发展的同时，更应注重城市的绿色发展，力争建设规模适宜、布局科学、结构合理、功能多样、环境优美的生态城市。实现城市经济发展方式的转变，将节约资源和保护环境放在首位，建设人类适居的生活空间、山清水秀的生态空间、集约高效的生产空间，不但是进一步提高居民生活水平的重要举措，也是改善生活环境、实现可持续发展的重要道路之一。对于正处于工业化、城镇化快速推进阶段的中国城市而言，促进经济社会发展与自然环境承载能力的相互协调非常重要。

城市是一个综合的开放的复杂系统，资源和能源是支撑城市发展的物质基础。在支撑城市发展的众多资源中，水资源是维系一个城市生存与发展不可缺少的要素，是城市经济社会可持续发展的保障。城市的工业、商业、农业、规划、交通运输，以及城市的正常运转与城市生态环境的改善，无不与水资源息息相关。城市对水资源节约利用的重视程度和节水水平，直接反映其对资源节约型社会建设认识的深度和资源节约水平。本报告将从城市水资源要素出发，通过对城市水资源这一基本要素的节约利用现状及实践的分析来探讨中国资源节约型城市的建设情况。

（一）水资源节约利用现状

1. 国家水资源节约利用现状分析

中国是一个水资源贫乏的国家。水资源在空间的分布很不均匀，可利用性小，人均占有量仅为 2392 立方米/年。根据国际标准，人均水资源低于 3000 立方米为轻度缺水，低于 2000 立方米为中度缺水，低于 1000 立方米为严重缺水，低于 500 立方米为极度缺水。按此标准，中国目前有 16 个省

（区、市）人均水资源量（不包括过境水）低于严重缺水标准，约有400个城市常年供水不足。

从很多城市发展的经验看，水资源的丰裕程度对城市的发展速度和产业结构具有重要影响，并影响着城市的生态环境质量。中国政府也在不断采取措施，实现水资源节约。尤其自进入21世纪以来，国家开展节水型城市的评价认定工作，倡导国家节水型社会建设，有力地推动了节水行动的开展和水资源节约。

（1）国家节水型城市建设

按《国务院关于加强城市供水节水和水污染防治工作的通知》，以及建设部、国家经贸委《关于进一步开展创建节水型城市活动的通知》文件精神的要求，经各省、自治区、直辖市建设厅、发展改革委员会初步考核，建设部和国家发展改革委组织专家评审、现场考核验收，节水工作已达到《节水型城市考核标准》要求，验收合格的城市，可被命名为国家节水型城市。此项工作是从国家层面上推进城市节水行动的开展，推动城市采取不同的节水措施，提升全民节约意识，促进全社会实现水资源节约。

从2002年10月公布第一批节水型城市开始，目前公布了六批共64个节水型城市（试点县）（表6）。其中山东省有14个，江苏省有13个，浙江省有6个（包括浙江省长兴县，为第六批节水型试点县城），三省共计占全部已公布节水型城市的51.56%。统计数字表明，节水型城市在不同地区的分布很不均匀，如华东地区、华北地区、华南地区、华中地区、西北地区、西南地区、东北地区分别有38、5、5、6、3、5、2个节水型城市（图3），分别占节水型城市总数的59.4%、7.8%、7.8%、9.4%、4.7%、7.8%、3.1%。节水型城市的评比与命名，有利于在全国范围内推动城市生态文明建设，增强市民节水意识，最终实现水资源可持续利用与社会经济的协调发展。而不同地区节水型城市数量分布存在差异，也从一个侧面表明各地区城市节水意识存在较大差异，对节水工作的认识程度呈两极分化态势。因此，城市节水工作还有待进一步提高，尤其是节水型城市数量较少的区域。

表 6　国家公布的第 1～6 批次节水型城市名单

批次及公布时间	节水型城市名单
第一批节水型城市（2002 年，10 个）	北京市、上海市、山东省济南市、山东省青岛市、辽宁省大连市、浙江省杭州市、江苏省徐州市、山西省太原市、河南省郑州市、河北省唐山市
第二批节水型城市（2005 年，8 个）	天津市、安徽省合肥市、海南省海口市、四川省成都市、江苏省扬州市、浙江省绍兴市、山东省烟台市、山东省威海市
第三批节水型城市（2007 年，11 个）	浙江省宁波市、江苏省昆山市、江苏省张家港市、山东省日照市、山东省东营市、山东省潍坊市、山东省蓬莱市、山东省海阳市、河北省廊坊市、广西壮族自治区桂林市、宁夏回族自治区银川市
第四批节水型城市（2009 年，11 个）	福建省厦门市、辽宁省沈阳市、江苏省南京市、湖北省武汉市、江苏省无锡市、安徽省黄山市、四川省绵阳市、陕西省宝鸡市、江苏省吴江市、山东省胶南市、山东省寿光市
第五批节水型城市（2010 年，17 个）	江苏省苏州市、江苏省镇江市、江苏省江阴市、江苏省常熟市、江苏省太仓市、浙江省嘉兴市、浙江省舟山市、山东省泰安市、山东省龙口市、山东省文登市、河南省济源市、湖北省黄石市、湖南省常德市、广东省深圳市、贵州省贵阳市、云南省昆明市、新疆维吾尔自治区乌鲁木齐市
第六批节水型城市（2013 年，7 个）	安徽省池州市、河南省许昌市、广西壮族自治区南宁市、广西壮族自治区北海市、江苏省宜兴市、云南省安宁市、浙江省长兴县

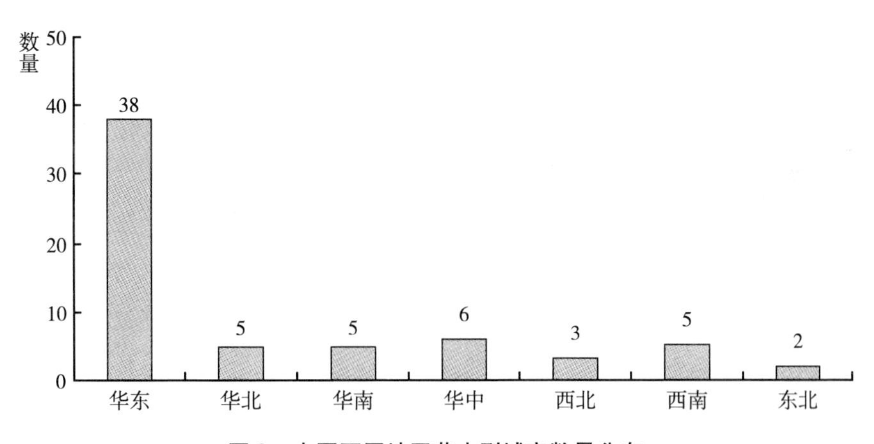

图 3　中国不同地区节水型城市数量分布

（2）国家节水型社会建设

- “十五”时期，水利部确定甘肃省张掖市、四川省绵阳市、辽宁省大连市、陕西省西安市、江苏省张家港市和徐州市、天津市、河北省廊坊市、河南省郑州市、山东省淄博市、湖北省襄樊市、宁夏回族自治区银川市等12个城市（地区）为全国节水型社会建设试点。

• 2012年，水利部和全国节约用水办公室在总结国家节水型社会试点建设经验的基础上，指导制定并发布了《节水型社会评价指标体系和评价方法》，规范了节水型社会试点建设标准和程序，并评选出第二批全国节水型社会建设示范区，授予甘肃省敦煌市等32个节水型社会建设试点“全国节水型社会建设示范区”称号（表7）。

表7　2012年第二批全国节水型社会建设示范区

西北地区(6个)	甘肃省敦煌市、宁夏回族自治区、西藏自治区日喀则地区、陕西省榆林市、新疆维吾尔自治区哈密地区、新疆生产建设兵团五家渠市
西南地区(4个)	重庆市铜梁县、四川省德阳市、贵州省清镇市、云南省曲靖市
华北地区(4个)	北京海淀区、河北省石家庄市、山西省太原市、内蒙古自治区包头市
华东地区(9个)	上海市浦东新区、江苏省南京市、江苏省无锡市、江苏省常熟市、浙江省义乌市、安徽省淮北市、福建省莆田市、江西省萍乡市、山东省德州市
华中地区(3个)	河南省济源市、湖北省荆门市、湖南省岳阳市
华南地区(3个)	广东省深圳市、广西壮族自治区北海市、海南省三亚市
东北地区(3个)	辽宁省鞍山市、吉林省四平市、黑龙江省大庆市

• 2014年，水利部和全国节约用水办公室发布第三批全国节水型社会建设试点，授予北京市大兴区等39个试点第三批“全国节水型社会建设示范区”称号（表8）。

表8　2014年第三批全国节水型社会建设示范区

西北地区(6个)	陕西省宝鸡市、陕西省延安市、甘肃省武威市、青海省西宁市、青海省格尔木市、新疆维吾尔自治区乌鲁木齐市
西南地区(5个)	重庆市永川区、重庆市南川区、四川省自贡市、四川省双流县、云南省玉溪市
华北地区(7个)	北京市大兴区、河北省邯郸市、河北省衡水市桃城区、山西省晋城市、山西省侯马市、内蒙古自治区呼和浩特市、内蒙古自治区鄂尔多斯市
华东地区(9个)	上海市青浦区、江苏省南通市、江苏省泰州市、浙江省余姚市、浙江省玉环县、安徽省合肥市、福建省泉州市、江西省景德镇市、山东省滨州市
华中地区(6个)	河南省安阳市、河南省洛阳市、湖北省武汉市、湖南省长沙市、湖南省株洲市、湖南省湘潭市
华南地区(2个)	广东省东莞市、广西壮族自治区玉林市
东北地区(4个)	辽宁省辽阳市、吉林省长春市、吉林省辽源市、黑龙江省哈尔滨市

2. 城市水资源节约案例分析

中国部分城市水资源不足或缺乏现象，使水资源在城市运转中的地位日益凸显，对城市的规划与发展、城市生活的影响越来越大。部分城市超量开采地下水，使地下水水位连续下降，产生了更大的城市生态环境问题。城市发展过程中地下水资源污染现象普遍存在，直接影响地下水资源的可持续利用。水资源的紧缺和污染已成为城市进一步发展的制约因素。由于水资源在空间分布上的差异、城市的水资源来源和丰裕度不同、城市节水意识差异等因素影响，不同城市在应对节水工作中的态度和采取的节水措施亦有所差异。

（1）深圳市

深圳市属亚热带海洋性季风气候，多年平均水资源总量为 20.51×10^8 立方米，多年平均降水量 1830 毫米，降水时空分布不均，干旱和洪涝常交替出现。降水在空间上呈自东向西递减趋势，时间上主要集中在每年 4～10 月，约占全年降水量的 85%。全市共有大小河流 310 条，其中深圳河、观澜河、茅洲河、龙岗河和坪山河流域面积大于 100 平方千米；中小水库 171 座，总库容 6.11×10^8 立方米，每年可提供原水 3.5×10^8 立方米。① 根据《2013 年深圳市水资源公报》数据，2013 年全市用水量为 19.07×10^8 立方米，其中城市居民生活用水占 37.18%，工业用水占 28.82%，城市公共用水占 24.80%，城市环境用水占 5.66%，农业用水占 3.54%。全市人均用水量 491.47 升/日·人。

随着人口的增长以及经济的发展，1995 年以来深圳市用水量一直处于增长趋势，从 7.10×10^8 立方米增长到 2013 年的 19.07×10^8 立方米。从地理条件看，深圳市境内无大江大河大湖大库，蓄洪能力差；绝大多数河流河道短小，河流雨季是河，旱季成沟，缺乏动态补充水源，水环境容量偏小，本地水资源储备量仅能满足短期需要。而工业污染及生活垃圾污染更增加了本地水环境承载压力，城市水资源系统承载城市安全供水的风险增加。

① http：//www.szwrb.gov.cn/cn/zwgk_single_list.asp? id=16069&m=1&lm=25&lid=.

在水资源短缺与水环境恶化问题日益严峻的现实面前，深圳市在节水方面进行了有益的探索，经水利部批准于2010～2012年成为全面建设国家水资源综合管理试点城市。依靠实行最严格水资源管理制度，紧扣用水总量、用水效率、水功能区限制纳污“三条红线”，积极推进加强水资源总量控制管理、加强水源保障体系建设、强化用水节水管理、建设节水防污型社会、加强饮用水源地保护、构建水资源信息化管理体系、提升水资源应急保障能力、建立水资源管理公共服务体系，并着力构建“水资源、水环境、水安全、水文化”四位一体的水务发展新格局。在节水方面的经典案例有如下几个。①

①南山中心区再生水、雨水综合利用工程

南山中心区位于风景秀丽的深圳湾畔。在核心区规划中形成了一个水面面积达33000平方米，水体达25000立方米的水景带，水景带景观全部采用雨水和再生水。该工程荣获“中国人居环境范例奖”。

雨水集流处理。利用核心区南、北两条带状水体景观地下空间，各建设一个雨水处理站，并用于水体循环净化处理。收集的雨水进入雨水储存池沉淀、储存。储存池的雨水经过滤、消毒后加压，用于核心区公共景观水体补水、公共绿化浇灌和公共广场、道路冲洗等用途。南北两区全年收集利用雨水总量约为117000立方米。

再生水收集处理。通过建设供水能力为4000立方米/日的再生水站，对核心区内每栋建筑物产生的污水进行截流，经过管网收集至设置在公共水景地下空间的再生水厂。污水经一系列生化处理、过滤、消毒后，再通过管道配送至各建筑物，用于中央空调冷却塔的补充用水、地下车库冲洗用水、部分建筑物冲厕用水等。

②布吉污水处理厂项目

布吉污水处理厂位于粤宝路西侧一个巨大的市民休闲广场底下，是内地第一个地下污水处理厂，也是中国最大的地下污水处理厂。污水厂占地6公

---

① http：//news. hexun. com/2012－07－06/143291292. html.

顷，分地上和地下两部分。从外形看，地面部分是员工办公楼和占地面积近5万平方米的休闲广场，地下则为污水处理设施。这样的设计，既达到了处理地下污水的效果，又在地上建成休闲广场，使布吉污水处理厂从外表看起来如同一座大花园，资源利用达到最大化。从城市生态环境角度看，该项目提升了区域水环境，改善了深港交界河深圳河的水质，同时提供了城市居民休闲娱乐的空间，社会效益显著。

深圳市在资源节约型城市建设方面有非常优秀的表现，近几年综合指数排名一直为第一或第二，而在水资源节约方面则相对滞后，如万元 GDP 水耗的排名基本在第85位以后，2013年更是排在第245位（表9）。为此，深圳市采取了多种措施与实践，探索实现水资源更大的节约。如深圳市节水办开展了一系列节水宣传活动，通过深圳市“节水好家庭”评选活动、“节水型企业”评选活动、“节水型居民小区”评选活动等促进节水活动在全社会开展；实行计划用水管理、建设项目用水节水“三同时”审批；积极推广节水新工艺等。

表9　2008～2013年深圳市资源节约型城市综合指数、特色指数及万元 GDP 水耗排名

年度	资源节约型城市综合指数排名	资源节约特色指数排名	万元 GDP 水耗排名
2008	1	21	101
2009	2	36	101
2010	2	41	105
2011	1	8	85
2012	1	3	88
2013	37	49	245

2011年，深圳市获得“国家节水型城市”荣誉称号。

2012年，深圳市顺利通过节水型社会建设试点验收。

（2）上海市

上海市是我国最早将节水列入城市水资源规划的城市之一。

上海濒江临海，河网密布，经济发达，人口密集，产业规模庞大，排污总量大。虽然水资源丰富，但水体环境已经被严重污染，可饮用水越来越少，是一个水质型缺水城市。要实现上海市可持续发展，必须进行水资源的科学利用和有效保护，大力推进节水型社会（城市）建设，采取多种措施实现节约用水。上海市政府在节水方面的主要行动包括如下几个方面。

• 1994 年，发布《上海市节约用水管理办法》，对单位和个人的用水行为进行约束。

• 2000 年，成立上海市水务局，执行上海市水资源管理职能。

• 2002 年，被国家发改委和建设部命名为全国首批节水型城市，并开始制订节水型社会建设规划。

• 2007 年，上海市水务局、上海市教委联合发布《关于开展节水型学校（校区）试点创建活动的通知》，正式启动节水型学校（校区）的创建工作。

• 2010 年，修订《上海市节约用水管理办法》。

• 2012 年，上海市水务局印发《上海市节水型社会（城市）建设“十二五”规划》。

上海市在创建节水型社会中的主要工作包括如下几个方面。

①完善节水法规体系。上海市先后颁布了《上海市供水管理条例》《上海市排水管理条例》《上海市节约用水管理办法》《上海市取水许可制度实施细则》等地方性法规和规章，市水务局还发布了《上海市冷却水循环设施使用管理规定》等规范性文件，基本建立了供水、节水、排水和水环境整治的法规体系。

②完善节水体制，解决节水的动力机制。上海市在全国首次提出了构建节水综合管理、节水经济结构、节水工程技术和节水行为规范等四大体系，旨在让全社会的用水行为受到普遍约束，让用水单位和个人必须去节水，又愿意去节水，从节水的动力机制方面考虑，通过利益机制激励人们节水。

③依托经济杠杆，促进节约用水。对用水户根据实际情况进行分类，研究制定适合本市实际的水价，以及对不同产业、不同用途实行不同水价的价

格体系，有效遏制用水浪费。

④树立节水型典型，带动全社会节水。通过节水型社区、节水型校区、节水型企业、节水型工业园区、节水型区县等的申报与评比，增强各行业的节水意识。积极推广使用节水器具，注重科技创新、制度创新，开展节水技术改造，提高节水效率。

⑤加大宣传力度，提高节水意识。通过各种媒体以多种形式在全市范围内集中宣传节水，引导公众提高节水的重要性和必要性，调动社会节约用水的积极性。

⑥制订节水型社会（城市）建设的长远规划。上海市水务局和上海市节约用水办公室编制了《上海市节水型社会（城市）建设“十二五”规划》，指导上海市开展节水型社会（城市）建设。①

⑦依靠科技进步，扩大节水成果。上海市设立了“节水技术措施专项基金”，保障节水先进设施的研制和节水先进技术的推广。具体节水行动包括节水器具的推广应用、对全市公共供水管网进行全面彻底的普查，针对普查中暴露出来的供水管网技术资料基础管理、供水水质及用水问题，建立起准确、完备的供水管网档案。

根据上海市水务局的统计数据，截至2010年底，上海市万元GDP用水量为75立方米，比2005年下降了40%；万元工业增加值用水量为131立方米，比2005年下降34%；工业用水重复利用率达82.4%，比2005年增加1.5个百分点；居民日均生活用水量控制到117升。截至2013年，上海市已创建了9家节水型工业园区、24家节约用水示范单位和213家节水型企业、110个节水示范小区和1590个节水型小区、20家节水型示范学校（校区）和86家节水型学校（校区）。

根据《中国生态城市建设发展报告》2012～2014年数据，上海市资源节约型城市综合指数排名比较靠前（表10），但在万元GDP水耗方面的表

① http：//www.shanghaiwater.gov.cn/xxgkAction！view.action？par.fileId = 207245&sdh.code = 003006013.

现尚不尽如人意，需要在城市节水方面继续改善。尽管该指标的排名要受到产业结构等因素的影响，但节水工作的进一步推进不容忽视。

表 10　2008～2013 年上海市资源节约型城市综合指数、特色指数及万元 GDP 水耗排名

年度	资源节约型城市综合指数排名	资源节约特色指数排名	万元 GDP 水耗排名
2008	4	44	94
2009	5	53	90
2010	5	65	87
2011	4	47	93
2012	3	33	100
2013	63	121	263

（二）城市水资源节约利用存在的问题

人类的生产和生活离不开各种形式的水资源。城市是人口和生产最为集中的区域，水资源的消耗量比较大，对水资源的依赖程度较高。对于一个城市而言，水资源可以影响到城市的规划与建设、生态环境、产业结构，甚至于城市的存亡。目前，水资源问题已经成为全球性的问题，成为影响城市人口生活质量的一个重要因素，人类开始重视水资源的开发和利用。如何通过改善水环境实现城市生态化，实现水资源利用的最大化？随着城市水资源消耗量的不断增大，采取有效措施实行节水成为各个城市的必然选择。同自然界其他水资源的耗散过程相比，城市水资源的消耗具有较大的可控性，可以体现一个城市的文明程度。

从中国生态城市评价报告数据看，很多城市节水工作滞后，即使一些资源节约综合指数排名较靠前的城市，其万元 GDP 水耗等指标的排名仍非常落后。这表明在全国性的节水活动中，很多城市在节水方面仍具有较大的潜力，或者说，在节水领域存在不足或问题。

（1）水资源污染。城市人口和工业较为密集，工业排放及生活垃圾是水体污染的源头。节水不仅指减少用水量，而且包括直接减少污水排放量。目前，中国部分城市的排污量大，对城市水资源直接或间接造成污染，降低了水资源的可用性，或使水质恶化。城市水资源污染是造成水资源浪费的主要方式之一。

（2）用水浪费。城市生活和工农业用水存在大量的浪费现象。工业生产中工程配套落后和工艺技术落后是工业水源浪费的主要原因之一；城市管网和卫生设施的漏水是城市生活用水中浪费最突出的表现；由于管理不善，学校、企业等公共用水设施经常存在长流水现象。

（3）城市地下水超量开采。地下水是很多城市水资源的重要来源。影响地下水资源不能持续利用的因素有：部分城市忽视水文规律，超量开采地下水，造成城市水循环系统改变，使补给能力减弱；一些地区不经过科学论证，盲目引用邻域水源，不仅造成邻域水源缺乏，而且影响本域水源；沿海城市地下水超采，造成海水入侵、咸水扩散；内陆地区地下水超采，形成大面积漏斗区，地面沉陷。

（4）污水资源化率低。目前，中国城市污水处理率普遍较低，部分城市甚至没有污水处理厂。大量污水未经处理直接排入水域，是对水资源的极大浪费，也是严重污染周围区域水资源的因素之一。据统计，中国90%以上的城市水域受到不同程度的污染，水环境普遍恶化，流经城市的河流水质78%不符合饮用水标准，地下水50%以上受到严重污染，其中水源受污染比较严重的城市有98个。近年来，很多城市暴露出饮用水源被污染而大量使用纯净水的事件，中国政府应该健全立法，加大治法力度，杜绝此类事件的发生。

（5）城市工业及水资源时空分布不均。中国东中西部经济发展不均衡，东部城市工业较发达，工业排放量大。城市水资源在中国西北内陆、长江以北、长江以南3个区域分布的比例大致为5∶15∶80，而大中型以上城市长江以南地区较少，长江以北地区较多。经济发展水平、城市人口、城市工业以及城市水资源在空间上分布的不均匀性，加剧了城市水资源短缺的矛盾。

三　资源节约型城市水资源节约利用的对策与建议

中国城市水资源问题是城市进一步发展的制约因素。节水成为城市水资源规划、城市可持续发展不可缺少的一部分。解决城市水资源供需矛盾、提升城市水环境承载力，需要城市采取必要措施，广泛开展节水行动，建设生态文明城市。

（一）实现城市雨水资源化

雨水可以成为城市的一种重要的水资源，应充分利用好这一部分水资源。尤其对于降水量较为丰富的城市而言，雨水资源化具有特别重要的意义。如深圳南山中心区的再生水、雨水综合利用工程，通过规划和设计，采取相应的工程措施，将雨水储存并净化处理成了可以利用的水资源。同时城市雨水资源化，可以有效减小城市径流量，减轻城市排洪设施的压力，减少防洪投资和洪灾损失。

赵廷红等人提出了城市雨水资源化的几个途径，包括：①加大雨水就地入渗量；②加大雨水的贮留量；③兴建拦截和蓄存雨水的新设施；④利用雨水回灌。①

（二）合理制定水价体系，以价格杠杆调节水资源利用效率

一般来讲，水费在一个家庭中所占支出并不大。如果水费支出占家庭收入的比例提高时，居民在用水方面产生较大反应，则水费支出的变动会影响居民的用水习惯，可考虑通过合理的水价体系达到水资源节约的目的。很多城市制定了居民用水累进付费制度，还有更多形式的收费制度可用以进行探索和实践。

---

① 赵廷红、牛争鸣：《实现城市雨水资源化的基本途径》，《中国给水排水》2001 年第 10 期。

（三）提高节水技术

1. 加强城市供水管网的维护管理和更新，采取有效措施减少管网漏失量。在城市生活用水中，用水器具的跑冒滴漏、城市供水管网的漏失、输水管爆裂和破损等因素均是水资源浪费的重要原因。单位或个人应对服役期长且老化的用水设备和器具及时进行检修更换，严控“跑冒滴漏”。

2. 积极推广使用节水型产品。家庭节水型器具、公共场合节水型设备和器具的推广应用是实现城市节水比较有效的方法之一。政府可采取免费或补贴的方法大力推广节水型器具的使用。

（四）提高工业节水水平

工业节水也是城市节水的重要部分。工业冷却水的循环使用、污水资源化和工艺用水工序间的重复使用等，是工业节水的重要方式。冷却水循环利用的关键是冷却塔的效率、水质稳定技术、提高循环水的浓缩倍数减少补给水用量，以及冷却塔中填料的形式和种类。污水处理技术的新发展和应用实践也将大大节约水资源。还应革新和推广采用节水型生产工艺，实现用水重复使用，工厂可通过改进废水处理工艺，使经处理的废水再用于生产，逐步达到零排放，形成闭路系统。

（五）污水回用与污水治理

城市污水是城市运行中不可避免的产物。应大力研究和开发污水回用技术，在工业生产、城市绿化、道路清扫、车辆冲洗、建筑施工及生态景观等领域优先使用再生水。污水回用是节省有限的高质量饮用水的一个重要措施，政府对再生污水回用作为非饮用水应给予强有力的支持。排放至水体（供应生活和工农业用水的河流、湖泊、地下水域）的处理水已成为国家非计划内淡水供应的重要组成部分，污水经过适当处理，可去除和减少有害物质，防止危害水体，减少对水资源的巨大浪费。

（六）沿海城市的海水利用

在沿海城市充分利用海水作为工厂冷却水或工艺用水是节约淡水的一个有效措施。应用海水淡化技术，或在生产工艺设计中创新利用海水替代淡水的技术，提高海水利用率，是解决沿海城市淡水资源危机的重要方向。目前，部分沿海城市正在尝试利用海水代替淡水资源。例如，大连、青岛、宁波等许多沿海城市的电厂都利用海水作为冷却水，实现了城市淡水资源的节约利用。

（七）提高全民节水意识

节水是需要全社会参与的行动。应加强公众节水意识，努力实现水资源节约。可通过政府宣传引导，在日常生活中大力推广节水常识。如将洗衣、洗浴和生活杂用等污染较轻的灰水收集并进行适当处理后，可用于冲厕，提高用水效率。可在单体建筑面积超过 20000 平方米的公共建筑中，有条件的民用建筑中建设中水设施，并鼓励居民住宅使用建筑中水；可鼓励居民使用节水洁具器具；在沿海淡水资源匮乏的地区可鼓励工矿企业将海水淡化水优先用于工业企业生产和冷却用水。

应大力开展节水小区、节水单位、节水个人评选活动，大力倡导社会公众的节水行为。可充分利用“世界水日”“全国城市节水宣传周”“节能宣传周”等契机，大力开展城市节水宣传，调动全民参与。鼓励和引导社会资本参与节水诊断、水平衡测试、设施改造等专业服务。①

（八）减少高校用水浪费

相对于居民用水，学生的用水节水工作同样很重要。而城市同时也是高校集中的地方，高校又是人口分布相对密集的地方，是纯消费型的社会。加强高校节水工作，可以大大增强城市节水水平。要把校园节水当成城市生活

---

① http：//www. caaws. org. cn/jszx/jsxjs/201409/t20140901_ 574069. html.

节水管理的重点之一。对学生用水，应要求在公寓化宿舍中普遍装表进行计量，老式宿舍楼中要使用有效的节水设施，在淋浴设施中可采用以流量计费的方法等鼓励节水，提高学校用水效率。

（九）强化规划对节水的引领作用

城市规划在城市建设中具有重要作用。科学评估城市水资源承载能力是城市总体规划编制的要求。应坚持以水定发展的原则，合理布局城市空间、人口规模、工业规模和工业类型，合理规划给水、排水、节水及污水处理，实现城市水安全、水生态和水环境的协调，保证城市建设和发展的可持续性。在城市规划中要体现资源节约的元素，最大限度地减少对城市原有水生态环境的破坏，让城市具有自然积存、自然渗透、自然净化的功能，充分提高城市蓄水、净水、节水的能力。

总体上讲，城市水资源的可持续利用是关系城市存续与发展的重要课题。要实现城市可持续发展，建设生态城市，提高人类居住环境质量，人类必须面对水资源与城市发展的协调性问题。在城市化快速发展的今天，城市人口激增、工业排放量不断增加、城市环境不断恶化、水资源短缺、水质恶化等一系列因素，导致城市人口的健康受到巨大威胁。

从城市发展来看，除了产业结构转变、科技水平提升、生态环境保护之外，社会公众还应提高自身素质，认识到生态环境保护与资源能源节约的重要性，培养节约意识，实现人与自然和谐共处，不断改善人类的生存环境。对于城市发展赖以生存的水资源而言，要合理开发利用水资源，提高节水意识，做到开源、节流与治污并举，保护水源，保护生态环境。这不仅是当代人的义务，更是人类永恒的义务。

G.5
循环经济型城市建设评价报告

钱国权　王翠云*　岳　斌

摘　要： 本报告结合生态城市健康指数评价的14个核心指标，选择了单位GDP工业二氧化硫排放量、能源产出率、工业固体废物综合利用量、单位GDP电耗和单位GDP工业废水排放量5个指标作为循环经济型城市的特色指标，建立了循环经济型城市的评价指标体系。运用该体系对中国284个城市进行了循环经济型城市建设的评价和排序，得到中国2013年循环经济型城市的排名，并对综合指数排在前100名的城市做了重点分析和评价。在此基础上从政策引导和典型示范两个方面对中国循环经济型城市生产系统、消费系统、基础设施系统和信息系统的建设实践进行剖析，并提出了建立循环经济型城市生产系统、消费系统、基础设施系统和信息系统的对策建议。

关键词： 循环经济型城市　综合指数　健康指数　评价

居住着全球一半以上人口的城市是资源消耗最集中的区域，据联合国环境规划署统计，城市大约消耗了全球75%的自然资源，同时产生了全球

---

* 王翠云，女，兰州城市学院城市经济与旅游文化学院副教授，环境科学博士。

75%的废弃物，因此循环经济应该在城市中重点推广和发展。此外，传统经济模式下对资源的高强度消耗和对环境的严重破坏，使城市的资源存量严重不足、环境承载力急速下降，探寻新的经济发展模式成为实现城市可持续发展的迫切需要。

循环经济型城市的建设正是顺应形势，对城市发展思路的有益尝试。循环经济型城市可以看作生态工业园在区域上拓展的产物，通过调整产业结构，改变管理模式，在城市范围内构建生态产业链，把城市组织为一个生态网络系统。从内涵上讲，循环经济型城市是一个包括经济、社会和自然的综合系统，它不是一个仅包括城市的经济系统，而是一个以人为主体、以自然环境为依托、以资源流动为动力的经济、社会、自然协调发展的复合系统。

中国循环经济型城市的建设仍然处于起步和探索阶段，是伴随着循环经济的发展逐步开展起来的，以循环经济试点城市的设立为主要标志。中国分别于2005年和2007年确立了两批国家级循环经济试点城市，第一批试点城市包括北京市、上海市、重庆市（三峡库区）等7座城市；第二批试点城市包括青岛市、深圳市等13座城市。为了进一步拓展循环经济试点城市的范围，2013年国家发展改革委将北京市的延庆县、河北省的承德市和高阳县等40个地区确定为国家循环经济示范城市（县）创建地区。同年9月4日国家发展改革委下发《国家发展改革委关于组织开展循环经济示范城市（县）创建工作的通知》，通知指出，要在全国范围内开展国家循环经济示范城市（县）创建活动，到2015年循环经济示范城市（区、县）的数量要达到100座。

在国家级循环经济试点城市的推动下，各省也纷纷建立省级的循环经济试点城市，例如江西省于2010年7月公布了12个省级循环经济试点市（县、区），分别是新余市、鹰潭市、丰城市、万年县、浮梁县、进贤县、德安县、井冈山市、新干县、瑞昌市、全南县和崇义县；敦化市和辽源市为吉林省2014年确立的省级循环经济试点城市；陕西省于2013年将商洛市确定为省内的第一个循环经济试点城市。

一　循环经济型城市评价报告

（一）循环经济型城市评价指标体系

在《中国生态城市建设发展报告（2014）》有关循环经济型城市的评价中，基于循环经济型城市的内涵和特点并结合生态城市建设的基本要求，从生态环境、生态经济和生态社会这三方面出发，我们构建了一套既能体现生态城市的基本特征，又能反映循环经济型城市特点的评价指标体系，其中包括反映生态城市共性的13项核心指标和反映循环经济型城市特性的5项特色指标。2015年循环经济型城市建设评价报告所采用的指标，在2014年指标的基础上做了调整，核心指标中去掉了“生物多样性（城市绿地面积）（公顷）”指标和“人均预期寿命（人口自然增长率）（‰）”指标，增加了“信息化基础设施［互联网宽带接入用户数（万户）/城市年底总户数（万户）］”指标、“人口密度（人/平方千米）”指标和“政府投入与建设效果（城市维护建设资金支出/城市GDP）”指标，指标的数量由原来的13项调整为14项。核心指标计算出来的结果用生态城市健康指数（ECHI）表示（见本书《整体评价报告》）。特色指标中用“能源产出率”代替了“一般工业固体废物产生量（万吨）”，特色指标主要用于反映每种城市类型的特殊性。因此，评价指标体系既体现了普遍性与特殊性相结合的原则，又能起到对城市进行分类指导、分类评价的作用。

根据循环经济“减量化、再利用、再循环”的原则，在选取循环经济型城市的特色指标时，主要从能源产出率、资源消耗量、资源综合利用率、再生资源回收利用率以及废物排放量五个方面进行筛选。最终确立的五个特色指标包括：（1）二氧化硫排放总量，计算时用“单位GDP工业二氧化硫排放量（千克/万元）”来表示；（2）能源产出率，计算时用“用气人口/城市年底总人口（%）”表示；（3）工业固体废物综合利用量，计算时用“一般工业固体废物综合利用率（%）”表示；（4）单位 GDP 电耗（千瓦时/万元）；（5）单位 GDP 工业废水排放量（吨/万元）。最终形成了包括反映生态城市共性的 14 项核心指标和反映循环经济型城市特性的 5 项特色指标的共 19 项指标构成的循环经济型城市评价指标体系（见表 1）。

表 1　循环经济型城市评价指标体系

<table>
<tr><th>一级指标</th><th>二级指标</th><th>序号</th><th>三级指标(核心指标)</th><th>序号</th><th>四级指标(特色指标)</th></tr>
<tr><td rowspan="14">循环经济型城市综合指数</td><td rowspan="5">生态环境</td><td>1</td><td>森林覆盖率(建成区绿化覆盖率)(%)</td><td rowspan="3">15</td><td rowspan="3">单位 GDP 工业二氧化硫排放量(千克/万元)</td></tr>
<tr><td>2</td><td>PM2.5(空气质量优良天数)(天)</td></tr>
<tr><td>3</td><td>河湖水质(人均用水量)(吨/人)</td></tr>
<tr><td>4</td><td>人均公共绿地面积(人均绿地面积)(平方米/人)</td><td rowspan="4">16</td><td rowspan="4">能源产出率(用气人口/城市年底总人口)(%)</td></tr>
<tr><td>5</td><td>生活垃圾无害化处理率(%)</td></tr>
<tr><td rowspan="5">生态经济</td><td>6</td><td>单位 GDP 综合能耗(吨标准煤/万元)</td></tr>
<tr><td>7</td><td>一般工业固体废物综合利用率(%)</td></tr>
<tr><td>8</td><td>城市污水处理率(%)</td><td rowspan="3">17</td><td rowspan="3">工业固体废物综合利用量(一般工业固体废物综合利用率)(%)</td></tr>
<tr><td>9</td><td>人均 GDP(元/人)</td></tr>
<tr><td>10</td><td>信息化基础设施[互联网宽带接入用户数(万户)/城市年底总户数(万户)]</td></tr>
<tr><td rowspan="4">生态社会</td><td>11</td><td>人口密度(人/平方千米)</td><td rowspan="2">18</td><td rowspan="2">单位 GDP 电耗(千瓦时/万元)</td></tr>
<tr><td>12</td><td>生态环保知识、法规普及率，基础设施完好率[水利、环境和公共设施管理业全市从业人员数(人)/城市年底总人口(万人)]</td></tr>
<tr><td>13</td><td>公众对城市生态环境满意率[民用车辆数(辆)/城市道路长度(千米)]</td><td rowspan="2">19</td><td rowspan="2">单位 GDP 工业废水排放量(吨/万元)</td></tr>
<tr><td>14</td><td>政府投入与建设效果(城市维护建设资金支出/城市 GDP)</td></tr>
</table>

（二）循环经济型城市的评价方法及评价范围

1. 循环经济型城市评价的数据来源及评价方法

循环经济型城市评价数据主要来自中国环境年鉴、中国城市年鉴、当地城市年鉴和当地环境公报、社会发展报告等。循环经济型城市的评价方法与中国生态城市健康状况评价报告中所使用的方法一致（见本书《整体评价报告》）。

2. 循环经济型城市的评价范围及时间

循环经济型城市的评价依据循环经济型城市评价指标体系，采用2013年的统计数据进行，共选择了286个地级市，但因普洱市和巢湖市部分数据缺失，未参与评价，实际评价的城市数量为284个。在此基础上，对2013年中国循环经济型城市综合指数前100名的城市进行了重点评价与分析。

（三）2013年循环经济型城市评价与分析

通过对19项指标的计算得出2013年循环经济型城市综合指数，对14项核心指标的计算得出2013年生态城市的健康指数，对5项特色指标的计算得出2013年循环经济型城市特色指数，并将三个指数和5项特色指标进行分别排名（见表2）。

从表2中可以看出，根据循环经济型城市综合指数得分，排在前20名的城市分别是三亚市、海口市、广州市、深圳市、北京市、长沙市、沈阳市、舟山市、福州市、青岛市、珠海市、合肥市、黄山市、武汉市、西安市、威海市、济南市、惠州市、长春市和大连市。这些城市在生态城市健康指数的排名中也位居前列，表明这些城市不仅循环经济发展卓有成效，在生态城市建设方面也比较出色。

综合指数排在第1位的三亚市，三项指数（综合指数、健康指数、特色指数）和五项特色指标的八个排名中有四个排名为第1，两个排名为第

表 2　2013 年循环经济型城市综合指数排名前 100 名城市

城市	循环经济型城市综合指数(19 项指标结果)		生态城市健康指数(14 项指标结果)		循环经济型城市特色指数(5 项指标结果)		特色指标单项排名				
	得分	排名	得分	排名	得分	排名	单位 GDP 工业二氧化硫排放量	能源产出率	一般工业固体废物综合利用率	单位 GDP 电耗	单位 GDP 工业废水排放量
三亚	0. 889351	1	0. 8755	2	0. 910134	1	1	30	2	230	1
海口	0. 854578	2	0. 8502	11	0. 861129	3	4	18	119	218	14
广州	0. 826703	3	0. 8447	13	0. 799723	6	9	1	103	170	38
深圳	0. 825554	4	0. 7989	65	0. 865497	2	2	2	205	196	11
北京	0. 82334	5	0. 8191	36	0. 829764	5	5	12	172	186	2
长沙	0. 807573	6	0. 7907	78	0. 832936	4	6	41	175	57	5
沈阳	0. 803819	7	0. 8600	8	0. 719522	16	93	13	130	145	25
舟山	0. 803762	8	0. 8615	7	0. 717214	18	66	28	24	153	78
福州	0. 801609	9	0. 8521	9	0. 725913	12	76	67	113	88	16
青岛	0. 800115	10	0. 8351	21	0. 747643	8	22	56	108	92	33
珠海	0. 797758	11	0. 8923	1	0. 65594	48	56	5	128	241	142
合肥	0. 789995	12	0. 8185	38	0. 747174	9	23	45	124	89	28
黄山	0. 789108	13	0. 8408	16	0. 711569	20	15	111	214	96	34
武汉	0. 788353	14	0. 8317	24	0. 723404	13	28	15	106	171	50
西安	0. 784335	15	0. 8385	17	0. 703094	26	52	39	96	180	60
威海	0. 78281	16	0. 8334	22	0. 706876	23	62	108	122	61	17

续表

城市	循环经济型城市综合指数（19项指标结果）		生态城市健康指数（14项指标结果）		循环经济型城市特色指数（5项指标结果）		特色指标单项排名				
	得分	排名	得分	排名	得分	排名	单位GDP工业二氧化硫排放量	能源产出率	一般工业固体废物综合利用率	单位GDP电耗	单位GDP工业废水排放量
济南	0.781776	17	0.8263	31	0.714994	19	70	38	47	147	53
惠州	0.781136	18	0.8621	6	0.659704	46	31	53	111	208	132
长春	0.77974	19	0.8037	57	0.743786	10	34	43	26	93	20
大连	0.77762	20	0.8503	10	0.668654	35	53	32	150	144	146
成都	0.775496	21	0.7848	87	0.761567	7	12	60	36	132	23
哈尔滨	0.775469	22	0.8105	45	0.722927	14	51	52	118	133	13
烟台	0.775044	23	0.8352	20	0.684769	31	63	114	185	70	56
天津	0.773963	24	0.8210	35	0.703476	25	65	21	31	203	29
常州	0.772512	25	0.8301	27	0.686137	30	18	59	55	228	104
南宁	0.770439	26	0.8437	14	0.660523	43	38	68	110	156	152
厦门	0.769424	27	0.8708	3	0.617369	79	14	9	116	232	264
扬州	0.766269	28	0.8354	19	0.662609	41	61	107	69	139	125
上海	0.764946	29	0.7902	80	0.727065	11	17	3	78	229	71
芜湖	0.764434	30	0.8435	15	0.64582	56	91	83	60	167	154
辽源	0.764102	31	0.8036	58	0.704813	24	142	69	91	125	67
佛山	0.763035	32	0.8118	43	0.689839	29	33	31	125	242	72
镇江	0.761572	33	0.8322	23	0.655594	49	116	73	59	155	141

续表

城市	循环经济型城市综合指数(19项指标结果)		生态城市健康指数(14项指标结果)		循环经济型城市特色指数(5项指标结果)		特色指标单项排名				
	得分	排名	得分	排名	得分	排名	单位GDP工业二氧化硫排放量	能源产出率	一般工业固体废物综合利用率	单位GDP电耗	单位GDP工业废水排放量
无锡	0.761239	34	0.8027	59	0.699099	28	27	35	143	143	112
北海	0.757682	35	0.8101	46	0.679119	32	74	104	20	169	92
铜川	0.75674	36	0.8274	29	0.650759	52	215	49	3	277	30
乌鲁木齐	0.756009	37	0.8123	42	0.671602	34	167	10	169	256	76
重庆	0.753868	38	0.8228	33	0.650496	53	193	79	183	197	99
东营	0.752306	39	0.8142	41	0.659479	47	75	66	50	184	133
苏州	0.751142	40	0.8365	18	0.623108	75	48	50	65	174	206
南京	0.750033	41	0.8051	52	0.667418	38	58	7	140	209	136
南昌	0.74979	42	0.8040	56	0.668414	36	44	46	66	181	137
蚌埠	0.749525	43	0.8310	25	0.627249	70	82	100	35	162	178
大庆	0.748622	44	0.7737	97	0.711023	21	32	37	85	182	26
杭州	0.748547	45	0.8301	28	0.626254	72	25	33	117	211	195
景德镇	0.746458	46	0.8498	12	0.591418	102	198	87	73	85	266
昆明	0.744406	47	0.8095	47	0.646798	54	147	22	262	124	37
新余	0.743279	48	0.8657	5	0.559614	134	238	63	132	231	242
宁波	0.742218	49	0.7927	72	0.666469	40	97	78	156	177	105
南通	0.741201	50	0.8093	48	0.639045	60	46	130	63	98	114

续表

城市	循环经济型城市综合指数(19项指标结果)		生态城市健康指数(14项指标结果)		循环经济型城市特色指数(5项指标结果)		特色指标单项排名				
	得分	排名	得分	排名	得分	排名	单位GDP工业二氧化硫排放量	能源产出率	一般工业固体废物综合利用率	单位GDP电耗	单位GDP工业废水排放量
营口	0.73838	51	0.7905	79	0.66017	44	172	57	174	233	61
牡丹江	0.737834	52	0.7567	118	0.709501	22	98	103	4	52	45
湖州	0.736854	53	0.8305	26	0.596325	98	104	70	86	173	228
铜陵	0.736022	54	0.8662	4	0.540828	154	218	26	189	255	260
克拉玛依	0.733651	55	0.8267	30	0.594077	100	209	6	151	213	219
萍乡	0.733621	56	0.8000	62	0.63412	64	270	90	95	202	121
汕头	0.730901	57	0.8070	49	0.616752	81	94	47	70	267	158
朔州	0.730038	58	0.8064	51	0.615533	83	267	119	171	192	46
柳州	0.72975	59	0.7990	64	0.625905	73	120	58	120	159	180
锦州	0.728863	60	0.7894	83	0.638116	61	136	80	121	150	160
太原	0.728522	61	0.7960	66	0.627317	69	182	8	246	266	55
株洲	0.725953	62	0.7912	77	0.628043	67	113	94	163	168	161
盘锦	0.725186	63	0.8188	37	0.584705	109	202	34	136	158	255
淮安	0.724693	64	0.7926	73	0.622846	76	109	102	68	175	170
随州	0.723565	65	0.7262	155	0.719646	15	39	95	18	38	102
桂林	0.723016	66	0.7944	67	0.615957	82	117	156	167	37	85
淮北	0.72281	67	0.7914	76	0.619973	78	229	62	131	188	155

续表

城市	循环经济型城市综合指数(19 项指标结果)		生态城市健康指数(14 项指标结果)		循环经济型城市特色指数(5 项指标结果)		特色指标单项排名				
	得分	排名	得分	排名	得分	排名	单位 GDP 工业二氧化硫排放量	能源产出率	一般工业固体废物综合利用率	单位 GDP 电耗	单位 GDP 工业废水排放量
江门	0. 721825	68	0. 8178	39	0. 577815	119	144	84	146	198	225
鄂尔多斯	0. 721597	69	0. 7680	104	0. 651998	51	216	75	267	4	3
咸阳	0. 719079	70	0. 7941	68	0. 606528	92	152	150	92	10	108
温州	0. 718726	71	0. 7197	162	0. 717293	17	21	106	40	130	62
贵阳	0. 718273	72	0. 7755	95	0. 632405	66	168	20	238	254	18
鄂州	0. 718116	73	0. 7996	63	0. 595846	99	221	65	153	265	157
吉林	0. 717028	74	0. 7867	86	0. 612523	88	133	88	194	172	172
绍兴	0. 716947	75	0. 8113	44	0. 575419	125	67	77	129	220	251
莆田	0. 716216	76	0. 7699	101	0. 635738	63	19	144	6	161	36
连云港	0. 714588	77	0. 8041	55	0. 580315	114	127	157	99	101	135
淄博	0. 714554	78	0. 7932	70	0. 596616	97	219	64	102	238	176
郑州	0. 714473	79	0. 7463	131	0. 666768	39	84	29	217	212	65
石嘴山	0. 714385	80	0. 8005	61	0. 585182	108	281	24	213	280	134
枣庄	0. 71384	81	0. 8043	53	0. 578093	118	165	110	14	157	216
鹤壁	0. 712196	82	0. 8210	34	0. 548992	147	233	105	115	207	233
泰州	0. 710933	83	0. 7579	117	0. 640461	59	81	138	56	91	93
东莞	0. 709991	84	0. 7898	81	0. 590301	104	105	19	204	274	182

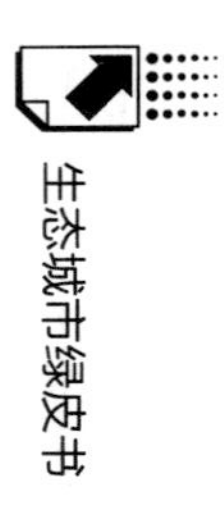

续表

城市	循环经济型城市综合指数(19项指标结果)		生态城市健康指数(14项指标结果)		循环经济型城市特色指数(5项指标结果)		特色指标单项排名				
	得分	排名	得分	排名	得分	排名	单位GDP工业二氧化硫排放量	能源产出率	一般工业固体废物综合利用率	单位GDP电耗	单位GDP工业废水排放量
乌海	0.709049	85	0.7754	96	0.609531	91	280	14	237	281	39
宝鸡	0.707511	86	0.7914	75	0.581702	112	95	120	250	87	130
泉州	0.707294	87	0.7693	102	0.614213	86	88	121	87	34	168
淮南	0.705689	88	0.8252	32	0.526452	173	247	55	165	234	279
酒泉	0.705127	89	0.7268	154	0.672635	33	189	76	236	45	51
兰州	0.704766	90	0.7439	134	0.646041	55	196	40	74	245	106
莱芜	0.703897	91	0.7428	136	0.645603	57	269	42	62	276	74
襄樊	0.702704	92	0.7823	89	0.583341	110	72	165	61	67	128
防城港	0.702449	93	0.8043	54	0.549747	146	191	149	30	215	122
西宁	0.701995	94	0.7451	132	0.637265	62	246	36	72	250	111
湛江	0.698296	95	0.7933	69	0.555769	140	30	205	67	105	126
秦皇岛	0.698177	96	0.8173	40	0.519422	186	230	71	252	222	210
大同	0.697297	97	0.7895	82	0.558923	136	273	61	145	249	217
中山	0.696798	98	0.7521	123	0.613838	87	20	48	234	251	144
黄石	0.695208	99	0.7664	107	0.588354	105	243	89	114	214	185
佳木斯	0.694811	100	0.7130	169	0.667454	37	77	118	195	79	89

2，但是“能源产出率”，尤其是“单位 GDP 电耗”排名靠后，分别为第 30 名和第 230 名，表明三亚市今后在增加管道煤气、液化石油气等清洁能源使用比例的同时，应重点开展节能工作，淘汰一些耗能高、落后的机电设备，大力发展节能项目。同时作为旅游城市的三亚市，其宾馆酒店数量较大，应开展宾馆酒店能耗限额标准专项监察。

综合指数排在第 2 位到第 5 位的海口市、广州市、深圳市和北京市排名情况比较接近，八个排名中“综合指数”“特色指数”和“单位 GDP 工业二氧化硫排放量”位居前 10 名；排名相对较差的是特色指标中的“一般工业固体废物综合利用率”和“单位 GDP 电耗”。说明这四座城市应依托现有的工业门类，构建循环经济产业链，大力发展循环型工业，逐步提高工业固体废物的综合利用率，同时在工业生产中注意节约用电，降低能源的消耗量。日常生活中则应做好一些节电技巧和节电器具的宣传，使节电意识深入人心。

综合指数排在第 6 位的长沙市，特色指数的排名在第 4 位，而健康指数却排在第 78 位，健康指数较特色指数落后了 74 位，说明长沙市生态城市建设状况落后于循环经济的发展。根据本书《整体评价报告》可知，长沙市生态城市健康指数的二级评价指标生态环境、生态经济和生态社会的排名依次是第 192 名、第 16 名和第 126 名，所以长沙市在今后的发展中应从生态环境和生态社会两方面来加强生态城市的建设。

综合指数排在第 7 位到第 9 位的沈阳市、舟山市和福州市排名情况类似，特色指数落后于健康指数，但两者差距不大，可以认为这三座城市的生态城市建设状况与循环经济发展状况比较协调。但特色指标的单项排名情况不同，沈阳市单项指标排名比较好的指标是“能源产出率”和“单位 GDP 工业废水排放量”；舟山市单项指标排名比较好的指标是“能源产出率”和“一般工业固体废物综合利用率”；而福州市单项指标排名最好的指标是“单位 GDP 工业废水排放量”，其次是“能源产出率”和“单位 GDP 工业二氧化硫排放量”。

综合指数排在第 10 位的青岛市，情况与长沙市类似，健康指数排名落后于特色指数的排名，但是两者的差距较长沙市要小得多。单项指标排名中较差的是“一般工业固体废物综合利用率”和“单位 GDP 电耗”，说明青岛市在今后发展中应逐步提高工业固体废物的综合利用率，降低能源的消耗量。

根据循环经济型城市特色指数的得分，排在前 20 名的城市分别是：三亚市、深圳市、海口市、长沙市、北京市、广州市、成都市、青岛市、合肥市、长春市、上海市、福州市、武汉市、哈尔滨市、随州市、沈阳市、温州市、舟山市、济南市和黄山市（见表 3）。这 20 个城市中，特色指数排名与综合指数排名差距最大的是随州市和温州市，这两个城市的特色指数排名分别是第 15 位和第 17 位，而综合指数排名降到了第 65 位和第 71 位，说明这两个城市的循环经济发展非常好，但是生态城市建设方面不足。

表 3　特色指数前 20 名城市两项指数的排名对比表

城市	三亚	深圳	海口	长沙	北京	广州	成都	青岛	合肥	长春
特色指数	1	2	3	4	5	6	7	8	9	10
综合指数	1	4	2	6	5	3	21	10	12	19
城市	上海	福州	武汉	哈尔滨	随州	沈阳	温州	舟山	济南	黄山
特色指数	11	12	13	14	15	16	17	18	19	20
综合指数	29	9	14	22	65	7	71	8	17	13

两项指数排名相同和相近（差值≤5）的城市有三亚市、深圳市、海口市、长沙市、北京市、广州市、青岛市、合肥市、福州市、武汉市和济南市，共 11 座城市，说明这些城市在循环经济发展和生态城市建设方面比较均衡，应该保持这种发展趋势。

综合指数排名较特色指数排名有所提升（差值≥5）的是沈阳市、舟山市和黄山市。沈阳市由第 16 名提升到第 7 名，舟山市由第 18 名提升到第 8 名，黄山市由第 20 名提升到第 13 名，说明这几座城市的生态城市建设要优于循环经济的发展，以后应该加强循环经济的发展。

其余的 4 座城市，包括成都市、长春市、上海市和哈尔滨市，综合指数排名比特色指数排名下降幅度分别为 14 个、9 个、18 个和 8 个名次，因共有 284 座城市参与排名，样本数量较多，所以这 4 座城市的下降幅度并不大。但说明这几座城市在生态城市建设方面滞后于循环经济的发展，今后在生态城市建设方面应该加强。

根据上述城市所隶属的具体行政区域，我们将 2013 年进入前 100 名的循环经济型城市列入中国行政区域图中（见图 1）。

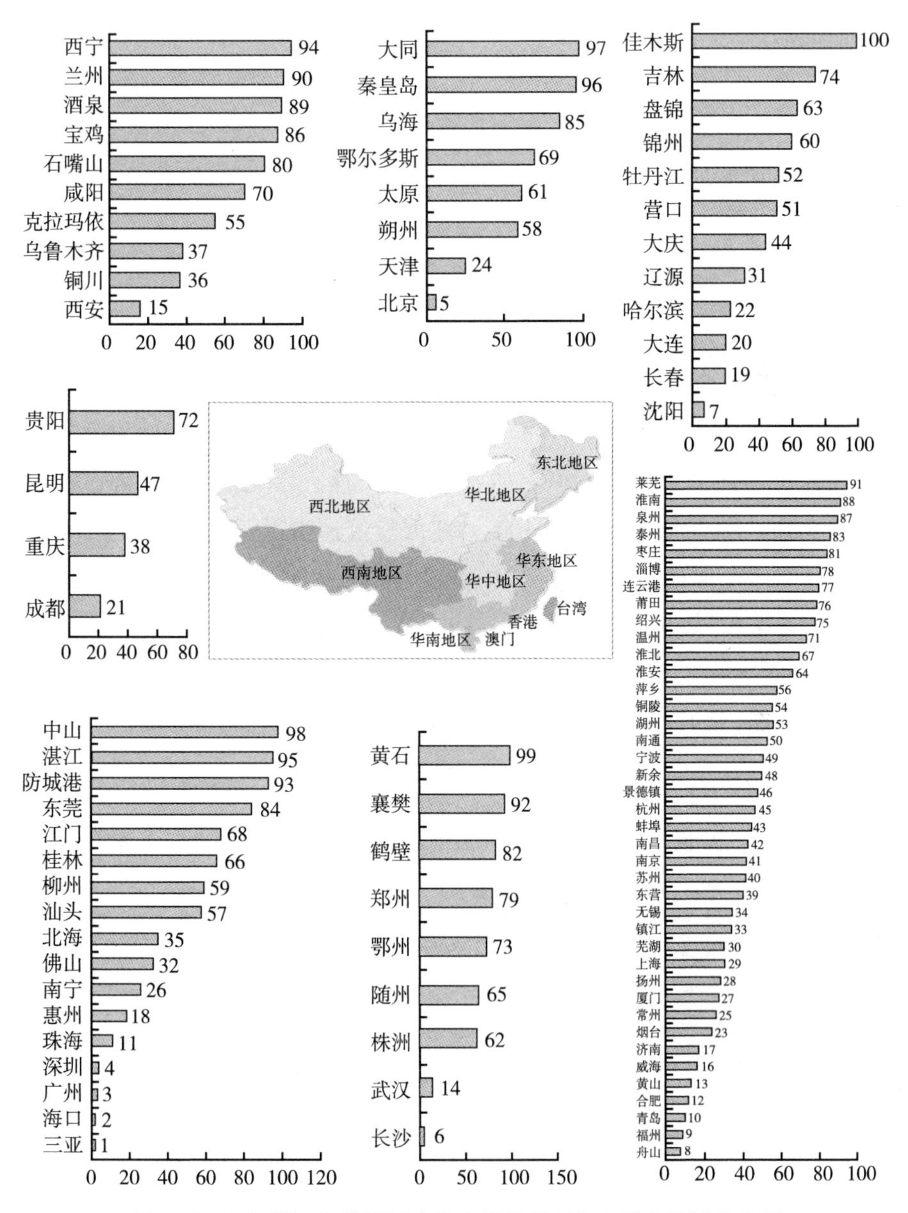

图 1　2013 年循环经济型城市综合指数前 100 名城市区域分布图

从图1和表4中可以看出，2013年循环经济型城市综合指数排名前100名的城市华东地区最多，共有40座城市，占该区域参评城市总数量的51.28%，其中排在前20名的有7座城市，排在前50名的有25座城市。其次是华南地区和东北地区，分别有17座和12座城市排名在前100名，分别占其区域参评城市总数量的45.95%和35.29%，其中华南地区排在前20名的城市有6座，排在前50名的城市有9座；东北地区排在前20名的城市有3座，前50名的城市有6座。这两地区排在前100名城市的数量相当，但是质量上华南地区要优于东北地区。

接着是西北地区、华中地区和华北地区，西北地区有10座城市、华中地区有9座城市、华北地区有8座城市的综合指数排名进入前100名，分别占其区域参评城市总数量的33.33%、21.43%和25%。其中华北地区和西北地区排在前20名的城市各有1座，华中地区排在前20名的城市有2座。华北地区和华中地区排在前50名的城市均有2座，西北地区排在前50名的城市有3座。综合指数排在前100名城市数量最少的是西南地区，只有4座，占该区域参评城市总数量的12.9%。排在前20名的城市没有，前50名的城市有3座。

表4　2013年循环经济型城市综合指数排名前100名城市分布

地区	参评数量	前100名的循环经济型城市	
		名称	数量
华北	32	北京、天津、太原、大同、朔州、秦皇岛、乌海、鄂尔多斯	8
华东	78	上海、南京、无锡、常州、苏州、南通、连云港、淮安、扬州、镇江、泰州、杭州、宁波、温州、湖州、绍兴、舟山、合肥、芜湖、蚌埠、淮南、淮北、铜陵、黄山、福州、厦门、莆田、泉州、南昌、景德镇、萍乡、新余、济南、青岛、淄博、枣庄、东营、烟台、威海、莱芜	40
华中	42	郑州、鹤壁、武汉、黄石、襄樊、鄂州、随州、长沙、株洲	9
华南	37	广州、深圳、珠海、汕头、佛山、江门、湛江、惠州、东莞、中山、南宁、柳州、桂林、北海、防城港、海口、三亚	17
西南	31	重庆、成都、贵阳、昆明	4
西北	30	西安、铜川、宝鸡、咸阳、兰州、酒泉、西宁、石嘴山、乌鲁木齐、克拉玛依	10
东北	34	沈阳、大连、锦州、营口、盘锦、长春、吉林、辽源、哈尔滨、大庆、佳木斯、牡丹江	12

循环经济型城市在华东地区的大量集中，原因在于这一区域自然条件优越，经济发达，城市分布密集，数量较多，更重要的是这些城市在发展经济的同时，注意生态环境的保护和资源能量的循环利用，在生态城市建设和循环经济发展方面均取得了较好的成效。其他地区在发展过程中也应学习华东地区的先进经验，使经济和生态环境得到协调发展。

二 循环经济型城市建设的实践与探索

（一）建立循环经济型城市的生产系统

1. 农业生产系统的建设实践

（1）政策引导

2006 年和 2007 年的中央一号文件均提出要积极发展循环农业。

2007 年 9 月，农业部在全国范围内确立首批 10 个循环农业示范市（州），其中包括甘肃省天水市、江西省吉安市、广西壮族自治区桂林市、山东省淄博市、河北省邯郸市、山西省晋城市、河南省洛阳市、湖北省恩施州、湖南省常德市和辽宁省阜新市。在这一政策引导下，各地编制了各自的循环农业发展规划，如天水市、吉安市和桂林市都编制了各自的循环农业发展规划。

2011 年底，农业部出台了《关于加快推进农业清洁生产的意见》，目的是转变农业生产方式，增加农业资源的循环利用率。

（2）典型示范

在农业生产系统发展循环经济方面，农业部采取了一系列切实有效的措施，大力发展循环农业，应用现代科学技术，节约农业生产成本，保护农业资源，资源化利用农村废弃物，促进了传统农业的生态转型，加快了中国循环农业的发展进程。

科学技术在农业生产系统中的不断应用，使农业生产系统的循环型建设成为可能。农业是城市生产系统不可或缺的重要组成部分，随着生产力的不断提高，农业与城市的关系也在发生着变化，可分为三个阶段：第一阶段可称为城郊农业阶段，是农业为城市服务的阶段，这一阶段的主要特点是农业为城市的发展提供鲜活的和初级加工的农产品，城市需求大小决定了城郊农业的范围。第二阶段称为都市农业阶段，城市对农业的要求是不仅仅提供充足的农产品，更要为市民提供优美的生态环境，成为市民休闲、娱乐的场所。同时城市也为农业的发展提供技术保障和资金支持。地域分布上休闲、娱乐功能的产业距离城区一般较近，而提供产品功能的产业分布在外围。第三阶段称为都市型现代农业阶段，主要表现在城市的工业高度发达，有能力反哺农业，以科技、金融、财政为内容的农业支持体系日趋完善，农业的自我发展能力大大加强，现代科技成果被广泛应用于农业。

北京德青源农业科技股份有限公司①就是一个成功的案例，该公司以蛋鸡养殖为主导，构建了“生态养殖—蛋品清洁加工—废弃物制沼发电—沼渣制肥—绿色种植”五位一体的循环经济型农业生产系统。该系统在种植环节，将种植废弃物作为养鸡场的饲料原料；在养殖环节，利用大型沼气发电工程，将养殖环节产生的废弃物转化为绿色电力和热源，以满足企业自身对热、电的需求；在废弃物利用环节，建立了鸡粪从鸡舍到发酵场的封闭式地下传送系统，并利用发酵残留的沼液沼渣等制备有机肥，用于自身的有机种植业，实现无废化养殖。

2. 工业生产系统的建设实践

（1）政策引导

《中华人民共和国清洁生产促进法》于2003年开始实施，并于2012年进行了修订。该法指明要通过不断改进设计、使用清洁的能源和先进的工艺设备，提高资源利用率。

《国家重点行业清洁生产技术导向目录》分三批，分别于2000年、2003年、2006年予以公布，目录涉及钢铁、有色金属、电力、煤炭、化工、建材、纺织等行业的141项清洁生产技术。

---

① http：//bjdqynyk. cn. china. cn/.

《循环经济试点市与生态工业示范园区的申报、命名和管理规定（试行）》与《循环经济示范区规划指南（试行）》两份文件由国家环保总局于2003年12月发布试行。文件对循环经济示范区建设管理的申报程序、申报条件、命名、监督管理、规划原则、规划步骤、规划方法等问题进行了详细说明。

《工业清洁生产评价指标体系编制通则》2006年实施，之后，国家发改委对包装、火电、陶瓷、涂料、制浆造纸、水泥、发酵、纯碱、机械、硫酸、制革等行业清洁生产进行评价的指标体系相继公布。

（2）典型示范

在工业生产系统发展循环经济方面，中国进行了大量积极有益的探索，积极推进工业循环经济示范项目，并取得了可喜的成绩。广西贵港生态工业园区是一个典型案例。

广西贵港生态工业园区是以贵糖（集团）股份有限公司为龙头，以甘蔗制糖为核心的甘蔗产业生态园区。该园区包括蔗田、制糖、酒精、造纸、热电联产和环境综合处理6个系统，系统之间关系密切，通过副产物、废弃物和能量的相互交换和衔接，形成了比较完整的闭合工业生态网络。建立了“甘蔗制糖—蔗渣造纸—制糖滤泥制水泥—糖蜜制酒精—酒精废液制复合肥还蔗田”的生产系统，使一种产品产生的污染物成为另一种产品的生产原料，实现了产品互为上下游的生态链，提高了资源利用率，减少了污染物排放，经济发展与环境保护得以协调进行。

（二）建立循环经济型城市的消费系统

1. 政策引导

《关于深化节能减排家庭社区行动开展“低碳家庭·时尚生活”主题活动的通知》由国家发展和改革委员会、中央文明办和全国妇联于2010年2月8日颁布实施，本主题活动的宗旨是：以社区或家庭为单位，以“低碳家庭、时尚生活”为主题，开展系列低碳活动，大力宣传和普及低碳知识。倡导广大家庭实行低能量、低消耗、低开支、低代价的低碳生活方式（例如使用节能灯具、节水型洁具、循环用水等），引导广大民众从自身做起、

从小事做起，让每一个人都成为低碳生活的倡导者、低碳理念的传播者、“低碳生活”方式的践行者，为发展低碳经济、循环经济贡献力量。

针对中国固体废弃物利用率低、再生资源回收行业与循环经济发展的要求差距较大的现状，为进一步推动再生资源回收行业的发展，提高再生资源的利用率，促进经济发展方式转变和经济结构的调整而制定的相关法规包括：2010 年颁布实施的《关于进一步推进再生资源回收行业发展的指导意见》和 2011 年颁布实施的《关于印发〈“十二五”资源综合利用指导意见和大宗固体废弃物综合利用实施方案〉的通知》。

中国电子产品的使用量巨大，且现阶段逐渐进入报废的高峰期，为加强废弃电器电子产品的回收和处理，促进资源综合利用和循环经济发展，国家制定的相关法规包括：由国家发展和改革委、环境保护部及工业和信息化部于 2010 年 9 月颁布实施的《废弃电器电子产品处理目录》；由环境保护部于 2010 年 12 月 15 日颁布实施的《废弃电器电子产品处理资格许可管理办法》。

2. 典型示范

杭州富伦生态科技有限公司[①]创建于 1994 年，在多年的生产经营中，公司建立了以纸塑铝复合包装回收利用为核心的再生资源利用模式。依托杭州市的垃圾回收网络和现有的再生资源回收网络，该公司与复合包装物生产企业合作，并采取提供回收设备和加大回收奖励等措施，使公司的回收网络覆盖华北、华中、华南等地，废弃饮料盒的回收覆盖率得到显著提高。此外该公司在国内首次利用“铝塑分离”和“纸塑分离”等专利技术，将“废弃牛奶饮料盒”还原成“纸、塑、铝”，使废弃物转变为可利用资源，为再生资源回收行业的发展提供了宝贵经验。

（三）建立循环经济型城市的基础设施系统

1. 政策引导

为推进新型能源、清洁能源的使用，促进和规范煤制天然气产业和太阳

---

① http：//www. fulunpaper. com/.

能光伏发电产业的健康发展，国家发展和改革委员会先后于2010年6月2日和2011年7月24日颁布实施了《国家发展改革委关于规范煤制天然气产业发展有关事项的通知》和《关于完善太阳能光伏发电上网电价政策的通知》。

为推广节能与新能源汽车的使用，相关部门于2009年出台了《关于开展节能与新能源汽车示范推广试点工作的通知》，于2010年出台了《关于扩大公共服务领域节能与新能源汽车示范推广有关工作的通知》和《关于开展私人购买新能源汽车补贴试点的通知》，并针对试点城市和示范产品生产企业提出了具体的工作要求。

2. 典型示范

成都市中水回用系统一期工程于2002年12月竣工并投入使用。工程投资1.9亿元，铺设直径1.8米的压力输水管道12.7千米，将生活污水、工业废水等经过污水处理厂深度处理后回灌至缺水的南河河道中，不仅使南河河道枯水期的水质得到极大改善，而且每吨中水的运行成本远低于用自来水冲洗南河的费用，取得了良好的经济效益和社会效益。

一期工程竣工投入使用后，成都市开始规划实施中水回用的二期工程。二期工程的设计、招标工作于2010年7月正式启动，计划建成日处理能力达10万吨，约60万市民受益的中水处理厂。建成后，将使中水进入机关、企业和居民家庭，用于市政的园林绿化、工厂的冷却用水以及冲洗厕所、洗车、浇花等。

（四）建立循环经济型城市的信息系统

1. 政策引导

国家发展和改革委员会于2011年6月29日颁布实施了《关于组织开展循环经济教育示范基地建设的通知》，在全国范围内建设循环经济教育示范基地，目的是加强循环经济的宣传、教育和普及。

为了加大对循环经济发展的投融资政策支持力度，促进循环经济的发展，《关于支持循环经济发展的投融资政策措施意见的通知》于2010年4月19日颁布实施。为贯彻落实这一政策，国家发展和改革委和财政部于

2011年5月17日颁布实施了《关于印发〈循环经济发展专项资金支持餐厨废弃物资源化利用和无害化处理试点城市建设实施方案〉的通知》，旨在推动餐厨废弃物资源化利用和无害化处理，变废为宝，化害为利。

2. 典型示范

扬州经济技术开发区是中国首个循环经济教育示范基地，于2013年7月挂牌成立。主要通过讲解循环经济背景知识、展示循环经济产业链、参观循环经济的生产线，向全社会特别是青少年宣传和普及循环经济知识，展示开发区循环经济发展成果。

该开发区设计了两条参观线路，一条是：从扬州智谷展示中心出发，先参观川奇光电的半导体节能照明产业，接着参观晶澳太阳能光伏产业，最后参观中科半导体产业，主要目的是让市民更加直观地感受循环经济带来的绿色、低碳、环保的生活，提高市民的节能减排意识。另一条是：从扬州智谷展示中心出发，首先参观永丰余造纸厂的秸秆造纸技术，接着参观万德环保公司的脱硝催化剂技术，最后参观六圩污水处理厂的中水回用技术，让社会公众在生产车间直观认识到什么是循环经济，提高循环经济意识。

三　循环经济型城市建设的对策建议

（一）建立循环经济型城市生产系统的对策

1. 农业生产系统的建设对策

循环经济型城市生产系统建设过程中，农业生产系统的建设应运用循环经济理论，通过农业技术创新，调整和优化农业产业结构，延长农业产业链，提高物质能量的多级循环利用，同时倡导清洁生产，严格控制有害物质的投入和农业废弃物的产生，最大限度地减轻环境污染和生态破坏。具体措施包括如下几个方面。

（1）推动农业发展方式和农民生活方式的转变

推广循环农业模式，拓展农业功能，实现农业的可持续发展。例如秸秆和人畜粪便等废弃物的综合利用，可以带动材料化、肥料化、燃料化、饲料化等产业的发展，创造农业经济新的增长点，改善农村生态环境。

（2）推进农业投入品的减量化

大力推广测土配方施肥技术，减少不合理施肥，在促进粮食增产的同时实现农业的节本增效。严格限制高毒、高残留农药的使用，应用高毒农药替代技术，实现残留农药的减量化。

（3）推进农业废弃物资源化利用

实施农村清洁工程，人畜粪便、作物秸秆进池，沼渣沼液还田等循环农业技术，在改善农村生态环境的同时，有效提高土壤有机质含量，最大限度降低农业生产要素对环境的污染，从源头上控制危害农产品质量的因素，全面提升农产品品质，提高农业效益和农民收入。

2. 工业生产系统的建设对策

循环经济型城市生产系统建设过程中，工业生产系统的建设应坚持以科学发展观为指导，立足城市现有的工业发展基础，在企业层面，以清洁生产为重点，实现企业内部的小循环；区域层面，以生态工业园的建设为重点，在产业群体之间建立耦合共生关系，实现区域的大循环。具体措施包括如下几点。

（1）大力推行清洁生产，建立循环经济型企业

大力推行清洁生产，通过引进先进的生产工艺和技术设备，对企业各生产环节实施技术改造，提高资源和能源的使用效率，提高废弃物的循环利用率，建立循环经济型企业。

（2）大力发展循环经济，建立生态工业园区

依据循环经济理念和工业生态学基本原理，以资源投入最小化、废物利用最大化为目标，在多个企业或产业关联互动的基础上，充分分析各类园区资源、能源的利用状况及产业构成，通过引进关键性链接项目，建立起相互关联、互相促进、共同发展的生态工业园区，实现循环型工业生产系统的建设。

（二）建立循环经济型城市消费系统的对策

循环经济型城市消费系统是指在消费过程中选择环保型、可循环型的产

品，在全社会提倡节约资源，使消费者形成绿色消费观念和成熟的绿色消费行为。实施过程中，应该从政府、企业和消费者等不同层次展开，推动绿色消费活动的开展。

1. 各级政府要带头采购绿色产品，节约使用和重复利用办公用品

在购买办公设备时，应将后续的一系列修理、维护、升级等成本和一次性购买成本相结合来考虑，即我们要考虑的是总体拥有成本，而不是一次性购买成本。

只有在综合考虑成本的前提下，才能以最小的成本实现最大的功能，达到物质消耗减量化的目标。此外要建立资源回收系统，实现废旧硬件的资源化，对可以直接再利用的设备和零件，要使其能够进入二手流通市场；对进行简单修理后可使用的设备和零件，可建立专业维修企业，同时引入第三方评估机制，保证交易的安全和公平；对需报废的产品，应交由专业拆解公司，以避免对环境造成污染。

2. 企业积极进行绿色产品生产，进行绿色营销，推动绿色消费的实施

在生产过程中，企业应该从原材料的采购开始，依次对产品的设计—产品的加工制造—产品的运输等环节严格依照绿色标准来实施，为广大民众提供尽可能多的绿色产品；销售过程中，企业应在坚持诚信原则的基础上，加大对绿色产品的宣传力度，使绿色产品深入人心，被广大民众所熟知；消费过程中，尤其是在消费的初期，为了增加消费者接触绿色产品的机会，产品的价格不宜太高，应该在大多数消费者可以承受的范围之内，以此促进绿色产品消费量的增加。

3. 以社区为依托，促进大众消费模式的转变

现阶段循环消费模式得到了越来越多市民的认可和青睐，并被广泛宣传。这种循环消费模式可以使一件物品在不同的地方被多次使用，实现多个消费过程，以满足不同人的需要，从而真正实现物尽其用。

此种消费模式主要以社区为依托，通过社区甩卖、节约超市等形式来实现。社区可以将家庭没用的物品——小到书籍、衣帽，大到电器、家具——在节假日集中到社区的公共活动场所进行甩卖，并将此甩卖活动常态化，逐

渐演变为居民节假日的一种消遣方式。节约超市则可以由慈善机构来创办，超市中可以出售一些由居民捐赠或者低价收购来的物品，所得收入用于慈善事业。

（三）建立循环经济型城市基础设施系统的对策

循环经济型城市基础设施系统的建设应该从基础设施的设计、基础设施的处理工艺以及基础设施的用材等环节来实现。能源的使用方面，应尽可能多地使用太阳能、风能等清洁、可再生能源，减少化石燃料的使用量；尽可能地使用有利于提高各种设施性能的新技术、新材料，以减少能源、资源消耗，减少对环境的人为破坏和污染；针对水资源短缺的现状，在城市中应建设"中水回用系统"，增加水资源的重复利用率。

城市循环经济体系的基础就是城市的公共基础设施。如果缺乏健全的基础设施，就无法对城市的排放物、废弃物进行再处理、再利用。城市基础设施系统应按照循环经济理念进行建设和改造，特别是要发展城市水资源循环利用体系。在城市的水资源开发和利用中要充分考虑城市污水的再生利用，根据实际情况进行总体规划。

（四）建立循环经济型城市信息系统的对策

循环经济型城市信息系统是循环经济型生产系统、循环经济型消费系统和循环经济型基础设施系统的重要支撑体系。该系统的建立可以提高农业产业链的整合效率，增加农民接受相关技术教育和农产品供求信息的广度和深度；可以促进工业生产设备的技术化改造、提高信息化产品的比重、降低关键性生产工艺和产品的能源消耗强度。

循环经济型城市信息系统的建设一方面应按照减量化、再利用、再循环的原则，实现信息的获取、存储、处理、传递和提供利用，即信息服务业的内部循环；另一方面应充分发挥信息的作用，实施信息化带动工业化改造，实现信息服务业的外部循环。

G.6

景观休闲型城市建设评价报告

台喜生* 李明涛 王 芳

摘 要： 结合城市景观和城市休闲两种元素，进行景观格局的合理规划建设，可以不断提升城市居民的休闲生活水平，增加市民的生活幸福指数，构建和谐社会，促进政治、文化和经济的全面发展。本报告以景观斑块连接度、公园绿地500米半径服务率、万人拥有公园数量、万人拥有剧场影院数量和城市旅游业收入占城市GDP的百分比5个景观休闲型特色指标，再加上14个生态城市的核心指标，组成景观休闲型生态城市的评价指标体系，对中国排名前100位城市的景观格局及休闲水平进行评价；并结合国内、国外景观休闲型生态城市建设的典型案例分析，对景观休闲型生态城市的建设提出了对策和建议。

关键词： 景观格局 休闲 生态城市 评价指标体系

城市公园景观是绿地和水体的集中分布地，其合理的布局与其调节气温、吸收和降解大气污染物、调节大气环境微生物、减少大气灰霾、滞尘、调控水文过程、提高人居环境舒适度等功能的提升密切相关。但是，随着社会经济的发展和城市化进程的加快，城市数量、规模和人口急剧增加，建设用地需求持续增加，导致生态和农业用地不断流失，景观破碎和离散化程度

---

* 台喜生，男，兰州城市学院体育学院副教授，生态学博士。

升高，景观格局改变，城市生态安全失去保障。① 城市景观格局的要素包括景观类型，斑块的大小、形状和空间邻接关系，其在城市化进程中的演变对城市景观生态效应的影响是目前生态化城市建设中备受关注的议题和研究热点。逐年对城市生态化建设过程中景观格局的演变进行统计分析也是解决目前城市中自然生态演替分析困境的一种行之有效的办法，即先把自然生态过程的变化与景观格局的变化对应起来，再把城市建设与景观格局的改变结合起来，然后分析城市建设过程对自然生态过程的影响。针对城市化这一生态过程，需要构建景观格局指数集来反映城市化过程中景观格局的演变，以及由此引起的景观生态功能的变化。② 研究城市化，通过景观格局指数对城市景观进行定量，可为城市景观结构和生态过程的研究及认识城市发展提供基础数据。③

国内学者马惠娣对“休闲”的定义得到了学术界的广泛引用，她认为：“休闲是指在非劳动及非工作时间内以各种‘玩’的方式得到身心的调节放松，达到生命保健、体能恢复、身心愉悦的目的。”④⑤ 2013 年2 月国务院办公厅颁布了《国民旅游休闲纲要》，以国家政策的形式对城市居民的休闲生活进行了规划，作为建设小康社会的一项措施，也为中国“生态化”的城市建设提供了指导意见和建议，可以看出城市休闲对于社会和谐发展的重要作用。已有研究者通过调查和分析发现：在进行城市化建设的过程中，发展休闲服务产业，提高城市休闲水平，增加市民的生活舒适度，有助于推进城市化进程；而如果在进行城市化建设的过程中对休闲产业的发展不予重视，就会阻碍城市休闲水平的提高，这有悖于城市化的最终理

① 陈利顶：《城市景观格局演变的生态环境效应研究进展》，《生态学报》2013 年第 4 期。

② 陈利顶：《景观生态学中的景观格局分析：现状、困境和未来》，《生态学报》2008 年第 11 期。

③ 俞龙生等：《快速城市化地区景观格局梯度动态及其城乡融合区特征——以广州市番禺区为例》，《应用生态学报》2011 年第 1 期。

④ 黄安民：《从旅游城市到休闲城市的思考：渗透、差异和途径》，《经济地理》2012 年第 5 期。

⑤ 马惠娣：《人类文化思想史中的休闲——历史、文化、哲学的视角》，《自然辩证法研究》2003 年第 1 期。

念，即提高城市的宜居性。[①] 宋子千等在调查研究的过程中，将影响居民休闲生活满意程度的因素归为三类：一是居民自身的因素；二是休闲活动本身的属性；三是会对居民休闲生活产生影响的诸如公共休闲设施和整体的社会休闲意识等社会环境因素。[②] 其中，公共休闲设施的规划和建设最容易实施，也能直接地提升城市的宜居性，在中国的城市化进程中应该引起足够的重视。

随着社会、政治、经济的发展，人类为了解决经济发展与资源环境保护之间的矛盾，包括生态学家和景观学家在内的各领域研究者作为政府的智囊，共同提出了可持续发展的科学理念，体现在城市化发展的进程上，具体为生态化城市建设意向。结合不同城市自身的特质，城市的生态化建设发展出不同的方向，其中景观休闲型城市是一个自然与人工生态系统相互协调，自然景观布局合理高效，休闲水平高，城市居民亲近自然、享受生活的理想人居环境。

城市景观格局的合理设置可以有效地提高城市景观的生态服务功能，保障城市的生态安全，充分发挥城市景观在市民日常生活休闲中的生态服务作用，以观赏功能、美学享受、精神体验和休闲娱乐等标准将景观构建与城市建设的规划有机地统一起来，维持城市活力，提高城市的宜居性。

中国的城镇化经历了漫长的发展过程，同时也出现了不少的问题，诸如：城市开放空间减少，生态效益降低；经济基础薄弱，产业结构不合理；强调自然系统的生态化，忽视了社会系统的生态化等。[③] 生态城市研究中，评价指标体系既能反映生态城市系统的状态和性质，还能够监测生态城市系统发展的进程。对生态城市建设和发展过程的监管和评价可以让生态城市及时避免发展瓶颈的出现，因此，考虑到生态城市建设的地域性、动态性和复

① 宋瑞：《城市化与休闲服务业动态关系考察——以美国为例》，《城市问题》2014 年第 9 期。

② 宋子千：《城市居民休闲生活满意度及其影响机制：以杭州为例》，《人文地理》2014 年第 2 期。

③ 孙建国：《基于生态城市理论的我国生态城市建设研究》，《特区经济》2007 年第 2 期。

杂性，针对不同类型生态城市构建评价指标体系对其发展过程进行评价是非常有必要的。

综合各种研究报道及文献资源，可以将景观休闲型城市的评价标准概括为以下几个方面：一是城市需要具备良好的自然生态及社会环境；二是城市的景观结构布局合理，具有一定数量有吸引力的景观资源；三是城市经济发展水平、基础设施建设、休闲服务业及设施设备能满足城市居民休闲的需求。

一　景观休闲型城市评价报告

（一）景观休闲型城市评价指标体系

本报告以文献资料为理论基础，通过专家访谈形式得出景观休闲型城市评价指标体系，其中包括了景观休闲型城市的5个特色指标：景观斑块连接度、公园绿地500米半径服务率、万人拥有公园数量、万人拥有剧场影院数量及城市旅游业收入占城市GDP的百分比（表1）。本评价指标体系通过量化两种土地功能类型（天然/人工生态系统功能和公共服务功能）的综合效应，反映了城市建设过程中土地功能的转变对城市景观的服务价值的影响。本报告以此评价指标体系对150个城市2013年度的生态化过程进行评估，评价城市建设过程中景观休闲水平的变化。该评价体系的提出可以实现对不同城市同一时间、同一城市不同时间、不同城市不同时间的比较分析。

1. 景观斑块连接度

逐年对城市公园绿地景观的斑块连接度进行量化既可以反映其在空间尺度上的配置关系，又可以反映其在时间上的变化；对景观斑块连接度进行量化和比较也能通过城镇化过程中城市公园绿地景观的演变说明城市建设对景观动态和功能的影响，进而指导城市建设走可持续发展的道路。高的景观斑块连接度表明生物物种可以在不同斑块间随意迁徙，打破同一物种不同种群间的生殖和遗传隔离，有利于物种的繁衍和进化，增加城市公园绿地物种的多样性和生态系统的稳定性；而减少城市建设造成的景观破碎以及由此引起的物种灭亡。

2. 公园绿地500米半径服务率

公园绿地 500 米半径服务率的量化能直接地体现城市景观的生态服务功能。公园绿地 500 米半径的服务面积占城市建成区面积的百分比越高，表明景观的可达性越好，体现在城市居民日常到达公园绿地进行休闲娱乐的便捷程度越高，能增加城市居民的生活幸福指数。

3. 万人拥有公园数量

公园绿地能维持城市的生态安全，为动植物提供栖息地，是构建城市居民休闲娱乐场所、丰富市民精神享受的主要环境资源。

4. 万人拥有剧场影院数量

随着社会的进步，人们越来越重视精神上的追求，其中，感受文艺、参与文艺在人们的日常生活中扮演着日益重要的角色。剧场影院作为一个城市文化艺术传播的重要场所，吸引广大市民观看电影、话剧和各种文艺演出，一方面满足市民精神上的愉悦和享受需求，另一方面也是文化传播和教育的重要途径，在一个城市的精神文明建设中发挥着重要的作用。

5. 城市旅游业收入占城市 GDP 的百分比

城市旅游的吸引力体现在物质景观如公园绿地、历史保护区、历史建筑，非物质景观如节庆活动、民俗、非物质文化遗产，以及辅助设施如文化娱乐设施和商业服务设施上。城市具有较强的旅游吸引力说明其旅游资源丰富、文化底蕴深厚、环境优美、娱乐休闲设施完善，具有较强的城市综合实力。旅游业的发展不仅能增强一个城市的经济实力，也会提升这个城市整体的文明程度，促进城市景观休闲水平的提高。城市旅游业的发展既可以为异地游客提供服务，也能为城市居民提供休闲服务，而景观休闲型城市可以认为是旅游城市在品位、功能和质量上的升级。①

---

① 黄安民：《从旅游城市到休闲城市的思考：渗透、差异和途径》，《经济地理》2012 年第 5 期。

表1 景观休闲型城市评价指标

<table>
<tr><th rowspan="2">一级指标</th><th rowspan="2">二级指标</th><th colspan="2">核心指标</th><th colspan="2">特色指标</th></tr>
<tr><th>序号</th><th>三级指标</th><th>序号</th><th>四级指标</th></tr>
<tr><td rowspan="14">景观休闲型城市综合指数</td><td rowspan="5">生态环境</td><td>1</td><td>森林覆盖率(建成区绿化覆盖率)(%)</td><td rowspan="4">15</td><td rowspan="4">景观斑块连接度</td></tr>
<tr><td>2</td><td>PM2.5(空气质量优良天数)(天)</td></tr>
<tr><td>3</td><td>河湖水质(人均用水量)(吨/人)</td></tr>
<tr><td>4</td><td>人均公共绿地面积(人均绿地面积)(平方米/人)</td></tr>
<tr><td>5</td><td>生活垃圾无害化处理率(%)</td><td rowspan="4">16</td><td rowspan="4">公园绿地500米半径服务率(%)</td></tr>
<tr><td rowspan="5">生态经济</td><td>6</td><td>单位GDP综合能耗(吨标准煤/万元)</td></tr>
<tr><td>7</td><td>一般工业固体废物综合利用率(%)</td></tr>
<tr><td>8</td><td>城市污水处理率(%)</td></tr>
<tr><td>9</td><td>人均GDP(元/人)</td><td rowspan="2">17</td><td rowspan="2">城市旅游业收入占城市GDP的百分比(%)</td></tr>
<tr><td>10</td><td>信息化基础设施[互联网宽带接入用户数(万户)/城市年底总户数(万户)]</td></tr>
<tr><td rowspan="4">生态社会</td><td>11</td><td>人口密度(人/平方千米)</td><td rowspan="2">18</td><td rowspan="2">万人拥有剧场影院数量(个)</td></tr>
<tr><td>12</td><td>生态环保知识、法规普及率,基础设施完好率[水利、环境和公共设施管理业全市从业人员数(人)/城市年底总人口(万人)]</td></tr>
<tr><td>13</td><td>公众对城市生态环境满意率[民用车辆数(辆)/城市道路长度(千米)]</td><td rowspan="2">19</td><td rowspan="2">万人拥有公园数量(个)</td></tr>
<tr><td>14</td><td>政府投入与建设效果(城市维护建设资金支出/城市GDP)</td></tr>
</table>

(二)数据的获取及统计分析方法

从核心指标针对的284个城市中选择150个生态化进程发展良好的城市按照景观休闲型城市的评价指标体系获取数据，按照排名选择100强进行评价分析（表2）。

景观休闲型城市的评价指标体系是以遥感影像矢量化后形成的土地利用现状图为基础数据源，使用 ArcGIS 软件平台获取公园绿地斑块的信息，再利用景观生态学专业软件 Fragstats 统计景观斑块连接度及公园绿地 500 米半径服务率；城市公园数量从《中国城市建设统计年鉴》（2013）查阅获取；城市剧场影院数量从《中国城市统计年鉴》（2014）查阅获取；城市旅游业收入和城市 GDP 从《中国区域经济年鉴》（2014）查阅获取。本评价指标体系的数据获取方式提高了数据源的准确度，使景观斑块连接度和公园绿地 500 米半径服务率的生态意义可解释且相关性较高，并降低了尺度效应对景观格局指数的显著影响。[①] 对收集的数据采用 Excel 程序（Microsoft Office 2007 软件）进行统计处理。

以下为两个景观格局指数——景观斑块连接度［公式（1）］及公园绿地 500 米半径服务率［公式（2）］——的计算方法。

1. 景观斑块连接度

景观斑块连接度计算公式：

$$\left[\frac{\sum_{6}^{n} \neq k\ Cijk}{\frac{ni(ni-1)}{2}}\right] \times 100\% \tag{1}$$

其中，$Cijk$ 为 i 型斑块中斑块 j 与斑块 k 之间的连接度（0 表示不连接，1 表示连接）；ni 为 i 型斑块的数量。

2. 公园绿地500米半径服务率

公园绿地 500 米半径服务率的计算公式：

$$\frac{\text{公园绿地 500 米缓冲区面积}(P)}{\text{城市建成区面积}(S)} \times 100\% \tag{2}$$

（三）中国景观休闲型城市的排名及分析

1. 中国100强景观休闲型城市的总体评价

本报告根据景观休闲型城市的评价指标体系选择了社会、政治和经济发

① 彭建：《土地利用分类对景观格局指数的影响》，《地理学报》2006 年第 2 期。

展良好的150个城市作为评价对象，对其生态城市健康指数和景观休闲型特色指数进行了综合排名，选择前100名城市进行总体评价和分析（表2）。

在景观休闲型城市的前100强当中，华东地区有37个城市，华南地区有23个，东北地区有10个，西北地区有9个，华北地区、华中地区和西南地区各7个。可以看出，华东地区和华南地区是发展景观休闲型城市的主要地区。温度和降水是影响植被生长的两个主要环境因素，华东和华南地区进行公园绿地建设条件适宜，旅游资源丰富，并且有强有力的社会经济支撑，城市整体发展水平高，具备发展景观休闲型城市的优势。但是，即便是自然条件处于劣势，东北地区和西北地区也分别有10个和9个城市进入前100强，表明在景观休闲型城市的建设过程中，人为的努力，对于景观格局的合理规划，对于公园绿地的维护和建设，对于城市休闲服务产业的推动，以及对于城市精神文明建设的重视，都能创造出优秀的景观休闲型城市。

表2　景观休闲型城市100强名单（2013）

珠海	合肥	克拉玛依	连云港	辽阳
秦皇岛	台州	温州	日照	宜宾
厦门	苏州	乌鲁木齐	汕头	遵义
杭州	威海	北京	丹东	漳州
舟山	深圳	江门	马鞍山	承德
三亚	镇江	丽水	长春	临沂
广州	无锡	沈阳	石家庄	长沙
丽江	东莞	衢州	本溪	烟台
景德镇	哈尔滨	银川	济南	德阳
福州	惠州	青岛	扬州	湘潭
桂林	中山	大连	西宁	兰州
北海	柳州	锦州	梅州	抚顺

续表

绍兴	肇庆	金华	大同	淮安
昆明	成都	安庆	宜昌	焦作
佛山	西安	宝鸡	上海	洛阳
海口	芜湖	太原	湛江	呼和浩特
南京	湖州	常州	泉州	株洲
嘉兴	新余	九江	南昌	泰安
南宁	蚌埠	贵阳	清远	营口
武汉	宁波	鄂尔多斯	东营	天水

在前100强的景观休闲型城市中，从综合指数的排名及其健康等级来看，很健康的城市只有1个，为珠海市，健康的城市有82个，亚健康的城市有17个；从健康指数的排名及其健康等级来看，很健康的城市有10个，健康的城市有85个，亚健康的城市只有5个；从特色指数的排名及其健康等级来看，很健康的城市有6个，健康的城市有46个，亚健康的城市有37个，不健康的城市有11个。三项指标的排名及其健康等级均显示，处于“健康”水平的城市在前100强的景观休闲型城市中占绝大多数，说明中国景观休闲型城市的建设发展趋势良好。

透过景观休闲型城市综合指数的排名，对比分析参评城市的生态城市健康指数和景观休闲型特色指数，可以看出，珠海市、厦门市、舟山市、广州市和景德镇市综合指数排名、生态城市健康指数排名和景观休闲型特色指数排名都很均衡，可以作为景观休闲型城市建设的成功案例，以供效仿（表3）。

2. 城市景观格局、生态服务功能及其影响因素分析

在2013年的100个参评城市中，景观斑块连接度与公园绿地500米半径服务率的综合得分达到70分以上的有29个，占29%（表4）；而2012年的50个参评城市中，得分达到70分以上的就有29个，其比例达58%。

表3 2013年景观休闲型城市评价结果

城市名称	景观休闲型城市综合指数(19项指标结果)		生态城市健康指数(ECHI)(14项指标结果)		景观休闲型特色指数(5项指标结果)		特色指标单项排名				
	得分	排名	得分	排名	得分	排名	景观斑块连接度	公园绿地500米半径服务率	城市旅游业收入占城市GDP百分比	万人拥有剧场影院数量	万人拥有公园数量
珠　海	0.8907	1	0.8923	1	0.8884	2	35	19	47	31	5
秦皇岛	0.8452	2	0.8173	32	0.8869	3	40	30	13	24	27
厦　门	0.8442	3	0.8708	3	0.8043	12	20	35	22	88	16
杭　州	0.8416	4	0.8301	26	0.8589	6	62	10	21	28	18
舟　山	0.8385	5	0.8615	6	0.8041	13	81	4	5	43	22
三　亚	0.8338	6	0.8755	2	0.7712	26	27	1	2	84	84
广　州	0.8286	7	0.8447	12	0.8045	11	69	18	49	55	26
丽　江	0.8244	8	0.7542	79	0.9297	1	14	41	1	21	2
景德镇	0.8237	9	0.8498	11	0.7844	20	30	58	10	53	38
福　州	0.8205	10	0.8521	8	0.7731	25	75	8	84	23	23
桂　林	0.8203	11	0.7944	51	0.8592	5	12	11	16	5	48
北　海	0.8083	12	0.8101	38	0.8056	10	3	61	20	46	42
绍　兴	0.8042	13	0.8113	36	0.7936	17	83	26	44	25	32
昆　明	0.8036	14	0.8095	39	0.7947	16	46	2	42	92	3
佛　山	0.8035	15	0.8118	35	0.7911	19	59	5	94	34	14
海　口	0.8031	16	0.8502	10	0.7325	43	21	33	59	80	89
南　京	0.8030	17	0.8051	42	0.7997	15	56	9	30	50	50
嘉　兴	0.8017	18	0.7628	75	0.8601	4	65	20	41	2	11

续表

城市名称	景观休闲型城市综合指数（19 项指标结果）		生态城市健康指数（ECHI）（14 项指标结果）		景观休闲型特色指数（5 项指标结果）		特色指标单项排名				
	得分	排名	得分	排名	得分	排名	景观斑块连接度	公园绿地500米半径服务率	城市旅游业收入占城市GDP百分比	万人拥有剧场影院数量	万人拥有公园数量
南　宁	0. 7998	19	0. 8437	13	0. 7338	42	5	50	28	69	86
武　汉	0. 7985	20	0. 8317	22	0. 7487	34	18	60	23	27	88
合　肥	0. 7979	21	0. 8185	30	0. 7669	29	38	67	43	15	44
台　州	0. 7978	22	0. 8022	47	0. 7911	18	74	51	37	7	21
苏　州	0. 7976	23	0. 8365	16	0. 7392	39	89	22	67	47	15
威　海	0. 7940	24	0. 8334	20	0. 7348	41	87	55	58	12	34
深　圳	0. 7927	25	0. 7989	49	0. 7833	21	33	12	92	51	7
镇　江	0. 7903	26	0. 8322	21	0. 7273	46	55	52	34	82	43
无　锡	0. 7880	27	0. 8027	46	0. 7660	30	73	43	54	8	62
东　莞	0. 7855	28	0. 7898	61	0. 7790	22	50	3	93	62	1
哈尔滨	0. 7832	29	0. 8105	37	0. 7423	37	13	83	56	19	46
惠　州	0. 7828	30	0. 8621	5	0. 6638	66	85	13	87	77	17
中　山	0. 7824	31	0. 7521	81	0. 8279	8	22	32	89	30	28
柳　州	0. 7787	32	0. 7990	48	0. 7482	36	6	31	80	87	36
肇　庆	0. 7785	33	0. 7884	64	0. 7636	31	66	62	62	10	31
成　都	0. 7783	34	0. 7848	65	0. 7686	28	53	46	45	83	35
西　安	0. 7779	35	0. 8385	15	0. 6871	56	25	72	33	58	81
芜　湖	0. 7776	36	0. 8435	14	0. 6787	61	1	86	61	68	57

续表

城市名称	景观休闲型城市综合指数（19 项指标结果）		生态城市健康指数（ECHI）（14 项指标结果）		景观休闲型特色指数（5 项指标结果）		特色指标单项排名				
	得分	排名	得分	排名	得分	排名	景观斑块连接度	公园绿地500米半径服务率	城市旅游业收入占城市GDP百分比	万人拥有剧场影院数量	万人拥有公园数量
湖州	0.7754	37	0.8305	24	0.6928	55	95	7	14	79	20
新余	0.7745	38	0.8657	4	0.6378	78	10	81	85	93	33
蚌埠	0.7684	39	0.8310	23	0.6745	62	4	73	69	65	68
宁波	0.7670	40	0.7927	53	0.7285	45	79	68	57	13	12
克拉玛依	0.7658	41	0.8267	27	0.6744	63	45	70	98	18	6
温州	0.7652	42	0.7197	92	0.8335	7	49	21	46	67	30
乌鲁木齐	0.7648	43	0.8123	34	0.6937	53	34	14	64	99	82
北京	0.7645	44	0.8191	29	0.6827	59	94	24	19	32	78
江门	0.7643	45	0.8178	31	0.6839	58	78	28	71	100	10
丽水	0.7635	46	0.7600	77	0.7688	27	90	48	6	1	24
沈阳	0.7634	47	0.8600	7	0.6186	87	68	77	66	49	74
衢州	0.7634	48	0.7712	72	0.7517	33	96	16	24	20	9
银川	0.7629	49	0.7785	67	0.7394	38	44	36	95	36	56
青岛	0.7619	50	0.8351	19	0.6522	73	84	71	68	40	41
大连	0.7590	51	0.8503	9	0.6222	83	92	44	65	96	40
锦州	0.7575	52	0.7894	63	0.7096	48	36	65	27	57	59
金华	0.7557	53	0.7424	87	0.7758	23	91	40	32	11	25

续表

城市名称	景观休闲型城市综合指数（19 项指标结果）		生态城市健康指数（ECHI）（14 项指标结果）		景观休闲型特色指数（5 项指标结果）		特色指标单项排名				
	得分	排名	得分	排名	得分	排名	景观斑块连接度	公园绿地500 米半径服务率	城市旅游业收入占城市GDP 百分比	万人拥有剧场影院数量	万人拥有公园数量
安庆	0. 7541	54	0. 7406	88	0. 7743	24	23	59	15	3	76
宝鸡	0. 7520	55	0. 7914	56	0. 6930	54	24	93	38	41	53
太原	0. 7515	56	0. 7960	50	0. 6849	57	48	66	26	71	64
常州	0. 7504	57	0. 8301	25	0. 6309	80	82	39	60	85	77
九江	0. 7481	58	0. 8066	41	0. 6603	67	93	53	29	56	39
贵阳	0. 7463	59	0. 7755	70	0. 7024	52	16	42	3	95	97
鄂尔多斯	0. 7443	60	0. 7680	74	0. 7088	49	51	64	97	4	4
连云港	0. 7435	61	0. 8041	43	0. 6525	72	64	75	48	70	45
日照	0. 7430	62	0. 7476	83	0. 7362	40	26	57	52	61	58
汕头	0. 7407	63	0. 8070	40	0. 6414	76	31	34	78	97	98
丹东	0. 7392	64	0. 7612	76	0. 7063	50	52	82	4	37	70
马鞍山	0. 7386	65	0. 7847	66	0. 6693	65	7	76	77	59	49
长春	0. 7366	66	0. 8037	45	0. 6359	79	57	91	55	52	73
石家庄	0. 7363	67	0. 7523	80	0. 7122	47	70	45	90	54	29
本溪	0. 7332	68	0. 7730	71	0. 6736	64	41	74	7	74	51
济南	0. 7326	69	0. 8263	28	0. 5920	92	80	56	75	60	87

续表

城市名称	景观休闲型城市综合指数（19 项指标结果）		生态城市健康指数（ECHI）（14 项指标结果）		景观休闲型特色指数（5 项指标结果）		特色指标单项排名				
	得分	排名	得分	排名	得分	排名	景观斑块连接度	公园绿地500米半径服务率	城市旅游业收入占城市GDP百分比	万人拥有剧场影院数量	万人拥有公园数量
扬　州	0. 7299	70	0. 8354	17	0. 5718	94	47	79	51	86	99
西　宁	0. 7295	71	0. 7451	84	0. 7061	51	58	49	74	64	54
梅　州	0. 7281	72	0. 7774	69	0. 6541	70	100	15	9	14	65
大　同	0. 7234	73	0. 7895	62	0. 6243	82	39	87	17	63	90
宜　昌	0. 7227	74	0. 7775	68	0. 6405	77	76	80	81	22	37
上　海	0. 7221	75	0. 7902	60	0. 6200	85	88	29	40	78	94
湛　江	0. 7218	76	0. 7933	52	0. 6145	88	60	54	88	90	47
泉　州	0. 7217	77	0. 7693	73	0. 6503	74	63	17	100	44	66
南　昌	0. 7203	78	0. 8040	44	0. 5947	90	2	78	86	81	79
清　远	0. 7198	79	0. 7130	94	0. 7298	44	72	6	25	66	61
东　营	0. 7167	80	0. 8142	33	0. 5704	95	67	95	99	9	19
辽　阳	0. 7117	81	0. 7915	55	0. 5921	91	17	92	18	91	75
宜　宾	0. 7085	82	0. 6418	99	0. 8086	9	32	25	39	33	83
遵　义	0. 7074	83	0. 6429	98	0. 8040	14	11	37	11	17	95
漳　州	0. 6991	84	0. 7292	90	0. 6539	71	97	27	96	16	13
承　德	0. 6990	85	0. 6659	97	0. 7486	35	98	23	35	6	8

续表

城市名称	景观休闲型城市综合指数(19 项指标结果)		生态城市健康指数(ECHI)(14 项指标结果)		景观休闲型特色指数(5 项指标结果)		特色指标单项排名				
	得分	排名	得分	排名	得分	排名	景观斑块连接度	公园绿地500米半径服务率	城市旅游业收入占城市GDP百分比	万人拥有剧场影院数量	万人拥有公园数量
临　沂	0.6988	86	0.7512	82	0.6202	84	61	99	63	39	71
长　沙	0.6975	87	0.7907	58	0.5579	96	37	85	82	76	92
烟　台	0.6973	88	0.8352	18	0.4904	100	99	89	76	26	55
德　阳	0.6963	89	0.7231	91	0.6561	69	42	69	91	29	67
湘　潭	0.6956	90	0.7400	89	0.6290	81	8	100	70	38	85
兰　州	0.6939	91	0.7439	86	0.6188	86	71	63	72	48	91
抚　顺	0.6919	92	0.7448	85	0.6125	89	19	94	8	73	80
淮　安	0.6905	93	0.7926	54	0.5373	97	29	90	79	75	100
焦　作	0.6889	94	0.7105	95	0.6566	68	43	97	53	42	72
洛　阳	0.6888	95	0.6940	96	0.6811	60	28	84	12	35	96
呼和浩特	0.6884	96	0.7170	93	0.6455	75	15	96	73	45	52
株　洲	0.6872	97	0.7912	57	0.5310	98	9	98	83	98	60
泰　安	0.6864	98	0.7565	78	0.5812	93	86	47	36	89	93
营　口	0.6853	99	0.7905	59	0.5276	99	77	88	50	94	69
天　水	0.6830	100	0.6314	100	0.7604	32	54	38	31	72	63

表 4　景观斑块连接度与公园绿地 500 米半径服务率的对比分析表（2013）

综合排名	城市名称	景观斑块连接度	分值 1	公园绿地 500 米半径服务率(%)	分值 2	总分
11	桂　林	0.85	45	94.3	50	95
6	三　亚	0.76	40	950.7	50	90
14	昆　明	0.62	35	222.1	50	85
25	深　圳	0.69	35	92.7	50	85
28	东　莞	0.61	35	192.8	50	85
4	杭　州	0.53	30	109.4	50	80
15	佛　山	0.56	30	176.6	50	80
17	南　京	0.58	30	130.9	50	80
32	柳　州	0.91	50	58.2	30	80
43	乌鲁木齐	0.69	35	87.4	45	80
1	珠　海	0.69	35	78.7	40	75
3	厦　门	0.81	45	53.1	30	75
5	舟　山	0.41	25	189.8	50	75
10	福　州	0.45	25	136.5	50	75
16	海　口	0.81	45	56.3	30	75
31	中　山	0.81	45	56.6	30	75
42	温　州	0.61	35	75.4	40	75
77	泉　州	0.52	30	80.3	45	75
79	清　远	0.47	25	154.6	50	75
82	宜　宾	0.72	40	68.7	35	75
83	遵　义	0.85	45	50.9	30	75
2	秦皇岛	0.67	35	63.0	35	70
7	广　州	0.48	25	80.2	45	70
8	丽　江	0.85	45	48.2	25	70
12	北　海	0.98	50	32.8	20	70
18	嘉　兴	0.50	30	77.6	40	70
19	南　宁	0.92	50	38.0	20	70
59	贵　阳	0.82	45	48.0	25	70
63	汕　头	0.73	40	53.1	30	70
20	武　汉	0.82	45	32.9	20	65
30	惠　州	0.37	20	88.3	45	65
37	湖　州	0.29	15	142.9	50	65
39	蚌　埠	0.93	50	24.7	15	65

续表

综合排名	城市名称	景观斑块连接度	分值 1	公园绿地 500 米半径服务率(%)	分值 2	总分
49	银川	0.65	35	52.0	30	65
54	安庆	0.81	45	33.6	20	65
65	马鞍山	0.90	50	23.7	15	65
78	南昌	0.99	50	23.3	15	65
9	景德镇	0.74	40	34.1	20	60
23	苏州	0.35	20	72.2	40	60
29	哈尔滨	0.85	45	21.5	15	60
34	成都	0.60	35	42.0	25	60
36	芜湖	1.00	50	19.9	10	60
38	新余	0.88	45	21.6	15	60
44	北京	0.30	20	71.4	40	60
45	江门	0.43	25	65.0	35	60
48	衢州	0.27	15	87.0	45	60
62	日照	0.77	40	34.3	20	60
100	天水	0.59	30	50.8	30	60
13	绍兴	0.38	20	67.8	35	55
35	西安	0.79	40	26.1	15	55
55	宝鸡	0.80	45	13.5	10	55
72	梅州	0.19	10	87.3	45	55
75	上海	0.36	20	63.5	35	55
81	辽阳	0.82	45	15.4	10	55
85	承德	0.26	15	71.9	40	55
92	抚顺	0.82	45	12.9	10	55
95	洛阳	0.76	40	20.9	15	55
96	呼和浩特	0.84	45	11.8	10	55
97	株洲	0.88	45	11.3	10	55
21	合肥	0.68	35	27.6	15	50
26	镇江	0.58	30	37.2	20	50
27	无锡	0.46	25	45.2	25	50
41	克拉玛依	0.62	35	26.4	15	50
52	锦州	0.68	35	28.3	15	50
56	太原	0.62	35	28.2	15	50
57	常州	0.40	25	49.8	25	50
60	鄂尔多斯	0.61	35	29.8	15	50
64	丹东	0.60	35	21.6	15	50

续表

综合排名	城市名称	景观斑块连接度	分值1	公园绿地500米半径服务率(%)	分值2	总分
67	石家庄	0.48	25	42.1	25	50
68	本溪	0.66	35	24.3	15	50
70	扬州	0.62	35	21.8	15	50
71	西宁	0.56	30	39.5	20	50
76	湛江	0.55	30	36.3	20	50
84	漳州	0.27	15	67.0	35	50
87	长沙	0.68	35	20.0	15	50
89	德阳	0.65	35	27.0	15	50
90	湘潭	0.88	45	9.5	5	50
93	淮安	0.74	40	16.9	10	50
22	台州	0.45	25	37.8	20	45
33	肇庆	0.49	25	30.4	20	45
46	丽水	0.33	20	41.0	25	45
51	大连	0.33	20	44.7	25	45
53	金华	0.33	20	49.4	25	45
61	连云港	0.51	30	23.9	15	45
69	济南	0.41	25	34.7	20	45
73	大同	0.67	35	18.1	10	45
91	兰州	0.47	25	30.4	20	45
94	焦作	0.65	35	11.4	10	45
98	泰安	0.37	20	41.7	25	45
24	威海	0.36	20	35.6	20	40
40	宁波	0.42	25	27.5	15	40
47	沈阳	0.48	25	23.6	15	40
58	九江	0.31	20	36.6	20	40
66	长春	0.56	30	16.1	10	40
74	宜昌	0.44	25	21.7	15	40
86	临沂	0.53	30	10.9	10	40
50	青岛	0.37	20	26.3	15	35
80	东营	0.49	25	12.0	10	35
99	营口	0.44	25	17.7	10	35
88	烟台	0.20	15	17.3	10	25

注：景观斑块连接度的取值范围与分值1之间的对应关系为：0.90～1.00=50；0.80～0.89=45；0.70～0.79=40；0.60～0.69=35；0.50～0.59=30；0.40～0.49=25；0.30～0.39=20；0.20～0.29=15；0.10～0.19=10；0.00～0.09=5；公园绿地500米半径服务率的取值范围与分值2之间的对应关系为：≥90%=50；80%～89.9%=45；70%～79.9%=40；60%～69.9%=35；50%～59.9%=30；40%～49.9%=25；30%～39.9%=20；20%～29.9%=15；10%～19.9%=10；0～9.9%=5。

与2012年相比，2013年参评的景观休闲型城市景观斑块连接度与公园绿地500米半径服务率的综合得分整体下滑。这一方面与景观斑块连接度及公园绿地500米半径服务率的计算方法改进有关。另一方面，城市建设用地的急剧扩张破坏了景观的整体性和多样性，景观斑块连接度下降，导致美学与生态价值的丧失；公园绿地的建设赶不上城市建成区扩张的速度，导致公园绿地的覆盖度下降，而且重叠度较高，公园绿地的服务范围有限，可达性差。

目前，中国景观休闲型城市的建设还存在其他诸多问题：（1）城市化进程中，对自然景观缺乏保护，破坏后进行的工程化修复，使景观丧失了自然属性；（2）随着生态城市理念的深入，在城市建设过程中，景观规划被重视，但是缺乏地域文化特色，模仿现象比较突出；（3）公园绿地中过多的商业化设施影响了公园绿地本该具有的自然、宁静及祥和，减弱了公园绿地本该提供的休闲娱乐、精神享受和情感调节作用。

二　景观休闲型城市建设实践与探索

案例一：南京市（中国）

（一）景观斑块连接度

景观斑块是在自然生态系统的演替和人为干扰的双重作用下形成的状态，其类型、面积、数量和空间布局与景观生态功能的发挥密切相关。景观斑块是生态化城市建设的依托，合理地开发和规划能突显城市特色，展示景观文化和城市风貌，改善城市环境质量，为城市居民提供游憩活动的场所。同时，景观斑块也是城市建设的制约因素，盲目地加快城市化进程会导致景观斑块连接度的下降，引起景观破碎化和异质性的加剧，逐渐丧失生态服务功能。

本案例通过斑块类型、数量和面积的统计，以及景观连接度的计算，分析南京市绿地斑块的分布格局，进而说明城市景观格局的合理布局与生态功能发挥之间的关联。绿地斑块类型的划分以国内城市绿地斑块景观格局研究标准为参考，将面积小于500平方米的绿地斑块界定为小型斑块，500～3000平方米的界定为中型斑块，3000～10000平方米的界定为大中型斑块，面积大于10000平方米的界定为大型斑块。南京市不同类型绿地斑块的统计与比较见表5。

从不同类型绿地斑块的统计和比较来看，南京市绿地斑块中大型斑块占绝对优势，其面积占绿地斑块总面积的99.74%，数量占84.53%；大中型、中型和小型斑块面积之和仅占绿地斑块总面积的0.26%，数量之和占15.47%。表明南京市的绿地斑块中，大型斑块对于城市自然生态环境的维持起主导作用。

从对南京市景观分布格局的分析可知，南京市绿地斑块的分布不均衡。大多数绿地斑块分布在城市建成区的边缘，其中包括面积较大的紫金山、幕府山和雨花台绿地斑块；建成区人口和建筑密度均较大，虽然绿地斑块数量所占比例也较大，但是面积所占比例偏小。大型绿地斑块对于城市局部气候、温度、湿度、空气质量和水文的调节起主要作用，对于城市中自然生态系统生物多样性的维持至关重要；但是中、小型斑块的点缀能建立斑块间的连接，能增加斑块间生物物种、物质和能量的流动，维持城市自然生态系统的运行和生态功能的发挥。因此，在调整城市绿地斑块布局的基础上增加绿地斑块的多样性也很重要。

表5 南京市不同类型绿地斑块的统计与比较

斑块大小(平方米)	面积		斑块		斑块平均面积(公顷/块)
	面积(公顷)	比例(%)	数量(块)	比例(%)	
<500 小型	0.12	0.001	4	1.15	0.03
500～3000 中型	1.79	0.015	8	2.29	0.22
3000～10000 大中型	29.99	0.243	42	12.03	0.71
≥10000 大型	12301.44	99.741	295	84.53	41.70
合　计	12333.34		349		35.34

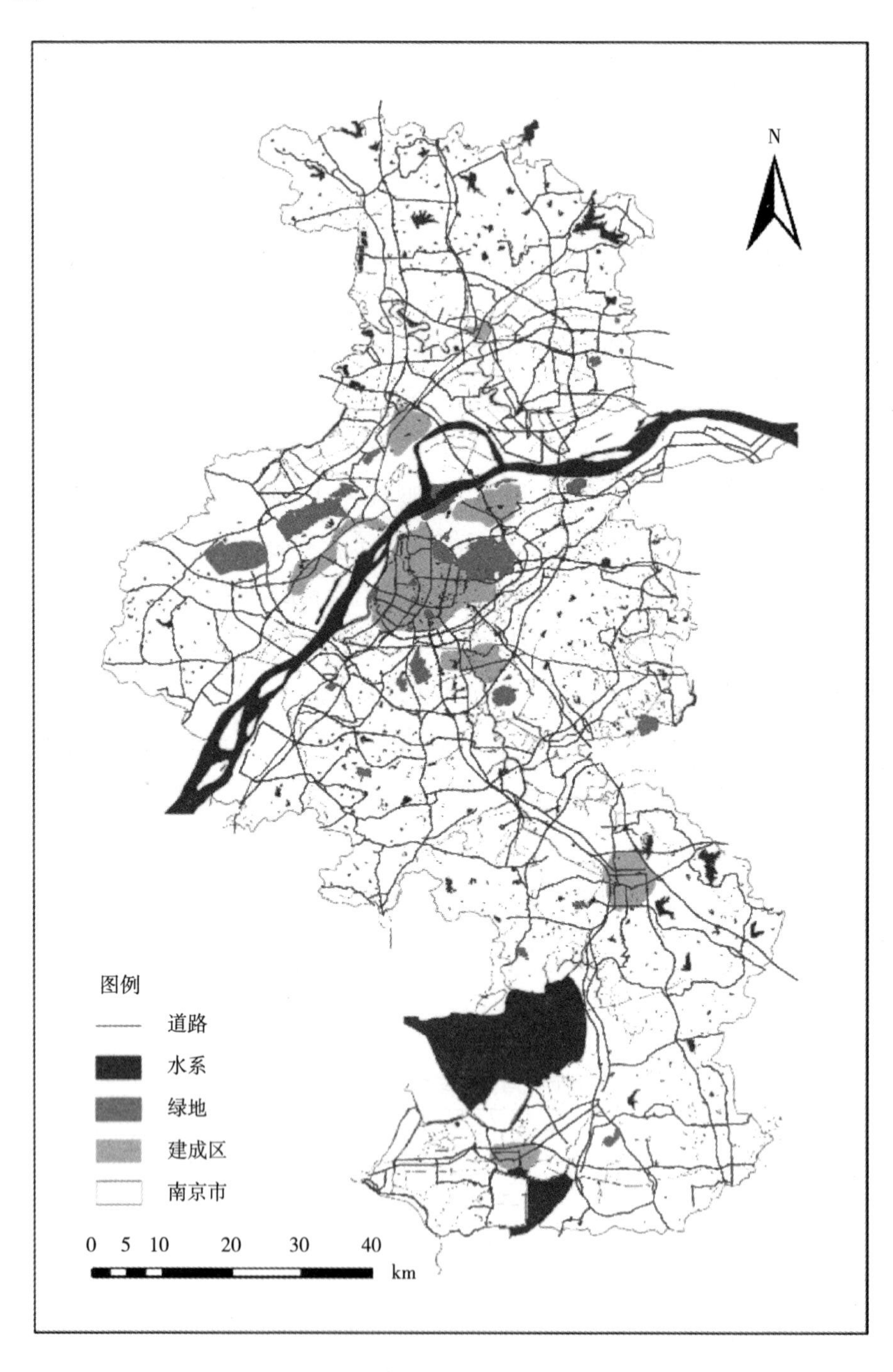

图1　南京市景观分布格局

（二）公园绿地500米半径服务率

公园绿地 500 米半径服务率以公园绿地 500 米半径服务面积占城市建成区面积的百分比表示，能反映城市公园绿地的可达性和服务效率。2013 年南京市公园绿地的 500 米半径服务率为 130.9%，表明公园绿地的可达性很好，并且呈现出由城市中心向边缘递减的格局（图 2）。但是，在服务效率方面，南京市公园绿地服务范围存在明显的高覆盖、高重叠现象，以及一定数量的低覆盖、高重叠现象，而服务效率高的高覆盖、低重叠区域相对较少，城市边缘地区公园覆盖率低，甚至存在服务盲区。总体上看，南京市中心区域存在明显的公园集中重复配置，而城市边缘又存在一定程度的公园绿地资源供给不足，因此，有待进一步优化各类公园绿地的空间布局以提高服务效率。

总体看，2013 年南京市特色指标的排名获得了大幅度的提升。通过对比分析 2012 年与 2013 年南京市的 5 项特色指标，可以看出，其中，景观斑块连接度、公园绿地 500 米半径服务率及万人拥有公园数量的指标都呈增长之势，对于南京市特色指标排名的提升发挥了积极作用（表 6）。由此说明，在 2013 年，南京市公园绿地的建设投入加大，并且在公园绿地的建设过程中，提升了景观布局的合理性及公园绿地的可达性和服务效率。

表 6　南京市 2012 年与 2013 年 5 项特色指标的比较

	特色指标排名	景观斑块连接度	公园绿地 500 米半径服务率(%)	城市旅游业收入占 GDP 的百分比(%)	万人拥有剧场影院数量	万人拥有公园数量
2012 年	39	0.54	39.1	17.7	0.020	0.13
2013 年	17	0.58	130.9	17.0	0.019	0.17

注：2012 年特色指标的排名为前 50 强中的排名；2013 年特色指标的排名为前 100 强中的排名。

案例二：芝加哥市（美国）

（一）景观斑块连接度

从芝加哥市不同类型绿地斑块的统计和比较中可以看出，芝加哥市绿

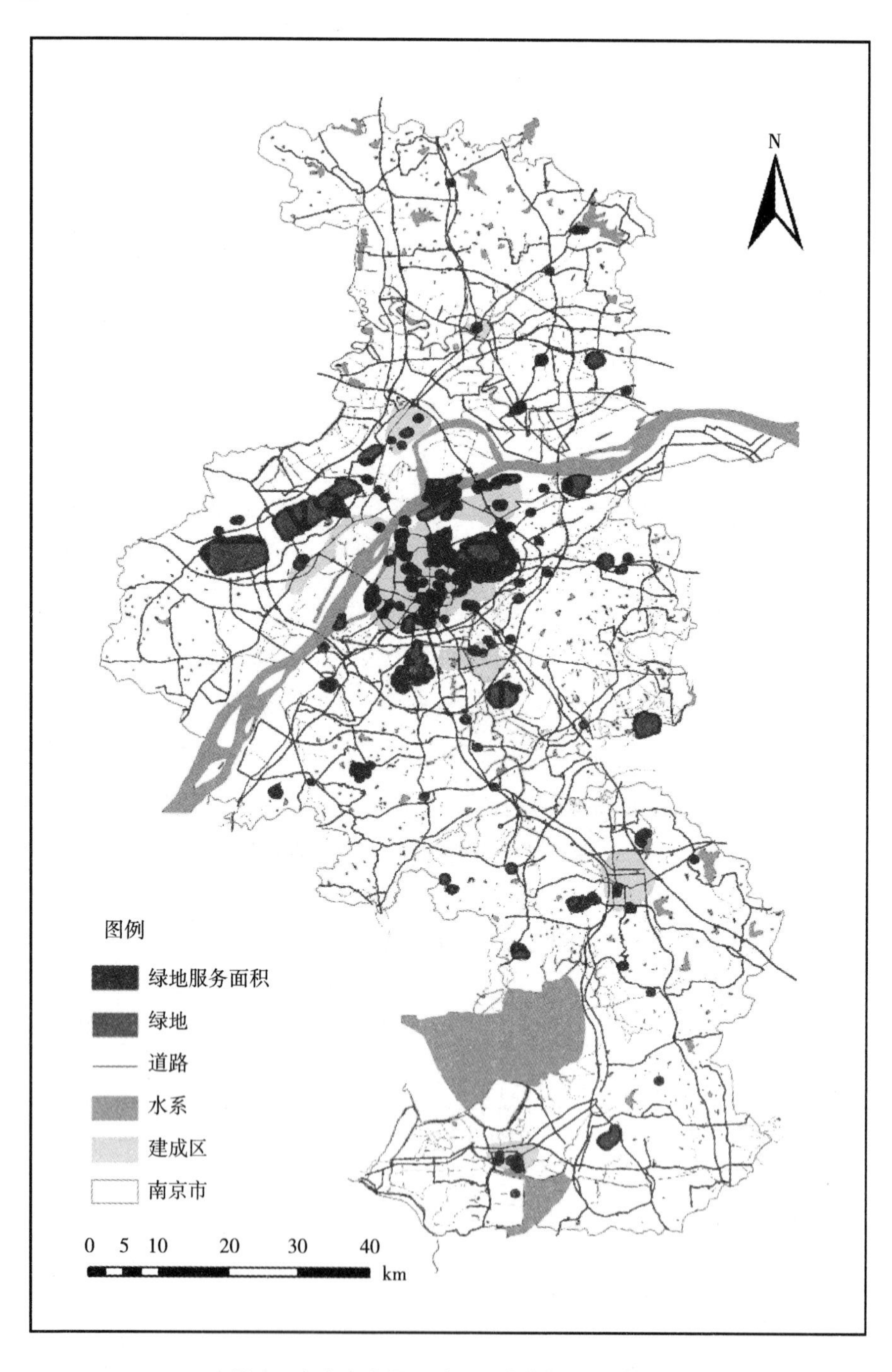

图2　南京市公园绿地500米半径服务范围

地斑块中，大型斑块同样占绝对优势，其面积之和占绿地斑块总面积的99.88%；大中型、中型和小型斑块面积之和仅占0.12%，表明芝加哥市城市自然生态系统的主导依然是大型斑块（表7）。在绿地斑块数量的比较中，除大型斑块占较大比例（43.76%）之外，中型和大中型斑块也占较大的比重（分别为33.22%和19.86%），说明中型斑块数量多并且分布较广。

通过与南京市景观分布格局的对比分析可知，无论从城市绿地斑块的数量，还是从斑块的面积来看，芝加哥市均明显高于南京市；此外，从图3中可以看出，芝加哥市绿地斑块的分布及其面积也相对更为均衡，尤其是大中型、中型和小型斑块数量和面积的增加，使芝加哥市的景观布局更加合理，景观斑块连接度更高，绿地斑块的生态效益更大。

表7　芝加哥市不同类型绿地斑块的统计与比较

斑块大小(平方米)	面积		斑块		斑块平均面积
	面积(公顷)	比例(%)	数量(块)	比例(%)	(公顷/块)
<500 小型	0.62	0.001	18	3.16	0.03
500~3000 中型	24.59	0.033	189	33.22	0.13
3000~10000 大中型	62.73	0.085	113	19.86	0.56
≥10000 大型	73570.22	99.881	249	43.76	295.46
合　计	73658.16		569		129.45

（二）公园绿地500米半径服务率

芝加哥市公园绿地的500米半径服务率为82%，公园绿地分布均匀，可达性整体较好（图4）。此外，芝加哥市公园绿地的服务范围表现出高覆盖、低重叠的特点，服务效率高。

从以上中国南京市和美国芝加哥市城市建设的案例分析可以看出，在景观休闲型城市的建设过程中，以大型景观斑块为基础，增加中、小型景观斑块的比例，能提高景观斑块的连接度，促进景观斑块多样性和物种多样性的增加；保证公园绿地对城市建成区的高覆盖度，减少重叠，可以提高公园绿地的服务率，增加其可达性；较高的公园、剧场影院拥有比例能激发市民户外游憩和休闲娱乐的意识；城市旅游业的发展能带动休闲服务产业的发展，

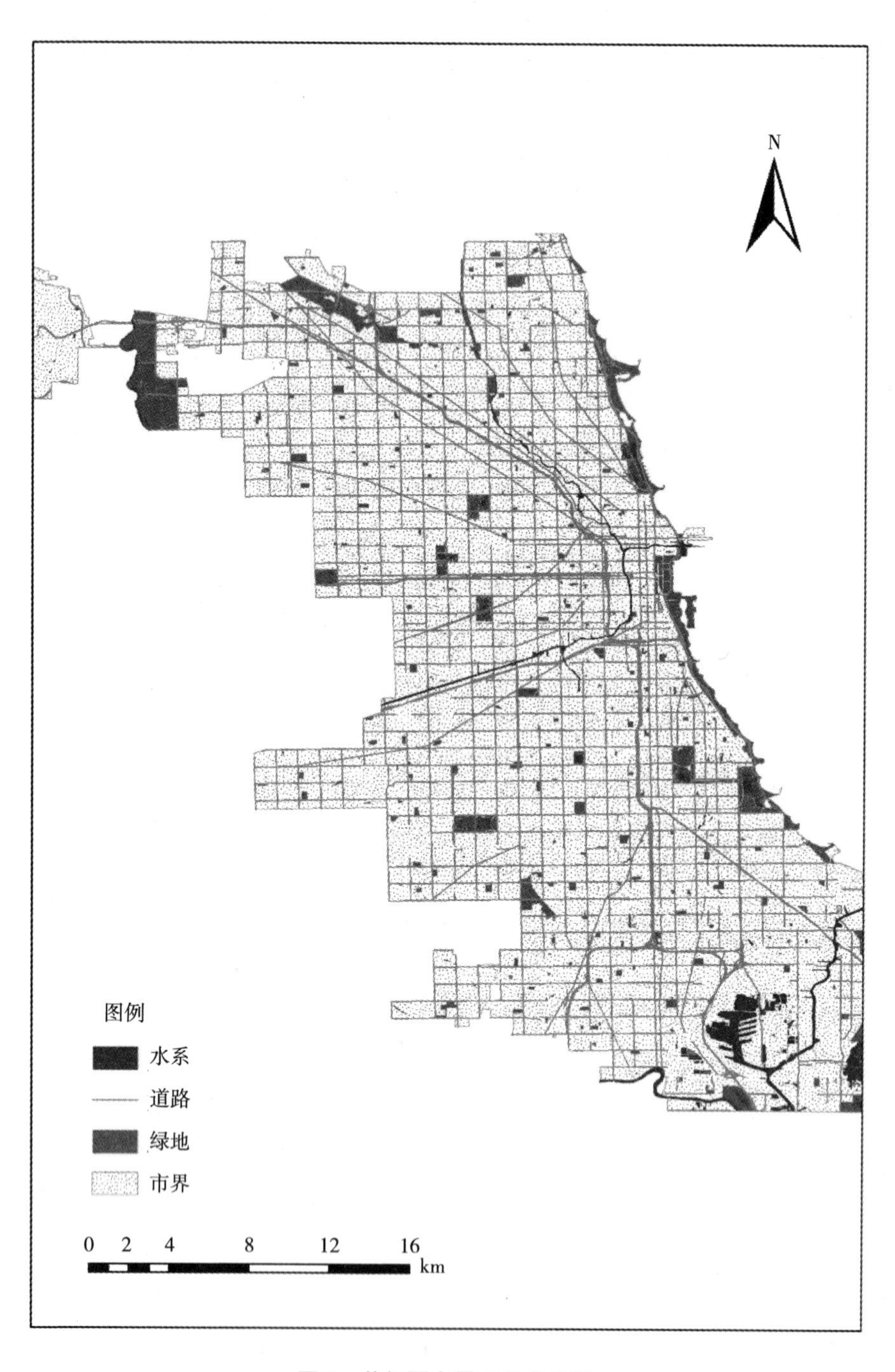

图 3　芝加哥市景观分布格局

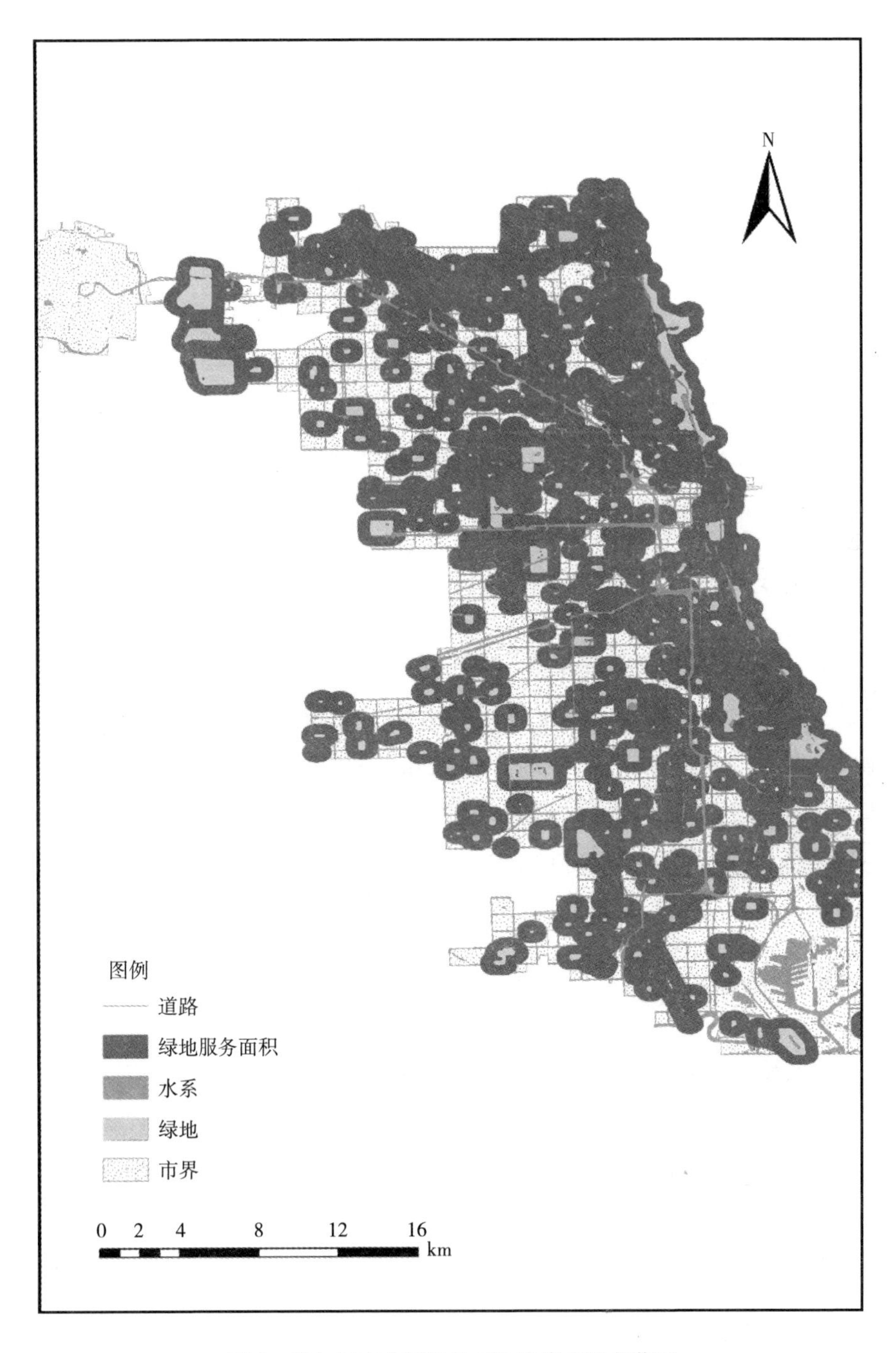

图 4　芝加哥市公园绿地 500 米半径服务范围

不仅能够提高城市化水平和宜居性，同时也能满足城市居民不断增长的精神需求，推动中国景观休闲型城市的建设和发展。

三　景观休闲型城市建设对策与建议

建设景观休闲型城市，需要在可持续发展战略的指导下，结合城市本身的自然景观特点，发挥区域优势，全社会参与，努力将适宜发展景观休闲特色的城市打造成市民满意的生态城市。鉴于本报告对2013年中国城市发展状况的评价分析，提出以下几点景观休闲型城市建设的对策和建议。

（一）政府引导

党的十八届三中全会提出“用完善的体制制度保障生态文明建设，保护生态环境”，这是国家可持续发展的诉求和巨大进步。将一座城市建设成景观休闲型城市必须结合该城市的特点，制定明确的目标、具体的指导原则以及详尽的规划。建设景观休闲型城市需要从政府层面开始关注围绕生态城市建设的相关理论和生态适用技术的研究、开发与应用。

（二）理论支撑

发展循环经济、注重城市绿化、规划先行、提倡集约型城市空间结构是目前国内比较认可的生态城市建设模式，而提高公众参与度、彰显城市特色、对规划实施进行保障、研究生态化适用科学技术手段和加强城市公交引导需要被更多地提倡。[①]

城市是自然生态系统和人工生态系统共同组成的有机体，对于人工生态

① 薛梅：《国内外生态城市建设模式比较研究》，《城市问题》2009年第4期。

系统的规划和建设不应该造成对自然生态系统的破坏，对不可避免的破坏要及时修复，以保证自然生态系统的稳定及其功能的发挥。应规划并促进城市公园绿地系统形成带状结构以增加景观的连续性，增加各种生态要素的影响和制约，使其良性循环发展；丰富城市自然生态系统中的物种多样性；提升公园绿地的人文涵养，彰显城市独有的历史文化背景；增加市民通过公园绿地亲近自然的机会，让市民在休闲娱乐的氛围中舒缓工作带来的压力，修复身心，践行健康生活的理念。①

世界上只有少数几个国家将休闲服务业作为国民经济行业分类体系中的一类，而城市化的进程往往与休闲服务业的发展相辅相成，研究休闲服务业的发展规律，对于中国城市化进程的评估和规划具有指导性意义。②

随着社会经济的发展，旅游城市在中国经历了较长时期的发展，在建设生态城市的大背景下，以自然风光、历史人文、生态文明和社会经济见长的旅游城市应抓住契机，充分利用自身的特质，调动休闲资源和休闲氛围，提升休闲功能和城市品质，促进旅游城市向景观休闲型城市转化升级。③

（三）社会参与

政府及生态城市建设应积极推进公众参与，尤其是年轻一代的参与，在生态城市的设计中满足他们的诉求，增加环境保护教育，在公众参与中加快生态城市建设步伐。

（四）法制保障

在城市化进程中，城市建设会引起土地利用方式的转变，进而影响

① 朱赟：《如何运用园林绿化塑造城市景观空间》，《现代园艺》2014 年第 6 期。
② 宋瑞：《城市化与休闲服务业动态关系考察——以美国为例》，《城市问题》2014 年第 9 期。
③ 黄安民：《从旅游城市到休闲城市的思考：渗透、差异和途径》，《经济地理》2012 年第 5 期。

土地功能，也影响城市景观格局，对景观的生态服务功能产生干扰。因此，景观休闲型城市的建设需要优化土地利用方式，使土地资源最大限度地发挥其功能，使城市景观最大限度地体现其生态服务价值，把城市景观与城市居民的日常休闲娱乐生活有机地结合起来，提升城市居民的生活幸福指数。①

① 梁小英、顾铮鸣、雷敏、王晓：《土地功能与土地利用表征土地系统和景观格局的差异研究——以陕西省蓝田县为例》，《自然资源学报》2014 年第 7 期。

G.7

绿色消费型城市建设评价报告

高天鹏* 姚文秀 方向文

摘 要： 本报告在对绿色消费型城市的内涵以及构建绿色消费型城市的必要性进行分析的基础上，选择了恩格尔系数、消费支出占可支配收入的比重、单位GDP商品房销售额、人行道面积占道路面积的比例和单位城市道路面积公共汽（电）车营运车辆数5个特色指标，结合生态城市建设的14个核心指标，建立了绿色消费型城市评价体系。使用该评价体系对中国100个城市进行了城市绿色消费建设的评价和排序，得到中国2013年绿色消费型城市的排名次序。同时，回顾了2014年中国倡导城市绿色消费所出台的主要政策，对现阶段中国绿色消费型城市建设中存在的问题及对策进行了系统的总结，并选择了典型城市进行案例分析，旨在为绿色消费型城市建设提供合理化建议。

关键词： 城市建设 绿色消费 低碳减排 评价报告

一 绿色消费型城市的评价体系

（一）绿色消费及绿色消费型城市的建设内涵

消费包括物的消耗和资源的消耗。可分为广义消费和狭义消费。狭义消

* 高天鹏，男，甘肃城市发展研究院副院长，兰州城市学院建筑与城乡规划学院院长，化学与环境科学学院教授，硕士生导师，生物学博士。

费是指生活消费，即消费者用来满足生活需求而使用并损耗的各类物资。本文是在狭义消费的层面上来进行论述的。关于绿色消费的统一概念，我国学者唐锡阳以“3R”和“3E”原则来定义其内涵，即 Reduce，Reuse，Recycle 和 Economic，Ecological，Equitable。

绿色消费，包括绿色产品、能源的有效使用，物资的循环利用以及对生存环境、物种环境的保护等。① 绿色消费的重点是“绿色生活，环保选购”。我们按照其包含的主要内容将其概括为“三绿”，即“绿色”观念、“绿色”产品和“绿色”环境，它们之间的相互作用可以用图 1 表示。

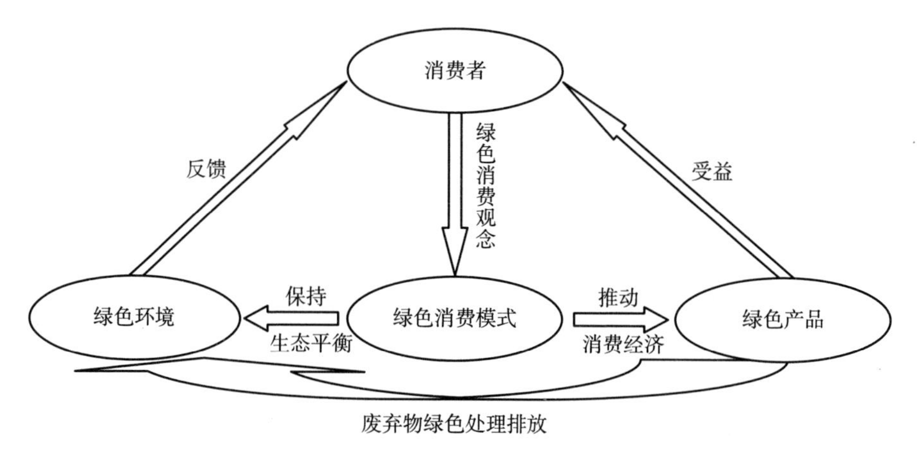

图 1 “三绿”关系图

1. 绿色消费的特征

绿色消费注重对环境的保护，是一种更科学的消费模式，不仅是节制性的消费，更是可持续性消费，体现代内与代际公平的消费，强调在保障当代人生存与发展的情况下尽量减少对资源的消耗，更好地满足后代生存与发展的需求。同时强调从消费产品的选择到对产品废弃物的处置全程的绿色环保。因此，消费的节制性、持续性和全程性共同构成绿色消费的特征。

2. 中国构建绿色消费型城市的必要性

我国已具备实施绿色消费的客观条件，从环境保护、经济发展、生态文

① 柳明：《你对绿色消费了解多少》，《环境教育》2009 年第 5 期。

明以及中华民族可持续发展等方面来看，我国有必要全面实施绿色消费，加快绿色消费型城镇化建设。

（1）有利于缓解环境压力

绿色消费倡导消费者使用绿色无污染的绿色产品。这些绿色产品从原材料的开发到产品的加工、生产、消费和使用后废弃物的处理等环节都要符合环保的要求。绿色消费主张资源的充分利用和回收，反对浪费，使有限的自然资源得到节约和合理使用，尽可能地减少人们的消费活动对环境的影响。因此，绿色产品有利于缓解原本严重的环境问题，对环境是无害或者少害的，对环境保护可起到积极的作用。

（2）有利于提升公众健康水平

人类的生产和生活资料都要从自然中摄取，而被污染的环境所产生的物质一旦进入体内，必然会对人的健康造成危害。绿色食品和有机食品都是无公害、无污染的食品，能有效保障人类健康。除绿色食品、有机食品外，还有无毒、无污染的生态服装、绿色家居、绿色交通工具、节能家电等，都有助于提升人类的健康水平。

（3）有利于转变社会生活方式

高消费、多消费，不仅造成了不必要的浪费，而且对自身健康和环境都造成了危害。绿色消费将改变人类这种错误的消费方式，倡导人类转向轻松、简朴、舒适的生活方式，从而实现节约资源和能源、减少污染和危害的目标。随着科学技术的进步和社会的发展，绿色生活方式已经成为当今社会的潮流，更是一种高品质的生活方式。转变生活方式，选择绿色消费，才是关爱自然的表现。

（二）绿色消费型城市建设评价指标体系

1. 评价指标体系的设计

（1）城市筛选

在《中国生态城市建设发展报告（2014）》中，为了利于分析各城市的综合发展，在核心城市的基础上，共选择了116个城市进行数据处理，得到

了绿色消费型城市排名。在《中国生态城市建设发展报告（2015）》中，将城市数量增加到284个，对其进行绿色消费型城市排名，并选择了前100名城市进行分析。

（2）城市排名

根据绿色消费型城市的主要特点，设计了相应的评价指标体系（见表1），其中包括14个三级指标（健康指数）和5个四级指标（特色指标），三级指标体现的是生态城市建设的基本要求，四级指标用来描述城市生态建设侧

表1　绿色消费型城市健康指数（ECHI）评价指标体系（2015）

<table>
<tr><th rowspan="2">一级指标</th><th colspan="3">核心指标</th><th colspan="2">特色指标</th></tr>
<tr><th>二级指标</th><th>序号</th><th>三级指标</th><th>序号</th><th>四级指标</th></tr>
<tr><td rowspan="14">环境友好型城市综合指数</td><td rowspan="2">生态环境</td><td>1</td><td>森林覆盖率(建成区绿化覆盖率)(%)</td><td rowspan="4">15</td><td rowspan="4">恩格尔系数(%)</td></tr>
<tr><td>2</td><td>PM2.5(空气质量优良天数)(天)</td></tr>
<tr><td rowspan="2">生态经济</td><td>3</td><td>河湖水质(人均用水量)(吨/人)</td></tr>
<tr><td>4</td><td>人均公共绿地面积(人均绿地面积)(平方米/人)</td></tr>
<tr><td rowspan="10">生态社会</td><td>5</td><td>生活垃圾无害化处理率(%)</td><td rowspan="4">16</td><td rowspan="4">消费支出占可支配收入的比重(%)</td></tr>
<tr><td>6</td><td>单位GDP综合能耗(吨标准煤/万元)</td></tr>
<tr><td>7</td><td>一般工业固体废物综合利用率(%)</td></tr>
<tr><td>8</td><td>城市污水处理率(%)</td></tr>
<tr><td>9</td><td>信息化基础设施[互联网宽带接入用户数(万户)/城市年底总户数(万户)]</td><td rowspan="3">17</td><td rowspan="3">单位GDP商品房销售额(%)</td></tr>
<tr><td>10</td><td>人均GDP(元/人)</td></tr>
<tr><td>11</td><td>人口密度(人/平方千米)</td></tr>
<tr><td>12</td><td>生态环保知识、法规普及率,基础设施完好率[水利、环境和公共设施管理业全市从业人员数(人)/城市年底总人口(万人)]</td><td>18</td><td>人行道面积占道路面积的比例(%)</td></tr>
<tr><td>13</td><td>公众对城市生态环境满意率[民用车辆数(辆)/城市道路长度(千米)]</td><td rowspan="2">19</td><td rowspan="2">单位城市道路面积公共汽(电)车营运车辆数</td></tr>
<tr><td>14</td><td>政府投入与建设效果(城市维护建设资金支出/城市GDP)</td></tr>
</table>

注：造成重大生态污染事件的城市在当年评价结果中扣5～10分。

重点的差别。用来评价绿色消费型城市的5个特色指标分别为：恩格尔系数、消费支出占可支配收入的比重、单位GDP商品房销售额、人行道面积占道路面积的比例和单位城市道路面积公共汽（电）车营运车辆数。

该评价体系的5个特色指标将绿色消费型城市建设的主要特点作为落脚点，包括了政府和消费者在绿色消费型城市建设中发挥的作用等内容。在这5项特色指标中，恩格尔系数、消费支出占可支配收入的比重、单位GDP商品房销售额是反映生态经济的四级指标，而人行道面积占道路面积的比例、单位城市道路面积公共汽（电）车营运车辆数作为反映生态社会和谐的四级指标，显示了政府对绿色出行、公共交通工具的使用、鼓励和引导，属于政府对绿色消费的监管与保障。

2. 指标说明及数据来源

14个三级指标的数据来源和指标意义请参见本书《整体评价报告》，本报告仅对绿色消费型城市特色指标的意义及数据来源进行简单阐述。

恩格尔系数的计算公式如下：

$$恩格尔系数 = （食品支出金额/总支出金额）\times 100\%$$

食品支出金额以及总支出金额来源于各省统计年鉴及CNKI（社会经济发展数据库）。恩格尔系数是指食品支出总额在个人消费支出总额中所占的比重，一般随居民家庭收入水平和生活水平的提高而下降。恩格尔系数越大，则一个国家居民生活水平越低，生活越贫困；反之，恩格尔系数越小，生活越富裕。[①] 恩格尔系数过大，说明家庭支出的一大部分用于购买食品，限制了其他方面的消费，恩格尔系数变小时，表明家庭用于购买食品的开销占家庭收入的比例有所下降，居民就有可能将更多的可支配收入投入其他层次的消费中改善生活质量，提高消费层次和水平。

消费支出占可支配收入比重的计算公式如下：

---

① 张守锋：《从恩格尔系数的变动看我国居民消费结构的变化》，《大众科技》2006年第2期。

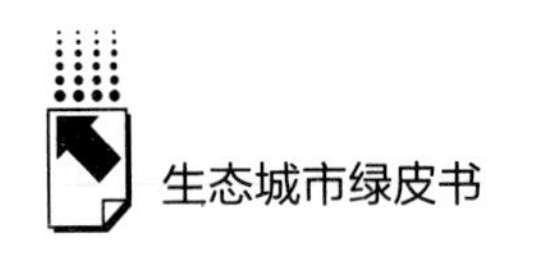

消费支出占可支配收入的比重 =（城镇居民人均消费性支出/城镇居民人均可支配收入）×100%

城镇居民人均消费性支出、城镇居民人均可支配收入数据均来源于中国区域经济统计年鉴、各省统计年鉴及 CNKI（社会经济发展数据库）。

消费支出占可支配收入的比重，能够反映中国城市居民的消费情况。在中国经济增长的“三驾马车”中，只有投资和出口两驾马车在艰难地全力拉动着我国经济的增长，而消费这驾马车却一直处于滞怠的状态，不同的消费层次存在不同的消费结构，又有着不同的消费需求，居民的收入水平和消费水平都会影响消费结构的变化及升级。只有消费这个大环境改变了，才利于逐步分层次地改善居民的消费结构，转变消费模式，走绿色消费、可持续消费之路。

单位 GDP 商品房销售额的计算公式如下：

单位 GDP 商品房销售额 =（年商品房销售额/全年 GDP）×100%

年商品房销售额与全年 GDP 数值均来源于中国区域经济统计年鉴、各省统计年鉴及 CNKI（社会经济发展数据库）。近年来，以绿色消费、信息消费、服务消费与养老消费等为代表的新型消费方式一直保持着良好的发展势头，且绿色消费呈现出不断加速的趋势。人们已逐渐将减少污染、健康消费、绿色环保等理念融入居民日常的消费行动当中。住房是关系国计民生的大事，无论人均收入高低还是销售价格高低，对人们的购房需求都无明显影响。在倡导绿色消费的今天，商品房销售额无疑成为人们生活质量提高、消费观念提升的一个很重要的标志。

人行道面积占道路面积比例的计算公式如下：

人行道面积占道路面积的比例 =（人行道面积/道路面积）×100%

人行道面积及道路面积数据均来源于城市建设统计年鉴。人行道、自行车道的合理规划、建设、维护与有效管理能够激励居民选择绿色出行。人行道和自行车道都是绿色出行的载体，为绿色出行提供基本条件。国际上优秀的绿色之城也多重视建设市民散步和骑自行车的专用道，以此鼓励市民选择绿色出行。考虑到数据的易得性和齐全性原则，本研究选择了人行道面积占道路面积的比例这一指标作为特色指标之一。

单位城市道路面积公共汽（电）车营运车辆数的计算公式如下：

单位城市道路面积公共汽(电)车营运车辆数 = 公共汽(电)车营运车辆数/年末实有城市道路面积

公共汽（电）车营运车辆数与年末实有城市道路面积数据均来源于中国城市统计年鉴。随着绿色消费观念的深入，号召人们多步行、多骑车、多乘公交车、少开车等，引导民众绿色消费、绿色出行，可让人们在充分享受绿色发展所带来的便利和舒适的同时，自然、环保、节俭、健康地生活。

3. 数据处理

（1）城市筛选

在《中国生态城市建设发展报告（2014）》中，运用层次分析法①对绿色消费型城市进行初筛，根据计算结果选取了116个城市，本年度绿色消费型城市以284个核心城市为基础，对排名前100位的城市进行下一阶段的绿色消费型城市排名工作。

（2）城市排名计算方法

绿色消费型城市的有关数据处理方法与生态城市健康指数的数据处理相同（见本书《整体评价报告》）。

（三）中国城市绿色消费型建设总体述评

1. 2013年绿色消费型城市建设总体评价与分析

根据表1所建立的绿色消费型城市评价体系和数学模型，对284个城市的19项指标进行运算，得到了2013年各市的绿色消费型城市综合指数得分，并进行排名，筛选出了前100名（见表2）。下面针对绿色消费

① Ying, X., Zeng, G. M., et al: Combining AHP with GIS in Synthetic Evaluation of Eco-environment Quality——Case Study of Hunan Province, China, *Ecological Modeling* 2007年，第209期，第97~109页。

表 2　2013 年中国绿色消费型城市评价结果

城市名称	绿色消费型城市综合指数(19 项指标结果)		生态城市健康指数(ECHI)(14 项指标结果)		绿色消费型特色指数(5 项指标结果)		特色指标单项排名				
							恩格尔系数	消费支出占可支配收入的比重	单位 GDP 商品房销售额	人行道面积占道路面积的比例	单位城市道路面积公共汽(电)车营运车辆数
	得分	排名	得分	排名	得分	排名	排名	排名	排名	排名	排名
三　亚	0.8743	1	0.8755	2	0.8725	22	272	125	1	27	18
厦　门	0.8704	2	0.8708	3	0.8698	26	141	148	2	147	45
铜　陵	0.8683	3	0.8662	4	0.8716	24	188	37	130	104	48
福　州	0.8644	4	0.8521	9	0.8829	13	175	123	4	130	11
西　安	0.8631	5	0.8385	17	0.9001	4	57	87	13	53	37
沈　阳	0.8618	6	0.8600	8	0.8644	30	28	55	19	165	114
大　连	0.8569	7	0.8503	10	0.8669	27	156	164	76	84	39
武　汉	0.8494	8	0.8317	24	0.8759	19	170	120	37	59	72
广　州	0.8451	9	0.8447	13	0.8456	45	135	50	38	195	28
杭　州	0.8447	10	0.8301	28	0.8667	28	81	145	18	171	16
南　宁	0.8434	11	0.8437	14	0.8428	49	210	84	35	158	98
哈尔滨	0.8431	12	0.8105	45	0.8919	8	91	80	42	133	29
上　海	0.8345	13	0.7902	80	0.9010	3	129	68	26	95	8
惠　州	0.8338	14	0.8621	6	0.7915	106	168	81	7	242	74
贵　阳	0.8336	15	0.7755	95	0.9208	1	107	27	3	15	21
青　岛	0.8297	16	0.8351	21	0.8216	75	121	235	92	143	93
海　口	0.8293	17	0.8502	11	0.7978	101	261	117	5	207	43

续表

城市名称	绿色消费型城市综合指数(19 项指标结果)		生态城市健康指数(ECHI)(14 项指标结果)		绿色消费型特色指数(5 项指标结果)		特色指标单项排名				
							恩格尔系数	消费支出占可支配收入的比重	单位 GDP 商品房销售额	人行道面积占道路面积的比例	单位城市道路面积公共汽(电)车营运车辆数
	得分	排名	得分	排名	得分	排名	排名	排名	排名	排名	排名
银川	0.8241	18	0.7785	91	0.8926	7	53	19	12	142	47
佛山	0.8238	19	0.8118	43	0.8418	50	114	48	93	216	14
合肥	0.8233	20	0.8185	38	0.8304	63	197	184	15	137	115
舟山	0.8197	21	0.8615	7	0.7572	144	150	183	71	199	149
蚌埠	0.8196	22	0.8310	25	0.8024	92	256	221	20	74	107
烟台	0.8190	23	0.8352	20	0.7947	103	103	253	98	163	119
南昌	0.8186	24	0.8040	56	0.8404	52	142	210	29	125	52
秦皇岛	0.8183	25	0.8173	40	0.8197	78	46	63	36	58	185
天津	0.8182	26	0.8210	35	0.8142	84	281	21	110	119	96
铜川	0.8170	27	0.8274	29	0.8013	93	139	43	270	85	128
深圳	0.8169	28	0.7989	65	0.8438	47	124	206	139	181	1
乌鲁木齐	0.8168	29	0.8123	42	0.8236	74	140	26	50	231	20
北海	0.8164	30	0.8101	46	0.8260	70	263	167	115	136	54
西宁	0.8148	31	0.7451	132	0.9194	2	98	47	77	60	4
北京	0.8145	32	0.8191	36	0.8076	87	258	77	27	225	2
长春	0.8130	33	0.8037	57	0.8269	69	45	9	134	213	117
成都	0.8128	34	0.7848	87	0.8549	34	162	160	10	160	23

续表

城市名称	绿色消费型城市综合指数(19项指标结果)		生态城市健康指数(ECHI)(14项指标结果)		绿色消费型特色指数(5项指标结果)		特色指标单项排名				
							恩格尔系数	消费支出占可支配收入的比重	单位GDP商品房销售额	人行道面积占道路面积的比例	单位城市道路面积公共汽(电)车营运车辆数
	得分	排名	得分	排名	得分	排名	排名	排名	排名	排名	排名
长沙	0.8126	35	0.7907	78	0.8455	46	3	214	45	162	22
扬州	0.8125	36	0.8354	19	0.7781	122	136	201	70	178	138
宝鸡	0.8115	37	0.7914	75	0.8416	51	111	66	231	4	131
湛江	0.8101	38	0.7933	69	0.8352	58	265	35	182	24	97
重庆	0.8093	39	0.8228	33	0.7891	108	284	31	16	50	61
株洲	0.8087	40	0.7912	77	0.8349	59	5	190	96	115	135
丽水	0.8079	41	0.7600	114	0.8798	15	97	103	102	40	120
中卫	0.8066	42	0.7587	115	0.8786	17	26	46	89	151	86
太原	0.8037	43	0.7960	66	0.8153	83	149	249	91	108	92
芜湖	0.8030	44	0.8435	15	0.7422	158	211	168	46	54	232
牡丹江	0.8029	45	0.7567	118	0.8721	23	113	131	144	86	91
新余	0.8029	46	0.8657	5	0.7086	188	179	239	221	20	193
吉林	0.8016	47	0.7867	86	0.8240	73	79	115	189	179	79
郑州	0.8010	48	0.7463	131	0.8830	12	27	83	23	164	19
常州	0.8008	49	0.8301	27	0.7569	145	101	182	72	256	109
绵阳	0.8004	50	0.7519	124	0.8732	21	193	89	128	35	70
济南	0.7989	51	0.8263	31	0.7578	143	44	261	111	167	137

续表

城市名称	绿色消费型城市综合指数（19 项指标结果）		生态城市健康指数（ECHI）（14 项指标结果）		绿色消费型特色指数（5 项指标结果）		特色指标单项排名				
							恩格尔系数	消费支出占可支配收入的比重	单位 GDP 商品房销售额	人行道面积占道路面积的比例	单位城市道路面积公共汽（电）车营运车辆数
	得分	排名	得分	排名	得分	排名	排名	排名	排名	排名	排名
抚顺	0.7984	52	0.7448	133	0.8788	16	164	139	87	39	80
中山	0.7972	53	0.7521	123	0.8649	29	185	195	30	101	3
本溪	0.7953	54	0.7730	98	0.8288	66	201	53	44	172	118
绍兴	0.7944	55	0.8113	44	0.7690	131	118	251	59	129	157
珠海	0.7927	56	0.8923	1	0.6432	247	178	54	9	274	225
吴忠	0.7914	57	0.7285	152	0.8856	10	74	51	81	121	105
苏州	0.7912	58	0.8365	18	0.7232	179	67	159	69	250	158
淮南	0.7911	59	0.8252	32	0.7400	162	227	110	75	214	156
七台河	0.7911	60	0.7611	113	0.8359	57	109	15	252	149	51
盘锦	0.7910	61	0.8188	37	0.7492	151	66	268	104	42	170
淄博	0.7907	62	0.7932	70	0.7870	110	73	29	202	206	126
襄樊	0.7896	63	0.7823	89	0.8007	94	191	95	145	180	125
广元	0.7885	64	0.7621	111	0.8280	67	221	82	187	72	112
湖州	0.7870	65	0.8305	26	0.7217	181	94	237	100	11	242
宁波	0.7860	66	0.7927	72	0.7760	124	137	265	108	187	12
益阳	0.7858	67	0.7245	157	0.8777	18	10	69	164	90	65
阜新	0.7855	68	0.7355	144	0.8605	33	133	65	79	166	78

续表

城市名称	绿色消费型城市综合指数(19 项指标结果)		生态城市健康指数(ECHI)(14 项指标结果)		绿色消费型特色指数(5 项指标结果)		特色指标单项排名				
							恩格尔系数	消费支出占可支配收入的比重	单位 GDP 商品房销售额	人行道面积占道路面积的比例	单位城市道路面积公共汽(电)车营运车辆数
	得分	排名	得分	排名	得分	排名	排名	排名	排名	排名	排名
咸　阳	0.7850	69	0.7941	68	0.7714	128	71	64	250	52	184
江　门	0.7847	70	0.8178	39	0.7350	170	209	118	84	174	213
嘉　兴	0.7842	71	0.7628	110	0.8162	81	37	185	64	193	83
克拉玛依	0.7824	72	0.8267	30	0.7159	184	108	134	192	234	164
马鞍山	0.7823	73	0.7847	88	0.7787	121	154	150	107	100	205
黄　山	0.7816	74	0.8408	16	0.6929	203	155	74	52	237	234
宜　昌	0.7812	75	0.7775	93	0.7866	111	183	75	179	150	146
桂　林	0.7807	76	0.7944	67	0.7603	142	218	166	132	240	32
枣　庄	0.7807	77	0.8043	53	0.7451	155	63	211	199	70	183
梅　州	0.7787	78	0.7774	94	0.7807	119	243	114	123	112	176
鹤　壁	0.7782	79	0.8210	34	0.7141	185	36	181	195	186	198
镇　江	0.7776	80	0.8322	23	0.6956	200	112	204	94	255	160
酒　泉	0.7776	81	0.7268	154	0.8537	36	76	5	198	96	123
肇　庆	0.7758	82	0.7884	85	0.7569	146	264	111	66	21	222
淮　安	0.7753	83	0.7926	73	0.7495	150	105	90	28	155	240
龙　岩	0.7753	84	0.7656	108	0.7897	107	195	76	126	227	95
萍　乡	0.7752	85	0.8000	62	0.7380	165	152	203	264	91	150

续表

城市名称	绿色消费型城市综合指数(19项指标结果)		生态城市健康指数(ECHI)(14项指标结果)		绿色消费型特色指数(5项指标结果)		特色指标单项排名				
							恩格尔系数	消费支出占可支配收入的比重	单位GDP商品房销售额	人行道面积占道路面积的比例	单位城市道路面积公共汽(电)车营运车辆数
	得分	排名	得分	排名	得分	排名	排名	排名	排名	排名	排名
莆田	0.7739	86	0.7699	101	0.7798	120	224	152	41	120	172
新乡	0.7738	87	0.6978	193	0.8878	9	29	113	117	63	102
温州	0.7737	88	0.7197	162	0.8546	35	213	116	58	114	85
漯河	0.7736	89	0.7249	156	0.8467	43	70	143	254	33	35
通化	0.7720	90	0.7534	121	0.7999	95	125	233	220	61	67
威海	0.7717	91	0.8334	22	0.6792	222	55	257	49	220	190
丽江	0.7713	92	0.7542	120	0.7968	102	267	245	14	64	36
阳泉	0.7698	93	0.7498	128	0.7997	96	51	217	247	128	27
呼和浩特	0.7694	94	0.7170	165	0.8480	42	14	24	172	189	10
辽源	0.7694	95	0.8036	58	0.7180	183	72	44	273	258	108
滁州	0.7689	96	0.7932	71	0.7326	172	184	8	22	127	262
营口	0.7685	97	0.7905	79	0.7354	168	253	198	31	244	41
兰州	0.7680	98	0.7439	134	0.8041	90	127	10	154	236	66
柳州	0.7677	99	0.7990	64	0.7208	182	216	141	185	235	133
随州	0.7661	100	0.7262	155	0.8259	71	199	92	237	28	111

型前100名城市的建设现状及部分指标排名特点进行简要分析。

2013年绿色消费型城市综合指数排名如表2所示，前10位的绿色消费型城市依次为：三亚市、厦门市、铜陵市、福州市、西安市、沈阳市、大连市、武汉市、广州市、杭州市。这些城市在绿色消费型城市的构建方面表现突出，能够为其他城市建设提供相关经验。

从重点反映绿色消费状况的特色指标分析可见：榆林市、张家界市、长沙市、湘潭市、株洲市、常德市、岳阳市、衡阳市、通辽市、益阳市等城市的恩格尔系数较低，排名靠前，说明这些城市居民用于食品支出的比例要低于其他城市；张掖市、汕头市、潮州市、三门峡市、酒泉市、乌海市、安庆市、滁州市、长春市与兰州市的消费支出占可支配收入的比重较高，单项排名位于前列；单位GDP商品房销售额排名前10的城市分别为三亚市、厦门市、贵阳市、福州市、海口市、廊坊市、惠州市、清远市、珠海市、成都市；人行道面积比例最高的10个城市为巴中市、庆阳市、河源市、宝鸡市、遂宁市、巴彦淖尔市、达州市、亳州市、焦作市、天水市；单位城市道路面积公共汽（电）车营运车辆数最高的10个城市为深圳市、北京市、中山市、西宁市、云浮市、延安市、长治市、上海市、衡水市和呼和浩特市。

根据上述城市所隶属的具体行政区域，我们将2013年进入前100名的绿色消费型城市列入中国行政区域图中（见图2）。从图2可以看出，2013年华北地区均位列20名以后；东北地区沈阳市、大连市进入前10名，哈尔滨市位列第12名，其余城市名次均分布在30~100内；华中地区城市仅武汉市进入前10名，其余城市排名均在20名以后，并且比较集中；华南地区三亚市、厦门市、福州市、广州市均进入前10名，前50名与后50名的城市数目几乎相当；西南地区进入100强的较少；西北地区西安市跻身前5名，其余城市较均匀地分布在10~100名之间；华东地区铜陵市、杭州市、上海市、青岛市、合肥市进入前20名，并且是所有地区中进入前100强最多的地区。

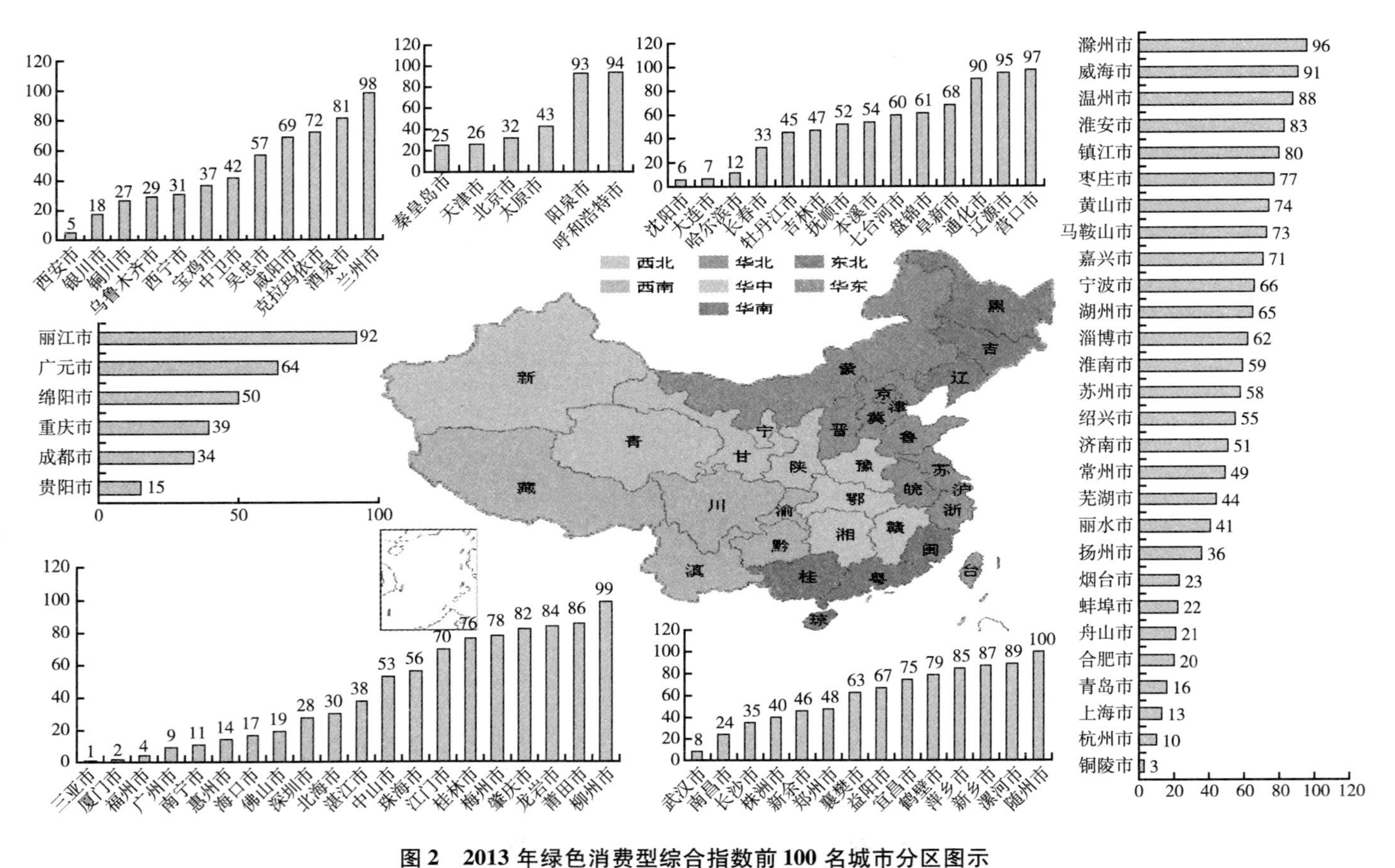

图 2　2013 年绿色消费型综合指数前 100 名城市分区图示

2. 2013年中国绿色消费型城市各地比较分析

在2013年中国绿色消费型城市评价分析中，针对各地区进入百强的城市数量进行分析，结果见图3。华北地区评价城市数量占全国总评价城市数量的11%，其中进入百强的城市有6座，占百强总数的6%；东北地区评价城市数量占全国总评价城市数量的12%，其中进入百强的城市有14座，为百强总数的14%；华东地区评价城市数量占全国总评价城市数量的20%，进入百强城市的数量占百强总数的比例为28%；华南地区评价城市数量占全国总评价城市数量的16%，其中20座城市进入百强；华中地区评价城市数量占全国总评价城市数量的19%，进入百强城市的数量占百强的14%；西南地区评价城市数量占全国总评价城市数量的11%，而进入百强的比例为6%；西北地区评价城市数量占全国总评价城市数量的11%，其中进入百强的有12座城市，占百强总数的12%。从中可知，在中国绿色消费型城市百强比例中，华东地区的百强城市比例超过了百强的1/4，华北地区的百强城市与西南地区的百强城市数目相同，东北地区与华中地区相同，亦从表中可看出：华南地区 = 华北地区 + 东北地区 = 西南地区 + 华中地区 = 1/2（西北地区 + 华东地区）。

图4显示了各地区进入百强的城市数量占对应各地区评价城市总数量的比例。华北地区参评城市中18.8%的城市进入百强；东北地区参评城市中进入百强的城市数量占其评价总数的41.2%；华东地区参评城市中进入百强的城市数量占其评价总数的48.3%；华南地区参评城市中进入百强的城市数量占其评价总数的43.5%，与东北地区相差不多；华中地区参评城市中进入百强的城市数量占其评价总数的26.4%；西南地区参评城市中进入百强的城市数量占其评价总数的19.4%；西北地区参评城市中进入百强的城市数量占其评价总数的40.0%。由图中可见，东北地区、华东地区、华南地区、西北地区参评城市中进入百强的城市数量均达到40%以上。

3. 2011～2013年绿色消费型城市比较分析

图5展示了2011～2013年中国绿色消费型城市综合指数前50名城市的数量变化。从中可以看出，在这三年间，华北地区城市数量由2011年的7

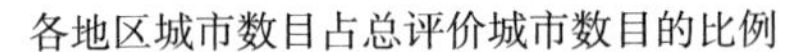

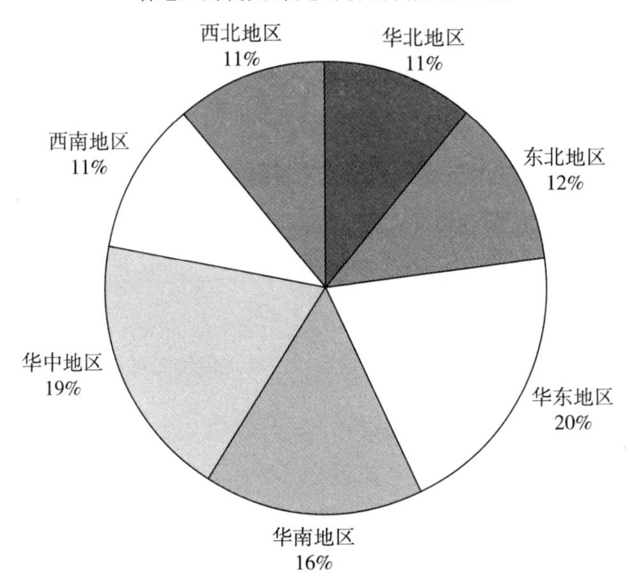

各地区城市进入百强城市比例

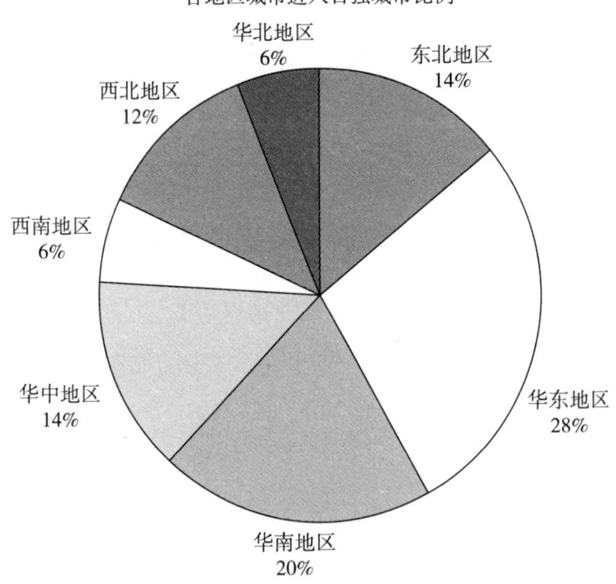

图3　中国各地区评价城市数占总评价城市数及进入百强城市比例

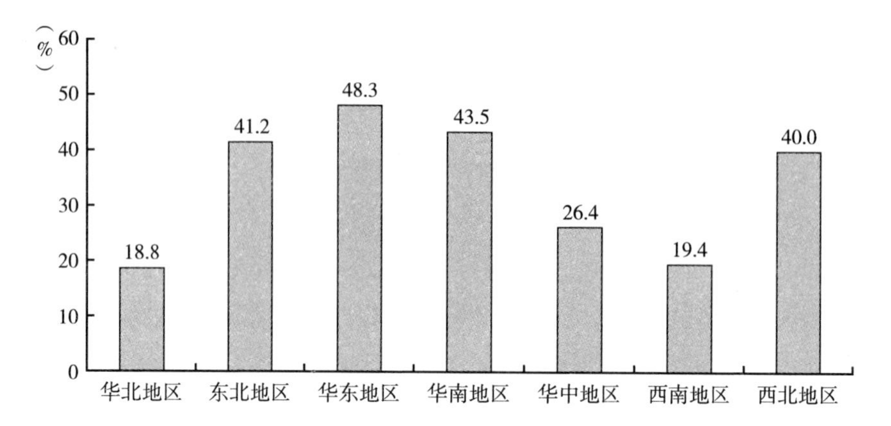

图 4　各地区百强城市数占对应各地评价城市总数比例

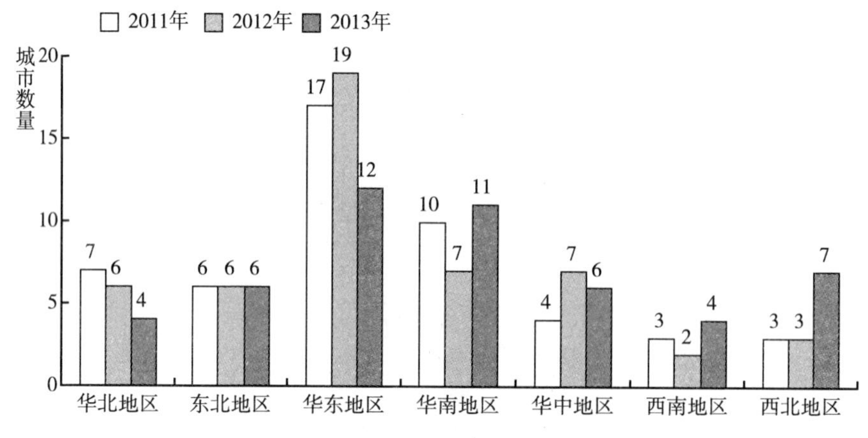

图 5　中国区域绿色消费型城市综合指数前 50 名城市三年数量分布比较

个城市逐年减少到 2013 年的 4 个；东北地区在这三年连续保持 6 个城市没变；华东地区与华中地区的数量呈先增加后减少的波动态势；相反，华南地区与西南地区的数量呈先减少后增加的波动态势，同样，华南地区每年进入前 50 名的城市数量接近于西南地区城市数量的 3 倍；在这三年间，西北地区保持两年 3 个不变，在 2013 年跃增到 7 个，可见 2013 年西北地区在绿色消费型城市的建设方面做出了很大的努力，并取得了可喜的成果。

4. 结论

在这三年间，厦门市、沈阳市、大连市、广州市、杭州市和上海市的绿色消费型城市综合指数的排名始终位居前 20 名。表明这些城市在生态城市建设的基础方面和绿色消费特色方面表现均比较出色，其中厦门市 2013 年名次上升较快，由 2012 年的第 13 名跃居第 2 名。大连市在这三年间排名波动不大，沈阳市近两年排名相当。根据中国绿色消费型城市综合指数前 50 名城市的数量变化，这三年华北地区进入前 50 的城市数目呈下降趋势；东北地区总体保持不变；华南地区、华中地区、西南地区在这三年都呈波动态势；华东地区在近一年的下降幅度较大，相反，西北地区在近一年上升幅度较大。从以上城市的整体发展态势看，在中国绿色消费型城市建设方面华东地区整体实力比较出色；华北地区有部分城市排名有所下降；东北基本持平，西南地区变化较平缓。

绿色消费型城市建设方面，目前总体态势为华东地区突显，除此外，华南地区的最小值均略高于其余 5 个地区。今后在绿色消费型城市建设方面，华北、华中和西南地区尚需努力加大绿色消费型生态城市的建设力度，东北和西北地区虽然颇具潜力，在前 50 名中所占比例也在保持甚至逐步上升，但还需注重绿色消费型特色方面建设，更应注意提升城市建设的生态基础。

二　绿色消费型城市的实践探索

（一）2014年中国绿色消费型城市建设运行环境分析

1. 绿色消费型城市建设政策环境分析

国家引导绿色投资和绿色生产，环境保护部配合国家有关部门，制定“双高”产品名录等市场监管政策，提高“双高”产品的环境损害成本，抑制“双高”产品的生产和使用，限制对“双高”产品的投资和生产，加快绿色转型，推进绿色投资和绿色生产，推动这些产品有序退出市场。同时，制定环境保护重点设备名录，鼓励和引导企业投资治污，促进环保产业发展。

倡导公众和全社会“绿色消费”。随着公众环境保护意识的提高，全社会对产品本身及其生产过程中的环境危害、环境风险更加关注，绿色消费倒逼绿色生产的趋势越来越明显。

2. 绿色消费型城市建设市场环境分析

绿色消费的实施依赖公民绿色消费意识、绿色消费市场和绿色消费者自身，三者缺一不可。其中，绿色消费市场是绿色消费的载体和关键环节。目前，我国关于绿色消费市场容量估算方面的研究还不够，但已有调查显示，市场上消费者对绿色产品的需求越来越强烈，尤其是食品和日常用品方面的需求更为显著，而实际在市场上能够满足消费者期望水平的绿色产品比较匮乏，正因如此，绿色产品的市场前景十分广阔。

（二）案例分析

1. 深圳市——节能减排的绿色酒店先行者

深圳中南海滨绿色连锁酒店在中国的崛起，标志着我国酒店的绿色化。中南海滨绿色管理系统与酒店运营系统成功连接，实现了客人在前台结算（check out）时一张单承载两个数据，既有客人在酒店的消费明细，也有客人在客房内产生的能耗和碳排放明细，如果能耗和碳排放低于标准，将给予一定比例的会员积分奖励，如超出标准值将给予温馨提示，提醒宾客注意节能减排。该企业所追求的绿色饭店建设，可以帮助其平均节电15%、节水10%，不仅取得了节能减排、绿色环保的成效，也成功带动了相关产业的发展。深圳中南海滨绿色连锁酒店的成功创建，为我国绿色酒店更大范围的创建奠定了基础。

2. 苏州市——环保低碳的绿色建筑领导者

国务院早在2013年1月就将发展绿色建筑上升为国家战略。江苏绿色建筑发展一直处于全国领先位置，截至2013年底江苏省绿色建筑项目总数已达316项，占全国的1/3。也正是从2013年起，江苏省保障房、政府投资项目、省级示范区中的项目及大型公共建筑等四类新建项目，全面执行绿色建筑标准。仅2013年，江苏省绿色建筑项目就新增144项，约为2012年的1.5倍，2011年的3倍；截至2015年1月1日，按绿标分数排名，江苏省得分为738分，连续三年居全国第一。

苏州，绿色建筑数量最多，以其独特的园林景观被誉为“中国园林之城”，素来以山水秀丽、园林典雅而闻名天下，有“江南园林甲天下，苏州园林甲江南”的美称，又因其小桥流水人家的水乡古城特色，素有“人间天堂”“东方威尼斯”“东方水城”的美誉。它是中国首批24座国家历史文化名城之一，是吴文化的发祥地，苏州园林是中国私家园林的代表，被联合国教科文组织列为世界文化遗产。苏州市在继承了明代园林疏朗典雅的古朴风格的基础上，建成的绿色建筑的数量足足占到了全省总量的1/3（具体数值比较见图6、图7、图8、图9）。

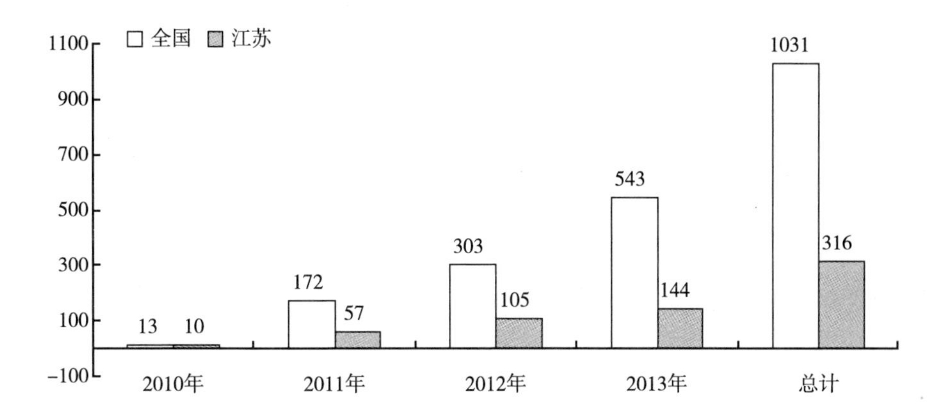

图6　江苏省及全国历年绿色建筑增长趋势

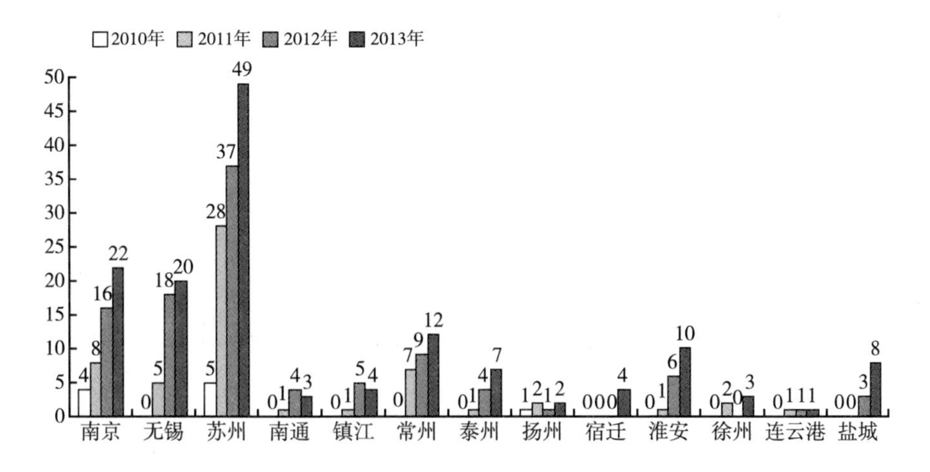

图7　江苏省各城市绿色建筑增长趋势

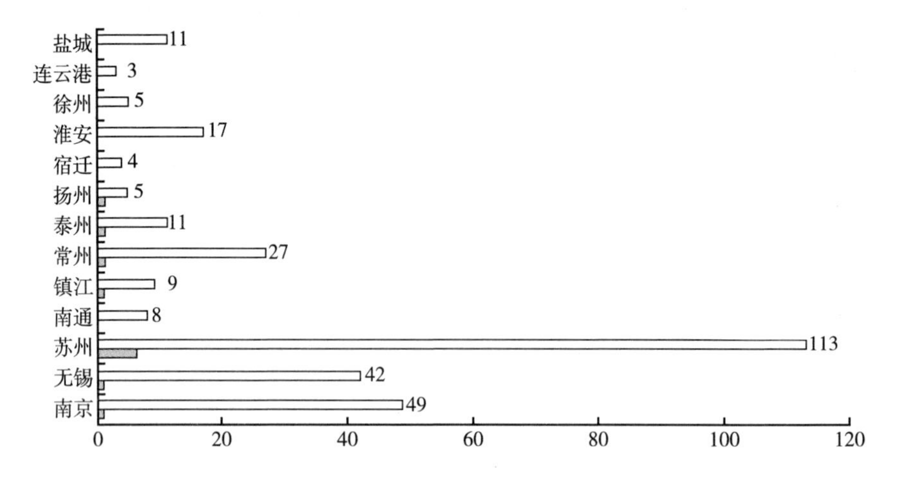

图 8　江苏省各城市设计、运行标识数量比较

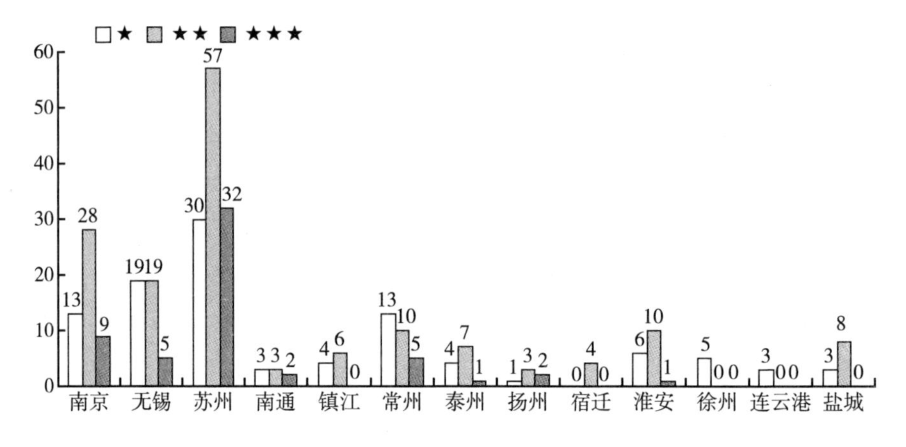

图 9　江苏省各城市一星二星三星标识数量比较

三　建设绿色消费型城市的对策建议

（一）提高公众的绿色消费宣传力度与教育水平

要提高消费者的环保意识，首先应该转变消费者的消费观念。德国学者巴得加认为，“消费者对污染问题的认识程度会影响他对环保的态度，对环保的态度又会影响他对绿色生活方式的态度，对绿色生活方式持积极态度的人会参与绿色产品的购买和消费活动”。[①] 因此，提高并加强消费者的绿色消费意识是普及并践行绿色消费的基础。

1. 广泛开展绿色消费宣传活动

首先，拓宽新闻媒体的传播渠道。要让绿色消费的观念普及人心，不仅要满足发达地区所需而且要考虑到落后地区，政府应指派专门的媒体工作人员到经济落后的地区进行调查并将绿色消费理念灌输给那里的人们，发放绿色消费宣传手册，提高他们对绿色产品的认知度，使当地的消费者认识到错误的消费方式会加剧环境的恶化，鼓励他们在日常生活的点滴中节约资源，保护环境，对产品尽量做到循环利用，并学会对垃圾进行回收处理，从而养成一种健康的绿色生活方式。

其次，积极开展社区绿色消费宣传活动。社区给人类提供最基本的生存环境，因此在社区中，从个别的到整体的、系统的绿色消费宣传活动对推动整个社区践行绿色消费具有很重要的积极作用。

再次，政府可以鼓励多个学校联合开展绿色消费知识竞赛活动。以市级或县级为单位组织各大院校举行以绿色消费为主题的知识竞赛活动，胜出者不仅可以获得相应的荣誉和奖励，也可同时作为所在市的绿色消费代言人，呼吁全市居民转变消费方式，转变为符合环境可持续发展的绿色消费模式，树立人与自然共生共荣的生存观。

最后，加大企业对于绿色生产的宣传力度。绿色生产的企业应定期向公众宣传绿色产品并鼓励其购买，这样才会鼓励消费者甘愿付出额外费用去购买绿色产品，全民共同营造一个健康的绿色消费氛围。

2. 大力推广绿色消费的教育

加强对消费者消费观的教育，使其掌握并接纳现代化的消费理念，彻底

---

① 阎俊：《影响绿色消费者消费行为的因素分析及其营销启示》，《北京工商大学学报》2003年第18（2）期。

摒弃人类以自我为中心的消费观念，塑造一个全新的、现代的、理性的、绿色的消费模式。

（1）因地制宜的学校教育

加强对消费者绿色消费的教育，首先应考虑消费者因地域及文化水平不同，所形成的消费观念也不尽相同。在我国，东西部、城乡之间的教育水平本就相差甚远，所以绿色消费的教育应考虑到这些差距，因地制宜地进行。其次，应充实绿色消费的教育内容。应将人们健康的生活习惯与理性的消费方式结合起来，淡化人类以自我为中心的观念，从生存和生产方式上逐步转变。

（2）家庭教育的正确引导

我国传统教育是以德为重，以家庭为中心，崇尚亲情、重视家庭，所以，每个人的消费行为在很大程度上受整个家庭消费理念的影响较多。个体尤其孩子的消费理念和思维方式也在很大程度上取决于家庭尤其是父母的教育水平高低，这就意味着整个社会的进步都将受它影响。家庭教育的内容应以正确引导孩子的消费观念和生产生活方式为主，在日常生活中应不断灌输给孩子正确的消费观念和与生活密切相关的绿色消费常识。父母应帮助孩子在成长的过程中形成健康的消费意识，学会合理的、适度的消费。

（3）社会教育的多方参与

网络已贯穿在人们生活的点点滴滴中，并具有很强的传播性，消费者协会应联合企业创办网络教育平台，提高教育的时效性。每个人在社会中扮演的角色不同，对应的教育方式和内容应有所不同，针对企业，就需对其绿色生产制定相关教育内容；针对消费者，应就绿色起居、绿色饮食、绿色家居、绿色服饰等绿色健康的生产生活方式等内容进行教育；针对农民，则应偏重于指导如何种植绿色、有机的农产品等。如果大家都为这样一个共同的目标齐心协力，那么我国改善环境质量，提高消费质量，实现环境与经济可持续发展的目标将指日可待。

（二）加强政府的参与力度

推广和普及绿色消费，政府干预很重要。政府应对企业的生产进行严格监督，对产品的质量进行严格把关，维护绿色市场的合理化秩序，保证绿色产品的有效流通，共同营造一个高品质的绿色消费环境。

1. 增加政府对绿色消费的投资

发展绿色企业是一项大工程，政府这样权威的机构应当参与管理和统筹协调发展。政府首先要增加对绿色产业的投资数额，制定有利于绿色产业发展的政策，保证绿色产业的有序发展。其次，政府可以通过招商引资的形式鼓励国外的企业来中国对绿色生产的企业进行投资，为国内企业引进国外先进的生产设备和环保技术，带动绿色产业的发展。最后，政府应制定对绿色生产企业有导向性的帮扶政策，帮扶其发展。

2. 监管绿色企业进行绿色生产

复杂的交易市场上难免有伪劣产品冒充正品以次充好、以假乱真，所以，绿色企业的产品生产技术、生产环境标准必须严格按照国际通用标准制定，并按照国际惯例推行环境 ISO14000 质量认证。为保护消费者的合法权益和国家形象，政府可将符合绿色产品质量认证的产品贴上特殊的标志，引导市民选择。政府相关部门应严格监管生产和流通环节，严格执行质量打假，严厉打击绿色产品生产和销售中的违规违法行为，为消费者创造一个良好和谐的绿色消费环境。

3. 建立专门的绿色消费监管部门

可考虑建立一个归政府管辖的绿色消费部门，其主要任务是负责制定有利于发展绿色产业的总体规划、方针政策、责任立法等，以便更好地促进我国绿色消费的践行工作。具体涉及产业、税收、奖惩三个方面。产业方面主要包括企业的生产、加工、流通、营销、运输、消费等各个环节。而税收则是为了更好地保护环境而设定专门的税收政策，实行资源有偿使用原则。以法律的形式强制要求消费者在消费后对垃圾进行合理的分类和回收处理，对于不合理的消费行为进行必要的惩罚，企业也是如此，而对环保有益的企业或个人则应得到相应的奖励。

（三）完善绿色消费的法制建设

绿色消费现在还缺乏一套特有的、全面的、完整的法律体系，还处在一个被不断提及的边缘位置上。因此，建议从消费者个体、企业和政府三方面来完善我国绿色消费的法制建设。

1. 保护消费者绿色消费的权利

我国目前有关消费者权利的相关规定存在，有关消费者义务的规定却几乎没有。现如今生态环境破坏日益严重，我国有必要通过立法形式以强制性的手段约束公众的消费行为。作为一名合法的消费者，必须承担所购买的产品在使用时或使用后对环境造成破坏的责任，并且有义务使其购买的产品在使用时或使用后对环境的破坏程度降到最小。对于消费者严重破坏环境的消费行为应予以相应处罚，更为严重者可以追究其法律责任。

2. 规范企业的绿色生产行为

企业作为产品的生产者，推动着整个绿色消费市场的发展，所以，完善企业的绿色生产消费法制建设意义重大。企业的绿色消费义务和社会责任应在法律中被提及，建议在有关绿色消费的法律文书中制定详细的绿色产品的定义及其生产标准，制定绿色产品标志认证制度，保证绿色产品的质量，让消费者可以主动并且放心地去购买和使用。

3. 约束政府绿色采购的审批权限

作为监管机构和消费者权益保护者的政府，不但要加大对绿色消费法律体系的立法、执法力度，也应大力推广实施绿色采购，从而推动整个社会的绿色消费。[①] 有必要把绿色采购规定为政府的法定义务，通过立法使政府采购“绿色化”、强制化，这样不仅能引导绿色产品在市场层面上得到认可，而且由于政府参与起到了示范作用，广大消费者购买绿色产品的积极性也会提高。长此以往，将不仅使绿色消费观念普及人心，也会使良好的环保意识得以树立，从而提升整个社会的绿色消费理念。

① 施海智：《绿色消费及其法制化探析》，《榆林学院学报》2010 年第 20（2）期。

G.8

综合创新型生态城市评价报告

曾 刚 滕堂伟* 尚勇敏 朱贻文 海骏娇 顾娜娜

摘 要： 综合创新型生态城市是创新型城市和生态城市的有机融合，也是全球创新驱动与全球生态治理战略耦合的产物，是中国实施创新型国家战略、新型城镇化战略、建设“美丽中国”战略的空间载体。兼具高效的区域创新体系、健康的生态区域、精明的城市结构三者的特点。为了准确把握我国综合创新型生态城市建设现状，笔者构建了综合创新型生态城市评价指标体系，借助2014年政府相关部门发布的面板数据，通过求和计算、运用聚类分析等方法，对中国286个地级及以上城市的综合创新水平进行了排序和分类，发现北京、深圳、上海、苏州、珠海、广州、厦门、杭州、威海、大连名列前10；我国城市可以分为服务类、创新类、经济类、环境类四类。此外，笔者还对上海、武汉、大连、绵阳等不同规模等级的综合创新型生态城市的建设经验进行了总结归纳。

关键词： 综合性 创新型 生态城市 示范城市

* 滕堂伟，男，经济学博士、地理学博士后，华东师范大学区域经济学、人文地理学硕士生导师。

一　综合创新型生态城市的评价体系

（一）综合创新型生态城市的内涵

经济全球化与信息化催生的创新要素的全球流动与空间集聚，促进了创新型城市的发展，并基于可持续发展共识、生态治理的全球协调，加速了生态城市的崛起。综合创新型生态城市则是全球创新驱动与全球生态治理两者战略耦合的产物，是中国实施创新型国家战略、新型城镇化战略、建设“美丽中国”战略的空间载体，是中国提高综合国力、形成国际竞争新优势的关键支撑点。

从基本构成要素上看，综合创新型生态城市实现了高效的区域创新体系、健康的生态区域[①]以及精明的城市结构三者的有机结合，综合创新型生态城市要求具备优良的自然生态、和谐的人居生态、宽容的文化生态、高端的产业生态和健康的区际关系生态，并在所在国家和区域发挥突出的引领辐射作用（见图1）。城市处于自然资本不断增值、产业持续升级、生活质量稳步提高、城市竞争优势不断强化、城乡与区域关系协调互动的包容性增长、可持续发展之中。

高效的区域创新体系、典型的生态区域、精明的城市结构是综合创新型生态城市的三大战略支点，造就了三轮驱动发展机制。其中，高效的区域创新体系为城市发展提供强大的创新驱动力，是城市环境友好、生态安全、生产高效、生活舒适的战略支撑，是科技创新、制度创新、开放创新的内在协调和共同发展的核心动力。城市内的社会—经济—自然复合生态系统[②]，造就了具备支撑生产、支持生活和还原生态等功能的生态区域，以人为本，对三

---

① 曾刚：《基于生态文明的区域发展新模式与新路径》，《云南师范大学学报》（哲学社会科学版）2009 年第 5 期。

② 王如松、欧阳志云：《社会—经济—自然复合生态系统与可持续发展》，《中国科学院院刊》2012 年第 3 期。

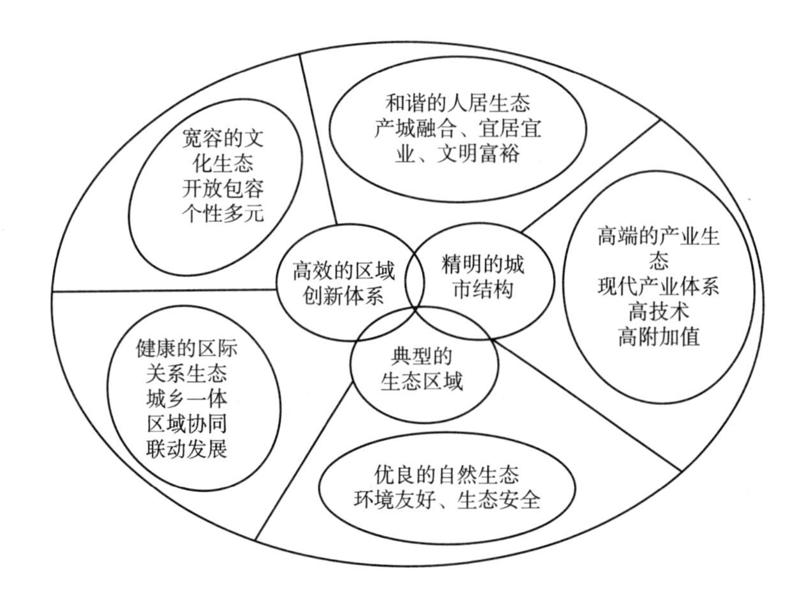

图1　综合创新型生态城市基本要素结构示意图

个方面的协调发展以及区域功能空间布局进行统一调控。精明的城市结构体现了新城市主义与精明增长观,[①] 要求充分利用城市现有存量空间，进行集聚性较高的城市建设、组团式发展，促进生活和就业空间模块相距合理，在中心城区、近郊区、远郊区形成分工明确、优势互补的城市创新空间布局，增强城市的创新功能。

从具体的5大构成要素看，“优良的自然生态”是综合创新型生态城市的直接表征，要求环境友好、生态安全，用科技驱动绿地系统建设，用科技驱动碳汇系统建设，依靠科技进步治理环境、修复生态。“和谐的人居生态”是综合创新型生态城市的宗旨，通过人地关系协调、产城融合、宜居宜业，建设文明富裕的资源节约型、环境友好型社会。“宽容的文化生态”不仅是创新驱动发展的必要条件，也是“和谐的人居生态”的应有之义，体现着城市增长的包容性和张力。“高端的产业生态”意味着用新兴技术改

① 王丹、王士君：《美国“新城市主义”与“精明增长”发展观解读》，《国外城市规划》2007年第2期。

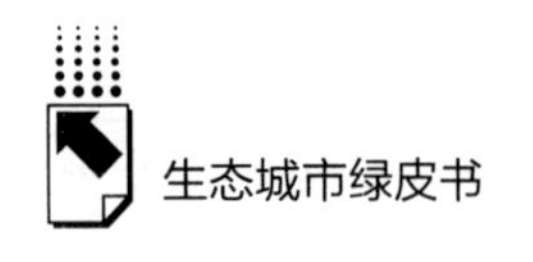

造传统产业，通过科技进步促进产业升级，实现产业生态化，生态产业化，建立现代产业体系，为综合创新型生态城市提供发展的强大物质支撑。“健康的区际关系生态”意味着城乡、城市与周边区域、城市与城市在生态环境上实施一体化治理，在经济社会发展中联动协同，形成健康的区际竞合关系。

（二）综合创新型生态城市评价指标体系

综合创新型生态城市评价指标体系包括14个核心指标和6个扩展指标。除了生态城市指标体系的14个核心指标外，综合创新型生态城市指标体系还包括百万人口专利授权数、R&D经费支出占GDP比重、高新技术产业增加值占GDP比重、机场客货运吞吐量、轨道交通运营里程、技术市场合同成交额等6个扩展指标。

（1）百万人口专利授权数

百万人口专利授权数是指城市每百万常住人口拥有的专利授权件数，是衡量城市创新能力与水平的重要指标，也是当今世界衡量城市创新产出的常用指标。OECD创新测度、澳大利亚智库“2thinknow”创新城市指数、美国硅谷指数、日本森纪念财团（Mori Memory Foundation）全球城市实力评价指数等均赋予该指标以较高的权重。其中，专利授权量指由专利行政部门授予专利权的件数，是发明专利、外观专利、实用新型专利等三种专利授权数的总和。《国家“十二五”科学和技术发展规划》提出，到“十二五”末期，力争将我国百万人口发明专利拥有量提高到3.3件。

（2）R&D经费支出占GDP比重

R&D经费支出是指用于社会的各层次研究以及试验开发的经费支出，包括参与实验开发人员、所需实验或开发物资、场所和固定资产等各项支出的总和。R&D经费支出占GDP比重也称研发强度，是城市R&D经费支出与其地区生产总值之比，从科技投入角度反映了城市的科技能力、自主创新能力、创新驱动经济增长潜力，是国际上衡量城市科技活动规模、科技投入水平、科技创新能力高低、创新城市建设水平的通用指标。《国家“十二五”科学和技术发展规划》指出，到2015年末，中国R&D经费占GDP的比重要力争提高到2.2%。《国家中长期科技发展规划纲要（2006~2020）》则进一步明确了要求，进一步提出到2020年力争全社会研究开发投入要提高到国内生产总值的2.5%以上。

（3）高新技术产业增加值占GDP比重

高新技术产业增加值占GDP比重是指高新技术产业增加值与国内生产总值之比，它是衡量城市产业结构调整、经济发展方式转变贡献率以及城市创新产出水平、创新能力、发展潜力中高新技术产业作用的重要指标，也反映了科技创新成果的应用转化能力和水平。在创新全球化时代，科技实力和高新技术产业发展水平从根本上决定了一国的国际竞争实力，是形成并维护国际竞争优势的命脉。发展高技术产业，可以大幅度提高劳动生产率，从根本上降低资源消耗强度、减轻乃至消除生态环境压力、提高企业竞争力、增强城市综合实力。而国家“十二五”期间的产业发展规划则明确指出要“加快培育和发展节能环保、新一代信息技术、生物、高端装备制造、新能源、新材料、新能源汽车等战略性新兴产业”，到2015年，我国战略性新兴产业的增加值比重应当达到一定水平，占国内生产总值的比重要达到8%，而到了2020年，标准进一步提高，需要达到15%。

（4）机场客货运吞吐量（换算旅客吞吐量）

机场旅客客货运指飞机旅客运送数量和货物运送数量。它反映了机场的规模、能力和效率，是衡量城市国际影响力的重要指标之一。在生产要素全球流动的频率越来越快、流动规模日益扩张的全球化新常态下，航空运输业对于综合创新型生态城市的发展具有战略意义，对于城市的资源集聚及配置能力与效率、在世界城市体系中的地位和能级、对外部的服务和辐射作用等至关重要。机场客货运吞吐量排名靠前的城市，都是国际上综合实力、创新能力非常强的城市。为了便于计算和量纲的统一，依据旅客吞吐量和货物吞吐量之间100:9的换算比，将货运吞吐量换算为旅客吞吐量。

（5）轨道交通运营里程

城市轨道交通是指在城市中安排了固定线路、拥有固定轨道、配套了相应的运输车辆及公共服务等的公共交通设施，是城市内起骨干作用的公共客运服务，具有客运体量庞大、高速便捷、事故率低、时间精确、耗能较低、节约能源和用地等特点，是典型的绿色交通方式，直接影响到城市的功能结构、运行效率和市民的生活质量，不仅直接影响到城市的人居生态、自然生态质量，也在很大程度上影响着城市对高端、专业化生产要素（如人才）的吸引、集聚能力，并深刻重塑着城市的产业区位优势及城市格局。轨道交通运营里程指投入运营的城市地铁、轻轨、有轨电车运营线路长度，能很好地反映城市公共交通的完善及便利程度。国家《“十二五”综合交通运输体系规划》指出，到 2015 年，我国城市轨道建设里程将达到 3000 千米。

（6）技术市场合同成交额

技术市场是重要的要素市场，在综合创新型生态城市的建设过程中发挥着日益重要的作用，是进行技术的开发、转让、咨询、服务交易的场所，是技术供求双方沟通联系的桥梁和媒介。技术市场合同成交额是指在城市技术市场管理办公室认定的技术合同（技术开发、转让、咨询、服务）的合同标的金额的总和，该指标反映了特定城市市场优化配置科技创新成果资源的能力、水平，也在很大程度上体现了城市的对外科技创新服务水平，成为城市与区域科技创新评价的重要指标。2014 年 2 月 21 日，科技部下属的中国技术市场管理促进中心发布的《关于印发 2013 年度全国技术市场合同交易情况的通知》显示：2013 年，全国共成交技术合同 294929 项，成交金额 7469.13 亿元人民币，同比增长 4.5% 和 16.03%。平均每项技术合同成交金额 253 万元人民币，同比增长 11.07%。《中共中央、国务院关于深化体制机制改革加快实施创新驱动发展战略的若干意见》强调：“完善中小企业创新服务体系，加快推进创业孵化、知识产权服务、第三方检验检测认证等机构的专业化、市场化改革，壮大技术交易市场。”

二 综合创新型生态城市的发展评价与类型

（一）综合创新型生态城市指标指数与排名

本报告的综合创新型生态城市评价指标体系（见表1），在中国生态城市健康指数（ECHI）评价指标体系（见本书《整体评价报告》）的基础上，更突出了对城市综合创新能力的考察。在综合创新型生态城市指标体系中，除了“生态环境”“生态经济”和“生态社会”三个核心主题，还增加了“综合创新”特色主题，涵盖了综合创新型生态城市的创新能力和服务能力两方面。该指标体系能够在考察城市生态文明建设水平的同时，兼顾对创新服务能力等综合职能的评价。

根据构建的综合创新型生态城市指标体系，笔者对我国286个地级及以上城市的创新水平进行了评价。对于指标体系的14个核心指标与6个特色指标，编写团队搜集了各相关省区市2014年的统计年鉴、科技统计年鉴，各相关城市的2013年国民经济和社会发展统计公报、2013年全国运输机场生产统计公报等公开发布的2013年统计数据。在计算方法上，为了保证与其他类型生态城市评估结果的可比性，本指标体系的样本城市、评价方法与整体评价均保持一致，这里不再赘述。

根据前述方法，计算得出2013年我国综合创新型生态城市发展指数的100强城市名单（见表2）。在100强城市中，北京、深圳、上海名列前3甲，表明这些城市在创新型生态城市建设中位于我国的顶尖水平。而苏州、珠海、广州、厦门、杭州、威海和大连等城市也排在榜单的前10位，体现出它们在国内同样处于领先地位。与2012年的名单相比［见刘举科等《中国生态城市建设发展报告（2014）》］，本次评价将城市数量由前50名拓展到了前100名，从而可以全面了解更多城市在我国综合创新型生态城市建设中的相对位置。需要指出的是，少数城市由于部分数据缺失，在计算过程中被排除，因而未能进入该名单。

通过与2012年的名次进行比较可以发现，前3名的城市及其具体位次

均保持不变，这也体现出北京、深圳、上海这三座城市不仅综合水平较高，同时还具有稳定的发展状况；在前10名城市中，苏州由2012年的第9位上升至2013年的第4位、大连由第14位上升至第10位，对于已经处于领先地位的城市而言，名次提升的难度和含金量更高，说明这些城市在综合创新建设中具有非常良好的发展态势；而威海从2012年的第37位上升至2013年的第9位、沈阳从第29位上升至第12位，表明这些城市在这一年中进步显著。

表1　我国综合创新型生态城市评价指标体系（2015版）

一级指标	核心指标			特色指标	
	二级指标	序号	三级指标	序号	四级指标
综合创新型生态城市发展指数	生态环境	1	森林覆盖率（建成区绿化覆盖率）（%）	15	R&D经费占GDP比重（%）
		2	PM2.5（空气质量优良天数）（天）		
		3	河湖水质（人均用水量）（吨/人）		
		4	人均公共绿地面积（人均绿地面积）（平方米/人）	16	百万人口专利授权数（项）
		5	生活垃圾无害化处理率（%）		
	生态经济	6	单位GDP综合能耗（吨标准煤/万元）		
		7	一般工业固体废物综合利用率（%）	17	高新技术产业产值占GDP比重（%）
		8	城市污水处理率（%）		
		9	人均GDP（元/人）		
		10	信息化基础设施[互联网宽带接入用户数（万户）/城市年底总户数（万户）]	18	机场客货运年吞吐量
	生态社会	11	人口密度（人/平方千米）		
		12	生态环保知识、法规普及率，基础设施完好率[水利、环境和公共设施管理业全市从业人员数（人）/城市年底总人口（万人）]	19	轨道交通运营里程（千米）
		13	公众对城市生态环境满意率[民用车辆数（辆）/城市道路长度（千米）]	20	技术市场合同成交额（万元）
		14	政府投入与建设效果（城市维护建设资金支出/城市GDP）		

表2　2013年中国综合创新型生态城市100强

序号	城　市	序号	城　市	序号	城　市	序号	城　市	序号	城　市
1	北　京	21	烟　台	41	南　宁	61	安　顺	81	廊　坊
2	深　圳	22	南　京	42	长　春	62	汉　中	82	日　照
3	上　海	23	东　营	43	桂　林	63	乌鲁木齐	83	济　宁
4	苏　州	24	克拉玛依	44	新　余	64	蚌　埠	84	石家庄
5	珠　海	25	青　岛	45	济　南	65	哈尔滨	85	南　昌
6	广　州	26	绵　阳	46	宜　春	66	马鞍山	86	淮　南
7	厦　门	27	榆　林	47	中　山	67	湘　潭	87	荆　门
8	杭　州	28	鹰　潭	48	丽　江	68	贵　阳	88	钦　州
9	威　海	29	合　肥	49	曲　靖	69	汕　头	89	朔　州
10	大　连	30	德　州	50	柳　州	70	萍　乡	90	呼和浩特
11	宁　波	31	武　汉	51	太　原	71	郑　州	91	西　宁
12	沈　阳	32	昆　明	52	海　口	72	呼伦贝尔	92	宜　昌
13	天　津	33	成　都	53	重　庆	73	石嘴山	93	包　头
14	无　锡	34	福　州	54	泉　州	74	连云港	94	平顶山
15	西　安	35	黄　山	55	嘉　兴	75	临　沂	95	兰　州
16	镇　江	36	泰　安	56	绍　兴	76	渭　南	96	伊　春
17	常　州	37	舟　山	57	阜　新	77	银　川	97	焦　作
18	湖　州	38	本　溪	58	大　庆	78	宝　鸡	98	鞍　山
19	东　莞	39	长　沙	59	锦　州	79	广　元	99	衡　水
20	三　亚	40	梅　州	60	徐　州	80	岳　阳	100	张家口

（二）综合创新型生态城市的类型与特征

由于评价的城市数量庞大，为了更精确、细致地分析这些城市的特点和类型，笔者从生态环境、生态经济、生态社会、创新能力和服务能力五大主题入手，将100强城市进行聚类分析。该分析为Q型聚类分析，度量方法为欧式平方距离（SED），聚类方法为离差平方和法（Ward’s Method）。

根据聚类分析结果（见图2），可以将我国综合创新型生态城市100强分为四类：

第一类，服务类城市：北京市、上海市（共2个）。

第二类，创新类城市：深圳市、苏州市、珠海市、厦门市、宁波市、无锡市、镇江市、常州市（共8个）。

第三类，经济类城市：广州市、杭州市、威海市、大连市、沈阳市、天津

嘉兴（55），绍兴（56），福州（34），
青岛（25），长沙（39），蚌埠（64），
哈尔滨（65），郑州（71），烟台（21），
鹰潭（28），东莞（19），徐州（60），
湘潭（67），合肥（29），中山（47），
绵阳（26）

湖州（18），东营（23），大连（10），
威海（09），长春（42），济南（45），
沈阳（12），天津（13）

武汉（31），成都（33），南京（22），
杭州（08），西安（15），广州（06）

珠海（05），厦门（07），镇江（16），
常州（17），宁波（11），无锡（14），
苏州（04），深圳（02）

北京（01），上海（03）

柳州（50），太原（51），昆明（32），
南宁（41），三亚（20），呼伦贝尔（72）

平顶山（94），衡水（99），荆门（87），
钦州（88），渭南（76），宜昌（92），
焦作（97），宝鸡（78），萍乡（70），
岳阳（80），梅州（40），阜新（57），
马鞍山（66），连云港（74），本溪（38），
汉中（62），伊春（96）

廊坊（81），石家庄（84），济宁（83），
兰州（95）

榆林（27），宜春（46），曲靖（49），
广元（79），张家口（100），丽江（48）

德州（30），泰安（36），贵阳（68），
临沂（75），锦州（59），汕头（69），
克拉玛依（24），桂林（43），黄山（35），
舟山（37），新余（44），大庆（58），
安顺（61），泉州（54）

南昌（85），西宁（91），日照（82），
朔州（89），银川（77），包头（93），
呼和浩特（90），石嘴山（73），淮南（86），
乌鲁木齐（63），鞍山（98），海口（52），
重庆（53）

0 5 10 15 20 25

图 2　2013 年我国综合创新型生态城市聚类谱系图

市、西安市、湖州市、东莞市、烟台市、南京市、东营市、青岛市、绵阳市、鹰潭市、合肥市、武汉市、成都市、福州市、长沙市、长春市、济南市、中山市、嘉兴市、绍兴市、徐州市、蚌埠市、哈尔滨市、湘潭市、郑州市（共30个）。

第四类，环境类城市：三亚市、克拉玛依市、榆林市、德州市、昆明市、黄山市、泰安市、舟山市、本溪市、梅州市、南宁市、桂林市、新余市、宜春市、丽江市、曲靖市、柳州市、太原市、海口市、重庆市、泉州市、阜新市、大庆市、锦州市、安顺市、汉中市、乌鲁木齐市、马鞍山市、贵阳市、汕头市、萍乡市、呼伦贝尔市、石嘴山市、连云港市、临沂市、渭南市、银川市、宝鸡市、广元市、岳阳市、廊坊市、日照市、济宁市、石家庄市、南昌市、淮南市、荆门市、钦州市、朔州市、呼和浩特市、西宁市、宜昌市、包头市、平顶山市、兰州市、伊春市、焦作市、鞍山市、衡水市、张家口市（共60个）。

通过计算每一类城市在生态环境、生态经济、生态社会、创新能力和服务能力等主题上的平均得分（见图3），可以分析不同类型城市在五大主题中的显著特征。

第一类城市即服务类城市包括北京市和上海市，这两座城市在2013年我国综合创新型生态城市发展指数排名中分别为第1位和第3位，因此这一类别城市在综合水平上无疑是最高的。但是，具体来看，其实第一类城市的突出特点在于生态社会和服务能力主题。第一类城市在这两个主题上的平均分为四个类型城市中最高的，尤其是服务能力，第一类城市的平均分为0.8205分，远远高于其他三个类型的城市（分别为0.0511分、0.0580分和0.0118分）。这说明，北京市和上海市在基础设施建设、公共服务能力和创新服务支持方面已经稳居全国的顶尖位置，与其他城市相比具有相当大的优势。此外，第一类城市在生态社会主题上的平均分（0.2313分）虽然绝对数值不算很优异，但也是四个类型城市中最高的。这表明，北京市和上海市的生态社会建设水平在国内处于领先水平，同时也说明我国生态社会建设进程任重而道远。值得注意的是，第一类城市在生态环境主题上的平均得分

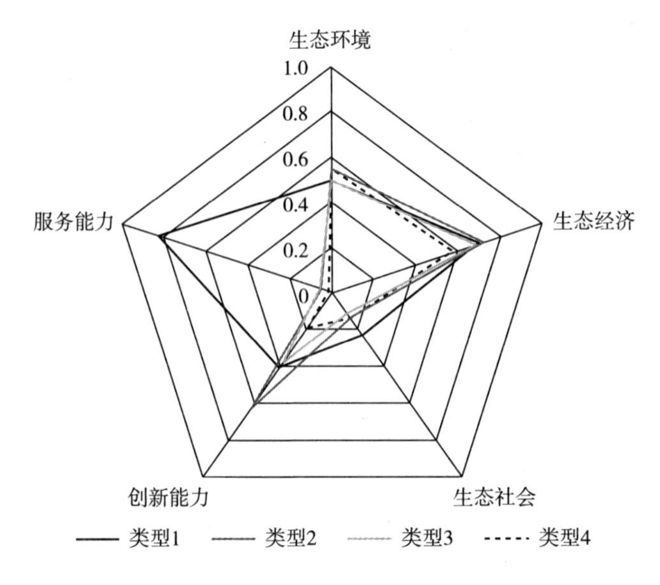

图 3　2013 年我国四类综合创新型生态城市主题得分雷达图

(0.4967 分）是四个类型中最低的，表明北京和上海在城市发展的同时，应当格外关注自身的环境质量。展望未来，第一类城市在保持服务能力突出优势的基础上，应当进一步提高生态社会的水准，同时，应采取合理举措，大力推动生态经济和创新能力等方面综合实力的提高，尤其要注重城市生态环境的治理和维护。

第二类城市即创新类城市包括深圳市、苏州市、珠海市、厦门市、宁波市等八座城市，这八座城市在 2013 年我国综合创新型生态城市发展指数排名中均位于前 20 位，说明第二类城市综合水平也在全国处于较为领先的位置。具体来看，第二类城市的优势主要表现在生态环境、生态经济和创新能力主题上，平均得分均为四个类型城市中最高的。第二类城市最突出的特点在于生态经济和创新能力主题，其中，生态经济主题的平均得分为 0.7326 分，创新能力主题的平均得分为 0.6125 分。在绝对数值较高的同时，第二类城市在创新能力主题上相对优势十分明显，要远高于其他三个类型城市的得分（分别为 0.4138 分、0.3771 分和 0.1862 分）。这表明，深圳市、苏州市、珠海市等城市在研发投入、创新产出和高新技术产业发展等方面走在了全国的前列。在生态环境主题上，第二类城市得分（0.5465 分）要更高于第一类城市（0.4967 分），但与第四类城市（0.5433 分）相比，优势并不明显。展望未来，第二类城市应继续保持对创新和研发的支持力度，沿着高品质发展道路不断推进，同时，要着重提高城市自身的服务能力，打造较好的生态人居环境。

第三类城市即经济类城市包括广州市、杭州市、威海市、大连市、沈阳市等 30 座城市，这 30 座城市整体处于前 100 名中的平均水平，其中也不乏广州、杭州和威海等在 2013 年我国综合创新型生态城市发展指数排名中比较靠前的城市。总体来说，第三类城市在五大主题上相比第一、第二类城市都没有突出优势。不过，相比第四类城市，第三类城市在生态经济（0.6858 分）和创新能力（0.3771 分）上有一定的优势，尤其是生态经济领域，与第一、第二类城市（分别为 0.6963 分、0.7326 分）的差距并不大。这说明，第三类城市目前在经济发展的资源利用效率方面有一些可取之处。需要注意的是，第三类城市在生态环境主题上的平均得分不高（0.5018 分），仅仅略好于第一类的北京市和上海市，这说明这些城市需要格外注意对自身空气质量、水质等生活环境的保护。展望未来，第三类城市应当以生态经济为突破点，以创新驱动转型发展，进一步提高社会经济发展中的生态效率，同时要采取有效措施，尽力弥补经济发展和社会活动对城市生态环境所造成的影响。

第四类城市即环境类城市包括三亚市、克拉玛依市、榆林市、德州市、昆明市等 60 座城市，这 60 座城市大多处于 2013 年我国综合创新型生态城市发展指数排名中游或靠后的位置。从平均水平看，第四类城市的综合创新型生态城市建设水平不如前三类城市。不过，第四类城市也具有独特的特征和优势。首先是在生态环境主题上，第四类城市平均得分较高（0.5433 分），仅仅略低于第二类城市（0.5465 分），与第一、第三类城市相比均有一定优势。第四类城市在生态经济主题上的绝对得分也不低（0.5849 分），只是与其他三类城市相比还有或多或少的差距。第四类城市的创新能力略显不足（0.1862 分），是四类城市中最低的。当然，对于第四类城市而言，最

大的弱点还在于服务能力（0.0118 分），该主题平均分不仅在四个类型的城市中最低，也是四类城市、五大评价主题的共 20 项平均得分中绝对分值最低的一项。这些情况表明，该类型城市可能大多还处于发展的初期阶段，生态环境基础较好但城市综合建设水平还不高，后发优势将是今后发展的重要抓手。展望未来，第四类城市应对自身城市的特点和发展方式进行合理定位，在保障城市原有生态环境的同时，尽快提高城市基础服务能力，并通过创新能力的提高，打造出具有鲜明特色的典型的生态文明宜居城市。

（三）中国综合创新型生态城市的空间格局

为了优化国土空间，需要从区域视角，对我国综合创新型生态城市发展水平的空间格局进行分析。为了便于纵向比较，本报告仍将 2013 年的空间格局划分为七大区域，依次为长三角生态盈余城市区、珠三角生态盈余城市区、海西生态持平城市区、环渤海生态持平城市区、东北生态略亏城市区、西部生态亏空城市区以及中部生态亏空城市区七大区域。相比 2012 年，七个板块的综合创新型生态城市盈亏状况产生了一些变化，下面将对各自发展情况进行阐述。

（1）长三角生态盈余城市区

长三角生态盈余城市区位于我国长江三角洲地区，包括上海市、苏州市、杭州市、宁波市、无锡市等城市。这些城市在 2013 年我国综合创新型生态城市发展指数 100 强名单中的平均排名为 22 位。长三角生态盈余城市区总体上处于全国领先水平，在创新能力上的平均得分（0.4720 分）为七大区域中最高。2013 年，长三角一些城市进步明显，尤其是苏州，从 2012 年的第 9 位上升至第 4 位。究其原因，苏州在生态经济系列指标、专利数量以及高新技术产业产值上均位于全国前列。长三角生态盈余区的城市，今后应继续推进高技术含量的发展方式，在资源利用效率和创新能力上引领我国综合创新型生态城市的发展潮流。

（2）珠三角生态盈余城市区

珠三角生态盈余城市区位于我国珠江三角洲地区，包括深圳市、珠海市、广州市、东莞市、中山市等城市。这些城市在2013年我国综合创新型生态城市发展指数100强名单中的平均排名为25位。珠三角生态盈余城市区总体上同样处于全国领先水平，所有指标的总体平均得分（0.4286分）为七大区域中最高。2013年，珠三角一些城市进步显著，特别是东莞，从2012年的第36位上升至第19位。究其原因，东莞在人均绿地面积上表现最为出色，在生态环境、生态经济和创新能力的许多指标中都位于全国靠前水平。珠三角生态盈余区的城市，今后应稳步推进综合实力的提高，同时要设法缓解大量人口集聚对城市生态造成的压力。

（3）海西生态持平城市区

海西生态持平城市区位于我国台湾海峡西岸，包括厦门市、鹰潭市、福州市、梅州市、泉州市等城市。这些城市在2013年我国综合创新型生态城市发展指数100强名单中的平均排名为33位。海西生态持平城市区总体上处于全国的中上水平，不过在各个评价主题中没有特别突出的优势。2013年，海西地区部分城市有一定的提高，例如梅州，首次进入了榜单的前50名。具体来看，梅州在空气质量指标上表现最为出色，在其他指标中也大多处于中上水平。海西生态持平区的城市，今后应找准突破口，注重综合服务能力的整体提升，使区域的综合实力能有显著提高。

（4）环渤海生态持平城市区

环渤海生态持平城市区处于我国环渤海地区，包括北京市、威海市、天津市、烟台市、东营市等城市。这些城市在2013年我国综合创新型生态城市发展指数100强名单中的平均排名为37位。环渤海生态持平城市区总体上处于全国的中上水平，在生态经济上的平均得分（0.7320分）为七大区域中最高。2013年，环渤海地区一些城市有明显提高，比如威海，从2012年的第37位上升至第9位。具体来看，威海在单位GDP综合能耗指标上处于全国领先位置，在资源利用效率上也排名靠前。环渤海生态持平区的城市，今后应发挥北京在该区域的龙头引领作用，带动区域整体的综合创新型生态城市建设进程。

（5）东北生态略亏城市区

东北生态略亏城市区位于我国东北，包括大连市、沈阳市、本溪市、长春市、大庆市等城市。这些城市在2013年我国综合创新型生态城市发展指数100强名单中的平均排名为55位。东北生态略亏城市区总体上处于全国的中等水平，在生态社会上的平均得分（0.1604分）为七大区域中最高，不过绝对分值并不是很高。2013年，东北地区许多城市进步明显，尤其是沈阳，从2012年的第29位上升至第12位。具体来看，沈阳在生态经济系列指标上都位居全国前列。东北生态略亏区的城市，今后应着重通过提高创新能力促进产业转型升级，并以此减轻资源开发和生态环境压力。

（6）西部生态亏空城市区

西部生态亏空城市区位于我国西部，包括西安市、绵阳市、榆林市、成都市、重庆市等城市。这些城市在2013年我国综合创新型生态城市发展指数100强名单中的平均排名为62位。西部生态亏空城市区总体上处于全国的中下水平，在创新能力上的平均得分（0.2008分）为七大区域中最低。不过，西部地区也有一些城市在2013年有明显提高，绵阳的例子最为显著，从2012年的第48位上升至第26位。究其原因，绵阳在R&D经费占GDP比重指标上表现最为出色。西部生态亏空区的城市，今后应尽快加强自身创新能力的提升，同时注重生态环境的保护和修复工作，从而逐渐摆脱亏空状态。

（7）中部生态亏空城市区

中部生态亏空城市区位于我国中部，包括武汉市、长沙市、新余市、太原市、湘潭市等城市。这些城市在2013年我国综合创新型生态城市发展指数100强名单中的平均排名为69位。中部生态亏空城市区总体上处于全国的中下水平，在服务能力上的平均得分（0.0132分）为七大区域中最低。相比2012年，中部地区许多城市在2013年的名次还出现了不同程度的下降。中部生态亏空区的许多城市，需要尽快结合现有条件提升绿色竞争力，从而弥补目前的亏空状态，扭转在综合创新型生态城市建设中的下行倾向。

三　综合创新型生态城市建设的示范市

按照国务院发布的城镇等级新标准，1000万人、500万人、100万人分别成为超大城市、特大城市、大城市、中等城市的划分界线。笔者选择上海、武汉、大连、绵阳作为典型案例，对我国超大城市、特大城市、大城市、中等城市建设综合创新型生态城市的经验进行分别介绍。

（一）上海市：生态驱动全球城市建设

2013年，上海的综合创新型生态城市发展指数排名在第3位，在生态经济、创新能力、服务能力等多个领域均处于全国前列。作为市辖区常住人口超过1000万人的超大城市，上海市建设创新型生态城市的特色在于：生态驱动、全球视野。

不同于中小城市的发展路径，上海的创新优势在于其国际地位与经济、科技发展水平。根据GaWC研究机构于2014年1月发布的世界城市分级，上海位列A+类别；在国家科技部与国家统计局联合发布的《全国科技进步统计监测报告》中，上海的“综合科技进步水平指数”连年名列全国榜首。到2013年末，在上海建立研发中心的跨国公司有近370家，约占全国的1/4，其中，世界五百强企业占比达全国的1/3左右，两项数据均为全国之最。[①] 为了迎接2050年两个百年的到来，上海市正从理念更新、机制创新、产业升级等方面入手，向着建设全球城市的目标迈进。

1. 理念更新：环境保护从区域发展的制约因子变为驱动因子

自1990年代以来，可持续发展观念逐渐深入人心，良好的生态环境不但为区域经济可持续发展提供了强力支持，而且其自身也成为区域经济发展的重要内容。为了建成与上海全球城市地位相称的滨江新城区，宝山区开展

① 徐瑞哲：《跨国公司研发中心上海最多》，《解放日报》2014年4月22日。

了基于环境保护的“三规合一”专题研究，以期实现综合规划、协调行动的目标，以环境保护驱动区域转型发展。

首先，宝山城区的环境绿化建设，为环保驱动区域发展打下了基础。伴随宝山的功能定位从城市近郊逐步转变为中心城区拓展区（上海市“十二五”规划）、都市功能优化区（“上海市主体功能区规划”），宝钢正在进行成立以来的最大一次结构调整，对落后产能进行剥离，从钢铁生产向钢铁贸易、钢铁研发和钢铁会展等方面转变。宝山区形成了“一环、五园、六脉、多点”的绿地系统，2013 年建成区的绿化覆盖率达 42.6%，被全国绿化委员会正式命名为“全国绿化模范城区”。

其次，宝山从规划入手，开展环保驱动区域发展的实践。原本土地利用规划、产业发展规划、环境保护规划隶属同一层级、互相独立。在环保的“三规合一”体系下，环境保护规划在区域发展中的功能将被重新定位，并综合引领各专项规划实施建设。宝山区提出建立规划联席会议制度和实施效果专家评议制度，建立综合信息共享平台的举措。以发挥生态服务价值为目标，环境保护将转变为区域发展的驱动力，促进产业升级，引导经济向高端发展。

2. 机制创新：探索生态文明特区建设之路

联合国环境规划署（UNEP）在 2014 年 3 月发布的《崇明生态岛国际评估报告》中，对崇明生态岛社会、经济、环境三大领域的措施与成效进行了全面评估，认为崇明岛生态建设不仅对中国的区域升级发展有益，对世界上其他发展中国家也很有参考价值和借鉴意义，并把崇明作为典型案例编入了 UNEP 的绿色经济教材①；此外，评估报告提出崇明应在现有建设基础上深化发展，建立“生态文明特区”。相对于经济特区，生态文明特区建设的目标在于推动中国的生态文明建设。②

首先，2010 年，《崇明生态岛建设纲要（2010～2020 年）》正式颁布，

① 韩晓蓉：《崇明生态岛建设将被写入联合国案例，建议全球 42 个岛国学习》，《东方早报》2014 年 3 月 11 日。

② 黄微：《崇明：从生态岛到生态特区》，《沪港经济》2014 年第 6 期。

以建设世界级生态岛为目标。在自然生态方面，通过治理互花米草等入侵物种、对开垦湿地进行严格限制、保护和管理生态栖息地等方式，实现了对湿地生态多样性和生态系统的保护，2012 年候鸟种群规模占全球超过 1% 的种类达到 7 种。在人居生态方面，通过加快城镇生活污水处理设施建设，实行污水分散式处理新模式，使生态岛的水环境质量有了明显提高。[①] 在产业生态方面，现有的零散式农业经营正逐渐向健康绿色的品牌体系转变；同时创新推动体旅、农旅、文旅、医旅等多旅融合发展，2014 年累计接待游客 486.73 万人次。

其次，依托“部市合作”和国际合作，崇明岛联合全国乃至国际力量，吸引人力资源、社会资源和管理资源在此集聚。[②] 2004 年，科技部与上海市政府率先建立了“部市合作”机制。科技部先后通过中国与欧洲、美国的跨区域合作项目，通过与联合国环境规划署联合开展项目，利用国际前沿科技破解崇明岛面临的发展与保护双重压力，推动可持续发展。上海市与 UNEP 于 2011 年签署了一份崇明生态岛建设与评估合作备忘录，UNEP 将围绕崇明岛发展的政策和技术等相关问题，统一组织跨国合作专项课题研究，并按照国际标准对崇明生态岛建设进行评估。2014 年 3 月 10 日，UNEP 发布了《上海崇明生态岛国际评估报告》，认为崇明生态建设的核心价值反映了 UNEP 的绿色经济理念，已经形成了独特的崇明发展模式。

3. 产业升级：生态工业园区建设方兴未艾

生态工业园区是上海市产业创新与升级的重要载体。截至 2014 年末，上海已有 7 家国家级生态工业园区完成验收。以上海张江高科技园区为例，自 2007 年正式启动“国家生态工业示范园区”创建工作以来，园区不断利用先进科技对园区和原有产业进行绿色化改造，同时大力引入和培育新兴低

---

① 蔡新华：《联合国环境规划署在上海市发布生态岛国际评估报告，崇明岛将成为生态特区》，《中国环境报》2014 年 3 月 18 日。

② 曾刚：《崇明岛生态文明建设的经验与未来展望》，《中国社会科学报》2014 年 9 月 26 日。

碳产业，建成高新技术产业主导的绿色产业体系。①

首先，为进一步提升产业绿色化水平，张江园区对已有支柱产业集成电路、生物医药等进行了生态化改造。例如，对中芯国际、宏力半导体等企业进行了循环水处理系统改造；针对企业自建小锅炉而导致的能源浪费、周边空气质量下降的情况，集中建立了公共节能设施及监控平台，实现节约燃料约7%；以废硅片的综合利用为契机，加快太阳能光伏电池产业对集成电路产业的补链，构建生态工业网络体系。

其次，张江对于引入的绿色能源、节电企业提供租金等支持，培育具有自主知识产权的企业，在太阳能光伏技术、风电技术、清洁煤工艺、生物能源技术、工业废弃物处理等方面形成了创新集群，吸引了中国科学院洁净煤技术发展研究中心等高技术水平的研发机构。例如，张江亚申科技研发中心研制高通量的核心设备作为新材料、新能源的“研发母机”，并完成新型无烟柴油生产技术和洁净替代石化产品生产技术两项重大创新成果。

最后，在产业环境上，张江充分利用科技创新优势，打造绿色环保、宜居宜业的园区环境。公共建筑方面，张江集团总部所在的“创新之家”通过采取了引导式自然通风、地源热泵等不同节能减排方式，减少 CO_2 排放达到37.8吨，节能效率在60%以上，节水40%以上。出行方面，节能节耗的张江有轨电车一期于2009年12月31日正式运营，将张江高科技园区内的产业、科研、大学和生活区域连成一体。

（二）武汉：科教驱动两型社会城市建设

武汉是我国中部人才和智力资源最密集的地区。2014年，武汉市共有80所高校，在校大学生和研究生数达到107.29万人，占全国总数的3.93%，居全国第一位。武汉共拥有98所科学技术研究机构、23个国家重点实验室、27个国家级工程技术研究中心、3个国家工程实验室、60名两

① 杨珍莹、徐网林：《张江的“低碳之路”》，《浦东开发》2010年第2期。

院院士,[①] 科教资源优势为武汉市“两型社会”和生态城市建设提供了强大的技术与人才支撑。[②] 2013 年，武汉市综合创新型生态城市综合指数得分为 0. 3759，在 286 个城市中排第 31 位；其中，生态经济领域居中部地区第 2，服务能力领域在 100 个城市中排名第 9，在中部地区排名第 1，武汉市在综合创新型生态城市建设过程中积累了较为丰富的经验。

1. 自主创新引领城市建设

2007 年 12 月 7 日，武汉城市圈被国务院正式批准为“全国资源节约型和环境友好型社会建设综合配套改革试验区”。2009 年 12 月，国务院批准东湖新技术产业开发区为全国第 2 个国家自主创新示范区。借助于区内雄厚的科教资源，武汉的经济结构和创新能力实现了极大的优化与提升。东湖示范区内集聚了武汉大学、武汉理工大学、华中科技大学等 42 所高校，邮科院（武汉）、水生所（武汉）等 56 家科研院所，30 多家国家重点研究机构和 400 多家企业研发机构。根据《东湖国家自主创新示范区产业发展规划（2011 ~2020)》，示范区将打造以光电子信息为核心产业，以生物、环保节能、高端装备为战略产业，以现代服务业为先导产业的“131”产业架构。[③] 2013 年，东湖示范区高新技术企业数达 582 个，占全省总数的 33. 33% 。区内企业总收入达 6517 亿元，完成工业总产值 5086 亿元。在全国高新区中，东湖高新区综合排名达到第 3 位，在知识创造和技术创新能力两个专项上的排名则高居第 2 位。

2. 技术创新联盟助推产业升级

技术创新联盟是国家创新体系十分关键的组成部分。2009 年以来，湖北省全面开启产学研合作活动，先后颁布和实施了《产业技术创新战略联盟建设规划》《关于推动湖北省产业技术创新战略联盟建设的指导意见》等

---

① 武汉市统计局、国家统计局武汉调查队：《2014 年武汉市国民经济和社会发展公报》，2015 年 3 月 12 日。

② 张建军、罗静：《“两型社会”视角下武汉生态城市建设研究》，《城市探索》2011 年第 6 期。

③ 武汉东湖新技术开发区管理委员会：《东湖国家自主创新示范区产业发展规划（2011 ~2020 年)》，2012。

支持政策。[①] 2009年3月18日，“武汉·中国光谷”地球空间信息产业技术创新战略联盟正式成立。联盟积极引导企业参与重大科技项目，组织企业参加展会、论坛、投融资洽谈会，协助企业开拓市场、进行技术信息交流和落实各类政策。2011年4月16日，武汉智能电网产业技术创新战略联盟成立，联盟致力于促进智能电网产业的资源整合与交融共惠，促进较为发达的标准和知识产权体系的进一步完善，构造集信息流动、技术交流分享、市场开发利用于一体的服务平台，提升湖北省智能电网产业链的核心竞争力。2012年9月13日，武汉智能交通产业技术创新联盟成立，该联盟旨在整合区域产学研资源，打造交通信息化产业链，提升湖北省智能交通行业的整体竞争力。2012年9月24日，武汉精密制造产业技术创新战略联盟正式挂牌成立。通过信息资源共享和联合技术攻关，联盟有力地推进了武汉光谷精密制造产业的发展。2013年1月19日，中国光谷TMT产业技术创新战略联盟成立。借助该联盟，湖北省20多家互联网企业得以加强资源共享与交流合作，实现抱团发展，推动本地互联网产业的快速发展。伴随产业创新联盟的组建与发展，武汉战略性新兴产业实现了飞跃式发展，极大地缓解了资源密集型工业对生态环境造成的危害。

3. 绿色节能建筑保障低碳城市建设

武汉先后出台了《武汉市居住建筑设计技术规定》《武汉市建筑节能与新型墙体材料应用管理条件》[②]《武汉市绿色建筑管理试行办法》等支持绿色建筑的规定，并通过专项基金来鼓励建筑节能。企业购买和使用符合国家标准的专用设备的，按投资额的10%从企业当年的纳税额中抵免，而建筑单位利用地源热泵空调系统的，可申请减免水资源费。[③] 武汉市充分发挥本地高等院校、科研单位的人才优势和生产企业在科技创新中的主导作用，先后拨款1500万元，用于“武汉地区地源热泵系统推广应用技术研究”“太

---

① 陈汉想：《湖北产学研战略联盟发展现状与制约因素研究》，《科技创业》2011年第8期。

② 吴晓煦：《美丽武汉以科技创新促进生态文明建设》，《中国环境科学学会学术年会论文集（2013）》。

③ 彭磊：《武汉提高建筑节能门槛》，《湖北日报》2008年5月31日。

阳能热水系统与建筑一体化设计技术研究”等25个科研项目的科研攻关和成果转化，其中11项达到国内领先水平。[①] 自2001年起，武汉市推行50%建筑节能标准，2010年底该标准提高到65%。

经过长期的实践与探索，武汉市绿色建筑建设工作现已处于全国领先地位。2012年11月14日，武汉被列为“全面推进绿色建筑研究试点城市”，这是由住房和城乡建设科技发展促进中心所公布的、全国范围内第一个绿色建筑建设试点城市。截至2014年，武汉市累计获得国家绿色星级评价项目38个，建筑面积达450多万平方米。其中泛海中央居住区一组团、海山金谷等50余个建设点被列为绿色建筑试点示范创建项目。政府对武汉建设大厦进行的节电节水改造工程得到了国家三星级绿色建筑设计标识，并且荣获了国家住建部颁发的全国绿色建筑创新一等奖（2013年）。武汉市依托未来科技城、花山生态城、四新生态城等绿色建筑集中示范区和光谷依托邦等绿色小城镇建设，建设出一系列达到全国优秀水准的绿色建筑示范区。截至2011年底，四新生态新城启动区建成了目前国内最大的光电建筑一体化项目，规模达到10兆瓦，并且可以系统应用地源热泵，在目前建成或即将建成的区域中，再生绿色能源建筑设计已经被广泛应用。[②] 依托丰富的科教资源，武汉绿色建筑实现了规模化发展，其综合创新型生态城市建设进入新的发展阶段。

（三）大连市：三生共赢引领城市发展

大连作为中国生态城市建设的典范，荣获“国家园林城市”“亚太地区环境整治示范城市”等奖项或荣誉，并被联合国授予“联合国人居奖”“全球生态500佳”“国际花园城市”等多项称号。2013年，大连综合创新型生态城市综合指数为0.429，在286个城市中排名第10，其中，生态经济指数为0.828，排名第2。大连生态环境本底优越，科技资源较为集中，科技创

① 彭浩：《大力发展绿色建筑，促进“两型”社会建设》，《武汉建设》2009年第4期。

② 肖钢：《发展绿色建筑　创建“两型社会”——武汉市绿色建筑工作经验与发展目标》，《墙体革新与建筑节能》2014年第5期。

新与生产、生活、生态建设保持密切联系，并引领三生融合的实现。尤其是2010年大连生态科技创新城的建设，更是将大连市综合创新型生态城市建设推向了一个新的高度。

1. 城市生态网络建设一马当先

大连先后编制了《大连生态市建设规划（2009～2020）》《大连国家森林城市建设总体规划》《大连市环境保护“十二五”规划》等，并充分发挥科技在生态环境建设中的作用。首先，围绕大气污染控制、环境事故预警等，大力发展环保科技，引进环境治理技术，并带动环境科研和环保产业的发展。其次，通过国家环境保护农业废弃物综合利用工程技术中心开展专项研究实验，增强科技对环境质量的服务能力。最后，建设大连市全域化环境信息专网，实现“县—市—省—国家”四级网络互通，建设环境应用系统，提升环境信息服务能力。对重点污染企业进行在线实时把握和监控，实地设置了废水、废气自动监控系统182套。对燃煤锅炉进行实时并网，2013年并网面积达到720万平方米，并对两个入海的排污口进行了规范化的专项管理整治，建成了排污口的电子档案，将逐渐对入海排污口各项指标实行信息化管理。[①] 在环境科技的引领下，大连市城市生态环境不断改善；2013年，大连AQI优良天数达到290天，仅次于深圳，远高于其他大城市（见图4）；全年空气二氧化硫、二氧化氮排放均达到国家二级标准，近海水质达标率为100%，城市功能区噪声达标率为89.4%。

大连还加大了在组织培养、容器育苗、无土栽培、杂交育种等领域的科技投入，加强生态林建设与土地整治、水土保持；加强生态安全体系的构建，进而有力地促进了自然生态环境的建设与保护，实现了“绿脊连通、海滨环绕、山水相融、人地和谐”的绿色生态发展。2013年，大连市造林面积达90.8万亩，绿化各类道路2000余千米，森林覆盖率达到41.5%，林

---

① 大连统计局：《2013年大连市国民经济和社会发展统计公报》，2014年3月21日，http://www.stats.dl.gov.cn/view.jsp?docid=27448。

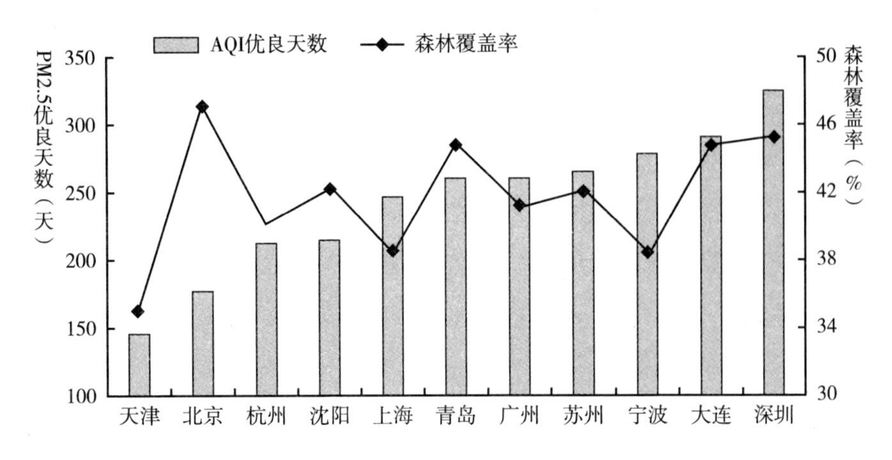

图 4　2013 年我国部分大城市空气环境与绿化水平比较

木覆盖率达44.75%，水岸绿化率达82%，公路、铁路绿化率达86.9%，在各大城市中名列前茅。

2. 城市产业生态化步入快车道

大连作为东北老工业基地的核心城市，产业结构上长期以石化、船舶、装备制造、电子信息等工业为支柱产业；但大连也是东北科技资源集中地，有6个国家级重点实验室、5个国家级工程研究中心、11个国家级企业研究中心、35个省级重点实验室和工程技术研究中心。大连依托临港临海区位优势、优越的科技资源，坚持新型工业化道路，一是加快传统产业淘汰与转型，出台抑制高能耗、高排放产业的经济政策，在新增项目上进行严格控制，对高能耗、低技术水平的行业建立淘汰机制，对节能工程、节能技术改造给予政策和资金支持；二是努力发展新兴产业，将开发区、保税区、高新区等五个核心区域作为产业结构优化先导区，重点发展芯片、LED、软件、新材料等，并加快产业技术开发与成果转化。[①] 2013年，高新技术产业产值已经达到了9852亿元，较上一年度增长20%，并组建了先进制造与智能控制、智慧城市建设、新能源、新材料、节能环保等10个产业协同创新联盟，

① 关伟：《生产性服务业视角下的大连生态科技创新城建设》，《辽宁师范大学学报》（自然科学版）2010年4月。

节能环保等新兴产业得到快速发展；三是大连把节能产业、新能源产业作为支柱产业，以循环经济发展模式，创建新型产业园区；四是利用优质港口、多样化旅游，以及深厚的文化底蕴优势，以高附加值的现代服务业带动大连经济产业结构升级。[①] 其中，软件产业成为生产性服务业的主导产业，也使大连成为全国唯一的“软件产业国际化示范城市”。惠普、松下、SAP 等 30 余家当今全球著名的五百强企业在此进行产品研发、软件外包等业务。大连在以科技创新驱动产业结构的绿色转型，逐渐转向资源节约型的增长方式，统筹协调经济发展与资源环境的关系中取得了显著成效。据测算，大连的碳排放总量由 1997 年的 1850. 4 万吨上升到 2011 年的 4474. 7 万吨，但碳排放强度却由 8. 5 吨/万元下降到 4. 1 吨/万元，碳排放强度低于天津、唐山、沈阳、苏州、宁波等工业城市[②]（见图 5）。

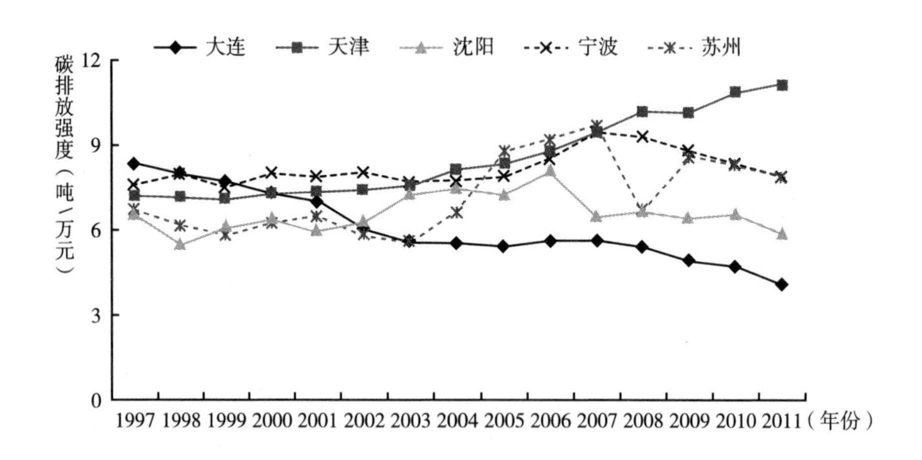

图 5　1997 ~ 2011 年大连等五市碳排放强度变化比较

3. 城市生活低碳化成为时尚

首先，大连积极建设“低碳生活示范社区”，建设道路卫生隔离带、防

---

① 苗秀杰：《以“资源节约型”模式推动大连生态经济发展》，《辽宁经济》2014 年 6 月。

② 尚勇敏、曾刚、倪外等：《中国典型城市经济增长方式的特征与选择》，《经济与管理研究》2015 年第 36（2）期。

护绿地、城市组团隔离带和避灾绿地等城市功能绿地，增加碳汇；[①] 截至2013年底，大连已拥有70多个公园、30多条休闲健身路径、人均公共绿地达13.1平方米。[②] 其次，积极发展智能家居系统，将智慧理念融入城市建设的多方面。2013年10月，大连获批全国首批“智慧城市”试点示范市，通过产业聚集和产业升级、智能家居、绿色建筑等形成智慧城市系统工程，对建筑节能管理、家庭能源管理、光伏发电、节能技术进行综合管理，并建成全国首个投入运行的能源管理系统，[③] 2013年还启动了建筑节能改造工作。最后，大连积极完善城市基础设施、公共服务设施，以及金融、商务、教育、文化等配套服务功能，积极发展智慧交通，力争发展成为生态系统健康、人居环境优美、基础设施便利、居民素质良好的国际知名滨海生态宜居城市。

4. “三生共赢”成为城市新共识

2011年6月，大连市正式启动大连生态科技创新城建设，其规划总面积为65平方千米，以打造“生态硅谷”为目标，以生态、科技、创新为主线，坚持创新驱动、高端引领、生态优先，重点发展技术研发、新能源、绿色环保、海洋科技、工业设计、科技服务等高端产业。[④] 依托良好的自然环境条件，优越的区位优势，尤其是临近日韩的地缘优势，大连在城区内设立了“日本产业园”和“韩国产业园”，加快国际合作基地建设的步伐，截至2014年，已引进松下、日立、简伯特等130家国内外知名企业，累计完成投资202.8亿元。大连生态科技创新城作为当前背景下加快推进创新、生态、智能型城市的先导区域，强调生态、社会与经济发展并重，极大地完善了大连的城市功能，提升了大连市的城市品质，也为其他区域的社会经济生态全面协调发展提供了新的样板。

---

① 高松生、高崴：《大连市低碳经济与生态城市发展》，载中国科学技术协会、福建省人民政府：《经济发展方式转变与自主创新——第十二届中国科学技术协会年会（第一卷）》，中国科学技术协会、福建省人民政府，2010年6月。

② 吉存：《大连生态城市建设取得明显成绩》，《大连日报》2013年9月18日第A01版。

③ 《大连生态科技创新城年底将实现“智慧交通”》，《硅谷》2013年第23期。

④ 杨大海：《大连生态科技创新城发展战略探讨》，《辽宁经济》2013年第9期。

（四）绵阳市：军民两用技术驱动城市成长

绵阳作为中国西部科技城，具有“西部硅谷”之称，同时还是中国西部首个国家环境保护模范城市、国家园林城市、联合国改善居住环境最佳范例城市、全国十佳最具竞争力的城市、杰出绿色生态城市等。依托其高度集聚的科技资源、优越的生态本底和在建设生态城市上的积极实践，绵阳现已成为中国以科技、生态为特色的生态科技城。在2013年综合创新型生态城市评价中，绵阳市在286个城市中排名第26，位列西部第3、四川省第1。其中，创新能力位列中国各城市第8位、中西部第1。综合看来，绵阳在军民结合、内生创新、生态先行、体制创新等方面积累了宝贵的经验并取得了显著的成绩，进而走出了以科技创新为引领、以环境建设为基础、以体制创新为保障的生态城市建设之路。

1. 军民结合，建设国家自主创新示范区

绵阳市作为中国的老军工基地，拥有以“两弹摇篮”——中国工程物理研究院、中国空气动力研究与发展中心——为代表的国防科研院所18家，以长虹集团、九洲集团等为代表的军民融合大中型骨干企业50余家。20世纪80年代中期，长虹、九洲等一批军工企业开始走上“军民融合、创新发展”的道路。经过10多年的建设，绵阳科技城军民融合成效显著，全市军民融合科技型企业达到260多家，是国家新型工业化（军民融合）产业示范基地。2012年，在军民结合产业的工业指标上，绵阳已经达到1003亿元的总产值，在具有高技术水平的核应用技术、空气动力学、新能源等近百个重要领域处于国内领先地位，并为中国载人航天工程“神舟十号”“天宫一号”等中国国防、航空、航天科技事业做出了突出贡献。

绵阳科教创业园区的建设，更是将军民结合推向了一个新的高度。而2013年以来举办的中国（绵阳）科技城国际科技博览会成为科技创新、军民融合的重要展示平台，加速了高新技术成果和军民两用技术成果的转化与产业化。[①] 国

---

① 雷茂盛、梅超：《军民融合兴起西部“科技城”》，《中国改革报》2013年10月24日第7版。

务院正式批复的《绵阳科技城发展规划（2011～2015）》提出建设“三新城”：科学新城、空气动力新城、航空新城，促进科技城军民融合和重大成果转化，加快构建军工技术、民用技术、军民结合三大产业板块。2012年，绵阳作为新时期建设创新型国家、促进创新驱动的“实验田”，成功探索出一条军民融合发展之路，进而被评为“影响中国”十大西部最具发展潜力城市之一。①

2. 内生创新，打造中国西部“硅谷”

绵阳地处中国西部内陆，绵阳科技城的发展与当地强大的科研力量、科技企业、人才资源密不可分。绵阳境内有国防科研院所18家，西南科技大学等高等院校14所，国家重点实验室8个，国家工程技术研究中心6个，两院院士27人，国家有突出贡献的优秀专家及享受国务院津贴专家860人，科研技术人员21.7万人，② 约占城区人口的1/5。2013年，绵阳全社会R&D经费支出占GDP的比重达6.58%，位居全国第1，每万名就业人员中R&D人数位居全国第3；在核物理、空气动力学、磁性材料、光机电等核心领域都处于国内引领地位，因而享有中国“西部硅谷”的称号，科技创新已成为绵阳的“城市基因”。

绵阳雄厚的内生性科技创新资源也为高新技术产业提供了强大的支撑，先后孵化出中科成、久远纳米、太科光电等一大批高新技术企业，而以长虹、九洲为代表的内生型电子信息企业也成为绵阳的“城市名片”。绵阳的科技优势也逐渐吸引了艾默生、IBM、富士康、拉法基、中软集团、浪潮集团等一大批世界500强或国内知名企业的入驻。③ 依托内生科技资源，绵阳还吸引了一大批环保产业企业入驻，形成了以新加坡美能、恒泰环保、凯迈环保为主的环保产业集群。电子通信、云计算、大数据、新能源等环境污染小、产出效益高的高技术产业规模占据绵阳经济的半壁江山，2013年，绵阳在科技进步综合水平指数上的得分达到64.9%，而高技术产业总产值占到工业总产值的52%。

---

① 《“影响中国”十大西部最具发展潜力城市》，《中国西部》2012年第34期。

② 王进、何子蕊：《四川绵阳科技创新打造西部“硅谷”》，《中国改革报》2014年10月23日第2版。

③ 越新、绵阳：《西部硅谷创新力》，《中国西部》2013年第4期。

3. 生态先行，建设美丽绵阳

绵阳积极完善生态文明制度，从将“坚持生态打底，建设美丽绵阳”作为执政理念，到2013年初确立建设“中国西部经济文化生态强市”的战略目标，首次将“生态”纳入绵阳的发展方向。2013年6月，《绵阳市生态文明建设考核指标体系》由绵阳市政府正式发布，进而形成了完整的生态文明制度体系，绵阳生态文明建设进入了加速期。这一体制创新体现了绵阳转变城市发展观念，转变政府唯GDP论的执政理念的决心，而把对资源消耗的程度、对生态环境的保护力度和效果、生态效益产出等能够表征生态文明建设水平的指标放在执政体系中通盘考虑，从而将这些因素作为生态文明建设的规范和指引。① 同时，绵阳还出台了《生态审计指标体系》，开展对党政主要领导干部离任的生态审计，指标涵盖生态空间、生态环境、生态经济、生态文化、生态人居、生态制度等6个领域32项具体指标，让领导干部在执政期间牢固树立环境保护的责任意识和危机意识。2013年，绵阳城区集中饮用水源地水质达标率为100%，大气环境优良天数达96%，建成区绿地覆盖率达38.8%，森林覆盖率为49.8%，“森林走进城市、城市拥抱森林”的格局基本形成。②

绵阳市的生态先行战略取得了巨大成功。首先，绵阳实行总量减排，不遗余力地加快产业绿色转型，对水泥建材、燃煤发电、化工行业等资源浪费大、环境污染重的工业企业采取倒逼机制，进行关停、整治、搬迁等，2013年实施污染减排项目252个，单位GDP能耗下降5.2%，全市SO_2、NO_x、COD、氨氮等四项主要污染物排放全面下降。其次，在产业引进上也严把项目准入关，严格执行环境影响评价等相关制度。最后，绵阳借助其科技优势，培育了一大批新型环保企业，使环保产业成为经济的新增长点，在保证经济增长方式绿色化的同时，也依托环保产业相关技术推动了绵阳生态环境建设的进步。良好的生态环境提升了绵阳市产业的综合竞争优势。在2012年年底，绵阳市成功进入《福布斯》中国大陆最佳商业城市百强榜的榜单，这也是绵阳首次入选该榜单。

① 张春燕、曹小佳、王小玲：《绵阳的生态文明路径》，《中国环境报》2013年8月23日第8版。

② 刘鑫：《一座西部城市的“生态路径”》，《绵阳日报》2014年1月4日第1版。

核心问题探索

Studies on Key Issues

G.9

信息化与生态城市建设

孙伟平　刘明石*

摘　要： 中国生态城市建设是在信息化的大背景下进行的，信息化与生态化相互交织，是当代生态城市建设的新特点。从宏观上看，信息化对生态城市建设的促进作用是其主要的方面，但信息化对生态城市建设的消极作用也不容忽视。因此，客观看待信息化对生态城市建设的作用，充分发挥信息化对生态城市建设的积极作用，避免消极作用，是中国生态城市建设的必由之路。本报告依据时代的变迁和生态文明的理念，参照生态城市评价指标体系，对信息化在中国生态城市建设中的作用做出了客观评价，分析了信息化过程中生态城市建设面临的问题和挑战，并提出了相应的

* 刘明石，男，中国社会科学院研究生院哲学系博士研究生。

对策和建议。

关键词：信息化　生态城市　智慧城市　挑战　对策

迈入信息时代，信息化与生态化呈现出相互交织的态势，一个城市的信息化程度直接决定着生态城市建设的成败。近年来，随着互联网、大数据、云计算、物联网等逐渐进入人们的生活，信息化给生态城市建设带来了更多的可能性和机遇，当然，也带来了不少新的问题和挑战。而且，可以肯定，随着信息化的深入，还会出现一些难以预料的新情况和新问题。本报告拟对信息化在中国生态城市建设中的作用进行分析，探索信息时代生态城市建设的方向和路径，以期对中国生态城市建设有所助益。

一　信息时代的生态城市

信息化是当代世界的时代潮流。所谓信息化，是指充分运用信息科技，开发利用信息资源，促进信息交流和知识共享，提高经济增长质量，推动经济社会发展转型的历史进程。

随着电脑、手机和网络的日益普及，随着经济和社会信息化的快速推进，人类正在迈入一个全新的时代——信息时代。这个时代既不同于传统的农业时代，也不同于工业时代，而是建立在信息科技高度发展、广泛应用基础上的一个新时代。信息时代的出现有其历史必然性。仅仅从社会生态化的视角来说：工业社会高投入、高消耗、高污染、低产出的发展方式，消耗了过多的自然资源，导致了严重的环境和生态问题，人类社会已经处于不可持续发展的境地。为了在促进经济发展、改善人民生活的前提下，重塑人与自然之间的平衡，实现以人为本的可持续发展，基于高新科技发展和应用的信息时代应运而生。

信息时代的生态城市，是指在信息化大背景下、依托信息科技建设的生态城市，其主要特征表现在信息化、智能化、虚实结合等方面。信息化与生态化相互交织、相互促进，是现代生态城市建设的新特点。

“信息化”是现代生态城市建设的必由之路。信息时代的生态城市秉承生态城市建设的基本理念，同时立足信息科技及其应用，把信息元素广泛融入城市建设的各个领域，使城市升级为“信息城市”。在这一过程中，信息产业高度发展，大数据、云计算、物联网等信息技术广泛应用，在加强城市规划管理、发展绿色生产、提升居民生活品质等方面的优势充分体现；同时，尽可能地减少资源能源消耗，减轻对环境的破坏，有效解决经济增长与环境承载力之间的矛盾，使城市居民在享受信息科技带来的福利时，实现人与自然更高层次的和谐统一。今天，信息化已经渗透到城市生产、生活的各个领域，已经并不断产生深层次影响。例如，在生产领域，截至2014年12月末，中国使用互联网办公的企业比例为78.7%，全国企业固定宽带接入比例为77.4%。全国开展在线销售的企业比例为24.7%，制造业，信息传输、计算机服务和软件业，批发零售业的比例较高，分别达到38.4%、36.5%和34.9%。全国开展在线采购的企业比例为22.8%，制造业，信息传输、计算机服务和软件业，批发和零售业的比例较高，分别达到34.3%、36.5%和33.8%。全国利用互联网开展营销推广活动的企业比例为24.2%。[①] 在生活领域，截至2014年12月，手机即时通信使用率为91.2%，较2013年底提升了5.1个百分点；网络视频用户规模达4.33亿户，用户使用率为66.7%。[②] 打开电视，城市居民就可以在数百个数字电视频道中随心所欲地选择自己喜欢的节目，通过台式电脑、笔记本电脑、智能手机等，可以随时随地查询自己所需的信息，并根据自己的需要接收和发送信息，智能城市的基础设施可以实现24小时不间断的信息传递……

① 中国互联网络信息中心：《第35次中国互联网络发展状况统计报告》，第64~69页，中华人民共和国国家互联网信息办公室，2015年2月3日，http://www.cac.gov.cn/2015-02/03/c_1114222357.htm。

② 中国互联网络信息中心：《第35次中国互联网络发展状况统计报告》，第2、87页，中华人民共和国国家互联网信息办公室，2015年2月3日，http://www.cac.gov.cn/2015-02/03/c_1114222357.htm。

“智能化”是信息时代的又一个重要特征。信息时代的生态城市必然是“智慧城市”。由于信息科技的广泛应用，生产工具智能化、家用电器智能化、随身物品智能化、城市基础设施智能化……，我们周围的一切变得日益“聪明”起来，越来越“善解人意”，为人们更好地服务。在以信息科技为基本技术支撑的城市空间中，借助高度发达的信息采集、分析处理和信息输出等手段，世界上的一切都变得可感、可知、可量化、可计算，我们对城市的了解更加精确、全面和快捷。例如，智能门禁系统不需要钥匙，居民只需输入指纹就可以开门；打开智能手机，只要下载相关APP，就可以获得自己所在的地理位置、全国各地的空气质量……，各种智能终端系统随时随地把海量数据与数据库连接，综合监控平台每时每刻从各个方向传回城市运行状态，相应机构可以实时掌握最新动态，并及时做出反应。“智能化”使政府和相关部门对城市未来发展做出的规划和预测更加科学，电子政务、城市管理的效率和水平更高，可在信息化与城市化高度融合的基础上，实现生态城市的智慧化发展。

信息时代的生态城市将实现虚拟和现实的结合，“虚拟城市”闪亮登场。在各种电子时空平台上，人们可以运用虚拟技术，开展形式多样的虚拟实践（虚拟交往）活动，建设虚拟企业、虚拟社区、虚拟城市乃至虚拟国家。信息时代的生态城市是信息科技创新应用与城市经济社会发展深度融合的产物，通过将现实的生态城市建设和虚拟的生态城市建设相结合，分别满足城市居民不同方面、不同层次的需求，并令二者互相影响，互相促进，相得益彰。例如，通过城市基础设施的信息化和智能化，更好地为城市居民提供优质便捷高效的服务，提升居民的生活质量和水平；通过互联网、物联网满足居民的交往、购物、参政议政等需求，增强城市的综合竞争能力。现实拍照，网上分享；线上交易，线下取货；网上游戏，网下见面……，现实生态城市建设为虚拟生态城市建设创造物质条件，虚拟生态城市建设是现实生态城市建设的补充和延续，能对现实生态城市建设起到积极的促进作用。而且，随着信息化生态城市的逐步推进，虚拟生态城市建设的范围将越来越大，质量越来越高。在生态城市建设过程中，不能把虚拟生态城市和现实生态城市截然分开，也不能取一舍一，而要在二者之间寻求一个最佳结合点。例如，有实体图书馆，也有虚拟图书馆，可以网络购物，也可以现实购物，二者各有利弊，广大市民可以根据自己的需求进行选择。不管选择哪种方式，达到最方便、最快捷、最满意，才是最终目标。

基于以上分析，我们可以大致勾勒一个信息时代的生态城市蓝图。所谓信息时代的生态城市，是指依据生态文明理念，充分利用信息资源和信息科技手段，完善城市规划设计，提高循环经济水平，促进市民绿色消费，改善城市居住环境，提升城市管理水平和宜居程度，在生产力高度发展的基础上建设的人与自然、人与社会、人与人和谐的现代城市。

二　信息化对生态城市的重塑

没有信息化就没有现代化，没有信息化也没有现代生态城市。在生态城市建设中，信息科技对城市的建设理念、规划设计、基础设施建设、生产生活方式、城市管理和服务等正在产生广泛而深刻的影响。

（一）信息科技改变了人们关于生态城市建设的理念，提升了生态城市的规划设计水平

信息科技及其广泛应用，令信息化融入了生态城市建设的理念，要求人们超越工业时代的城市定位，将生态城市建设成为充满生机和活力的“智慧城市”。而且，计算机的空间模拟功能使生态城市的科学规划成为可能。在制定各种可能的城市规划之前，计算机空间模拟技术可以通过把城市已有的平面图形、人口分布、主要工业区分布等各项数据指标输入计算机，形成虚拟数字沙盘，在此基础上按照数据进行推演，就会把各种城市规划的发展趋势和结果虚拟地展示在规划者面前，优势和缺点一目了然。由于虚拟数字沙盘所运用的数据完全取自现实中的真实数据，因此，如果需要修改沙盘的规划，只要修改相应的数据即可以实现，方便快捷，修改结果直观可视。在人机交互的过程中，很多设计和规划的缺陷会明显呈现出来，大大减少因规

划不科学、设计不合理导致的损失。例如，武汉新区四新生态新城“方岛”区域城市设计项目，就是运用计算机进行地形模拟及土方填挖分析、用地选择模拟、路网交通模拟、风环境模拟、日照模拟等方式对城市进行科学规划的典型案例。[①]

信息时代的生态城市属于全体市民，应该体现全体市民参与建设的理念。实际上，信息科技及其应用，也令广大市民参与生态城市的规划设计成为可能。过去，城市的规划设计主要是由政府部门负责的，市民的参与渠道比较狭窄。当然，相应的政府部门可以“政务公开”，各级人民代表大会的代表也可能以提案方式参与，通过向市民口头询问和填写调查问卷等方式征求意见，但这种方式的参与度比较低，效率也不高。迈入信息时代，政府部门只要在官方网站，或以官方微信、微博等方式发布信息或问卷，就可以得到来自四面八方的市民回应，不仅可信度高，而且便于统计。政府相关部门只要用计算机对调查问卷进行数据分析，就可以获得市民关于城市建设的想法和主张。这种电子调查问卷已经广泛应用于城市建设的各个领域。例如，2014 年安徽省合肥市规划设计研究院发布的《合肥市市政基础设施调查问卷》,[②] 就是通过发布网络调查问卷的方式，获取广大市民对城市规划设计的意见和建议的。

甚至，运用信息技术、虚拟技术，还可以发动市民，包括对人们进行相应的训练。网络上正在流行一款叫作《模拟城市》的虚拟城市规划游戏，它让玩家自己当“市长”，在划定的城市区域内，设计城市的基础设施，自己建设，自己管理。在城市运行过程中，可能会出现交通拥堵、垃圾成堆、自然灾难、能源紧缺等问题，要求“市长”想办法解决。目前，运用空间模拟技术进行的生态城市规划设计的原理与《模拟城市》类似，但是，是依托城市的实际情况，在更加专业化、科学化的基础上进行的，因而具有更强的科学性、针对性和可操作性。

---

① 叶钟楠：《城市规划设计中计算机模拟技术的遴选与运用——以武汉新区四新生态新城“方岛”区域城市设计为例》，《规划师》2014 年第 4 期。

② 《合肥市市政基础设施调查问卷》，合肥市规划设计研究院官网，2014 年 8 月 28 日，http：//www. hupdi. com/DocHtml/1/Article_ 2014828101. html。

（二）信息化重构了城市基础设施，令其变得更加方便、快捷和人性化

城市基础设施是城市生存和发展所必须具备的工程性基础设施和社会性基础设施的总称，主要包括给排水系统、交通系统、通信系统、环境系统、防灾系统等工程设施。信息化给城市基础设施的发展带来了革命性的变革，除极少数偏远地区以外，中国城市基础设施的信息化建设正在稳步推进，基础设施的信息化水平越来越高，绝大多数城市居民都已经享受到了信息化带来的便利。

信息网络基础设施基本覆盖了中国绝大多数城市的大部分区域。有线数字广播电视、地面数字广播电视和卫星数字广播电视等迅速发展，并且正在完成广播电视从模拟向数字的转换。截至2014年末，我国有线电视用户为2.31亿户，有线数字电视用户为1.87亿户。广播节目综合人口覆盖率为98.0%，电视节目综合人口覆盖率为98.6%。电信业全年新增移动电话交换机容量7980万户，达到204537万户。全国电话用户总数达到153552万户，其中固定电话用户24943万户，移动电话用户128609万户。固定电话普及率下降至18.3部/百人，移动电话普及率上升至94.5部/百人。固定互联网宽带接入用户20048万户，比上年增加1157万户；移动宽带用户58254万户，增加18093万户。互联网上网人数6.49亿人，增加3117万人，其中手机上网人数5.57亿人，增加5672万人。互联网普及率达到47.9%。[①] 2013年4月1日，住房和城乡建设部、工业和信息化部联合发出通知，要求贯彻落实光纤到户国家标准，中国新建住宅全面实施光纤到户。为方便群众，大部分城市的火车站、汽车站、码头、飞机场都有免费WiFi，一些酒店、饭店、商场等为了吸引顾客，也提供免费WiFi。北京的公交系统为乘客提供了更为人性化的服务。截至2014年12月，北京全市约有12000辆公

① 国家统计局：《中华人民共和国2014年国民经济和社会发展统计公报》，中华人民共和国国家统计局官网，2015年2月26日，http://www.stats.gov.cn/tjsj/zxfb/201502/t20150226_685799.html。

交车完成了网络升级，从 WiFi 网卡变成了 4G 网络，带宽可以达到每秒 50 兆，最少可满足 40 人同时免费使用。[①] 这些信息基础设施正在随时随地为人们提供电子政务、教育培训、医疗保健、养老救治、危机处置等信息服务。

信息科技使城市公共照明设施、供水设施的远程控制变成现实。目前在中国少数城市安装的路灯智能配电箱，不仅具备了传统配电箱的基本功能，还增加了路灯故障自动报警功能。这种智能配电箱可以根据对日光的智能感知，自动控制和调整路灯的打开和关闭时间。还有一种市政绿化用智能水龙头，可以通过远程控制的方式来对草坪、树木等进行浇灌。智能配电箱与智能水龙头的工作原理相似，都是通过有线互联网或者无线 WiFi 进行设备连接，用户只要下载配电箱专用软件或者智能水龙头专用软件，在手机或者台式电脑上面就能够实现对路灯和水龙头的远程控制。智能配电箱还配有摄像头传感器，只要路灯上安装摄像头并与智能配电箱连接，就可以实现对路灯周围环境的 24 小时实时监控。这些监控摄像头以智能配电箱为节点，可把海量即时数据传回城市中央控制系统，与其他城市基础设施的智能终端系统遥相呼应，在城市中编织一个看得见的“天网”，把智慧城市的“可感、可知、可控”落到实处。

信息科技还推动了交通基础设施的智能化。目前通行的智能城市交通指挥系统、智能公交调度指挥系统、智能物流指挥系统等信息平台的广泛应用，把智能交通推向了一个新的高度。例如，十字路口的车流量是时刻变化的，传统的交通红绿灯都是预先设置变换时间，不管有车没车，都要不紧不慢地等上几十秒。智能红绿灯的出现改变了传统交通路口的红绿灯固定时间转换的状况，它依据摄像系统自动获取路口车辆和行人的数量信息，智能判断红绿灯转换时间，可避免因两条交叉道路车流量不均匀导致的道路拥堵。目前，多个城市安装了非机动车红绿灯阻拦栅栏，当红绿灯转换的时候，面

① 新浪科技 V（微博）：《北京公交 4G 免费 WiFi 初体验：网速很“骨感”》，新浪科技，2014 年 12 月 4 日，http：//tech. sina. com. cn/t/2014 －12 －04/00109848992. shtml。

向红灯的两侧道路用阻拦栅栏自动封闭，避免了行人和非机动车闯红灯，也避免了因此而导致的交通事故。

高速公路入口堵车是常见的现象，主要原因是人工收费速度太慢。公路电子不停车收费系统（ETC）的出现解决了这一问题。目前，已有26个省区市建成高速公路电子不停车收费专用车道7600条，ETC用户数逾1300万。2014年底，华北5省区市，长三角6省市，加上湖南、陕西、辽宁，14个省区市实现了ETC区域联网。预计到2015年9月底，全国将基本实现ETC系统联网。交通运输部路网中心ETC中心主任王刚表示，“实践证明，一条ETC车道相当于5条人工收费车道。通过收费站的平均时间由14秒降低到3秒。对缓解高速公路拥堵，提高通行效率作用明显”。①

信息时代的生态城市，放置在室内外的各种LED大屏幕是必不可少的。这种与计算机相连的显示屏最大的好处是能够动态显示，同时满足数十人乃至数百人对同一信息的需求。例如，在飞机场，接机的市民在接机口的大屏幕上就可以看到各班次飞机的编号、起飞时间、预计到达时间、现在状况（已到达、未到达、晚点等）。在火车站，人们可以在售票大厅的滚动大屏幕上查询到车次、到站时间、发车时间、价格、剩余席位等信息。放置在交通路口的大屏幕往往面积较大，有的甚至超过100平方米，在一千米远的距离都可以清楚地看到。这种类型的大屏幕平时可用于宣传生态城市建设理念及相关政策，在发生突发紧急事件时，可用于灾害预警、疏散人群、疏导交通等，大大加快信息传播速度。

中科院大气物理研究所的王跃思指出：就北京而言，最大的污染源是汽车，占大气污染的比例年均值为25%左右。② 为了加强对排放超标汽车的治理，降低污染水平，北京已经在市区各主要路段和郊区县安装固定遥感监测

① 齐中熙、赵文君：《ETC全国联网三问》，新华网，2014年11月29日，http：//news.xinhuanet.com/fortune/2014－11/29/c_ 1113457049.htm。

② 杜希萌、纪乐乐：《北京市2013～2017清洁空气行动计划》，中国空气净化网，2013年9月3日，http：//www.zgkqjh.com/zhengce/371.html。

设备，用来检测汽车尾气的排放情况。按照计划，预计2017年以前，北京市将完成新建150套固定遥感监测设备、20套遥感监测车。据北京市延庆县环保局介绍，自2014年9月3日固定遥感监测设备投入使用以来，共有约46.7万辆次机动车通过遥感监测设备，其中有效数据约为21.5万辆次，最终确认超标车辆121辆。[①] 遥感监测设备的投入使用令排放超标违法车辆无处遁形，并且形成一种无形的威慑力，迫使排放超标车辆退出交通领域。

城市的消防设施也变得“智能”起来。目前，绝大部分城市的室内公共场所安装了24小时自动喷淋灭火系统。一旦发生火灾，室内温度升高，喷头的温度敏感元件（玻璃球）就会破裂，喷头会自动喷水进行灭火。在喷水的同时，与喷头供水系统相连接的报警阀门将自动开启并且发出警报，用光电信号把火警信息传回消防指挥中心，消防指挥中心的控制室通过报警指示灯发出的声光信号，马上就可以确定火灾位置，及时出警。在没有火灾发生的时候，整个消防系统处于待命状态，可编程自动巡检技术能够定期对整个消防给水系统进行自动巡检，当设备出现故障时进行自动声光报警，通知控制中心进行维修。

（三）信息科技及其应用为绿色生产、循环经济的发展提供了有力的技术支撑

生产工具是衡量生产力发展水平的重要尺度。信息科技的发展导致了生产工具的革命性变革。生产工具被赋予信息化、智能化等特征，不仅可以节省大量人力、财力和物力，大幅度提高劳动生产率，使创造大量物质财富成为可能，而且直接改变了人们的生产方式。数据表明，虽然信息化推动工业化将增加30%的投资，但可以提高产品档次和质量，降低能源和原材料消耗，改善环境，从而增加85%的经济效益。[②]

---

① 吴婷婷：《汽车尾气将可全天检测》，《北京晨报》2014年11月9日，http：//news.ifeng.com/a/20141109/42426034_ 0.shtml。

② 胡虎：《信息化是现代化的强力支撑》，《人民邮电报》，2014年4月11日，http：//www.cnii.com.cn/wlkb/rmydb/content/2014 -04/11/content_ 1341822.htm。

信息时代，“互联网 +” 发展模式已经渗透到传统的生产领域。传统产业把互联网技术引入企业生产和管理的升级改造中，通过设计研发信息化、生产装备数字化、生产过程智能化、经营管理网络化等方式，再次焕发出盎然的生机和活力。例如，伊利乳业在乳品生产中运用信息技术，从每头牛耳朵上的数码耳标，到原奶收购车辆的 GPS 跟踪，再到原奶入厂后的随机条形码、生产过程的产品批次信息跟踪表、关键环节的电子信息记录系统、质量管理信息的综合集成系统和覆盖全国的 ERP 网络系统，已经实现了产品信息可追溯的全面化、及时化和信息化。[①] 温州鞋企康奈集团采用三维足型扫描仪，能够在 10 秒内完成一个脚型的完整三维尺度测量，不仅将生产效率提高了 30% 以上，而且节省了大量人力成本。三一重工在全球有 10 万台设备接入了后台的网络中心，通过大数据处理进行实时的远程监控预警，3 年间成本降低 60%，新增利润超过 20 亿元。[②]

植物工厂在中国的出现，可以说是信息时代城市农业的一个革命性变革。植物工厂采用全程电子计算机网络控制，工厂内部安装了大量摄像头、传感器等智能终端系统，全天候对生产情况进行检测。工厂的技术人员即使远在千里之外，也可以通过手机或者电脑对工厂进行远程监控。温室里至少可以立体种植三层至五层作物，大幅度提升空间利用效率。这种植物工厂主要采用有机生态型无土栽培技术，栽培基质不是土壤，而是由煤渣、作物秸秆等废弃物组成的混合物质，充分利用了自然资源。用于种植的营养液经过消毒后，可以多次循环利用。植物生长基本不受自然条件影响，整个种植过程因工厂类型不同，有的工厂部分依赖自然光，有的工厂基本不依赖自然光，以 LED 灯提供的红光和蓝光为主。水、电、温度、湿度、光照、CO_2 浓度等全部由中央监控系统智能控制。在人造的理想种植环境下，植物生长速度更快，抗病力更强，基本不需要喷洒农药，产量是普通室外种植的数倍

① 李建发：《奶业寒冬　信息技术助力乳业破解困境》，《中国电子报》、电子信息产业网，2015 年 1 月 27 日，http：//cyyw. cena. com. cn/2015 -01/27/content_ 260036. htm。

② 魏琳：《2014 公报解读：传统产业转型升级焕发生机》，中华人民共和国国家统计局官网，2015 年 3 月 12 日，http：//www. stats. gov. cn/tjsj/sjjd/201503/t20150312_ 693015. html。

至十几倍，实现了真正意义上的绿色生产。目前，北京市平谷区的“农众物联”植物工厂、江苏无锡市的“三阳”植物工厂、浙江省长兴县的“绿野仙踪”植物工厂等，都是比较成功的案例。

以智能制造为突破口，推动工业化和信息化深度融合，组织实施流程制造关键工序智能化、关键岗位机器人替代工程，是信息时代的大势所趋。例如，机器人产业的系统集成商——杭州市康奋威科技有限公司——生产的机器人设备具有效率高、质量高的特点，每天每台机器人设备可以取代20个工人的劳动量，大大提高了企业的劳动生产率，促进了低端制造企业的产业升级。2014年6月18日，据国际机器人联合会统计，外资企业在华销售工业机器人总量超过27000台，较上年增长20%。结合国际机器人联合会统计数据，2013年中国市场共销售工业机器人近37000台，约占全球销量的1/5，总销量超过日本，成为全球第一大工业机器人市场。① 汽车工业、电子制造业、食品药品行业等众多行业都对工业机器人表现出强烈兴趣。2014年11月5日，国际机器人联合会发布的报告称，中国工业机器人需求仍将快速增长，年增长达到25%以上，到2017年市场销量将达到10万台，工业机器人保有量超过40万台。② 这组数字表明，中国工业生产的智能化程度正在迅速提高，并将由此产生一系列革命性的影响。

今后，人们将逐步从重体力劳动、危险劳动中解放出来，大部分重体力劳动都将由大型的机械来完成，一些对技术要求较高的工作也将逐渐由智能机器人来完成，工厂所需劳动力会越来越少，甚至出现“无人工厂”。计算机模拟将使生产管理更为精细化，减少原材料的浪费，达到资源利用率最大化，企业的经营成本将大幅下降，劳动生产率则会大幅提高。物联网的出现将使生产过程中的各种“跑、冒、滴、漏”现象大为减少，“工业三废”（工业生产排放的废水、废气、固体废弃物）的处理设施和污染监控设备更

---

① 王敏、方栋：《中国成为全球第一大工业机器人市场》，新华网，2014年6月17日，http：//finance. huanqiu. com/data/2014 －06/5023616. html。

② 包兴安：《我国工业机器人保有量将超过40万台》，《证券日报》2014年11月6日，http：//www. ce. cn/cysc/newmain/yc/jsxw/201411/06/t20141106_ 3857038. shtml。

加先进，制污排污者将无处遁形，再加上更加严格的污染治理操作规程和法律法规，企业将变成真正的“绿色工厂”。

伴随电子、信息、生物、新材料、新能源等新技术的应用，产生和发展出了一系列新兴产业部门。这些产业大多先天就带有信息化的基因。与传统产业相比，新兴产业具有技术含量高、占地面积小、资源消耗低、环境污染少、低投入、高产出等特点。新兴产业虽然难免产生废物和垃圾，但相对于传统产业要少得多，单位 GDP 能耗要小得多，与自然环境的融洽度更高，符合生态城市建设提出的高效、低耗、节能、环保等理念，并能为经济发展提供新的增长点。据国家统计局提供的数据，2014 年中国制造业增加值比上年增长 9.4%，计算机、通信和其他电子设备制造业增长 12.2%，增加幅度快于制造业平均值 2.8 个百分点。2014 年共生产集成电路 1015.5 亿块，较 2013 年增长 12.4%，生产程控交换机 3123.1 万线，较 2013 年增长 15.7%。2014 年中国在信息传输、软件和信息技术服务业的投资额为 4187 亿元，年增长率为 38.6%，居“2014 年分行业固定资产投资（不含农户）及增长速度表”首位。科学研究和技术服务业投资额为 4205 亿元，年增长率为 34.7%，在表中居第 3 位。[①] 2013 年中国文化产业增加值为 21351 亿元，与 GDP 的比值为 3.63%，[②] 2014 年中国文化、体育和娱乐业投资额为 6192 亿元，比 2013 年增加 18.9%。在城市信息化过程中，绝大多数新兴产业具有产品附加值高、环境污染少等优势，可以对中国正在进行的产业结构调整、绿色 GDP、创新驱动、智慧城市建设等发挥巨大的推动作用。

信息产业依托丰富的用户数据，可以开展个性化定制生产。个性化定制的特征是建立在大数据基础上，运用信息科技满足客户的差异性需求。个性

① 国家统计局：《中华人民共和国 2014 年国民经济和社会发展统计公报》，中华人民共和国国家统计局官网，2015 年 2 月 26 日，http://www.stats.gov.cn/tjsj/zxfb/201502/t20150226_685799.html。

② 人民日报：《2013 年文化及相关产业增加值超两万亿》，新华网，2015 年 1 月 24 日，http://news.xinhuanet.com/newmedia/2015-01/24/c_133943298.htm。

化定制生产模式的出现，避免了传统的批量生产模式容易造成产品积压的弊端，可大幅度减少仓储成本，提升用户体验，增加产品的亲和度，提高产品的利用率，从而为绿色生产提供帮助。目前中国企业的生产模式出现了由批量生产向个性化定制转变的趋势。但由于个性化定制生产模式在中国推广的时间不长，定制的产品范围尚有限，主要集中在食品、礼品、工艺品、服装等领域。随着技术的进一步发展，这一模式肯定将扩展至企业营销、休闲娱乐、智能家居、智能交通工具等各个领域。

（四）信息化重塑了人们的工作、学习和生活方式

随着城市基础设施、服务和管理系统等的信息化，特别是企业信息化的快速推进，人们的工作、学习和生活方式，乃至休闲娱乐方式，都正在发生革命性变迁。

“秀才不出门，便知天下事。”今天，虽然不同市民的信息化水平不同，获取信息的效率会有所差异，但普通市民都可以通过网络，获取所需要的绝大部分信息。而且，每个人都可以既是记者，又是编辑，既是导演，又是演员，只要自己愿意，就可以把自己的作品上传到网络，进行自我展示、自我消遣，甚至是情绪宣泄。人们还可以根据自己的兴趣和爱好，组建虚拟社团，建立虚拟社区，甚至虚拟城市……。各种电子缴费系统使人们足不出户就能够缴纳各种费用，电子购物网站使人们坐在电脑前就可以选购自己喜欢的商品。信息化使网络支付成为可能，并且以井喷的态势迅猛发展。淘宝于2014年末推出了“淘宝十年账单”。数据显示，自2004年支付宝成立以来，国人十年网络总支出笔数为423亿笔，3亿支付宝实名用户平均每人完成了20笔。[①] 在淘宝上，人们购买的商品五花八门，基本涵盖了日常生活用品的各个领域。调查结果显示，28.4%的用户习惯使用网络获取社会消费品的信

① 《淘宝十年账单》，百度百科，http：//baike.baidu.com/link？url = eZI02lEnUPN3IQBn1T3JdZ9Wwtl01ANcRPAPPAbwgdTUjhwR – 8p _ xWJl _ BKRG8 _ gBVRkOkjHscZU _ kV4xA6kGQNxrrWuu1pw9el_ 7VGAQXDl0soLVnYbSBudK7xsVSIiFwq6PsIDPRNo7rCtOiL_ –a。

息，并在社交网络上分享购物信息。① 2014 年我国网络零售继续保持高速增长，商务部监测的5000 家重点零售企业数据显示，1～11 月网络购物增长33.3%；限额以上单位网上零售额增长55.9%。相反，传统业态增速回落明显，1～11 月专业店、超市和百货店分别增长6%、5.5%和4.2%，比上年同期分别回落1.4、2.8 和6.4 个百分点。②

信息化把“家”变成了“智能小屋”。煤气自动报警系统、消防自动报警系统、智能语音识别门禁系统是智能建筑的必要组成部分，家用智能扫地机器人、智能电饭煲、智能炒菜机器人也逐渐进入寻常百姓家，各种家用电器被赋予“智慧”的头衔。例如，长虹2014 年1 月发布了“CHiQ 电视”新品，这款产品提出了“多屏协同、视频汇聚、云账户、智能服务”等一系列技术创新的系统解决方案，从而实现了“移动看电视、回放看直播、按类点节目、操控更自由”的目标，让观众扔掉遥控器，实现自由看。③ 2014 年11 月15 日，万和“云智能热水器”在北京亮相。引人注目的是，该系列产品采用了万和独有的“云智能技术”，通过与无线WiFi 衔接，让消费者可以使用智能终端操控热水器。该系列产品具有智能远程控制、智能预约、智能管理和智能服务四大功能模块，囊括了电热、燃热和燃气壁挂炉三大类产品。用户利用WiFi，通过手机可以智能预约热水器的启动及温度。④ 人们身上随身携带的用品和饰物，如钱包、手表之类小物件也变得越来越“聪明”。2014 年11 月15 日，StreetSmart 公司推出一款智能钱包（SmartWallet），这款钱包配置了具有蓝牙连接功能的全球定位系统（GPS）

① 运行局：《智能信息产品加快普及　信息消费有基础》，中华人民共和国工业和信息化部，2013 年6 月8 日，http：//www.miit.gov.cn/n11293472/n11293832/n11294132/n12858387/15450314.html。

② 商务部市场运行和消费促进司（国家茧丝绸协调办公室）：《2014 年1～11 月消费市场运行情况》，中华人民共和国商务部市场运行和消费促进司（国家茧丝绸协调办公室）官网，2014 年12 月17 日，http：//scyxs.mofcom.gov.cn/article/c/201412/20141200836640.shtml。

③ 王越：《感受曲面智能　长虹CHiQ 电视网友体验会》，中关村在线，2014 年3 月17 日，http：//it.21cn.com/jd/tv/a/2014/0317/06/26711258.shtml。

④ 邱江勇：《万和推动热水器进入云智能时代》，《中国电子报》、电子信息产业网，2014 年11 月17 日，http：//jydq.cena.com.cn/2014－11/17/content_250656.htm。

探测器，以及一块能够给用户手机充电的1000mAh电池。用户如果忘带钱包，会通过Android或iOS应用收到一个提示信息，帮助用户找到钱包。另外，如果用户丢失了手机，此钱包上的一个按钮就会让用户的移动设备响铃。①

信息化使学习方式发生了革命性的变革。电子书的出现使人们不必再为借书还书而奔波于家庭和图书馆之间，只要下载相关手机软件，支付很少的费用（多数电子书不需要支付费用），就可以将电子书存放在手机里面，随时阅读，不受时间和地点的限制。“书生阅读”等阅读软件的出现，让读者不仅可以看书，而且可以“听书”。“文字录入”在电脑网络刚刚兴起的时候作为一个职业而存在，只有输入速度达到70个汉字/分钟以上的人才可以从事这一行业，但是，讯飞语音等语音输入软件的出现改变了这种现状。讯飞语音输入软件可以支持普通话、粤语、英语三种语音识别，语音录入者只需稍加练习，就能够达到160个汉字/分钟的输入量，而且识别率达到95%以上。在文件存储方面，十几年前用3.5寸软盘存储文件的时代一去不复返，内存1G~64G的U盘已经是城市人必备的信息存储工具，存储量达到2T的移动硬盘的价格也非常便宜，普通市民可以将大量信息收入囊中。而且，国际通行的USB接口使这些数据存储设备能够随时与手机、电脑或者车载智能设备相连接，可以随时读取，满足人们多方面的需求。在大数据时代，以往那种花大时间、费大力气学外语的时代已经过去，“百度翻译”可以提供24种语言的自动翻译服务，翻译质量在行业中领先。学生遇到不会的试题怎么办？传统的方法是问老师、问同学、请家教，目前网络市场上出现了一款叫作“小猿搜题”的免费学习软件，无须注册，只要下载即可使用。这款软件拥有数量众多的题库，全面覆盖初中和高中所有学科，学生遇到不会的试题，只要拍照上传，就可以搜到答案，不但速度快，而且准确率高。因此，一经推出，就受到学生和家长的

① 悦潼：《粗心鬼的福音：智能钱包让你不再担心丢钱了》，腾讯科技，2014年11月25日，http://tech.qq.com/a/20141125/010226.htm。

热捧。

随着虚拟企业、虚拟城市的建设，一种全新的工作模式——居家办公——走进市民生活。2014 年 11 月 22 日，北京师范大学发布的《2014 年中国劳动力市场发展报告》显示，“舟车劳顿”已经成为中国大城市人群每天都要经历的事情。其中，北京通勤时间最长，达到 97 分钟。[①] 但目前居家办公日益成为部分白领和自由职业者的生活常态。从工作者个人看，居家办公具有不受工作时间限制，不用挤公交地铁，不用考虑复杂的人际关系，节省大量用于通勤的时间和金钱，只要完成公司交给的任务，即可拿到与全职工作者一样的工资和奖金等优势。市民可以用节省的时间做家务、休闲娱乐、锻炼身体、照顾家人，有更多的闲暇时光享受生活，做更多有益的事情，提高工作效率和生活质量。从公益角度看，则可以通过减少因上班而造成的出行次数而降低公交压力，缓解交通拥挤，减少汽车尾气排放，客观上促进了节能减排，为城市环境保护做出了贡献。

信息化使人们的生活方式更加丰富多彩。以旅游为例。迈入信息时代，旅游不仅作为一种休闲娱乐方式而存在，而且正在兴起为一种新的职业。酒店试睡员、旅行作家等职业悄然出现，专门为开发旅游产品而进行旅游的人越来越多。职业和休闲娱乐之间的界限越来越模糊，人们可以在休闲中工作，在工作中体验休闲的乐趣。因为网络无处不在，对一些自由职业者来说，尤其是从事与网络相关职业的人来说，只要有网络，在家与在途都是一样的。人们可以上午工作，下午旅游；或者白天旅游，晚上工作；或者一边旅游一边工作，因为旅游本身就是工作。如果选择跟团旅游，只要在旅游网站的相关位置输入出发日期、预计旅行天数和预计的旅行景点，网站就可以根据游客的特殊要求为旅行者提供参考的出行线路和旅行团队，且有多种价格标准和多种出行路线和出行方式可以选择。如果是自助游，旅行者可以通过“途牛网”“携程网”等旅游网站提前预订机票、酒店，可以通过“百度

---

① 徐赟：《南京上班族每日通勤时间超 65 分钟》，网易新闻网，2014 年 11 月 24 日，http://news.163.com/14/1124/04/ABPQQNVL00014AED.html。

地图”查询从出发地到目的地的路线图和里程，还可以进一步查询周边景点、餐饮酒店，从服务内容到服务价格一应俱全。对于穷游一族，“天涯论坛”上会有各种穷游攻略，热心的网友会把自己的经历写出来与大家分享，包括哪个景点有什么特点，哪个地方可以存车，哪个地方的小吃比较有特色等，让出行者在出发之前就对整个行程了如指掌。对于那些希望通过旅游来增长见识却没有时间的市民，信息化也能够帮助他们实现自己的愿望。现在一些博物馆已经推出了网上游览服务，例如，“中国虚拟博物馆”“北京故宫博物院360度三维虚拟全景游览”等。通过这种服务，市民可以在家游览世界著名的博物馆，犹如身临其境一般。

（五）信息化推动了城市管理方式的智慧化，不断提高城市管理效率和水平

城市管理涉及的内容林林总总，是生态城市建设中最复杂的方面。传统的城市管理方式因为顾此失彼、效率低等而为社会所诟病，信息技术及其应用给城市管理带来了新的手段和方式，正在不断提高管理效率和市民满意度。

电子政务正逐渐在所有城市普及。电子政务通过网络互联实现资源共享，节省管理资源，能够有效提高办事效率和管理水平，减少政府部门间因沟通协调不畅等造成的各种人员和交通工具等资源的损耗。电子政务方便广大市民参与城市管理，并且以及时方便、快捷高效等优势，使城市管理水平上了一个新台阶。2014年，以北京、上海、广州、贵州等为代表的省市政府在数据资源的开放共享方面走在了全国前列。截至2014年11月，北京市各政务部门共同建设的北京市政务数据资源网，已经收集公开了36个部门机构的300余条资源信息，内容涵盖交通、生活安全、就业、教育、社会保障等多个方面，为居民的生活与企业的运营提供了便捷的信息来源。① 北京

① 张梓钧：《2014年政府大数据回顾与展望》，通信世界网，2015年2月6日，http://www.chnsourcing.com.cn/outsourcing-news/article/96301.html。

等一线城市开通了政府微信。只要关注政府和相关部门的微信，就能够及时获得当地政府的各项方针政策，并可以通过微信互动功能，对政府相关部门的方针政策提出自己的意见和建议。例如，运用网络举报功能，对政府部门的工作进行监督，反映存在的问题，可以使相关部门及时掌握随时出现的新情况、新问题，并迅速应对，寻求解决的方法。

信息技术手段已经广泛应用于城市管理的每一个角落。以交通为例。国家科技部开展了智能交通系统应用示范工程建设，重庆等城市已建成由交通指挥中心、交通视频监控系统、交通信号控制系统、交通诱导系统、电子警察、通信系统、视频车辆监测系统等七大子系统组成的智能交通系统。智能交通系统的建成，在解决由警力紧张造成的管理缺失问题、提升交通效率、治理交通堵塞等方面效果显著，使城市交通治理更加合理、高效。

城市环卫、绿化等工作正在实现信息化。空间遥感技术被广泛应用于城市绿化的规划设计和实施效果的监测。位于城市各处的智能终端传感器实现了对城市环保指标的在线实时监控。甚至，一些小的垃圾储运设备也实现了智能化。例如，2014 年末，太原市安装的埋地式垃圾桶容量达 1.5 吨，不仅容量大，而且采取 GPS 智能控制，当垃圾桶快要装满的时候，遥控信息传感系统会自动把信息传到指挥中心，通知工作人员来取走垃圾。

城市应急指挥中心的信息化进展迅速。城市应急指挥中心的职责主要是针对重大公共安全事件、重大疫情、火灾、矿难、海难、交通事故等实现统一部署，快速反应，运用城市应急指挥系统来实现对各类事件的指挥协调。目前通行的城市应急指挥系统是一种集合了 GPS 定位、音频和视频通信的综合指挥系统。通过视频监控系统和应急会商系统，指挥中心工作人员可以第一时间查看事故或灾难现场的情况、周边警力及救援装备的部署，及时制定和调整救援计划，对公安、消防、医院、交通等各部门下达救援指令，把各种自然灾害和交通事故的损失降到最低，保护人民群众的人身和财产安全。

总体来看，信息科技在生态城市建设中正发挥着日益重要的作用，并且前景不可限量。不过，由于中国是人口多、底子薄、发展不平衡的发展中国

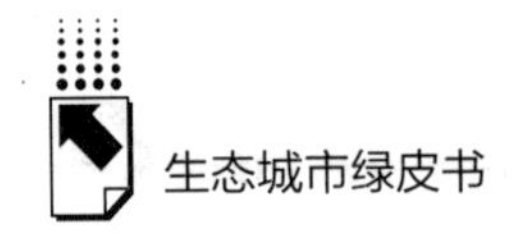

家，信息科技水平不高，开展信息化建设的时间不长，因而信息化程度还有待提高，信息科技在生态城市建设中的作用尚未充分显现。但我们相信，随着中国信息化进程的不断推进，信息科技及其应用必将帮助我们建设起高度发达的智慧型生态城市。

三　城市信息化进程中出现的新问题和新挑战

信息化在变革人们的生产生活方式的同时，就像打开了的“潘多拉的盒子”，也带来了很多始料未及的问题。例如，数字鸿沟的加深、人际交往的异化、信息化带来的新污染、智能机器人导致的伦理问题、智能探头导致的隐私问题、机器智能化导致的工人失业问题，以及大量未知的风险。所有这一切，都使信息时代的生态城市建设面临严峻的挑战。

（一）对信息化在生态城市建设中的作用认识不到位，城市建设理念和规划设计不符合智慧城市的要求

信息时代的生态城市应该是智慧城市，其规划设计是一个复杂的系统工程，需要多学科、多领域专家的共同努力才能完成。由于视野、认识和知识所限，很多生态城市的建设理念和规划设计存在误解和偏差。从现状看，很多城市把建设重心放在环境整治、城市绿化方面，这是对生态城市的一种初级认识。从未来发展趋势看，生态城市建设绝不应仅仅局限于青山绿水，而是要与时俱进，在经济高度发达、社会和人得到充分发展的同时，重建人与自然的和解和平衡。

顺应时代潮流，目前各个城市都在努力推进信息化建设，智慧城市建设取得了一定的进展。然而，由于缺乏统一标准和科学指导，不同部门之间缺乏信息交流、传播的媒介，形成了一个又一个信息孤岛，造成大量信息资源浪费。此外，在政府官方网站上，呈现的多是静态信息，甚至是陈旧过时的信息，与广大市民的信息需求脱节严重。例如，有些交通部门的网站上找不到交通状况的实时信息，医院的网站上找不到排号的实时信息，国家统计局

公布的统计数据中绝大多数都是全国宏观的统计数据，具体城市的统计数据既不及时也不全面……有关教育、医疗、社会保障等民生服务的信息化程度明显不足，社会养老保险全国联网、电子病历全国联网等问题始终没有得到解决。

信息时代的生态城市建设要在大数据、云计算的基础上，科学制定发展规划，把有限的钱花在刀刃上。以我国方兴未艾的“地铁热”为例。据统计，目前常见的三种轨道交通方式中，地铁的建设成本在5亿元/千米以上，在北京等一线城市已经达到了10亿元/千米；轻轨的建设成本在2亿元/千米以上；有轨电车的建设成本为2000万元/千米～5000万元/千米。[①] 这三种交通方式都具有低碳环保的属性。但是，并不是所有城市都存在交通拥堵问题，即使存在交通拥堵，也不一定非要通过建设地铁来解决。是否建设地铁，以及在哪个地区建设地铁，地铁的里程多长能够达到利益最大化，都需要在科学统计客流量的基础上，通过精确计算加以判断。自从2013年5月国家发改委将城市轨道交通审批权下放给省级政府以后，全国掀起了一个建设地铁的高潮。在申请建设地铁的城市中，有一部分确实需要通过建设地铁来解决交通堵塞问题，而有些城市则是在口号声中盲目跟进，一拥而上，根本不考虑实际的客流量，并没有对投入和产出进行科学的计算。有的城市不考虑本地的经济情况，明知亏损也要建；有的城市认为建设地铁环境污染少，不占用地面空间，符合生态城市的低碳环保的目标，就积极申报，把地铁项目变成了形象工程。

城市建设理念和规划设计不科学，往往会带来巨大隐患。2012年3月辽宁省大连市发生的“女子上班途中不慎坠入热力井”事件，2012年7月21日北京市特大暴雨事件等，表明我国城市在基础设施智能化建设方面还存在大量问题，尤其是缺乏动态监控和智能预警，城市基础设施出现问题不能及时反馈到相关管理部门，难以得到及时、有效的反应。

---

① 孙丽朝：《发改委对地方地铁大跃进刹车，很多城市碎梦或不得不压缩规模》，地铁族官网，2015年01月24日，http：//www. ditiezu. com/thread－401303－1－1. html。

（二）未能充分运用信息科技发展循环经济，促进绿色生产，产业结构调整升级不到位

运用信息技术发展循环经济，促进绿色生产，是生态城市建设的目标所在。但是，在具体实践中，效果并不理想。例如，据工业和信息化部统计，2014 年共淘汰落后炼钢产能 3110 万吨、水泥 8100 万吨、平板玻璃 3760 万重量箱，[①] 其中，重庆 2014 年共淘汰 442 个煤矿，淘汰落后产能 229 万吨。[②] 然而，运用信息科技进行产业的转型升级，尚任重道远。由于生产者观念、技术、经济等方面的原因，目前绿色生产基本停留在对生产过程的事后处理上，而大多尚未落实在生产过程中。生产领域的“三高一低（高投入、高消耗、高污染、低效益）”现状并没有根本改变。很多生产者习惯了传统的生产方式，认识不到运用信息科技发展循环经济、转变生产方式的重要性，缺乏长远眼光和责任意识。企业管理者往往用经济效益来衡量企业改造的得失，没有把绿色生产和循环经济作为企业发展的根本路径。

在信息化过程中，产生的电子垃圾数量庞大，并与日俱增。电子垃圾的回收利用，变废为宝，是信息时代生态城市建设的新课题。目前，中国对电子垃圾的回收利用远没有达到科学化、规范化的程度。技术标准不规范，电子垃圾处理企业经验不足，全国仅有的少数电子废物拆解企业主要靠国家的补贴生存。华新绿源环保产业发展有限公司是我国最早的一批废旧家电回收试点企业之一，处理废旧电子产品的能力为 240 万台/年，然而，2012 年全年的废旧电子产品处理量仅为 30 万台。[③] 究其原因，大部分废旧电子产品

---

① 中华人民共和国工业和信息化部办公厅：《2014 年工业和信息化部十件大事》，中华人民共和国工业和信息化部官网，2015 年 2 月 2 日，http：//www. miit. gov. cn/n11293472/n11293832/n11293907/n11368223/16432539. html。

② 陈鹏：《重庆去年淘汰落后产能 2395 万吨，整顿关闭 40 个煤矿》，环球网，2015 年 3 月 11 日，http：//china. huanqiu. com/hot/2015 －03/5876665. html。

③ 中国经济周刊：《电子垃圾处理企业度日如年 “被逼”网上找垃圾》，中国新闻网，2013 年 5 月 7 日，http：//www. chinanews. com/gn/2013/05 －07/4792606. shtml。

都是由街头的废品收购人员简单回收，流向了非正规拆解企业。这些企业（或小作坊）基本没有现代化的拆解设备，能重复使用的废旧电子产品被翻新后，直接卖到旧物市场、偏远地区或者农村获取暴利，造成各种安全隐患，同时对当地的电子市场造成冲击；不能重新利用的废旧电子产品就用强酸腐蚀等低劣的化学方法提取贵重金属，其余废料或者焚烧，或者填埋，或者随意丢弃，根本不考虑环境污染问题，最终造成空气、土壤和地下水资源的严重污染。

目前，中国以创新驱动为主的高端制造业发展模式还没有形成，工业化和信息化尚未深度融合，绿色生产、循环经济在整个经济发展中所占比重过低，这些问题都是制约中国产业结构调整的瓶颈，亟待突破。

（三）信息时代的畸形消费与新的污染

信息时代的消费是虚拟消费和现实消费的统一体，尤其以虚拟消费为主要特征。它在给消费者带来全新体验的同时，也带来了畸形消费、异化消费、虚拟消费过度等新问题。有过网络购物体验的人都知道，网络支付和现金支付时的心理感觉是不一样的。网络支付时也会考虑商品的价格及性价比，但往往不如在现实世界支付时挑剔和理性。由于网络购物不受时空的限制，可以随时登录购物网站，大大方便了消费者，在浏览过程中，消费者容易产生购买冲动，而且容易被卖家以“好评返现金”“赔本赚信誉”“促销最后一天”等宣传话语迷惑，忘记自己的初衷，一时冲动购买很多自己根本用不着的东西，因而被称为“剁手族”。据统计，拥有107.6万族员的“剁手族”是淘宝网最知名的用户群体，这107.6万人的人均年购物总额高达16.16万元！人均购买次数为538次，人均购买商品数为221.48件！[①] 而且，网络交易的产品质量难以保证。2015年1月23日，国家工商总局发布了《2014年下半年网络交易商品定向检测结果》。报告显示，总共检测了6家电商6种类型

① 《剁手族》，百度百科，http：//baike. baidu. com/link？url = X7Iwat0WNpKTx - nwKgsDhEppzDvBII6o5O4Lym4ASdaollhqeJ8RlY1ayEv0GNc1oloLOnqTaHdqAYgNfY6zaK。

共92批次的产品，其中淘宝的正品率最低，只有37.25%。[①] 这说明，中国在网络销售的监管方面存在漏洞，亟待采取有效措施。

在城市信息化过程中，难免产生大量的电子垃圾，对城市环境产生不良影响。信息化以高科技电子产品和信息网络为传播媒介。电子产品和信息网络与其他商品一样，都有自己的使用寿命和保质期，经过一段时间的使用后，会损坏或者报废，变成电子垃圾。电子垃圾问题在中国由来已久，最开始是从国外进口电子垃圾，后来国家明令禁止进口以后，从国外输入数量有所减少，但国内产生的电子垃圾日渐增多。伴随快速的城市化进程，越来越多的电子垃圾正在城市产生，目前中国已经成为世界上最大的电子垃圾生产国。2012年，全球电子垃圾数量约为4890万吨，中国为1110万吨，占全球的22.7%，其次为美国，约为1000万吨。2013年，中国通过正规渠道进行处理的电子废弃物达4300万台，但也只占到理论报废量的40%。[②] 大量报废的家电如不能进行有效的无害化处理，就可能成为对环境有害的电子垃圾。

此外，在生态城市建设过程中，看似环保、实则浪费或污染环境的案例还有很多。例如，目前中国的通信网络有上万台主交换设备和几十万个基站。国际相关研究发现，仅一台服务器一年的排放量就相当于一辆SUV汽车一年的排放量，全行业的排放水平甚至高于航空业。[③] 手机移动基站对人体的辐射，虽然尚不知道危害到底有多大，但高频辐射会导致癌症的发生已经是大家普遍的共识。在住宅周边建立新基站，造成了大量居民与移动公司之间的矛盾。台式电脑的耗电水平相对较低，大约在250～400w之间，但假设每天都开机，每天开机10小时，保守估计每月的耗电量将是300w×10小时/天×30天=90度。在一些发达城市，每个家庭的电脑不止一台，长此

① 谢家乐：《近六成网友：有假货淘宝别逃责》，评校网，2015年1月29日，http://www.pingxiaow.com/dubao/2015/0129/690682.html。

② 韩璐：《掘金电子产品回收，轻布点、全覆盖的回收网络是关键》，21商评网，2014年12月30日，http://www.21cbr.com/html/magzine/2014/161/hot/2014/1228/21590.html。

③ 蒋均牧：《王秉科：信息通信属于低能耗产业》，C114中国通信网，2008年3月26日，http://www.c114.net/news/16/a269522.html。

以往，耗电量将是一个不小的数字。很多市民在使用台式电脑时，往往忽略电脑的耗电问题，经常回到家里就打开电脑，即使不用也不关闭。从每户家庭来看，这笔支出绝大部分家庭都可以承受，但如果从生态城市建设的角度看，则是一笔本应避免的巨大浪费。

（四）城市信息化过程中出现的新的社会问题

在城市信息化进程中，包括信息技术的不当使用等各种原因，引发了一系列新的社会问题，如地区发展不平衡、数字鸿沟、人的异化等。

城市信息化本应坚持“全民性原则”，令广大市民共享信息化成果，但地区发展不平衡、数字鸿沟的存在，却是不争的事实。例如，根据中国互联网络发展状况统计报告，截至 2014 年 12 月底，北京市网民普及率已经达到 75.3%，江西的网民普及率只有 34.1%，北京互联网普及率是江西的 2.21 倍。在全国各地建设的网站中，广东省最多，共 532787 个，占全国网站总数的 15.90%，西藏最少，965 个，占全国网站总数的不到 0.03%，广东省网站数量是西藏的 552.11 倍。[①]

浙江全省有 3300 万网民，约占浙江人口的 3/5。在中国百强行业网站中，注册地在浙江的占 40%。全国约有 85% 的网络零售、70% 的跨境电子商务、60% 的企业间电商交易，都是依托浙江的电商平台来完成的。“十一五”以来，浙江的信息技术产业年均发展速度都在 25% 以上。浙江还是全国唯一的一个信息化和工业化深度融合发展的国家示范区。[②] 与此相对应，全国其他 30 个省区市，只能分享 15% 的网络零售，30% 的跨境电子商务，40% 的企业间电商交易，这种信息资源的极度不平衡严重制约了中国生态城市信息化的进程。生态城市建设需要经济支撑，信息时代的城市经济发展需

① 中国互联网络信息中心：《第 35 次中国互联网络发展状况统计报告》，第 29、117 页，中华人民共和国国家互联网信息办公室，2015 年 2 月 3 日，http://www.cac.gov.cn/2015-02/03/c_1114222357.htm。

② 徐伟平：《东方“达沃斯”带来主题投资机会》，搜狐证券网，2014 年 11 月 18 日，http://stock.sohu.com/20141118/n406125347.shtml。

要信息技术支撑，而信息技术发展又需要经济投入，于是陷入一个恶性循环，经济条件好的地区生态城市建设速度越来越快，各种人力资源和经济资源纷纷涌向这些城市，经济条件不好的城市在建设生态城市过程中处于越来越不利的地位，从而严重制约了中国生态城市建设的总体布局和良性发展。

生态城市建设应该“以人为本”，但有时也可能事与愿违，产生诸如社会排斥、人的异化等问题。中国是一个发展中国家，国民的整体教育水平不够高。在一些传统产业，从事一线工作的大多数是受教育水平较低的工人。在信息化来临之前，工人不需具备高深的理论知识和专业素养，只需经过简单培训就能从事相关的工作。但在信息化浪潮中，各种高科技产品和机器设备已经逐渐渗透到了传统产业，企业为了生存必须对生产设备进行升级换代，对工人也提出了更高的要求。工人不仅要有较高的知识水平和专业基础，而且要不断学习新知识，才能适应时代发展的步伐。在这种强劲的高压态势下，一部分知识层次较低的产业工人被排挤出生产领域，只能通过从事服务业等第三产业来维持生存。但是，即使在第三产业内部，在信息化过程中，对从业者知识水平的要求也越来越高。于是，一些知识层次较低、不能适应信息化进程的从业者暂时性失业甚至永久性失业的结局不可避免。这些从业者知识和信息的缺乏，使他们很少有机会参与到以信息化为特征的新经济当中，也很少有机会参与到以网络在线为特征的教育、培训、购物、娱乐和交往当中。这些被信息时代边缘化的从业者的存在，数字鸿沟的存在，既影响了社会的和谐，也偏离了生态城市建设的宗旨。

值得注意的是，在被信息化进程排斥的人群中，除了从业者以外，还有数量日益庞大的老年人。中国从 1999 年开始迈入老龄化社会，而且老龄化正在加速。目前 65 岁及以上人口已经占我国总人口的 8.87%，并正以年均近 1000 万人的增幅“跑步前进”。由于历史原因，中国老年人绝大多数受教育程度偏低，而且因为年龄较大，接受新事物较慢，在信息化面前常常显得手足无措，无所适从，继而对信息化产生抵触情绪。例如，我们经常看到一些老年人在自动提款机前踌躇不前，不知如何操作，也经常听见老年人因不会使用智能手机而烦恼。在传统社会中，多数老年人在长期的生产生活中，已经形成了自己的一套习惯，并且年龄越大越不容易改变。由于当时科学技术发展缓慢，老年人虽然有时会觉得跟不上时代，但不会有这么强烈的被社会边缘化的感觉。在信息化面前，老年人多年形成的习惯被打破，以前引以为自豪的经验不再管用，自信心受到严重打击……

此外，在城市信息化过程中，正常的人际关系受到强烈冲击，人与信息之间的关系也已经“不正常”。例如，信息本来是为人服务的，但是在信息爆炸、海量信息面前，人往往会“失去自我”，盲目浏览，甚至忘记自己原来的初衷。大量的手机控、微博控、微信控……更是对此欲罢不能，人们的生活被严重扭曲了。随着信息化进程的加深，人与人之间的关系也在发生变化，越来越多的人（尤其是年轻人）喜欢在网络上与人交流，却忽视了现实世界的交往；很多人在网络上异常活跃，在现实世界中却沉默寡言。有些人整天沉溺于虚拟交往之中，甚至宁可生活在虚拟世界中，也不愿意回归现实生活，回归正常的人际交往。

四　信息时代生态城市建设的对策和建议

由于中国正在迈进信息时代，信息化条件下的生态城市建设时间不长，还处在摸索过程之中。因而，已经出现的问题和挑战还是初步的，今后完全可能产生一些未知的问题和风险。这需要我们直面问题和挑战，坚持以人为本的原则，坚持生态文明的理念，建设经济和社会高速发展、人与自然和谐相处的现代生态城市。

（一）适应信息时代的要求，转变观念，提高认识，建设新型生态城市

观念的转变是信息时代建设生态城市的前提。为了适应信息时代的要求，城市的建设者必须放弃或者改变原有的生活方式、生活习惯，以及原有的价值评价标准。提高对信息化在生态城市建设中重要性的认识，在尽可能短的时间内掌握信息技术，以积极的心态、创造性的行动融入生态城市的建

设。只有有正确的观念，才会有正确的行动。生态城市的领导者和建设者必须既具有信息意识，又具有生态意识，并恰当处理二者之间的关系，在生态文明理念的指引下，把信息技术运用到生态城市建设的各个领域。为了实现这一目标，可以运用信息技术手段，通过网上课程、电视会议以及远程教育的方式，通过短信、微信、微博等人们喜闻乐见的方式，对各城市的领导者和建设者进行教育和培训，全面提升市民的信息意识和生态环保意识；应该把学校作为信息意识和生态文明教育的主阵地，提升在校大、中、小学生的综合素质，并通过学生影响家长。与此同时，市民还有一个把外在的他律内化为自身的自律的过程。这个过程一旦实现，将极大提升市民参与城市建设的积极性和主动性，将会有越来越多的市民发挥自己的聪明才智，自觉自愿地融入生态城市的建设中。

（二）充分运用信息技术手段，加强生态城市的科学规划和整体设计

在生态城市的科学规划和整体设计中，信息科技的应用前景不可限量。政府及相关部门可以在空间遥感技术获取的大数据，以及各种智能终端系统获取的大数据的基础上，通过云计算，对各城市的地理信息、气象信息以及经济、文化等各种资源数据进行分析。可以把数学建模和可视化技术应用于数据处理，模拟城市运行，使政府相关职能部门对本地的物产资源、生态环境有一个从宏观到微观的全面了解。在全面掌握生态城市的人口组成成分、流动特点、消费水平的基础上，科学规划商圈的规模、工作岗位的设置，精细设计，合理布局，使城市的发展与当地的人口和生态环境相协调，达到生态城市规划设计的最优化。

（三）广泛运用信息技术改造城市基础设施，提升城市信息化、智能化水平

中国绝大多数城市的基础设施已经基本建成，但信息化、智能化水平偏低。因此，应该围绕生态城市建设，把信息化成果广泛应用到城市基础设施

的建设和管理维护中来。首先，政府和相关管理部门应该加大对城市基础设施智能终端系统的科研投入和应用投入，加快城市基础设施的信息化、智能化改造，在城市的各个角落完善智能终端系统的配置，建立覆盖整个城市的探头、空气质量检测仪、灾害自动报警器等智能终端系统，实现对城市的全天候、全方位、立体化监测，有效获取城市基本信息，为智能响应打下坚实的基础。其次，应充分运用已有的信息科技在智能遥感、空间定位等方面的优势，运用北斗卫星导航系统等媒介把智能终端系统和指挥中心连接起来，保证信息的顺利传递。最后，可在每一座城市建立一个或者数个高度智能化的动态综合监控系统（如智能城市应急指挥系统），把感应、识别、定位、跟踪、反馈整合为一个完整的过程。这些动态监控系统要具有智能判断功能，对城市基础设施定期进行智能检测，能对存在安全隐患的城市基础设施进行智能预警，以防患于未然。上述建设的目标，是把生态城市的建设和管理从被动变为主动，从事后处理变为事前预防和及时响应，从而提升生态城市的信息化、智能化水平。

（四）运用信息科技，转变城市经济发展方式，促进绿色生产和循环经济发展

在生态城市建设中，应该积极发展文化产业和信息产业，使经济增长方式从资本密集型、劳动密集型向技术密集型转变。生产企业应该抓住机遇，舍得在信息技术上进行投入，尽最大努力把大数据、云计算、物联网等信息技术引入生产经营中来，提高生产效率和生产力水平。合理规划，精密计算，减少生产过程中的浪费，达到资源利用率最大化。对于“工业三废”，应该运用信息技术，按照无害化、减量化、资源化的原则进行科学处理，保证排放前达到环境保护标准。经过环保处理以后，企业要把能够循环利用的部分进行重新回收利用，把生产过程中产生的废料和垃圾的种类、数量进行详细的登记记录，并且通过网络寻找下游生产单位，在生产和需求之间进行有效匹配，建立高效快捷的通信系统，促进绿色生产和循环经济的发展。

（五）运用信息技术工具，宣传绿色消费理念，大幅提升市民绿色消费的比重

政府各部门和各种环境保护 NGO（非政府组织）在宣传绿色消费的过程中，可以充分利用各种信息传播手段，建立官方微博、官方微信、官方环境保护宣传网站，用比较流行的微信、微博等大众社交媒介，宣传绿色消费理念和具体实现手段。同时，还可以通过广播、电视、广场大屏幕等大众传媒方式进行宣传，制作高质量的“绿色消费”公益宣传广告，形成一个全方位、立体化的宣传模式，令市民在不知不觉中认识到绿色消费对于国家、城市和自身的重要性。

运用大数据对市民的消费行为进行分析也是一种很好的宣传方式，能够为市民指明绿色消费的路径。可把各种途径获得的大数据运用到对市民消费行为的分析中，用数据说话，通过图表或者漫画等比较直观的形式，一目了然地指出哪些消费行为符合生态环保理念，哪些消费行为会对生态环境产生消极影响。我们相信，当广大市民对自己以及周围世界的了解更加透彻，对自己的消费行为可能引起的后果更加了解时，就会对违反生态原则的行为更加敏感，就会更自觉地选择绿色消费方式。

（六）广泛运用信息技术，调动广大市民参与，提升城市服务和管理的信息化水平

迈入信息时代，政府各部门的管理方式必须与时俱进。要充分运用信息手段，将电子政务从发布信息为主转变为网上办事为主，增加互动，增加群众通过电子政务网站获得服务的便捷性、实效性，使电子政务真正能够提高政府工作效率，降低服务成本，满足市民的要求。电子政务需要更加人性化，对于不熟悉网络使用的市民，可以通过广播、电视、报纸等媒体宣传政府的各项方针政策，开通市长热线电话、行风热线电话等，切实为市民办实事。应该充分利用各种信息科技，通过各种途径向市民普及环境保护知识，鼓励市民对垃圾进行分类，积极参与城市绿化及废旧电子产品的有效回收。

建立各种激励机制，调动广大市民参与生态城市建设的主动性、积极性，为市民参与城市管理创造条件。例如，可以设立市政举报免费电话，当市民发现城市管理中的问题时，可以随时向市政管理部门举报，监督相关政府部门和企业及时解决问题。

总之，信息化是生态城市发展的必然趋势，认真研究信息化对生态城市建设的影响，扬长避短，兴利除弊，对生态城市的健康发展具有重要意义。从宏观上看，信息化对生态城市建设的促进作用是其主要的方面，与此同时，信息化对生态城市建设的消极作用也不容忽视。在生态城市建设中，必须坚持从本地实际情况出发，因地制宜，充分发挥信息技术的积极作用，把信息化作为解决现实紧迫问题和发展难题的重要手段，促进中国生态城市建设步入良性发展的快车道。

G.10

中国雾霾治理战略框架

周广胜*

随着中国快速的工业化和城镇化发展，能源资源的消耗进一步增加，引起了污染物排放和悬浮物的剧增，导致雾霾天气持续频发，甚至很多大中城市数日都难见蓝天。2013 年在中国爆发的史无前例的雾霾天气，不仅持续时间长，而且覆盖面广，几乎涉及中国中东部地区所有城市。面对这一严峻形势，我们不禁要问，经济社会的发展是否一定要以牺牲环境为代价。持续严重的空气质量问题不仅对人类的身体健康造成危害，而且也使交通安全的隐患剧增。因此，迫切需要了解雾霾天气的形成以及可能造成的危害，以制定科学的预防及控制措施，最大限度地减少雾霾天气可能造成的不利影响，这也是当前中国经济、社会和谐发展的必然需求，更是建设生态、文明、美丽中国的现实需要。

一　雾霾形成及其危害

（一）雾霾成因

1. 基本概念

雾霾是指雾和霾的混合物。雾是大自然中的一种天气现象，与人为污染没有必然联系。中国气象局（2010）关于《霾的观测和预报等级》（气象行

---

* 周广胜，男，中国气象科学研究院副院长，研究员，生态学博士，大气物理学与大气环境专业博士生导师。

业标准 QX/T113－2010）明确指出，霾是指排放到空气中的尘粒、烟粒或盐粒等气溶胶的集合体，是由大气污染所导致的结果。通常可基于空气湿度大致判断雾（相对湿度大于90%）与霾（相对湿度小于80%）。雾霾天气通常指雾和霾同时存在，而且区域性的大气能见度小于10千米时的空气普遍浑浊现象。

霾污染通常指空气中的灰尘、硫酸、硝酸、有机碳氢化合物等微小颗粒含量过高，由此导致空气质量变差。PM2.5指空气中空气动力学当量直径不大于2.5微米的颗粒物，通常也被称为入肺颗粒物，可分为固态和非水液态颗粒物。PM2.5的化学成分包括有机物、铵盐、碳、各种金属化合物，其浓度的增加将导致雾霾天气的发生，而且随着PM2.5浓度的增加，大气中的有毒有害物质也会大幅增加。由于PM2.5的粒径很小，同时又含大量的有毒和有害物质，与粒径较大的大气颗粒物相比，在大气中停留的时间更长，输送得也更远，因此PM2.5对人体健康和大气环境质量的影响也比更大粒径的大颗粒物严重。正因为如此，PM2.5浓度经常被当作测控空气污染程度的一个重要指标。

雾和霾存在时空尺度上的角色变换，即在一天之中它们可能由于相对湿度及大气中污染物的不同而变换角色，也可能在相同的区域内一些地方出现霾，而另一些地方出现雾。大气能见度的降低不仅与云雾滴的作用有关，也与气溶胶粒子有关，而气溶胶粒子中的细粒子排放则主要来自人类活动。由此可见，雾霾天气的出现已经不仅仅是一种天气现象，更与大气环境密切相关。

2. 雾霾成因

雾霾天气是自然因素与人为因素共同作用的结果。通常，当空气湿度较高且气流变化不大时，容易出现雾霾天气。最明显的例子就是2013年发生的全国大范围的雾霾天气。广东的雾霾天气形成也是如此。南岭位于广东的北面，当来自北方的冷空气不够强时，由于冷空气不能翻越南岭，此时广东上空就会出现静风，而城市高楼的快速发展又进一步减弱了流经城区的风速，更易出现静风。静风的出现使大气污染物向城区外围扩展稀释的速度大幅降低，导致大气污染物逐渐积累起来，从而加速了霾天气的形成。广东最严重的霾天气主要发生在每年的10月至次年1月期间，而霾天气的出现基本与冷空气出现的时间相一致。但是，当来自北方的冷空气足够强时，冷空气就能翻越南岭，此时广东形成霾天气的条件也就消失了。因此，引发雾霾天气的直接诱因仍然是大气中的细微颗粒物（特别是PM2.5）含量严重超标。雾霾天气是大气污染的具体表现，是人类所有生产生活过程中排放到大气中的污染物在PM2.5上的集中体现。

按照《环境空气质量标准》（GB 3095－2012），中国截至2012年底地级及以上城市空气质量的达标比例为40.9%，但环保重点城市的达标比例仅为23.9%。在中国地级及以上的325个城市中，可吸入颗粒物的年均浓度超标城市有186个，占57.2%。因此，迫切需要高度重视雾霾天气及其所带来的影响，特别是雾霾天气的成因及其应对措施。

（1）能源结构

长期以来，以煤为主的能源生产和消费结构决定了中国的能源结构，使中国的能源结构呈现出单一性与不合理性。在中国的一次能源生产量中，煤炭所占比重达到八成，而石油所占的比重仅为一成，天然气所占比重仅为4.4%。这样一种能源结构使燃煤对雾霾污染的直接贡献达到25%以上。与此同时，以燃煤为主的能源结构也使中国北方城市的冬季采暖期成为雾霾天气的高发期。

（2）产业结构

自2000年以来，中国经济取得了快速发展。2012年，中国的经济总量已经达到2000年经济总量的6.85倍。尽管如此，中国经济的高速发展主要取决于第二产业，特别是重化工业的快速发展，产业结构表现为严重偏重。在2000～2012年的13年间，中国的粗钢产量由2000年的1.3亿吨增至9.5亿吨，水泥产量由6亿吨增至22亿吨；而中国的能源消耗总量则由2000年的12.9亿吨标准煤增加至36.2亿吨标准煤，其中煤炭的消费量由2000年的12.4亿吨增加至39.4亿吨，中国的能源消费、水泥产量、粗钢产量都已经跃居世界第一。由于该产业结构中高耗能的行业所占比重过高，特别是工业煤炭的消费所占比重明显偏高，大量粉尘颗粒物排放至大气中，为雾霾天气的形成创造了条件。2011 年，中国烟（粉）尘的排放总量达 1279 万吨，而其中工业源的烟（粉）尘排放量就占 86.1%；在中国的工业烟（粉）尘排放总量中，来自电力、钢铁以及建材行业的烟（粉）尘排放总量约占 68.2%，这些行业是中国工业烟（粉）尘排放的主要排放源（李希宏、廖健，2013）。

城市化和住房被视为发展消费经济的基础，但其初期的效果可能与投资主导型的经济增长一致。美国全国亚洲问题研究所专家米卡尔·赫伯格指出："要完成这些城市发展任务，必须有钢铁、水泥、玻璃、化工制品、重工业及电力，这一切都会拉动煤炭消耗。真正降低能耗的是向服务业占更大比重的经济模式转变。"在伦敦、巴黎、纽约、东京、中国香港等国际大城市中，第三产业在整个经济总量中所占比重达 80% ~90%。而在中国内地，绝大多城市的第三产业仍然处于以住宿、餐饮等传统服务业为主的状态，金融、文化、保险、旅游、信息等现代服务业的发展还相对滞后。因此，产业结构的不合理也在一定程度上促进了雾霾天气的发生。

（3）机动车尾气

机动车尾气污染对雾霾天气的形成起着重要的促进作用。近 20 年来，中国的汽车保有量大幅度增加，特别是城市地区的汽车保有量增速尤为显著。2012 年中国的汽车保有量已经超过 12000 万辆。机动车尾气排放是城市 PM2.5、SO_2、NO_X 等大气污染物的主要来源。中国汽车保有量的显著增加使机动车尾气污染急剧攀升。统计表明，北京市的机动车尾气排放量占大气污染物总量的 50% 以上；沈阳市的机动车尾气排放量则占大气污染物总量的 35%，其中来自机动车尾气的氮氧化物排放量占整个氮氧化物排放量的 45%；昆明市的机动车尾气排放量也占大气污染物总量的 40%；而济南、青岛、淄博等市的机动车尾气排放量都已占到大气污染物总量的 40% ~60%（袁东、台斌，2014）。

（4）燃油清洁化程度

燃油清洁化程度低也是雾霾天气形成的重要因素之一。尽管中国的能源产业已经在一些方面达到国际先进水平，但总体而言与发达国家仍有较大差距，特别是在规模化生产技术与装备方面较为落后。中国的产品质量总体稳定性较差，高性能、高端产品数量较少，市场竞争力较差，尤其是环保标准较低，严重制约了能源行业和相关行业的快速发展。由于长期以来对环境保护的重视不够，中国的燃油清洁化标准与发达国家相比一直较低。例如，中国的汽油烯烃含量较高，蒸汽压偏高，氧化物含量低，辛烷值分布差。尽管中国在实现了车用汽油无铅化后，苯、芳烃、烯烃和硫等有害物质的含量得到了大幅度降低，但提高车用汽油的质量仍将是中国近期面临的主要问题。2014 年 1 月 1 日，中国全面执行了国Ⅳ汽油标准，在北京、上海等少数城市已经开始执行国Ⅴ标准，但与发达国家目前已经普遍推行的欧Ⅴ标准相比，仍有很大差距。同时，中国的油品清洁化标准与发达国家相比差距仍较大。中国清洁燃油标准长期处于较低水平也是造成雾霾天气的重要原因之一（袁东、台斌，2014）。

（5）环境空气质量标准和治理措施严重落后

2012 年之前，中国的环境空气质量标准体系中还没有涉及 PM2.5 标准，而美国在 1997 年就已经发布了 PM2.5 标准，反映出中国环境空气质量标准严重落后。即使在 2012 年中国新颁布的环境空气质量标准中，PM2.5 的限值仍然较美国的 PM2.5 限值标准高出一倍多。目前，中国治理汽车尾气的方法多为末端治理，即在汽车尾气产生后再进行治理，主要方法仍是催化处理等，治理措施严重落后。尽管采用汽车尾气末端治理方法对减少大气污染物起到了一定作用，但仍不利于对大气污染进行控制，仍会造成大气污染物的迁移和扩散，而且加大了大气污染物的防控难度，甚至会产生二次污染物等问题（袁东、台斌，2014）。

（二）雾霾现状

雾霾是自然要素与人为因素在不同空间尺度的综合作用导致的天气现象，自然要素使雾霾呈现出明显的区域差异性，如中国雾霾严重的地区主要在华北平原、长江中下游地区、华中区域等地；而人为因素的不均匀性促使雾霾呈现出显著的局地性，特别是出现在以城市圈群为核心的地区，雾霾的出现表现出与城镇化发展过程较为一致的变化趋势。雾霾自身的特性使其在空间上可以跨越地域边界进行长距离的迁移与输送，导致其污染范围大幅度扩大。2013 年起源于京津冀地区的雾霾天气，几乎涉及中国中东部所有地级城市，不仅持续时间长，而且覆盖面广，叠加了中国特色的沙尘气溶胶，含有危险有机化合物。监测结果表明：当时全国 330 多个地级及以上城市中有近 2/3 空气质量达不到二级标准的要求。空气质量好的城市所占比例仅为 10. 67%，空气质量差的城市所占比例则达 75. 81%，空气质量极差的城市所占比例也达 13. 52%。大城市及经济发达城市的空气质量呈现出不断恶化的发展态势。雾霾天气发生的时间表明，随着大气环流的季节性变化，雾霾天气的日数也呈现出东部增加、西部减少的变化趋势，以及明显的季节性趋势。总体而言，中国的雾霾天气由于其形成的独特条件，具有以下明显特点。

1. 雾霾天气呈常态化

近年来，中国雾霾天气的发生呈现显著增多趋势，且雾霾天气的持续时间有所延长。1961 ~2013 年的 53 年间，中国雾霾天气发生总体呈上升趋势，其中雾日的天数呈减少趋势，而霾日的天数则呈显著上升趋势。特别是，2013 年是中国有雾霾监测数据以来发生雾霾天气最为严重的一年。根据全国 2500 个气象观测站的雾霾天气观测统计，2013 年 1 ~11 月每站平均出现雾霾天气的日数达到 36. 5 天，超出历史同期雾霾天气日数最多的 13. 2 天。其中，雾霾天气发生较为严重的地区主要为京津冀地区、长三角地区、西南地区和两广地区。长三角地区 55 个气象观测站的观测资料表明，2013 年 1 ~10 月的 304 天中该地区各站平均出现雾霾天气的日数达 94. 2 天，雾霾天气出现的日数比例达 30% 以上，而历史平均雾霾天气的日数仅为 41. 9 天，雾霾天气出现日数的增长比例超过 100%。京津冀地区 26 个气象观测站的观测资料也表明，该地区各站平均出现雾霾天气的日数也达 49. 1 天，与历史同期的 19. 2 天相比，雾霾天气出现日数的增长比例超过 150%（见表 1）。

表 1 中国 4 个地区雾霾日数（引自王腾飞等，2014）

地区	观测站点数（个）	2013 年 1～10 月平均雾霾日数（天）	历史同期平均雾霾日数（1981～2010）（天）
京津冀地区	26	49.1	19.2
长三角地区	55	94.2	41.9
西南地区	68	23.7	19.7
两广地区	51	39	22.1

注：长三角地区涵盖江浙皖沪，西南地区仅涵盖川渝黔。

对中国雾日和霾日的统计分析表明，1961 年到 2013 年 1～11 月的年雾霾天气出现总日数均维持在 25～100 天（见图 1），但雾日出现日数总体呈减少趋势，而霾日出现日数则呈上升趋势，而这一趋势在进入 21 世纪以后则呈加剧态势。2001～2013 年，中国中东部地区各站平均雾日出现的天数仅为 13.6 天，较历史平均的每年 17.6 天减少 4 天；而平均霾日出现的天数则达 10.2 天，与历史平均相比增加 4.5 天，增加幅度接近 100%（王腾飞等，2014）。

进入 21 世纪后，中国中东部地区连续霾过程站的出现次数呈显著增加趋势，几乎呈常态化态势。中国中东部地区连续 3 天、4 天、5 天与 6 天霾过程站的出现次数分别由 725.5 站次增加到 2010 站次、由 444.4 站次增加到 1292.1 站次、由 291.8 站次增加到 881.1 站次、由 200.3 站次增加到 628.2 站次，分别达到 20 世纪霾过程站出现次数平均值的 2.8 倍、2.9 倍、3.0 倍和 3.1 倍，特别是持续时间长的霾过程站次数增加显著（王伟光、邓国光，2013）。

2. 雾霾影响范围不断扩大、污染严重

大气污染物的迁移受一定地域内的地形、气象、植被等条件的影响。中国地势西高东低、呈阶梯状逐级下降，严重影响冬夏盛行风向的季节变化，尤其是随着季风的进退，降水呈明显的季节性变化。因此，雾霾的扩散、迁移方向和强度也受风场和大气湍流、温度层结和大气稳定度等气象条件的显著影响。而一定区域内的山与谷、海与陆等地形分布影响着局部地区的气象条件，进而也影响到雾霾的时空格局与浓度分布。同时，雾霾变化还受污染

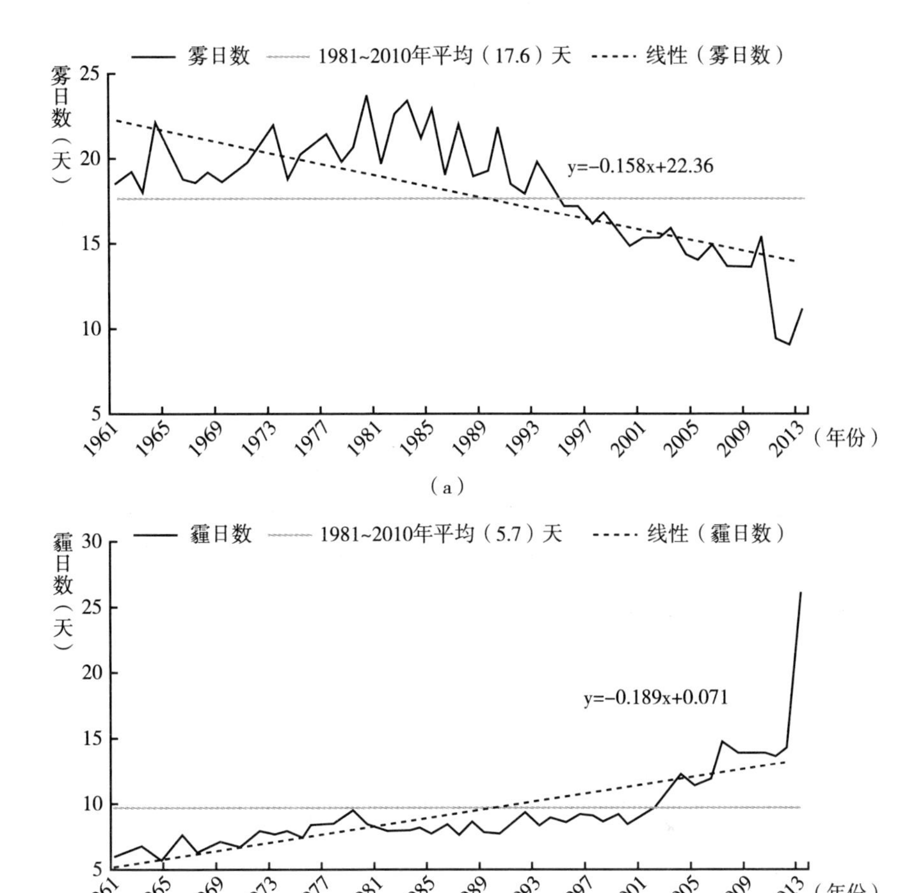

图1　1961～2013年（1～11月）雾日（a）和霾日（b）天数变化（引自王腾飞等，2014）

物的严重影响，污染物聚集排放，特别是二次气溶胶（通常占中国小于10微米气溶胶质量浓度的一半以上）的形成与变化受气象条件影响巨大，从而导致中国的雾霾天气出现呈区域性分布（张小曳等，2013）。城镇化的快速发展引起人口快速增多，工厂和土地利用活动释放的多种化学元素、重金属等进入大气中，会直接导致雾霾的形成。由于雾霾天气发生与人类活动密切相关，因此人口密集地区的雾霾天气发生频率较高且较严重；而在人口稀少地区，则雾霾天气现象出现较少。城镇化的快速发展直接导致人口密度快

速增加，从而使雾霾天气出现的概率大幅增加。自2013年以来，雾霾天气出现的地区不断扩张，从华北地区到东南沿海地区，甚至是西南地区，雾霾天气已经陆续在25个省份、100多座大中城市不同程度地出现，其中45个城市的空气质量已经达到重度或严重污染程度。环境监测资料表明：全国330多个地级及以上城市中有近2/3达不到空气质量二级标准的要求。

图2为基于TERRA卫星的2013年12月7日中国东部出现的重度污染。从河北省到山东半岛一直延伸至上海一线的内陆地区，均出现了严重的大气污染，其中灰色部分为霾出现的地区，白色区域为云和雾出现的地区。2013年12月7日在北京的美国大使馆和在上海的美国领事馆记录的PM2.5值分别达到480微克/立方米空气和355微克/立方米空气，已经达到空气质量严重超标程度。不仅雾霾天气发生的范围呈现不断扩大的态势，大气污染程度也呈不断加重的趋势。从2013年12月21日起，河北省连续发布霾黄色预警信号，随后吉林、山东、江苏等省也纷纷发布霾预警信号。通常采用环境空气质量综合指数来描述空气质量，该指数综合考虑了SO_2、NO_2、PM10、PM2.5、CO、O_3等6项污染物的污染程度，指数数值越大，表明环境受综合污染的程度越严重。在全国首批公布PM2.5数据的74个城市中，2013年12月24日有16个城市的空气质量指数超过300，达到了空气质量最严重的级别，即6级严重空气污染。在排名全国空气质量最差的10个城市中，河北省有6个，其中石家庄、邢台、保定、邯郸4个城市因空气质量指数超过500而出现“爆表”现象（童玉芬和王莹莹，2014）。

3. 秋冬雾霾天气最为严重

全国74个城市的空气质量报告表明（童玉芬和王莹莹，2014），2013年上半年的PM2.5值为24～172微克/立方米，平均为76微克/立方米（PM2.5年二级标准限值为35微克/立方米）。在全国74个城市中，仅舟山、惠州、海口和拉萨4个城市的PM2.5值达到或优于空气质量的年二级标准，占城市总数的5.4%；74个城市中有70个城市的PM2.5未达标，占城市总数的94.6%。按PM2.5日标准进行评价，PM2.5平均日均值的超标率已达35.4%，已经成为影响中国城市空气质量的首要污染物。2013年7～9月，尽管PM2.5

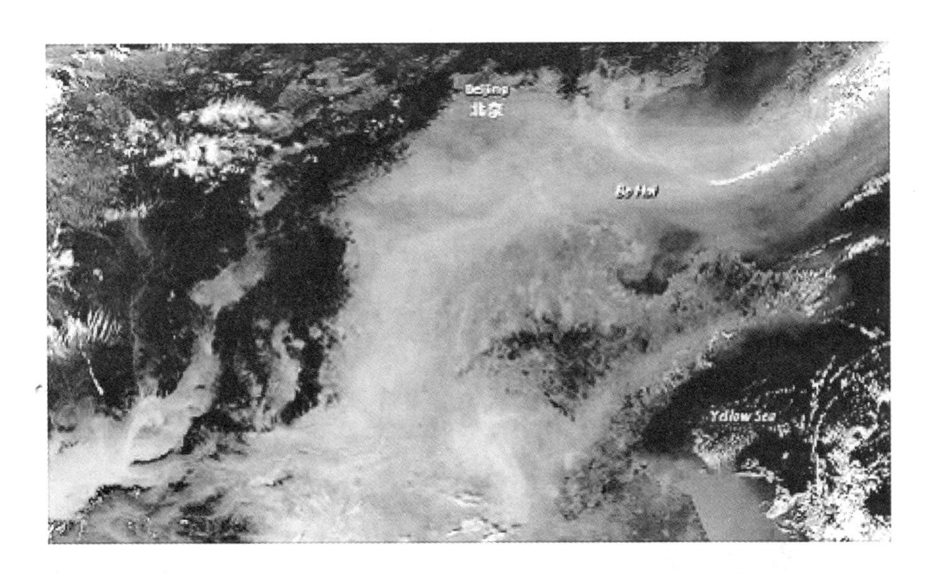

图 2　2013 年 12 月 7 日中国东部地区雾霾卫星图片（童玉芬和王莹莹，2014）

仍然是城市空气质量的首要污染物，但与 O_3 相比，PM2.5 的影响已经相对较小。进入秋季特别是 10 月份以后，PM2.5 的影响又显著提升，雾霾天气再次明显增加，使空气质量再一次受到严重污染（见表 2）。

表 2　2013 年中国 74 个城市空气质量首要污染物（引自童玉芬和王莹莹，2014）

月份	首要污染物		占超标天数比例(%)	
	第一	第二	第一	第二
上半年	PM2.5	O_3	63.4	20.1
七月	O_3	PM2.5	71.6	24
八月	O_3	PM2.5	74.9	19.8
九月	O_3	PM2.5	48.8	38.4
十月	PM2.5	O_3	61.7	25.1
十一月	PM2.5	PM10	73.4	22.2

数据来源：2013 年 74 个城市空气质量状况报告。

（三）雾霾危害

2013 年 1 月 9 日前后，中国的中东部地区相继出现了持续时间长、覆

盖范围大的雾霾天气。雾霾天气几乎覆盖了整个华北、黄淮、甚至江南地区，至13日10时北京甚至发布了北京气象史上首个霾橙色预警。雾霾天气已经严重影响到人体健康以及人们的日常生活。中国环境监测总站重点监测的33个城市，空气质量级别都已经达到严重污染程度，北京的PM2.5值已经逼近1000，被称为“空气有毒”。雾霾天气的发生还会严重影响交通运输，2013年的严重雾霾天气导致多地高速公路关闭、航班取消或延误；不仅如此，长期的雾霾天气过程还将影响农业生产，导致严重的经济损失。在此，重点介绍雾霾对人体健康、交通、农业生产与经济的危害。

1. 人体健康

大量研究证实，大气颗粒物尤其是细颗粒物是大气污染物中对人体健康危害最大的污染物。雾霾天气的发生将导致人体多种疾病的发病率提高，甚至导致死亡率增加。世界卫生组织对全球3211个城市的调查表明，由于可吸入颗粒物污染导致的早死人数达79.9万人，而亚太地区由于可吸入颗粒物污染引起的早死人数就达48.7万人。雾霾对人体健康的危害主要表现在诱发呼吸道疾病、心血管疾病，致癌，损害易感人群的身体健康与心理健康等方面。

（1）呼吸道疾病

雾霾中含有大量的颗粒物，特别是作为雾霾天气主要成因的PM2.5颗粒可以穿透人体呼吸道的防御毛发状结构进入呼吸道，引发鼻炎等鼻部疾病，严重时可引起肺硬化，甚至导致肺癌的发生。PM2.5进入肺部后将对肺部局部组织起到堵塞作用，使肺部的局部支气管通气功能严重下降，导致细支气管和肺泡的换气功能严重下降、甚至丧失。同时，PM2.5还能刺激或腐蚀肺泡壁。长期受PM2.5的影响可引起呼吸道防御机能的损害，导致支气管炎、肺气肿和支气管哮喘等疾病的发生。PM2.5还会对肺巨噬细胞和上皮细胞内的氧化应激系统起到直接或间接的激活作用，刺激炎性因子的分泌，在中性粒细胞和淋巴细胞之间起到浸润作用，引起肺组织发生脂质过氧化等作用。大量研究已经发现，人群无论是短时间还是长时间暴露于高浓度颗粒物环境中，呼吸系统疾病的发病率和死亡率均会明显提高。每当PM2.5值增加10微克/立方米时，由此引起的人群肺炎死亡率就增加4%，慢性阻塞性肺病发病率提高 3%，中国居民每日发生的呼吸系统疾病死亡率将上升约 0.51%。2004 年，中国 111 个城市中由雾霾天气发生引起的哮喘发作人数超过 265 万人，其中由于呼吸系统疾病住院的人数达近 70 万（周广强等，2013）。

（2）心血管疾病

当雾霾天气发生时，大气气压较低，空气湿度较大，使人体不能出汗，心脏病发生的可能性增加。同时，进入人体的 PM2.5 通过诱导系统性炎症反应和氧化应激，可能导致血管的收缩，使血管内皮细胞的功能出现紊乱，致使大量的活性氧自由基释放进入血液，由此导致凝血，造成血栓的形成、血压显著升高和动脉粥样硬化斑块的形成；而且，PM2.5 还可以通过肺部的自主神经反射弧来刺激交感神经和副交感神经中枢，从而对心脏的自主神经系统产生影响，使心率变异性降低，导致心率升高和心律失常。大量研究显示，短时间暴露于高浓度 PM2.5 环境（甚至是暴露数小时）后，心血管疾病事件（包括冠心病、心肌梗死、心衰、心律失常、中风等事件）的每日就诊率和死亡率将显著增加。人群长时间暴露于高浓度 PM2.5 环境中将可能引发心肺系统疾病死亡率的显著增加，动脉粥样硬化形成加速等。最新研究表明，环境中 PM2.5 值每升高 10 微克/立方米，人群由于冠心病导致的死亡率将升高 24%（Krewski et al.，2009），发生缺血性心脏病的可能性将增加 2%，中国居民每日发生的心血管疾病死亡率将上升约 0.44%。2004 年中国 111 个城市由雾霾引起的心血管系统疾病住院人数将近 100 万人（周广强等，2013）。

（3）致癌效应

大气环境中 PM2.5 的多种组成成分具有致癌性或促癌性，如多环芳烃，镉、铬、镍等重金属均是致癌物质。研究发现，基于 PM2.5 的有机提取物以及无机提取物也都具有明显的致突变性和遗传毒性。1982～2008 年长达 26 年跟踪调查美国 120 万成人发现，环境空气中 PM2.5 值每升高 10 微克/立方米，由此导致的人群肺癌死亡率将可升高 15%～27%，而且由此导致的肺癌死亡风险在慢性肺部疾病患者中所占比例更高（陈仁杰、阚海东，2013）。

（4）易感人群健康

研究表明，环境空气中的颗粒物浓度水平，特别是细颗粒物浓度水平与人群的呼吸系统疾病和心肺疾病的发病率、死亡率有着显著的正相关关系，尤其是对易感人群、儿童和老人的影响更为明显。雾霾天气发生的影响对每个人的健康危害并不一致，即人群中存在对雾霾尤其敏感的个体。鉴别人群中存在的敏感个体可为有针对性地防范雾霾天气的健康危害提供指南。尽管目前的研究结果并不完全一致，但所有研究均一致表明孕妇、儿童、老年人、现患慢性心肺疾病者、基因多态性者、社会经济地位较低（如教育背景或收入水平较低）者、糖尿病患者和肥胖者均是PM2.5的易感人群。

PM2.5进入母体后，可通过引起系统性的氧化应激反应、炎症反应、血液流变学和动力学的改变，对胎儿产生危害，导致一系列不良的生殖结局。研究表明，孕期母体的PM2.5暴露与低出生体重、早产、宫内发育迟缓、出生缺陷等有关。儿童佝偻病的发病率在环境颗粒物污染严重的地区呈显著增加趋势，且空气传播的传染病（如扁桃腺炎）的发病率也在环境颗粒物污染严重的地区呈增加趋势。另外，在环境颗粒物污染严重地区，颗粒物落在皮肤或眼内可引起皮脂腺和汗腺阻塞，从而引发皮肤炎和结膜炎等疾病（贾真，2013）。PM2.5值每升高10微克/立方米，可能引发早产风险增加15%。PM2.5还可诱导系统性炎症反应，从而影响脑部，加速老年痴呆症的发展，使认知功能发生减退（陈仁杰、阚海东，2013）。

（5）心理健康

雾霾天气将导致大气环境中有毒物质的含量剧增，使太阳光照严重不足，照射到地面的紫外线强度明显减弱，不利于杀死空气中的细菌，显著增加传染病发生的概率。不仅如此，雾霾天气还使人的日常生活受到严重影响。浓雾笼罩时，空气能见度严重不足、空气质量差，不仅使人出行困难，也使人们呼吸困难，甚至引发焦躁与不安情绪，对于长期生活在雾霾环境下的人则很可能会引发他们严重的心理疾病，导致他们对客观环境不满，甚至产生不良的抵触情绪，从而严重地影响工作和学习的热情，甚至导致社会的不稳定。

2. 交通

研究表明，大气环境中的颗粒物，尤其是以气溶胶形式存在的细颗粒物，会直接影响到大气能见度，大气环境中的颗粒物对城市大气光学性质的影响贡献率达99%，是导致大气能见度显著下降的主要因素。大气能见度的下降将严重地影响到公路、航海和航空运输，严重时甚至导致航班延误甚至取消、高速公路封路。同时，雾霾天气还容易引起“雾闪”，严重时会导致铁路临时停车或者延误。2013 年 1 月 13 日，由于雾霾天气的影响，从早上 8 点到下午 5 点的 9 个小时内，京港澳高速公路的长沙至湘潭路段，连续发生了 40 多起交通事故；而广西全州县境内衡阳至昆明的高速公路全州湘桂收费站附近也发生了 20 车追尾事故，并导致了 1 人死亡及 15 人受伤。

3. 农业生产

雾霾天气对于阳光的阻挡作用使植物接受到的光合有效辐射严重下降，从而影响光合作用，导致植物生长缓慢，甚至影响作物产量。雾霾天气对于作物生产的影响贯穿于作物的整个生长过程，由于雾霾天气导致的光、温、湿等条件的改变，能直接影响到萌芽阶段作物的种子萌发与幼苗发育、作物的生长发育，甚至最终的作物产量与质量，导致农产品收益的严重下降（毛艺林，2014）。

（1）作物萌芽

作物在萌芽阶段的最适环境条件是充足的水分、适当的温度和足够的氧气。由于雾霾天气使环境的温度通常较低、降雨量较少，种子萌芽难以获取所需的水分和温度条件，加之雾霾天气对阳光的严重遮挡作用，使幼苗由于缺少光合作用，叶片难以成形，生命力脆弱，不能正常发育进入作物生长阶段。

（2）作物生长

作物不仅具有光合功能，而且具有呼吸功能。作物需通过呼吸分解物质，从而增加维持作物生命活动所需的能量，进行有机物的合成，增强作物的抗病能力。然而，雾霾天气条件下的空气中悬浮尘粒过大，会导致作物对尘埃的吸附作用明显减弱。作为光合作用关键因子的太阳光是作物的直接热量能源，决定着作物生长环境的光照、温度、湿度等因素。然而，对于生长于冬季10～12月份的设施作物，雾霾天气的发生会使作物难以获取生长发育所需的温差条件，从而不利于作物进行光合作用，进而引起作物叶片变黄，甚至萎缩，导致作物产量严重降低。尤其是，雾霾天气的遮挡还会使大棚内作物所需的光照资源严重短缺，造成棚内的地温和气温均较低，而湿度较大，从而使植株的抗病能力严重降低，增加病虫害发生发展的风险。研究表明，连续的雾霾天气可使棚内湿度增大，疫病、灰霉病极易发生发展并迅速蔓延，甚至可能导致大棚内所有植株均染病，导致大面积植株死亡。

（3）果实质量与产量

雾霾天气的长时间持续将对作物，特别是温室大棚蔬菜造成严重影响，不仅会导致作物生长发育不良，甚至会使产量与质量严重下降。雾霾天气持续会使作物的生长过程缺乏必需的温度和日照，从而影响果蔬成品的大小和光泽，严重影响果实的品质；而且持续雾霾天气条件下的温度通常过低，作物会因此出现冻害现象；同时，湿度过大还会减弱作物抵抗病虫害影响的能力，进一步影响农产品的产量与质量。突发的雾霾天气会通过影响农作物，对农产品市场产生影响，进而影响农民收入，并可能引发囤货等恶劣现象发生，导致社会不稳定。雾霾天气的频发还将影响作物的生产、运输和上市销售，严重威胁到粮食安全与社会稳定。研究表明，雾霾天气所引起的低温与病害可能对日光温室蔬菜产生严重影响，甚至导致大量的灰霉果和畸形果产生，严重时可导致蔬菜大棚菜的产量较常年减产40%～60%。

4. 经济危害

对由空气污染引起的经济危害的定量评价最早始于20世纪60年代。20世纪60年代美国学者Ridker提出了应用人力资本法估算空气污染引起的经济损失，并估算了1958年的空气污染造成的美国不同疾病诱发死亡的损失。研究表明，由于美国对空气污染的治理极大地降低了经济损失，美国当年治理空气污染的总健康效益达80.2亿美元。中国的国家环保总局和国家统计局也于2004年发布了《中国绿色国民经济核算研究报告2004》。该报告指出，2004年中国因为环境污染造成的经济损失总量达5118亿元，占到GDP

的3.05%。其中，大气污染的环境成本达2198.0亿元，占总成本的42.9%。研究表明，PM2.5浓度每增加10微克/立方米，中国居民每日的总死亡率会上升0.38%。2004年中国111个城市由雾霾引起疾病的总经济损失达291亿美元，占当年全国国内生产总值（GDP）的1.5%（周广强等，2013）。

亚洲开发银行与清华大学联合发布的《中华人民共和国国家环境分析》报告指出，基于疾病成本估算的中国空气污染每年造成的经济损失相当于国内生产总值的1.2%，基于支付意愿估算的中国空气污染每年造成的经济损失则高达3.8%。按中国2012年的国内生产总值GDP为51.93万亿元人民币计算，则基于疾病估算的中国空气污染造成的经济损失约为6231.6亿元，基于支付意愿估算的中国空气污染造成的经济损失则达19733.4亿元。

二　雾霾治理国策与实践成果

近年来，中国北方大部分城市和地区发生的严重雾霾天气现象已经引起了政府、科学家与公众的强烈关注。处理好环境保护、能源消费及其与经济发展的关系已经成为当前中国生态文明建设中面临的严峻挑战。人们已经在实践中充分认识到，美丽中国既不能以过度的环境牺牲来换取一时的经济利益，也不能过度强调环境保护而错失经济发展的机会，对于雾霾天气的治理不能再停留在对“碧水蓝天”的渴望上，而是应该统筹环境保护、经济发展和人民生活三者的关系。

（一）雾霾治理国策

党的十八大报告指出，建设生态文明是关系人民福祉、关乎民族未来的长远大计。实现中华民族的伟大复兴，不仅要加强经济建设、政治建设、文化建设、社会建设，而且要把生态文明建设融入这些建设的全过程之中。持续的雾霾天气已给人们的生产生活造成了很大的危害，成为严重的社会经济问题。因此，雾霾治理已非常必要和迫切，必须采取强硬的手段和可行的办法，实现蓝天白云。

雾霾天气发生的直接原因是大气中细微颗粒物（特别是 PM2.5）含量的严重超标，是人类所有生产生活过程排放的污染物在 PM2.5 上的体现。具体表现为：能源结构长期不合理、产业结构不合理、机动车尾气污染突出、燃油清洁化程度低以及环境空气质量标准和治理措施严重落后。因此，制定雾霾治理国策的原则是必须针对引发雾霾的主观因素，统筹环境保护、能源消费及其与经济发展的关系。

雾霾治理不仅涉及法律问题，还涉及环境伦理等社会问题。从表面看，雾霾似乎是由人类对于自然资源的无度索取、政府缺失环境责任以及企业生产的唯利是图引起的，但雾霾产生的根本原因在于人天关系失调，是人类活动产生的排放行为远远超越了大气环境容量极限所导致的后果。雾霾发生机制决定了治理雾霾是一项综合工程，需要国家层面上的预防、监管和问责机制进行统筹协调。2013 年 9 月 12 日国务院公布的《大气污染防治行动计划》，宏观地规定了未来五年大气污染防治的综合规划和减排目标，提出了防、治和问责的具体制度措施，为雾霾治理提供了保障。

1. 现有雾霾法规不足

当前，中国关于雾霾的大气污染防治主要是以环境保护基本法为指导，辅以《大气污染防治法》等专项治理以及相关配套制度，如《环境影响评价法》《固体废物防治法》《清洁生产促进法》《循环经济促进法》等法律中都包含有防控大气污染的规定。目前，中国关于大气污染的具体防治制度不仅考虑到了源头控制（包括相关的规划制度、环境影响评价制度、三同时制度、环境标准制度、产业政策目录制度、排污申报许可制度）、事中控制（包括相关的排污收费制度、总量控制制度、环境监测制度、大气污染突发事件应对机制、环境目标考核责任制等）、事后救济（包括相关的大气污染防治法律中的民事责任、行政责任、刑事责任等制度），还考虑到了协同大气污染防治的相关配套制度，包括清洁生产制度、循环经济制度、经济激励措施等。

中国有关治理雾霾天气的大气污染防治法律规制并不比发达工业国家落

后，许多大气污染治理手段，如三同时制度、在线监测制度等，均为中国首创。尽管如此，中国由于没有制定超前的大气环境立法来及时遏制日益恶化的大气污染，因而出现了雾霾天气频发的严重污染事件。究其原因主要有两方面。

（1）经济利益至上，主要反映在立法理念、政府监管与环境意识三个方面。

立法理念：中国的《大气污染防治法》所秉持的“目的二元论”强调既要“保护和改善生活环境和生态环境，保障人体健康”，还要“促进经济和社会的可持续发展”，二者并行不悖，并无主次之分。但在现实法律运行过程中，常常以牺牲环境利益来保障经济利益。

政府监管：尽管大气污染防治法中有“政府环境责任”等相关规定，但由于在具体问责机制上缺少“细则性”规定，政府部门在涉及战略规划与专项规划制定、项目审批甚至具体监管执法等领域时，由于受地方或部门利益、个人政治前途以及信息不足、认识能力等的制约，往往出现重视经济利益、忽视相关环境利益的现象，导致政府环境责任缺失，严重影响了现有大气环境治理的效果。

环境意识：公众环境保护意识的缺失亦是导致环境生态恶化的主要诱因。以趋利为目标的企业为了最大化经济利益，逃避环境治理责任，通常将未经处理的废气直排或偷排至大气中；公众追求高能耗的舒适生活方式，如豪宅、高排量汽车等导致更多污染物排向大气中。同时，公众参与大气污染防治的积极性与机制仍有待落实，特别是公众参与在程序保障和意见采纳方面仍然缺乏具体有效的法律规制措施，使建设单位“只听取、不采纳”现象频繁发生，导致大量污染企业立项，预防为主制度的实施效果大打折扣。

（2）法律规制不健全，主要反映在 PM2.5 法规缺失、PM2.5 监管不足、区域联防缺失、违法成本较低等方面。

PM2.5 法规缺失：现行的《大气污染防治法》中并没有涉及雾霾天气发生的主要污染物 PM2.5，而 2016 年才会全面实施涉及雾霾天气发生主要

诱因 PM2.5 的《环境空气质量标准》。

PM2.5 监管不足：机动车尾气排放是造成 PM2.5 超标的主要诱因。尽管法律授权环保部门治理机动车尾气，并享有委托年检和监督抽测权限，然而机动车尾气的实际处罚权却掌握在公安交通部门，责权分离使机动车尾气的监管得不到有效的落实。

区域联防缺失：雾霾天气的发生具有非常明显的地域特点，然而目前的大气污染防治法律还没有实施区域联动治理管理方式。以北京为例，北京以南的天津、河北、河南、山东等省份都是大气污染排放较多的区域，这些区域在地理上相连、在大气上相通，如果不实行区域联动预警机制和合作治理方式，很难从根本上治理雾霾问题。

违法成本较低：中国现有的大气污染防治法对于违法排污行为的处罚力度明显偏轻，根本不足以有效震慑违法排污行为。例如，对于造成大气污染事故的企业事业单位，现有法律规定对该单位所造成的危害后果仅处以直接经济损失 50% 以下的罚款，而且罚款的上限还不能超过 50 万元。因此一些高利润污染企业就为了追求高额利润，直排或偷排未经处理的废气，导致大气污染加剧。

2. 雾霾防治的法律措施

雾霾天气的发生机制决定了治理雾霾是一项综合工程，需要在预防、监管和问责机制上统筹协调。2013 年 9 月 12 日，中国国务院公布了《大气污染防治行动计划》，从宏观上规定了未来五年中国大气污染防治的综合规划和减排目标，提出了基于防、治和问责的具体制度措施，为从根本上治理雾霾提供了法律保障。

（1）预防制度

治理雾霾天气的关键在于防，必须严格控制现有的大气污染排放总量，从源头上减少大气污染物排放。为此，首先要转变环境立法理念。环境保护和经济发展是对不可调和的矛盾，但在不同阶段的重要性各不相同。因此，需要根据经济发展的不同阶段，从雾霾天气的发生机制方面寻求环境保护和经济发展的平衡点。环境保护是当前生态文明建设的关键之一，经济发展必须与环境保护相协调，不能以牺牲环境为代价来谋求一时的经济发展。为此，迫切需要对现有的《环境保护法》和《大气污染防治法》进行认真梳理与完善，树立生态利益优先的立法理念，将环境保护上升到人类可持续发展和生态环境安全的高度，扭转唯 GDP 至上的发展思路，从雾霾天气发生的源头控制大气污染。

明确 PM2.5 防治措施：尽管 2012 年中国颁布的《环境空气质量标准》已经将 PM2.5 纳入了标准体系中，但还缺乏相应的法律配套，因为单纯的环境标准难以作为事实判定的准则。同时，现有的《大气污染防治法》并没有涉及 PM2.5 的相关法律规制措施。因此，新形势下确保 PM2.5 治理的长效机制要求进一步梳理与修订现有的《环境保护法》和《大气污染防治法》等法律，以法律的方式规定 PM2.5 的监测、治理、防控等过程，并给予保障落实。同时，为确保从雾霾天气发生的源头进行治理，迫切需要将 PM2.5 纳入现有环境影响评价法及其标准体系中，并加紧制定影响 PM2.5 输送渠道的各类施工扬尘污染源控制标准和规范，包括道路管线建设、建筑施工、拆迁、渣土运输、园林绿化等。

雾霾监测预警：严格控制现有的排放总量有助于减少雾霾天气的发生。为此，国家环境保护行政主管部门需要加强空气质量监测力度，确保减排时间表和区域空气质量达标时间表的实现；同时，要通过及时发布空气污染监测与预警信息，有针对性地引导公众提前做好雾霾天气的自我防护工作。特别是，通过制定雾霾天气的应急预案制度，在必要时可通过采取限产、停工、限排、限行等大气污染治理措施，最大程度地降低雾霾天气的发生及其可能导致的损害。

调整产业政策目录：不合理的产业结构是造成雾霾天气频发的深层原因，直接影响到现有排放总量的控制。因此，严格控制现有的排放总量以减少雾霾天气的发生要求必须尽快调整已有的产业结构，严格控制对排放量大的钢铁、汽车、石化、水泥等项目的审批，对太阳能、水电、风能等清洁生产项目进行优先考虑。为达到公众监控的目的，对于国家禁止发展的污染行业、产业目录和落后生产工艺、设备的淘汰目录应定期进行发布，并有针对性地制定退出企业的经济补偿措施，加快淘汰落后产能，从源头上防控雾霾天气的产生与发生。

（2）治理措施

针对现有雾霾天气的污染源，采取的治理措施应该以严格控制现有的排放总量为主，同时兼以其他政策措施相互配合。

总量控制制度：当前，中国大气污染防治法中规定的总量控制仅适用于环境质量未达标的地区、国务院批准的酸雨控制区和 SO_2 污染控制区，作为雾霾天气主要诱因的 PM2.5 还没有被纳入总量控制。同时，在严格保证总排放量不变的条件下，应适度加大减排的力度。设立污染物排污权交易制度有助于鼓励减排和总量控制目标的尽快实现，这样超指标限量排污企业受技术等方面限制时可临时向排放量少的企业购买排放量。在市场机制的激励下，企业会主动采取节能降耗技术来降低污染物的排放量，从而在确保企业获取利益的同时保护大气环境。

加强机动车尾气排放监管：机动车尾气是雾霾天气发生的主要诱因 PM2.5 的主要来源。因此，减少雾霾天气发生迫切需要减少机动车尾气的排放。为实现此目标，需要加强机动车尾气的监管。加强机动车尾气排放监管首先要控制机动车总量。对于大气污染防治的重点城市，为确保污染物总量控制需要根据重点城市的大气环境质量状况确定机动车保有量的最高限额，从而实现机动车保有量的年增长量控制。其次，为尽可能减少雾霾发生，应在雾霾来临或发生之际，实施重点城市的机动车辆限行制度，将污染物控制在雾霾发生的临界值以下。同时，机动车尾气排放还与燃油有关，加强机动车尾气排放监管还应实施严格的成品油标准制度，从而有效降低机动车尾气有害物质的排放量。

建立雾霾区域联防机制：由于雾霾天气的发生具有非常明显的地域特点，地理相连、大气相通的区域如果不实行区域联动预警机制和合作治理方式，就很难从根本上治理雾霾问题。因此，雾霾治理需要政府间的密切合作，需要设立由环保部和发改委共同牵头的区域雾霾防治联席会议制度，通过大气污染区域联防联控机制，明确区域内各部门的职责和分工，全力推进雾霾防治。

建立雾霾灾后评估制度：通过对雾霾事件的损失评估可以增强应对雾霾天气及其影响的经验，将雾霾天气的不利影响降到最低。历史上曾经发生过一系列严重的空气污染事件，如伦敦烟雾事件和洛杉矶光化学烟雾事件，均造成了触目惊心的公众健康和财产损失。通常，雾霾天气的灾损评估内容包括交通伤亡情况、不同行业的经济损失情况以及对公众健康的不利影响状况等方面。

完善重点污染源在线监测制度：雾霾天气的治理还应该包括加大对被环保部门列为重点污染排污单位的企业进行有效的在线实时监管的力度。重点污染源在线监测制度是有效预防企业，特别是重点排污单位超标排放污染物的重要手段。对于被列为重点排污单位的企业除安装自动监控设备以及相应的运行监控管理平台外，还应该实现监控设施与环保部门监控平台的联网，确保污染源在线监控设备的正常运行和数据的正常传输。同时，污染源在线监测制度还应该有序扩展至那些极易产生扬尘等污染物的施工工地，以对产生大气污染的排污企业和施工单位实施有效的监管。

（3）完善问责机制

中国政府已经对治理雾霾给予了充分重视，但雾霾天气仍然频繁发生。究其原因在于缺少健全的问责和救济机制。因此，治理雾霾问题的关键在于落实执法和完善环境责任追究机制。

完善政府问责机制：当前，政府环境责任的缺失是造成中国大气污染防治效果不明显的根本原因。为有效减少雾霾天气的发生，迫切需要在宪法和法律层面明确公众的环境权益以及政府的环境问责机制，以充分调动公众与政府防治污染的积极性与主动性，切实保障大气污染防治法在内的环境法律得到有效的落实。

完善司法诉讼机制：实现公众环境权益和追究政府环境责任需要有完善的司法诉讼机制。完善的司法诉讼机制不仅应包括与大气污染行为有关的公民直接提起环境诉讼的机制，还应该包括环境公益诉讼制度。2013 年中国新修订的民诉法中已经增加了环境公益诉讼制度，要求法律规定的机关和有关组织对于污染环境等损害社会公益的行为可向人民法院提起诉讼。尽管如

此，民诉法中关于环境公益诉讼的原告资格规定仍模糊不清，制约了该制度的现实可操作性。因此，迫切需要完善环境公益诉讼等相关制度，真正有效地保障公众的环境权益，督促政府相关环境责任的落实。

加大违法行为处罚力度，增加环保经费投入：当前中国发布的《大气污染防治法》仍缺乏刚性的约束机制。要真正减少雾霾天气的发生，必须彻底改变“守法成本高、违法成本低”的处罚现状，加大对违法排污企业的处罚力度，震慑违法排污行为。同时，人力、财力与物力是确保环保行政机关管理职能得到充分落实的基础保障，没有适当的环保经费投入，难以保证人力与物力的到位，更谈不上对雾霾的真正治理。

强化企业和公众的环境责任：雾霾天气发生的主要原因是公众与企业行为对大气的污染物排放。因此，强化企业与公众的环境责任有助于大气污染的治理。关于企业的环境责任，除加强企业强制性规范遵守监管外，还应充分利用经济调控手段鼓励和引导企业实施节能减排，包括设立财政补贴激励机制，基于清洁生产和节能减排的财政补贴机制等。关于公众的环境责任，在责任的落实程度和要求上与企业的环境责任应有所不同。公众的环境责任落实主要应通过法律调节和经济激励的方式给予保障。在日常的消费领域，应该合理引导公众接受绿色消费，对于公众的高能耗消费行为可通过设置消费税方式予以限制。

引导公众参与对雾霾治理的监督：预防雾霾天气的发生应该充分重视公众的参与作用。为此，需要首先在环评过程中扩大公众的参与，凡是对环境有害的企业项目都应该将公众参与纳入环评过程，给予公众表达环境意见的机会。其次，在环境影响报告书编制与审查阶段、项目跟踪评价和后评价阶段，都应规定相应的公众参与方式，环保行政部门应在法定期限内对公众提出的意见给予答复。只有真正落实公众对雾霾治理的监督，才有可能从根本上解决雾霾的治理问题。

（二）雾霾治理实践成果

自工业化开始以来，随着煤炭作为能源的大量利用以及汽车大量进入人们的日常生活，雾霾事件就像工业化的副产物一样，随之频繁发生。伦敦烟雾事件、洛杉矶烟雾事件、比利时马斯河谷烟雾事件、美国多诺拉烟雾事件等一系列重大雾霾事件的发生，不仅造成了大量的经济损失，而且导致了大量的人员死亡，给先污染后治理的20世纪工业化国家发展模式敲响了警钟。为此，迫切需要总结历史上已经发生的雾霾治理实践成果，避免再次走上以牺牲环境和生态换取经济发展的区域发展模式，为中国治理雾霾提供技术借鉴，统筹环境保护、能源消费与经济发展之间的关系，更好地建设生态文明的美丽中国。

1. 伦敦烟雾事件

从19世纪开始，伦敦就被称为“雾都”。1952年的伦敦，无数个家庭与工厂成千上万个烟囱向大气排放着燃烧过程中产生的烟气。自1952年12月5日开始，整个伦敦城市被逆温层所笼罩，城市处于高气压中心位置，垂直方向和水平方向的空气流动均停止，持续数日无风。当时，伦敦冬季主要使用燃煤采暖，市区内还建有许多以煤为主要能源的火力发电站，采暖和火力发电所用的煤炭燃烧产生了大量的CO_2、CO、SO_2、粉尘等气体与污染物，蓄积在城市的上空，由于逆温层的作用引发了持续数日的大雾天气。其间，受毒雾影响大气能见度极差，伦敦城市的大批航班被取消，白天汽车在公路上行驶都必须开着大灯。室内音乐会也因为能见度过低而取消，因为人们看不见舞台。自12月5日至12月9日，城市持续5天被浓雾所笼罩，大气能见度只有几米，而在4天内伦敦就有4000人死亡，全英国有12000人因呼吸道疾病或因能见度低导致的交通事故死亡，该事件成为20世纪全球最严重的环境公害事件之一。由于持续数日的毒雾影响，因为支气管炎死亡的人数达704人，冠心病死亡人数达281人，心脏衰竭死亡人数达244人，结核病死亡人数达77人，这些死亡人数分别为毒雾发生前一周的9.5、2.4、2.8和5.5倍；同时，由于持续数日的毒雾影响，肺炎、肺癌、流行性感冒等呼吸系统疾病的发病率也显著增加。在此之后的1956年、1957年和1962年，伦敦又连续发生了多达12次的严重烟雾事件。一直到1965年以后，对环境污染的严格治理才使有毒烟雾从伦敦销声匿迹。

造成1952年伦敦烟雾事件的最直接原因是冬季家庭采暖和火力发电站所使用的煤炭以及汽车尾气排放。为治理雾霾天气，英国政府推出了严厉的污染控制措施。1954年通过了治理污染的特别法案，1956年通过了《清洁空气法案》。通过这些法令的实施，关停了大批重污染工厂，并将发电站搬出城市；对城市居民的传统炉灶进行了大规模改造，以减少煤炭用量、实现居民生活天然气化。同时，大力发展城市公共交通，抑制私车；鼓励清洁能源利用。1968年以后，英国又出台了一系列空气污染防控法案，包括划出空气质量管理区域，强制在规定期限内达标，严格约束各种废气排放等，并制定了明确的处罚措施，从而有效地减少了烟尘和颗粒物的排放。2010年伦敦的PM2.5年均值为16微克/立方米，达到了欧盟和英国的标准（刘树江，2013）。

2. 洛杉矶光化学烟雾事件

光化学烟雾是在阳光作用下大量的碳氢化合物通过与空气中其他成分起化学作用而产生的，其成分包括臭氧、氧化氮、乙醛和其他氧化剂。

从1943年开始，美国洛杉矶每年从夏季至早秋，城市上空就弥漫着浅蓝色的光化学烟雾。1955年9月，大气污染和高温天气使光化学烟雾的浓度急剧升高，在2天内就有400余位65岁以上的老人死亡，为平时死亡人数的3倍多。

洛杉矶光化学烟雾事件是由汽车尾气燃烧不完全和工厂排出的大量碳氢化合物、CO和NOx引起的。这种光化学烟雾通常发生在湿度低、气温在24℃~32℃的夏季晴天的中午或午后，由于阳光紫外线的强烈照射，这些大气污染物在吸收太阳光的能量以后，立即变得不稳定并形成新的物质，这种化学反应被称为光化学反应，其产物为含剧毒的光化学烟雾。

美国洛杉矶自20世纪40年代至70年代期间经常发生光化学烟雾，该事件也成了美国环境管理的转折点。美国加州政府于1970年颁布了《清洁空气法》，实施了排放许可制度，严格控制各种空气污染物和颗粒物的排放；制定了当时世界上最为严格的机动车尾气排放法规与环境标准（张燕，2013）。同时，积极开发环评软件及有效的污染控制技术，终于在20世纪

80 年代之后使洛杉矶基本摆脱了光化学烟雾的困扰。经过近 40 年的污染治理，尽管洛杉矶城市的人口数量增长了 3 倍、机动车数量增长了 4 倍多，但城市空气质量有了大幅度的改善，且城市发布的健康警告天数从 1977 年的 184 天下降到了 2004 年的 4 天。

3. 马斯河谷烟雾事件

1930 年 12 月 1 ~5 日在比利时马斯河谷工业区发生了令人震惊的大气污染惨案。该惨案发生在比利时境内沿马斯河的一段长 24 千米的河谷地带，该河谷地带地处马斯峡谷的列日镇和于伊镇之间，两侧有山，约 90 米高。沿河谷地带分布有许多重型工厂，包括炼焦厂、炼钢厂、电力工厂、玻璃工厂、炼锌工厂、硫酸工厂、化肥工厂等，还有石灰窑炉。

自 1930 年 12 月 1 日开始，由于气候反常变化，整个比利时被笼罩在大雾之中，而马斯河谷处于逆温层之下，雾层尤其浓厚。由于逆温层和大雾的共同作用，马斯河谷工业区内 13 个工厂持续 3 天排放的大量烟雾无法排放出河谷，有害气体在河谷中越积越厚，已经达到危害人体健康的极限。从第 3 天开始，河谷工业区上千人员发生呼吸道疾病，在一个星期内就有年老和有慢性心脏病与肺病的患者 63 人死亡，是同期正常死亡人数的 10 余倍。刺激性化学物质通过损害呼吸道内壁使许多家畜也纷纷死去。狭窄盆地加上气候反常出现的持续逆温和大雾，使马斯河谷工业排放的污染物在河谷地区的大气中大量累积，而空气中存在的氧化氮和金属氧化物微粒等污染物加速了 SO_2 向 SO_3 的转化，达到了对人体有毒级的浓度，导致了烟雾事件的发生。

4. 日本烟雾

日本在工业化前期也曾经饱受过大气污染之苦，20 世纪 60 年代的东京就曾经烟雾熏天。为了解决东京的烟雾问题，日本于 1962 年颁布了全国性的大气污染控制立法，即《煤烟排放规制法》，并于 1968 年修改制定了《大气污染防治法》，形成了当前针对工厂等固定污染源的大气污染控制基本法律框架。1992 年又针对日益严重的移动污染源制定了《关于机动车排放氮氧化物的特定地域总量削减等特别措置法》，实现了对机动车尾气排放的有效控制。

5. 中国雾霾治理

（1）北京奥运

环境质量达标成为2008年北京承办第29届奥运会的一大难题。为了减少雾霾天气，确保空气质量，中国政府提出了反映二氧化氮、二氧化碳等含量影响的蓝天指数指标。北京及其邻近省份均加大了环境整改的力度，通过实行大气污染区域联防机制，确保北京的空气质量达标。例如，河北省为减少污染物排放对北京空气质量的影响，通过提高科技水平，不仅确保了以重工业为支柱产业的经济发展，而且减少了大气污染物的排放总量。

为确保2008年北京奥运会期间的空气质量，北京市基于持续10年的大气污染防治工作，在2008年7月20日至9月20日期间与北京周边地区（包括天津市、河北省、山东省、山西省和内蒙古自治区）共同实施了以减少大气污染物排放为目标的6类临时减排措施，包括强化机动车管理、倡导“绿色出行”；停止施工工地作业、强化道路清扫保洁；重点污染企业停限产；燃煤设施污染物减排；减少有机废物排放；实施极端不利气象条件下的污染控制应急措施。特别是，2008年奥运会召开前北京对首钢等重污染企业进行搬迁，使首钢排放的空气污染物从最高时的近9000万吨剧减至零，有力地减少了北京的大气污染。这些综合措施的实施大幅度减弱了大气颗粒污染物及其前体物的排放，确保了奥运会期间北京空气质量实现了空气污染指数（API）三项指标全部达到国际奥委会的要求，同时，导致雾霾天气的PM2.5和O_3含量也明显降低，成为中国控制区域复合污染的第一个成功案例。

需要指出的是，北京奥运会期间治理大气污染的手段是短期的阶段性措施，时间比较具体明确。在这一过程中，政府依靠自身的权威和强力机关为后盾，通过发布具有权威性、强制性的行政命令和政策法规，对于重点污染企业采取关停并转等措施，在短期内可以有效遏制大气污染，改善空气质量。但是，由于这一案例更多强调的是临时措施，没有建立区域联防长效机制，不利于空气质量的长期维持。

（2）中原经济区雾霾治理

2011年底，国务院出台了《国务院关于支持河南省加快建设中原经济区的指导意见》，明确了中原经济区建设的核心任务是积极探索不以牺牲农业和粮食、生态和环境为代价的工业化、城镇化、农业现代化协调发展的路子。2013 年河南省第十二届人大一次会议的政府工作报告首次提出了打造“美丽中原”、把生态文明建设融入中原经济区建设全过程的工作任务。然而，2012 年底至 2013 年初发生的特大雾霾天气给实现美丽中原的目标蒙上了阴影。在这次特大雾霾天气过程中，河南省几乎所有的地级市都成了雾都，省会郑州雾霾天气最为严重，屡次在全国污染最严重的 10 大城市中上榜。环保部门的数据显示：2013 年 1 月 1 日至 2 月 20 日，郑州市空气质量 14 天轻度污染、15 天中度污染、9 天重度污染、11 天严重污染，只有 2 天达标，原来的绿城成了名副其实的雾都。2013 年底，严重雾霾天气再一次在郑州出现，并导致多条高速公路关闭，航班停飞。同时，由于雾霾天气的影响，入院就诊的呼吸道病人剧增，医院人满为患；农作物因雾霾天气导致的寡照而生长缓慢，造成了市场蔬菜价格的大幅上升，造成了严重的社会不稳定。

研究表明（刘洪芹，2014），中原雾霾产生的主要原因是家用汽车拥有量剧增导致的机动车尾气大量排放。家用汽车拥有量在 2000～2012 年的 13 年间增长了 155 倍，远远超出了城镇化率的增长速度。中原雾霾产生的第二个原因是煤炭的消耗量大，煤炭仍然是主要能源。第三个原因是人口密度过大。针对雾霾天气成因，《中原经济区规划》将雾霾天气治理和新型城镇化建设有机结合起来，将加快推进新型城镇化作为主要矛盾和重要抓手，拟针对改善大气环境质量采取一系列的对策措施（刘洪芹，2014），包括：①严格控制家庭人均拥有车辆，提高公共交通比例。通过提高城镇家庭机动车辆准入门槛，提高新车和油品标准，倡导绿色交通与绿色出行，实现家庭人均拥有车辆数量控制，提高公共交通比例。②减少煤炭消耗总量，发展清洁能源。通过倡导利用清洁能量（水能、风能、太阳能），适时利用核能，最大限度地减少燃煤使用量，实现能源结构的改善。③合理规划城镇，控制城镇人口密度。提倡大中小城镇建设并举，对城镇人口密度上限予以控制，倡导卫星城镇发展，实现人口的合理分流。④加强城镇绿地设施规划，保障城镇绿地面积。绿地有利于降低雾霾产生，对绿地面积不达标的城市可通过停止其他用地规划来保障城镇绿地面积比例。

三　雾霾治理对策与建议

雾霾天气的形成不在一朝一夕，治理雾霾天气也不可能毕其功于一役。要从根本上消除雾霾天气，改善空气质量，不仅需要提供制度保障，源头防治，而且需要制定长效的雾霾治理区域协同联动机制。

（一）加快完善《大气污染防治法》，明确法律责任，加强有效执行

降低雾霾天气的发生与影响只是一种治标手段，而从源头上控制雾霾污染物的排放则是治本之术。要治理雾霾和空气污染，完善的法律制度体系保障是关键。为实现这一目标，需要对现有的大气环境评价导则进行梳理与完善，增加关于诱发雾霾天气的 PM2.5 的评价内容；同时需要强化大气环境保护立法，通过加大污染物排放成本，有效提高雾霾问题的治理效率。

目前，中国已经出台了《行动计划》和《大气污染防治“十二五”规划》两个大气污染防治规划，具有权威性、普遍适用性和政策连贯性，但仍不属于专门的大气污染联防联控行政法规，其效力等级充其量仅属于行政规章，无法适用于司法机关的责任追究。加强环保立法、完善法律制度是解决包括雾霾天气在内的大气污染的根本途径。1987 年制定的《中华人民共和国大气污染防治法》，尽管在 1995 年和 2000 年进行了修订，但已经不能完全适应新形势下的大气污染防治。当前，针对雾霾治理应该树立以管理为先的指导思想，协调个体生存和企业与生产行为的矛盾、财富获取与人类呼吸的冲突；构建基于环境容纳的雾霾治理管理制度，并落实到经济人的实体行为上，实现短期与长期利益的再平衡。为此，针对日益严重的雾霾问题，迫切需要加快环境立法，从法律层面严格控制工业、机动车、燃煤等污染源的污染物排放，明确和细化政府、企业及个人在大气污染防治中应承担的法律责任。同时，针对部分地区片面的发展思路和发展模式使相关法律法规不

能充分有效地执行，导致环境保护让位于经济发展，各级政府必须转变经济发展方式，加强环境保护。除此之外，还要积极推进联合执法，落实执法责任，不留环境执法死角，明确重点，严厉打击环境违法行为；对监督执法不力行为，要依法追究责任。

（二）大力发展新能源，促进能源体系多元化

目前，中国仍处于工业化的中期，煤炭在中国能源结构中仍占有主体地位，产业结构中的重化工业特征短时间内也难以转变。因此，针对中国的能源结构实际，应该加大科技创新力度，继续推进清洁能源的开发和利用，努力降低煤炭利用比例、促进煤炭的高效清洁利用。中国幅员辽阔，资源丰富，具有“以气代油”和“以气代煤”的良好资源基础。2011 年全国天然气勘查新增探明地质储量 7659. 54 亿立方米，同比增长 29. 6%；全国煤层气勘查新增探明地质储量 1421. 74 亿立方米，同比增长 27. 5%。不仅如此，中国还是太阳能资源非常丰富的国家，2/3 国土面积的年日照小时数在 2200 小时以上，全国陆地与近岸海域可利用风能资源约为十亿千瓦。以风能、太阳能等为代表的新型清洁能源的开发利用将有助于逐渐优化能源结构，实现经济社会和生态环保的双赢（胡名威，2013）。

（三）改变工业布局，促进产业结构升级

中国的重化工业分布具有明显的集聚性，主要分布在东北地区、华北地区以及沿海地区。这一集聚性工业布局使有限的资源难以得到合理的分配使用，并有加重地区环境污染的隐患。为此，需要对中国的工业布局进行优化，考虑地区之间的分工协作和优势互补，通过产业分工和转移的利益协调机制，发展立足本地资源、具有自身特色和优势的产业集群。针对中国重点产业的发展特点，坚持“远近结合、内外并举、标本兼治”的原则，在保增长的同时，通过改善体制机制，促进产业转型升级，加快发展第三产业。中国的产业发展模式需要由数量增长型向创新驱动型转变，大中型企业要继续保持内在增长动力，进一步做大做强；中小型企业要突破生产规模和技术

水平的限制，进一步做精做专，努力促进服务业与制造业的相互渗透和快速发展（胡名威，2013）。

（四）加大综合治理力度，减少污染物排放

雾霾天气中污染物的主要来源是燃煤、燃油以及与居民生活有关的各种排放。燃煤源消减的关键在于加强企业的大气污染综合治理；加快推进城市集中供热，扩大高污染燃料禁燃区范围，逐步推行“煤改气”工程建设；鼓励北方农村地区推广使用洁净煤。同时，需要强化移动源污染防治，大城市严格限制机动车保有量，实施更严格的排放标准，减少机动车尾气排放污染，实施公交优先战略，提高公交出行比例，倡导绿色出行。此外，减少污染物排放仍需强化机动车环保监管能力建设，全面控制机动车尾气排放；强化无油烟净化设施及露天烧烤环境监管，严格控制秸秆燃烧。

（五）强化跨区域应急联防联控机制

中国的地理位置与季风气候决定了区域性雾霾问题凸显。随着城镇化建设规模的不断扩张，区域内城镇连片发展，城市之间的大气污染相互影响作用明显，相邻城市之间的污染传输影响非常严重。在京津冀、长三角、珠三角的部分城市，二氧化硫浓度外来源的贡献率已经达30%～40%，氮氧化物外来源的贡献率达12%～20%，可吸入颗粒物外来源的贡献率达16%～26%。为此，迫切需要建立跨区域的大气污染联合治理和控制机制，以实现大气中细小颗粒物数量减少的目标。在城市化迅速扩展的今天，城市雾霾治理已经不是一个城市能够解决的问题，需要考虑周边相关城市或地区的污染来源。这一形势的出现迫切要求打破现有行政体制，建立联合治污体制。不仅不同地区之间需要合作治理污染，而且不同部门之间也需要进行相互协作，以防止治理死角的出现，切实做到共享雾霾监测数据，共同制定防污措施。区域联防联控是治理雾霾问题成本相对较低、环境收益较大的重要举措，尤其是大城市更应该与周边地区及上游省区市实行联动减排、联合执法、信息共享、预警应急等大气污染防治措施。通过建立污染天气的监测预

警体系，及时发布监测预警信息，一旦出现严重雾霾天气条件，及时启动区域联动应急响应，引导公众做好卫生防护，切实降低空气污染的危害。同时，建立联防区域雾霾治理还需要加强区域产业发展规划的环境影响评价工作，加强处罚力度。《大气污染防治法》最新修订草案的一大亮点为提高了对违法企业的处罚力度。如对于大气污染物超标排放的处罚额度，由原先的10000元以上10万元以下提高至5万元以上50万元以下；排污单位故意不正常运转污染防治设施的处罚额度也将从5万元以下提高到5万元以上50万元以下。

（六）加强科普宣传工作，提高民众减排意识

雾霾天气的产生不仅与工业排放、汽车尾气和建筑工地等有关，也与人们的日常生活密切相关。因此，雾霾防治的实现需要政府和民众的共同努力。政府、机构、企业、社区和个人承担着不同的环境职责。只有通过开展多种形式的环境宣传教育，广泛普及大气污染防治科学知识，倡导文明、节约、绿色的消费方式和生活习惯，从而引导民众从自身做起、从点滴做起、从身边做起，树立起全社会“同呼吸、共奋斗”的行为准则，才有可能实现空气质量的改善。新闻媒体在大气环境保护中有着特殊的作用，通过新闻媒体积极宣传大气污染联防联控的重要性、紧迫性以及国家采取的政策措施和取得的成效，可为改善大气环境质量营造良好的社会氛围。同时，通过提高环境信息的透明度，可逐步实现全民参与雾霾治理的新局面。

（七）加强雾霾监测预报预警研究，提升科学防控能力

科技创新是治理雾霾的重要措施之一。要在国家和地方相关科技计划中加大对大气污染防治科技研发的支持力度，以科学创新为依据提高大气污染的防控能力和效益。通过加强气溶胶和雾霾监测分析技术研发，完善大气成分监测体系，改进雾霾数值预报模式，有效提升雾霾天气和大气污染的监测预报预警能力；同时，强化对雾霾天气形成机理、影响与调控对策的研究，加快工业污染防治技术、工业脱硫脱硝除尘技术等的研发与示范，积极推广

先进实用技术。

提高大气环境监测技术与能力需要健全环境监测体系，特别是环境监测能力和环境监测质量及预警能力建设。在环境监测能力建设方面，不仅需要完善现有的环境监测项目，而且需要监测大气污染可能影响的土壤、生物、水体底泥等元素，为完善大气污染影响评估提供资料保障。在环境检测质量及预警能力建设方面，需要重视环境监测数据质量，提高环境监测人员的综合素质与软硬件设备。为确保大气环境监测技术与能力建设的实现，迫切需要加大国家对预警和应急措施的人力物力投入，以及时对突发性环境污染事件做出应急处理，有效地控制污染事件的发生及其影响。

附　　录

Appendices

G.11

生态城市建设国际合作（照片）

国际生态城市建设理事会主席瑞吉斯特（**Richard Register**）和中国生态城市绿皮书主编刘举科就生态城市建设建立长期合作机制达成共识并合影留念

G.12

生态城市建设案例介绍

上海市崇明岛陈家镇公司生态办公楼

上海市崇明岛东滩鸟类国家级自然保护区

上海市崇明岛生态文明建设经验简介

崇明岛作为大都市圈内的生态示范区域、上海可持续发展的有机组成部分，以及重要的战略空间和生态服务功能区，其生态岛建设实践引起了国内外的广泛关注。2010 年 1 月，上海市颁布《崇明生态岛建设纲要(2010～2020)》，提出了崇明生态岛建设的指标体系及分阶段目标，力争到 2020 年形成自然生态健康、人居生态和谐、产业生态高端、国际竞争力强、引领示范作用突出、可持续发展的基本格局。

2014 年 3 月，联合国环境规划署发布《崇明生态岛国际评估报告》。《报告》指出，崇明岛生态建设的核心价值反映了联合国环境规划署的绿色经济理念。在自然生态建设方面，崇明岛通过治理入侵物种、限制开垦湿地、保护和管理生态栖息地、综合治理有害生物等方式，实现了对湿地生态多样性和生态系统的保护。在人居生态方面，崇明岛通过加快城镇生活污水截污纳管与集中处理设施建设，开创了农村污水分散式处理新模式，水环境质量得到显著提高。在固体废弃物综合管理上，崇明岛正努力实现“减量化、无害化、资源化”。在产业生态方面，崇明岛零散式的农业经营已开始向绿色、有机品牌体系建设转变，在科技引领和支撑下，低碳发展战略和模式已初步建立。《报告》还提出在崇明建立“生态文明特区”，并指出，“相对于经济特区建设，崇明生态特区建设的核心应积聚于生态文明，以期能够对其他类似区域实践生态文明建设起到示范作用”。

华东师范大学　曾刚教授研究团队提供

西安浐灞国家湿地公园　开启生态西安的别样风情

西安浐灞国家湿地公园鸟瞰图

西安市浐灞国家湿地生态公园建设经验简介

近年来，西安提出“建设美丽西安”的发展要求，坚持把生态文明融入经济、政治、文化、社会建设的各方面和全过程，以“净气、兴水、增绿、治污和农村生态环境综合治理、城市景观建设”为重点，加快实施一系列重大生态工程。2014 年全年投入财政资金 31.3 亿元，是上年的 2.1 倍，共拆除燃煤锅炉 480 台，淘汰黄标车及老旧车 4.2 万辆，对 3.4 万户居民实施了清洁能源改造，人工影响天气作业实现常态化，全市优良天数超出省考指标 71 天，群众满意度较上年提高 17.7 个百分点。全力做好秦岭生态保护，高标准建成 8 个生态节点广场和 17 千米环山绿道，全年新增城市绿地面积 450 万平方米，造林 11.5 万亩。加快推进八水润西安工程，完成“两河五湖六湿地”建设，新增生态水面 3108 亩、湿地 6506 亩。通过不懈努力，千年古城现出一幅城市与山水相融合、经济社会发展与生态环境相协调、人与自然相和谐的美丽画卷。

治理前：部分河道水土流失严重，滑坡、泥石流频发

治理后：河水对岸沟道的侵蚀得到有效控制，河水清澈，长流不息

左图为治理前库姆塔格沙漠的流动沙丘；右图为治理后的沙丘表面植被生长

清洪分离效果图

构筑保护敦煌“沙漠都江堰”
创建企业治沙防洪新模式

敦煌是“丝绸之路经济带”上一颗璀璨的明珠。是镶嵌在甘肃河西走廊最西端党河流域戈壁上的一座世界历史文化名城。但是，敦煌被库姆塔格大沙漠三面包围，南靠祁连山，库姆塔格沙漠以每年5～10米的速度东侵，每年汛期这里又受到来自祁连山北坡肃北和阿克塞洪水的威胁。敦煌长期面临“沙害”与“水患”等突出生态环境问题。要保住敦煌，就必须保住阳关；要保住阳关就必须治沙治洪。甘肃阳关碧泊公司何延忠所领导的企业给我们提供了一个企业承担社会责任、十年锲而不舍治沙治洪发展产业、矢志不渝开展科学研究的成功范例——阳关碧泊模式。

为了实现保护敦煌、建设“绿色丝绸之路”的“中国梦”，碧泊人历经10余年，先后投资2.8亿元，在沙漠侵蚀的最前沿阳关镇，搬运沙丘石山500多座，拉运石料1亿多立方米，构筑了一条“沙漠都江堰”生态治理工程。设置沙障100多条，修建了梳坝涵养水源工程150多千米，沙漠渗透过滤工程21千米，13条90多千米多级疏流分洪河道。通过渗滤净化、拦蓄洪水救活防风林，化水“害”为水“利”、变沙进为沙退，进行生态治理3万多亩，荒漠化治理56平方千米。建成了枢纽注水工程月亮湖、九连湖，敦煌沙漠葡萄科技示范园、沙漠高寒冷水鱼生产基地、虹鳟鱼深加工生产车间、科研培训中心、敦煌宫等。最终实践探索出了“分洪疏流治沙”模式，即“一分二涵三滤四筑五构建”的系统工程。“一分”就是分洪疏流；“二涵”就是涵养水源；“三滤”就是沙漠渗透过滤；“四筑”就是修筑大坝以防风固沙；“五构建”就是构建生态农业产业链。专家认为此项工程设计巧妙，其以“害”治“害”、化“害”为“利”的生态治理新模式，融合了“天人合一”的思想，极具创造性和推广性。为保护阳关、守望敦煌竖起了一道绿色生态屏障，并带动了当地的特色农业发展，凸显了治沙、驯洪、保家、富民等经济社会效益。

同时阳关碧泊公司与中科院合作，在敦煌飞天生态科技园成立了院士专家工作站，致力于敦煌治洪治沙、修复生态技术的研究和推广。为建设“绿色丝绸之路”、保护丝路明珠敦煌提供智力支持。该工程引起了国际科学界的极大关注，先后有加拿大、日本、以色列、美国、德国、澳大利亚等国的专家院士前来考察研讨。

G.13

中国生态城市建设大事记

（2014年1～12月）

朱　玲*

2014 年 1 月 7 日，环保部与全国 31 个省（区、市）签署了《大气污染防治目标责任书》，明确了各地空气质量改善目标和重点工作任务。

2014 年 1 月，阿里和腾讯两互联网巨头推出“快的”和“嘀嘀”两款网络打车软件，软件被迅速、大量、井喷式运用显示出了智慧城市利用互联网资源，以市场与创新手段“自下而上”提升城市智能发展水平，以“软件革新”促进城市运行效率提升的巨大潜力。

2014 年 1 月 7 日，广东省茂名市白沙河偷排含油化工废水等有毒有害物质，严重污染环境，致使茂名市茂南区公馆镇 96 名学生因吸入有毒气体而身体不适。

2014 年 2 月 26 日，习近平总书记在北京主持召开座谈会，第一次指出了京津冀协同发展所体现出的四大战略意义。京津冀一体化首次上升为国家战略，这一国家重大战略的实施，对破除限制资本、技术、产权、人才、劳动力等生产要素自由流动和优化配置的各种体制机制障碍，提高城市群的综合国际竞争力、综合承载能力、内涵发展水平和生态治理水平，真正打造类似大伦敦都市区、大东京都市圈、大巴黎都市区等具有全球影响力的现代大都市圈经济，进而辐射和带动“一带一路”建设，促进全球范围内大都市区协同发展，具有十分重大而深远的意义和影响。

2014 年 3 月 5 日，第十二届全国人民代表大会第二次会议在人民大会堂开幕，国务院总理李克强向大会做《政府工作报告》。李克强指出，我们

* 朱玲，女，兰州城市学院社会管理学院副教授，马克思理论与思想政治教育硕士。

要像对贫困宣战一样，坚决向污染宣战。报告在出重拳强化污染防治、推动能源生产和消费方式变革、推进生态保护与建设等方面做出工作部署。

2014 年 3 月 19 日，深圳市规土委（海洋局）网站出现转发自国家海洋局南海分局的一则公告——中石油深圳 LNG 应急调峰站项目拟在深圳大鹏湾东北岸迭福片区填海造地约 39.7 公顷。该项目由于可能会改变海洋属性，对周边的海域功能区使用、海域生态环境、渔业环境造成一定的影响，还有可能存在由 LNG 泄漏、溢油等导致的环境风险，立刻引起民间环保人士、人大代表、政协委员等多方的强烈争议。经过反复听证、博弈，截至 12 月 17 日国家海洋局发布最新优化方案：填海造地面积比原计划方案减少 8.77 公顷。与 LNG 项目危机同时同地爆发的坪山环境园危机显示：随着人们环境意识和维权意识的增强，支撑城市运转的能源项目和处理城市垃圾的邻避设施将成为未来生态城市建设中群体性矛盾爆发的引爆点，处理这类事件将成为生态城市管理者的工作常态。

2014 年 4 月 10 日，甘肃省兰州市发生自来水苯超标事件。兰州市主城区自来水供水单位威立雅水务集团公司检测出出厂水苯含量为 118 微克/升，远超出国家限值的 10 微克/升。4 月 11 日凌晨 2 时，苯检测值为 200 微克/升，属于严重超标，数百万人的饮用水被污染。在随后召开的新闻发布会上，兰州市称周边的地下含油污水是引起当地自流沟内水体苯超标的直接原因。

2014 年 4 月 17 日，环保部和国土资源部发布《全国土壤污染状况调查公报》，就历时 8 年进行的全国性土壤污染情况对公众披露。根据国务院决定，环境保护部会同国土资源部开展的首次全国土壤污染状况调查于 2005 年 4 月启动。调查范围是我国除香港、澳门特别行政区和台湾省以外的陆地国土，调查点位覆盖全部耕地，部分林地、草地、未利用地和建设用地，实际调查面积约为 630 万平方千米。调查结果显示，全国土壤环境状况总体不容乐观，部分地区土壤污染较重，耕地土壤环境质量堪忧，工矿业废弃地土壤环境问题突出。

2014 年 4 月 20 ~ 22 日，湖北省汉江武汉段因为强降雨开闸大面积排渍排水，造成严重的氨氮超标事件，30 多万人口以及数百家食品加工企业用水受到影响。

2014 年 4 月 24 日，环境保护法修订草案经十二届全国人大常委会第八次会议表决通过。国家主席习近平签署第 9 号主席令，予以公布。其中，将“推进生态文明建设，促进经济社会可持续发展”列入立法目的，将保护环境确立为基本国策，将“保护优先”作为第一基本原则，将“生态红线”等首次写入法律，明确提出对违法排污企业实行按日连续计罚，罚款上不封顶。新环境保护法于 2015 年 1 月 1 日正式施行。

2014 年 5 月 13 日，原杭州农药厂的旧址上搭起一顶 2 万平方米、高 36 米、耗资 2000 万元的超级帐篷，用来覆盖重度污染毒土壤，折射出土壤污染的严重程度和修复工作的艰难程度。

2014 年 5 月 20 日，环保部在浙江湖州召开全国生态文明建设现场会，授予 37 个市（县、区）“国家生态文明建设示范区”称号。国家发展改革委等六部委推出 57 个生态文明建设先行示范区，强调要紧紧围绕破解本地区生态文明建设的瓶颈制约，大力推进制度创新。水利部确定 59 个城市作为第二批全国水生态文明城市建设试点，推进城市从粗放用水方式向集约用水方式转变，从过度开发水资源向主动保护水资源转变。农业部发布了“美丽乡村”十大模式。全国绿化委员会、国家林业局授予 17 个城市“国家森林城市”称号。

2014 年 6 月 26 日，中国社会科学院社会发展研究中心、甘肃省城市发展研究院、兰州城市学院、社会科学文献出版社等单位发布《生态城市绿皮书：中国生态城市建设发展报告（2014）》（刘举科、孙伟平、胡文臻主编）。《报告》指出：中国生态城市建设存在五方面的问题：健康指数靠前的城市从整体看已经走在前列，但空气质量、水质等重点单项指标仍不达标；因个人和局部利益损害生态环境的问题还未根本扭转；生产生活园区建设还需规范；城市内外自然带、农业带和人文带建设未能和谐发展；环境影响评价不透明等。《报告》认为，生态城市建设的宗旨理念是以人为本、绿色发展，核心是处理好人与环境的关系，关键是转变人们的价值观念，着眼点是转变生产方式、改变生活方式。

2014 年 7 月 2 日，经中央批准，全国评比达标表彰工作协调小组批复环境保护部，同意设立“中国生态文明奖”，这是我国第一个生态文明专项奖，评选表彰面向基层和工作一线，重点奖励对生态文明创建实践、理论研究和宣传教育做出重大贡献的集体和个人。在 11 月 1 日举行的中国生态文明论坛成都年会上，“中国生态文明奖”发布启动。

2014 年 7 月 15 日，最高法出台意见要求高级人民法院设立环境资源专门审判机构。据统计到 9 月 20 日，全国共设立 150 个环境资源审判庭、合议庭、巡回法庭，其中有 105 个设在基层法院，占到 70%，中级法院有 35 个，高院有 9 个。有 22 个省级高院，还未按照最高法的部署设立环境资源专门审判机构。

2014 年 7 月 10 ~ 12 日，生态文明贵阳国际论坛 2014 年年会举行。国务院总理李克强向论坛发来贺信，强调生态文明源于对发展的反思，也是对发展的提升，事关当代人的民生福祉和后代人的发展空间。国家副主席李源潮发表致辞，强调人类必须自觉地与自然友好相处，人类的发展必须与生态的发展平衡共进。联合国秘书长潘基文发来贺信，对论坛取得的成果给予高度评价，对推进可持续发展的国际合作、制度约束、改革创新等阐述了主张。会议期间，来自 60 多个国家和地区的 2000 余名嘉宾，围绕“改革驱动，全球携手，走向生态文明新时代——政府、企业、公众：绿色发展的制度架构和路径选择”主题，举办了近 100 场主题论坛及相关活动。

2014 年 7 月 20 日，麦当劳、肯德基等洋快餐供应商上海福喜食品公司被曝使用过期劣质肉。上海食药监部门要求上海所有肯德基、麦当劳问题产品全部下架。7 月 26 日，福喜母公司 OSI 集团在官网宣布，必须从市场中收回上海福喜所生产的所有产品。

2014 年 8 月 11 日，世界卫生组织把发生在西非地区的埃博拉疫情界定为国际卫生紧急事件。埃博拉跨地区的全球性蔓延说明基于航空运输的世界城市网络可成为疾病传播的主要渠道，对航空枢纽的完善和疾病管控系统应该成为生态城市尤其是国际性生态城市思考的重要问题。

2014 年 8 月 13 日，湖北省恩施自治州建始县磺厂坪矿业有限公司致重庆市巫山县千丈岩水库严重污染，造成周边 4 个乡镇 5 万余名群众饮水困难。

2014 年 9 月 6 日，内蒙古和宁夏交界处的腾格里沙漠腹地部分地区出现了好几个足球场大小的长方形排污池。这些排污池实际上是一些蒸发池，蒸发后剩下的固体被就地掩埋。这种排污行为将会对沙漠土壤和水源产生严重污染进而造成沙漠水系的破坏。

2014 年 9 月 11 日，按照水利部组织编制的《京津冀协同发展水利专项规划》，京津冀将构建水资源统一调配管理平台，实行水量联合调度。到 2030 年京津冀地区将率先建成节水型社会，基本实现水利现代化。

2014 年 9 月 13 日，据中国之声《全球华语广播网》报道，全国目前确立了包括南昌、郑州等在内的 33 个城市作为第一批开展餐厨废弃物资源化利用和无害化处理试点的城市。设立餐厨垃圾处理厂，由密封罐车去签约单位收集餐厨垃圾，收集起来的垃圾经过振动筛过滤之后，进入循环处理系统当中。餐厨垃圾全部由专业环保公司的人免费上门收集，并且全程监控。餐厨垃圾的回收处理，不仅能从源头上斩断生产地沟油的黑色利益链、减少食品安全威胁，同时能避免环境污染，使废弃物得到循环利用乃至变废为宝。

2014 年 9 月 19 日，中国官方发布了应对气候变化领域的首个国家专项规划。预计到 2020 年完成控制温室气体排放行动的全部目标，其中包括单位国内生产总值二氧化碳排放比 2005 年下降 40% ~45%，非化石能源占一次能源消费的比重降到 15% 左右，单位工业增加值二氧化碳排放比 2005 年下降 50%、铁路单位二氧化碳排放比 2010 年降低 15%、民航单位二氧化碳排放降低 11%。为此，中国将致力于优化能源结构，发展新能源，并计划建立全国碳排放交易市场。

2014 年 10 月 23 日，党的十八届四中全会通过的《中共中央关于全面推进依法治国若干重大问题的决定》提出，用严格的法律制度保护生态环境，加快建立有效约束开发行为和促进绿色发展、循环发展、低碳发展的生态文明法律制度，强化生产者环境保护的法律责任，大幅度提高违法成本。建立健全自然资源产权法律制度，完善国土空间开发保护方面的法律制度，

制定完善生态补偿和土壤、水、大气污染防治及海洋生态环境保护等法律法规，促进生态文明建设。

2014 年 10 月 26 日，中国气象局国家气候中心专家表示，中国秋冬季节“雾锁连城”现象将常态化，京津冀、长江三角洲、珠江三角洲和川渝（成都、重庆）四大“雾霾带”轮廓渐显。四大霾区几乎涵盖了所有工业化与城镇化最发达和人口最密集的地区。

2014 年 10 月 31 日，经由联合国大会通过而设立的首个“世界城市日”系列活动在上海举行。活动主题是“城市转型与发展”，意在促进各级政府和社会团体、个人共同应对城市化进程的挑战，协助解决国内外各类城市的可持续发展问题。世界标准化组织建立起了第一个城市国际标准——ISO37120。综合评价城市的可持续发展状况，帮助不同层次城市衡量其城市服务和生活品质的管理绩效，通过城市间的横向比较，及时发现城市推进可持续发展过程中的不足之处，并与其他城市分享成功经验。上海成为全球 20 个试点城市之一。

2014 年 11 月 APEC 期间，北京市采取单双号限行等方法，缔造了“APEC 蓝”，PM2.5 浓度同比下降 55%。“APEC 蓝”的出现说明雾霾通过人们的努力，是可以控制的。

2014 年 11 月 12 日，中美双方在北京发表《中美气候变化联合声明》，中国国家主席习近平和美国总统贝拉克·奥巴马宣布了两国各自 2020 年后应对气候变化的行动目标。美国计划在 2005 年基础上，到 2025 年实现全经济范围内减排 26% ~28% 的目标，并努力减排到 28%。中国计划 2030 年左右，二氧化碳排放达到峰值并争取努力早日达峰，非化石能源占一次能源消费的比重提高到 20% 左右。联合国秘书长潘基文对此发表声明指出，这两个世界上最大的经济体所展现的领导力带给了国际社会一个前所未有的契机。

2014 年 11 月 15 日，环保公益组织长沙曙光环保公益中心对外披露湘江流域重金属污染调查结果：郴州三十六湾矿区甘溪河底泥中，砷含量超标 715.73 倍；郴州三十六湾矿区甘溪村稻田中，镉含量超标 206.67 倍；岳阳桃林铅锌矿区汀畈村稻田铅含量最高值达 1527.8 毫克/千克（即每千克含有

1.5 克），超标 5.093 倍。

2014 年 11 月 19 日，广西常屯村的铅锌矿将含有镉等重金属的污水直排入当地农民所用水渠中，造成当地水稻绝收，农民相继患上骨痛病。

2014 年 11 月 26 日，国务院总理李克强主持召开的国务院常务会议讨论通过了《中华人民共和国大气污染防治法（修订草案）》。草案强调源头治理、全民参与，强化污染排放总量和浓度控制，增加了对重点区域和燃煤、工业、机动车、扬尘等重点领域开展多污染物协同治理和区域联防联控的专门规定。这是中国大气污染防治法 14 年后大修，中国将重典治霾。

2014 年 11 月 30 日，“森林中国·2014 中国生态英雄”大型公益活动在京启动。活动主题是“森林情，中国梦”，宣传在森林资源保护方面做出特殊贡献的生态英雄，激发公众关注和参与森林资源保护，践行社会主义生态文明观，实现绿色中国梦。具体标准如下：导向性、示范性、公益性、新闻性。

2014 年 12 月 5 日，山东企业鲁抗医药大量偷排抗生素污水，浓度超自然水体 10000 倍，南京自来水甚至检出阿莫西林。全国主要河流黄浦江、长江入海口、珠江等也都检出抗生素。其中，珠江广州段受抗生素污染非常严重，脱水红霉素含量达 460 纳克/升、磺胺嘧啶含量达 209 纳克/升、磺胺二甲基嘧啶含量达 184 纳克/升，远远超过欧美河流中同类物质含量不超过 100 纳克/升的标准。

2014 年 12 月 6 日，湖南桃源铝厂非法将电解铝含氟化物固体废料填埋在架桥镇龟山山顶，导致附近村民患癌，农作物几乎绝收。

2014 年 12 月 9～11 日，2014 年中央经济工作会议对资源环境用了史上最为严厉的措辞：“从资源环境约束看，过去能源资源和生态环境空间相对较大，现在环境承载能力已经达到或接近上限，必须顺应人民群众对良好生态环境的期待，推动形成绿色低碳循环发展新方式。”其中，用“现在环境承载能力已经达到或接近上限”来表达现阶段我国经济发展的环境基础，是对 2013 年环境所表达“生态环境恶化”的升级版，凸显了生态问题在国民经济发展中的重要性和优先性。

2014年12月16日，备受关注的一审被判赔1.6亿元的江苏泰州环保联合会诉6家化工企业非法处理废酸案二审开庭审理。这是国内迄今判赔数额最大的环境公益诉讼案。未来，通过环境公益诉讼来遏制企业对环保的破坏和损坏将会是一个常态，用法制化的方式去推动环境保护将成为一个非常重要的发展方向。

2014年12月21日，在浙江举行的"2014国际旅游度假目的地论坛"揭晓了"2014国际旅游度假目的地"系列榜单，苏州获评"2014最佳文化旅游度假目的地"，苏州市吴中区获评"2014最佳生态旅游度假目的地"。

2014年12月25日，中德全方位战略伙伴关系中的重要组成部分——中德低碳生态城市试点示范工作——在京启动。山东省烟台市、河北省张家口市（含怀来）、江苏省海门市和宜兴市以及新疆维吾尔自治区乌鲁木齐市为首批"中德低碳生态城市合作项目"试点示范城市。

2014年12月26日，黔南州水生态文明城市建设试点实施方案通过水利部审查。黔南州的治水思路为"节水优先，空间均衡，系统治理，两手发力"。实施"严格水管理、提升水安全、改善水环境、修复水生态、彰显水文化"五位一体的水工程。平衡区域内生态环境保护与经济社会发展的关系。

2014年12月，国家统计局的统计数字显示，我国城镇常住人口74916万人，比上年末增加1805万人，城镇人口占总人口的比重为54.77%。全国流动人口为2.53亿人，比上年末增加800万人。其中城镇就业人员39310万人，比上年末增加1070万人。54.77%的城镇化率意味着未来绿色生态城市建设的任务更加紧迫。

2014年12月28日，北京市园林绿化局称2015年将重点打造10处特色明显的城市森林生态区域。包括南水北调干线绿色廊道建设，房山、怀柔、密云3个区县新增造林5103亩，新建京昆高速两侧造林5000亩等。计划2015年新增造林11.6万亩。

2014年12月28日，以"聚焦城市宜居，展示亚太风采，颂扬行业典范，纵论城市发展"为主题的2014亚太城市建设与发展峰会在北京成功举办，评选出中国十佳“2014 年度生态宜居典范城市”：厦门、桂林、南京、昆明、大连、临沂、贵阳、兰州、乌鲁木齐、达州。

2014 年 12 月 30 日，清远市将从 2015 年全面启动创建国家环境保护模范城市（以下简称“创模”）工作。“创模”主要考核指标有 26 项，包括社会经济、环境质量、环境建设和环境管理四大方面，是目前难度最大的城市创建工作之一。

2014 年 12 月 30 日，前央视记者柴静的空气污染调查《穹顶之下》显示：①中国的空气污染相当严重。比如 2014 年北京全年污染天气 175 天。从雾霾等污染空气采样中检测出 15 种致癌物质。中国每年因大气污染而致死的人数达到了 35 万 ~50 万人。②中国的雾霾 60% 来自燃煤 + 燃油。消耗大、劣质、缺乏清洁、排放缺乏控制是燃烧煤炭、石油造成污染的主因。③每个人积极参与环保行动是最保护生命的最有效方式。12369（全国环保举报热线）应该成为民众监督的有力武器。

G.14

参考文献

[1] 国家统计局：《中国区域经济统计年鉴（2013）》，中国统计出版社，2015。

[2] 国家统计局环境保护部：《中国环境统计年鉴（2013）》，中国统计出版社，2015。

[3] 国家统计局：《中国城乡建设统计年鉴（2013）》，中国计划出版社，2015。

[4] 国家统计局：《中国城市统计年鉴（2013）》，中国统计出版社，2015。

[5] 李景源、孙伟平、刘举科主编《中国生态城市建设发展报告（2012）》，社会科学文献出版社，2012。

[6] 孙伟平、刘举科主编《中国生态城市建设发展报告（2013）》，社会科学文献出版社，2013。

[7] 刘举科、孙伟平、胡文臻主编《中国生态城市建设发展报告（2014）》，社会科学文献出版社，2014。

[8] 严耕、林震、杨志华等：《中国省域生态文明建设评价报告（ECI 2010）》，社会科学文献出版社，2010。

[9] 杨志峰等：《城市生态可持续发展规划》，科学出版社，2004。

[10] 朱坦：《中国可持续发展总纲（第10卷）：中国环境保护与可持续发展》，科学出版社，2007。

[11] 汪劲：《环保法制三十年：我们成功了吗（中国环保法制蓝皮书1979～2010）》，北京大学出版社，2011。

[12] 中国城市科学研究会：《中国低碳生态城市发展报告2012》，中国建筑工业出版社，2012。

[13]《“十二五”全国环境保护法规和环境经济政策建设规划》。
[14] 王大中:《21世纪中国能源科技发展展望》,清华大学出版社,2007。
[15] 刘培哲、潘家华、周宏春、庄贵阳、Emily Yeh:《可持续发展理论与中国21世纪议程》,气象出版社,2001。
[16] 钱伯章:《节能减排——可持续发展的必由之路》,科学出版社,2008。
[17] 杨士弘:《城市生态环境学》,科学出版社,1996。
[18] 喜文华:《节能减排与可再生能源知识手册》,科学出版社,2012。
[19] 张希良:《风能开发利用》,化学工业出版社,2005。
[20] 国际能源署:《世界能源展望2002》,中国石化出版社,2004。
[21] 汪集旸、马伟斌、龚宇烈:《地热利用技术》,化学工业出版社,2005。
[22] 张神树、高辉:《德国低零能耗建筑实例解析》,中国建筑工业出版社,2008。
[23] 龙惟定:《建筑节能与建筑能效管理》,中国建筑工业出版社,2005。
[24] 王荣光、沈天行:《可再生能源利用与建筑节能》,机械工业出版社,2004。
[25] 翟秀静、刘奎仁、韩庆:《新能源技术》,化学工业出版社,2005。
[26] 王革华、艾德生:《新能源概论》,化学工业出版社,2006。
[27] 李汉章:《建筑节能技术指南》,中国建筑工业出版社,2006。
[28] 高庆敏:《建筑设计与施工实用新技术》,黄河水利出版社,2005。
[29] 丁国华:《太阳能建筑一体化研究、应用及实例》,中国建筑工业出版社,2007。
[30] E. H. 桑戴克:《能源与环境》,原子能出版社,1985。
[31] 薛德千:《太阳能制冷技术》,化学工业出版社,2006。
[32] 朱起煌、张抗:《世界能源展望》,中国石化出版社,2006。
[33] 邢运民、陶永红:《现代能源与发电技术》,西安电子科技大学出版社,2007。
[34] 童忠良、张淑谦、杨京京:《新能源材料与应用》,国防工业出版社,2008。
[35] 魏一鸣:《中国能源报告(2006)》,科学出版社,2006。

[36] 王革华：《能源与可持续发展》，化学工业出版社，2005。
[37] 刘震炎：《环境与能源科学导论》，科学出版社，2005。
[38] 蔡剑平：《能源发展战略研究》，化学工业出版社，2004。
[39] 王永康：《纳米材料科学与技术》，浙江大学出版社，2002。
[40] 王长贵：《新能源在建筑中的应用》，中国电力出版社，2003。
[41] 曾汉民：《高技术新材料要览》，中国科学技术出版社，1993。
[42] 北京师范大学、西南财经大学、国家统计局中国经济景气监测中心：《2011 中国绿色发展指数报告——区域比较》，北京师范大学出版社，2011。
[43] 唐民皓：《食品药品安全与监管政策研究报告（2012 版）》，社会科学文献出版社，2012。
[44]《国家药品安全“十二五”规划》。
[45]《国家食品安全监管体系“十二五”规划》。
[46] 李广军、王青、顾晓薇、初道忠：《生态足迹在中国城市发展中的应用》，《东北大学学报》（自然科学版）2007 年第 28（11）期。
[47] 雷海、陈智：《斯德哥尔摩绿色发展模式探析》，《中国行政管理》2014 年第 6 期。
[48] 牛桂敏：《城市循环经济发展模式》，《城市环境与城市生态》2006 年第 2 期。
[50] 甘现光：《贵港生态工业园区建设的实践与探索》，《南方国土资源》2004 年第 11 期。
[51] 尹昌斌、唐华俊、周颖：《循环农业内涵、发展途径与政策建议》，《中国农业资源与区划》2006 年第 27（1）期。
[52] 蒋钰珮：《循环型城市建设的理论与实践——以南京市为例》，南京师范大学硕士学位论文，2006。
[53] 减漫丹：《城市循环经济的治理理论与应用研究》，同济大学博士学位论文，2006。
[54] 吴前进：《以循环经济促进资源型城市可持续发展》，《资源与产业》

2008年第10（6）期。

[55] 孙国强：《循环经济的新范式——循环经济生态城市理论与实践》，清华大学出版社，2005。

[56] 马交国、杨永春：《国外生态城市建设实践及其对中国的启示》，《国外城市规划》2006年第21（2）期。

[57] 薛梅、董锁成、李宇：《国内外生态城市建设模式比较研究》，《城市问题》2009年4月。

[58] 孙建国、吴克昌：《基于生态城市理论的我国生态城市建设研究》，《特区经济》2007年第2期。

[59] 陈利顶、孙然好、刘海莲：《城市景观格局演变的生态环境效应研究进展》，《生态学报》2013年第33（4）期。

[60] 陈利顶、刘洋、吕一河、冯晓明、傅伯杰：《景观生态学中的景观格局分析：现状、困境和未来》，《生态学报》2008年第28（11）期。

[61] 俞龙生、符以福、喻怀义、李志琴：《快速城市化地区景观格局梯度动态及其城乡融合区特征——以广州市番禺区为例》，《应用生态学报》2011年第22（1）期。

[62] 梁小英、顾铮鸣、雷敏、王晓：《土地功能与土地利用表征土地系统和景观格局的差异研究——以陕西省蓝田县为例》，《自然资源学报》2014年第29（7）期。

[63] 彭建、王仰麟、张源、叶敏婷、吴建生：《土地利用分类对景观格局指数的影响》，《地理学报》2006年第61（2）期。

[64] 宋瑞、赵鑫：《城市化与休闲服务业动态关系考察——以美国为例》，《城市问题》2014年9月。

[65] 宋子千、蒋艳：《城市居民休闲生活满意度及其影响机制：以杭州为例》，《人文地理》2014年第29（2）期。

[66] 黄安民、韩光明：《从旅游城市到休闲城市的思考：渗透、差异和途径》，《经济地理》2012年第32（5）期。

[67] 马惠娣：《人类文化思想史中的休闲——历史、文化、哲学的视角》，

《自然辩证法研究》2003 年第 19（1）期。

[68] 仇保兴：《挑战与希望——我国城市发展面临的主要问题及基本对策》，《动感（生态城市与绿色建筑）》2011 年第 1 期。

[69] 陈仁杰、阚海东：《雾霾污染与人体健康》，《自然杂志》2013 年第 35（5）期。

[70] 胡名威：《雾霾的经济学分析》，《经济研究导刊》2013 年第 16 期。

[71] 贾真：《雾霾天气对健康的影响及预防措施》，《家庭医生中国民间疗法》2013 年第 8 期。

[72] 李希宏、廖健，2013，《雾霾形成原因分析及对策》，《当代石油石化》2013 年第 3（219）期。

[73] 刘洪芹：《雾霾天气治理与中原经济区城镇化关系实证研究》，《数学的实现与认识》2014 年第 44（19）期。

[74] 刘树江：《伦敦烟雾的启示》，《地球》2013 年第 2 期。

[75] 毛艺林：《雾霾环境对设施农业的影响及应对策略》，《河南农业科学》2014 年第 43（7）期。

[76] 童玉芬、王莹莹：《中国城市人口与雾霾：相互作用机制路径分析》，《北京社会科学》2014 年第 5 期。

[77] 王腾飞、苏布达、姜彤：《气候变化背景下的雾霾变化趋势与对策》，《环境影响评价》2014 年第 1 期。

[78] 王伟光、郑国光：《气候变化绿皮书：应对气候变化报告（2013）》，社会科学文献出版社，2013。

[79] 袁东、台斌：《城市雾霾污染的成因及治理措施分析》，《齐鲁师范学院学报》2014 年第 29（4）期。

[80] 张小曳、孙俊英、王亚强、李卫军、张蔷、王炜罡、权建农、曹国良、王继志、杨元琴、张养梅：《中国雾霾成因及其治理的思考》2013 年第 58（13）期。

[81] 张燕：《美国洛杉矶地区治理对策研究》，《城市管理与科技》2013 年第 2 期。

[82] 中国气象局：《霾的观测和预报等级》，中华人民共和国气象行业标准（QX/T113 -2010），2010。

[83] 周广强、陈敏、彭丽：《雾霾科学监测及其健康影响》，《科学》2013年第65（4）期。

[84] Krewski D. , Jerrett M. , Burnett R T. , et al. 2009. Extended Follow-up and Spatial Analysis of the American Cancer Society Study Linking Particulate Air Pollution and Mortality. *Res. Rep Health Eff Inst.* 140. Boston, Massachusetts.

[85] Zhu L J, Liu H Y. Landscape Connectivity of Red – crowned Crane Habitat during Its Breeding Season in NaoLi River Basin . *Journal of Ecology and Rural Environment*, 2008, 24 (2).

[86] Schreiber S J , Kelton M. Sink Habitats can Alter Ecological Outcomes for Competing Species [J] . *Journal of Animal Ecology*, 2005, (6).

[87] Janssens X , Bruneau E , Lebrun P. Prediction of the Potential Honey Production at the Apiary Scale Using a Geographical Information System. *Apidologie*. 2006, (3).

[88] Gulinck H. Neo – rurality and Multifunctional Landscapes . *Multifunctional Landscapes*. 2004 , (14).

[89] Haber W G. Biological Diversity: A Concept Going Astray . *Gaia – Ecological Perspectives For Science And Society*, 2008, (17).

[90] http: //baike. baidu. com/view/180667. htm.

[91] http: //www. biodiversity – science. net/CN/vmn/home. shtml.

[92] http: //baike. baidu. com/view/167957. htm.

[93] http: //baike. baidu. com/view/955212. htm.

[94] http: //www. cusdn. org. cn/index. php.

[95] http: //baike. baidu. com/view/29443. htm.

[96] http: //baike. baidu. com/view/4634034. htm.

[97] http: //www. zhongguogongyi. com/index. php.

G.15

后　记

以习近平同志为总书记的党中央，从实现“两个一百年”奋斗目标的战略全局出发，提出了全面建成小康社会、全面深化改革、全面依法治国和全面从严治党“四个全面”的战略总方针。生态城市是实现美丽中国梦的时代要求。《中国生态城市建设发展报告（2015）》坚持以绿色发展、循环经济、低碳生活、健康宜居为理念，以服务现代化建设、提高人的幸福指数、实现人的全面发展为宗旨，以更新民众观念、提供决策咨询、指导工程实践、引领绿色发展为己任，把生态城市理念全面融入城镇化进程中，用农业带、自然带和人文带“三带镶嵌”，推动形成绿色低碳的生产生活方式，探索一条具有中国特色的新型生态城市发展之路。

中国已进入城镇化建设快速发展新阶段。2014 年中国城镇化率达到 54.77%，但生态化仍处于“初绿”阶段。本报告仍坚持《中国生态城市建设发展报告》的基本思路和原则，立足 2014 年以来中国生态城市的政策制度建设和生态城市建设的新进展，以“四个全面”引领生态城市建设理念创新，全面深化生态文明体制改革，全面依法治理生态城市环境，全面提升生态城市治理能力与质量，全面创新生态城市建设科技支撑，全面建成绿色、智慧、低碳、健康宜居生态城市。绿色生态城市建设凸显中国城市未来发展方向，呈现出发展速度进入快速发展时期、发展理念更趋理性、发展定位立足本地实际、建设经验将推动绿色城市发展等新的发展态势。城市化内涵、城市化对生态环境的影响、城市化对居民健康的影响、城市化路径选择与可持续发展等方面是目前城市化问题研究的重点。生态城市是人们渴求的目标境界。生态城市成为新型城镇化的价值追求。良好的生态环境成为城市重要软实力。城市生态规划体现建设者理念。生态城市是城市生态转型的路径选择。中国“经济发展新常态”凸显生态城市可持续发展新动力，制度建设成为新型城镇化发展的制度保障，“智慧城市”“弹性可持续城市”“复合生态理念”及其衍生的“共生城市理念”和“包容性城市理念”等成为生态城市研究的新课题。

“智能化”是信息时代的一个重要特征。信息时代的生态城市必然是“智慧城市”。“智能化”使城市管理的效率和水平更高，在信息化与城市化高度融合的基础上，实现生态城市的智慧化发展。智慧城市是一个全新的城市形态，是低碳、智慧、幸福及可持续发展的城市化，是以人为本、质量提升和智慧发展的城市化，是人本城市与信息城市有机结合的产物。智慧城市是集自我创新功能、时空压缩功能、自动识别功能、智慧管理功能于一身的高度数字化、网络化、精准化、智能化的信息集合体。智慧城市是信息时代的载体，是知识经济的结晶，是可持续发展的支撑，是新型城镇化实现人口集聚、财富集聚、智力集聚、消费集聚的新要求，承载着绿色发展、环境治理、生态文明进而实现可持续发展的历史使命。智能化渗入了“生产、流通、消费”“管理、服务、生活”“绿色、生态、文明”全方位多层次的系统建设。2014 年是中国智慧城市落地的元年，政府通过政策制度建设推动智慧城市建设发展，明确将智慧城市作为提高城市可持续发展能力的重要手段和途径，强调要继续推进创新城市、智慧城市、低碳城镇试点。推进智慧城市建设是实现经济社会和城市发展转型提升的新支点和新动力。

雾霾是由大气圈、水圈、生物圈与物质文化等组成要素在不同空间尺度的综合叠加导致的天气现象。雾霾是污染的本质表现，引发雾霾天气的直接诱因是大气中细微颗粒物含量严重超标，是人类所有生产生活过程排放的污染物在 PM2. 5 上的体现。能源结构长期不合理、产业结构不合理、机动车尾气污染严重、燃油清洁化程度低、环境空气质量标准和治理措施严重落后等是造成雾霾天气的原因。雾霾天气会对交通、工农业生产、生活环境造成严重影响，对人的健康影响尤为严重。据测定雾霾中含有 15 种致癌致病物质，会导致呼吸道疾病、心血管疾病，致癌，损害易感人群健康与心理健康，导致死亡率提高。雾霾治理已成环境治理的重中之重，必须采取强有力

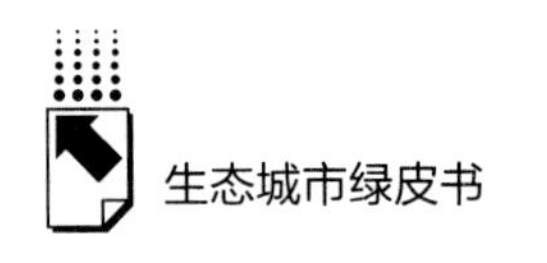

的措施，实施蓝天白云工程，建立预防、监管和问责机制。实行源头治理，总量控制，从法律制度、环境伦理、经济秩序、科技创新、政府监管与环境意识等环节进行综合治理，确保公众健康。

我们仍然坚持生态城市绿色发展理念与建设标准，坚持普遍性要求与特色发展相结合的原则，在进一步完善生态城市建设评价指标体系和动态评价模型的基础上，对全国生态城市的建设和发展状况从整体和分类两个层面进行考核排名，评价分析。用动态评价模型对284个地级及以上城市进行全面考核，对政府城市建设投入产出效果及智慧城市建设进行科学评价排名，评选出生态城市特色发展100强。并有针对性地进行“分类评价，分类指导，分类建设，分步实施”，给出了现阶段各城市绿色发展的年度建设重点和难点。考核标准明确，评价指标全面，覆盖城市众多，针对性、咨询性、指导性强。每个城市都能在《报告》中找到自己的优势和短板、建设重点和难点。进而做强做大优势，补齐短板，抓住重点，突破难点，取得实效。在考核评价的同时对智慧城市建设和雾霾治理与生态宜居城市建设问题进行了深入讨论，提出了回归自然的目标与保障：“人的自然健康是绿色发展的首要目标，生态环境是人的自然健康的最基本保障。”智慧化城市建设，雾霾气候治理等问题相辅相成，都需要更新观念、强化制度、创新驱动并以历史责任感来推动绿色、智慧、低碳、健康宜居的中国特色新型生态化城市建设。

《中国生态城市建设发展报告（2015）》的理论构架、目标定位、发展理念、评价标准、工程实践等由主编确立。编撰者有：李景源、孙伟平、刘举科、胡文臻、李具恒、赵廷刚、刘海涛、谢建民、朱小军、张志斌、刘涛、常国华、石晓妮、汪永臻、康玲芬、李开明、赵有翼、钱国权、王翠云、岳斌、台喜生、李明涛、王芳、高天鹏、姚文秀、方向文、曾刚、滕堂伟、尚勇敏、朱贻文、海骏娇、顾娜娜、刘明石、周广胜、齐诚等。中国生态城市建设大事记由朱玲负责完成。中英文统筹由赵跟喜、李永霞负责完成。负责部分审稿工作的有曾刚、汪永臻、赵跟喜等，最后由主编刘举科、孙伟平、胡文臻统稿定稿。在西部地区的生态城市建设中，西安市、敦煌市创新了各自的做法与经验，东部典型生态城市上海市的经验也值得其他地区借鉴。我们对其进行了专门介绍。

生态城市建设研究与《生态城市绿皮书》的编撰、发行工作得到皮书顾问委员会及诸多机构领导专家真诚无私的关心支持。我们对所有支持和关心这项研究工程的单位和人士表示衷心感谢。在这里，要特别感谢中国社会科学院领导、甘肃省政府领导所给予的亲切关怀和巨大支持。感谢那些配合和帮助我们开展社会调研与信息采集的城市和志愿者，感谢社会科学文献出版社谢寿光社长和社会政法分社王绯社长、周琼副社长，以及责任编辑赵慧英为本书出版所付出的辛勤劳动。

刘举科　孙伟平　胡文臻

二〇一五年三月十日

法律声明

权威报告·热点资讯·特色资源

皮书数据库

ANNUAL REPORT(YEARBOOK) DATABASE

当代中国与世界发展高端智库平台

WWW.PISHU.COM.CN

皮书俱乐部会员服务指南

1. 谁能成为皮书俱乐部成员？

- 皮书作者自动成为俱乐部会员
- 购买了皮书产品（纸质书/电子书）的个人用户

2. 会员可以享受的增值服务

- 免费获赠皮书数据库100元充值卡
- 加入皮书俱乐部，免费获赠该纸质图书的电子书
- 免费定期获赠皮书电子期刊
- 优先参与各类皮书学术活动
- 优先享受皮书产品的最新优惠

3. 如何享受增值服务？

（1）免费获赠100元皮书数据库体验卡

第1步 刮开附赠充值的涂层（右下）；

第2步 登录皮书数据库网站（www.pishu.com.cn），注册账号；

第3步 登录并进入“会员中心”—“在线充值”—“充值卡充值”，充值成功后即可使用。

（2）加入皮书俱乐部，凭数据库体验卡获赠该书的电子书

第1步 登录社会科学文献出版社官网（www.ssap.com.cn），注册账号；

第2步 登录并进入“会员中心”—“皮书俱乐部”，提交加入皮书俱乐部申请；

第3步 审核通过后，再次进入皮书俱乐部，填写页面所需图书、体验卡信息即可自动兑换相应电子书。

4. 声明

解释权归社会科学文献出版社所有

皮书俱乐部会员可享受社会科学文献出版社其他相关免费增值服务，有任何疑问，均可与我们联系。

图书销售热线：010-59367070/7028
图书服务QQ：800045692
图书服务邮箱：duzhe@ssap.cn

数据库服务热线：400-008-6695
数据库服务QQ：2475522410
数据库服务邮箱：database@ssap.cn

欢迎登录社会科学文献出版社官网（www.ssap.com.cn）和中国皮书网（www.pishu.cn）了解更多信息

社会科学文献出版社 SOCIAL SCIENCES ACADEMIC PRESS (CHINA) 皮书系列

卡号：357827730867

密码：

子库介绍
Sub-Database Introduction

中国经济发展数据库

涵盖宏观经济、农业经济、工业经济、产业经济、财政金融、交通旅游、商业贸易、劳动经济、企业经济、房地产经济、城市经济、区域经济等领域，为用户实时了解经济运行态势、把握经济发展规律、洞察经济形势、做出经济决策提供参考和依据。

中国社会发展数据库

全面整合国内外有关中国社会发展的统计数据、深度分析报告、专家解读和热点资讯构建而成的专业学术数据库。涉及宗教、社会、人口、政治、外交、法律、文化、教育、体育、文学艺术、医药卫生、资源环境等多个领域。

中国行业发展数据库

以中国国民经济行业分类为依据，跟踪分析国民经济各行业市场运行状况和政策导向，提供行业发展最前沿的资讯，为用户投资、从业及各种经济决策提供理论基础和实践指导。内容涵盖农业，能源与矿产业，交通运输业，制造业，金融业，房地产业，租赁和商务服务业，科学研究，环境和公共设施管理，居民服务业，教育，卫生和社会保障，文化、体育和娱乐业等 100 余个行业。

中国区域发展数据库

以特定区域内的经济、社会、文化、法治、资源环境等领域的现状与发展情况进行分析和预测。涵盖中部、西部、东北、西北等地区，长三角、珠三角、黄三角、京津冀、环渤海、合肥经济圈、长株潭城市群、关中—天水经济区、海峡经济区等区域经济体和城市圈，北京、上海、浙江、河南、陕西等 34 个省份及中国台湾地区。

中国文化传媒数据库

包括文化事业、文化产业、宗教、群众文化、图书馆事业、博物馆事业、档案事业、语言文字、文学、历史地理、新闻传播、广播电视、出版事业、艺术、电影、娱乐等多个子库。

世界经济与国际政治数据库

以皮书系列中涉及世界经济与国际政治的研究成果为基础，全面整合国内外有关世界经济与国际政治的统计数据、深度分析报告、专家解读和热点资讯构建而成的专业学术数据库。包括世界经济、世界政治、世界文化、国际社会、国际关系、国际组织、区域发展、国别发展等多个子库。